全国高等学校中药资源与开发、中草药栽培与鉴定、中药制药等专业
国家卫生健康委员会"十三五"规划教材

药用植物保护学

主　编　孙海峰

副主编　丁万隆　蒋春先　周如军　王　艳　韩崇选

编　者（以姓氏笔画为序）

丁万隆（中国医学科学院药用植物研究所）　张利军（山西农业大学）

王　艳（甘肃中医药大学）　　　　　　　　范慧艳（浙江中医药大学）

王　智（湖南中医药大学）　　　　　　　　周　博（黑龙江中医药大学）

冯光泉（文山学院）　　　　　　　　　　　周如军（沈阳农业大学）

邢艳萍（辽宁中医药大学）　　　　　　　　郑开颜（河北中医药大学）

朱键勋（长春中医药大学）　　　　　　　　董文霞（云南农业大学）

孙海峰（黑龙江中医药大学）　　　　　　　蒋春先（四川农业大学）

李思蒙（南京中医药大学）　　　　　　　　韩崇选（西北农林科技大学）

吴廷娟（河南中医药大学）　　　　　　　　蒲高斌（山东中医药大学）

何　嘉（宁夏农林科学院植物保护研究所）

人民卫生出版社
·北京·

图书在版编目（CIP）数据

药用植物保护学 / 孙海峰主编 . —北京：人民卫生出版社，2023.8

ISBN 978-7-117-34755-6

Ⅰ. ①药… Ⅱ. ①孙… Ⅲ. ①药用植物–病虫害防治–医学院校–教材 Ⅳ. ①S435.67

中国国家版本馆 CIP 数据核字（2023）第 076970 号

人卫智网	www.ipmph.com	医学教育、学术、考试、健康，购书智慧智能综合服务平台
人卫官网	www.pmph.com	人卫官方资讯发布平台

药用植物保护学
Yaoyong Zhiwu Baohuxue

主　　编：孙海峰
出版发行：人民卫生出版社（中继线 010-59780011）
地　　址：北京市朝阳区潘家园南里 19 号
邮　　编：100021
E - mail：pmph @ pmph.com
购书热线：010-59787592　010-59787584　010-65264830
印　　刷：北京华联印刷有限公司
经　　销：新华书店
开　　本：850 × 1168　1/16　印张：27
字　　数：655 千字
版　　次：2023 年 8 月第 1 版
印　　次：2023 年 8 月第 1 次印刷
标准书号：ISBN 978-7-117-34755-6
定　　价：89.00 元

打击盗版举报电话：010-59787491　E-mail：WQ @ pmph.com
质量问题联系电话：010-59787234　E-mail：zhiliang @ pmph.com
数字融合服务电话：4001118166　E-mail：zengzhi @ pmph.com

全国高等学校中药资源与开发、中草药栽培与鉴定、中药制药等专业
国家卫生健康委员会"十三五"规划教材

出版说明

高等教育发展水平是一个国家发展水平和发展潜力的重要标志。办好高等教育,事关国家发展,事关民族未来。党的十九大报告明确提出,要"加快一流大学和一流学科建设,实现高等教育内涵式发展",这是党和国家在中国特色社会主义进入新时代的关键时期对高等教育提出的新要求。近年来,《关于加快建设高水平本科教育全面提高人才培养能力的意见》《普通高等学校本科专业类教学质量国家标准》《关于高等学校加快"双一流"建设的指导意见》等一系列重要指导性文件相继出台,明确了我国高等教育应深入坚持"以本为本",推进"四个回归",建设中国特色、世界水平的一流本科教育的发展方向。中医药高等教育在党和政府的高度重视和正确指导下,已经完成了从传统教育方式向现代教育方式的转变,中药学类专业从当初的一个专业分化为中药学专业、中药资源与开发专业、中草药栽培与鉴定专业、中药制药专业等多个专业,这些专业共同成为我国高等教育体系的重要组成部分。

随着经济全球化发展,国际医药市场竞争日趋激烈,中医药产业发展迅速,社会对中药学类专业人才的需求与日俱增。《中华人民共和国中医药法》的颁布,"健康中国 2030"战略中"坚持中西医并重,传承发展中医药事业"的布局,以及《中医药发展战略规划纲要(2016—2030 年)》《中医药健康服务发展规划(2015—2020 年)》《中药材保护和发展规划(2015—2020 年)》等系列文件的出台,都系统地筹划并推进了中医药的发展。

为全面贯彻国家教育方针,跟上行业发展的步伐,实施人才强国战略,引导学生求真学问、练真本领,培养高质量、高素质、创新型人才,将现代高等教育发展理念融入教材建设全过程,人民卫生出版社组建了全国高等学校中药资源与开发、中草药栽培与鉴定、中药制药专业规划教材建设指导委员会。在指导委员会的直接指导下,经过广泛调研论证,我们全面启动了全国高等学校中药资源与开发、中草药栽培与鉴定、中药制药等专业国家卫生健康委员会"十三五"规划教材的编写出版工作。本套规划教材是"十三五"时期人民卫生出版社的重点教材建设项目,教材编写将秉承"夯实基础理论、强化专业知识、深化中医药思维、锻炼实践能力、坚定文化自信、树立创新意识"的教学理念,结合国内中药学类专业教育教学的发展趋势,紧跟行业发展的方向与需求,并充分融合新媒体技术,重点突出如下特点:

1. **适应发展需求,体现专业特色** 本套教材定位于中药资源与开发专业、中草药栽培与鉴定

专业、中药制药专业,教材的顶层设计在坚持中医药理论、保持和发挥中医药特色优势的前提下,重视现代科学技术、方法论的融入,以促进中医药理论和实践的整体发展,满足培养特色中医药人才的需求。同时,我们充分考虑中医药人才的成长规律,在教材定位、体系建设、内容设计上,注重理论学习、生产实践及学术研究之间的平衡。

2. 深化中医药思维,坚定文化自信 中医药学根植于中国博大精深的传统文化,其学科具有文化和科学双重属性,这就决定了中药学类专业知识的学习,要在对中医药学深厚的人文内涵的发掘中去理解、去还原,而非简单套用照搬今天其他学科的概念内涵。本套教材在编写的相关内容中注重中医药思维的培养,尽量使学生具备用传统中医药理论和方法进行学习和研究的能力。

3. 理论联系实际,提升实践技能 本套教材遵循"三基、五性、三特定"教材建设的总体要求,做到理论知识深入浅出,难度适宜,确保学生掌握基本理论、基本知识和基本技能,满足教学的要求,同时注重理论与实践的结合,使学生在获取知识的过程中能与未来的职业实践相结合,帮助学生培养创新能力,引导学生独立思考,理清理论知识与实际工作之间的关系,并帮助学生逐渐建立分析问题、解决问题的能力,提高实践技能。

4. 优化编写形式,拓宽学生视野 本套教材在内容设计上,突出中药学类相关专业的特色,在保证学生对学习脉络系统把握的同时,针对学有余力的学生设置"学术前沿""产业聚焦"等体现专业特色的栏目,重点提示学生的科研思路,引导学生思考学科关键问题,拓宽学生的知识面,了解所学知识与行业、产业之间的关系。书后列出供查阅的相关参考书籍,兼顾学生课外拓展需求。

5. 推进纸数融合,提升学习兴趣 为了适应新教学模式的需要,本套教材同步建设了以纸质教材内容为核心的多样化的数字教学资源,从广度、深度上拓展了纸质教材的内容。通过在纸质教材中增加二维码的方式"无缝隙"地链接视频、动画、图片、PPT、音频、文档等富媒体资源,丰富纸质教材的表现形式,补充拓展性的知识内容,为多元化的人才培养提供更多的信息知识支撑,提升学生的学习兴趣。

本套教材在编写过程中,众多学术水平一流和教学经验丰富的专家教授以高度负责、严谨认真的态度为教材的编写付出了诸多心血,各参编院校对编写工作的顺利开展给予了大力支持,在此对相关单位和各位专家表示诚挚的感谢！教材出版后,各位教师、学生在使用过程中,如发现问题请反馈给我们(renweiyaoxue@163.com),以便及时更正和修订完善。

人民卫生出版社

2019 年 2 月

教材书目

序号	教材名称	主编	单位
1	无机化学	闫 静 张师愚	黑龙江中医药大学 天津中医药大学
2	物理化学	孙 波 魏泽英	长春中医药大学 云南中医药大学
3	有机化学	刘 华 杨武德	江西中医药大学 贵州中医药大学
4	生物化学与分子生物学	李 荷	广东药科大学
5	分析化学	池玉梅 范卓文	南京中医药大学 黑龙江中医药大学
6	中药拉丁语	刘 勇	北京中医药大学
7	中医学基础	战丽彬	辽宁中医药大学
8	中药学	崔 瑛 张一昕	河南中医药大学 河北中医学院
9	中药资源学概论	黄璐琦 段金廒	中国中医科学院中药资源中心 南京中医药大学
10	药用植物学	董诚明 马 琳	河南中医药大学 天津中医药大学
11	药用菌物学	王淑敏 郭顺星	长春中医药大学 中国医学科学院药用植物研究所
12	药用动物学	张 辉 李 峰	长春中医药大学 辽宁中医药大学
13	中药生物技术	贾景明 余伯阳	沈阳药科大学 中国药科大学
14	中药药理学	陆 茵 戴 敏	南京中医药大学 安徽中医药大学
15	中药分析学	李 萍 张振秋	中国药科大学 辽宁中医药大学
16	中药化学	孔令义 冯卫生	中国药科大学 河南中医药大学
17	波谱解析	邱 峰 冯 锋	天津中医药大学 中国药科大学

序号	教材名称	主编	单位
18	制药设备与工艺设计	周长征 王宝华	山东中医药大学 北京中医药大学
19	中药制药工艺学	杜守颖 唐志书	北京中医药大学 陕西中医药大学
20	中药新产品开发概论	甄汉深 孟宪生	广西中医药大学 辽宁中医药大学
21	现代中药创制关键技术与方法	李范珠	浙江中医药大学
22	中药资源化学	唐于平 宿树兰	陕西中医药大学 南京中医药大学
23	中药制剂分析	刘　斌 刘丽芳	北京中医药大学 中国药科大学
24	土壤与肥料学	王光志	成都中医药大学
25	中药资源生态学	郭兰萍 谷　巍	中国中医科学院中药资源中心 南京中医药大学
26	中药材加工与养护	陈随清 李向日	河南中医药大学 北京中医药大学
27	药用植物保护学	孙海峰	黑龙江中医药大学
28	药用植物栽培学	巢建国 张永清	南京中医药大学 山东中医药大学
29	药用植物遗传育种学	俞年军 魏建和	安徽中医药大学 中国医学科学院药用植物研究所
30	中药鉴定学	吴啟南 张丽娟	南京中医药大学 天津中医药大学
31	中药药剂学	傅超美 刘　文	成都中医药大学 贵州中医药大学
32	中药材商品学	周小江 郑玉光	湖南中医药大学 河北中医学院
33	中药炮制学	李　飞 陆兔林	北京中医药大学 南京中医药大学
34	中药资源开发与利用	段金廒 曾建国	南京中医药大学 湖南农业大学
35	药事管理与法规	谢　明 田　侃	辽宁中医药大学 南京中医药大学
36	中药资源经济学	申俊龙 马云桐	南京中医药大学 成都中医药大学
37	药用植物保育学	缪剑华 黄璐琦	广西壮族自治区药用植物园 中国中医科学院中药资源中心
38	分子生药学	袁　媛 刘春生	中国中医科学院中药资源中心 北京中医药大学

全国高等学校中药资源与开发、中草药栽培与鉴定、中药制药专业 规划教材建设指导委员会

成员名单

主 任 委 员　黄璐琦　中国中医科学院中药资源中心
　　　　　　　段金廒　南京中医药大学

副主任委员　（以姓氏笔画为序）
　　　　　　　王喜军　黑龙江中医药大学
　　　　　　　牛　阳　宁夏医科大学
　　　　　　　孔令义　中国药科大学
　　　　　　　石　岩　辽宁中医药大学
　　　　　　　史正刚　甘肃中医药大学
　　　　　　　冯卫生　河南中医药大学
　　　　　　　毕开顺　沈阳药科大学
　　　　　　　乔延江　北京中医药大学
　　　　　　　刘　文　贵州中医药大学
　　　　　　　刘红宁　江西中医药大学
　　　　　　　杨　明　江西中医药大学
　　　　　　　吴啟南　南京中医药大学
　　　　　　　邱　勇　云南中医药大学
　　　　　　　何清湖　湖南中医药大学
　　　　　　　谷晓红　北京中医药大学
　　　　　　　张陆勇　广东药科大学
　　　　　　　张俊清　海南医学院
　　　　　　　陈　勃　江西中医药大学
　　　　　　　林文雄　福建农林大学
　　　　　　　罗伟生　广西中医药大学
　　　　　　　庞宇舟　广西中医药大学
　　　　　　　宫　平　沈阳药科大学
　　　　　　　高树中　山东中医药大学
　　　　　　　郭兰萍　中国中医科学院中药资源中心

唐志书　陕西中医药大学
黄必胜　湖北中医药大学
梁沛华　广州中医药大学
彭　成　成都中医药大学
彭代银　安徽中医药大学
简　晖　江西中医药大学

委　　员（以姓氏笔画为序）

马琳	马云桐	王文全	王光志	王宝华	王振月	王淑敏
申俊龙	田侃	冯锋	刘华	刘勇	刘斌	刘合刚
刘丽芳	刘春生	闫静	池玉梅	孙波	孙海峰	严玉平
杜守颖	李飞	李荷	李峰	李萍	李向日	李范珠
杨武德	吴卫	邱峰	余伯阳	谷巍	张辉	张一昕
张永清	张师愚	张丽娟	张振秋	陆茵	陆兔林	陈随清
范卓文	林励	罗光明	周小江	周日宝	周长征	郑玉光
孟宪生	战丽彬	钟国跃	俞年军	秦民坚	袁媛	贾景明
郭顺星	唐于平	崔瑛	宿树兰	巢建国	董诚明	傅超美
曾建国	谢明	甄汉深	裴妙荣	缪剑华	魏泽英	魏建和

秘 书 长　吴啟南　郭兰萍

秘　　书　宿树兰　李有白

前　言

随着中医药事业的发展，市场对中药材的需求越来越大，而中药材的来源更多依赖于药用植物栽培。药用植物栽培过程中常受到各种病、虫、草、鼠等危害，引起中药材产量下降，质量变劣，导致严重的经济损失，成为中药材生产的瓶颈问题。因此，药用植物保护不仅是中药材生产实践的迫切需要，也是中药资源引种驯化、保护和开发利用的需要，在中药资源开发与利用中发挥着重要的作用。

药用植物保护学为中药资源与开发、中草药栽培与鉴定、中药制药等相关专业的专业基础课。近年来，药用植物保护学的研究不断深入，新理论、新技术不断出现，丰富了药用植物保护学的内涵。本教材充分吸收国内外药用植物保护学的新成果，阐明了药用植物保护学的基本原理，介绍了重要的药用植物有害生物的种类、发生规律、安全有效的防治技术。本教材内容包括两大部分。前一部分为总论，介绍了药用植物病害基础、药用植物害虫基础、药用植物草害基础、药用植物鼠害基础、药用植物有害生物的调查与预测预报、药用植物有害生物综合治理。后一部分介绍了药用植物主要病、虫、草、鼠害发生规律及防治技术，最后附有药用植物保护学实验。

本教材可供高等中医药、农林等院校的中药资源与开发、中草药栽培与鉴定、中药制药等相关专业的本科生使用，同时亦可供相关领域的研究人员和科技工作者参考。

本教材由高等中医药院校、农业类院校，以及中医药科研院所从事药用植物保护学教学和科研的人员编写而成。绪论由王艳编写，第一章由周如军、邢艳萍编写，第二章由蒋春先编写，第三章由王智编写，第四章、第十六章由韩崇选编写，第五章由孙海峰、王智、韩崇选编写，第六章由孙海峰、蒲高斌编写，第七章由丁万隆、王艳、周如军等 14 位老师编写，第八章由丁万隆、周如军、范慧艳等 8 位老师编写，第九章由郑开颜、何嘉编写，第十章由张利军编写，第十一章由蒋春先、董文霞、孙海峰编写，第十二章由蒋春先、董文霞、吴廷娟等 6 位老师编写，第十三章由蒋春先、董文霞、何嘉、王艳编写，第十四章由董文霞、何嘉编写，第十五章由吴廷娟编写，药用植物保护学实验由王艳、邢艳萍、董文霞、王智编写。周如军、王艳、蒋春先、丁万隆、董文霞、吴廷娟等进行了相关内容审稿、校对工作，全书由孙海峰统一审改定稿。本教材的主要编写人员在其相关领域具有较好的代表性，从而确保了各部分内容的先进性和科学性。

本教材的编写得到了人民卫生出版社，以及全国高等学校中药资源与开发、中草药栽培与鉴定、中药制药专业规划教材建设指导委员会专家及编委所在单位的大力支持，也得到了宁夏农林科学院张蓉研究员的大力支持，在此一并感谢。由于药用植物保护学是一门新兴的交叉学科，涉及内容广泛，而且发展迅速，教材编写中存在缺点和不足在所难免，恳请广大读者提出宝贵意见，以利于本教材的修订和完善。

编　者

2023 年 6 月

目　录

第一篇　总　论

第二篇　药用植物主要病害

第三篇　药用植物主要害虫

第四篇　药用植物主要草害

第五篇 药用植物主要鼠害

第一篇
总　论

绪论

掌握:药用植物保护的概念、药用植物保护学的研究内容。

熟悉:药用植物保护学与其他学科的关系。

了解:药用植物保护的现状和发展趋势。

一、药用植物保护学的定义和研究内容

(一)药用植物保护学的定义

中药资源是大自然和中国传统文化所赋予我们的珍贵宝藏。随着我国的经济发展,人民生活质量不断提高,我国中药资源得到多方位的开发利用,中药材需求量逐年增加。野生药用植物资源已远远不能满足需求。药用植物引种栽培是中药资源扩大和再生最基本、最主要的方法。在原生状态下,多种植物共同生长,相互隔离,不同生物之间相互制约,药用植物病虫害的种类很少、危害轻,即使发生也不易流行和大面积发生。但药用植物人工栽培以后,许多病虫害随之而来,导致药用植物的产量下降、品质变劣,中药材生产遭到严重威胁。因此,对药用植物进行保护显得非常重要,随着药用植物保护相关理论的成熟和技术进步而发展起来了新的学科——药用植物保护学。药用植物保护学是指综合运用多学科知识和技术,以经济、科学的方法,保护药用植物免受有害生物或不良环境的危害,以提高中药材生产经济效益、社会效益和生态效益的一门应用学科。

(二)药用植物保护学的研究内容

药用植物保护学的研究内容包括基础理论、应用技术、植保器材和技术推广等,主要是要探明不同有害生物的生物学特性,与环境的互作关系,发生与成灾规律,建立准确的预测预报技术体系,以及科学、高效、安全的防治措施与合理的防治策略,主要体现在以下三个方面。

1. 有害生物形态和生物学特性研究 药用植物保护学是根据生物分类学的原理和方法,对有害生物,包括非细胞生物到种子植物及哺乳动物等多种潜在有害生物,进行系统分类及命名。有害生物具有不同的生物学特性,在农业生态环境不断变换的情况下,都可为害成灾。因此,对有害生物进行正确的诊断和鉴别,同时研究它们的遗传变异、结构功能、新陈代谢、生长发育、生活

史、生活周期、生物学特性与发生发展规律是有害生物防治的基础。它不仅可以找到有害生物适于防治的薄弱环节，而且可以为开发安全、高效、高选择性防治技术提供必要的依据和思路。如针对植物繁殖体带毒而开发的脱毒苗病毒病防治技术，以及根据昆虫信息通信开发的行为调节剂都是以生物学研究成果为基础的现代植物保护技术。

2. 有害生物的发生规律与灾害预测　有害生物只有在环境条件适宜时，才能大量发生并侵染为害导致生物灾害。研究有害生物的发生发展、流行、危害规律以及各种环境因子（包括气候因子，寄主及天敌等生物因子，以及土壤、肥料等其他非生物环境因子）的影响效应。同时，开展有害生物的诊断或鉴别、监测与预测预报关键技术，及时准确预测有害生物的发生期、发生量及所致的损失程度，从而实施及时、有效和经济合理的防治措施。

3. 有害生物防治策略与技术　有害生物的类群很多，生物学特性和遗传变异复杂，因此，对于不同的有害生物应采用不同的控制策略。有害生物防治实际上是防与治的结合，但在不同时期或不同情况下有不同的偏重。20世纪40年代之前的有害生物控制实践，主要以农业方法、无机农药为主。20世纪40年代随着有机合成农药的发明，人类过度依赖化学防治，很少考虑有害生物的种群数量控制，而大都是进行发生后的防治，并集约化使用农药，由此引发了一系列生态问题和社会问题，突出地表现为有害生物抗药性（resistance）、再猖獗（resurgence）和农药残留（residue）（即3R）问题，引起世人的普遍关注。人类认识到有害生物防治的艰巨性和单项技术的局限性，逐步形成了有害生物综合治理的对策，强调有害生物的控制要着眼于生态保护，提出了"预防为主，综合防治"的植物保护工作方针，综合利用多种措施，而非主要依赖化学防治，重视生物防治，全盘考虑经济、生态和社会效益，从而使有害生物控制措施的综合性更加完善。

植物保护技术措施主要包括农业防治、物理防治、化学防治、生物防治及植物检疫等，它们在长期的植物保护实践中均已得到较为广泛的应用。如农业防治中的水旱轮作、播期调整、水肥管理和田间清理等，物理防治中的灯光诱杀、防虫网罩等，化学防治中的杀虫剂、杀菌剂、除草剂和杀鼠剂的使用，生物防治中天敌的保护与利用等。随着科学的发展和植物保护学研究的深入，植物保护引进现代科学研究成果，不断研究开发新的高效、低毒、无残留生物农药及有害生物行为控制技术，工程天敌生物、植物免疫技术，脱毒技术，转基因抗性植物品种以及植物检疫技术等。为了更好地达到药用植物保护的要求和目的，综合利用现代科技成果，不断开发高效、经济、安全的防控技术措施及器材仍然是目前药用植物保护防治技术研究的重点。

二、药用植物保护的意义

我国位于欧亚大陆东部，东临太平洋，陆地面积960万平方公里。广阔的国土面积、独特的地貌特征以及多种气候带的分布，使我国中药资源具备了种类繁多、储量巨大的特点。据历时近10年（2011—2021年）的第四次全国中药资源普查数据显示，我国的中药材资源种类和蕴藏量极为丰富，现有药用植物13 000多种，其中2 000多种已进行了野生家种或引种栽培，目前我国市场上广为流通的中药材超过1 000种，近300种主要依靠人工栽培，种植面积已超过300万 hm²。

中药材种植业的发展，虽然部分缓解了药材需求紧张的问题，但是药用植物栽培具有种植面积大、寄主单一等特点，使得有害生物逐年积累，病虫害发生严重，这已成为我国各中药材道地产区的重点和难点问题,如东北地区广泛流行的人参黑斑病、甘肃省岷县当归麻口病等;中药材病虫害发生还具有种类多、危害重、损失大的特点,如已知人参有 40 余种侵染性病害,常发生的就有 20 余种。据统计,药用植物因病害一般损失在 20%~30%,严重时可达 80% 以上。采收加工后的药材由于贮藏条件简陋,霉变现象亦十分普遍,由此导致的真菌毒素污染现象成为影响中药安全的重大隐患。《中华人民共和国药典》(简称《中国药典》)(2015 年版)针对 19 种药材制定了总黄曲霉毒素(AFT)及黄曲霉毒素 B_1(AFB$_1$)的限量标准,在 2020 年版中,增加为 25 种药材,但是仍然有大量药材品种真菌毒素的污染风险尚不清楚。另外,除黄曲霉毒素外,还存在赭曲霉毒素等其他真菌毒素污染,严重威胁着临床用药的安全。中药材在贮藏的过程中,仓储害虫亦发生严重,为害仓储中药材的害虫约有 200 种,分属于 6 目 40 科,另有隶属 7 科 25 属的 40 种粉螨。以烟草甲、药材甲、赤拟谷盗、咖啡豆象和印度谷螟等鞘翅目昆虫为优势种群。

因此,及时发现和有效控制有害生物,把握好中药材生产中有害生物防治的关键环节,做好药用植物保护工作,对确保中药材的高产、优质,促进我国中药资源和中药产业的可持续发展具有重要意义。

三、药用植物保护学与其他学科的关系

药用植物保护学是在植物保护学及中药学相关内容的基础上发展起来的一门多学科相互渗透、融合的交叉学科。要全面掌握该学科的核心内容需要掌握药用植物保护对象——药用植物的相关知识,如药用植物学、药用植物栽培学、药用植物遗传育种学、药用植物组织培养学、植物生理学、植物生物化学、中药鉴定学、中药资源学等。需要掌握防治对象——病、虫、草害的相关知识,如微生物学、动物学、普通植物病理学、普通昆虫学等。由于药用植物病虫害发生很大程度受外界环境条件影响,因此还需要掌握气象学、土壤学、环境科学、生态学等相关知识。需要掌握防治技术的相关知识,如植物化学保护、农药学、昆虫毒理学等相关内容。随着现代生物化学和分子生物学的发展,对有害生物发生规律与防治技术研究的手段不断改进,目前有害生物的研究技术不仅涉及以往的形态学、组织学和生理生化的手段,还涉及基因工程、基因组学、代谢组学、生物信息学、有害生物分子生物学、分子毒理学等研究方法,成为现代农药分子设计和植物保护高新技术开发的重要组成。现代信息技术及计算机的应用,为环境信息采集和综合处理提供了有力的手段,有害生物发生规律与灾害预测研究逐步深入,有害生物预测,尤其是中、长期预测的准确率不断提高,以计算机地理信息系统(geographic information system,GIS)、全球定位系统(global positioning system,GPS)和神经网络系统为基础的植物灾害预测学正在崛起。

四、药用植物保护的现状和趋势

我国药用植物病虫害及其防治技术的研究已有半个多世纪的历史。从 20 世纪 90 年代开始,河南、广东、辽宁、安徽、云南、山西、贵州、四川、广西、甘肃、浙江等中药材生产地陆续开展了野生及栽培药用植物病虫害的广泛调查工作,对当地发生病虫害的药用植物及种类有了较为全面的认识。除了对植物病虫害的种类进行了系统的调查研究外,在调查过程中发现的一些重点病虫害

的种类、发生规律及防治技术均有很多的研究和报道。药用植物病虫害的病原学、病理生理学、流行规律、病虫害对品质的影响等基础性研究，以及化学防治、生物防治、农业及综合防治技术的研究均有所提高。但是目前药用植物保护也存在以下三方面的问题：第一，药用植物病虫害种类多、危害重、损失大，很多病虫害仍无有效的防治对策。如西洋参引种栽培获得成功，但其病害一直是生产上的主要障碍，黑斑病常年发病率20%~30%。当归麻口病一直是当归栽培过程中影响当归产量和质量的主要病害，但是对于该病的有效防治一直没有实现。第二，滥用、误用农药的问题突出。由于基础性研究薄弱，获得认证的农药非常有限，再加上中药材以个体化生产方式为主，不同产区之间、种植基地之间以及种植户之间均缺乏交流，农药的选择和使用非常混乱，个别地方高毒、高残留农药仍有使用，导致农药超标情况时有发生。第三，中草药种子种苗调运频繁，加速病虫传播蔓延。中药材生产及面对市场经济的组织体系尚未完善，目前种植品种、种植面积等完全由农户自行决定，中药材的流通秩序也比较混乱，地区间种子种苗调运极其频繁，许多药材的种子、种苗携带病菌、害虫，促进了病虫害的传播蔓延。如红花黑斑病是红花生产的重大障碍，带病种子是红花黑斑病传入新栽培区的主要途径，会造成红花不同程度的减产。

基于这些问题，2003年，科技部设立了"中药材病虫害防治技术平台"重点项目，极大地推动了中药材病虫害的研究工作。2012年，中医药管理局在各地陆续启动了国家基本药物所需中药材种子种苗繁育基地建设项目，有效解决了目前中药材种子种苗生产中基源不准、缺乏技术规范、生产技术落后等问题，极大提升了中药材品质，保障药品的安全性和有效性，促进了药材增产、药农增收。在人才培养方面，从2001年起，很多高等院校均开设了中草药栽培与鉴定专业及中药资源与开发等专业，并设置了药用植物保护学的相关课程，培养了一批中药栽培和保护的科技队伍，同时各地举办了各种类型的中药材生产技术培训班，培养了一支高素质和药用植物保护队伍。

当前，发展优质、安全、高效中药材，生产无公害中药，促进中药材由传统栽培模式向现代化种植转变，保障生态环境和质量安全，已经成为我国中药材可持续发展的重要战略目标。药用植物保护工作是中药材生产的重要环节，面临植保理念革新、技术提升的现状，未来药用植物保护应主要加强以下三个方面的工作：首先在人才培养方面，继续加强药用植物保护科技人才队伍的培养，才能保证中药材的质量。加强高等院校及中等学校人才培养和农村技术人员的培训，彻底改变药农基础差、底子薄的现状，把建立中药材先进栽培技术示范区和培养农村药用植物保护技术人才相结合。其次，应用现代科学技术进行药用植物保护学理论和实践基础研究，重视病虫害对药材品质安全的影响。中药材作为防病、治病、保健的特殊性产品决定了对其品质有着更高的要求，栽培药材品质下降及外源污染物引起的安全问题是目前面临的突出问题。病虫害的发生是否造成药效成分改变，从而导致品质下降目前基本上还是盲区。鉴于药用植物及其次生代谢产物种类的多样性，不同病虫害引起中药材质量变化的问题需要引起高度重视。中药材在贮藏过程中霉变的现象非常普遍，从而造成真菌毒素污染，仓储害虫亦发生严重，有关真菌毒素污染环节中产毒菌的调查、防控措施及标准制定，以及仓储害虫的防控是中药材质量与安全方面今后的研究内容。分子生物学技术、信息技术以及网络技术的应用，将助力提升药用植物保护学的研究水平。现今分子生物学技术的快速发展，为药用植物保护学研究的深入提供了新的技术和视角；次生代谢产物功能基因不断被发现，为研究病原干扰寄主次生代谢的分子机制及对中药材质量的影响提供了重要的分子靶标；选育抗性品种是防治药用植物病虫害最为经济有效且安全的措施。由于我国栽培药用植物种质混杂现象普遍,给药用植物抗性品种的选育带来很大困难。采用诱变育种、基因工程、分子标记等技术可加快育种进程。全国第四次中药资源普查项目开始以来,全国范围内已建立了中药资源动态监测站,借助这些已有的站点,通过开展中药材病虫害种类、寄主范围、发病规律及流行特征研究,建立损失估计模型,奠定病虫害的监测预警基础,对重大病虫害的发生进行预测预报,可以为制定预防措施减少病虫害损失提供决策依据。第三,制定合理的农药使用规范,指导农药的合理使用。农药在防治药用植物病虫害中发挥了不可替代的作用。但农药的不科学、不合理使用也带来了作物药害、病虫抗性、农残超标、环境污染等负面问题。目前,我国在农药减量增效中取得了显著成效,在保丰收和农药减量化有机统一的大背景下,中药材无公害/绿色生产面临着新的挑战。因此,迫切需要开展中药材常用农药的作用对象、作用效果、残留时间、降解动态等进行相关基础性研究,为制定安全使用剂量和使用期提供科学依据。制定出合理的农药使用规范,科学指导用药,从而实现中药安全生产。

在未来的药用植物保护工作中,对药用植物重要有害生物的灾变规律、成灾机制、监测预警以及综合治理理论与技术等进行全面、系统的研究,建立完善的药用植物病虫害预测预报体系、综合防治体系、农药管理和使用体系,培养一支高素质的植保人才队伍,做好药用植物的保护工作,实现药用植物资源的可持续利用以及中药材的优质、安全、高效、无公害生产。

（王　艳）

思考题

1. 什么是药用植物保护学?

2. 简述药用植物保护学的研究内容。

3. 结合文献查询,阐述药用植物保护学与其他学科的关系,并举例说明药用植物保护学与其他学科的交叉融合对药用植物保护学发展的作用。

绪论　同步练习

第一章　药用植物病害基础

掌握：植物病害、症状的概念及其类型；病害的一般诊断方法；植物病害常见病原物类群及所致病害特点。

熟悉：植物病害的发生过程和侵染循环。

了解：植物病毒性病害、原核生物病害、线虫病害等的防治方法。

第一节　药用植物病害的基本概念

人类栽培的植物，是农业生态系统中的组成部分之一。植物的生长发育受到各种环境因素的影响和制约。植物在长期的进化过程中，对环境的影响形成了一定的适应能力。如果某些环境因素对它的影响超出了它能适应的范围，植物将不能正常地生长发育，或将受到损害就会诱发病害。

所谓病害是指植物活体在生长发育或贮藏过程中，受到病原物的侵染或不良环境条件的影响，正常新陈代谢受到干扰，生理功能、形态结构乃至遗传功能发生一系列的变化，而呈现出的反常病变现象。

引起植物发病的原因简称病原。病原种类很多，大致分为生物性病原和非生物性病原两类。生物性病原主要包括真菌、细菌、病毒、类菌质体、寄生性种子植物，以及线虫、藻类和螨类等生物类病原物。这些生物性病原引起的植物病害都是有传染性的，因此称为传染性病害或侵染性病害。非生物性病原包括温度、水分、光照、营养物质、空气等一系列因素。凡是由非生物因素引起的植物病害都是没有传染性的，故称为非传染性病害，或非侵染性病害。

药用植物病害的发生和发展不仅跟环境中的生物和非生物因子有关，还与药用植物自身的抗性有关，因此病害的发生是药用植物个体与病原生物和环境之间相互作用的结果。在侵染性病害中，受侵的植物称为寄主，当寄主受到侵害时，必然要发生某种与侵害相适应的保护性反应，双方之间既具有亲和性又具有斗争性，构成了一个有机的寄主 - 病原物体系。病理程序也就是这一体系建立和发展的过程。这一过程的进展除决定于双方本身所具有的动力外，环境条件也起重要作用。环境条件分别作用于寄主、病原物以及寄主 - 病原物体系。病理程序也就是病程。如果环境

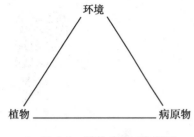

环境

植物 ——————— 病原物

● 图 1-1 植物病害三角关系

条件有利于植物的生长而不利于病原的生存,病害就难以发生或发展很慢,植物受害也轻。反之,病害就容易发生或发展很快,植物受害也重。

因此,在自然环境下植物病害的形成包括三方面即环境、植物、病原物,它们呈三角关系(图1-1)。随着社会的发展,人类活动不断地影响着农业生产,因此人类活动也与病害形成有着密切的关系。引种、抗性品种的培育与选择、不同的耕作制度等都可以影响到病害的发生和传染。

一、药用植物病害的症状和类型

症状(symptom)是指药用植物在一定环境条件下受病原物或不良的环境因素干扰后,表现出不正常的状态。其中,由寄主植物本身表现出来的异常特征称为病状;某些生物性病原经过在寄主体内的生长发育后,在病植物的外表显现出白粉、霉层等特征。把这些由病原物表现出来的特征都称为病征。两者合称为症状。

感病植物发生的变化大致可分三种类型:①增生型,感病部分表现为细胞体积增大或数量增多,形成肿瘤、卷曲及丛枝等畸形。②减生型,感病部分细胞体积变小,数目减少,细胞结构发育不充分等,从而表现矮化、褪色、花叶等病状。③坏死型,病部细胞或组织坏死或被解体,在形态上表现为坏死斑和腐烂等现象。

(一)病状类型

病状

病状可分为以下几种主要类型。

1. 变色　植物受害后局部或全株失去正常的绿色称为变色。叶片表现为淡绿、黄色,甚至白色。植物病毒和有些非侵染性病害常表现变色症状,如病毒引起白术花叶病、珊瑚菜花叶病等。

2. 坏死　植物的细胞和组织受到破坏而死亡,称为坏死。坏死可以发生在植物的根、茎、叶、果等各部位,表现为斑点、枯死、穿孔、疮痂、溃疡等形式。叶最常见的坏死是形成各种各样的病斑,斑点的颜色有黄色、灰色、褐色、黑色等,形状则有多角形、圆形等,如人参炭疽病、何首乌叶斑病等;叶片的局部组织坏死后脱落可形成穿孔;叶片上较大面积的枯死称为叶枯,如五味子叶枯病,大面积坏死还可造成枝枯、茎枯、梢枯;有的病组织表面隆起、粗糙,形成疮痂;幼苗茎基部坏死导致地上部分倒伏,称为猝倒,而地上部分枯死但不倒,称为立枯。

3. 腐烂　植物的组织细胞受病原物分解可发生腐烂。引起腐烂的原因是寄生物分泌的酶把植物细胞间的中胶层溶解,使细胞离散并且死亡。多汁组织或器官如果实、块根等常发生软腐,而含水较少或木质化的组织则常发生干腐。如人参细菌性软腐病、党参的根腐病、芍药的软腐病等。

4. 萎蔫　植物根部或干部维管束组织感病,影响水分运输,就引起叶片枯黄、凋萎,造成黄萎、枯萎,以致植株死亡。如人参立枯病等。

5. 畸形　植物受害后,可以发生增生性病变,生长发育过度,组织细胞增生,产生肿瘤;枝或根过度分枝,产生丛枝、发根等。由病原物引起的病害大都能引起畸形,但是多数是由病毒、植原体或线虫引起,如黄芪的根结线虫病。

(二)病征类型

病征包括病原菌的营养体、子实体、休眠结构等,主要分为以下几种主要类型。

1. 霉状物　病部由真菌菌丝形成毛绒状霉层,呈白色、灰白、绿色、黑色等。多数药用植物的霜霉病、绵霉病都会产生霉状物,如党参、板蓝根等霜霉病。

病征

2. 粉状物　病部有大量真菌孢子存在,形成粉层,白粉多为白粉病,黑粉多为黑粉病,黄粉多为锈病。如牛蒡白粉病、红花锈病、薏米黑穗病等。

3. 颗粒状物　通常病部有较小的黑色或褐色颗粒,且不易与寄主组织分离,多为真菌的繁殖体。如人参的炭疽病、枸杞炭疽病等。

4. 马蹄状、木耳状和伞状物　是高等担子菌的繁殖器官,发生于树木的枝干上。

5. 脓状物　病部产生的淡黄褐色、胶黏状的脓状物,干燥后形成黄褐色的薄膜或胶粒,是细菌性病原的特征。如人参和天麻的细菌性软腐病。

在植物的发病部位上,往往伴随着出现各种颜色和形状不同的霉状物、粉状物、脓状物、颗粒状物等。这是病原菌在病部表面产生的菌体,是植物侵染性病害的标志。

二、药用植物病害的分类

1. 按照病原物类别分类　药用植物的病害可分为侵染性病害和非侵染性病害两大类。其中侵染性病害按照病原物类别可分为真菌病害、细菌病害、病毒病害、类菌质体病害、寄生性种子植物病害等。真菌类病害还可分为霜霉病、白粉病、炭疽病等。这种分类方法可以对不同类病害和同类病害的特点进行详细的分类和统计,便于制定防治方法。

2. 按照寄主植物分类　不同药用植物的病害种类和特征都有差别,所以,通常我们可以把病害直接命名为"药用植物名称+病害",如人参病害、五味子病害等。这种分类方法有助于我们根据药用植物的特点直接统筹制定综合的防治措施。

3. 按照发病器官分类　药用植物病害可以发生在植物个体的根、茎、叶、花和果实等任何部位,我们把发生在根部称为根部病害,叶部称为叶部病害等。

4. 按照病害传播方式分类　侵染性病害具有传染性,有多种传播方式,可通过不同的传播方式对病害进行分类。如通过气流传播的称为气流传播病害,通过土壤传播的称为土传病害等。

此外,除了以上几种分类方式,还可根据药用植物的生长期,或者病害的流行速度、病害在发生时的地位等分类。如苗期病害、流行性病害和主要病害等。

三、药用植物病害的诊断

药用植物病害的诊断,就是识别药用植物病害的症状并确定性质、病因和种类,是研究病害发病规律和制定防治措施的前提。药用植物病害的诊断主要是通过对症状和病害在田间分布特点的观察,以及对病原的直接鉴定和人工诱发试验等方法进行。

(一)症状诊断

一般说来相同的病原菌在同一类寄主上引起的症状常常是相同的,所以我们可以凭症状来识别病害。如霉粉、菌核、子座、锈粉、白粉等。有时由于受时间和条件的限制,其症状特点表现不够明显,难以鉴别。在这种情况下,必须进行连续观察,或人工供给其必要的条件如保温、保湿,使之充分表现后,再进行诊断。但症状诊断还往往不够准确,还必须采用病原诊断的方法。

(二)病原诊断

主要用显微镜检查,在感病植物病组织上或里面挑取病菌或纯培养分离病菌,制片镜检和测量,根据病原的形态、大小及其他特征鉴定病原物的种类。

(三)科赫法则

人工诱发试验一般是在症状观察和显微镜检查后仍不能确定病原时进行。因为在有些情况下,病部出现的微生物并不一定就是病原。我们可遵循科赫法则所规定的步骤来鉴定病原物。科赫法则的步骤如下:

1. 致病的生物必须与症状有联系。
2. 必须分离得到病原生物和进行纯培养。
3. 将纯培养的病原生物对相同种的健康植物接种,必须产生与原来相同的症状。
4. 必须重新分离得到这种病原生物。

根据科赫法则来确定病原物,在过去和将来都是有用的,但也有片面性,至少有两种偏见:①科赫法则是建立在微生物学基础上的。如果病原物是非生物因素或是由非生物因素与生物因素相结合而引起的病害,科赫法则将不能证实。②科赫法则只注意到了一种病害是由一种病原物引起的,而忽视了病原物之间的协同作用。有些病害是由多种病原物相结合起作用而诱发的。

非侵染性病害的人工诱发试验是把健康植物置于生病植物的相同环境条件下,观察其是否发生同样的病害。判断非侵染性病原也可以用相反的方法进行。即排除某种被疑为病原的非生物因素,观察病植物是否恢复健康。如发生黄化病的植物株若被疑为缺铁所致,则人工喷以硫酸亚铁溶液,如病植物恢复绿色,则可证明诊断是正确的。

除上述方法外,物理、化学和血清学方法也可用于某些植物病害的诊断。

第二节　药用植物病害的病原

一、药用植物非侵染性病害的病原

非侵染性病害也称为生理病害,主要由于环境条件不适合药用植物正常生长或者植物本身生理缺陷而引起的病害。如土壤干旱或水涝造成植物的不良生长,温度过低发生的冷害、冻害,温度过高发生的日灼,营养元素的失调造成的缺素症状等。这类病害没有传染源,在群体内和群体间不能传染,又称为非传染性病害,通常表现为变色、斑点、萎蔫等,但是会随着环境条件的改善而好转。主要可分为物理因素和化学因素。

(一)物理因素

1. 温度 温度是影响植物进行生理生化活动的基础,各种植物都有其正常生长的温度范围,最高、最低以及最适温度。温度过高会引起植物发生病害,如五味子的果实受到高温日灼后会引起日灼斑。温度过低时通常会出现冷害和冻害。冷害是指 0℃以上的低温所引起的病害,药用植物上主要表现为变色、坏死、芽枯、顶枯和表面斑点等。冻害是指 0℃以下低温所致病害,受冻害的植物会出现水渍状的病斑,之后会逐渐死亡。在东北地区的药用植物如人参、五味子等在早春或晚秋容易受到冷害和冻害。

2. 水分和湿度 水分是植物生长的一个重要条件。土壤水分缺乏,导致干旱的发生,生长就会受到影响。受到干旱影响的植物通常首先表现出萎蔫,如果恢复水分补给会得到恢复,如果继续缺水后会导致植株死亡。主要症状表现为叶片黄化脱落、落花、落果等。土壤水分过多会导致土壤氧气不足,造成植物根部有氧呼吸困难,使植物表现为根部腐烂、地上部位叶片变黄脱落等。水分环境的骤变也会导致植物发生病害,如先涝后旱会导致浆果组织开裂。空气的湿度通常不会直接引起病害,但如果伴随大风和高温会导致植物蒸腾作用加速,水分过度流失,使植物表现出叶片焦灼,果实等器官枯萎。

3. 光照 自然生境下植物不可避免要经受光照的影响,不同类型植物对光照的要求也不同。植物光照不足时会导致植株光合作用减弱,造成茎秆徒长、纤细、黄化等。光照过强时通常与高温结合,发生干旱等,会导致植物干枯、萎蔫,发生日灼病或者叶烧病等。

4. 风 高秆植物的倒伏通常与风害有关。六级以上的雷雨大风或者台风,可导致植物折断或者倒伏。如果植物被病原物侵染后发生茎腐或根腐则容易发生倒伏。

(二)化学因素

1. 营养失调 营养失调主要是由于植物内部必需的营养元素失调导致植物所表现出来的不正常的状态,称为缺素。缺素的症状会因为植物的种类不同而异,也与所缺营养元素的功能有关。通常表现为:叶片失绿、黄化、发红或发紫;组织坏死,出现黑心、枯斑、生长点萎缩或死亡;株型异常,器官畸形,生长发育进程出现延迟或提前等。缺乏氮、镁、铁、锰、锌等元素时,植物的叶绿素合成或光合作用受阻,因而叶片出现失绿、黄化现象。缺乏磷、硼等元素,植物体内的糖类运输受阻而滞留于叶片中,从而产生较多的花青素,使叶片呈紫红色斑;氮、磷元素的缺乏影响细胞生长和分裂,使植株生长滞缓、株形矮小;缺乏钙、硼元素则细胞膜不易形成,细胞正常的分裂过程受影响,植物生长点经常出现萎缩或死亡;缺硼还会影响植物花粉的发育和花粉管的萌发生长,影响受精过程,产生"花而不实"现象。

2. 农药、激素使用不当 各种农药和肥料如果使用时浓度过高、使用时期不当或者用量过大等都会对植物造成化学伤害。可造成植物出苗推迟、矮化,植株叶片变色、变形等。按照植物药害发生的快慢可分为急性和慢性两种。急性药害通常在施药后 2~5 天就可以显现症状,通常表现为叶片基部出现坏死的斑点或条纹,叶片退绿、变黄甚至脱落。植物幼嫩组织易发生此类药害。植物慢性药害并不会很快表现症状,而是逐渐影响植物生长发育,导致植物生长缓慢、枝叶长势弱、开花延迟、果实变小等。除草剂和激素类也会引起植物发生药害。目前除草剂造成的药害比较普遍,过多地使用除草剂来处理土壤或者田间喷洒,会造成邻近的植物受到伤害,出现畸形、叶片萎黄甚至死亡等。激素浓度过高也会造成植物畸形。

3. 环境污染 随着环境污染不断加重,植物生长发育也会受到影响。主要包括空气污染,水源和土壤的突然污染等。空气污染主要是工业生产排出来的废气,如氟化氢、二氧化硫和二氧化氮等都会引起植物发生不同程度的病害。其中氟化物会引起植物叶片边缘呈油渍状,逐渐变成黄色、褐色、细胞坏死。二氧化硫会形成酸雨,也会从植物气孔进入,低浓度使叶片失绿,高浓度导致叶片被漂白。臭氧(O_3)也会从植物气孔进入对植物生长造成危害,主要表现为叶片斑驳、退绿、形状大小不一、颜色多变,植株矮小等。

此外,这类病害通常与侵染性病害之间相互影响,多为相互促进。例如,真菌类多出现在湿度大的环境中,引起叶斑病造成树叶早落,减弱了树木生长势,降低了植株越冬期间的抵抗力,易患冻害。

二、药用植物侵染性病害的病原

药用植物侵染性病害是指由生物性病原引起的药用植物病害,具有传染性,也称传染性病害。生物性病原包括真菌、细菌、病毒、线虫、寄生性种子植物等。

(一)真菌

真菌(fungus)是最重要的一类病原物,种类多,分布广泛。真菌属于真核生物,具有固定的细胞核和细胞壁,细胞壁的主要成分为几丁质。它无根、茎、叶的分化,无叶绿素,不能进行光合作用,通过吸取外界营养来维持生命活动,为异养生物。真菌类病害几乎可以危害到所有高等植物,在所有病原物中真菌引起的植物病害最多,在药用植物栽培中许多重要的病害如霜霉病、白粉病、锈病、黑粉病等都是由真菌引起的。

1. 营养体 真菌在营养生长阶段的结构称为营养体,除少数真菌的营养体为无细胞壁的原生质团、有细胞壁的单细胞或假菌丝,多数通常是丝状有分枝的结构,具有几丁质或纤维素的细胞壁,单根丝状体称为菌丝(hypha),许多菌丝缠绕在一起称为菌丝体(mycelium)。菌丝多数呈管状,无色或有色,管状直径一般为2~3μm,最大的可达100μm,菌丝长度可无限生长。一般低等真菌菌丝无隔膜(septum),称为无隔菌丝;高等真菌菌丝多数有隔膜,称为有隔菌丝,两节之间为一个细胞(图1-2)。

真菌类多以菌丝体寄生在寄主中,并在寄主细胞间或穿过细胞扩展蔓延,在寄主中吸取营养。有些真菌的菌丝体会在寄主中形成特殊的结构来吸收养分,这种结构称为吸器

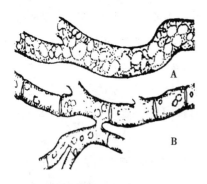

● 图1-2 真菌菌丝
A. 无隔菌丝;B. 有隔菌丝

（haustorium）。吸器的形状因种类不同而异,如白粉病的吸器为掌状,霜霉病为丝状等（图1-3）。

菌丝体可以结合成不同的菌丝组织。一种组织结构较疏松,能看出典型菌丝的长形细胞,称为疏丝组织。另一种组织结构较紧密,组织中的细胞为椭圆形、圆形或多角形,同高等植物的薄壁组织相似,称为拟薄壁组织（图1-4）。由这两种菌丝组织可以构成许多特殊结构,常见的有以下几种。

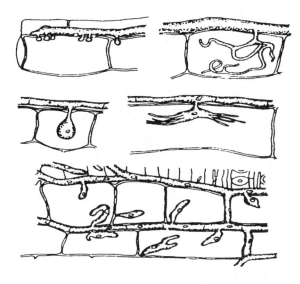

● 图 1-3　真菌吸器类型

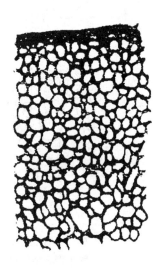

● 图 1-4　拟薄壁组织

（1）菌核:由菌丝体交织成的休眠体。形状有似绿豆、鼠粪或不规则形,褐色或黑色等。有的菌核是由受害植物组织和菌丝共同组成的,称为假菌核。菌核具有贮存养分和度过不良环境的功能。遇适宜环境时,菌核可萌发产生菌丝或繁殖器官。

（2）子座:由拟薄壁组织或疏丝组织构成的可容纳子实体的垫状物,常与基质中的菌丝紧密联系着。通常在子座的表面或里面产生繁殖器官和孢子。所以子座是真菌从营养阶段到繁殖阶段的过渡形式。

（3）菌索:由高等真菌的菌丝纵向并列组成绳索状的菌丝体组织。有的菌索结构很发达,由拟薄壁组织的皮层和疏丝组织的中柱组成,尖端有生长点,与高等植物的根很相似,称为根状菌索。根状菌索有时很发达,粗如鞋带,长达数尺,不但能抵抗不良环境,而且也是真菌沿地表或寄主表面蔓延和侵入寄主组织的工具。

（4）菌膜:菌丝体交织成的膜状、片状体。通常为疏丝组织。

2. 真菌的繁殖　真菌经过营养生长阶段后即进入繁殖阶段,形成各种繁殖体即子实体。多数真菌以一部分营养体分化为繁殖体,其余仍然进行营养生长。真菌可以进行有性生殖和无性生殖,有性生殖产生有性孢子,无性生殖产生无性孢子。孢子功能类似高等植物的种子。

（1）无性生殖:是指真菌不经过性细胞或性器官的结合直接从营养体产生孢子的生殖方式,所产生的孢子称为无性孢子。无性繁殖属于营养繁殖,不经过异性配子的结合。真菌的无性生殖方式可有断裂、裂殖、芽殖和原生质割裂4种方式。无性繁殖过程短,重复次数多,发生在生长季节,产生后代数量大,对植物病害发生蔓延以及病原物的传播起重要作用。常见的类型为休眠孢子、游动孢子、孢囊孢子、分生孢子和厚垣孢

无性孢子

子（图1-5）。无性孢子在一个生长季节内适宜的环境中可重复多次产生,对不良环境抵抗力弱。

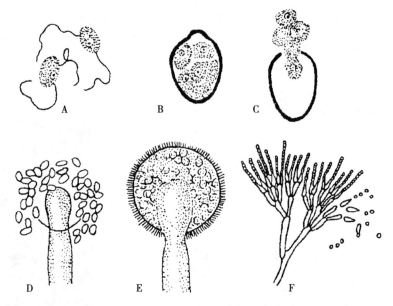

● 图1-5　真菌无性孢子

A. 游动孢子；B. 游动孢子囊；C. 游动孢子囊萌发；D. 孢子囊破裂释
放出孢囊孢子；E. 孢囊梗和孢子囊；F. 分生孢子

游动孢子（zoospore）：游动孢子是在游动孢子囊中产生的内生孢子,是鞭毛菌的无性孢子。游动孢子囊由菌丝或孢囊顶端膨大而成,球形、卵形或不规则形。游动孢子肾形或梨形,无细胞壁,具有1~2根鞭毛,可在水中游动。

孢囊孢子（sporangiospore）：孢囊孢子是在孢子囊中产生的内生孢子,是结合菌的无性孢子。孢子囊由孢囊梗的顶端膨大而成。孢囊孢子球形,有细胞壁,无鞭毛,释放后可随风飘散。

分生孢子（conidium）：在分生孢子梗上产生,成熟后分生孢子从孢子梗上脱落,是子囊菌、半知菌的无性孢子。分生孢子的种类很多,形态、大小、色泽、形成和着生方式都有很大差异。不同真菌的分生孢子梗散生或丛生,有些真菌的分子孢子梗着生在特定形状的结构中,如近球形、具孔口的分生孢子器和杯状或盘状的分生孢子盘。

厚垣孢子（chlamydospore）：是真菌菌丝的某些细胞膨大变圆,原生质浓缩,细胞壁加厚而形成的。与无性孢子不同,厚垣孢子只是休眠体,可抵抗不良环境,条件适宜的情况下萌发成菌丝。

（2）有性生殖:是指真菌通过性细胞或性器官结合产生孢子的繁殖方式,产生的孢子称为有性孢子。多数真菌由菌丝分化产生性器官即配子囊（gametangium）,通过雌雄胚囊结合产生有性孢子,整个过程包括质配、核配和减数分裂。有性孢子抗逆性较强,在寄主的生长季只产生一次,且多在寄主生长的后期。通常为越冬或越夏初侵染的来源。常见的类型有合子、卵孢子、接合孢子、子囊孢子、担孢子等（图1-6）。

有性孢子

休眠孢子囊（resting sporangium）：又称合子,根肿菌、壶菌纲的有性孢子。通常由两个游动配子配合形成合子,再经过核配和减数分裂形成单倍体厚垣孢子释放出游动孢子。根肿菌的休眠孢子囊萌发时通常仅释放一个休眠孢子,所以其休眠孢子囊也称为休眠孢子。

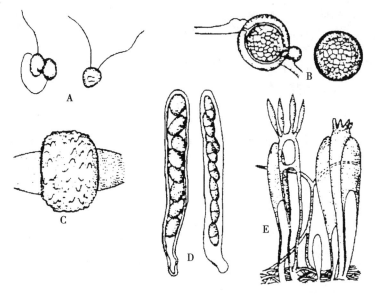

● 图1-6 真菌有性孢子

A. 合子；B. 卵孢子；C. 接合孢子；D. 子囊孢子；E. 担孢子

卵孢子（oospore）：两个异形配子囊即雄器和藏卵器接触后，雄器的细胞质和细胞核经过受精管进入藏卵器，与卵球核配，最后形成球形、厚壁的二倍体卵孢子，如鞭毛菌亚门卵菌的有性孢子。

接合孢子（zygospore）：由两个同型但性别不同的配子囊相结合，经过质配和核配后形成，是接合菌的有性孢子。

子囊孢子（ascospore）：是子囊菌的有性孢子。雌性配子囊受精后产生囊状细胞，称为子囊，有性孢子在子囊中形成。子囊是无色透明、棒状或卵圆形的囊状结构，通常产生在有包被的子囊果内。

担孢子（basidiospore）：是担子菌的有性孢子，通常直接由"+"和"−"菌丝结合形成双核菌丝，双核菌丝顶端膨大形成担子（basidium）。担子内双核经过核配和减数分裂，在担子上产生4个外生担孢子。

3. 真菌的生活史　真菌从一种孢子萌发开始，经过一定的营养生长和繁殖阶段，最后又产生同一种孢子的过程称为真菌生活史。典型的生活史包括无性和有性两个阶段。真菌的菌丝体在适宜条件下生长一段时间后，进行无性繁殖产生无性孢子，无性孢子萌发成新的菌丝体，为无性阶段，在一个生长季节可重复多次。菌丝体在生长后期进入有性阶段，产生有性孢子，有性孢子萌发发育成菌丝体，回到产生无性孢子的无性阶段（图1-7）。真菌生活史类型具有多种

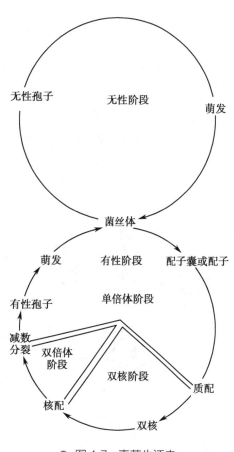

● 图1-7 真菌生活史

多样,大体可划分为5种。

（1）无性型（asexual）：只有无性阶段，无有性阶段，如半知菌。

（2）单倍体型（haploid）：营养体和无性繁殖体均为单倍体，有性生殖立即进行核配和减数分裂，二倍体阶段很短，如子囊菌。

（3）单倍体-双核型（haploid-dikaryon）：出现单核单倍体和双核单倍体菌丝，如担子菌。

（4）单倍体-二倍体型（haploid-diploid）：生活史出现单倍体和二倍体营养体，且两者有明显的交替现象。

（5）二倍体型（diploid）：营养体为二倍体，或生活中二倍体占绝大多数时间。

真菌类生活中还会出现多型现象、单主寄生和转主寄生。其中多型现象是指整个生活中存在2种及2种以上的孢子。单主寄生指该类菌在一种寄主上就可以完成生活史。转主寄生指该类菌需要在2种以上寄主中寄生才能完成生活史。应了解真菌的生活史，根据病害的发生特点制定防治措施。

4. 药用植物病原真菌的主要类群　早期人们将生物分为动物界和植物界，真菌归属于植物界。但是真菌类不能进行光合作用，也不能像动物一样进行吞食食物获得营养。因此许多学者认为，真菌应该独立分为一界。Whittaker（1969）提出生物界分为5界，即原核生物界、原生生物界、真菌界、植物界和动物界。按Ainsworth（1973）的分类系统将真菌界分2个门，即营养体为变形体或原生质团的黏菌门，营养体主要为菌丝体的真菌门，真菌门分为5个亚门：鞭毛菌亚门、接合菌亚门、子囊菌亚门、担子菌亚门、半知菌亚门。

（1）鞭毛菌亚门：鞭毛菌亚门种类多、形态差异大，主要特征是营养体为单细胞或者无隔菌丝；无性繁殖产生游动孢子，具有1~2根鞭毛；有性孢子为合子（休眠孢子囊）和卵孢子。该亚门的真菌大多数生活于水中，少数具有陆生习惯，也有寄生。鞭毛菌亚门的真菌喜高湿、多雨、低洼积水和不通风的环境，所以在这些环境下植物更易感染此类病原物引起病害。感病植物会表现出腐烂、斑点、猝倒、流胶等。

鞭毛菌亚门的真菌有1 100多种，根据游动孢子鞭毛和着生位置等特征划分为4个纲：根肿菌纲（Plasmodiophoromycetes）、壶菌纲（Chytridiomycetes）、丝壶菌纲（Hyphochytridiomycetes）和卵菌纲（Oomycetes）。

鞭毛菌亚门中与药用植物病害有关的真菌多来源于卵菌纲。

卵菌纲：游动孢子的侧方生1根茸鞭和1根尾鞭。本纲真菌中有许多重要药用植物病原菌。

霜霉目（Peronosporales）：该目真菌同其他卵菌的主要区别是藏卵器中只有1个卵球，受精后发育成1个卵孢子。

1）腐霉科（Pythiaceae）：腐生到兼性寄生，孢囊梗和菌丝区别不大，分化不明显，藏卵器中卵周质不明显。

腐霉属（Pythium）：孢囊梗与菌丝分化不明显；孢子囊成熟后一般不脱落，萌发时形成泡囊，在泡囊内形成游动孢子。有性繁殖在藏卵器内产生1个卵孢子（图1-8）。此类

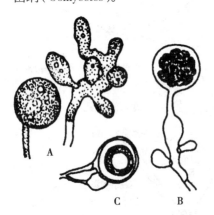

● 图1-8　腐霉属
A. 孢囊梗和孢子囊；B. 孢子囊萌发形成泡囊；C. 雄器、藏卵器和卵孢子

真菌多生于潮湿肥沃的土壤中,可以侵染植物的根、茎、果,引起植株幼苗猝倒和果实腐烂。如人参、西洋参猝倒病。

疫霉属(*Phytophthora*):孢囊梗与菌丝有差别;孢子囊成熟后可以脱落,游动孢子在孢子囊内形成,很少形成泡囊;雄器侧生或包围在藏卵器,在藏卵器内产生1个卵孢子;两栖或陆生,多兼性寄生(图1-9)。可引起人参、西洋参等疫病。

0105

疫霉孢囊孢子

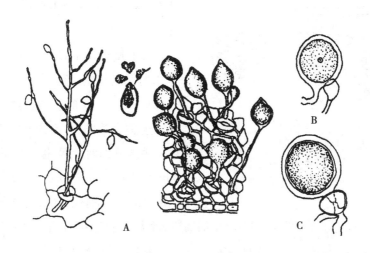

● 图 1-9　疫霉属
A. 孢囊梗、孢子囊和游动孢子;B. 雄器侧生;C. 雄器包围在藏卵器基部

2)霜霉科(Peronosporaceae)(图1-10):专性寄生,孢囊梗分化程度高,树枝状分枝,从寄主的气孔生出,卵周质明显。

单轴霉属(*Plasmopara*):孢囊梗单轴直角分枝,末端平钝。如苍耳的霜霉病。

霜霉属(*Peronospora*):孢囊梗有限生长,分化成各种特殊分枝;孢子囊卵圆形,成熟后随风传播,萌发产生游动孢子或直接产生芽管;陆生、专性寄生,引起菘蓝、党参、延胡索霜霉病。

0106

霜霉

假霜霉属(*Pseudoperonospora*):孢囊梗主干单轴分枝,然后作2~3回不完全对称的二叉状锐角分枝,末端尖细。如啤酒花霜霉病。

盘梗霉属(*Bremia*):孢囊梗二叉锐角分枝,末端膨大呈盘状,常常引起菊科植物的霜霉病。

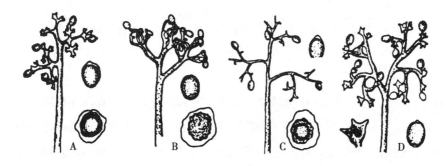

● 图 1-10　霜霉科重要的属
A. 单轴霉属;B. 霜霉属;C. 假霜霉属;D. 盘梗霉属

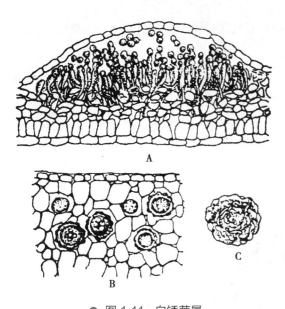

● 图1-11 白锈菌属
A. 寄生在寄主表皮细胞下的孢囊梗及孢子囊；B. 病组织内的卵孢子；C. 卵孢子放大（示瘤状突起）

3）白锈菌科（Albuginaceae）：专性寄生菌，孢子囊梗为棒状，顶端产生成串的孢子囊。孢子堆为白色，生长到一定阶段，顶破表皮，释放白色粉末状孢子（称为白锈）。

白锈菌属（*Albugo*）：孢囊梗不分枝，短棍棒状，密集在寄主表皮下成栅栏组织，顶端串生游动孢子囊（图1-11）；专性寄生，引起独行菜、牛膝、天仙子等白锈病。

（2）接合菌亚门：接合菌亚门真菌的营养体为无隔菌丝，菌丝体发达；无性繁殖在孢子囊内产生孢囊孢子；有性繁殖产生接合孢子。这类真菌陆生，绝大多数腐生，少数弱寄生。主要分为两个纲，接合菌纲（Zygomycetes）和毛菌纲（Trichomycetes）。接合菌纲中毛霉目（Mucorales）具有代表性的是根霉属。

根霉属（*Rhizopus*）：菌丝发达，可分化出匍匐丝和假根；孢囊梗丛生，孢囊梗与假根对生，端生球状孢子囊，内生孢囊孢子，有性生殖产生接合孢子。该类真菌引起人参、百合、香木瓜、芍药等腐烂（图1-12）。

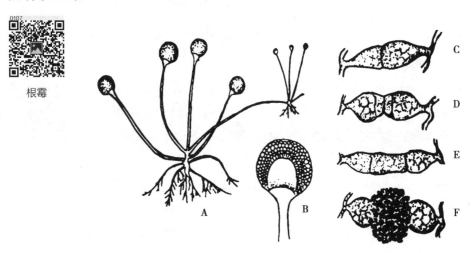

根霉

● 图1-12 根霉菌
A. 孢囊梗、孢子囊、假根和匍匐枝；B. 放大的孢子囊；C. 原配子囊；
D. 原配子囊分化为配子囊和配子囊柄；E. 配子囊交配；F. 交配后形成接合孢子

（3）子囊菌亚门：子囊菌亚门占真菌的1/3，都属于高等真菌。营养体为有隔菌丝体，少数为单细胞（如酵母菌）。菌丝可形成子座、菌核等。无性繁殖形成厚垣孢子和各种类型的分生孢子。分生孢子梗常聚生或与营养菌丝和寄主组织形成具有特殊形态的子实体，如孢梗束、分生孢子盘、分生孢子器等。有性孢子产生子囊孢子，产生于不同形态的子囊内，子囊是减数分裂和核配的场所，可产生一定数目（多为8个，也有4个或16个）的子囊孢子。子囊大多产生在由菌丝形成的包被内,形成具有一定形状的子实体,称作子囊果(ascocarp),主要有子囊壳、闭囊壳、子囊腔和子囊盘(图1-13)。这类真菌是真菌中最大的类群,可陆生、腐生、寄生。有些是植物病害的重要病原菌,引起斑点、炭疽病、溃疡等症状。

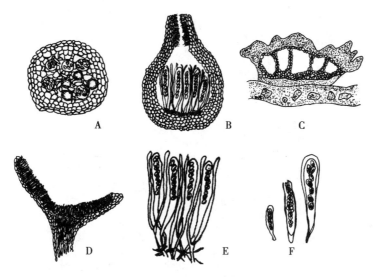

● 图 1-13　子囊菌子囊果类型
A. 闭囊壳;B. 子囊壳和子囊;C. 子座组织和子囊腔;D. 子囊盘和
子囊;E. 子囊和侧丝;F. 双层壁的子囊

子囊菌分6纲。与药用植物病害相关的主要有3个纲。

1)半子囊菌纲(Hemiascomycetes):营养菌丝为双核菌丝,不形成子囊果,子囊裸生。危害植物的有外囊菌目,外囊菌属。

外囊菌属(*Taphrina*):子囊长圆筒形;子囊孢子芽殖产生芽孢子。引起桃缩叶病、桤木叶肿病、李丛枝病及李囊果病等。

2)不整子囊菌纲(Plectomycetes):子囊散生在闭囊壳内,子囊壁易消解,通常只看到散生的子囊孢子。绝大多数种类是腐生菌,只有少数种类如青霉(*Penicillium*)和曲霉(*Aspergillus*)属中的一些种能引起种实霉烂及多种贮藏药材腐烂。

3)核菌纲(Pyrenomycetes):子囊果是子囊壳,如果是闭囊壳则子囊排列成束。主要有白粉菌目。

白粉菌目(Erysiphales):子囊果属闭囊壳,在闭囊壳的外壁上产生一种厚壁的菌丝,称为附属丝,附属丝有不同的形状。菌丝体、分生孢子和子囊果大都生在植物体表面,而以吸器伸入植物细胞吸取养分。白粉菌都是专性寄生菌。白粉菌目仅有一科为白粉菌科(Erysiphaceae)。常见有以下几属(图1-14)。

白粉菌属(*Erysiphe*):菌丝体大多在寄主表面以吸器从寄主吸收营养,分生孢子单细胞,椭圆形,单生或串生;闭囊壳内有多数子囊,附属丝菌丝状,子囊孢子单细胞,无色。可引起牛蒡、菊花、土木香、黄芩、枸杞、黄芪、防风、川芎、甘草、薄荷、大黄和黄连等药用植物白粉病。

单囊壳属(*Sphaerotheca*):闭囊壳内只产生1个子囊。附属丝菌丝状。引起啤酒花、牛蒡等白粉病。

叉丝单囊壳属(*Podosphaera*):闭囊壳内只产生1个子囊,附属丝刚直,顶端为一次或数次整齐的二叉状分枝,如引起山楂、稠李白粉病等。

白粉菌

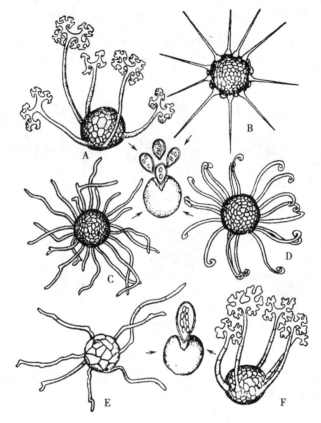

● 图 1-14 白粉菌闭囊壳、子囊和子囊孢子
A. 叉丝壳属；B. 球针壳属；C. 白粉菌属；D. 钩丝壳属；
E. 单囊壳属；F. 叉丝单囊壳属

叉丝壳属（*Microsphaera*）：闭囊壳内有多数子囊。附属丝顶端有数回叉状分枝。引起小檗、忍冬、黄芪、接骨木等白粉病。

钩丝壳属（*Uncinula*）：闭囊壳内有多数子囊，附属丝顶端卷曲呈钩状，引起葡萄、盐肤木、桑等白粉病。

球针壳属（*Phyllactinia*）：闭囊壳内有多数子囊，附属丝刚直，长针状，基部球形膨大，引起臭椿白粉病。

球壳菌目（Sphaeriales）营养体和无性繁殖体很发达，可以产生菌核和无性孢子。有性生殖形成有孔口的子囊壳。

小丛壳属（*Glomerella*）：子囊壳产生在菌丝层上或半埋于子座内；没有侧丝；子囊孢子单细胞，无色（图 1-15）。引起植物炭疽病，如红花的炭疽病。

虫草属（*Cordyceps*）：寄生昆虫使虫体变成菌核，菌核萌发产生有长柄的头状子座；子囊壳着生子座内。如冬虫夏草菌 *Cordyceps sinensis*（BerK.）Sacc 寄生在蝙蝠蛾幼虫上形成了一种珍贵的中药材。

4）盘菌纲（Discomycetes）：子囊果为子囊盘。

柔膜菌目（Helotiales）子囊盘自基物上生出或自菌核上生出。

● 图 1-15 小丛壳属

子囊无囊盖,子囊之间有侧丝。

核盘菌属(*Sclerotinia*):具有长柄的子囊盘产生在菌核上;子囊孢子椭圆形或纺锤形,单细胞,无色(图1-16)。引起细辛、番红花、人参、补骨脂、红花、三七、延胡索等菌核病。

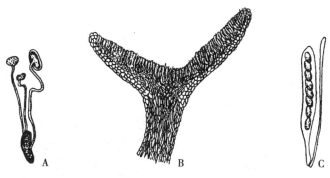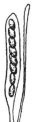

核盘菌子囊盘

● 图1-16 核盘菌属

A. 核盘菌属萌发形成子囊盘;B. 子囊盘剖面示子实层;C. 子囊、
子囊孢子及侧丝

5)腔菌纲(Loculoascomycetes):子囊生在子囊座内的子囊腔里。子囊具双层壁。

格孢腔菌目(Pleosporales):子囊座内为单个子囊腔;子囊之间有假侧丝,子囊长圆柱形;子囊孢子多隔或砖隔(也有单细胞或双细胞)。

小球腔菌属(*Leptosphaeria*):子囊座球形或亚球形子囊壳状,先在寄主表皮下发育,然后突破寄主表皮而外露。子囊圆筒形,子囊间有拟侧丝,子囊孢子具有3至多个隔膜,除极少数为丝状外,通常为梭形,黄褐色至无色。寄生于川芎、夏至草和罂粟等药用植物。

格孢腔菌属(*Pleospora*):子囊孢子卵圆形或长圆形,砖隔状,无色或黄褐色。寄生于夏枯草、荨麻等。

(4)担子菌亚门:担子菌亚门的真菌营养体为发达的有隔菌丝体,在生活史中,菌丝可分为初生菌丝、次生菌丝和三生菌丝3种类型。其中初生菌丝由单核的担孢子萌发形成,无隔多核,不久可产生隔膜分为多个细胞,每个细胞含有1个细胞核,故也称单核菌丝体。次生菌丝是由两个初生菌丝两个单核细胞结合形成双核菌丝,也称双核菌丝。两个单核细胞结合时,仅发生质配,不发生核配,从而形成双核细胞。三生菌丝是构成担子菌子实体的菌丝,是由次生菌丝转化而成。

担子菌无性繁殖不发达,通常在自然条件下不进行无性繁殖。担子菌有性繁殖中除锈菌产生特殊的生殖结构精子器外,一般都没有明显的性器官。多数高等的担子菌都是菌丝进行联合产生双核菌丝,营养生长后期菌丝顶端直接形成担子。多数担子着生在子实体上,也称为担子果。常见的各种蘑菇、木耳、灵芝等都是担子菌的担子果。

担子菌根据担子果有无和担子的发育类型分为3个纲:冬孢菌纲、层菌纲、腹菌纲。

1)冬孢菌纲(Teliomycetes):不产生担子果,在寄主组织中产生成堆的冬孢子或厚垣孢子,冬孢子或厚垣孢萌发时产生担子,担子多有隔。活体营养生物,有些可在人工培养基上生长。

其中与药用植物有关的主要为锈菌目和黑粉菌目。主要引起药用植物的锈病和黑粉病。

锈菌目(Uredinales):锈菌形态特征和生活史通常比较复杂。具有多型现象,最多可以产生5种类型孢子:性孢子、锈孢子、夏孢子、冬孢子和担孢子(图1-17)。

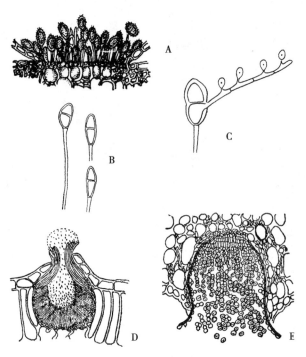

● 图 1-17　锈菌 5 种类型的孢子
A. 夏孢子堆和夏孢子；B. 冬孢子；C. 冬孢子萌发产生
担子和担孢子；D. 性孢子器；E. 锈孢子器和锈孢子

0. 性孢子器和性孢子：性孢子器是由担孢子萌发形成的单核菌丝体侵染寄主形成的。性孢子器中有性孢子和受精丝,性孢子单核。

Ⅰ. 锈孢子器和锈孢子：锈孢子器和锈孢子是由性孢子器的性孢子与受精丝交配后形成的双核菌丝体产生的,锈孢子双核。因此,锈孢子器和锈孢子一般是与性孢子器和性孢子伴随产生。

Ⅱ. 夏孢子堆和夏孢子：夏孢子是双核菌丝体产生的成堆的双核孢子,在生长季节中可连续产生多次,作用与分生孢子相似。

Ⅲ. 冬孢子堆和冬孢子：冬孢子是由双核菌丝体进行核配产生的双核孢子,一般是在生长后期形成的休眠孢子。

Ⅳ. 担子和担孢子：一般是由冬孢子萌发产生的。多数属冬孢子萌发时先产生分隔的担子,细胞核同时进行减数分裂,横裂四胞,每胞生一小柄,其上生担孢子,担孢子单胞,无色或微带黄色。锈菌目全是专性寄生菌,引起植物锈病,其中危害药用植物的主要有如下几属。

单胞锈菌冬孢子

柄锈菌冬孢子

单胞锈菌属（Uromyces）：冬孢子和夏孢子均为单细胞,冬孢子有柄,夏孢子具有瘤状突起（图 1-18）,可引起乌头、黄芪、甘草、连翘、平贝母等锈病。

柄锈菌属（Puccinia）：冬孢子堆叶面下生,大多突出叶表皮；单主或转主寄生；冬孢子双胞,有柄,深褐色,椭圆、棒状；夏孢子黄褐色,单胞,有柄、有刺（图 1-18）。引起茅苍术、北苍术、白术、牛蒡、红花、菊芋等菊科药用植物锈病,延胡索、柴胡、山药、秦艽、白芷、珊瑚菜、大黄、何首乌、党参、芦苇、薄荷等锈病。

鞘锈菌属（Coleosporium）：这一属在形态特征上基本与单胞锈菌属相同,只是冬孢子是由两个细胞组成的,每个细胞有一芽孔。夏孢子堆黄橙色,生在叶背,散生至集生,圆形或椭圆形,壁上有瘤状突起。引起泽兰、黄柏、紫苏、花椒等锈病。

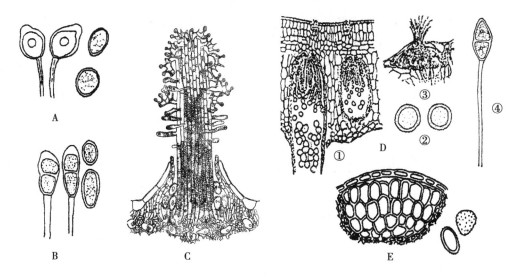

● 图 1-18　锈菌重要的属

A. 单胞锈菌属；B. 柄锈菌属；C. 柱锈菌属；D. 胶锈菌属

（①锈孢子器，②锈孢子，③性孢子，④冬孢子）；E. 层锈菌属

胶锈菌属（*Gymnosporangium*）：冬孢子为双细胞，浅黄色至暗褐色，顶端平截，具长柄，遇水胶化。性孢子器埋生于上表皮内，瓶形。锈孢子器长管状，锈孢子串生，球形。无夏孢子阶段；转主寄生的冬孢子阶段多寄生在松柏科的桧属上（图 1-18）。常引起山楂的锈病。

柱锈菌属（*Cronartium*）：冬孢子堆大，常常呈毛发状，突破寄主表皮。冬孢子矩形，单胞。锈孢子器有包被，锈孢子串生，椭圆形，有较粗的瘤，无休眠。夏孢子单胞，有柄，椭圆或圆形，具刺，夏孢子堆具包被（图 1-18），引起芍药锈病。

层锈菌属（*Phakopsora*）：本属的生活史尚不明了，一般只能发现夏孢子、冬孢子堆。夏孢子堆破皮而出，粉状，有侧丝；夏孢子单生于柄上，倒卵形，近球形或椭圆形，有小刺，稀有小疣。冬孢子堆不分裂，扁球形，由两层以上的冬孢子组成；冬孢子单胞，棱柱形或矩形，光滑淡色（图 1-18）。引起鸭跖草、酸枣、蒿属、紫菀属、菊属和泽兰属植物锈病。

黑粉菌目（Ustilaginales）：这类真菌以双核菌丝体在寄主的细胞间寄生，后期在寄主组织内部产生冬孢子，冬孢子黑色粉状。冬孢子萌发时产生担子，担孢子侧生或顶生，担孢子不生在小柄上，数目不固定，孢子不强力射散，主要有以下几个属引起植物病害（图 1-19）。

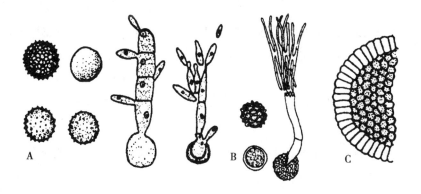

● 图 1-19　黑粉菌重要的属

A. 黑粉菌属冬孢子及其萌发产生担子和担孢子；B. 腥黑粉菌属；C. 实球黑粉菌属

黑粉菌属（*Ustilago*）：可在寄主上产生冬孢子堆,黑褐色,成熟后粉状,冬孢子散生,近球形,表面光滑或有纹,萌发时产生有隔担子,有些不产生担子。如引起知母、慈姑黑粉病,薏米黑穗病。

腥黑粉菌属（*Tilletia*）：粉状或带胶合状的孢子堆大都产生在植物子房内,常有腥味。冬孢子萌发,产生无隔膜的先菌丝,顶端产生束状的担孢子。如薏米腥黑穗病。

实球黑粉菌属（*Doassansia*）：冬孢子集结成大型、坚实的孢子球,外围有不孕的细胞包被,引起慈姑的黑粉病。

2）层菌纲（Hymenomycetes）：层菌多具有发达的担子果,子实层裸露。担子排列成子实层,担子有隔或无隔,外生4个担孢子,通常只产生担孢子。多为腐生,可食用的菌类多属于本纲的真菌,如香菇、蘑菇、猴头等。少数为植物病原菌。通常以土壤中的菌核、菌丝等进行蔓延和传播。可以通过植物的伤口侵入到根部维管束,破坏木质部,造成根腐等。

卷担子属（*Helicobasidium*）：担子果松软平滑,平伏状。担子圆柱形,卷曲,有隔膜,小梗着生在担子的一侧。担孢子无色,卵形,寄主范围广泛,可引起药用植物紫纹羽病,如丹参、黄连等的紫纹羽病。

隔担子属（*Septobasidium*）：担子果平伏状,蜡质至壳质。担子圆筒形,4个细胞。担子果伏在树上形如膏药,可引起桑等植物的膏药病。

3）腹菌纲（Gasteromycetes）：有担子果,典型的被果型,担子形成子实层,担子是无隔担子。腹菌纲真菌都是腐生的,有些可食用和药用。马勃属（*Lycoperdon*）真菌有多种是可食用和药用,马勃成熟后的孢子可作止血药。

（5）半知菌亚门：半知菌亚门的真菌营养体多为分枝繁茂的有隔菌丝体;无性繁殖产生各种类型的分生孢子;多数半知菌未发现有性阶段或无有性阶段,少数发现有性阶段的种类多属于子囊菌,少数为担子菌。

分生孢子梗着生的方式也不相同,有散生的,有聚生而形成分生孢子梗束或分生孢子座的。分生孢子梗束（synnema）是一束基部排列较紧密、顶部分散的分生孢子梗,顶端或者侧面产生分生孢子。分生孢子座（sporodochium）是由很多聚集成垫状的,很短的分生孢子梗形成,顶端产生分生孢子。有些半知菌形成称作分生孢子盘和分生孢子器的孢子果。分生孢子盘（acervulus）是垫状或者浅盘状,上边有成排的短分生孢子梗,顶端产生分生孢子。分生孢子盘四周或者中间有时还有深褐色的刚毛。寄生性真菌的分生孢子盘多半产生在寄主的角质层或者表皮下,成熟后露出表面。分生孢子器（pycnidium）有球形、拟球形、瓶状,或者不规则形状（图1-20）,颜色、大小和结构也有所不同,一般有固定的孔口和拟薄壁组织的器壁。分生孢子器的内壁形成分生孢子梗,顶端着生分生孢子,也有的分生孢子从内壁细胞直接产生。按Saccardo的分类系统半知菌亚门分为3个纲:芽孢纲（Blastomycetes）、丝孢纲（Hyphomycetes）和腔孢纲（Coelomycetes）。

1）芽孢纲:真菌营养体为单细胞或有不发达的菌丝体,芽殖生殖。本纲包括各种酵母类,同植物病害无关。

2）丝孢纲:丝孢纲的营养体是发达的菌丝体,分生孢子梗散生、束生或着生在分生孢子座上,梗上着生分生孢子,分生孢子一般不产生在分生孢子盘或分生孢子器内。其中的镰孢属、丝核菌属、尾孢属等是药用植物常见的致病菌类。

无孢目（Agonomycetales）菌丝发达,但不产生分生孢子,有的能形成厚垣孢子或菌核。

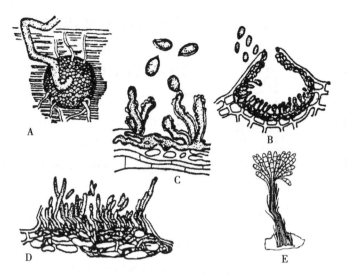

● 图 1-20　半知菌子实体

A. 分生孢子器外形；B. 分生孢子器剖面；C. 分生孢子梗；

D. 分生孢子盘；E. 分生孢子束

小核菌属（*Sclerotium*）：产生菌核，菌核不规则形，外表黑色，内部浅色；菌丝组织紧密，核间无丝状连接体，不产生无性孢子（图 1-21）。如引起黄芪白绢病、玄参白绢病、延胡索菌核病等。

丝核菌属（*Rhizoctonia*）：菌丝在寄主表面呈蛛网状，菌丝黄褐色，常呈直角分枝，分枝处缢缩；菌核褐色或黑色，表面粗糙，形状不一，表里颜色不同，菌核间有丝状体相连；菌丝组织疏松，不产生分生孢子（图 1-21）。常常会引起百合、人参、白术、三七等立枯病。

丝核菌菌丝

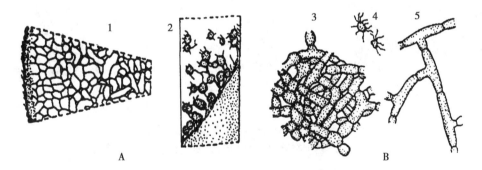

● 图 1-21　小核菌属和丝核菌属

A. 小核菌属：1. 菌核剖面，2. 菌核；

B. 丝核菌属：3. 菌组织，4. 菌核，5. 菌丝（直角分枝）

从梗孢目（Moniliales）分生孢子产生于分生孢子梗上，分生孢子梗散生。

链格孢属（*Alternaria*）：分生孢子梗暗色，不分枝；分生孢子单生或者串生，褐色，卵形或棍棒形，有纵横分隔（图 1-22），引起茅苍术、北苍术、红花、浙贝母、麦冬、商陆、人参黑斑病等。

尾孢属（*Cercospora*）：分生孢子梗黑褐色，丛生不分枝，有时呈屈膝状，分生孢子线形、鞭形或者蠕虫形，有数个横隔，无色至浅褐色（图 1-22）。如白芷灰斑病，草豆

链格孢孢子

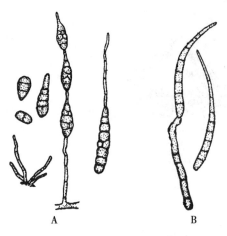

● 图 1-22　链格孢属和尾孢属
A. 链格孢属（分生孢子和分生孢子梗）；
B. 尾孢属（分生孢子和分生孢子梗）

蔻、芍药叶斑病,玉竹褐斑病等。

粉孢霉属（*Oidium*）:菌丝生在植物体外,以吸器伸入寄主细胞内,外表呈白色粉层。菌丝白色分枝,产生直而无分枝的分生孢子梗,顶生椭圆形分生孢子。孢子无色,串生或单生,自上而下先后成熟（图 1-23）。多数是白粉菌科的无性阶段,少数生长在南方的种,不常产生子囊阶段。引起多种药用植物白粉病。

葡萄孢属（*Botrytis*）:菌丝匍匐,灰色。孢梗不规则地呈树形分枝或单生,顶端细胞膨大成球形,上生小梗,梗上生分生孢子,集成穗状（图 1-23）。有性阶段属于葡萄孢盘菌属（*Botryotinia*）。引起浙贝母、芍药的灰霉病等。

柱隔孢属（*Ramularia*）:菌丝生于寄主叶内。孢梗成束,不分枝或有稀疏的小分叉。分生孢子无色,圆柱形或棒形,单生在孢梗顶端,有时 2~3 个相连成串,典型者有 2 个以上的隔膜,有时无横隔或只有 1 个横隔（图 1-23）。危害大黄、益母草、白芷、薄荷、颠茄、接骨木等,造成角斑、褐斑等症状。

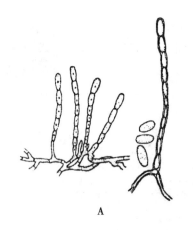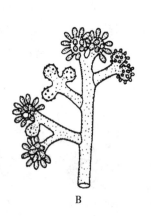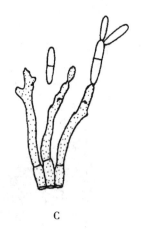

● 图 1-23　粉孢霉属、葡萄孢属和柱隔孢属
A. 粉孢霉属;B. 葡萄孢属;C. 柱隔孢属

柱孢属（*Cylindrocarpon*）:分生孢子梗由子座伸出,或形成于菌丝侧枝。大型分生孢子顶生,圆柱形至纺锤形,无色,直或弯,两端钝圆,无脚胞,1~10 个隔膜。小型分生孢子有或无,卵圆形,无色,0~1 个隔膜。厚垣孢子有或无,球形,无色至褐色,单生、链状或成团,腐生或寄生于主根,引起人参和西洋参锈腐病（图 1-24）。

瘤座孢目（Tuberculariales）分生孢子产生在垫状的菌丝结构上,这个结构称为分生孢子座。

镰孢菌孢子

镰孢属（*Fusarium*）:分生孢子梗无色,自然情况下常结合成分生孢子座,在人工培养下分生孢子梗多为单生,很少形成分生孢子座。气生菌丝白色,绒毛状,两种分生孢子,小型分生孢子量大,无色,卵圆形,单胞,偶尔双胞;大型分生孢子无色,纺锤形或镰刀形,1~5 个隔膜,基部有时有一显著的突起,称为足胞（图 1-25）。有性阶段

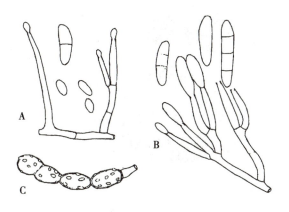

● 图 1-24　柱孢属

A. 小型分生孢子及分生孢子梗；B. 大型分生孢子及分生孢子梗；C. 厚垣孢子

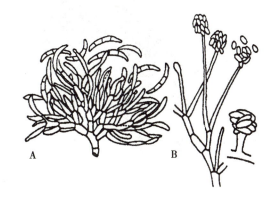

● 图 1-25　镰孢属

A. 分生孢子梗及大型分生孢子；B. 分生孢子梗及小型分生孢子

为赤霉属（*Gibberella*）、丽赤壳属（*Calonectria*）、丛赤壳属（*Nectria*）和菌寄生属（*Hypomyces*）等子囊菌。引起党参、当归、三七、川芎、牡丹等根腐病，红花、地黄枯萎病等。

3）腔孢纲：分生孢子产生在分生孢子盘或分生孢子器内。

黑盘孢目（Melanconiales）分生孢子产生在分生孢子盘内。

炭疽菌属（*Colletotrichum*）：分生孢子盘生于寄主表皮之下，其内着生黑褐色刚毛，分生孢子梗不分枝，分生孢子单胞，长椭圆形（图 1-26），其有性阶段为小丛壳属（*Glomerella*）。寄主范围广泛，可引起三七、人参、罂粟、红花、佛手、枸杞、山药等炭疽病。

球壳孢目（Sphaeropsidales）分生孢子产生在分生孢子器内。

壳针孢属（*Septoria*）：分生孢子器球形，黑色散生，有孔口，埋生于寄主表皮下；分生孢子无色，线形，多隔膜（图 1-27），引起玄参、柴胡、菊花、白术、山药、防风、龙胆、党参、白芷、地黄、薄荷等药用植物的斑枯病。

壳针孢分生孢子器及内部孢子

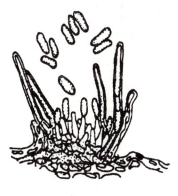

● 图 1-26　炭疽菌属

● 图 1-27　壳针孢属

叶点霉属（*Phyllosticta*）：分生孢子器黑色，有孔口，凸透镜形到球形，埋在寄主组织内，自组织内突出或以短喙穿出表皮。孢梗或发育不全。分生孢子无色，小，单胞，卵形到长形，寄生在叶片上引起叶斑。病斑圆形到椭圆形，褐斑，有明显的边缘（图 1-28）。如引起女贞叶斑病。

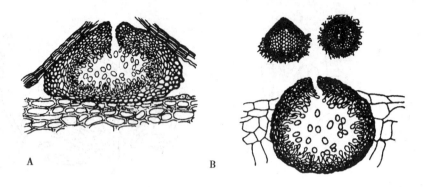

● 图 1-28　叶点霉属和茎点霉属

A. 叶点霉属分生孢子器和分生孢子；B. 茎点霉属分生孢子器和分生孢子

茎点霉属（*Phoma*）：分生孢子器埋于寄主组织内或外露，有明显或不明显的孔口，外壁常呈暗色。分生孢子小，长不到 15μm，无色，单细胞，卵形、椭圆形或长方形。孢梗短，不分枝，不明显（图 1-28）。引起玄参、白鲜叶斑病，防风、何首乌茎枯病等。

壳二孢属（*Ascochyta*）：分生孢子器埋于病叶组织内，壁膜质，基部分化程度较浅，有孔口；分生孢子无色，双孢，卵形、椭圆形或长方形；孢梗不分叉，短，常不显著（图 1-29）。引起大黄、防风、黄芪轮纹病，白芷、菊花、刺五加、乌头、泽泻、玄参、地黄、红花、曼陀罗等多种药用植物的褐斑病。

大茎点霉属（*Macrophoma*）：分生孢子器黑色，圆形，有孔口，自寄主表面突出。孢梗单生，短或细长。孢子单胞，无色，长 15μm 以上，卵形到宽圆筒形（图 1-29）。如引起玉竹紫轮病、杜仲枯枝病等。

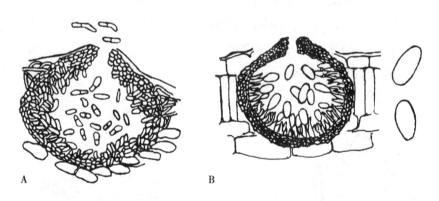

● 图 1-29　壳二孢属和大茎点菌属

A. 壳二孢属；B. 大茎点菌属

5. 药用植物真菌病害的症状和诊断　真菌所致病害症状类型多样，典型的病征是常在被害部位的表面长出霉状物、粉状物、颗粒状物等，是真菌性病害的重要标志。

对真菌性病害作诊断时，如用湿润的解剖刀把病部霉状物或粉状物等刮下来，或撕下病部表皮，在显微镜下观察，就可鉴定。如果病部没长出真菌的繁殖体，可保湿，使繁殖体长出来。

应该注意，在寄主的已死部位，有时也生有霉状物。这不一定是真正的病原真菌，可能是腐生菌。为了搞清楚真正的致病真菌，需要进行分离培养，按科赫法则所规定的步骤来鉴定病原真菌。

（二）药用植物病原原核生物

植物病原原核生物是微小的原核单细胞生物,结构简单,无真正的细胞核,无核膜包围,核质分配在细胞质中,形成椭圆形或者近圆形的核质区域。植物病原原核生物可以引发许多药用植物严重的病害,主要表现为植株腐烂、斑点、枯萎、溃疡等,在潮湿的环境下植株病处会溢出脓状或黏液状的菌脓,并散发出特殊的腐败臭味。

1. 药用植物病原原核生物的一般性状

（1）形态特征:植物病原细菌大多是短杆状菌,大小为(0.5~0.8)μm×(1~3)μm。有鞭毛,着生在菌体的一端或者两端,称为极鞭,着生在菌体四周的称为周鞭(图 1-30)。细菌鞭毛的有无、数目和着生位置是细菌分类的重要依据。细菌类没有固定的细胞核,核物质聚集在细胞质中央,形成拟核区。在有些种类中还有独立于核质之外的环状遗传物质,称为质粒(plasmid),它决定细菌的抗药性等。

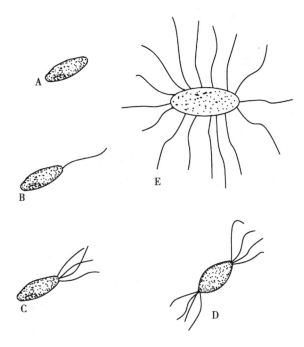

● 图 1-30 细菌形态及鞭毛

A. 无鞭毛;B. 单极鞭毛;C. 单极丛鞭毛;D. 双极丛鞭毛;E. 周生鞭毛

（2）繁殖:植物病原细菌依靠细胞渗透作用吸收寄主的营养,通过裂殖的方式进行繁殖,繁殖速度较快,在适宜的条件下 20 分钟左右可以裂殖一次。植物病原细菌可以在普通的培养基上进行培养,生长的最适宜温度为 26~30℃,耐低温,但是对高温敏感,通常在 50℃以上处理 10 分钟即死亡。一些芽孢杆菌在菌体内可以形成内生孢子,称为芽孢,具有很强抗逆能力。

2. 药用植物病原原核生物的分类　植物病原原核生物分属于薄壁菌门、厚壁菌门和软壁菌门,其中以薄壁菌门最多。

（1）薄壁菌门:细胞壁薄,厚度 7~8nm,细胞壁中含肽聚糖为 8%~10%,革兰氏反应阴性。

主要有假单胞菌属（*Pseudomonas*）、黄单胞菌属（*Xanthomonas*）、土壤杆菌属（*Agrobacterium*）、欧文氏菌属（*Erwinia*）。主要特征如表 1-1。

表 1-1　薄壁菌门主要的植物病原菌特征

重要属	主要特征		药用植物病害
	鞭毛	菌落	
假单胞菌属 *Pseudomonas*	极生,1~4 根或者多根	圆起、隆起、灰白色,多数有荧光反应	丹参的叶斑病
黄单胞菌属 *Xathomonas*	极生,单根毛	隆起、黏稠,蜜黄色,产生水溶性色素	牛蒡细菌叶斑病
欧文氏菌属 *Erwinia*	周生,多根鞭毛	圆起、隆起,灰白色	人参细菌性软腐病
土壤杆菌属 *Agrobacterium*	1~6 根,周生或侧生	圆形、隆起,光滑,灰白色至白色	月季等根癌病

（2）软壁菌门:无细胞壁,只有细胞膜包被,无肽聚糖。软壁菌门的菌类也可以引起植物病害,与植物病害有关的有螺原体属和植原体属。多种植物病害与此类生物有关,如桑萎缩病、枣疯病等。

螺原体属（*Sprioplasma*）:菌体的形态为螺旋形,繁殖时产生分枝,分枝同为螺旋形。培养时需在培养基中加入固醇,可引起柑橘的僵化病等。

植原体属（*Phytoplasma*）:形态为圆形或椭圆形,但在侵染植物时会变形,如丝状、杆状等。目前还不能在离体条件下培养,一般会引起桑萎缩病、枣疯病、泡桐丛枝病等。

（3）厚壁菌门:细胞壁厚,厚度 20~80nm,细胞壁中含肽聚糖为 50%~80%,革兰氏反应阳性。重要的植物病原菌有芽孢杆菌属（*Bacillus*）、棒形杆菌属（*Clavibacter*）、链霉菌属（*Streptomyces*）。引起药用植物病害较少。

3. 药用植物原核生物病害的症状和诊断

（1）植物原核生物病害的症状:主要有斑点、腐烂、枯萎、畸形等。

1）斑点:通常发生在叶片、果实和嫩枝上。细菌病斑初为水渍状,在扩大到一定程度时,中部组织坏死呈褐色至黑色,周围常出现不同程度的半透明水渍状褪色圈,称为晕圈,嫩枝上的病斑多呈梭形或条状。严重的细菌病害的病斑扩展迅速或多数病斑汇合而使叶萎蔫或嫩梢枯死,这类病害常称为疫病。斑点症状大多是由假单胞杆菌或黄单胞杆菌引起的。

2）腐烂:植物多汁的组织受细菌侵染后通常表现腐烂症状。病原物主要是欧文氏菌属。

3）枯萎:细菌侵入植物维管束组织后,使植物输导系统破坏,引起整株枯萎。

4）畸形:以植物组织过度生长的畸形为主。土壤杆菌属的细菌可以引起根或枝产生肿瘤,或使须根丛生。假单胞杆菌也可能引起肿瘤。软壁菌门类寄生在植物韧皮部筛管分子细胞内,引起植物发生黄花、萎缩、丛枝和器官变形等系统性症状。

（2）诊断方法:对寄主发病部位观察,细菌危害部位呈水渍状半透明,湿度大时能从自然孔口、伤口大量溢出具有代表特征的混浊的黏液状物,即菌脓。

检查受害组织中是否有细菌,切取一小片受害组织于水滴中,在显微镜下检查,如果是细菌病就会从病组织中涌出云雾状细菌流;危害维管束的则可切一段病茎,用手挤压,凡能流出乳浊黏液的即为细菌病。

分离接种观察,按科赫法则所规定的步骤来鉴定病原细菌。

4. 药用植物原核生物病害的发生特点和防治

（1）植物病原原核生物病害的发生特点：植物病原细菌初侵染的菌源主要来自带菌的种子、种苗等繁殖材料，病残体，田边杂草或其他寄主，带菌土壤和昆虫等。细菌接触植物后通过伤口或植物表面的自然孔口侵入，各种自然因素（风雨、雹、冻害、昆虫等）和人为因素（耕作、施肥、嫁接、收获、运输等）造成的伤口都是细菌侵入的场所。

植物病原细菌在田间的传播主要通过雨水、灌溉流水、风夹雨、介体昆虫、线虫等。其中，雨水是植物病原细菌最主要的传播途径，无壁菌门的螺原体和菌原体在自然界中完全依赖昆虫传播。许多植物病原细菌还可以通过人的农事操作在田间传播。由种子、种苗等繁殖材料传播的细菌病害，主要通过人的商业、生产等活动而远距离传播。

一般高温、多雨（尤以暴风雨）湿度大，氮肥过多等因素均有利细菌病害的流行。

（2）植物病原原核生物病害的防治方法：植物病原原核生物病害的防治相对其他病害来说比较困难，首先是杜绝侵染来源，避免引入带菌的苗木和种子，对入境的苗木、种子等进行植物检疫，在播种前对种子进行浸种和消毒；注意保持田园的卫生，及时清理病枝残叶。农业防治时采用深耕和轮作也可以对植物原核生物病害起到防治的作用。此外，利用噬菌体、细菌病毒也可以对植物病原原核生物病害进行防治，如水稻的白叶枯病。也可通过培育抗病品种以及利用抗生素如链霉素、土霉素等来进行防治。

（三）病毒

药用植物病毒是仅次于真菌的重要病原物。病毒是非细胞生物，比细菌小得多，结构单一，专性寄生生物。病毒主要由核酸和蛋白质组成，完整的病毒称作病毒粒体，病毒也称为分子寄生物。寄生于植物的病毒称为植物病毒。主要有烟草花叶病毒（TMV）、黄瓜花叶病毒（CMV）和马铃薯Y病毒（PVY）等。

1. 药用植物病毒的一般特征

（1）形态和组成：病毒粒体微小，必须用电子显微镜才能观察到，植物病毒主要为杆状、线状和球状等（图1-31）。球状病毒也称为多面体病毒或二十面体病毒，直径大多为20~35nm，少数可以达到70~80nm。杆状病毒粒体刚直，不易弯曲，大小多为（20~80）nm×（100~250）nm。线状病毒粒体有不同程度的弯曲，大小多为（11~13）nm×750nm，个别的长达2 000nm以上。病毒粒体的遗传物质由蛋白质衣壳包被，病毒粒的蛋白质衣壳具有保护核酸免受核酸酶和紫外线的破坏作用。一种病毒粒体内一般只含有一种核酸（DNA或RNA），高等植物病毒的核酸一般为单链，极少数是双链的。

（2）繁殖：植物病毒是一种非细胞状态下的分子寄生物，病毒寄生在植物体内，以自身的核酸为模板，利用寄主细胞内的原料进行遗传物质的复制和蛋白质的合成。在

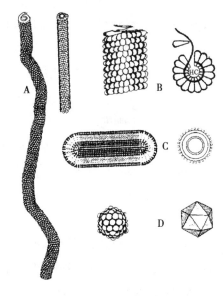

● 图 1-31　植物病毒的形态和结构
A. 线状病毒；B. 杆状病毒；C. 弹状病毒；D. 球状病毒

寄主体内进行组装,形成新的病毒。

2. 植物病毒的理化特性

(1)钝化温度:把含有病毒的植物汁液在不同的温度下处理10分钟,使病毒失去侵染能力的最低温度,大多数植物病毒钝化温度为55~70℃,烟草花叶病毒的钝化温度为90~93℃。

(2)稀释限点:把含有病毒的植物汁液加水稀释至使病毒保持侵染能力的最大稀释度,此时的稀释倍数就叫作稀释限点。各种病毒的稀释限点差别很大,如菜豆普通花叶病毒为10^{-3},烟草花叶病毒的稀释限点为10^{-6}。

(3)体外存活期:指在室温条件下,含有病毒的植物汁液保持侵染能力的最长时间。

(4)对化学因素的反应:病毒对一般杀菌剂抵抗力都很强,但是对肥皂等除垢剂抵抗力差。除垢剂可以使病毒的核酸和蛋白质分离而钝化,因此除垢剂可以作为病毒的消毒剂。

3. 药用植物病毒病的症状和诊断　受感染的药用植物一般表现为花叶、黄化、畸形、坏死等症状,同时表现出植株矮化、丛枝等病害症状,以及产量降低。有一些病毒引起卷叶、植株畸形。生理上表现为呼吸强度上升,多种氧化酶活性增强等。

植物病毒的诊断有以下几种方法。

(1)田间识别:病毒病没有病征只有病状,感染病毒的植株在田间是分散的,往往病株的周围发现健康株。而非侵染性病害是成片发生的。

(2)化学检查:病毒在植物细胞中形成的内含体可用染色方法鉴别,感染病毒植株,组织内部往往有淀粉积累,用碘液或碘化钾液滴定病株溶出液,可显现深蓝色。这些测试结果可以作为病毒病害诊断的参考。

(3)接种试验:通过摩擦接种、传毒昆虫接种、嫁接,观察是否出现相同的症状。

植物病毒的鉴定除研究病毒粒子的形态和核酸的比例性状外,还要测定寄主范围和各种寄主的反应、传染方式和传染介体。血清反应试验也是一种准确的鉴定方法。

4. 药用植物病毒病的防治　对植物病毒加强检疫,防止病毒的入侵;农业生产时采用脱毒的繁殖材料;选择具有抗病、耐病的植物品种,抗病品种通过育种获得;利用生物防治的方法防治病毒病害发生,也可以通过控制生物介体的方法来防治病毒病;还可以利用药剂进行防治,同时改进田间管理方式等也可以对其进行防治。

(四)药用植物病原线虫

线虫又称蠕虫,是一类低等生物,种类多,分布广泛。大多数腐生,一部分可以寄生在植物体内引起植物病害。寄生在植物体内的称为植物病原线虫。很多药用植物都会感染此类病害,如人参、川芎、丹参、桔梗等。

1. 植物病原线虫的一般性状

(1)形态结构:植物病原线虫大多都是专性寄生,只能在活组织上取食,少数可以兼营腐生生活。寄生在土壤和药用植物体内的线虫都比较小,长为0.2~12mm,宽为0.01~0.05mm,身体透明,除少数近球形的雌虫肉眼可见,其他的一般都是在显微镜下放大才能看见。

线虫圆筒状,两端尖,多为雌雄同形,少数为雌雄异形,雌虫为梨形或肾形、球形和长囊状(图1-32)。线虫虫体分为头、颈、腹和尾四部分。头部包括唇、口腔、吻针和侧器等器官。尾部具尾腺、侧尾腺、肛门。从口腔至肛门之间称体部。前端称颈部,有食管、神经环和排泄孔。食管由前端的体部、中间的狭部和膨大的食管球组成。食管可分为三种类型:垫刃型食管、滑刃型食管、矛线型食管,是线虫分类的主要依据。

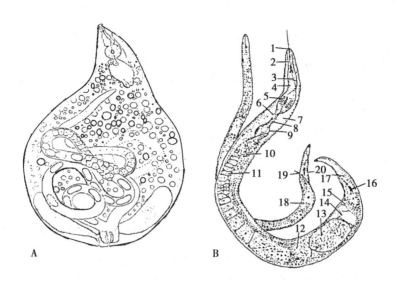

● 图 1-32　线虫的形态结构

A. 线虫的梨形雌虫;B. 线形雌虫雄虫[1. 头顶、唇区,2. 吻针(口针),3. 被食管腺开口处,4. 食管前体部,5. 中食管球,6. 神经环,7. 排泄孔,8. 峡部,9. 后食管球,10. 肠,11. 卵巢,12. 受精囊,13. 成熟的卵,14. 子宫,15. 阴道孔,16. 侧尾腺,17. 肛门,18. 精巢及精子细胞,19. 交合刺,20. 引带]

(2)繁殖和生活史:多数线虫类群是经过有性生殖产生,雌虫可将卵产在植物体内、土壤中、卵囊内或者雌虫体内。雌虫生命停止时虫体转换变为包囊。线虫繁殖力极强,雌虫可产 1 500~3 000 粒卵,线虫的卵孵化出幼虫,幼虫经 3~4 次蜕皮才变为成虫。在适宜的条件下,线虫一般 3~4 周繁殖 1 代,短的有几天,长的有 1 年。

植物病原线虫具有口针。植物病原线虫可利用口针刺穿寄主细胞组织,分泌唾液和酶类等,破坏植物组织,在寄主植物中吸取营养。植物病原线虫可分为外寄生和内寄生两种。外寄生植物病原线虫在侵染植物时身体大部分留在植物组织外,头部进入植物组织内部进行取食。内寄生植物病原线虫整个身体都进入植物体内取食。

2. 植物病原线虫的一般类群　线虫属于动物界线虫门(Nematoda)。根据尾腺的有无分为侧尾腺纲(Secernentea 或 Phasmidia)和无尾腺纲(Adenophorea 或 Aphasmidia)。植物线虫主要属于侧尾腺纲中的垫刃目(Tylenchida)和滑刃目(Aphelenchida)。

茎线虫属(Ditylenchus)雌虫和雄虫都是细长的,具有垫刃型食管。危害地下茎、鳞茎等。如浙贝母、延胡索等受茎线虫危害。

异皮线虫属(Heterodera)又称胞囊线虫属,雌雄异形,雄虫线形,雌虫为柠檬形,雌虫后期形成胞囊,内含大量卵。主要危害根部,形成丛根,地上部黄化。危害严重的有地黄胞囊线虫病,其他如决明等也受胞囊线虫危害。

根结线虫属(Meloidogyne)雌雄异形,雄虫线形,雌虫为梨形。危害根部,形成根结。如危害白术、人参、草乌、黄芪、牛膝、紫花地丁的根结线虫。

滑刃线虫属（*Aphelenchoides*）雌虫和雄虫都是细长的，具有滑刃型食管。危害叶片和芽，引起坏死、畸形、腐烂等。如危害菊花、草莓叶芽等。

3. 植物线虫病的传播和危害

（1）线虫的传播：线虫在田间的分布一般都是不均匀的，水平分布或者垂直分布。垂直分布与植物的根系有关，多在15cm以内的耕作层内，特别是在根系的周围。线虫在土壤中的传播性不强，在土壤中每年迁移的距离不超过1~2m，所以被动传播是线虫主要的传播方式。传播方式包括水、昆虫、人为活动等途径，由于线虫大多在土壤中传播，大多数在地下寄生于植物根及根茎，所以线虫除了自身引起植物病害，还能传染其他的病害，并为其他的病害创造侵入的条件。

（2）线虫的危害：大多数植物病原线虫危害植物的地下部分，也有危害植物地上部分的茎、叶、芽、花和果实。植物寄生线虫具有一定的寄生专化性，线虫的寄主范围通常比较窄。但是根结线虫寄主范围广泛，可以侵染几百种植物，也有线虫侵染后表现出多种症状如小麦粒线虫。地下部位受害后通常表现为根坏死、根结、根瘿等。根部受害后会导致地上部位受到影响，表现为色泽失常、植株矮化、畸形等。地上部位受到线虫侵染后会表现出芽枯、茎叶卷曲、斑枯、叶瘿等。线虫可对寄主造成机械损伤，进入寄主内部掠夺寄主营养，同时也会分泌一些化学物质影响寄主生长，此外还可携带其他病原物进入寄主体内，造成复合性侵染。

4. 植物线虫病的防治　线虫多在土壤中进行越冬或越夏，所以土壤消毒可以防治线虫。线虫在不同发育阶段对土壤消毒剂敏感程度不同。土壤中线虫也可利用真菌、细菌、捕食型线虫、昆虫及螨类等进行防治。通过耕作活动对土壤线虫进行防治，如进行翻耕晾晒1周，可杀死大多数线虫，通过冬季灌溉也可防治多种线虫。对于寄生在苗木种子中的线虫，用40~50℃热水浸泡，能够杀死大量线虫，使用药剂处理苗木可有效防治根结线虫，如40%的克线磷100倍泥浆涂根。

（五）寄生性种子植物

植物多数都以自养的方式生存，但是一类植物由于根系退化或缺乏足够的叶绿素，不能完成自养，必须寄生在其他的植物体上，称为寄生性种子植物或寄生植物，大多数寄生性种子植物可以开花结籽。寄生性种子植物多分布于热带、亚热带地区。

1. 寄生性种子植物的一般性状

（1）类型：根据寄生性种子植物对寄主植物的依赖程度，可将其分为全寄生和半寄生两类。全寄生性种子植物无叶片或者叶片已经退化，叶绿素含量少，光合作用弱，根系蜕变成吸根，主要靠在寄主植物上吸取养分，完成生长发育。如菟丝子、列当等。半寄生性种子植物，本身具有叶绿素可以进行光合作用，但需从寄主植物中吸取水分和无机盐。如槲寄生、桑寄生等。

按寄生性种子植物在寄主上寄生部位的不同可分为根寄生和茎寄生，如根寄生种子植物列当，茎寄生种子植物菟丝子。

（2）繁殖和传播：寄生性种子植物靠种子繁殖，种子依靠风力或者鸟类传播，这种传播方式称为被动传播。当寄生性种子植物的种子接触到寄主植物，条件适宜时便可萌发，胚根接触到寄主形成吸盘,溶解树皮组织;初生根通过树皮的皮孔或侧芽侵入皮层组织形成假根,并蔓延,之后继续产生次生吸根,穿过形成层至木质部。有些寄生性种子植物的种子与寄主种子一起收获与运输而广泛传播,当播种时,一同被播入土壤中,条件适宜时萌发,缠绕寄主后产生吸盘,如菟丝子等。有些寄生性种子植物从寄主脱落后,遇到新的寄主后可以继续寄生,如列当等。当种子成熟时,因果实吸水膨胀开裂将种子弹射出去,这种传播方式称为主动传播,这类种子表面通常具有黏液可以黏附在寄主表面,条件适宜时便可萌发。

2. 寄生性种子植物的主要类群　寄生性种子植物大约有 2 500 种,在分类学上主要是属于被子植物门的 12 科,包括高等植物和低等植物如绿藻门的头孢藻等藻类寄生物。其中重要的有旋花科、樟科、桑寄生科、列当科、玄参科。

(1)菟丝子属(*Cuscuta*):属于旋花科(图 1-33),约 170 种,分布于全世界热带至温带,我国约 10 种,各地均有,全寄生草本植物。缠绕、无叶,具吸器,花小,花冠内面有 5 个流苏状的鳞片。其种子成熟脱落后进入土壤中,在下一年萌发,通常是后于寄主萌发。在萌发后种子胚一端形成细丝状的幼芽固定在土壤颗粒上,另一端脱离种壳形成丝状的菟丝在接触寄主后形成吸盘,可侵入到植物体内与维管束相连,吸收水分和养分,同时也会造成输导组织发生机械性损伤。菟丝子属植物的种子很小,数量多且寿命长。种子成熟后进入土壤中或与作物种子混合成为来年侵染源。同时菟丝子还可以传染病毒等病原物,许多国家已经把菟丝子列为植物检疫的对象。其寄主范围较广,主要包括豆科、菊科、蔷薇科、茄科、百合科、伞形科等。

菟丝子

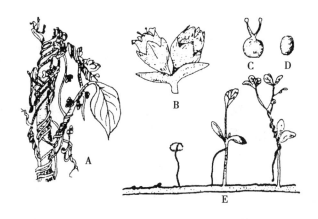

● 图 1-33　菟丝子
A. 寄生在寄主上;B. 花;C. 雌蕊;D. 种子;E. 菟丝子种子萌发及侵染过程

(2)列当属(*Orobanche*):属于列当科(图 1-34),约有 140 种,全寄生草本植物,茎直立,单生,黄褐色或带紫色。叶退化、鳞片状,无叶绿素,不能制造有机物。种子能在土壤中生存,保持发芽力 5~10 年。种子长出的幼苗深入寄主植物的根内,形成吸盘,在根外发育成膨大部分,并由此长出花茎,而从下面发生大量附生的吸盘。列当在一株寄主植物上往往能发育出几十根花茎,并且它们在温湿度适宜时,即可在整个生长期内发生。在除草时被拔掉的花茎虽不复再生,但残留下来的地下部分,仍能继续寄生为害。列当寄主范围广泛,能在 70 多种草本双子叶植物的根部营寄生生活。

黄花列当

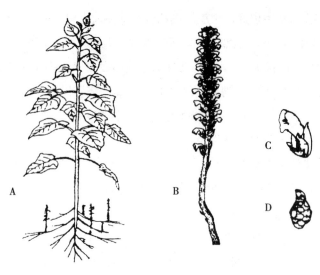

● 图 1-34　列当
A. 向日葵根部受害症状；B. 花序；C. 花；D. 种子

3. 寄生性种子植物的致病特性　主要表现为对寄主植物的营养竞争,造成被寄生的植物营养不良,表现出缺素症状,抑制其生长。一般来说全寄生致病能力要比半寄生的寄生性要强,如全寄生的菟丝子和列当,可引起寄主植物的黄化和生长衰弱,严重时造成大片死亡;而半寄生植物,如槲寄生和桑寄生等,主要寄生在木本植物上,寄生初期对寄主没有明显影响,发病速度较慢,当群体数量较大时,会使寄主生长不良早衰。此外寄生性种子植物还可以传染病毒。

寄生性种子植物寄主范围不同,专化的只能寄生在 1 种或少数几种植物中,如亚麻菟丝子只寄生在亚麻上。有些寄主范围比较广泛,如桑寄生可以寄生在 29 科中的 54 种植物,桑寄生的寄主主要为阔叶树种。

4. 寄生性种子植物的防治　减少侵染来源,清除作物种子中的菟丝子种子,冬季深耕,使种子深埋土中,不能发芽。对植株已经长成的可通过田间除草时除掉,对残株进行集中处理。也可喷施化学除草剂进行防治,如草甘膦水剂等或者生物防治制剂鲁保 1 号等。

第三节　病原物的寄生性、致病性和植物的抗病性

一、病原物的寄生性和致病性

按照营养的类型,自然界中一切生物可区分为自养生物和异养生物两大类群。自养生物能够自行制造养料,维持其自身的生命活动,绝大部分绿色植物和具有光合色素的细菌,属于自养生物类群。另一类群生物,包括真菌、多数细菌、病毒、植物寄生性线虫、寄生性种子植物等病原物,必须依靠寄主供给它们有机物以维持其生命活动,这一类群生物称为异养生物。在异养生物中,又有两种主要营养方式,即腐生和寄生。腐生是指只能利用死的有机体作为养料,营腐生生活的生物,称为腐生物;寄生则指能够从活的有机体吸取养料,营寄生生活的生物,称为寄生物,

提供营养的生物称为寄主。植物病原物都是寄生物,植物病原物的寄生性和致病性是两种不同的性状。

(一)病原物的寄生性

植物病害是由寄生物的寄生而引起的。寄生性是指病原物在寄主植物活体内取得营养物质而生存的能力。根据其寄生能力的表现,分为专性寄生物和非专性寄生物两大类。寄生物从寄主植物获得养分,有两种不同的方式。寄生物先杀死寄主植物的细胞和组织,然后从中吸取养分,称为死体营养;从活的寄主中获得养分,并不立即杀伤寄主植物的细胞和组织,称为活体营养。

专性寄生物的寄生能力最强,只能从寄主的活细胞中吸取养分,大部分专性寄生物不能在人工培养基上培养。从活的寄主细胞和组织中获得所需要的营养物质,其营养方式为活体营养型。如果寄主植物死亡,寄生物则停止生长或死亡。植物病毒、寄生性种子植物、植物线虫和部分真菌均属于专性寄生物。

非专性寄生物并不局限于在寄主体内营寄生生活,也能在无生命的有机物上营腐生生活,一般能在人工培养基上培养。非专性寄生物的寄生能力有强有弱,有的非专性寄生物主要营寄生生活,但是也具有一定程度的腐生能力,如引起植物病害的黑粉菌,虽然少数也可以在植物体外营腐生生活,大部分可以人工培养,但是它们必须在有寄主存在的时候才能完成其生活史,所以寄生性是相当强的。另一些非专性寄生物,则以腐生为主,它们在自然界和人工培养基上可以不断以腐生的方式继续生活,而且可以完成其生活史。但是在适当的环境条件下,如遇到寄主就能营寄生生活,侵染危害植物。一些潜居在土壤中的病原物如腐霉菌、丝核菌和镰孢菌都属于这一种类型,也称土壤寄居菌。寄主组织的生活力衰弱或死亡的情况下有利于此类病原物的生长和繁殖。

专性寄生物和非专性寄生物两大类型之间,有时是很难划清界限的,各种类型之间还存在不同程度的差别。寄生和腐生之间也没有绝对的界限。有些病原物可以在活的寄主上寄生,寄主死亡后还能在其残体上腐生,残体完全腐解后,病原物不能单独在土壤中继续腐生而死亡,大多数叶斑病类的病原菌都属于这一种类型;也有一部分病原菌只能在寄主生活力衰弱情况下侵染寄生,离开寄主后能较长久地在土中腐生。此外,在不同的环境与不同的寄主条件下,寄生性还可以有变动,甚至在同一寄生物的不同发育阶段上,其寄生能力还表现出强弱的不同。许多子囊菌的无性阶段往往表现有较强的寄生性,而有性阶段则主要营腐生生活,寄主组织衰老死亡后才能形成有性世代。

(二)病原物的致病性

病原物的致病性是指病原物所具有的破坏寄主,引致病害的能力。病原侵入后,寄主植物细胞的正常生理功能就遭到破坏。病原生物对寄主的影响,除了夺取寄主的营养物质和水分外,还对植物施加机械压力以及产生对寄主的正常生理活动有害的代谢产物,如酶、毒素和生长调节物质等,诱发一系列病变,产生病害特有的症状。这些在病害发生过程中发挥重要作用的病原物机械压力和代谢产物被称为病原物的致病因素。

病原物的寄生性和致病性既有联系又有区别,病原物对寄主的破坏作用大,则致病能力强,反之则弱。在寄生性和致病性两者关系上,有的病原物对寄主细胞和组织的直接破坏性很强,病原物在侵入之前或者侵入过程中能够分泌一些酶或毒素等物质,杀死寄主的细胞组织,然后从杀死的细胞和组织中获得营养,此类病原物属于非专性寄生物;另外一类病原物对寄主细胞和组织的直接破坏性小,病原物侵入寄主后不立刻杀死其细胞和组织,逐渐从寄主中获取营养,其致病性的发展是缓慢的,如果寄主细胞和组织死亡,反而对病原物生长不利。此类病原物包括全部的专性寄生物和一部分非专性寄生物。病原真菌、细菌、病毒、线虫等病原物,由于存在致病性差异,因而在其种内有可能形成生理小种,病毒称为株系,细菌称为菌系。

寄生性的强弱和致病性的强弱没有一定的相关性。对于一些寄生能力弱的病菌,如多数植物病原真菌和细菌,由于它必须先破坏寄主,然后从解体死亡的组织内吸收营养,因此,它的寄生性弱但致病力强。而像白粉菌、霜霉菌和锈菌等病原物,虽然寄生能力很强,但不会造成寄主的急剧死亡,反而致病性相对较弱。

二、植物的抗病性

植物病原物之所以能引起植物病害,是因为病原物具有致病性,与此相对应,寄主植物也具有抵抗病原物致病的能力。植物的抗病性是指植物避免、中止或阻滞病原物侵入与扩展,减轻发病和损失程度的一类特性,是植物与其病原物在长期进化过程中,相互适应、相互选择的结果。研究和学习植物抗病性的机制有助于揭示抗病性的本质,合理利用抗病性,达到控制病害的目的。

(一)植物的抗病性类型

抗病性类型可以根据不同的目的,利用不同的标准区分为不同的类型。按照抗病程度,可将抗病性分为免疫、高抗、中抗、中感和高感;按照寄主抗病的机制不同,可分为主动抗病性和被动抗病性;根据寄主品种与病原物小种之间有无特异性相互作用,可区分为小种专化性抗病性和非小种专化性抗病性;根据抗病性的遗传方式,可区分为主效基因抗病性和微效基因抗病性。

植物抗病性是普遍存在的、相对的性状,所有植物都具有不同程度的抗病性,从免疫和高度抗病到高度感病存在连续的变化,抗病性和感病性两者共存一体,并非相互排斥。只有以相对的概念来理解抗病性,才会发现抗病性是普遍存在的。

植物的抗病性还可以按照寄主植物对于病原物生理小种的特异性的有无,分为垂直抗病性与水平抗病性两类。垂直抗病性即小种特异性抗病性,它对病原物的某个或多个小种是抵抗的或免疫的,而对另一些小种是感染的或高度感染的。即仅对病原物某些小种具有抗病性。水平抗病性即非小种特异性抗病性,即对病原物全部小种都具有近似同等水平的抵抗能力,其抗病效能通常是中度抗病性,但对病原物全部小种的抗病性都有效。垂直抗病性多数是由单基因或寡基因控制的,在遗传上表现为质量遗传。水平抗病性由多个微效基因控制的数量遗传,多个基因表达累加起来发挥抗病性作用,植株不能截然分为抗病和感病两类。垂直抗病品种在生产上表现为具有显著的抗病效果,但又易丧失其抗病力变为高度感病;水平抗病品种因不受病原物小种致病性变异的影响,因而能保持其持久的稳定性。

（二）植物抗病性机制

植物抗病性机制是多因素的,既有先天具有的被动抗病性因素,又有病原物侵染后表达的主动抗病性因素,既有形态的、功能的或组织结构的因素,即物理抗病性因素,又有生理的和生物化学的因素,即化学抗病性因素。任何单一的抗病性因素都难以完整地解释植物抗病性,植物抗病性是多种被动和主动抗病性因素共同或相继作用的结果,所涉及的抗病性因素越多,抗病性强度就越高、越稳定而持久。

1. 避病性　是指寄主植物逃避病原物侵染的特性。可表现在下列两个方面:①由于寄主的感病阶段与病原物的盛发时期错开而使寄主植物免受传染;②植物的株形或环境条件不利于病原物侵染,表现为避病。

2. 抗病性　是指寄主针对病原物的侵染而起作用的抗病特性。抗病性又分为抗侵入和抗扩展两种性状。

（1）抗侵入:有些寄主的抗病性表现在它的形态、解剖或功能上具有阻止病原物侵入的能力。直接从寄主表皮侵入的真菌,角质层的厚薄和其他的保护性结构形成与否,与病原菌能否侵入有直接关系。角质层厚,病原菌不易侵入,故老叶多抗病,嫩叶易感病。对于从气孔侵入的病原菌,寄主气孔的数目、形成的时期、开放时间和结构特性等,都与抗病原菌侵入有关。一般初生叶和幼嫩叶片较成熟叶片霜霉病发生轻或不发生,可能与病害发生期间初生叶气孔尚未形成和嫩叶气孔数目较少有关。对于从伤口侵入的病原菌,植物的愈伤木栓化组织形成的速度和抗病原物的入侵有直接关系。

（2）抗扩展:大多数植物的抗病性是由于它的内在因素存在,使病原物侵入后不能建立良好的寄生关系或病原物在寄主内受限制。寄主被病原物侵入后,可以产生抗扩展的特性,而有些是植物体内本来就已存在的。如在薄壁组织寄生的病原物常常受到组织结构的限制。薄壁组织细胞壁的厚度和硬度以及与其他组织配置的情况,对病原物的扩展会产生很大影响。除了内部细胞组织的特性外,还有生理生化方面的因素,如细胞组织中的营养物质的状况、细胞的酸度、渗透压,以及含有一些特殊的抗生物质或具有较强的呼吸作用等,都有一定的关系。

除了那些本来存在于植物体内的抗病性外,植物受侵染后还可产生一系列的保卫反应。限制或者消灭已侵入的病原物。如在侵染点可以形成木栓化组织、胶质层或坏死反应,限制病原物扩展。植物细胞和组织坏死过程中生物化学变化的产物,最常见的是寄主细胞坏死后,细胞内解离出的多元酚被多元酚氧化酶氧化后形成醌,它具有杀菌作用。

过敏性坏死反应是植物对非亲和性病原物侵染表现高度敏感的现象,此时受侵细胞及其邻近细胞迅速坏死,病原物受到遏制或被杀死,或被封锁在枯死组织中。过敏性坏死反应是植物发生最普遍的保卫反应类型,长期以来被认为是小种专化抗病性的重要机制,对真菌、细菌、病毒和线虫等多种病原物普遍有效。

植物保卫素是植物受到病原物侵染后或受到多种生理的、物理的刺激后所产生或积累的一类低分子量抗菌性次生代谢产物。植物保卫素对真菌的毒性较强。目前已鉴定了近百种植物保卫素化学结构,其中多数为异黄酮和类萜化合物,主要以豆科、茄科、锦葵科、菊科和旋花科植物产生的植物保卫素最多。

植物病毒在寄主上还表现出交互保护作用。有一些植物病毒病害,在一个寄主植物上一次受到系统侵染后,便终身带有这种病毒,如果在这种染毒的寄主上再用同种病毒的不同株系接种时,第二种病毒不表现任何症状或减轻其症状。交互保护作用是植物增强抗病毒能力的一种表现。

第四节　药用植物病害的发生和流行

一、病原物的侵染过程

病原物的侵染过程是指病原物与寄主植物可侵染部位接触,并侵入寄主植物,在植物体内繁殖和扩展,然后发生致病作用,显示病害症状的过程,也是植物个体遭受病原物侵染后的发病过程。病原物的侵染是一个连续性的过程,为了便于分析,侵染过程一般分为接触期、侵入期、潜育期和发病期四个时期。病原物的侵染过程受病原物、寄主植物和环境因素的影响,而环境因素又包括物理、化学和生物等因素。

1. 接触期　接触期又称侵染前期,是指病原物的繁殖体以各种方式到达植物体表面,并与植物的感病部位接触的时期。如真菌的孢子、细菌的菌体等可以通过气流、雨水以及各种生物带到植物体表。避免或减少病原物与寄主植物接触的措施,是防治病害的一种重要手段。病原物与寄主接触后,并不是都能立即侵入寄主体内,必须经过一定时间的活动,在这一段时间内,环境条件起着重要的作用。

2. 侵入期　侵入期是指病原物从寄主体表进入体内,与寄主建立寄生关系的一段时期。病原物在寄主体外,可以直接穿过植物表皮的角质层,或者通过植物的自然孔口以及伤口侵入。各种病原物都有一定的侵入途径。病毒只能从微伤口侵入;细菌能从伤口和自然孔口侵入;真菌可从伤口、自然孔口侵入,也能穿透植物表皮直接侵入;线虫、寄生性种子植物可直接侵入寄主组织。

真菌大多数是以孢子萌发后形成的芽管或者以菌丝侵入的。典型的侵染过程是:孢子萌发产出芽管,芽管顶端与寄主表面接触时可以膨大形成附着胞,附着胞分泌黏液,能将芽管固着在寄主表面,然后从附着器产生较细的侵染丝,直接穿透寄主表皮角质层侵入体内。无论是从自然孔口、伤口或直接侵入的,孢子萌发时产生的芽管都可以形成附着胞,其中以从角质层直接侵入的和从自然孔口侵入的比较普遍,从伤口侵入的绝大多数不形成附着胞,以芽管直接从伤口侵入。

3. 潜育期　潜育期是指病原物与寄主从建立寄主关系开始到寄主出现明显症状的一段时期。潜育期的长短,取决于寄主的抗性及病原物的致病力,寄主抗性强,病原物致病力弱的,潜育期长,病原物致病力强的潜育期就短。影响潜育期长短的环境因素主要是温度,在适宜的温度范围内潜育期短。

4. 发病期　发病期是指症状出现后病害进一步发展的时期。病害发展到一定的时期,病原物在植物的发病部位产生繁殖体,构成各种特征性的结构。例如真菌出现霉状物、粉状物,细菌出现菌脓等。实际上,在潜育期间植物已开始发病,只是当潜育期结束时症状表现得更为明显。在发病过程中,由于病原物的种类不同,症状表现差异很大。

二、药用植物病害侵染循环

侵染循环又称病害循环,是指一种病害从前一个生长季节开始发病到下一个生长季节再度发病的过程。传染性病害的侵染循环主要包括三个环节:病原物的越冬和越夏,初侵染和再侵染,病原物的传播(图 1-35)。侵染循环是病害防治研究的中心问题,是制定病害防治措施的主要依据。

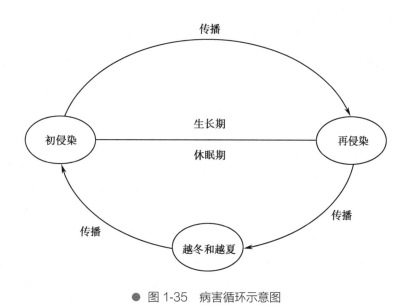

● 图 1-35 病害循环示意图

(一)病原物的初侵染与再侵染

初侵染是生长季节田间发生的第一次侵染,初侵染的病原物主要来源于越冬或越夏场所。同一生长季节内,田间已发病植株上产生的病原物引起的侵染称再侵染,即再侵染的病原物来自当年寄主病株上产生的病原物。

传染性病害在侵染上有两种情况。一种是在寄主植物整个生长期间只有初侵染,没有再侵染,如药用植物薏米上发生的黑穗病即为此类;只有初侵染的病害一个生长季节只发生一次,一般当年不易流行成灾,但可逐年加重。另一种是发生初侵染后,侵染条件适宜时会发生多次再侵染,一个生长季节再侵染发生的频率决定于寄主植物生长期长短和环境条件,特别是温度和湿度。大多数药用植物病害都有再侵染,如人参黑斑病、黄芪白粉病和龙胆草斑枯病等。如果环境条件对病害发生有利,病原物在寄主体内的潜育期短,再侵染的次数就相应增多,病害扩大蔓延迅速,很容易在田间流行。如果环境条件不适宜,病害发展缓慢,再侵染的次数也相对减少。

(二)病原物的越冬和越夏

越冬和越夏是指在寄主植物收获休眠以后,病原物的存活方式和存活场所。病原物的越冬和越夏的方式有多种,如真菌以休眠菌丝、休眠孢子或其他休眠结构在病株体内外、病株残体和土壤中越冬越夏,专性寄生的真菌多在寄主体内越冬越夏。病原物越冬和越夏的场所,一般就是下一生长季节病害的病原物初侵染来源。所以及时消灭越冬和越夏的病原物,对减轻下一季节病害的严重度有重大意义。病原物的越冬或越夏场所主要有以下几个场所。

1. 田间病株　在寄主体内越冬或越夏是病原物的一种常见休眠方式。药用植物多为多年生植物,多种病原菌可以以休眠菌丝体或其他休眠结构在药用植物体内进行越冬或越夏,如东北地区道地药材人参上的锈腐病,在生长季末病菌菌丝可以在人参根或芦头中继续存活,翌年生长季环境条件适宜时继续生长发育,并引起病害发生。南方由于气候温暖,很多药用植物收获或休眠后,病原菌可以在田间杂草或同类寄主上存活,下一生长季又可以传播到寄主上为害。

2. 种子、苗木　种子、苗木及其他繁殖材料作为病原物越冬或越夏的场所,也有各种不同的情况。种子携带病原物可分为在种子间、种子表面和种子内。了解种子带病原物越冬或越夏的情况,对于播种前进行种子处理具有实践的意义。无性繁殖器官携带病原物也很普遍,如人参锈腐病、人参黑斑病、五味子叶枯病和百合细菌性软腐病等,病原物都可在种子、幼苗、根茎或鳞茎内越冬,并且是第二年生长季节的初侵染的来源。

3. 土壤　土壤是病原物在植物体外越冬或越夏的主要场所。病株残体或在病株上产生的病原物常落在土壤表面或混杂在土壤中进行越冬。土壤中的微生物可以分为土壤寄居菌和土壤习居菌两类。土壤寄居菌在土壤中病株残体上的存活期较长,但是不能单独在土壤中长期存活,大部分植物病原真菌和细菌都属于这一类。土壤习居菌对土壤的适应性强,在土壤中可以长期存活,并且能够在土壤有机质上繁殖,腐霉属(*Pythium*)、丝核菌属(*Rhizoctonia*)和一些引起根腐病的镰孢属(*Fusarium*)真菌都是土壤习居菌的代表。病原菌在土壤中存活时间的长短除与病原菌本身特性有关外,也与土壤的环境条件密切相关。一般在土温较低和干燥的环境,容易保持其休眠状态,存活的时间较长,土壤温度高湿度大时,存活的时间就短。病原物并不能在土壤中长期存活,主要原因是土壤有自然灭菌的作用。

4. 病株残体　绝大部分非专性寄生的真菌和细菌都能在病株残体中存活,或者以腐生的方式生活一定的时期。如人参、龙胆草和五味子等均为多年生药用植物,生长季末或收获后残留在田间的病叶、病果和病根等均可作为病原物的越冬场所。病原物在病株残体中存活时期较长,主要原因就是受到植物组织的保护,对环境因子的抵抗能力较强,尤其是受到土壤中腐生菌的拮抗作用较小。当植物残体分解和腐烂的时候,其中的病原物往往也逐渐死亡和消失,残体中病原物存活时间的长短,一般决定于残体分解的快慢。因此,作物收获后要进行田园清洁,把地面上的病残体集中处理(烧毁,制造堆肥或深埋等),加速病残体的分解,以减少翌年病原菌基数,减轻发病。

5. 肥料　病原物可随同病株残体混入粪肥中进行越冬或越夏。尤其使用农家肥时,如粪肥未充分腐熟,病原物可保持其生活力,并随粪肥带到田里,作为病原物的初侵染来源。所以在使用粪肥前,必须充分腐熟,通过发酵时所产生的高温使病残体充分分解,杀死粪肥中含有的越冬和越夏的病原物。

(三)病原物的传播

越冬和越夏的病原物必须传播到寄主植物上并与之接触后,才有可能发生初侵染。在寄主上初侵染形成后,在受害部位产生的病原物繁殖体又必须通过各种方法,在寄主植物之间进行传播才能发生再侵染。

病原物可以通过它本身的活动进行传播,如真菌的菌丝可以在土壤中生长,细菌可以在水中游动,线虫可以在土中移动,菟丝子可以利用其蔓茎扩大蔓延。但是这些传播方式仅仅是某些病原物所具有的一种生物学特性,而且传播的范围是局部性的,绝大多数病原物没有主动的传播能力,主要依靠自然因素和人为因素进行传播。自然因素中以风、雨水、昆虫和其他生物进行传播;在人为因素中,如带病的种苗调运、田间农业操作等所造成的传播最为重要。切断病原物的传播途径,是防治病害的一个有效方法。

1. 风力传播 风力传播又称气流传播。风力传播对真菌起主导作用。真菌的孢子体积小而轻,数量多,除一些真菌孢子产生在子实体内的以外,多数孢子成熟后易主动脱离母体,遇到阵风气流,很容易被吹走和落在寄主植物上,这是一种风力传播的形式。细菌和病毒是不能由风力直接传播,但细菌的菌痂和病残体也可随风吹走,一些带病毒的昆虫,可靠风力的影响作远距离的传播,但后两者的传播方法都是间接的。

气流传播的距离,除了风力的强弱外,与病原菌孢子的生活力有密切关系。孢子生活力强的,可作远距离传播;孢子生活力弱的则不能。传播距离并不等于有效距离,因为生活力弱的真菌孢子,必然有一部分在传播途中丧失其生活力,而存活下来的还必须获得感病的寄主和适宜的环境才能侵染。园艺作物的病原真菌大多数都是近距离传播的,近距离传播的特点主要表现为发病时间比较集中,分布的面比较广和发病比较迅速。此外,近距离传播的病害常先形成中心病株,然后从中心病株向四周扩展蔓延。

2. 雨水传播 植物病原细菌和一部分真菌孢子,是由雨水或随水滴的飞溅传播的。细菌的细胞壁外有黏质物,因而许多细菌可以黏成一团紧贴在寄主体上;一部分真菌的孢子生在含有胶质物的子实体内,如分生孢子盘、分生孢子器等。细菌和此类真菌孢子必须通过雨水溶解后才能散出,所以雨水是这类病原物传播的不可缺少的条件。一般株间或在地面上的病原菌,由于雨滴反溅的作用,可以把病原菌溅到无病的健株上。此外,土壤中的病原物,如细菌、部分真菌和线虫,也可以随流水或灌溉水流动而传播。雨水传播大多数是近距离传播。

3. 昆虫传播 昆虫传播多与病毒的关系最为密切,与细菌传播也有一定的相关性,但与病原真菌的关系较小。昆虫传播病毒,主要是通过它的口器在病株上吸食后,经过一定的时间再到健株上吸食,就能将病毒传到健株上,使之发病。昆虫传染病毒有不同的专化程度,各种类型昆虫传染病毒的能力有显著的差别。有的昆虫只能传染一种病毒,有的能传染多种病毒。传染植物病毒的昆虫,主要是同翅目刺吸式口器的昆虫,如蚜虫、叶蝉和飞虱等,其中蚜虫传染病毒的种类最多。除昆虫外,少数螨类亦是传染病毒的媒介。

4. 人为传播 人类在进行农业操作过程中,常常无意识地帮助了病原物的传播。例如使用带有病原物的种子或繁殖材料,将含有病原物的肥料施入田间等。在栽培管理过程中,如整枝、嫁接、打杈等常常帮助那些汁液传染或接触传染的病毒病害扩散蔓延,但是上述两类传播都属于短距离的。病原物的远距离传播可以通过引种、农产品的运输等将病原物从一个地方传播到别的地方。如人参锈腐病和五味子茎基腐病等药用植物病害都是在人为调运种苗过程中进行的远距离传播。

三、药用植物病害的流行

植物病害在较短时间内突然大面积严重发生从而造成重大损失的过程称为植物病害流行。植物病害流行是植物群体发病的现象。在群体水平研究植物病害发生规律、病害预测和病害管理的综合性学科则称为植物病害流行学或植物流行病学,是植物病理学的分支学科。了解病害流行的规律是进行病害预测,开展大面积防治的理论基础。

植物病害流行的时间和空间动态及其影响因素是植物病害流行学的研究重点。病原物群体在环境条件和人为干预下与植物群体相互作用导致病害流行,因而植物病害流行是一个极其复杂的生物学过程,需要采用定性与定量相结合的方法进行研究,即定性描述病害群体性质和通过定量观测建立关于群体动态的数学模型。

(一)病害流行的因素

植物病害的流行受到寄主植物群体、病原物群体、环境条件和人类活动诸方面多种因素的影响,这些因素的相互作用决定了流行的强度和广度。

1. 寄主植物　存在大量易感病寄主植物是流行的基本前提。感病的野生植物和栽培植物都是广泛存在的。虽然人类已能通过抗病育种选育高度抗病的品种,但是现在所利用的主要是小种专化性抗病性,在长期的育种实践中因不加选择而逐渐失去了植物原有的非小种专化性抗病性,致使抗病品种的遗传基础狭窄,易因病原物群体致病性变化而丧失抗病性,沦为感病品种。

由于农业规模经营和区域化栽培的发展,往往在特定的地区大面积种植单一农作物甚至单一品种,从而特别有利于病害的传播和病原物增殖,常导致病害大流行。

2. 病原物　许多病原物群体内部有明显的致病性分化现象,具有强致病性的小种或菌株占据优势就有利于病害大流行。在种植寄主植物抗病品种时,病原物群体中具有匹配致病性(毒性)的类型将逐渐占据优势,使品种抗病性丧失,导致病害重新流行。

有些病原物能够大量繁殖和有效传播,短期内能积累巨大菌量,有的抗逆性强,越冬或越夏存活率高,初侵染菌源数量较多,这些都是重要的流行因素。对于生物介体传播的病害,传毒介体数量也是重要的流行因素。

3. 有利的环境条件　环境条件主要包括气象条件、土壤条件、栽培条件等。有利于流行的条件应能持续足够长的时间,且出现在病原物繁殖和侵染的关键时期。

气象因素能够影响病害在广大地区的流行,其中以温度、水分(包括湿度、雨量、雨日、雾和露)和日照最为重要。气象条件既影响病原物的繁殖、传播和侵入,又影响寄主植物的抗病性。不同类群的病原物对气象条件的要求不同。

土壤因素包括土壤的理化性质、土壤肥力和土壤微生物等,往往只影响病害在局部地区的流行。人类在农业生产中所采用的各种栽培管理措施,在不同情况下对病害发生有不同的作用,需要具体分析。栽培管理措施还可以通过改变上述各项流行因素而影响病害流行。

在诸多流行因素中,往往有一种或少数几种起主要作用,被称为流行的主导因素。正确地确定主导因素,对于流行分析、病害预测和设计防治方案都有重要意义。

地区之间和年份之间主要流行因素和各因素间相互作用的变动造成了病害流行的地区差异和年际波动。对于前者,按照病害流行程度和流行频率的差异可划分为病害常发区、易发区和偶发区。常发区是流行的最适宜区,易发区是病害流行的次适宜区,而偶发区为不适宜区,仅个别年份有一定程度的流行。病害流行的年际波动以气传和生物介体传播的病害最大,根据各年的流行程度和损失情况可划分为大流行、中度流行、轻度流行和不流行等类型。

(二)植物病害的流行学类型

根据病害的流行学特点不同,可分为单循环病害和多循环病害两类。

1. 单循环病害　单循环病害(monocyclic disease)是指在病害循环中只有初侵染而没有再侵染,或者虽有再侵染但作用很小的病害。此类病害多为种传或土传的全株性或系统性病害,其自然传播距离较近,传播效能较小。病原物可产生抗逆性强的休眠体越冬,越冬率较高、较稳定。单循环病害每年的流行程度主要取决于初始菌量。寄主的感病期较短,在病原物侵入阶段易受环境条件影响,一旦侵入成功,则当年的病害数量基本已成定局,受环境条件的影响较小。此类病害在一个生长季中菌量增长幅度虽然不大,但能够逐年积累,稳定增长,若干年后将导致较大的流行,因而也称为"积年流行病害"。一些重要的药用植物病害,例如薏米黑穗病、人参菌核病等都是积年流行病害。

2. 多循环病害　多循环病害(polycyclic disease)是指在一个生长季中病原物能够连续繁殖多代,从而发生多次再侵染的病害。例如人参黑斑病、黄芪白粉病、细辛叶枯病、穿龙薯蓣锈病、龙胆草斑枯病等病害。这类病害绝大多数是局部侵染的,寄主的感病时期长,病害的潜育期短。病原物的增殖率高,但其寿命不长,对环境条件敏感,在不利条件下会迅速死亡。病原物越冬率低且不稳定,越冬后存活的菌量(初始菌量)不高。多循环病害在适宜的环境条件下增长率很高,病害数量增幅大,具有明显的由少到多、由点到面的发展过程,可以在一个生长季内完成菌量积累,造成病害的严重流行,因而又称为"单年流行病害"。

单循环病害与多循环病害的流行特点不同,防治策略也不相同。防治单循环病害,消灭初始菌源很重要,除选用抗病品种外,田园卫生、土壤消毒、种子清毒、拔除病株等措施都有良好防效。即使当年发病很少,也应采取措施抑制菌量的逐年积累。防治多循环病害主要应种植抗病品种,采用药剂防治和农业防治措施,降低病害的增长率。

(三)病害流行的时间动态

植物病害的流行是一个发生、发展和衰退的过程。这个过程是由病原物对寄主的侵染活动和病害在空间和时间中的动态变化表现出来的。

病害流行的时间动态是流行学的主要内容之一,在理论上和应用上都具有重要意义。按照研究的时间规模不同,流行的时间动态可分为季节流行动态和逐年流行动态。

在一个生长季中如果定期系统调查田间发病情况,取得发病数量(发病率或病情指数)随病害流行时间而变化的数据,再以时间为横坐标,以发病数量为纵坐标,绘制成发病数量随时间而变化的曲线,称为病害的季节流行曲线。曲线的起点在横坐标上的位置为病害始发期,斜线反映了流行速率,曲线最高点表明流行程度。

多循环病害的流行曲线虽有多种类型,但S型曲线是最基本的。流行过程可划分为始发期、盛发期和衰退期,分别相当于S型曲线的指数增长期(exponential phase)、逻辑斯蒂增长期(logistic phase)和衰退期(decline phase)。其中指数增长期是菌量积累和流行的关键时期,它为整个流行过程奠定了菌量基础。病害预测、药剂防治和流行规律的分析研究都应以指数增长期为重点。

植物病害的逐年流行动态是指病害几年或几十年的发展过程。单循环病害或积年流行病都有一个菌源量的逐年积累、发病数量逐年增长的过程。如果在一个地区,品种、栽培和气象条件连续多年基本稳定,可以仿照多循环病害季节流行动态的分析方法,配合逻辑斯蒂模型或其他数学模型,计算出病害的平均年增长率。若年代较长,寄主品种和环境条件有较大变动时,则可用各年增长速率和相应的有关条件建立回归模型,用于年增长率的预测和分析。

(四)病害流行的空间动态

植物病害流行的空间动态,亦即病害的传播过程,反映了病害数量在空间中的发展规律。病害的时间动态和空间动态是相互依存、平行推进的,没有病害的增殖,就不可能实现病害的传播;没有有效的传播,也难以实现病害数量的继续增长,也就没有病害的流行。

病害的传播特点主要因病原物种类及其传播方式而异。气传病害的自然传播距离相对较远,其变化主要受气流和风的影响。土传病害自然传播距离较小,主要受田间耕作、灌溉等农事活动以及线虫等生物介体活动的影响。虫传病害的传播距离和效能主要取决于传病昆虫介体的种群数量、活动能力以及病原物与介体昆虫之间的相互关系。

不同病害的传播距离有很大差异,可区分为近程、中程和远程传播。一次传播距离在百米以下的,称为近程传播;传播距离为几百米至几千米的,称为中程传播;传播距离达到数十千米乃至数百千米以远的为远程传播。

近程传播所造成的病害在空间上是连续的或基本连续的,有明显的梯度现象,传播的动力主要是植物冠层中或贴近冠层的地面气流或水平风力。中程传播造成的发病具有空间不连续的特点,通常菌源附近有一定数量的发病,而距菌源稍远处又有一定数量的发病,两者之间病害中断或无明显的梯度。大量孢子被上升气流、旋风等抬升离开地面达到千米以上的高空,形成孢子云,继而又被高空气流水平运送至上百千米乃至数千千米之外,最后靠锋面雨、湍流或重力作用降落地面,实现了远程传播。

多循环气传病害流行的田间格局有中心式和弥散式两类。若多循环气传病害的初侵染菌源是本田的越冬菌源,且初始菌量很小,则发病初期在田间常有明显的传病中心,空间流行过程是一个由点片发生到全田普发的传播过程,这称为中心式传播或中心式流行。由初侵染引起的中心病株或病斑数量有限,早期的再侵染主要波及传病中心附近的植株,由传病中心向外扩展,其扩展方向和距离主要取决于风向和风速,下风方向发病迅速而严重,扩散距离也较远。通常传病中心处新生病害密度最大,距离愈远,密度越小,呈现明显的梯度,这称为病害梯度或侵染梯度。梯度愈缓,传播距离愈远;梯度愈陡,传播距离愈近。

(邢艳萍　周如军)

1. 什么是药用植物病害症状、病状和病征? 病状、病征各有哪些类型?

2. 药用植物侵染性病害诊断的一般方法是什么?

3. 什么是植物病害侵染循环? 侵染循环三个环节的内容是什么?

4. 什么是病原物的寄生性和致病性?

5. 植物病害流行的因素有哪些?

6. 什么是垂直抗病性和水平抗病性?

7. 举例比较单年流行病和积年流行病的流行特点和防治措施。

第一章　同步练习

第二章　药用植物害虫基础

掌握：昆虫的外部形态，能辨识昆虫口器、触角、足和翅的类型，能根据植物被害状判断引起危害的昆虫口器类型；昆虫生物学相关概念，昆虫变态类型；药用植物害虫相关目特征。

熟悉：常见药用植物害虫科特征；药用植物害虫发生与环境的关系。

了解：昆虫主要内部器官在昆虫体内的位置；昆虫各内部系统的构造和功能。

药用植物害虫是指可以通过取食、产卵、传播或引发病害等方式危害药用植物的昆虫和螨类等小型节肢动物。

第一节　昆虫的外部形态与内部器官系统

一、昆虫的主要特征

昆虫属节肢动物门（Arthropoda）六足总纲（Hexapoda）昆虫纲（Insecta），身体左右对称，体躯由若干环节——体节组成，某些体节上着生有成对而分节的附肢。昆虫没有脊椎动物所具有的内骨骼系统，昆虫体表体壁硬化形成外骨骼，附着肌肉，并包藏着全部内脏器官。成虫体躯明显地分为头部、胸部和腹部3个体段。头部着生有口器、触角、复眼和单眼，是昆虫的取食和感觉中心。胸部着生有3对足，多数种类具2对翅，是昆虫的运动中心。腹部多由9个以上体节组成，各种内脏器官大部分位于其内，腹部末端着生有外生殖器及尾须，腹部是昆虫生殖与新陈代谢中心（图2-1）。

昆虫的体躯

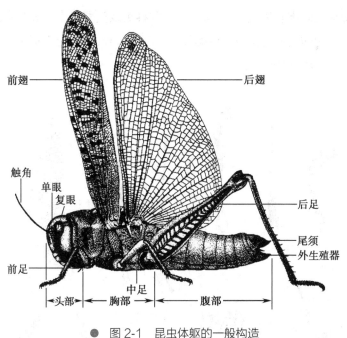

前翅 —

后翅 —

触角 —

单眼
复眼

后足 —

前足 —

中足

尾须
外生殖器

|←头部→|←胸部→|←   腹部   →|

● 图 2-1　昆虫体躯的一般构造

二、昆虫的外部形态

（一）昆虫的头部

　　头部是昆虫体躯最前面的一个体段,由多个体节愈合而成,外壁结构紧密而坚硬,称为头壳,以可收缩的膜质的颈与胸部相连。头部内部包含着脑、消化道的前端以及头部附肢的肌肉;外部着生有各种感觉器官,如口器、触角、复眼和单眼等(图 2-2)。

　　1. 头部的构造　昆虫头部一般呈圆形或椭圆形。在头壳的形成过程中,由于体壁的内陷,表面形成许多沟缝,将头壳分成若干区。其中位于头部背面常呈倒"Y"形的称为蜕裂线,是昆虫幼体蜕皮时头壳开裂的地方。在头部前方,介于两复眼之间的部分,称为额;在额的下方部分,称为唇基;在额的上方,两复眼背侧方的部分,称为头顶;在额的两侧,位于两复眼的下方部分,称为颊;在头顶和复眼的后方部分,称为后头(图 2-2)。

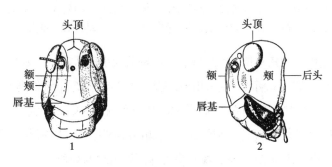

头顶

额
颊

唇基

1

头顶

额

颊 — 后头

唇基

2

● 图 2-2　蝗虫的头部
1. 正面;2. 侧面

昆虫的头部

　　2. 触角　触角是昆虫头部的主要感觉器官。除少数种类外,头部都具有 1 对触角,着生于额的两侧。触角由许多环节组成,基部一节称为柄节,第二节称为梗节,这两节内部都有肌肉着生。

梗节以后各节内部均无肌肉着生,总称为鞭节。不同种类或类群昆虫的鞭节变化很大,因而形成不同类型的触角。触角的类型因昆虫的种类和性别不同而异,常作为识别昆虫种类的主要依据。常见的昆虫触角有以下几种类型(图2-3)。

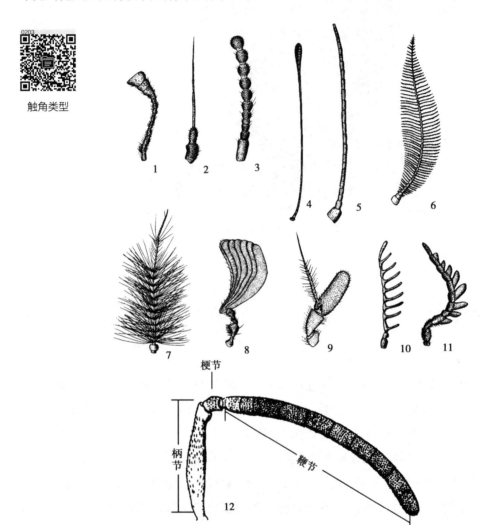

触角类型

● 图2-3 昆虫触角的基本构造及类型
1. 锤状; 2. 刚毛状; 3. 念珠状; 4. 棍棒状; 5. 丝状; 6. 羽状; 7. 环毛状; 8. 鳃叶状; 9. 具芒状; 10. 栉齿状; 11. 锯齿状; 12. 膝状

(1)丝状(线状):触角细长,除基部两节外,鞭节大小形状相似。如蝗虫的触角。

(2)刚毛状:触角短小,柄节和梗节粗短,从鞭节开始突然变细,细如刚毛。如蜻蜓和蝉的触角。

(3)棍棒状(球杆状):触角细长,鞭节端部几节逐渐膨大如球杆状。如蝶类的触角。

(4)锤状:触角短小,端部几节突然膨大,末端平截似锤状。如瓢虫的触角。

(5)念珠状:鞭节各亚节呈球状,像一串念珠。如白蚁的触角。

(6)锯齿状:鞭节各亚节向一侧突起如锯齿。如芫菁和叩头甲的触角。

(7)栉齿状:鞭节各亚节向一侧突起很长,像梳子一般。如绿豆象雄虫的触角。

(8)羽状(双栉齿状):鞭节各亚节向两侧突起很长,像鸟类的羽毛。如多数蛾类雄虫的触角。

（9）具芒状：触角短小，鞭节不分亚节，鞭节基部着生 1 根毛髭称为触角芒。此类触角为蝇类所特有。

（10）膝状（肘状）：柄节较长，梗节短小，在柄节与梗节之间形成膝状或肘状弯曲。如蜜蜂和蚂蚁的触角。

（11）鳃叶状：鞭节端部几节扩展成片状，可以开合，如鱼鳃状。如金龟子的触角。

（12）环毛状：鞭节各亚节都着生有 1~2 圈环毛，越近端部环毛越短。如蚊科昆虫雄虫的触角。

昆虫触角的主要功能为触觉、嗅觉和听觉。在触角的梗节和鞭节上着生有许多感觉器，使昆虫能够嗅到远方散发出的化学气味，借以觅食、聚集、求偶和躲避敌害等。许多昆虫的雌虫在性成熟后，能分泌性信息素吸引同种雄虫来交配。一些昆虫表现出对特殊气味的趋性。因此，生产上可利用昆虫触角对某些化学物质的敏感嗅觉功能，对其进行诱集和驱避。如利用糖醋液诱杀小地老虎成虫等。

3. 眼　眼是昆虫的视觉器官，在栖息、取食、繁殖、避敌、决定行为方向等各种活动中起着重要的作用。昆虫的眼有复眼和单眼两种（图 2-4）。

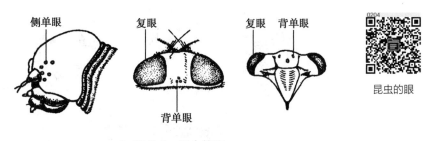

● 图 2-4　昆虫的眼

复眼位于头的两侧上方，由许多小眼集合而成，是昆虫的主要视觉器官，能辨别近距离特别是运动着的物体，也能辨别光的强弱。昆虫的成虫和不完全变态昆虫的幼体（若虫或稚虫）具有 1 对复眼。复眼中的小眼形状、大小、数目在各种昆虫中差异很大。一般小眼数目越多，视觉也越清晰。如一些蜻蜓的复眼是可由 10 000~30 000 个小眼组成。复眼的每个小眼都能独立成像，形成镶嵌的物像。在蝇类和蜂类昆虫中，雄性的复眼常较雌性为大，这种差别常可以区分两性。缨翅目昆虫的小眼表面凸出呈圆形，并且互相聚集在一起，称为聚眼。复眼对光的反应比较敏感，能看到人类所不能看到的短波光，特别对 300~400nm 的紫外光有很强的趋光性，因此，生产上常用黑光灯对害虫进行诱杀。

单眼分为背单眼和侧单眼两类。背单眼一般为成虫和不完全变态昆虫幼体（若虫或稚虫）所具有，常与复眼同时存在。背单眼着生于额区上方两复眼之间，一般 3 个，排列成倒三角形，有些昆虫部分单眼缺失或完全消失。侧单眼为完全变态昆虫的幼虫所具有，位于头部两侧的颊区，一般为 1~7 个。背单眼、侧单眼的数目、位置或排列可作为分类特征。例如，膜翅目叶蜂幼虫侧单眼仅 1 个；鳞翅目幼虫多数具 6 对，常排列成弧形；半翅目盲蝽科昆虫无单眼。单眼只能分辨光线的强弱和方向，无成像功能。

4. 口器　口器是昆虫的取食器官。由于昆虫的种类、食性和取食方式不同，口器在外形和构造上有各种不同的特化，形成各种不同的口器类型。根据取食食物的性质，可将口器分为取食固体食物的咀嚼式口器、取食液体食物的吸收式口器和既能取食固体又能取食液体食物的嚼吸式口器3种类型。其中咀嚼式口器是最基本和最原始的口器类型，其他类型口器都是由咀嚼式口器演化而来。

口器的类型　　（1）咀嚼式口器：咀嚼式口器适于取食固体食物，如蝗虫、各种甲虫等的口器，主要由上唇、上颚、下颚、下唇和舌5个部分构成（图2-5）。其主要特点是具发达且坚硬的上颚以咬嚼固体食物。上唇呈片状，为和唇基相连的一块双层薄片，外壁骨化，内壁膜质且着生有感觉毛，具有防止食物外落和味觉作用。上颚是位于上唇下方两侧的1对坚硬的齿状物，坚硬不分节。前端有齿，用以切断食物，称为切区；切区之后有一个粗糙面，用以磨碎食物，称为磨区。上颚主要功能是切断和磨碎食物，并有御敌的功能。下颚位于上颚的后方，分为轴节、茎节、外颚叶、内颚叶和下颚须5部分。内外颚叶具有辅助上颚握持食物和刮切食物的功能，分节的下颚须其上具感觉器，具有味觉作用。下唇片状，位于口器的底部，其上生有1对下唇须，下唇具有味觉和托持食物的功能。舌位于口腔中央，为柔软囊状构造，具有味觉和搅拌食物的作用，可帮助运送和吞咽食物。

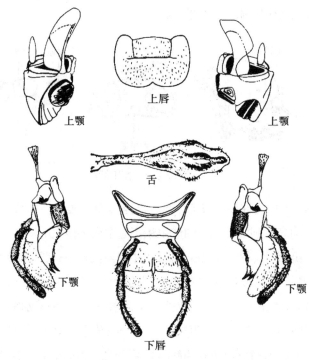

● 图2-5　蝗虫的咀嚼式口器

鳞翅目幼虫口器为变异的咀嚼式口器，上唇和上颚不变，但下唇、下颚和舌形成一个复合体，在其端部还有一个突出的吐丝器，其末端的开口为丝腺开口。

咀嚼式口器的害虫常对植物造成明显的机械损伤，表现为植物完整性遭到破坏，组织器官残缺。有的能把植物的叶片咬成缺刻或穿孔，啃食叶肉仅留下叶脉，甚至将叶全部吃光，如鞘翅目和一些鳞翅目的幼虫。有的在果实或枝干内部钻蛀隧道，取食为害，如各种果实的食心虫和危害枝干的天牛等。

（2）刺吸式口器：刺吸式口器能刺入动物或植物的组织内吸取体液，如蝽、蚜虫、介壳虫等。刺吸式口器的构造较咀嚼式口器有很大的特化（图2-6），其特点为有口针和喙。上唇退化成三角

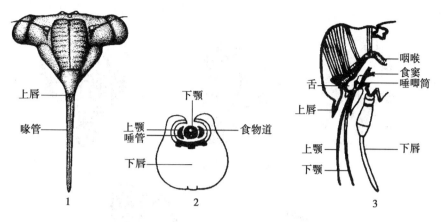

● 图 2-6 蝉的刺吸式口器
1. 蝉头部正面；2. 口针横截面；3. 蝉头部侧面

形的小片。下唇延伸，形成一根喙管。上颚与下颚特化成 4 根细长的口针，包藏于喙管背面的纵沟内。两根上颚口针在外，两根下颚口针在内。上颚口针端部具倒刺，主要起刺入寄主组织的作用。下颚口针较细弱，内侧有两纵槽，两根下颚口针相互嵌合组成较粗的食物道和较细的唾液道。舌较为退化，位于口针基部，食窦和咽喉的一部分相应演化成强有力的抽吸机构。刺吸式口器昆虫取食时，以喙接触植物表面，两上颚口针交替刺入寄主，当两上颚口针刺入相同深度时，两嵌合在一起的下颚口针即跟着插入。如此重复多次，口针可插入到一定深度。当口针刺入后，经唾液道将唾液注入寄主组织内，经初步消化，再由食物道将寄主营养物质吸入体内。

刺吸式口器昆虫吸食植物组织内的汁液，常造成生理性或病理性伤害，被害植物呈现褪色、变色、皱缩、卷曲等，可通过观察受害部位是否具有虫体或昆虫活动痕迹（如蜕皮物、分泌物、粪便等）确认。另外，因部分组织受唾液的刺激，使细胞增生，形成膨大的虫瘿。一些刺吸式口器的昆虫还可以传播病害，如蚜虫、叶蝉、螨等。许多刺吸式口器昆虫传播病害所造成的损失，甚至比它直接危害造成的损失还严重。

（3）锉吸式口器：锉吸式口器为蓟马类昆虫所特有。其特点是上颚不对称，即右上颚高度退化或消失，口针是由左上颚和 1 对下颚特化而成。2 根下颚口针构成食物道，舌和下唇间构成唾液道。上唇、下颚的一部分及下唇组成短喙，喙内包藏 3 条口针。取食时先以左上颚锉破植物表皮，然后再吸吮汁液（图 2-7）。

锉吸式口器危害植物常出现不规则的失绿斑点、畸形或叶片皱缩卷曲等症状，同时有利于病菌入侵。

（4）虹吸式口器：虹吸式口器为蝶蛾类成虫的口器，其特点是上颚完全退化，其外观上是一条能卷曲和伸展的长喙，管状的喙由左右下颚的外颚叶延长并互相嵌合形成，内部为细长的食物道（图 2-7）。取食时喙伸到花中吸食花蜜和外露的果汁及其他液体。不取食时，喙呈发条状卷曲在头部下面两下唇须间。

虹吸式口器昆虫一般无穿刺能力，多取食寄主表面的液体，一般不造成危害；但其幼虫口器是咀嚼式口器，许多是农业上的重要害虫。

（5）舐吸式口器：舐吸式口器为双翅目蝇类成虫所特有。其特点为下唇特别发达，末端为 2 个半圆形的唇瓣，其上有许多环沟，与消化道相通。上下颚退化，下颚仅留有下颚须。取食时唇

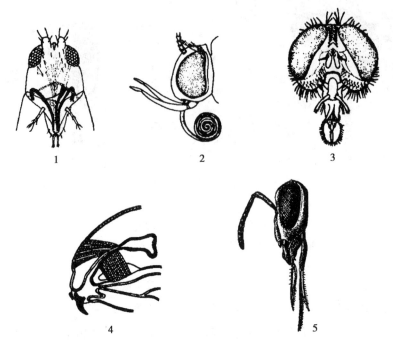

● 图 2-7　几种常见昆虫口器
1. 锉吸式口器（蓟马）；2. 虹吸式口器（蛾类）；3. 舐吸式口器（蝇成虫）；4. 刮吸式口器（蝇幼虫）；5. 嚼吸式口器（蜜蜂成虫）

瓣伸展贴在食物表面,借抽吸作用将液体或半流体食物吸入消化道内（图 2-7）。舐吸式口器一般无破坏能力,但蝇类幼虫口器为刮吸式,会造成危害。

（6）刮吸式口器:刮吸式口器为蝇类幼虫的口器。其特点为口器高度退化,外观仅见 1 对口钩。蝇类幼虫头部全部缩入胸部,取食时,口钩伸出,刮破食物,然后吸食汁液及固体碎屑（图 2-7）。

（7）嚼吸式口器:嚼吸式口器既能取食固体又能取食液体,为膜翅目蜜蜂总科成虫特有。该口器具有发达的上颚,可咀嚼花粉和蜡质等固体;下颚和下唇组成吮吸用的喙,用以吸取花蜜及液体食物（图 2-7）。此类口器昆虫一般不危害植物。

了解昆虫口器的构造和类型,知道害虫的危害方式,可根据植物被害状判断害虫类别,对于正确选用农药和合理施药有极为重要的意义。

咀嚼式口器的昆虫,是将植物咬碎、吞入消化道内进行消化吸收,主要选用胃毒剂防治,当害虫取食时即可连同药剂一起吞入消化道内,引起中毒死亡。刺吸式口器、锉吸式口器和刮吸式口器的昆虫,一般选用内吸剂来防治。内吸剂具有内吸作用,当药剂喷施到植物上,能被植物吸收,迅速传递到植株的各个部位,并在植物体内保持一定时期。当害虫吸取植物汁液时,药剂随植物汁液进入虫体。当然,内吸剂也可用于咀嚼式口器昆虫的防治。虹吸式口器、舐吸式口器昆虫,因其主要吸食表面的液体食物,所以可将胃毒剂做成毒液或半流体的毒饵来诱杀。触杀剂是从害虫体壁进入而引起毒杀作用,因此,对各种口器类型的害虫都有效。有些杀虫剂同时具有胃毒、内吸和触杀等多种作用,适于防治多种口器类型的害虫。

5. 昆虫的头式　由于取食方式的不同,昆虫口器的构造与着生位置发生了变化。口器在头部的着生位置与方向称为头式。根据昆虫的口器的着生方向,可将昆虫的头式分为 3 种类型（图 2-8）。

 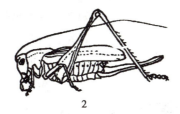 

● 图2-8 昆虫的头式

1. 前口式（步甲）；2. 下口式（蝗虫）；3. 后口式（蝉）

（1）下口式：口器着生在头部的下方，与身体的纵轴垂直，这种头式适于取食植物茎叶，是比较原始的形式。如蝗虫、蟋蟀和鳞翅目的幼虫等。

（2）前口式：口器着生于头部的前方，与身体的纵轴呈钝角或几乎平行，这种头式适于捕食动物或其他的昆虫。如步甲、草蛉幼虫等。

（3）后口式：口器向后倾斜，与身体纵轴成锐角，不用时贴在身体的腹面，这种口器适于刺吸植物或动物的汁液。如蝽、蚜虫、蝉等。

（二）昆虫的胸部

胸部是昆虫的第二体段，是昆虫的运动中心。胸部由3个体节组成，依次称为前胸、中胸和后胸。每个胸节各有1对胸足，分别为前足、中足和后足。绝大多数昆虫中胸和后胸各有1对翅，分别为前翅和后翅。中后胸由于具有翅又被称为具翅胸节或翅胸。

昆虫的胸部由于承受足、翅的强大动力，体壁一般高度硬化。每一个胸节由背板、腹板和2块侧板共4块骨板构成（图2-9）。背面的称为背板，左右两侧的称为侧板，腹面的称为腹板。具体某一块骨板，按其所在的胸节进行命名，如前胸的背板称前胸背板，后胸的腹板称为后胸腹板。各骨板又可分为若干小骨片。

前胸无翅，构造比较简单，但在各类昆虫中也有很大变化，其发达程度常与前足是否发达相适应。例如蝼蛄的前足用于掘土，所以前胸比较粗壮；螳螂的前足用于捕捉，所以前胸非常长；而鳞翅目、膜翅目和双翅目等昆虫的前足和中、后足的功用基本相同，而前胸又不着生翅，因此前胸比中、后胸小得多。中胸和后胸因为有翅，所以在构造上常与前胸不同，其特点是背板、侧板和腹板都很发达，彼此紧密连接，结构比较坚硬，以适应飞行。如蝗虫、蟋蟀的后足和后翅都很发达，以致后胸也很发达。

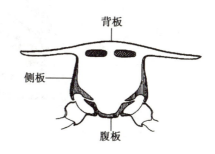

● 图2-9 昆虫具翅胸节的构造

1. 昆虫的胸足　昆虫的胸足是胸部的附肢，也是昆虫体躯上最典型的附肢。胸足着生在侧板与腹板之间，基部由膜与体壁相连，形成一膜质的基节窝。成虫的胸足可分为6节，从基部到端部依次为基节、转节、腿节、胫节、跗节和前跗节。节与节之间由膜质相连，并有1~2个关节相连接，因此，各节均可活动（图2-10）。基节是胸足最基部第一节，常粗短，多呈圆锥形。转节是一般较小，可使足的行动转变方向。大多数昆虫转节1节，少数昆虫2节。其基部与基节以关节相连，端部常与腿节紧密相连。腿节，又称股节，常是各节中最发达的一节，能跳跃的昆虫腿节特别

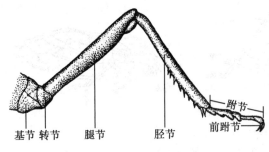

● 图 2-10　昆虫胸足的基本构造

基节　转节　　腿节　　　胫节　　前跗节

发达。胫节常细长,常与腿节膝状相连,较腿节稍短,边缘常有成排的刺或末端常有可活动的距,胫节可以折贴在腿节下。跗节常由 1~5 个跗分节组成,各亚节间以膜相连,可以活动。第 1 跗分节常被称为基跗节。有的昆虫跗节腹面还有较柔软的垫状物,称为跗垫,可用于辅助行动。前跗节是最末一节,一般为 2 个侧爪。爪微弯而坚硬,基部以膜与跗节相连。爪下面的瓣状构造,称为爪垫;2 爪之间的瓣状构造,称为中垫。

　　昆虫的胸足大多用于行走,但由于各种昆虫的生活环境和生活方式的不同,足的构造和功能有很大的变化,可以分成许多类型,足的类型常被作为分类的重要特征(图 2-11)。

足的类型

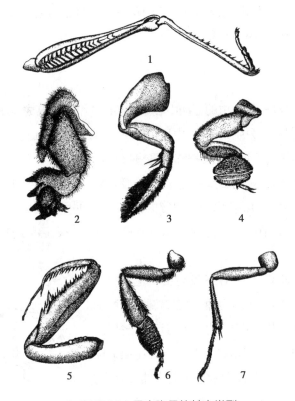

● 图 2-11　昆虫胸足的基本类型
1. 跳跃足;2. 开掘足;3. 游泳足;4. 抱握足;
5. 捕捉足;6. 携粉足;7. 步行足

　　(1)步行足:一般比较细长,没有显著的特化现象,适于步行,是昆虫中最常见的胸足类型。如步甲、虎甲、蜚蠊等昆虫的足。

　　(2)跳跃足:腿节特别发达,胫节细长,适于跳跃。如蝗虫、跳甲、跳蚤等的后足。

　　(3)捕捉足:基节特别发达,腿节的腹面有 1 凹槽,槽边缘有 2 列刺,胫节的腹面也有刺,胫节弯曲时正好嵌入腿节的凹槽内,适于捕捉猎物。如螳螂的前足。

　　(4)游泳足:足扁而阔,胫节及跗节生有长毛,形似划船的桨,适于游泳。如龙虱、仰泳蝽的后足。

（5）携粉足：胫节宽扁，外缘有密集的长刚毛，形成一花粉篮，用以将花粉携带回巢。基跗节扁长，内侧有数列整齐的刚毛称花粉刷，用以梳集黏附在身体上的花粉。如蜜蜂的后足。

（6）开掘足：足短而粗壮，胫节和跗节宽扁有齿，适于掘土。如蝼蛄的前足。

（7）抱握足：足的各节较粗短，跗节特别膨大，上有吸盘状构造，交配时用以挟持雌虫。如雄性龙虱的前足。

2. 昆虫的翅　成虫期的昆虫一般有两对翅，为无脊椎动物中唯一能飞翔的动物。昆虫有翅能飞，因此不受地面爬行的限制，翅对昆虫觅食、求偶、躲避敌害等有重要意义。

（1）翅的基本构造：昆虫着生在中胸的称前翅，着生在后胸的称后翅。少数种类只有1对翅或完全无翅。与鸟类的翅不同，昆虫的翅不是附肢，是由背板向两侧扩展而来。昆虫的翅为双层膜质构造，多为三角形。展开时朝向前面的边缘叫前缘，朝向后面的边缘叫后缘，朝向外面的边缘叫外缘。与身体相连的前缘与内缘的夹角叫肩角，前缘与外缘所成的角叫顶角，外缘与后缘所成的角叫作臀角。昆虫的翅由于折叠，有多个褶纹，可将翅面划分为多个区域。基褶位于翅基部，将翅基划分为1个小三角形的腋区；从翅基部到臀角有一臀褶，将翅面分为臀前区和臀区；有的昆虫在臀区之后还有1条轭褶，其后为轭区（图2-12）。翅的基本构造可简单归纳为三缘、三角、三条、褶线四个区。

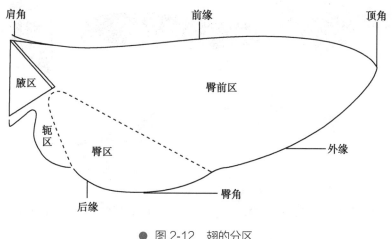

● 图2-12　翅的分区

（2）翅脉和脉序：昆虫翅的两层薄膜之间常有很多凸起或凹陷的纵横分布的翅脉，起加固翅的作用，同时翅脉也是神经、气体、血液的通道。翅脉在翅面上的分布形式称为脉序或脉相。脉序在不同种类间变化很大，但也有一定的规律性，在同科、同属内有比较固定的形式，常作为分类的依据。昆虫学家通过研究多种昆虫翅的发生学和昆虫化石，假想出一种原始的脉序，叫假想脉序，现已普遍被昆虫学者所采用。假想脉序的翅脉分为纵脉和横脉两类，它们各有一定的名称和缩写方法，纵脉是从翅基部到达端部的翅脉，横脉是连接两纵脉之间的短脉，纵脉和横脉将翅面围成一些封闭的区域，称为翅室（图2-13）。

（3）翅的基本类型：昆虫翅的主要功能是飞行，但不同昆虫由于适应特殊的生活环境，翅的形状、质地和功能发生了一些相应的变化，形成了多种类型（图2-14）。

1）膜翅：翅膜质，透明，翅脉明显。如蜻蜓、蜂类翅。

2）鳞翅：翅膜质，翅面覆有鳞片。如蝶类、蛾类的翅。

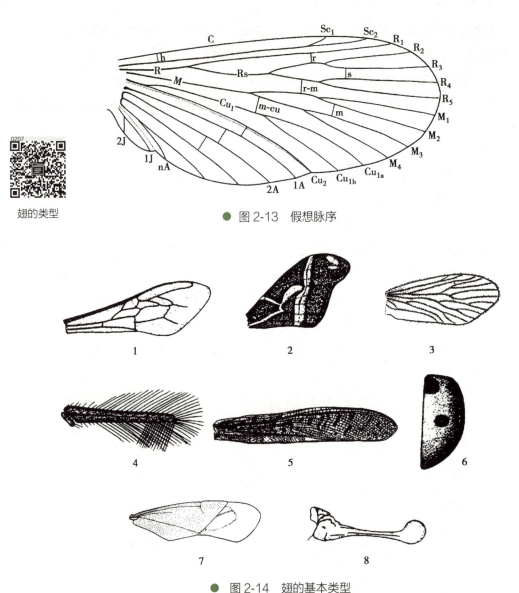

● 图 2-13　假想脉序

● 图 2-14　翅的基本类型

1. 膜翅；2. 鳞翅；3. 毛翅；4. 缨翅；5. 覆翅；6. 鞘翅；7. 半鞘翅；8. 棒翅

3）毛翅：翅膜质，翅面密生细毛。如石蛾的翅。

4）缨翅：翅膜质，狭长，翅脉退化，翅缘着生很多细长的缨毛。为蓟马所特有。

5）覆翅（革翅）：翅革质，半透明，翅脉清晰可见，兼具飞翔和保护作用。如蝗虫、蝼蛄、蟋蟀的前翅。

6）鞘翅：翅角质化程度高，坚硬，不透明，翅脉消失，具有保护身体的作用。如金龟甲、叶甲、天牛等的前翅。

7）半鞘翅：翅的基部为革质，端部为膜质。如蝽的前翅。

8）棒翅（平衡棒）：翅高度退化呈棒状，飞行时起平衡身体的作用。如蚊、蝇的后翅。

（4）翅的连锁：有的昆虫前翅大而后翅小，如半翅目、鳞翅目和膜翅目等昆虫的成虫。这些昆虫以前翅为主要的飞行器官。飞行时必须通过特殊的构造将后翅挂在前翅上，才能保持前后翅行动一致。这种将昆虫的前后翅连为一体的特殊构造，称为翅的连锁器。常见的连锁器有翅轭型、翅缰型、翅钩列型、卷褶型、翅抱型等（图 2-15）。

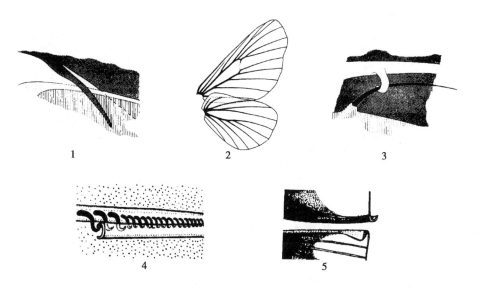

● 图 2-15　翅的连锁器

1. 翅轭型；2. 翅抱型；3. 翅缰型；4. 翅钩列型；5. 卷褶型

（三）昆虫的腹部

腹部是昆虫的第三个体段，前面与胸部紧密相连，末端有尾须和外生殖器，内脏器官大部分都在腹腔内，腹部是新陈代谢和生殖中心。

1. 腹部的基本构造　昆虫的腹部通常由 9~11 节组成，多数昆虫的成虫一般没有分节的附肢，仅在腹部末端有附肢特化而成的外生殖器，有些昆虫还有尾须。腹节的构造比较简单，每个腹节只有背板和腹板，背板与腹板之间是柔软的薄膜，称为侧膜。由于腹节背板常向下伸，侧膜往往被背板所覆盖。节与节之间由节间膜互相套叠。由于腹节前后及两侧都是膜质，所以腹部有较大的伸缩能力，并有助于昆虫的呼吸、交配、产卵和释放性外激素等。昆虫的尾须为着生于腹部第 11 节两侧的 1 对须状物，分节或不分节，长短不一，具有感觉作用。腹部第 1~8 节两侧常具有气门 1 对，是呼吸的通道。

2. 昆虫的外生殖器　昆虫的外生殖器主要由腹部第 8、9 节的附肢特化而成，是生殖系统的体外部分，是交配、授精、产卵器官的通称。雌性外生殖器又称产卵器，雄性外生殖器称交配器或交尾器。由于种间隔离，不同种类外生殖器的形态显著不同，特别是雄性外生殖器，常作为鉴定种的重要依据。

雌性产卵器位于腹部第 8、9 节的腹面，构造比较简单，主要由 3 对产卵瓣组成，在背面的称为背产卵瓣，在腹面的称为腹产卵瓣，在背、腹产卵瓣中间的称为内产卵瓣。生殖孔多开口于第 8 腹节后缘或第 9 腹节（图 2-16）。昆虫种类不同，产卵环境和产卵位置不同，产卵器有很多变化。蝗虫的产卵器粗短呈凿状；蟋蟀的产卵器呈剑状；姬蜂的产卵器细长，有的可为体长的数倍；蜜蜂的产卵器则特化为螯针；叶蜂、蝉将卵产在植物组织内，其产卵器往往成锯齿状或刀状；有些昆虫如蝶、蛾类、蝇类和甲虫，其腹末几节逐渐变细，互相套叠，形成能够伸缩的伪产卵器，只能把卵产在物体的表面、裂缝和凹陷的地方；但实蝇类的腹部末端尖细而骨化可以刺入果实内产卵。

雄性交配器位于第 9 腹节的腹面，构造比较复杂。主要包括 1 个将精子输入雌体的阳茎和 1 对抱握雌体的抱握器（图 2-17）。阳茎是由第 9 腹节腹板后的节间膜特化而成，一般呈锥状或管

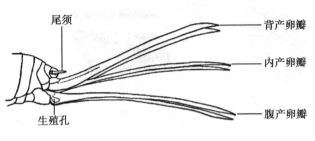
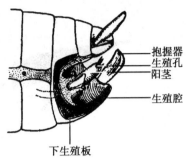

● 图 2-16　雌性外生殖器　　　　　　　　　　　　　　　● 图 2-17　雄性外生殖器

状。抱握器多由第 9 腹节的 1 对附肢特化而成,大小形状变化很大,有叶状、钩状、钳状等,交配时用于抱握雌体。蜉蝣目、脉翅目、长翅目、半翅目、鳞翅目和双翅目等昆虫多有抱握器,有些种类抱握器则消失。

鳞翅目幼虫

　　3. 幼虫的腹足　　昆虫的成虫一般没有用于行走的腹足,而鳞翅目和膜翅目叶蜂等昆虫的幼虫,腹部具有行动用足称为腹足。腹足构造简单,呈筒状。鳞翅目幼虫通常有 5 对腹足,着生于第 3~6 和第 10 腹节上,第 10 腹节上的又称为臀足,腹足末端具趾钩(图 2-18)。膜翅目叶蜂的幼虫从第 2 节开始有腹足,一般 6~8 对,有的多达 10 对,腹足末端无趾钩,可与鳞翅目幼虫区别。

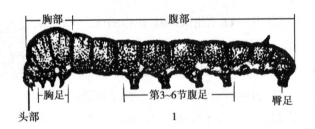
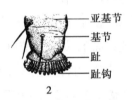

● 图 2-18　鳞翅目幼虫的腹足
1. 鳞翅目幼虫;2. 腹足

三、昆虫的体壁

　　体壁是昆虫身体最外层的组织,大部分硬化,具有脊椎动物的骨骼一样着生肌肉的功能,并且构成了昆虫的体壳,因此昆虫体壁又称为外骨骼。昆虫的体壁除具有供肌肉着生的骨骼的功能外,还具有脊椎动物的皮肤的功能,如防止水分蒸发,保护内脏免于机械损伤和防止微生物及其他有害物质的侵入,同时体壁上还有很多感觉器,可与外界环境取得广泛的联系。

　　1. 昆虫体壁的结构　　昆虫体壁由内向外可分为底膜、皮细胞层和表皮层 3 部分(图 2-19)。底膜位于体壁的最里层,是紧贴在皮细胞下的一层薄膜,与血腔中的血淋巴接触,常有各种血细胞黏附在上面,也有神经和微气管穿过至皮细胞层。主要成分为中性黏多糖。皮细胞层又称真皮层,位于底膜之上,由单层活细胞组成,有较活泼的分泌功能。皮细胞层向外分泌表皮层,向内分泌底膜。在成虫期,这一层细胞很薄而且退化;但在幼虫期,尤其是在新表皮形成时,皮细胞层特别发达。皮细胞层可在昆虫蜕皮过程分泌蜕皮液,消化和吸收旧的内表皮并合成新表皮物质,修

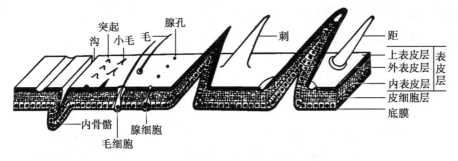

● 图 2-19　昆虫体壁的构造及衍生物

补伤口等。虫体上的刚毛、鳞片和各种形状的感觉器及唾腺、毒腺、臭腺等特殊的腺体都是由皮细胞特化而来。表皮层是由皮细胞向外分泌而成的非细胞层,结构复杂,体壁的特性主要与表皮层有关。表皮层由内向外大致分为3层:内表皮层、外表皮层和上表皮层。其中内表皮层最厚,质地柔软而有延展性,主要成分是几丁质和蛋白质。外表皮层质地坚硬、致密,约占表皮层的1/3,主要成分也是几丁质和蛋白质,但其蛋白质已被多元酚氧化酶鞣化为骨蛋白而失去亲水性。上表皮层最薄,结构最复杂,是最重要的通透性屏障,一般由内向外分为:角质精层、蜡层和护蜡层3层。角质精层和护蜡层都是脂类和蛋白质的复合物,所以上表皮层的特性是亲脂性(不透水性)。蜡层主要是蜡质,可以保护体内水分免于过量蒸发和防止水溶性物质浸入。

2. 体壁的衍生物　昆虫由于适应各种特殊需要,体壁常向外突出或向内凹陷,形成各种衍生物(图2-19)。体壁的表面一些微细的突起,常是由表皮层外突形成的,如刻点、脊纹、小疣、小棘、微毛等,称为非细胞外长物。有些大型结构则是皮细胞向外突出形成的,如刚毛、毒毛、感觉毛、刺、距、鳞片等,称为细胞外长物。

体壁的内陷物一方面表现为表皮内陷形成的各种内脊、内突和内骨,以增加体壁的强度和肌肉着生的面积。一般陷入较浅的称为内脊,陷入较深的称为内突,陷入更深且形成一定骨架的称为内骨。另一方面表现为皮细胞层在一些地方由一个或几个细胞特化成各种腺体,如唾腺、丝腺、蜡腺、毒腺和臭腺等。

3. 体壁与化学防治的关系　昆虫的体壁具有延展性、坚硬性和不透性,这对昆虫具有重大意义。不同种类的昆虫以及不同的发育期,其体壁的厚薄、软硬和被覆物多少也不一致,例如甲虫的体壁比较坚硬,鳞翅目幼虫的体壁较柔软;粉虱、蚜虫和介壳虫体壁常被蜡粉;灯蛾和毒蛾幼虫体壁上有很多长毛等。

体壁上的刚毛、鳞片、蜡粉等和上表皮的蜡层及护蜡层,对杀虫剂的侵入起着一定的阻碍作用。一般来说凡是体壁厚、蜡质多和体毛较密的种类,药剂不容易通过。昆虫的表皮层具有蜡质和其他脂类化合物,水稀释的药液不易在虫体上黏着展布和穿透体壁。用药时在药液中加入肥皂、洗衣粉、碱面等湿润剂可以降低药液的表面张力,使药液易于黏着展布于虫体,提高药剂防治效果。加工的杀虫剂在剂型、助剂、填料等方面要克服体壁的疏水性、不透性,以提高防治效果。很多油类也能很好地和蜡层接触,破坏蜡层的结构,有利于药剂进入。在粉剂中加入对蜡层有破坏作用的惰性粉作为填充剂,也能破坏体壁的不透性,从而提高药剂的杀虫效果。

根据体壁构造和形成机制开发的灭幼脲类药剂,能使中毒昆虫几丁质合成受阻,因而使幼虫蜕皮受阻而死。

同种昆虫幼龄期比老龄体壁薄,药剂就比较容易透入体内,选择低龄的时候更容易防治,"消灭幼虫于三龄之前",就是根据这个原理。

四、昆虫的内部器官系统与生理

内部器官在昆虫体内的位置

昆虫的体壁包围着体内的各种组织和器官,形成一个纵贯的腔,称为体腔。由于昆虫的背血管是开放式的,昆虫的体腔内充满血液,一切内部器官都浸浴在血液中,所以昆虫的体腔又称为血腔。

昆虫内部器官按照生理功能分为消化、呼吸、循环、排泄、神经、内分泌和生殖等系统。每个系统具有独特的功能,互相配合,共同完成昆虫的各项生命活动。

(一)昆虫的消化系统

昆虫的消化系统由消化道和消化腺组成,其功能是消化食物和吸收营养。消化道前端开口于口前腔,后端终止于肛门,是贯穿于围脏窦中央的一根管道,可分为前肠、中肠和后肠 3 个部分。昆虫消化食物主要依赖消化液中各种消化酶的作用,将糖、脂肪、蛋白质等水解为适当的分子形式后,被肠壁吸收。昆虫的消化腺主要是唾腺,是开口于口腔的多细胞腺体,主要功能为湿润口器、溶解食物和分泌消化酶。

昆虫的消化生理特性与杀虫剂中胃毒剂的效力密切相关。一般昆虫消化液的酸碱度 pH 多在 6~8。不同昆虫中肠的酸碱度有较大差异,如蝶蛾类幼虫为 pH 8.5~9.9,蝗虫为 pH 5.8~6.9,甲虫为 pH 6.0~6.5。同时昆虫消化液还有很强的缓冲作用,不因食物中的酸或碱而改变酸碱度。杀虫剂需要在适宜的酸碱环境下才能更好地发挥作用,如敌百虫在碱性环境中可以形成毒性更强的敌敌畏,因此敌百虫对肠液偏碱性的蝶蛾类幼虫毒杀效果较好。同样,Bt 制剂对具碱性消化液的害虫施用效果较好的原因也是碱性消化液有利于其伴孢晶体毒素释放。

(二)昆虫的排泄系统

排泄系统的作用是排出新陈代谢含氮废物,调节体液中的无机盐类和水分的平衡,使各器官得以进行正常的生理活动。昆虫主要的排泄器官是马氏管。马氏管着生于中、后肠交界处,与消化道相通,是一些浸浴在昆虫血腔中的末端封闭的细长盲管,其基部开口于后肠,端部游离,能从血液中吸收新陈代谢排出的各种含氮废物,如尿酸、尿囊酸、尿素等。马氏管的数目在各类昆虫中差异很大,如介壳虫只有 2 根马氏管,蝗虫可达 100 根以上。杀虫剂可以破坏马氏管的组织,使之不能行使正常的生理活动。

(三)昆虫的呼吸系统

昆虫的呼吸系统又称为气管系统,由许多富有弹性且按一定方式排列的气管组成,由气门开口于身体两侧。气管的主干纵贯体内两侧,主干间有横向气管相连接。昆虫的呼吸作用主要是靠空气的扩散和虫体呼吸运动的通风作用,使空气由气门进入气管、支气管和微气管,最后到达各组织;同时又把大部分二氧化碳沿相反的路径排出体外。气门是体壁内陷而成的开口,一般多为 10 对,即中、后胸各 1 对,腹部 1~8 节各 1 对,但由于昆虫生活环境不同,气门数目和位置常常发生变化。

当空气中含有有毒物质时,毒物随着空气进入虫体,使其中毒致死,这就是熏蒸杀虫的基本原理。当温度高或空气中二氧化碳含量较高时,昆虫的气门开放时间长,施用熏蒸剂的杀虫效果也好。昆虫的气门一般都是疏水性的,水分不容易侵入气门,但油类却极易进入。乳油除能直接穿透体壁外,主要由气门进入虫体,因此乳油成为杀虫剂中广泛应用的剂型之一。还有一些杀虫物质,可以机械地把气门堵塞,使昆虫窒息而死。

(四)昆虫的循环系统

昆虫的循环系统属开放式循环系统,即血液不是封闭在血管里,而是充满着整个体腔内,昆虫内部器官则浸浴在血液中。昆虫血液循环的主要功能是运输养料和废物,此外,还有维持渗透压、调节离子平衡和 pH 等作用。背血管是昆虫的主要循环器官,为一薄壁的管子,位于体腔的背面血窦内。背血管前端开口,后端封闭。前段伸入头部的部分称大动脉;后段由一连串的心室组成,伸至腹部,称为心脏。每个心室两侧又有心门与体腔相通,血液通过心门进入心脏,由于心脏的收缩,使血液向前流动,由大动脉的开口喷出,流入头部,并通过辅搏器压入触角、翅和足。血液在血腔内的总体流向是从前往后,再流回心脏。昆虫的血液就是体液,故称为血淋巴,一般占虫体容积的 15%~75%,主要包括血细胞和血浆两部分。一般昆虫血液不含血红素,大多数呈黄色、橙色或蓝绿色,所以昆虫血液一般不担负携带氧气的任务,氧气的供应和二氧化碳的排出主要由呼吸系统进行。血细胞是悬浮在血浆中的游离细胞,是各器官间化学物质交换,内分泌物、营养物和代谢物等运输的媒介,另外,血细胞还有吞噬异物产生免疫等功能。杀虫剂对昆虫血液循环的影响主要表现为使昆虫血细胞发生病变,如砷、氟、汞等无机盐类杀虫剂;影响心脏的正常搏动,如烟碱、氰氢酸等。

(五)昆虫的神经系统

昆虫的一切生命活动,如取食、交尾、趋性、迁移等都是受神经系统支配的,同时通过身体表面的各种感觉器官,接受外界环境条件的刺激,又通过神经系统的协调,支配各器官作出适应的反应,进行各种生命活动。昆虫的神经系统由中枢神经系统、交感神经系统和周缘神经系统组成。中枢神经系统包括脑、咽喉下神经节和纵贯于腹血窦中的腹神经索。交感神经系统又称内脏神经系统,其由额神经节发出的 1 对额神经索与后脑相连,并由 1 对额神经索的中央生出 1 条逆走神经,沿咽喉背面通过脑下伸到前肠、唾腺、背血管等处,控制内部器官的活动。周缘神经分布在感觉器和肌肉、腺体等效应器上,其功能是把外来刺激所产生的冲动传至中枢神经系统,再把中枢神经系统的指令信号传递给效应器。神经系统具有兴奋性和传导性,感受器接受一定的刺激后,迅速产生兴奋,兴奋以神经冲动的方式经过传入神经传向神经中枢;神经中枢通过分析与综合活动后产生的反应又经传出神经到达效应器,使效应器发生相应的活动。

神经元是神经系统的基本单元。一个神经元与另一个神经元并不是物理接触的,其间的空隙部位称为突触。神经元之间的冲动传导通过化学递质进行转换。当冲动到达前一个神经元末端时,化学递质乙酰胆碱(ACh)释放出来,在突触间隙扩散,引起另一神经元膜电位改变,完成神经传导作用。冲动传递之后,ACh 被乙酰胆碱酯酶(AChE)水解为胆碱和乙酸,神经也随之恢复常态。如果乙酰胆碱酯酶的活性受到神经性杀虫剂的抑制,害虫就会因无休止的神经冲动而死亡。目前使用的有机磷杀虫剂和氨基甲酸酯类杀虫剂都属于神经性毒剂,其杀虫机制就是破坏乙酰胆碱酯酶的分解作用。此外,还可利用害虫神经系统引起的习性反应,如假死性、迁移性、趋光性、趋化性等,进行害虫防治。

（六）昆虫的生殖系统

生殖系统是昆虫的繁殖器官,其功能是繁殖后代。昆虫生殖系统包括外生殖器和内生殖器。雌性内生殖器主要包括 1 对卵巢、1 对侧输卵管以及由体壁内陷而成的中输卵管和生殖腔。雄性内生殖器主要包括 1 对睾丸、1 对输精管以及由体壁内陷而成的射精管。昆虫性成熟后,雌雄经过交配,雄虫的精子从卵的受精孔进入卵内,这个过程称为受精。一般受精卵能孵化为幼虫,未受精卵则不能孵化。利用不育技术防治害虫已在近几十年来取得了很大的成就。目前使用的方法有射线不育、化学不育、激素不育和遗传工程培育杂交不育后代等。这些方法主要是杀伤昆虫的生殖细胞,而使其丧失生殖能力,这样雌虫虽与雄虫照常交尾,但不能产生受精卵,或虽然受精,但不能正常发育。如此经过若干代不育处理后,使害虫数量逐渐减少,最后达到消灭害虫的目的。

五、昆虫的激素及应用

（一）昆虫的激素

昆虫的激素是昆虫腺体分泌的一些具有高度活性的微量化学物质,对昆虫的生长发育和行为活动有重要的支配作用。昆虫的激素可分为内激素和外激素。

内激素分泌于昆虫体内,调控昆虫自身生长、发育、变态、滞育和生殖等生理活动。已知的昆虫的内激素种类有 20 余种,目前研究得比较清楚的有促前胸腺激素、保幼激素和蜕皮激素等。促前胸腺激素（PTTH）又称促蜕皮激素或脑激素,它是由脑神经分泌细胞产生的一种肽类激素,能激发前胸腺分泌蜕皮激素,可贮存在心侧体中。心侧体不仅是促前胸腺激素的贮存释放的场所,同时可以加工混合其他神经分泌物,也可以释放多种自身分泌的心侧体激素。蜕皮激素（MH）是由前胸腺分泌的多羟基化的类固醇,它的主要功能是促进代谢活动和激发昆虫的蜕皮作用。保幼激素（JH）是由咽侧体分泌的倍半萜烯甲基酯类,它的主要功能是抑制成虫器官等的分化和生长,使虫体保持幼期状态。

昆虫的生长、发育和变态由遗传因子控制,而这些特征的表现由昆虫激素调节。促前胸腺激素在保幼激素与蜕皮激素的调节过程中起主导作用,蜕皮激素是引起蜕皮和变态的动力,保幼激素决定生长发育的特征。脑神经分泌细胞分泌的促前胸腺激素分泌到血液中,然后激发前胸腺合成和分泌蜕皮激素,蜕皮激素引起真皮细胞的变化,启动蜕皮过程,形成新表皮。在促前胸腺激素的作用下,咽侧体分泌保幼激素;保幼激素抑制成虫器官的发育,决定每次蜕皮后昆虫生长发育方向。在血液中的保幼激素滴度高时,幼虫蜕皮后还是幼虫;当滴度低时,幼虫蜕皮后变成蛹;当滴度为零时,蛹蜕皮变为成虫。

昆虫的外激素,又称为昆虫的信息素或化学信息素,是由昆虫的外分泌腺体分泌,能引起同种或异种其他个体产生特定行为或生理反应的信息化学物质,具有刺激

昆虫变态的
激素调节

和抑制两方面的作用,是生物体之间起化学通讯作用的化合物的统称。包括性信息素、聚集信息素、报警信息素、标记信息素、踪迹信息素等。其中性信息素是一类由性成熟的雌性或雄性昆虫分泌释放的,对同种异性个体有强烈引诱作用的化学物质,在害虫防治中运用最广泛。

（二）昆虫激素与信息素的应用

昆虫激素及其类似物可以用来干扰昆虫的行为和扰乱昆虫正常的生长发育,达到控制害虫的目的。如外源添入高剂量的蜕皮激素能扰乱昆虫体内的正常代谢过程,使昆虫提早蜕皮或变态而成为微小成虫或畸形个体。人工合成的昆虫保幼激素可使昆虫无法正常蜕皮化蛹。昆虫卵接触极微量的保幼激素类似物也会使孵化率降低和胚胎发育不正常,起到杀卵的作用。

人工合成昆虫性信息素的类似物,即性引诱剂,是目前在害虫防治中应用最广的信息素。我国目前已经商品化生产了二化螟、小菜蛾、棉铃虫、松毛虫、舞毒蛾、桃小食心虫、玉米螟、斜纹夜蛾等多种昆虫的性信息素,成为害虫预测预报、害虫综合治理和绿色防控的重要措施。此外,市场上常见的蟑螂、蚂蚁等卫生害虫的杀虫剂中也多含有其聚集信息素成分。

第二节　昆虫的生物学

昆虫的生物学研究昆虫的个体发育史（即包括从生殖、胚胎发育、胚后发育至成虫的各个时期的生命特征）和昆虫的年生活史（即昆虫在一年中的发生经历和特点）。昆虫在进化过程中,由于长期适应其生活环境,逐渐形成了各自相对稳定的生长发育特点、繁殖方式和习性行为。掌握昆虫的生物学特征,对于采取有效措施,抓住有利时机,积极进行防治或保护利用天敌等工作有重要意义。

一、昆虫的生殖方式

昆虫是自然界中分布最广、种类最多、数量最大的动物类群,这与多样化的生殖方式以及生殖力强密切相关。昆虫的常见生殖方式有两性生殖、孤雌生殖、多胚生殖和卵胎生等。

（一）两性生殖

两性生殖是昆虫最普遍的生殖方式。两性生殖是经过雌雄交配,雄性个体产生的精子与雌性个体产生的卵结合受精后,由雌虫将受精卵产出体外,卵经过孵化成为新个体的生殖方式。如蝶类、蛾类等。

（二）孤雌生殖

孤雌生殖是昆虫的卵不经过受精而发育成新个体的生殖方式,又称为单性生殖。

1. 经常性孤雌生殖　一些昆虫的繁殖完全或几乎完全是通过孤雌生殖来进行,在整个生活史中没有雄虫或雄虫极少。如一些半翅目、膜翅目、缨翅目昆虫等。

2. 偶发性孤雌生殖　有些昆虫在正常情况下为两性生殖,只是偶尔出现未受精的卵发育成新个体,称为偶发性孤雌生殖。如家蚕、舞毒蛾等。

3. 周期性孤雌生殖　有些昆虫随季节以孤雌生殖与两性生殖交替进行,从春到秋连续以孤雌生殖方式繁殖后代,只有在冬季来临之前才出现雄性,进行两性交配,称为周期性孤雌生殖。如一些蚜虫。

4. 社会性昆虫的孤雌生殖　有些社会性昆虫(如蜜蜂、蚂蚁等)未受精的卵发育成雄性个体,而受精卵则发育成雌性个体。

通过孤雌生殖,昆虫可以以少量个体,利用少量的生活物质,在短时间内繁殖大量后代,是对种的扩散及不良环境条件的一种适应。

(三)多胚生殖

多胚生殖是由一个卵发育成两个或更多的胚胎,每个胚胎发育成为一个个体的生殖方式。多胚生殖是可以充分利用寄主繁殖出较多的后代个体。如多胚跳小蜂、广腹细蜂等。

(四)卵胎生

昆虫不管是两性生殖还是孤雌生殖,大多数是由雌虫直接产出卵来繁殖。但有的昆虫的卵在母体内孵化后,直接产下幼体,这种生殖方式称为卵胎生。卵胎生可以认为是对卵保护的一种适应,同时由于缺乏独立的卵期,所以完成一个世代所需时间也比较短。如蜚蠊、蚜虫、介壳虫、蓟马、家蝇、麻蝇等均有卵胎生的种类。

二、昆虫的个体发育

昆虫的个体发育分为胚胎发育和胚后发育两个阶段。胚胎发育在卵内完成,是从卵受精开始,至幼体孵化为止的发育阶段。胚后发育是从幼体孵化开始至成虫性成熟的整个发育阶段。

(一)变态及其类型

昆虫从幼体孵化后一直到羽化为成虫的发育过程中,须经过一系列外部形态的和内部器官的变化,致使成虫和幼体不同,这种现象称为变态。变态是昆虫个体发育的重要特征。昆虫在长期的演化过程中,形成了多种变态类型,常见的有不完全变态和完全变态。

1. 不完全变态　此类昆虫个体发育经历卵、幼体和成虫 3 个发育阶段,幼体翅以翅芽的形式在体外发育,成虫特征随幼体生长发育而逐渐显现,成虫和幼体的形态差异不大,只是翅和性器官发育程度有差别(图 2-20)。不完全变态的幼体被称为若虫。典型的不完全变态常见于直翅目、半翅目,如蝗虫、蝉、蝽等昆虫,其若虫在形态上类似成虫,生活习性也和成虫相近,栖息在相同的环境中,取食相同的食物,这一变态类型也称为渐变态。缨翅目蓟马、半翅目的粉虱和雄性介壳虫的变态方式是不完全变态中的最高级的类型,其若虫在转变为成虫前有一个不食不动的类似蛹期的时期,这种变态称为过渐变态,可能是不完全变态向完全变态演化的过渡类型。

昆虫变态类型

2. 完全变态 此类昆虫幼体在形态上与成虫差异大,必须经过一个蛹的阶段来完成这类形态的转变过程(图2-21)。其幼体被称为幼虫。个体发育经历卵、幼虫、蛹和成虫4个发育阶段,幼虫期翅在体内发育。此类昆虫的取食特性和栖息场所成虫和幼虫多有不同。如鳞翅目幼虫为咀嚼式口器,多以植物的某部分为食,而成虫为虹吸式口器以花蜜为食。危害农作物的金龟子,幼虫为地下害虫,而成虫取食植物的地上部分。完全变态昆虫的幼虫与成虫因其生活习性不同,对农作物的危害情况也不同,有的仅成虫为害,有的则幼虫为害,有的成虫与幼虫均为害,但危害程度常有差别。

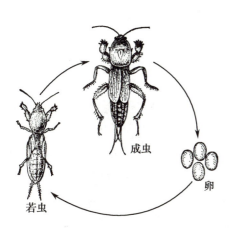

● 图2-20 不完全变态

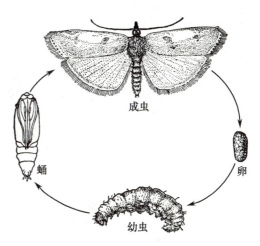

● 图2-21 完全变态

(二) 各虫期的生命特征

1. 卵期 卵从产下到孵化所经历的时期叫卵期。这是昆虫胚胎发育时期,也是个体发育的第一个阶段。通常把卵作为昆虫生命活动的开始。昆虫的卵期长短因昆虫种类、世代和环境条件而有所不同,短的只有几个小时,长的可长达300多天。

昆虫的卵通常很小,一般在0.5~2.0mm,小的直径仅为0.02mm左右(如卵寄生蜂),最大的长达9~10mm(如一种蟊斯)。卵的形状通常为长卵形、圆球形,不同种类还有半球形、扁圆形、纺锤形、瓶形、桶形等(图2-22)。昆虫的产卵方式和场所也因种类不相同,有的单粒散产,有的集聚成块;有的产在暴露的地方,有的产在植物组织内,有的产在其他昆虫体内。

卵外表不食不动,内部进行着剧烈的生理变化。昆虫在卵内完成胚胎发育后,幼虫或若虫破卵壳而出的过程,称为孵化。对于农业害虫而言,卵孵化进入幼虫或若虫期就进入了危害期。因此,消灭卵是一种重要的预防措施。

2. 幼虫期或若虫期 昆虫幼虫或若虫从卵内孵出,发育到蛹或成虫之前的整个发育阶段,称为幼虫期或若虫期。幼(若)虫期的显著生命特点是大量取食和以惊人的速度增大体积,其生物学意义在于大量获取并积累营养,为发育成性成熟的、能生殖的成虫创造条件。

幼(若)虫刚从卵孵化出来时,虫体很小,取食后虫体不断增大,当增大到一定程度时,由于体壁限制了它的生长,必须脱去旧表皮,重新形成新表皮,才能继续生长,这一过程称为蜕皮。脱下的旧表皮称为蜕。每脱一次皮,虫体就显著增大,形态也发生相应的变化。从卵孵化到第一次蜕皮前的幼虫或若虫称为1龄幼虫或若虫,以后每蜕一次皮,幼虫或若虫增加1龄。最后一龄幼虫又称末龄幼虫或老熟幼虫。昆虫虫龄等于幼期蜕皮次数加1。两次蜕皮之间的时间称为龄期。昆虫种类不同,龄数和龄期长短也会不同。

完全变态类昆虫的幼虫形态差异较大,常见的种类可根据胸足或腹足有无分为多足型、寡足型和无足型3种幼虫类型(图2-23)。多足型幼虫除发达的胸足外,还有腹足或其他腹部附肢,如鳞翅目幼虫、膜翅目叶蜂等。寡足型幼虫仅具发达的胸足,而无腹足,如一般鞘翅目幼虫。无足型幼虫既没有胸足,也没有腹足,有的头部完全缩入胸部内,如双翅目幼虫。

由于幼(若)虫期是大量取食的阶段,所以很多农业害虫的危害期都是幼(若)虫期,因而常常也是防治的重点虫期。

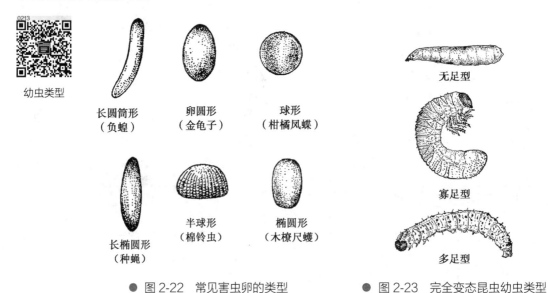

幼虫类型

长圆筒形
(负蝗)

卵圆形
(金龟子)

球形
(柑橘凤蝶)

长椭圆形
(种蝇)

半球形
(棉铃虫)

椭圆形
(木橑尺蠖)

无足型

寡足型

多足型

● 图 2-22　常见害虫卵的类型　　　　● 图 2-23　完全变态昆虫幼虫类型

3. 蛹期　蛹期是完全变态昆虫从幼虫转变为成虫的过渡阶段。末龄幼虫蜕皮变为蛹的过程称为化蛹。蛹期不食不动,表面静止,但内部进行着激烈的生理变化,一方面瓦解幼虫旧的组织器官,另一方面则形成成虫所具有的内部器官,为羽化为成虫作生理上的准备。

昆虫种类不同,蛹的形态也不同。根据蛹的翅、触角、足等是否紧密贴于蛹体和是否能够活动,可将昆虫的蛹分为离蛹(裸蛹)、被蛹和围蛹3种类型(图2-24)。离蛹的触角、翅和足等不紧贴蛹体,能够活动,腹部也能自由活动,如鞘翅目的蛹。被蛹的触角、足和翅等紧贴于蛹体,不能自由活动,腹节多数或全部不能活动,如蝶蛾类的蛹。围蛹实际上是一种离蛹,只是由于幼虫最后脱下的皮包围于离蛹之外,形成了圆筒形的硬壳,如蝇类的蛹。

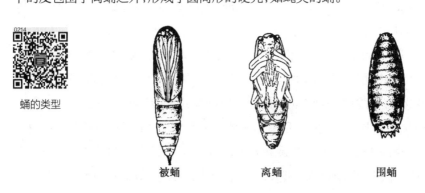

蛹的类型

被蛹　　　　　离蛹　　　　　围蛹

● 图 2-24　完全变态昆虫蛹类型

昆虫的蛹由于不能活动,易遭受敌害,对外界不良环境条件的抵抗力差,因此蛹期是昆虫生命活动中的一个薄弱环节。昆虫常在化蛹前选择适于化蛹的隐蔽场所,如树皮裂缝中、卷叶内或植物组织内,或在土壤内做土室,甚至吐丝作茧,以免遭受敌害的侵袭和气候变化的不良影响。了解蛹期的生物学特性,破坏其化蛹环境,是消灭害虫的一个途径。如施行翻耕晒土,可将害虫在土中的土室破坏或深埋,或暴晒致死,或增加天敌的捕食机会。树干绑草,模拟树皮裂缝,诱使幼虫化蛹于草上,再集中销毁。

4. 成虫期　成虫是昆虫生命的最后阶段,其主要任务是交配、产卵以繁衍其种族。完全变态类蛹或不完全变态类若虫最后一次蜕皮变成成虫的过程称为羽化。从羽化到成虫产下卵后死亡,这段时间称为成虫期。

有些昆虫羽化时,性腺已发育成熟,不再需要取食,便可交配产卵,产卵后不久即死去,所以寿命往往很短。而大多数昆虫的成虫羽化后性腺尚未成熟,羽化后须继续取食一个时期方能进行生殖,这种对性腺发育不可缺少的成虫期的营养称为补充营养。一般雌性比雄性需要更长的时间才能达到性成熟。补充营养对成虫生殖力影响很大,如以花蜜为食的成虫在蜜源植物丰富的地区或年份,产卵量显著增加。有的昆虫由于需要补充营养,不仅在幼虫期为害,而且成虫期也常为害。因此了解成虫补充营养的特性,可用于虫情调查,进行预测预报,还可以在其喜食的植物上喷洒药剂或设置诱集器进行诱杀。

成虫在性成熟后便交配和产卵。多数昆虫的交配和产卵前期都不过几天,有些昆虫的交配和产卵前期较长,可达十余天。通常成虫寿命短的昆虫,如很多蛾类、蚜虫、蚧类,一生只交配1~2次。成虫寿命长的,如蝗虫、蟋、甲虫等,一生往往交配很多次。昆虫的产卵量随种类和环境条件而变化。

由于成虫期形态已经固定,种的特征已经显示,因此成虫的形态是昆虫分类的主要依据。昆虫的雌雄两性除外生殖器的构造截然不同外,雌雄的区别还常常表现在个体大小、体型差异、颜色变化等方面,这种现象称为雌雄二型或性二型现象。此外,有的昆虫同一虫态的个体在形态、大小、体色上也存在差异,这种现象称为多型现象。多型现象不仅出现在成虫期,也可出现在幼虫(若虫)期或蛹期,但以成虫期居多。

三、昆虫的世代和年生活史

昆虫从卵发育开始到成虫性成熟产生后代为止的整个发育史,称为一个世代。年生活史是指一种昆虫在一年内的发育史,即由当年越冬虫期开始活动到第二年越冬结束为止的发育过程。

昆虫种类不同,环境条件不同,每个世代的长短和一年内发生的世代数也会不同。有些昆虫一年只发生1代,如星天牛,其世代和年生活史的意义一样。有些昆虫一年发生多代,其年生活史就包括了多个世代,如小菜蛾,可以依其卵期出现的先后,依次称为第1代、第2代……以卵越冬的昆虫,次年出现的即为第1代;以其他虫态越冬的昆虫,次年出现虫态为越冬代,越冬虫态需发育为成虫,由成虫产下卵才为当年的第1代。有的昆虫要几年才完成1代,如桑天牛2~3年完成1代;最长的甚至有十余年完成1代的,如十七年蝉。在大多数昆虫中,世代的长短和一年内发生的代数除与种的遗传性有关外,还与不同纬度地区的温度条件有关。一般多个纬度分布的害虫,由南向北发生世代数依次减少。

一年数代的昆虫,前后世代间常有首尾重叠的现象。一般地说,成虫发生期和产卵期短的种类,世代间可以划分得很清楚。但是有的成虫发生期和产卵期长,或越冬虫态出蛰分散的种类,不同世代在同一时间段出现重叠现象,世代的划分就变得很难,称为世代重叠。另外,大多数一年发生数代的昆虫,各个世代的相应虫态,不论在形态、食性和生殖方式上都是大致相同的,只是在发生期上有差别而已。但也有的昆虫如蚜虫,在一年中的若干世代间,存在着生殖方式甚至生活习性的明显差异,表现出年生活史中两性生殖世代和若干代孤雌生殖世代有规律的交替进行,这种现象称为世代交替。

四、昆虫的习性和行为

(一)昆虫的休眠与滞育

昆虫在其生活史中,大多有或长或短的生长发育或生殖中止的现象,称为停育。常表现为越冬或越夏。就产生或消除这种现象的条件及昆虫对这些条件的反应来说,可以将停育分为休眠和滞育两类。

1. 休眠　常常是不良环境条件直接引起的,而且当不良环境条件消除时,昆虫可以恢复生长发育。休眠是昆虫在个体发育过程中对不良环境条件的一种暂时适应。例如温带或寒温带地区秋冬季节的气温下降、食物缺乏,都可以引发一些昆虫的休眠越冬。在干旱或热带地区,或在干旱高温季节,有些昆虫会暂时进入休眠越夏。在害虫防治中,可以寻找昆虫越冬场所和越冬虫态,破坏昆虫越冬环境,达到防治害虫的目的。

2. 滞育　某些昆虫在一定季节、一定发育阶段,不论环境条件是否适宜,便进入生长发育停止的状态,称为滞育。滞育是昆虫在系统发育过程中形成的一种比较稳定的遗传特征,具有预见性。滞育也是由环境因子引起的,但常常不是不利环境条件直接引起。在自然情况下,当不利的环境条件还远未来临以前,昆虫就进入滞育了。昆虫一旦进入滞育,即使给以最适宜的条件,也不会马上恢复生长发育。引起滞育的因子有光照、温度和食物等,其中光周期的变化是引起滞育的主要因素。在自然界中,光周期的变化规律比任何别的因素都稳定,所以从光照刺激的信号意义来说,它比其他环境因素具有更大的优越性。正因为如此,昆虫才有可能在不利的季节(如冬季)来临之前,依照对光周期的反应而进入滞育。一些种类接受一定的长光照时进入滞育,而另一些则接受一定的短光照时进入滞育。滞育的生理机制,近年来已逐步被证明是内分泌系统活动的结果。

(二)食性

昆虫在进化过程中,逐渐形成了特有的取食范围,这种对食物的选择性称为食性。昆虫食性是长期进化的结果,具有遗传稳定性。昆虫种类繁多,与其食性多元化是分不开的。按照昆虫取食食物的种类可将昆虫划分为单食性昆虫、寡食性昆虫和多食性昆虫。单食性昆虫仅取食一种寄主;寡食性昆虫取食1科(或近缘几科)的寄主;多食性昆虫可取食不同科的寄主。按照取食食物的性质,可将昆虫分为植食性昆虫、肉食性昆虫、腐食性昆虫和杂食性昆虫。植食性昆虫以活体植物为食；肉食性昆虫以动物活体为食，腐食性昆虫以动植物尸体、粪便、腐败植物等为食；杂食性昆虫既可以取食植物也可以取食动物等。

（三）昼夜节律性

昼夜节律性是指昆虫活动与自然界中昼夜变化规律相吻合的现象。绝大多数昆虫的活动如飞行、取食、交配等，均有昼夜节律。我们常把白天活动的昆虫，称为日出性或昼出性昆虫，如蝴蝶、蜻蜓等；在夜间活动的昆虫，则称为夜出性昆虫，如多数的蛾类；还有一些只在弱光下如黎明、黄昏时活动的昆虫，称为弱光性昆虫，如蚊子。昆虫的昼夜节律性是受体内具有时钟性能的生理机制控制的，这种控制机制也被称为生物钟。

（四）假死性

假死性是指有些昆虫受到某种刺激，停止不动或从停留处坠地呈假死状的习性，它是昆虫的一种自卫适应性。如金龟子等甲虫的成虫和小地老虎、斜纹夜蛾、菜粉蝶的幼虫，受到突然震动时，可暂时停止活动，佯装死亡。在害虫防治中，可利用假死习性，设计出各种方法或器械，将其从植物上震落，集中收集消灭。

（五）趋性

昆虫的趋性是指昆虫对某种外部刺激如光、温度、化学物质、水等所产生的定向运动。趋向刺激源的定向运动，称为正趋性；远离刺激源的定向运动，称为负趋性。根据刺激源的不同，趋性又可分为对于光源的正趋光性或负趋光性；对于热源的趋温性或负趋温性；对于化学物质的趋化性或负趋化性；对于湿度的趋湿性或趋旱性；对于土壤的趋地性或负趋地性等。

在害虫防治中常利用害虫的趋光性和趋化性。如灯光诱杀和色板诱杀是利用昆虫的正趋光性，食饵诱杀是利用昆虫正趋化性，趋避剂是利用昆虫负趋化性等。

（六）群集和迁移

群集是指同种昆虫大量个体高密度地聚集在一起的习性，根据聚集时间长短，可分为临时性群集和永久性群集。临时性群集指昆虫只是在某一虫态或一段时间内群集在一起，之后分散，个体之间不存在必需的依赖关系。如斜纹夜蛾低龄时群集在一起取食为害，高龄则分散为害。有的昆虫是季节性群集，如多数瓢虫越冬时聚集在落叶或杂草下，第二年春天又分散到田野中去。永久性群集（又称群栖）是指某些昆虫固有的生物学特性之一，往往发生于整个生活史，而且很难用人工的方法把它分散。如蜜蜂和白蚁等社会性昆虫为典型的永久性群集。

大多数昆虫在环境条件不适或食物不足时，会发生近距离或远距离的迁移。近距离迁移的习性又称为扩散。如斜纹夜蛾幼虫有成群向邻田迁移取食的习性。有些重要农业害虫，具有季节性从一个发生地长距离转迁到另一个发生地的习性，称为迁飞。这是昆虫的一种适应，是对不良外界环境空间适应的转移，有助于种的生存延续，也是害虫突然暴发、在短期内造成严重危害的重要原因。所以，研究昆虫的群集、扩散和迁飞的习性，查明来龙去脉及扩散迁飞时期，对农业害虫的预测和防治有着重要的实际意义。

第三节　药用植物昆虫与螨类重要类群

昆虫是生物界中最大的类群,广泛分布于地球的各个空间。昆虫种类繁多,正确识别昆虫是研究和防治害虫、利用益虫的基础。昆虫分类学是研究昆虫的分类、鉴定和系统发育的学科。昆虫的分类、鉴定和系统发育研究均以形态学为主要依据,必要时结合解剖学、生物学、生理学、生态学、遗传学、地理学、细胞学和分子生物学等性状。昆虫纲可分为 30 个目,与药用植物相关的主要为直翅目、缨翅目、半翅目、鳞翅目、鞘翅目、双翅目和膜翅目。

一、昆虫分类的基础知识

(一)分类阶元与分类单元

在昆虫分类学中,根据形态相似性和亲缘关系对种进行归类。昆虫分类上所采用的分类阶元与其他动植物分类相同,即界门纲目科属种,有时为了更精确区分,常添加各种中间阶元,如亚属、总科等。这些界、门、纲、目、科、属和种等排列等级就是分类阶元,而位于分类阶元上的具体类群即为分类单元。例如,飞蝗 *Locusta migratoria* L. 的分类阶元和分类单元分别是:

分类阶元	分类单元
界(kingdom)	动物界 Animalia
门(phylum)	节肢动物门 Arthropoda
纲(class)	昆虫纲 Insecta
目(order)	直翅目 Orthoptera
科(family)	蝗科 Locustidae
属(genus)	飞蝗属 *Locusta*
种(species)	飞蝗 *Locusta migratoria* L.

(二)种的概念

种是以种群形式存在的一类昆虫,具有相同的形态特征和适应幅度,能自由交配,产出具有繁殖力的后代,并与其他种之间有生殖隔离。种是分类的基本单位。在药用植物害虫中,我们常说的金银花尺蠖、马铃薯瓢虫等都是指一个物种。

(三)学名

昆虫的学名是指按照国际动物命名法规给昆虫命名的拉丁文或拉丁化的科学名词。学名的命名采用林奈的双名法。每个学名一般由两个拉丁单词组成,属名在前,种名在后,最后附上命名人的姓。书写时属名和命名人的第 1 个字母必须大写,种名全部小写。属名和种名须斜体。当某物种的属名被修订或种名被更改时,原定名人的姓要加括号。例如,家蚕的学名是 *Bombyx mori*(L.)。

（四）昆虫纲的分类系统

昆虫纲的分目主要依据昆虫翅的有无、翅的类型、口器类型、变态类型、触角类型等性状,以及与化石昆虫比较。到目前为止,分类学家对昆虫纲高级阶元的分类及系统发育关系尚无统一的观点。

二、昆虫的主要目科概述

（一）直翅目（Orthoptera）

俗称蝗虫、蟋蟀、螽斯、蚱蜢和蝼蛄等。体小型至巨型。口器咀嚼式。触角丝状、剑状。前胸背板发达。前翅狭长,复翅;后翅膜翅,扇状,折叠于前翅之下;部分种类短翅或无翅。前足开掘足或后足跳跃足。雌虫多具凿状、剑状、刀状或矛状的产卵器。腹部第 10 节具 1 对尾须。雄虫大多能发音,发音的种类多具有听器。不完全变态。生活在植物上、地面、砖石下或土壤中。成虫多产卵于土中或植物组织内。多数为植食性,很多是重要的农林害虫。药用植物害虫涉及蝗科、蟋蟀科、蝼蛄科（图 2-25）。

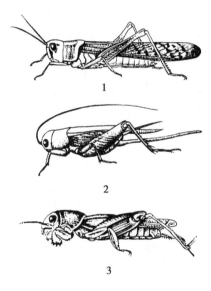

直翅目

● 图 2-25　直翅目昆虫代表
1. 蝗科; 2. 蟋蟀科; 3. 蝼蛄科

1. 蝗科（Acrididae）　俗称蝗虫、蚱蜢。触角丝状或剑状,短于体长。前胸背板马鞍型,盖住前胸和中胸背面。常具 2 对发达的翅,后翅常具有鲜艳的颜色。少数短翅或无翅。雄虫能以翅摩擦后足腿节发音,听器位于腹部第 1 节的两侧。产卵器凿状。雌虫产卵于土中。蝗科为典型的植食性昆虫,多数一年发生 1 代。有许多重要的害虫,如东亚飞蝗 *Locusta migratoria manilensis*（Meyen）。

2. 蟋蟀科（Gryllidae）　俗称蟋蟀。身体粗壮。触角丝状,比身体长。后足腿节超出腹末。听器在前足胫节基部。产卵器长矛状或剑状。尾须长。多为穴居种类,白天藏匿,夜间活动,取食植物幼嫩部分。常见种类有油葫芦 *Gryllus testaceus* Walker 和中华蟋蟀 *Gryllus chinensis* Weber。

3. 蝼蛄科（Gryllotalpidae） 俗称拉拉蛄。触角显著短于体长。前足开掘足，后足腿节不发达，不能跳跃。前翅短。后翅长且纵褶，伸出腹末呈尾状。无听器。腹末无特化的产卵器。尾须长。夜间活动，趋光性强。很多种类为重要的地下害虫，喜欢栖息在温暖潮湿、腐殖质多的壤土或沙壤土内，咬食植物的根部。生活史长，一般1~3年完成1代，主要农业害虫有华北蝼蛄 *Gryllotalpa unispina* Saussure 和东方蝼蛄 *G. orientalis* Burmeister。

（二）缨翅目（Thysanoptera）

通称蓟马。体微型至小型。口器锉吸式。触角略成念珠状，6~10节。前翅和后翅狭长，均为缨翅。跗节1~2节，端部无爪，中垫泡囊状。雌虫腹末圆锥形或管状，产卵器锯状或管状。无尾须。不完全变态。若虫似成虫，但触角节数少，不如成虫活泼，通常白色、黄色或红色。若虫4~5龄，3龄时出现翅芽，到末龄时不食不动，似完全变态的蛹，称为拟蛹。常生活于植物上或地表的枯枝落叶中。多数为植食性，危害植物的花、叶、枝、芽等，以花最多。少数肉食性，可捕食蚜虫、粉虱、介壳虫或螨类。

蓟马科（Thripidae）：体略扁平，触角6~8节，第3、4节有叉状或锥状感觉器，末端1~2节形成端刺。有具翅或无翅种类。具翅种类前翅狭长，末端尖。雌虫腹部末端锥状，纵裂。产卵器锯状，向下弯曲（图2-26）。重要种类如烟蓟马 *Thrips tabaci* Lindeman。

缨翅目

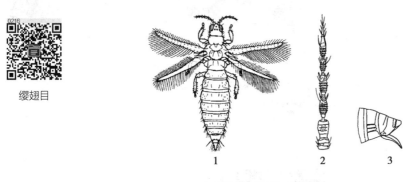

● 图2-26 蓟马科
1. 成虫；2. 触角；3. 腹部末端

（三）半翅目（Hemiptera）

俗称木虱、粉虱、蚜虫、介壳虫、叶蝉、蝽等。该目是不完全变态类昆虫种类数量最大的目。体微型至巨型。口器刺吸式，后口式，喙一般3~4节。触角丝状或刚毛状。前胸背板发达。中胸明显，背面可见小盾片。多数种类有两对翅，前翅为半鞘翅、复翅或膜翅，后翅为膜翅。少数种类具1对翅或无翅。前翅为半鞘翅的种类，其前翅基半部加厚部分可分为革片、爪片，部分种类有缘片和楔片；端半部膜质部分称为膜片（图2-27）。腹部一般10节。腹末一般有发达的产卵器，无尾须。身体多有蜡腺或臭腺。

本目大多为植食性，以刺吸式口器刺吸植物的幼枝、嫩茎、嫩叶和果实，蚜虫、叶蝉和木虱等能传播病害；部分种类肉食性，可以捕食

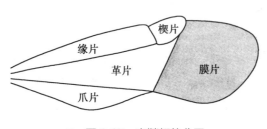

● 图2-27 半鞘翅的分区

多种害虫。繁殖方式各样,有两性生殖和孤雌生殖,有卵生和胎生。药用植物主要害虫涉及木虱科、粉虱科、蚜科、蚧科、绵蚧科、叶蝉科、盲蝽科、网蝽科和蝽科等(图2-28)。

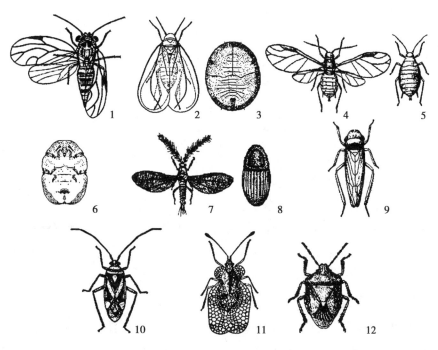

● 图 2-28　半翅目昆虫代表

1. 木虱科;2. 粉虱科(成虫);3. 粉虱科(蛹壳);4. 蚜科(有翅蚜);5. 蚜科(无翅蚜);6. 蚧科;7. 绵蚧科(雄虫);8. 绵蚧科(雌虫);9. 叶蝉科;10. 盲蝽科;11. 网蝽科;12. 蝽科

1. **木虱科(Psyllidae)**　触角10节,末节端部有2刺。单眼3个,喙3节。前翅基部有1条纵脉,由R、M、Cu_1 3脉基部愈合而成,近翅中部分成3支,近翅端部每支再各2分支,无横脉。跗节2节。常危害木本植物。常见种类有枸杞木虱 *Paratrioza sinica* Yang et Li。

2. **粉虱科(Aleyrodidae)**　体长1~3mm。体及翅上常被有白色蜡粉。触角7节。单眼2个。翅脉简单,前翅仅具纵脉1~3条,后翅纵脉1条。跗节2节。成虫与老龄若虫腹部背面有1个管状孔被称为皿状孔。卵有短柄,附在植物上。第1龄若虫有触角和足,可到处爬行。从第2龄起触角和足退化,固定生活。4龄若虫体壁变硬称为蛹壳。粉虱科昆虫主要在叶背产卵和取食为害。多数卵排成弧形或环形,能危害药用植物、蔬菜、花卉、果树和林木。我国重要种类有烟粉虱 *Bemisia tabaci*(Gennadius)和温室白粉虱 *Ttrialeurodes vaporariorum*(Westwood)等。

3. **蚜科(Aphididae)**　触角长,常6节,少数4~5节,末节中部明显变细,最后2节常有圆形或椭圆形的感觉孔。单眼2个。腹部第5或第6节背侧有1对腹管,腹部末端突起称为尾片。分有翅型和无翅型。可进行孤雌生殖和两性生殖,有胎生和卵生。主要危害植物的芽、嫩茎或幼叶部分,故名蚜虫,又因常分泌大量蜜露,被称为腻虫。除吸取植物汁液为害外,还传播多种植物病毒病。重要种类有桃蚜 *Myzus persicae*(Sulzer)和红花指管蚜 *Macrosiphum gobonis* Matsumura 等。

4. **蚧科(Coccidae)**　又称蜡蚧科。雌虫被蜡质蚧壳,虫体长卵形,分节不明显,触角退化或消失,无翅,跗节1节,腹末有臀裂,肛门上有2块三角形的肛板。雄虫口针短,触角10节,有1对翅;

足发达,腹末有 2 条长蜡丝。有不少种类是重要的林木害虫,如红蜡蚧 Ceroplastes rubens Maskell。

5. 绵蚧科(Monophlebidae) 雌虫被有白色蜡粉,背有白色卵囊;虫体肥长,长圆形,分节明显;触角 11 节,无翅。雄虫触角 10 节,前翅膜翅,后翅平衡棒;跗节 1 节;腹末有 1 对突起。主要危害林果的枝干和根部,如吹绵蚧 Icerya purchasi Maskell。

6 叶蝉科(Cicadellidae) 体小型。触角短,刚毛状。单眼 2 个。前翅为覆翅,后翅为膜翅。后足胫节有 2 列短刺。雌虫具锯状产卵管,产卵于植物组织内,有的种类是植物病毒的传播介体。主要刺吸取食和产卵危害药用植物、大田作物、蔬菜、茶、果树及林木等。常见种类如大青叶蝉 Cicadella viridis Linnaeus 和小绿叶蝉 Empoasca flavescens Fabricius。

7. 蝽科(Pentatomidae) 体中到大型。触角 5 节,少有 4 节。喙 4 节。单眼 2 个。小盾片大三角形或舌形。前翅分为革片、爪片、膜片;膜片有多条纵脉,发自于基部的一条横脉。跗节 3 节。栖于植物上,多为植食性,如斑须蝽 Dolycoris baccarum(L.)危害地黄、玄参、珊瑚菜等。九香虫 Aspongopus chinensis Dallas 是我国有名的药用昆虫。

8. 盲蝽科(Miridae) 体小型或中型。触角 4 节。喙 4 节。无单眼。前翅分为革片、爪片、楔片及膜片;膜片基部有 1~2 个小翅室,无纵脉。小盾片小三角形。跗节 2~3 节。植食性种类危害植物花蕾、嫩叶和幼果。如三点盲蝽 Adelphocoris taeniophorus Reuter 危害果树;肉食性种类取食其他小型昆虫,如黑食蚜盲蝽 Deraeocoris punctulatus(Fallen)捕食蚜虫。

9. 网蝽科(Tingidae) 体小型。触角 4 节,第 3 节最长,第 4 节膨大。喙 4 节。无单眼。小盾片小三角形。前翅质地均一,头部、前胸背板及前翅上有网状纹。植食性,成虫和若虫生活在叶的背面,常在主脉的两侧为害,被害处常密布斑点状的褐黑色分泌物及蜕皮壳。常见种类如梨冠网蝽 Stephanitis nashi Esaki et Takaya。

(四)鞘翅目(Coleoptera)

通称甲虫。鞘翅目是昆虫纲中种类最多、分布最广的第一大目。体微型至巨型。成虫和幼虫均为咀嚼式口器。触角形状多样,8~11 节。前胸背板发达,中胸背板仅露小盾片。前翅鞘翅,盖住中后胸和大部分或全部的腹部。两翅静止时在背中央相遇形成一条直线,称为鞘翅缝。后翅膜翅,静止时折叠于前翅之下。少数种类无后翅。跗节 2~5 节。腹部无特化的产卵器,无尾须。完全变态,幼虫多为寡足型;蛹多为裸蛹,少数被蛹。多数成虫具有假死性。成虫陆栖或水栖。有植食性、肉食性和腐食性等。植食性种类可取食植物的根、茎、叶、花、果实和种子,一些种类也取食各类储藏物。药用植物害虫常见种类涉及金龟总科、叩甲科、瓢甲科、拟步甲科、天牛科、叶甲科、窃蠹科和谷盗科(图 2-29)。

1. 金龟总科(Scarabaeoidea) 中到大型。触角鳃叶状。头部铲形或多齿。前口式。前足似开掘足,胫节变扁,外缘具数个距及锐齿。鞘翅不完全覆盖腹部,腹部臀板外露。幼虫体白色,呈圆筒形,具发达胸足,腹部后端肥大,末端向腹面弯曲成"C"形,肛门呈"一"或"V"形,又称蛴螬。蛹为离蛹,在土室中化蛹。有粪食性和植食性。

鳃金龟科(Melolonthidae):体卵圆形或椭圆形,多为棕色、褐色、黑色。上颚位于唇基之下,从背面不可见。后足胫节有 2 枚端距,后足端跗节 1 对爪大小相等,均 2 分叉。腹部前后气门几乎呈一条直线。

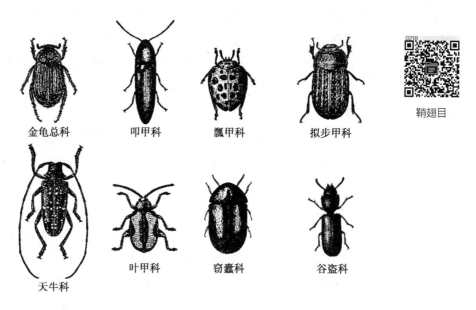

金龟总科　　叩甲科　　瓢甲科　　拟步甲科

鞘翅目

天牛科　　叶甲科　　窃蠹科　　谷盗科

● 图 2-29　鞘翅目昆虫代表

丽金龟科（Rutelidae）：体卵圆形或椭圆形，色彩鲜艳，具金属光泽。后足胫节有 2 枚端距，后足端跗节 1 对爪长短不一。腹部前后气门呈折线排列。

植食性种类多是药用植物重要地下害虫，如东北大黑鳃金龟 *Holotrichia diomphalia* Bates、铜绿丽金龟 *Anomala corpulenta* Motschulsky 等。

2. 叩甲科（Elateridae）　通称叩头甲。成虫体小到中型。触角 11~12 节，锯齿状、栉齿状或丝状。前胸背板后侧角有锐刺。前胸背板与鞘翅相接处凹下，前胸与中后胸衔接不紧密。前胸腹板有 1 楔形突插入中胸腹板沟内，作为弹跳工具。受到惊扰时，头部能上下叩动，故名叩头甲。幼虫地下生活，体多为黄色或黄褐色，细长筒形，体壁硬而光滑，又称金针虫。幼虫在土壤中以植物种子、幼苗及根为食，是重要的地下害虫，如沟金针虫 *Plenomus canaliculatus*（Faldermann）。

3. 瓢甲科（Coccinellidae）　俗称花大姐或看麦娘。体小到中型，体背隆起成半球形。头小，紧嵌入前胸；触角短锤状，从背面不易看到；鞘翅上常有红、黄、黑等斑纹。跗节为隐 4 节。此科约 80% 种类为肉食性，捕食蚜虫、粉虱、介壳虫和螨类等，在害虫生物防治中起着重要作用。肉食性瓢虫成虫鞘翅表面光滑无毛，触角着生于两复眼前，上颚具基齿；幼虫行动活泼，体前端阔、后方狭，体上有软的肉刺及瘤粒。约 20% 种类为植食性，危害各种植物。植食性瓢虫成虫鞘翅上被细毛、无光泽，触角着生于复眼之间，上颚不具基齿；幼虫爬动缓慢，体背多具硬而分叉状枝刺。常见种类：七星瓢虫 *Coccinella septempunctata* L. 是重要的益虫。少数种类为植食性，如马铃薯瓢虫 *Henosepilachna vigintioctomaculata*（Motschulsky）。

4. 拟步甲科（Tenebrionidae）　体黑色或褐色。头小，部分嵌入前胸背板前缘内；触角丝状或念珠状，11 节；前足基节窝闭式；鞘翅有发达假缘折；有些种类两鞘翅愈合，后翅退化；跗节式 5-5-4。幼虫似金针虫，但前足一般比中后足粗，腹末无金针虫那样的骨质突起和伪足。喜生活于腐烂木头、种子、谷类及其他制品中，许多为重要的仓库害虫。常见种类黄粉虫 *Tenebrio molitor* L. 已大量饲养来养殖蝎子、蜈蚣、蛤蚧、牛蛙、金钱龟、鱼类和鸟等。

5. 天牛科（Cerambycidae）　中至大型。触角丝状，11 节，常与体等长或更长。复眼内缘凹陷成肾形或裂为 2 块,围绕于触角基部。鞘翅长,臀板不外露。跗节隐 5 节。幼虫乳白色或黄白色。前口式。胸足大都退化或消失,多为无足型,腹部背面及腹面一般有肉质突起,有帮助在坑道内行走的功能。植食性。以幼虫蛀食树干、枝条和根部。危害药用植物的重要种类有菊天牛 *Phytoecia rufiventris* Gautier、星天牛 *Anoplophora chinensis*(Forster)、褐天牛 *Nadezhdiella cantori*(Hope)和咖啡虎天牛 *Xylotrechus grayii* White。

6. 叶甲科(Chrysomelidae) 又称金花虫。体小到中型,常有鲜艳色彩和美丽的金属光泽。触角短,11 节,长度常不及体长之半,丝状或近念珠状。跗节隐 5 节。幼虫体中部或近后端常较肥大或隆起,3 对胸足发达,体背常有枝刺、瘤突等。成虫和幼虫均为植食性。成虫主要取食叶片,故名叶甲。幼虫可潜叶、食叶、食根等。此科有多种重要害虫,如马铃薯甲虫 *Leptinotarsa decemlineata*(Say)等。

7. 窃蠹科(Anobiidae) 体小型。体椭圆形,红色或黑褐色。头部被前胸背板覆盖,从背面不可见;上颚三角形,具齿;触角 9~11 节,丝状或棍棒状,少数锯齿状或栉齿状,末端 3 节常明显延长或膨大。前胸背板帽形;鞘翅盖住腹部,前足基部球状。腹部可见 5 节。幼虫蛴螬型。植食性或腐食性,生活于干木头或树枝堆内、树皮下,或植物干制品中,是重要的仓储害虫,如烟草甲 *Lasioderma serricorne*(Fabricius)和药材甲 *Stegobium paniceum*(L.)。

8. 谷盗科(Trogossitidae) 体小到中型。卵圆形或长椭圆形,褐色或黑色。前口式,触角 10~11 节,棍棒状。前胸背板与鞘翅基部远离,鞘翅表面多粗糙或具纵沟纹。腹部可见 5~6 节。幼虫头大,胸部较腹部小,腹部第 9 背板横分为二,具尾突。有植食性和肉食性种类,植食性种类多为仓储害虫,如大谷盗 *Tenebroides mauritanicus*(L.)。

(五)鳞翅目(Lepidoptera)

鳞翅目是昆虫纲的第二大目,包括蝶和蛾。体小至大型。成虫口器虹吸式。触角为棍棒状、丝状、锯齿状或双栉状等。前胸小,中胸发达。身体和翅上密被鳞片,前翅和后翅为鳞翅。腹部无特化的产卵器,无尾须。鳞翅目成虫的分类,主要根据翅的脉序和斑纹等特征(图 2-30)。前翅脉序与假想脉序接近,前翅翅脉不超过 15 条,后翅翅脉不超过 10 条。中脉(M)基部一般退化或消失,径脉(R)主干与肘脉(Cu)之间由横脉相连,形成一个大型翅室,称为中室。一般中脉 3 条出自中室端部,M_1 在中室上角,M_3 在中室下角;径脉(R)出自中室前缘,一般分为 5 条,R_1~R_5。亚前缘脉(Sc)自中室上方翅基部伸出;肘脉(Cu)2 条出自中室后缘,即 Cu_1 和 Cu_2;臀脉(A)从中室下方翅基伸出,1~3 条不等。后翅亚前缘脉(Sc)和第 1 径脉(R_1)常合并为 $Sc+R_1$,径分脉 Rs 不分支。成虫翅面有由鳞片组成不同形状的斑纹,根据在翅面的位置分为基横线、内横线、中横线、外横线、亚缘线、缘线、楔形纹、环形纹、肾形纹和剑形纹等,是分类的依据。蝶类和蛾类成虫主要区别是蝶类触角为棍棒状,停息时翅竖立在背上,无翅缰,体色多鲜艳;多白天活动。蛾类触角末端尖细,非棍棒状,停息时翅呈屋脊状或平覆在体背上,多有翅缰,体色多灰暗;多夜间活动。

鳞翅目属完全变态。幼虫圆筒形,口器咀嚼式。多足型,一般有 5 对腹足,位于第 3~6 腹节及第 10 腹节上,第 10 腹节的腹足又称为臀足。腹足在有些科有减少的情况。腹足端具趾钩,趾钩是幼虫分类的主要特征(图 2-31);趾钩排列形状有环状、缺环、中带和二横带等。趾钩高度相等时称为单序;长度不同时,即相应称为双序、三序和多序。另外,幼虫体表还有外长物,如刚毛、毛瘤、毛撮、毛突和枝刺等,可作为分类依据。蛹为被蛹。

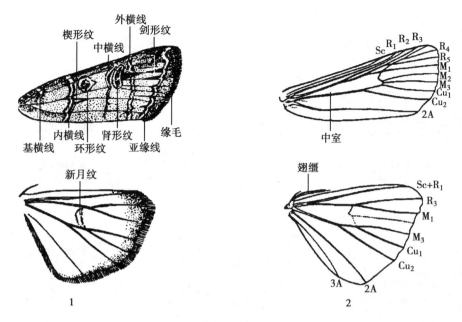

● 图 2-30　鳞翅目成虫的斑纹和翅脉
1. 翅面斑纹；2. 翅脉

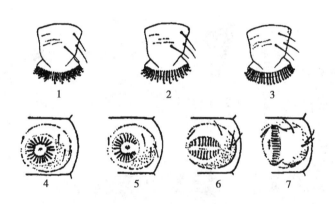

● 图 2-31　鳞翅目幼虫的趾钩
1. 三序；2. 双序；3. 单序；4. 环形；5. 缺环；6. 二横带；7. 中列式

　　鳞翅目成虫多吸食花蜜、露水或动物排泄物等，一般不为害；幼虫为咀嚼式口器，多为植食性，取食植物叶、芽，钻蛀茎、根、果实，在叶片内潜食叶肉等，很多为重要农业害虫。药用植物害虫常见种类涉及菜蛾科、刺蛾科、蛀果蛾科、螟蛾科、尺蛾科、夜蛾科、天蛾科、凤蝶科、粉蝶科和蛱蝶科等（图 2-32 ）。

　　1. 菜蛾科（Plutellidae）　触角丝状，柄节有栉毛，静息时向前伸。前翅狭长，披针形，后缘有长缘毛；后翅菜刀形，M_1 脉与 M_2 脉共柄。幼虫细长，多绿色。腹足细长。趾钩单序或双序，排成环形或 2~3 列。幼虫食叶或潜叶。重要害虫有危害十字花科药用植物的小菜蛾 *Plutella xylostella*（Linnaeus ）。

　　2. 刺蛾科（Limacodidae）　中型蛾类，体粗壮多毛，黄褐或绿色。雌蛾触角丝状，雄蛾触角双栉状。喙退化。翅较短宽，被较厚的鳞片。前翅中室内 M 脉主干常分叉；Cu 脉似 4 分支；A 脉 3 条，2A 脉与 3A 脉基部相接。后翅中室内 M 脉主干常分叉，A 脉 3 条相互分开，$Sc+R_1$ 脉从中室中部分出。幼虫常绿色或黄色，蛞蝓型，头小，能缩入前胸内，体节分节不明显，胸足小或退

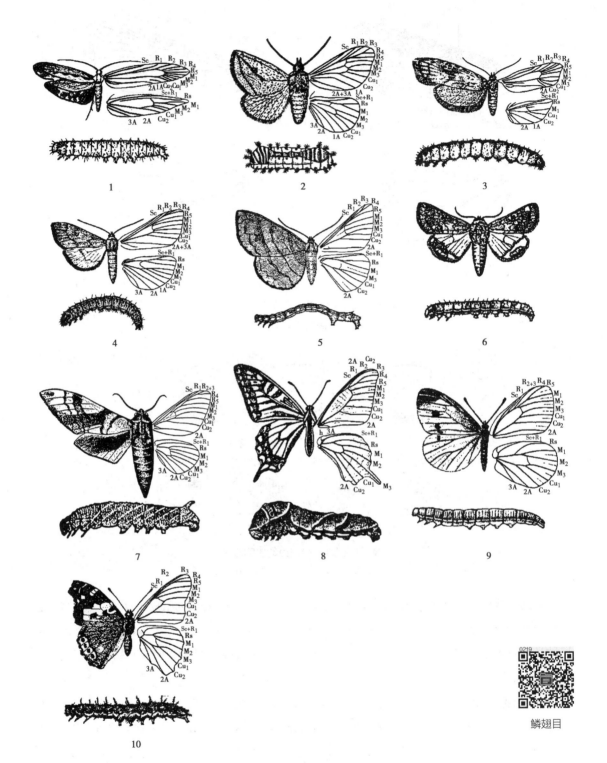

● 图 2-32　鳞翅目昆虫代表

1. 菜蛾科；2. 刺蛾科；3. 蛀果蛾科；4. 螟蛾科；5. 尺蛾科；6. 夜蛾科；7. 天蛾科；8. 凤蝶科；9. 粉蝶科；
10. 蛱蝶科

鳞翅目

化,腹足退化呈吸盘状。体上多枝刺,触及皮肤红肿疼痛难忍。老熟幼虫化蛹前可结坚硬的石灰质茧,茧呈鸟蛋形附着在树干或浅土中。多为药用植物、果树及林木害虫,如黄刺蛾 *Cnidocampa flavescens*(Walker)可危害山茱萸、杜仲、金银花等药用植物。

3. 蛀果蛾科(Carposinidae) 成虫体中小型,头顶有粗毛,口器发达。前翅较宽,前缘拱形,前翅 R 脉 5 条,彼此分离,均从中室伸出,Cu_2 脉从中室下角或近下角处伸出。后翅 Rs 脉通向翅顶,M 脉只有 1~2 条。幼虫趾钩单序环形。幼虫蛀果为害。如危害山茱萸的山茱萸蛀果蛾 *Asiacarposina cornusvora* Yang。

4. 螟蛾科(Pyralidae) 成虫体中小型,体细长,腹部末端尖削。触角丝状。下唇须发达,伸出头的前方。前翅长三角形,R_3 脉与 R_4 脉常共柄;后翅臀区发达,A 脉 3 条,$Sc+R_1$ 脉有一段在中室外与 Rs 脉愈合或接近,M_1 脉与 M_2 脉基部分离。幼虫体细长光滑,毛稀少;前胸气门前的一个毛片上有毛 2 根;趾钩为单序、双序或三序,排列成环状、缺环或横带。成虫有强的趋光性。幼虫多生活在隐蔽场所,钻蛀茎秆或果实、种子或卷叶为害。如危害川芎、薏米的亚洲玉米螟 *Ostrinia furnacalis*(Guenée)和危害人参、枸杞等的草地螟 *Loxostege sticticalis* L. 等。

5. 尺蛾科(Geometridae) 成虫小到大型,细长。四翅宽薄,外缘常凹凸不平,静止时,四翅平展。前翅 R 脉 5 条,R_2 脉、R_3 脉与 R_4 脉和 R_5 脉共柄,常有 1 副室。后翅 $Sc+R_1$ 脉基部急剧弯曲,形成 1 个基室;A 脉 1 条。部分雌虫无翅或翅退化。幼虫体细长无毛,腹部只在第 6、第 10 腹节上有腹足 2 对,行走时似尺量物,又称为尺蠖。趾钩 2 序中带或缺环式。幼虫有拟态习性,多为木本植物害虫,如取食金银花的金银花尺蠖 *Heterolocha jinyinhuaphaga* Chu。

6. 夜蛾科(Noctuidae) 成虫体中到大型,粗壮多毛,体色灰暗,胸部粗大,背面常有竖起的鳞片丛。翅面斑纹丰富。触角丝状,少数种类雄蛾为羽状。喙发达。前翅 R 脉 5 条,R_3 脉与 R_4 脉常基部共柄;Cu 脉似 4 分支,一般有副室。后翅 $Sc+R_1$ 脉与 Rs 脉在中室基部短距离相接又分开,形成一个小翅室。幼虫粗壮,无毛,色暗,或有各种斑纹或条纹,具 3~5 对腹足,有些种类的第 1 对或第 1~2 对腹足退化。趾钩单序或双序中带。成虫均在夜间活动,幼虫也大多在夜间活动和取食,故称夜蛾。成虫趋光性和趋化性很强,对糖、蜜、酒和醋有特别嗜好。幼虫绝大多数为植食性,如斜纹夜蛾 *Spodoptera litura*(Fabricius)、小地老虎 *Agrotis ypsilon* Rottemberg 等。

7. 天蛾科(Sphingidae) 成虫体中至大型,粗壮,纺锤形。触角中部加粗,末端弯曲成钩状。喙发达。前翅狭长,外缘倾斜,后缘向内凹陷;后翅较小,$Sc+R_1$ 与中室平行,并与 Rs 间有一横脉相连。幼虫体粗壮,各腹节分为 6~9 小环节。第 8 腹节背面常有 1 个尾角。成虫飞翔能力强,趋光性强。幼虫食叶为害,如芋双线天蛾 *Theretra oldenlandiae*(Fabricius)。

8. 凤蝶科(Papilionidae) 体大且美丽。前翅三角形;R 脉 4~5 条;A 脉 2 条,第 2 条很短;中室与 A 脉之间有 1 条短横脉相接。后翅外缘波状或有尾状突;Sc 脉与 R 脉在基部形成 1 个小基室;A 脉 1 条。幼虫体光滑无毛,胸部隆起,前胸前缘有臭丫腺,受惊动即伸出,趾钩中带式,2 或 3 序。植食性。幼虫食叶,许多种类成虫有雌雄二型和多型现象。如柑橘凤蝶 *Papilio xuthus* Linnaeus、黄凤蝶 *Papilio machaon* Linnaeus 等。

9. 粉蝶科(Pieridae) 成虫体中型,翅常为白色、黄色或橙色,有黑色斑纹。前翅 R 脉 3~5 条;A 脉 1 条。后翅 A 脉 2 条。幼虫体多为绿色或黄色。体表有许多小颗粒突起和次生毛,每体节常分为 4~6 个小环节。趾钩双序或三序中带。蛹体上有多个菱角状突起。幼虫食叶。常见的有危害十字花科植物的菜粉蝶 *Pieris rapae*（Linnaeus）。

10. 蛱蝶科（Nymphalidae） 成虫体中到大型,体色鲜艳,翅面上有各种鲜艳的色斑和闪光。触角末端棒状部分特别膨大。前足退化,常无爪或仅具单爪。前翅 R 脉 4~5 条,常共柄;A 脉 1 条。后翅中室为开室。幼虫体色较深,体上有成对的枝刺,头部常具犄角并常具尾突 1 对,上唇倒"V"形缺切。趾钩单序、双序或三序中列式。成虫飞行迅速,停息时四翅常不停地扇动。幼虫取食叶片。如取食地黄的地黄拟豹纹蛱蝶 *Melitaea didyma* Esper。

（六）双翅目（Diptera）

俗称蚊、蝇、虻等。体微型至大型。口器刺吸式、舐吸式或切吸式。触角形状多样,3~18 节。前胸背板小,中胸背板发达,可分为前盾片、后盾片和小盾片。前翅膜翅,后翅平衡棒。跗节 5 节。腹部无特化的产卵器,无尾须。

成虫陆栖,幼虫陆栖或水栖。完全变态。幼虫无足型,可细分为显头无足型、半头无足型和无头无足型。幼虫食性杂,有植食性、肉食性、腐食性、粪食性或杂食性。蛹为离蛹或围蛹。成虫可吸取动物血液或植物汁液,或取食腐败物质。药用植物害虫常见种类涉及实蝇科、潜蝇科和花蝇科(图 2-33)。

双翅目-实蝇科

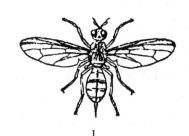

1   2

● 图 2-33 双翅目昆虫代表
1. 实蝇科;2. 潜蝇科

1. 实蝇科（Tephritidae） 体小到中型,体色鲜艳。头部宽大,复眼大,常见绿色闪光。翅上常有褐色或黄色云雾状斑纹。前翅 C 脉有 2 个缘脉折;Sc 脉端部近直角弯向前,随后消失;R 脉 3 分支;M 脉 2 分支;臀室末端成 1 个锐角。植物性。幼虫生活于果实或花芽内,有些形成虫瘿。如危害药用植物的枸杞实蝇 *Neoceratitis asiatica*（Becker）、红花实蝇 *Acanthiophilus helianthi* Rossi。

2. 潜蝇科（Agromyzidae） 体小型或微小型,多为黑色、绿色或黄色。前翅 C 脉在 Sc 脉末端或接近 R_1 脉处有 1 个缘脉折;Sc 脉末端变弱与 R_1 脉愈合;小臀室明显。植食性。幼虫潜叶,取食叶肉而留上下表皮,造成各种形状的隧道。不少种类危害药用植物,如豌豆潜叶蝇 *Phytomyza atricornis* Meigen。

3. 花蝇科（Anthomyiidae） 触角芒光滑或羽状。中胸背板被盾间横沟分为前后 2 块。中胸下侧片无鬃列,腹侧片有鬃 2~4 根。前翅 M_{1+2} 脉不向前弯曲。成虫常在花草间活动,故名花蝇。幼虫腐食性或植食性,如灰地种蝇 *Delia platura*（Meigen）危害多种经济作物。

（七）膜翅目（Hymenoptera）

俗称蜂、蚁等。体微型至大型。触角丝状、念珠状、棒状、膝状等多种形式。口器咀嚼式或嚼吸式。膜翅两对，前翅大于后翅，以翅钩连锁。翅脉变异大，前翅前缘中部常有翅痣。腹部第1节常向前并入胸部，称为并胸腹节。绝大多数种类腹部第2节常缩小成细腰，称为腹柄。雌虫具发达的产卵器，呈锯状、鞘管状或针状；有的产卵器与毒腺相连，特化为螫刺，失去产卵功能。无尾须。

全变态，少数复变态。幼虫有多足型和无足型。多足型幼虫一般为植食性。该类型多足型幼虫，可通过腹足着生位置、腹足对数以及是否有趾钩等特点和鳞翅目多足型幼虫相区别。无足型幼虫，一般为肉食性，头部骨化弱，营寄生性生活。蛹为裸蛹，常包裹于茧内。

一般为两性生殖，也有孤雌生殖和多胚生殖。有些种类为寄生性或捕食性，是重要的害虫天敌；有些种类是重要的传粉昆虫；有些种类为植食性，取食植物叶片或钻蛀为害。药用植物种类涉及主要有叶蜂科、姬蜂科、茧蜂科、赤眼蜂科、胡蜂科、蚁科和蜜蜂科等（图2-34）。

膜翅目

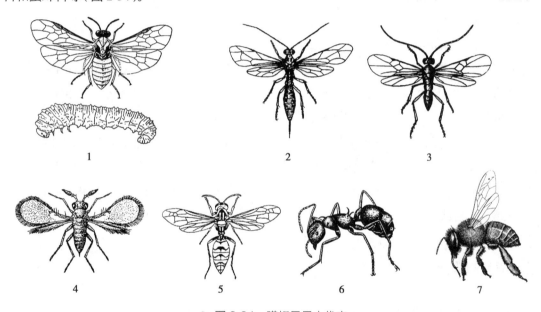

● 图2-34 膜翅目昆虫代表
1. 叶蜂科；2. 姬蜂科；3. 茧蜂科；4. 赤眼蜂科；5. 胡蜂科；6. 蚁科；7. 蜜蜂科

1. **叶蜂科（Tenthredinidae）** 体小至中型。触角丝状或棒状，多为9节。腹基不缢缩，不形成细腰状。前胸背板后缘深凹入。前翅有粗短的翅痣，缘室1~2个。后翅常有5~7个闭室。前足胫节有2枚端距，转节2节。雌虫有锯状产卵器，可锯破植物组织，产卵于小枝条或叶内。幼虫形如鳞翅目幼虫，但头部每侧只有1个单眼，腹部有6~8对腹足，腹足无趾钩。幼虫食叶，少数种类潜叶。危害药用植物的如蔷薇叶蜂 *Arge pagana* Panzer。

2. **姬蜂科（Ichneumonidae）** 成虫体小至大型。触角丝状，16节或更多。复眼发达，单眼3个。前胸背板两侧延伸，伸达翅基片。前翅有明显的翅痣，无前缘室，翅近端部有1个四角形或五角形的小翅室，有第2回脉，具3个盘室。足细长，后足转节2节，胫节有距，爪强大，具爪间突。腹部基部缢缩，细长或侧扁。腹部末端纵裂，产卵器从末端之前伸出，有产卵器鞘。姬蜂的幼虫多为内寄生，少数为外寄生。主要寄主包括鳞翅目、鞘翅目、膜翅目等昆虫的幼虫或蛹。

3. 茧蜂科（Braconidae） 成虫小型或微小形。触角丝状,16节或更多。前胸背板伸达翅基片。前翅有明显的翅痣,无前缘室,翅近端部无小翅室或不明显,无第2回脉,仅具2个盘室。后足转节2节。腹基缢缩。腹部第2节与第3节愈合,坚硬不可活动。腹部末端纵裂,产卵器从末端之前伸出,有产卵器鞘。幼虫为内寄生或外寄生,寄主主要是鳞翅目及鞘翅目幼虫,也有寄生于膜翅目、半翅目和双翅目的种类。

4. 赤眼蜂科（Trichogrammatidae） 成虫体微小。触角短,膝状。前胸背板不伸达翅基片。前翅阔,后翅狭长,翅有长缘毛,翅面上微毛常排列成行。跗节3节。腹基不缢缩。腹末端几节腹板纵裂。肉食性。卵寄生蜂。寄生鳞翅目、半翅目、鞘翅目、膜翅目、双翅目等昆虫的卵。其中赤眼蜂属（Trichogramma）是国内人工饲养、释放和利用最广泛的天敌类群。

5. 胡蜂科（Vespidae） 体中至大型,体长形,黄色或红色,有黑色或褐色斑纹。触角长,丝状或膝状。复眼内缘中部凹入。上颚短,闭合时不交叉。前胸背板突伸达翅基片。翅在停息时纵折。中足胫节有2枚端距。爪简单,不分叉。腹基缢缩。社会性昆虫。肉食性,捕食鳞翅目等害虫,但也有些种类捕食蜜蜂。长脚胡蜂 Polistes olivaceus（De Geer）和大黄蜂 Polistes mandarinus Saussure 的巢（俗称露蜂房）可入药。

6. 蚁科（Formicidae） 体小型,触角膝状,10~13节,部分丝状。复眼常退化。前胸背板突伸达或几乎伸达翅基片。具有翅、无翅类型。有翅类型翅脉简单。腹部基部有1~2个结状节。社会性昆虫,有明显的多型现象,有明显的分工合作。食性杂。常见种类有小家蚁 Monomorium pharaonis（L.）。

7. 蜜蜂科（Apidae） 体小到大型。头胸部生有密毛,密毛常分叉。口器嚼吸式。触角膝状,雌蜂12节,雄蜂13节。前胸背板突不伸达翅基片。后足携粉足,后足胫节无距。腹末具螫针。蜜蜂科多数种类具有很高的社会性,有严密的分工。一个巢群内,有蜂王、雄蜂和工蜂3型。成虫和幼虫取食花粉或花蜜。著名种类有中华蜜蜂 Apis cerana Fabr. 和意大利蜜蜂 A. mellifera L.。

三、螨类的概述

螨类隶属节肢动物门（Arthropoda）蛛形纲（Arachnida）蜱螨亚纲（Acari）。螨类在自然界中分布广泛,有的危害农作物,引起叶片变色和脱落,或引起植物幼嫩组织形成瘤状突起;有的在仓库内为害,使贮存物发霉变质;有的寄生或捕食其他动物;有的取食植物碎片、苔藓和真菌等,参与物质循环。

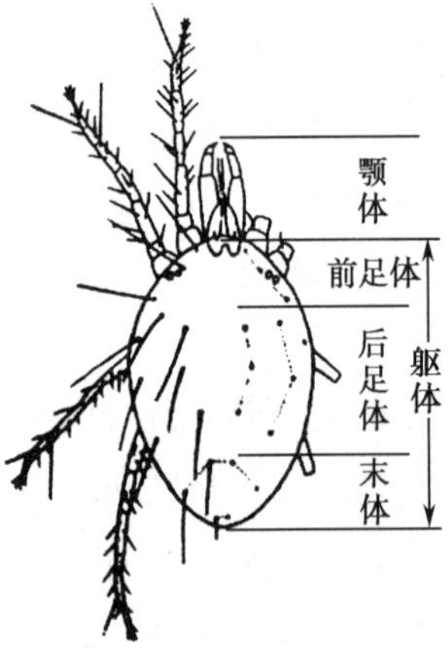

● 图 2-35 螨类的体躯分段

（一）螨类的形态特征

螨类是微小型动物,肉眼不易看见。体躯近圆形或椭圆形,分节不明显。身体可分为颚体及躯体。颚体相当于昆虫的头部,颚体上具有口器,口器由1对螯肢、1对须肢（颚肢）及口下板组成。躯体部分为前足体、后足体及末体（图2-35）。前足体及后足体似昆虫的胸部,生有4对足（或2对足）,足一般由6节构成,即基节、转节、腿节、膝节、胫节和跗节,跗节末端 1 爪、2 爪或无爪。末体似昆虫的腹部,肛门和生殖孔一般开口于末体的腹面。此外,身体上还有许多刚毛,均有一定的位置和名称,常作为鉴定种类的依据。螨类与同属节肢动物门的蜘蛛、昆虫的区别见表 2-1。

表 2-1　蜘蛛、螨与昆虫的区别

特征	昆虫纲	蛛形纲	
		蜘蛛	蜱螨
体躯	分头、胸、腹三部分	分头胸和腹两部分	头、胸、腹合一
腹节	有明显节	无明显节	无明显节
触角	有触角,与口器无关	无触角,有螯肢为口器附肢	无触角
眼	有单眼和复眼	只有单眼	有的有单眼
口器	咀嚼和吸收口器	吮吸口器	吮吸口器
足	成虫 3 对	成蛛 4 对	成螨 4 对
翅	多数有翅 2 对或 1 对	无翅	无翅
纺器	无纺器,纺足目除外	成蛛有复杂纺器	无纺器

(二)螨类的生物学特性

螨类的生殖方式有两性生殖、孤雌生殖和卵胎生。两性生殖的后代,通常雌性比例较大。螨类具有变态现象,其个体发育因种类而异。如叶螨一般要经过卵、幼螨、若螨(第 1 若螨和第 2 若螨)和成螨 4 个时期。幼螨只有 3 对足,若螨和成螨具有 4 对足。

大多数雌螨一生仅交配 1 次,少数可交配多次。大多数螨类的卵产在它们取食的寄主植物上,如叶螨产卵在叶脉附近,而越冬卵则产在枝条上或树干的裂隙中。螨类的卵有单粒的、成小堆的或成块的,有白色、乳白色、绿色、橙色或红色。

螨类可在植株上和植株间爬行进行主动迁移,也可通过风、气流以及附着在其他物体上进行远距离传播。

(三)螨类重要的科

和药用植物关系密切的主要有以下 4 个科(图 2-36)。

1. 叶螨科(Tetranychidae)　成螨体长 0.4~0.6mm。圆形或椭圆形。体色多为红色、暗红色、绿色、黄绿色、黄色及褐色等。螯肢特化为口针和口针鞘,须肢 6 节,具有拇爪复合体结构。背刚毛有 24 或 26 根,呈横排分布。雌、雄异型,雌螨末体圆钝,雄螨末体尖削。叶螨是重要的植食性害螨,通常群集在叶背吸取植物汁液,有些种类在叶面上吐丝结网。该科重要种类有朱砂叶螨 *Tetranychus cinnabarinus*(Boisduval)。

2. 瘿螨科(Eriophyidae)　体微小,肉眼不易观察,长约 0.1mm,体蠕虫形,狭长;仅前足体上有 2 对足,前足体背板大,呈盾状,后足体和末体延长,躯体上有许多横向的表面环纹。足毛简单,跗节具背毛 2 根、腹毛 1 根,跗爪缺如。瘿螨大多发生在多年生植物上,寄主高度专化。危害多种果树、花卉和绿化行道树,多在叶、芽或果实上

螨类

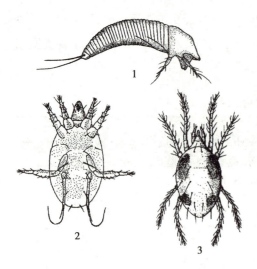

● 图 2-36　螨类主要科代表

1. 瘿螨科；2. 跗线螨科；3. 叶螨科

吸取汁液，常形成畸形或形成虫瘿。常见种类有枸杞瘿螨 *Aceria macrodonis* Keifer 等。

3. 跗线螨科（Tarsonemidae）　成螨体长 0.1~0.3mm，椭圆形，有分节痕迹。螯肢小，针状，须肢小。雌螨前足体背面有假气门器，雄螨无。雌螨第 4 对足端部具长鞭状毛，无爪和膜质间突；雄螨第 4 对足粗大，具膜质爪间突。该科中有许多种类为植食性害螨，如侧多食跗线螨 *Polyphagotarsonemus latus*（Banks），可危害多种蔬菜和果树林木。

4. 植绥螨科（Phytoseiidae）　体小，一般椭圆形，白色、淡黄色。须肢跗节上有二叉的特殊刚毛；背板完整，着生有 20 对或 20 对以下的刚毛；雌雄成虫腹面都有大型的肛腹板 1 块，雌成虫还有 1 块后端呈截头形的生殖板。雌雄两性可根据螯肢区分，雌虫螯肢为简单的剪刀状，雄虫螯肢的跗节生有 1 个似鹿角的导精趾。本科螨类是重要的捕食性螨类。能大量捕食叶螨和瘿螨，是农业害螨的天敌。最值得注意的是智利植绥螨 *Phytoseiulus persimilis* Athias-Henriot，从智利引进欧美许多国家后，成功地防治温室中农作物害螨。

第四节　昆虫与环境的关系

昆虫的生长发育、繁殖和数量变动等离不开环境。环境是指某一特定生物体（如昆虫）或生物群体以外的空间以及直接或间接影响该生物个体或群体生活与发展的各种因素。研究昆虫与周围环境条件相互关系的科学称为昆虫生态学，其目的是研究环境条件对昆虫生命活动的影响，分析在环境条件作用下昆虫种群的数量变化规律，从而找出起作用的主导因素，为植物害虫综合治理和预测预报等提供理论依据。影响昆虫生长发育和种群发展的环境因子通常可分为气候因子（温度、光、湿度等）、生物因子（昆虫的食物和天敌等）和土壤因子（土壤结构、机械组成和理化性质等）。

一、气候因子对昆虫的影响

影响昆虫的气候因子包括温度、湿度、降水、光、气流、气压等。气候因子不仅直接影响昆虫本身，而且对其他环境因素也有很大影响，其中以温度和湿度对昆虫的影响最大。

（一）温度

昆虫为变温动物，体温随周围环境的变化而变动。维持昆虫体温的热源包括太阳辐射热和新陈代谢所产生的化学热，以太阳辐射热为主。另外，温度也可以通过影响昆虫的寄主植物及影响降水、气流等气候因子间接影响昆虫。温度是气候因子中对昆虫影响最大的因素。

1. 昆虫对温度的适应　昆虫在进化过程中对温度产生了一定的适应性。不同昆虫对温度的适应范围不同,根据多数昆虫在不同温度内的生长发育、繁殖等生命活动状态,可将温度划分为5个温区:①致死高温区(45~60℃),在此温区内,昆虫短时间内死亡。②亚致死高温区(40~45℃),昆虫在此温区内新陈代谢失去平衡,持续时间长时会热昏迷或死亡,持续时间短而再将其移入适温区时,仍可恢复正常生活状态。③适温区(8~40℃),昆虫在此温区内生命活动正常进行,因此又称有效温区。适温区又可分为高适温区、最适温区和低适温区。适温区的下限称为发育起点温度,是昆虫开始发育的最低温度。④亚致死低温区(-10~8℃),昆虫在此温区内代谢水平急剧下降,若昆虫在此温区停置时间短暂,且逐渐进入适温区时,正常生命活动仍能恢复,而在此温区停置时间长时可能会死亡。⑤致死低温区(-40~-10℃),在此温区内,昆虫体液冻结,短时间内死亡。

2. 温度对昆虫发育的影响　只有在发育起点以上的温度,昆虫才能开始发育。对昆虫发育起作用的温度是发育起点以上的温度,称为有效温度,有效温度的累积值称为有效积温,以日度为单位。昆虫完成一定的发育阶段(一个虫期或一个世代)需要一定的热量累积,完成这个阶段所需的温度累积值是一个常数,这就是有效积温法则。用以下公式表示:

$$K=N(T-C) \quad 或 \quad N=K/(T-C) \qquad 式(2-1)$$

式中,K 为有效积温,为一个常数;N 为发育历期,T 为观测温度,C 为发育起点温度,($T-C$)是逐日的有效温度。发育速度 V 是 N 的倒数,如果将 N 改为 V,则得到:

$$V=(T-C)/K \quad 或 \quad T=C+KV \qquad 式(2-2)$$

在一定温度范围内,昆虫的发育速率和温度成正比,温度增高则发育速率加快,而发育所需时间缩短,即发育时间和温度成反比。

有效积温法则可用于预测一种昆虫在某地区发生世代数,预测昆虫的发生期,预测昆虫的地理分布,在天敌繁殖和释放中控制昆虫的发育进度等。

3. 温度对昆虫其他方面的影响　温度对昆虫的生殖、寿命、活动等方面也有影响。在可能生殖的温度范围内,生殖力随温度升高而增强。过低温度致使成虫性腺不能成熟或不能进行性活动而很少产卵;过高温度常引起不孕,特别是雄性精子不易发育形成或失去活力等。一般情况下,昆虫的寿命随温度的升高而缩短。在适温范围内,昆虫的活动速度随温度升高而增加。

(二)湿度

湿度可以直接影响昆虫的存活、繁殖、孵化、蜕皮、化蛹和羽化等。同时,湿度还可以通过影响食物间接影响昆虫。

昆虫和其他陆生动物一样,必须从环境中获得水分。昆虫获取水分的最主要途径是从食物中得到;在消化食物过程中,昆虫可利用有机物质分解时产生的水分;此外昆虫的体壁或卵壳可以直接吸收水分。

昆虫主要通过排泄失去水分,还可通过体壁和气门失去。由于昆虫体型小,与外界的接触面相对较大。陆生昆虫,尤其是干旱地带的昆虫,为了保持体内生存必需的水分,在形态、生理和习性上产生了种种适应,常通过加厚体壁和增加蜡质,增强体壁的不透水性;增强直肠回收水分的作用,避免在排泄粪便时大量失水;关闭部分气门,减少呼吸失水通道;寻找湿度适宜的栖境等适应干旱环境。

湿度主要通过影响虫体水分的蒸发和虫体的含水量,其次影响虫体的体温和代谢速度,从而影响昆虫的成活率、生殖力和发育速度。昆虫在孵化、蜕皮、化蛹和羽化时,如果湿度过低,往往会大量死亡;干旱会影响昆虫的性腺发育,也影响交尾和雌虫的产卵量。但湿度对昆虫发育速度的影响远不如温度明显。一般高湿有利于鳞翅目昆虫的繁殖。干旱可使蚜虫等昆虫的寄主植物体内水解酶增加,促使其可溶性糖浓度提高,有利于蚜虫加速繁殖。

降雨与空气的湿度密切相关。降雨除了可改变大气或土壤的湿度而影响昆虫外,还对昆虫具有直接的机械杀伤作用,尤其是对个体小的一类昆虫。毛毛细雨通常有利于昆虫的活动;大雨常阻止昆虫的活动。环境湿度较低时,卵常不能孵化,雌虫常不能正常产卵,成虫不能羽化或展翅等。

此外,湿度和温度总是互相影响综合作用于昆虫。

(三)光

光可以直接影响昆虫的生长、发育、生殖、存活、活动、取食和迁飞等,其中主要影响昆虫的活动和行为,协调昆虫的生活周期。光对昆虫的作用主要决定于光的性质、强度和光周期。

昆虫可见光范围与人不同。人眼可见光波长在390~750nm,对红光最为敏感,对紫外光不可见;昆虫可见光波长范围在250~700nm,对紫外光敏感,而对红光不可见。昆虫的可见光区偏于短光波段。许多昆虫都具有不同程度的趋光性,绝大多数夜间活动的昆虫对330~400nm的紫外光有较强的趋性,生产上常使用黑光灯对昆虫进行测报和防治。不同昆虫对光的波长具有选择性。如金龟子成虫对405nm波长光趋性最强;蚜虫对黄光有正趋性,对银灰色有负趋性;蓟马对蓝色有正趋性,因此生产上可用黄板诱集蚜虫、蓝板诱集蓟马,用银灰色塑料薄膜驱避蚜虫。生产上可利用不同昆虫对不同波长的喜好设计和改进杀虫灯。如选择和使用单波段杀虫灯,选择对害虫敏感的波长,避免天敌敏感的波长,可达到诱杀害虫和保护益虫的目的。

光强度主要影响昆虫昼夜活动和行为,如交配、产卵、取食和栖息等。如蝶类、蝇类等成虫喜欢在白天活动,蛾类成虫等则在夜间活动。

光周期的变化是引起和解除昆虫滞育的主要环境因子。一些昆虫的取食、交配活动多出现在光照和黑暗交替之际。许多蚜虫的季节性多型现象、性别及翅的产生等也都与光周期的变化密切相关。

(四)风

风可以通过影响环境温度和湿度对昆虫产生影响。另外,风对昆虫的迁移,尤其是对昆虫的迁飞具有很大影响。大量观察表明,昆虫远距离迁飞主要是选择合适的高度层乘风飞行。风还可以影响昆虫的地理分布,经常刮大风的地方,无翅型昆虫比例相对较高。

二、土壤因子对昆虫的影响

有些昆虫终身生活在土壤中,有些昆虫以一个虫期或几个虫期生活在土壤中,大约有98%以上的昆虫种类在生活史中都与土壤发生或多或少的联系。土壤的温度、湿度、通气状况、理化性质和机械组成,都与生活在土壤中的昆虫有着密切联系。

土壤温度主要来自太阳的辐射热,白天太阳照射土表,热由土表向土下传导,晚上土表辐射散热。土壤表层温度变化很大,越往土壤深层变化越小。土壤温度直接影响土壤昆虫的生长、发育、繁殖和存活,对土壤昆虫行为影响显著。土壤昆虫在土中的活动常随着土壤温度的变化而垂直迁移。如蝼蛄秋季温度下降,向下迁移,气温越低潜伏越深;春季天气渐暖,向上移动,危害作物;夏季表土温度过高,再潜入较深的土层中。

土壤湿度包括土壤水分和土壤缝隙内的空气湿度,主要来源为降雨和灌溉。土壤空气中的湿度,一般呈饱和或过饱和状态,因此土壤昆虫不会因湿度过低而死亡。不同昆虫对土壤湿度要求不同。如细胸金针虫主要分布在含水量较多的低洼地,沟金针虫则主要分布在旱地草原。沟金针虫在春季干旱年份,如果土壤表层缺水,会影响幼虫的上升活动。另一方面,土壤水分过高,又不利于土壤昆虫生活。

土壤理化性质包括土壤的酸碱度、团粒结构、通气性、含盐量等。蝼蛄喜欢在含砂质多且湿润的土壤中,尤其是经过耕犁而施有厩肥的松软土壤里,在黏性大而板结的土壤中发生很少。东亚飞蝗分布与土壤含盐量相关,土壤含盐量0.3%~0.5%的地区是常年发生区,含盐量0.7%~1.2%的地区是扩散区,含盐量1.2%~1.5%的地区则无分布。细胸金针虫喜欢碱性土壤,沟金针虫喜好酸性缺钙土壤等。

三、生物因子对昆虫的影响

生物因子包括环境中所有的生物,主要表现在营养联系上,如种间、种内竞争、共生、共栖等,可影响昆虫的生长发育、存活、繁殖和种群数量动态等。生物因子主要包括食物和天敌。

(一)食物对昆虫的影响

植物是昆虫的主要寄主和食物之一。在长期演化过程中,昆虫形成了对食物的不同适应性,即食性。昆虫食性有3种基本类型:单食性、寡食性和多食性。单食性昆虫对食物依赖性强,其食物的分布决定着该昆虫的分布。寡食性或多食性昆虫能够取食多种植物,但每种昆虫都有其最喜好的取食植物,取食嗜食植物时,昆虫的发育更快、死亡率低、生殖率高。另外,相同食物不同的发育时期、不同的部位对昆虫生长发育和繁殖也有影响。

有些植物品种,由于生物化学特性,或形态特征,或组织解剖特性,或生长发育特征,或物候特征等,使某些害虫不去产卵或取食为害,或不能在上面正常生长发育,或能正常生长发育但不危害作物的主要部分,这些植物对昆虫具有良好的适应性,这种使植物免受害虫危害的特性,称之为抗虫性。抗虫性是一种可遗传的生物学特性。抗虫性是植物与害虫在环境条件下长期斗争的结果。

根据植物抗虫性的反应,将植物抗虫性分为不选择性、抗生性和耐害性。同一种植物,不同品种往往对某些害虫表现出不同的抗性,选育利用抗性品种是害虫综合防治中的重要措施。

(二)天敌对昆虫的影响

昆虫在生长发育中,常受到其他生物的捕食或寄生,这些捕食者或寄生者,统称为天敌。天敌在害虫的控制中发挥着重要作用。昆虫天敌种类丰富,主要包括昆虫病原微生物、天敌昆虫和其他食虫动物等。

1. 昆虫病原微生物　能使昆虫生病致死的微生物有真菌、细菌、病毒、线虫和原生动物等。其中,以真菌、细菌和病毒最为常见。

(1)真菌:真菌通常以孢子从昆虫体壁入侵,菌丝在体内增殖,然后入侵其他的主要器官,最后菌丝布满整个虫体,导致昆虫死亡。有些真菌能分泌毒素使寄主死亡。当昆虫感染真菌后,常出现行动迟缓、食欲锐减、身体萎靡、体壁颜色失常等。死于真菌病的昆虫,尸体都有硬化现象,因而其尸体也被称为“僵虫”,肉眼可见病原的营养体和子实体。应用害虫防治最为成功的真菌为绿僵菌、白僵菌和多毛菌,已用于斜纹夜蛾、小菜蛾、铜绿丽金龟、甜菜夜蛾、松褐天牛、光肩星天牛等害虫防治。真菌制剂具有类似某些化学杀虫剂触杀性能,防治范围广,持效期长,但作用比较缓慢,受环境制约性较大。

(2)细菌:已经发现和描述的昆虫病原细菌约有 100 个种和亚种。主要为芽孢杆菌科、肠杆菌科、假单胞菌科。细菌一般随昆虫取食进入消化道,使消化道穿孔后感染血液,导致败血症,最后使昆虫死亡。病原细菌可经肛门、口器排出,成为再侵染源。当昆虫感染细菌后,行动迟缓,食欲减退,烦躁不安,口腔和肛门常有排泄物等。死后虫体一般变为褐色或黑色,并且大多软化腐烂,内部组织溃烂且带有难闻气味。

苏云金杆菌 *Bacillus thuringiensis*,简称 Bt,是被广泛应用的昆虫病原细菌,为一种革兰氏阳性、能产生伴孢晶体蛋白的芽孢杆菌。目前世界上已经分离到的 Bt 菌株超过 4 万株,共有 50 多个血清型,分为 50 多个亚种,分离和鉴定了 100 多个伴孢晶体蛋白基因。此外大量转基因工程菌被构建,使 Bt 菌株及其伴孢晶体蛋白基因的数量不断增多。Bt 不仅能直接杀死害虫,而且能影响害虫的取食量、生长发育等。苏云金杆菌制剂用于防治害虫时作用迅速,并且对人类及高等动物、益虫安全。目前,已通过基因工程将 Bt 毒素基因导入植物,培育出多种转基因抗虫植物。

(3)病毒:昆虫病毒为一类形态最小、结构最简单的微生物,一种病毒只含有一种类型的核酸,或者是 DNA,或者是 RNA。病毒没有细胞器和细胞结构,不能独立生活,只有在活的寄生细胞内才能复制增殖。昆虫病毒可根据包涵体的有无和形状分为多角体病毒、颗粒体病毒和无包涵体病毒 3 类。多角体病毒又可根据寄生在细胞核或细胞质内分为核型多角体病毒(NPV)和质型多角体病毒(CPV)。病毒经口进入昆虫消化道,包涵体在中肠内溶解,病毒粒子进入体腔,与细胞特定受体结合,核酸进入细胞内进行复制,使细胞破裂,最后组织崩解,引起昆虫死亡。昆虫感染病毒后食欲减退,行动迟缓,虫体变软,体内组织液化,体壁破裂,流出体液清澈,但无臭味。

目前,应用较广的有斜纹夜蛾核多角体病毒、小菜蛾颗粒体病毒等。病毒用于防治害虫持效期长,效果好;但由于其专化性强,潜伏期长,活体繁殖,在开发应用上受到一定限制。

2. 天敌昆虫　天敌昆虫是指以害虫为食的昆虫,可分为捕食性天敌昆虫和寄生性天敌昆虫。捕食性天敌昆虫是捕食其他昆虫作为食物的昆虫,一生需要捕食多头猎物。这类天敌直接取食虫体的一部分或全部;或者刺入害虫体内吸食害虫体液使其死亡。如常见的瓢虫、草蛉、猎蝽、螳螂和食蚜蝇等。寄生性天敌昆虫是指有些昆虫一个时期或一生都附着在其他昆虫体内或体表,并以摄取寄主的营养物质来维持生活,对其他昆虫有致死作用,一般只需要一头寄主就可完成个体发育。如赤眼蜂、小蜂、肿腿蜂、茧蜂和姬蜂等。生产上应用的捕食性天敌昆虫主要包括异色瓢虫、龟纹瓢虫、大草蛉、东亚小花蝽等;寄生性天敌主要包括松毛虫赤眼蜂、丽蚜小蜂、烟蚜茧蜂、周氏啮小蜂等。

3. 其他食虫动物　捕食螨是以各种害螨及蓟马、介壳虫等小型的卵、若虫和成虫为食的螨类。捕食螨的繁殖利用已经取得很好的效果,现在广泛使用的捕食螨包括胡瓜钝绥螨、巴氏钝绥螨、德氏钝绥螨、加州新小绥螨等。其他食虫动物包括食虫鸟类、两栖类、蜘蛛等。

四、昆虫的种群动态

在自然界中,同种昆虫是以种群的形式存在和适应环境的。种群是指在特定时间里,占据一定空间的同种个体的集合,是物种存在的基本单位。种群由个体组成,具有与个体相类似的生物学特征,包括出生率(或死亡率)、平均寿命、性比、年龄组配、基因频率、繁殖率、迁移率和滞育率等,也具有个体不具备的群体生物学特征,包括种群密度(数量)和数量动态、种群的集聚和扩散、空间分布特征等。

昆虫种群结构常用性比和年龄组配来表示。性比是指种群内雌雄个体数量的比例。多数昆虫的自然种群性比为1:1。有些昆虫一头雄虫常可与多头雌虫进行有效的交配,种群性比显著大于1。有些昆虫(如蚜虫、介壳虫等)和螨类可营孤雌生殖,在全年的大部分时间只有雌性个体存在,可以不考虑其性比。年龄组配是指种群内各个年龄和年龄组在整个种群中所占的比例。种群的年龄组配随着种群的发展而变化。对于连续增长并世代重叠的种群而言,年龄组配是反映种群发育阶段并预示种群发展趋势的一个重要指标。

昆虫的种群数量动态随季节变化而消长,这种波动在一定空间范围内常有相对稳定性,从而形成昆虫种群的季节消长类型,常见的昆虫季节消长类型根据出现高峰的数量可分为单峰型、双峰型和多峰型。

（蒋春先）

思考题

1. 昆虫的主要特征是什么? 如何从形态上区别昆虫、蜘蛛和螨类?

2. 咀嚼式口器和刺吸式口器的构造特点及危害特征分别是什么? 如何根据昆虫的口器类型选择合适的化学杀虫剂?

3. 简述昆虫足的类型及与环境的适应。

4. 昆虫激素在害虫防治上有什么应用？

5. 什么是变态？昆虫的变态类型有哪些？昆虫各虫态的生命特征是什么？

6. 昆虫的哪些习性和行为可用来进行害虫防治？

7. 影响昆虫种群发展的生物因素有哪些？

8. 与药用植物密切相关的昆虫目和重要科的特征是什么？

第二章 同步练习

第三章 药用植物草害基础

掌握:杂草概念、杂草的控制方法。

熟悉:杂草的特性和重要的杂草。

了解:一般杂草。

杂草为野生植物,经历过长期的自然选择,适应性更强,它与栽培植物进行种间竞争时占优势。一般情况下,杂草争夺水分、养分、光照的能力远远强于栽培植物,而且抗病虫能力强,生长旺盛,可强烈抑制栽培植物的生长。因此,杂草的危害主要是降低栽培药用植物的产量和品质,造成巨大经济损失。

第一节 杂草的概念和特性

一、杂草概念

杂草是生长在特定时间和区域内,对人类生产生活、生态环境及生物多样性有负面影响的野生植物。杂草不同于一般植物,它具有较强的适应性,不容易被人类的农事耕作等活动根除,因此可以在人工环境中不断延续,种群不断繁衍。而其他野生植物则不然,它们很难在人工生境中自然繁衍。栽培作物虽然可以在人工生境中持续下去,但必须依靠人类耕作、播种、栽培和收获等一系列活动的帮助。显然,杂草不是人类栽培或保护的植物,它在人工生境中的自然繁衍必将影响人类对人工生境的维持,给人类的生产和生活造成危害,因而杂草具有危害性。

杂草具有的空间意义:同一种植物,在不同地域,属性不一样,这是由于它所处的空间位置不同。狗牙根 *Cynodon dactylon*（L.）Pers.、早熟禾 *Poa annua* L. 在田间是杂草,在草皮、草坪等地方属于地被景观植物。植物所处的地域不同,作用也不一样。如野燕麦 *Avena fatua* L. 在华北、东北等地区的农田中是杂草,但在西北,尤其是青海、西藏,一直作为食用和饲用作物。

杂草的时间意义:同一种杂草,在某一时间内是杂草,另一个时间,就不一定是杂草。过去是

杂草的荠菜 *Capsella bursa-pastoris*（L.）Medic.、苋菜 *Amaranthus retroflexus* L.，现在成为人们追求的食用菜谱中的植物。人类对植物认识的提高，也导致植物属性的变化和一些生物学特性的发现。如凤眼莲 *Eichhornia crassipes*（Mart.）Solme 的化感作用和草麻黄 *Ephedra sinica* Stapf 药用的发现，使得这两种植物现在成为栽培植物，用于治理环境和药用。

二、杂草的特性

杂草的特性主要表现在超强的适应性、繁殖能力和竞争力，这些生物学特征保证了杂草生长在田间生境中的延续性。

1. 强大的繁殖能力　杂草种子繁殖的数量非常大，每株可以产生几百甚至上万粒种子。如荠菜产生种子 22 300 粒 / 株，繁缕 *Stellaria media*（L.）Villars 产生种子 20 000 粒 / 株，紫茎泽兰 *Eupatorium adenophorum* Spreng 产生 30 000~45 000 粒 / 株。有些一年生杂草可以在 1 年内产生多个世代，如欧洲千里光 *Senecio vulgaris* L.、水芹 *Oenanthe javanica*（Bl.）DC.、早熟禾等。这显然是杂草对占领新生境的一种适应。

2. 具有多种繁殖方式　许多杂草既可以通过有性繁殖（即种子繁殖），又能进行营养繁殖，即通过营养器官（如根茎、块茎）或根、茎的片段进行繁殖而成为不易根除的杂草，如香附子 *Cyperus rotundus* L.、眼子菜 *Potamogeton distinctus* A.Benn. 等。

3. 生长期短，早期就能开花结实　许多杂草生长期很短，早期开花，迅速成熟。如荠菜和欧洲千里光等开花后 1~2 周便可以产生成熟可育的种子，这有利于其在不良环境中延续其种群。荠菜和早熟禾在生长的早期就能开花结果，这一特征使杂草能幸免于作物生长季节中早期的杂草控制。

4. 抗逆性强，分布广，具有化感作用　杂草具有强的适应性和抗逆性，分布广。杂草种子在土壤中可存活较长时间，并可以休眠形式躲避恶劣环境。具有极强的竞争营养、水和光的能力，还具有抗病虫特征，可以极大限度减少病虫的危害。如紫茎泽兰是在我国南方分布广、环境适应能力强的恶性杂草，可以生长在干旱的岩石缝中，海拔分布范围在 100~3 500m。此外，紫茎泽兰能分泌化感物质，抑制其他作物的生长，产生昆虫拒食和驱避物质，抵抗昆虫伤害，也能产生抗菌物质抑制病原微生物的生长和侵染。

5. 生长迅速，竞争力强　杂草多为 C4 植物，光合效率高，生长迅速，竞争能力强，短时间内可占领整个群落，形成优势种群。如稗子 *Echinochloa crusgalli*（L.）Beauv.、马唐 *Digitaria sanguinalis*（L.）Scop.、狗尾草 *Setaria viridis*（L.）Beauv.、牛筋草 *Eleusine indica*（L.）Gaertn.、香附子、刺苋 *Amaranthus spinosus* L.、白茅 *Imperata cylindrica*（L.）Beauv. 等都属于恶性杂草。

6. 种子寿命长，具有不同的休眠形式　所有杂草种子的寿命都很长，如藜 *Chenopodium album* L. 的种子最长可在土壤中存活 1700 年，龙葵 *Solanum nigrum* L. 种子埋藏 39 年之后，其发芽率竟达 83%。杂草在不利环境中能强制休眠，环境适宜就迅速萌发，这一特征与其成为入侵能力强的杂草密切相关。

7. 传播方式多样化　杂草的传播方式多种多样，有的果实或种子具翅、冠毛等特殊传播结构，如苍耳 *Xanthium sibiricum* Patrin ex Widder、鬼针草 *Bidens pilosa* L.、小蓬草 *Conyza canadensis*

（L.）Cronq. 等；有的杂草种子体积小、质地轻，因而可通过灌溉由水传播，或通过污染作物种子来实现传播。这类适应机制多种多样，不胜枚举。另外，杂草种子发芽对环境要求不高，只要满足基本条件就能迅速萌发，且能够常年萌发，如荠菜、早熟禾、欧洲千里光等。

第二节　杂草的分类和常见杂草

杂草的分类是识别杂草、进行杂草生物学和生态学研究的基础，对杂草的防治和控制具有极为重要的意义。依据不同学科的需要，杂草可以按照形态学、生物学、植物系统学、生态学、危害程度等进行分类。

杂草图

一、按形态学分类

杂草的形态分类是按照杂草的形态特征进行分类的一种方法。根据形态学分类，杂草可分为三大类。

1. 禾草类（grass weed）　主要是禾本科植物的杂草。茎圆，茎中空，节明显，叶鞘开张，常有叶舌，平行脉，胚有 1 枚子叶。如马唐、牛筋草、稗子、狗尾草等。

2. 阔叶草类（broadleaved weed）　主要是双子叶植物杂草。叶片宽阔，具网状脉，胚有 2 枚子叶。如刺苋、马齿苋 *Portulaca oleracea* L.、藿香蓟 *Ageratum conyzoides* L.、藜等。

3. 莎草类（sedges weed）　主要是莎草科植物杂草。茎三棱形，实心，无节，叶鞘不开张，无叶舌，平行脉，胚有 1 枚子叶。如香附子、异型莎草 *Cyperus difformis* L. 等。

二、按生物学特性分类

1. 一年生杂草（annual weed）　一年生杂草即在当年出苗、开花、结实并死亡的杂草，种子繁殖为主。按其出苗时期又可分为春生杂草和夏生杂草。

（1）春生杂草（spring weed）：春季萌发出土，夏季或秋季结实、死亡的杂草。如葎草 *Humulus scandens*（Lour.）Merr.、藜、水蓼 *Polygonum hydropiper* L. 等。

（2）夏生杂草（summer weed）：夏季萌发、出苗，秋季结实、死亡的杂草，如马唐、牛筋草、马齿苋等。

2. 两年生杂草（biannual weed）　此类杂草从出苗到开花、结实和死亡需要在 2 个年份内完成，故又称越年生杂草，种子繁殖为主，如附地菜 *Trigonotis peduncularis*（Trev.）Benth.ex Baker et Moore、荠菜、繁缕等。

3. 多年生杂草（perennial weed）　多年生杂草即可连续生存 3 年以上的杂草，一生中能多次开花、结实，既能种子繁殖，又能营养繁殖，结实后一般地上部分枯死，经过一般休眠期后，其地下营养器官又会产生新的植株。如旋花 *Calystegia sepium*（L.）R.Br.、狗牙根 *Cynodon dactylon*（L.）Pers.、香附子等。

4. 寄生性杂草（parasitic weed）　寄生性杂草为不能独立进行光合作用，而需依靠生长在寄主植物体上,吸取寄主植物体中的营养物质维持生存的杂草。根据寄生部位又可将其分为根寄生杂草和茎寄生杂草。

根寄生杂草的典型代表是列当属(*Orobanche.*),它通过其吸器寄生向日葵、烟草、蚕豆、番茄、大麻等作物的根系,茎肉质、直立,无叶片,仅在茎上生有褐色鳞片,鳞片内生有小花种子,靠种子繁殖,种子产量可达 10 粒 / 株以上。在我国,列当主要分布于新疆、甘肃、山西等地,危害向日葵、烟草等作物。

茎寄生杂草的典型代表是菟丝子属(*Cuscuta*),它主要寄生大豆、亚麻等双子叶作物。一年生,种子繁殖,种子在土壤中寿命 1~5 年,种子萌发后产生白黄色的丝状茎,并迅速向上生长,遇到寄主后便缠绕到寄主上并产生吸盘,这时其茎基自动枯死,失去与土壤的联系,从而完全靠吸收其寄主体内的养分而生存。在我国,菟丝子主要分布于山东、安徽、新疆、吉林及黑龙江等地,危害胡麻、丹参等植物。

三、按杂草对水分的生态适应性分类

1. 旱地杂草　旱地杂草即生长在旱地中的杂草,不耐涝,长期淹水后即死亡。如狗尾草、小飞蓬、鬼针草和马齿苋等。

2. 水田杂草　水田杂草即生长在水田和水域中的杂草,不耐旱,田间缺水时,生长不良或死亡。根据其对水分的生态适应性,又可将其进一步分为如下几种。

(1)湿生性杂草:喜生长在水分饱和的土壤中的杂草,长期淹水时,其幼苗便会死亡,如灯心草 *Juncus effusus* L. 和荩草 *Arthraxon hispidus*(Trin.)Makino,是稻田的重要杂草种类之一。

(2)沼生性杂草:此类杂草根系生于土中,茎叶部分挺出水面,缺少水层时,生长不良或死亡,生态适应性极广,在我国南北方均有分布,也是稻田的主要杂草种类之一,如鸭舌草 *Monochoria vaginalis*(Burm. F.)Presl Rel. Haenk.、荆三棱 *Scirpus yagara* Ohwi 和牛毛毡 *Eleocharis yokoscensis*(Franch. et Savat.)Tang et Wang 等。

(3)浮水型杂草:叶片部分或全部漂浮于水面,根系入土或不入土的杂草,离开水层后即死亡或休眠。分布于全国各地,主要危害水稻,如眼子菜 *Potamogeton distinctus* A. Benn. 和槐叶萍 *Salvinia natans*(L.)All. 等。

(4)沉水型杂草:此类杂草的植物体全部沉没于水中。根系入土,离开水层后很快死亡,如菹草 *Potamogeton crispus* L. 和水绵 *Spirogyra* sp. 等。

(5)两栖杂草(amphibious weed):既可在旱田,又能在水田长期生存的杂草,如稗子和水蓼等。

四、按危害程度分类

1. 恶性杂草　恶性杂草即发生面最广、危害最大且最难防治的杂草。世界上共有 18 种,它们排名依次为:香附子、狗牙根、稗子、光头稗 *Echinochloa colona*(Linnaeus)Link、牛筋草、假高粱 *Sorghum halepense*(Linn.)Pers.、白茅、凤眼莲、马齿苋、藜、马唐、田旋花 *Convolvulus arvensis* L.、野燕麦、绿穗苋 *Amaranthus hybridus* L.、刺苋、黄香附 *Cyperus esculentus* L.、两耳草 *Paspalum conjugatum* Berg. 和筒轴茅 *Rottboellia cochinchinensis*（Loureiro）Clayton。

我国的恶性杂草有 17 种，其中水田杂草 5 种，包括喜旱莲子草 *Alternanthera philoxeroides* （Mart.）Griseb.、水田稗 *Echinochloa oryzoides*（Ard.）Fritsch.、鸭舌草、眼子菜、扁秆藨草 *Scirpus planiculmis* Fr. Schmidt；旱田杂草 12 种，包括野燕麦、看麦娘、马唐、牛筋草、狗尾草、香附子、藜、酸模叶蓼 *Persicaria lapathifolia*（L.）S. F. Gray、反枝苋 *Amaranthus retroflexus* L.、鹅肠菜 *Stellaria aquatica*（L.）Scop.、紫茎泽兰和白茅。

2. 重要杂草　重要杂草即发生面较广、危害较大且较难防治的杂草。这类杂草全世界共有 250 种，我国有 120 种。

3. 区域性杂草　区域性杂草仅发生于局部地区，但危害性大且难以防治的杂草。这类杂草我国有 135 种，如华南地区的藿香蓟、圆叶节节菜 *Rotala rotundifolia*（Buch.-Ham. ex Roxb.）Koehne、两耳草、水龙 *Ludwigia adscendens*（L.）Hara 等；华中地区的双穗雀稗 *Paspalum paspaloides* （Michx.）Scribn.、猪殃殃 *Galium aparine* Linn. var. *tenerum*（Gren. et Godr.）Rchb. 等；华北地区的狗尾草、播娘蒿 *Descurainia sophia*（L.）Webb. ex Prantl 等；东北地区的柳叶刺蓼 *Persicaria bungeana* （Turcz.）Nakai ex T. Mori、野燕麦等；西北地区的薄蒴草 *Lepyrodiclis holosteoides*（C. A. Mey.）Fisch. et Mey. 等。

4. 检疫性杂草　检疫性杂草是具有潜在危害危险，并通过口岸检疫措施可防止其从一地传入另一地的区域性杂草。这类杂草适应性广，传播和繁殖能力强，危害性大，一经传入则难以防治。我国农业部 2007 年颁布的《中华人民共和国进境植物检疫性有害生物名录》中有害杂草有 41 种。

第三节　杂草的防治

杂草的防治是以"预防为主，综合防治"这一指导思想为原则，杂草的防治方法主要有植物检疫、人工防治、化学防治、机械防治、替代控制等。

一、植物检疫

植物检疫是依据国家制定的法规，防止国内外危险性杂草传播的重要手段。通过农产品检疫防止国外危险性的检疫性杂草进入我国，同时也防止省与省之间、地区与地区之间的危险性杂草的传播，所以是杂草综合治理的重要组成部分。1998 年，我国公布了 34 种检疫性杂草，它们绝大多数是极难根除的田间恶性杂草，主要种类有燕麦属（*Avena*）3 种、蒺藜草属（*Cenchrus*）3 种、豚草属（*Ambrosia*）3 种、苍耳属（*Xanthium*）3 种、茄属（*Solanum*）3 种、山羊草属（*Aegilops*）2 种、莴苣属（*Lactuca*）2 种，其中多年生杂草 12 种。杂草绝大多数随作物种子传播（22 种），也可混杂在饲料食品等农副产品中（6 种），有些种类还可悬挂在作物及衣物上或黏附在皮毛及其他工具上传播（6 种）。加上《一类、二类检疫对象》中的菟丝子属、列当属、毒麦 *Lolium temulentum* L. 和假高梁（含黑高粱）*Sorghum halepense*（L.）Pers 等 4 种属杂草，我国有检疫性杂草共计 38 种属。2006年公布的《全国农业植物检疫性有害生物名单》还包括 5 种属杂草。中药材种苗和中药材产品是杂草检疫的对象。

二、人工防治

人工防治是在杂草萌发后或生长时期直接进行人工拔除或铲除，或结合中耕施肥等农耕措施剔除杂草。人工防治要尽量避免杂草种子或繁殖器官进入作物田，清除田边、路旁的杂草。用杂草沤制农家肥时，应将含有杂草种子的农家肥用薄膜覆盖，高温堆沤 2~4 周，腐熟成有机肥料，杀死其发芽力后再用。

三、机械防治

机械防治是结合土壤耕作，利用农机具或大型农业机械进行各种耕翻、耙、中耕松土等措施，在播种前、出苗前及各生育期等不同时期直接杀死、切割或铲除杂草。

四、化学防治

化学防治是利用化学农药（除草剂）防治杂草的方法。化学除草剂除草是近代农业不可缺少的一部分，主要特点是高效、省工，免去繁重的田间除草劳动，解放田间的劳动力。国内外已有300 多种化学除草剂，并加工成不同剂型，可用于防治各种杂草。在世界范围内除草剂的用量占农药总用量的 40% 以上，特别是西方的一些发达国家，除草剂的应用极为普遍。我国化学除草剂的用量仅占农药用量的 20% 左右，近年来发展较快。

五、替代控制

利用覆盖、遮光、空间占领等原理，选择适应性强、生长快、经济价值高的植物进行替代种植，替代植物短期内可达到较高郁闭，取代杂草种群优势，而达到控制目的。

六、生物控制

生物控制主要指利用昆虫、杂草病原微生物等生物因子控制杂草。杂草生物控制具有控效持久、防治成本相对低廉、能自然增殖和蔓延且无农药残留的优点，越来越受到人们的关注和青睐。最近，人们还发展了利用病原微生物的代谢产物（毒素）控制杂草的方法。

（王　智）

思考题

1. 什么是杂草？杂草具有什么特征？
2. 如何防治杂草？

第三章　同步练习

第四章　药用植物鼠害基础

掌握：药用植物鼠害的相关概念；药用植物害鼠的鉴别方法，根据鼠害症状判别害鼠类型；主要害鼠类群及引起的鼠害。

熟悉：药用植物害鼠的主要生物学习性和危害规律。

第一节　鼠害的相关概念及形态特征

一、鼠类、害鼠和鼠害的概念

鼠类在生态系统中有很重要的地位。鼠类不但从植物中获得大量的物质和能量，而且还从草食性无脊椎动物、肉食性无脊椎动物获得物质和能量；它们本身又是肉食性动物的物质和能量的供应者，同时，它们的排泄物和遗体归还大地，又为微生物提供了物质和能量。鼠类是各种生物群落中的消费者，也是物质、能量的传递者。在一般情况下，由于它们体型较小，物质消耗较大，能量转化较快，在一定程度上加速了物质循环和能量转化的作用。其次，它们的挖掘活动能翻松土壤，并以粪便和食物残余增加了土壤腐殖质的含量，有利于植物的生长；同时，还能使土壤向着脱盐和脱碱的方向发展。在特殊情况下，由于内外因素的作用，鼠类的数量过高、密度过大时，会影响生态系统的动态平衡，对环境及人类的经济和生活产生不利的影响（图4-1）。

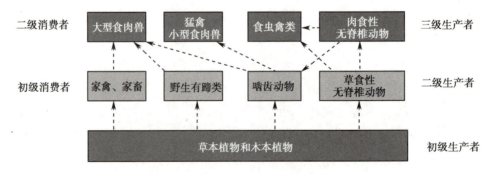

● 图 4-1　啮齿动物在生态系统中的地位示意图

（一）鼠类的含义

鼠类是啮齿目（Rodentia）与兔形目（Lagomorpha）种类的总称，是哺乳纲中种类最多的一个类群。鼠类体型较小或中等。门齿发达，无齿根，能终身生长。因要保持其门齿的一定长度，所以上下门齿需要经常啃咬东西，故称啮齿动物或啮齿类。无犬齿，在门齿和臼齿之间留有宽阔的间隙，臼齿分叶或在咀嚼面上生有突起。具有比较发达的盲肠。

（二）害鼠的概念

害鼠是指对人类的生存环境和经济活动直接或间接造成灾害的鼠类种群。鼠类不一定是害鼠，而害鼠是鼠类的重要组成部分。

鼠类是生态系统中的一个重要组成类群，在长期的进化过程中，形成了自己的生活规律和对环境的超强适应能力，在生态系统中扮演着重要的角色，没有害益之分。当鼠类的某些种群对人类的生存环境直接或间接造成灾害时，人们才把其确定为害鼠。在我国目前已知的190多种啮齿动物中，80%以上的种类不同程度地对人类及其生存环境造成现实的灾害或潜在的威胁。

1. 根部害鼠　主要生活于地下，以啃食植物根部为食，造成植物整株死亡。常见的有鼢鼠类、田鼠类和绒鼠类。例如：中华鼢鼠 *Myospalax fontanierii* Milne-Edwards、草原鼢鼠 *M. aspalax* Pallas、甘肃鼢鼠 *M. cansus* Lyon、罗氏鼢鼠 *M. rothschildi* Thomas、东方田鼠 *Microtus fortis* Buchner、棕色田鼠 *M. mandarinus* Milne-Edwards、根田鼠 *M. oeconomus* Pallas、鼹形田鼠 *Ellobius talpinus* Pallas 和黑腹绒鼠 *Eothenomys melanogaster* Milne-Edwards 等。

2. 茎叶害鼠　也叫干部害鼠。以啃食植物茎叶、树皮为食，造成植物地上部分枯萎死亡或者生长衰弱。常见的有田鼠类、沙鼠类、仓鼠类、姬鼠类、跳鼠类、鼠兔类和兔类等。危害严重的有棕背䶄 *Clethrionomys rufocanus* Sundevall、红背䶄 *C. rutilus* Pallas、黑线姬鼠 *Apodemus agrarius* Pallas、褐家鼠 *Rattus norvegicus* Berkenhout、黄毛鼠 *R. losea* Swinhoei、黄胸鼠 *R. flavipectus* Temminck、小家鼠 *Mus musculus* Linnaeus、大仓鼠 *Cricetulus triton* Winton、黑线仓鼠 *Cricetulus barabensis* Pallas、大沙鼠 *Rhombomys opimus* Lichtenstein、长爪沙鼠 *Meriones unguiculatus* Milne-Edwards、达乌尔黄鼠 *Spermonphilus dauricus* Brandt、赤腹松鼠 *Callosciurus erythraeus*（Pallas）、五趾跳鼠 *Allactaga sibirica* Forster、达乌尔鼠兔 *Ochotona daurica* Pallas 和草兔 *Lepus capensis* Linnaeus 等。

3. 种食害鼠　主要取食植物的果实和种子，有时对仓储材料危害也很大。危害茎叶的害鼠都有取食植物果实和种子的习性，常见的有小家鼠、褐家鼠、长吻松鼠 *Dremomys pernyi* Milne-Edwards、岩松鼠 *Sciurotamias davidianus* Milne-Edwards、隐纹花鼠 *Tamiops swinhoei* Milne-Edwards、花鼠 *Eutamias sibiricus* Laxmann、松鼠 *Sciurus vulgaris* Linnaeus、大林姬鼠 *Apodemus peninsulae* Thomas、黑线姬鼠、长尾仓鼠、大仓鼠和黑线仓鼠等。这些害鼠除岩松鼠和花鼠主要分布在我国北方各省区外，其余害鼠主要分布在秦岭以南各省区。

（三）鼠害的概念

鼠害是相对人类的生活和生产活动来评估的一种经济概念或环境安全诊断指标。当生态系统遭到破坏，人类在继续利用或修复这些生态系统过程中，鼠类干扰了人类利用和修复进程，鼠害才可能发生。所以,鼠害是指鼠类对人类的生产、生活以及生态环境或生存条件造成直接和间接的经济损失或负面影响。只有害鼠的种群密度超过一定限度(环境安全诊断标准或生态阈值)时,才会对人类造成危害。根据受害对象和行业可将害鼠划分为农业害鼠、牧业害鼠、林业害鼠、家庭害鼠、城镇害鼠、卫生害鼠、工业害鼠和交通害鼠等。

二、鼠类的形态特征

(一)外部形态

1. 体躯结构 鼠类的身体分为头、颈、躯干、尾和四肢等5部分(图4-2)。由于地理分布、生活环境及生活习性不同,鼠类的体型、眼、耳、尾、毛、肢、趾、爪也有不同。生活在开阔的草原景观中的鼠类具有发达的听觉器官,如兔、鼠兔及跳鼠具有发达的耳壳。反之有些生活在地下的鼠类耳壳退化或不发达,眼睛很小,颈的分化也差,但听泡发达,听觉灵敏。

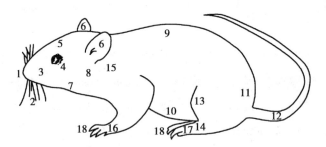

1. 吻;2. 须;3. 颊;4. 眼;5. 额;6. 耳;7. 喉;8. 颈;
9. 背;10. 腹;11. 臀;12. 尾;13. 股;14. 后足;15. 肩;
16. 前足;17. 趾;18. 爪。

● 图4-2 鼠类外形示意图

(1)头部:头部偏圆而略长,两侧生有两只眼睛。多数种类的眼较小,但松鼠亚科、鼯鼠亚科、跳鼠科和沙鼠亚科种类的眼较大,少数几乎终身营地下穴居生活种类的眼极为退化,如竹鼠科和鼢鼠亚科种类仅存细小的孔洞,而鼹形鼠则已全盲。

眼的位置大致居中,将头部分为颜面部和颅部,鼻和嘴分别生在颜面的上、下部,通常合称为鼻吻部。鼻孔生于鼻吻部的先端,下方为上、下唇包绕的嘴,其尖端称鼻端或鼻吻端,是啮齿动物身体最靠前的部分。啮齿动物的鼻吻部较向前伸长,但仍不似食虫类动物那样尖锥。

颜面部的两侧称颊部。颊部下方、下唇的下后方为喉部。在上唇和颊部生有坚硬的刚毛,为其触觉器官,称触须。

颅部也称脑颅部,其前部称额部。在颅部两侧生有一对外耳,其耳壳的长、短和形状因不同鼠种营不同的生活方式而差异很大。兔类(*Lepus*)的耳壳很长,多达120mm以上,而与其近缘的鼠兔类的耳长则都在30mm以下,长耳跳鼠的耳长接近其体长的一半,而旱獭类和黄鼠类的耳壳甚至退化,只存痕状物,竹鼠科和鼢鼠亚科等营地下生活的种类则已完全没有外耳壳。

(2)颈部:颈部在头部后方,是头与躯体连接的部分,一般均较短。在密林、灌丛和草丛中栖息的鼠类,如常年在林木枝杈或植物丛中穿行的某些松鼠科和鼠科(Muridae)种类,以及以跳跃为其主要运动方式的跳鼠科种类,都有较长的颈部,以保持行动的灵活。挖洞居住的鼠类,如沙鼠亚科和仓鼠亚科等的颈部均较短,有利于其挖掘和推送洞土,以及洞内转身;在坚硬的基岩层挖掘深洞的鼠类,如旱獭和完全营地下生活的鼠类(竹鼠科和鼢鼠亚科种类),则已几乎没有明显的颈部。

(3)躯干:躯干部体积最大,为动物的主要部分,许多重要的器官均位于躯干内。啮齿动物的躯干较长而略呈弓形弯曲。躯干的上面,介于颈部和骨盆之间的部分称背面或背部,由前向后,背面可分为前背(上背部)和后背(下背部)。前背的前部两侧,连接前肢的部位称肩部,后背后部连接后肢的部位称臀部。躯干的两侧称体侧。躯干的下面称腹面,由前向后,腹面可分为胸部和腹部。在躯干的后面生有消化道的排出口肛门。在肛门前有泌尿生殖孔,雄性有阴茎,其尿道口位于阴茎的末端。雌性的生殖口阴门位于肛门前方,其前方另有一尿道口。在雄性个体的阴茎两侧,生有薄壁皮肤隆起的阴囊,睾丸藏于其中。在雌性繁殖个体的腹面两侧(分胸位和腹位)生有乳头数对,哺乳期乳头膨大分泌乳汁,有供乳史的乳头伸长。雄性幼体的睾丸很小,隐于腹腔内,雌性幼体和亚成体的乳头不显露。因此,通常须用剖检法确认此年龄段鼠类的性别。在泌尿生殖孔两侧的鼠鼷部有分泌鼠臭味的鼠鼷腺,麝鼠和河狸都具有能分泌芳香气体的香腺,短尾仓鼠的腹部还生有发达的腹腺,俗称"大肚脐"。

(4)尾部:尾在躯干的后部、肛门的上方,不同种类尾的长短、大小和形状千差万别。鼠科种类的尾较长,多与其体长相近,蹶鼠属等的尾可达体长的1.5倍或更长;但仓鼠科一些种类的尾却较短,仅有体长的一半或更短,兔尾鼠属、毛足鼠属和鼠兔属则没有外尾,仅残存几节尾椎骨。巢鼠和攀鼠等的尾细长,有利于缠绕植物的枝和茎向上攀爬;松鼠科中的一些树栖种类的尾巴很粗大,当其在枝杈间窜跳时起舵的作用,在一定程度上还可减少身体下落的速度;河狸的尾极为特殊,甚大而扁,覆有大型鳞片,游水时用以掌握航向。多数种类的尾均覆密毛,但许多鼠科种类的尾却几乎无毛,环状鳞片清晰可见,豪猪科的尾部还生有许多用以防御天敌的角质长刺。在一些跳鼠科种类的长尾端部生有黑、白毛相间的毛穗,在夜间跳跃时用甩尾方法传递信息,以及改变行进方向,以摆脱天敌追捕。

(5)四肢:四肢生于躯体的前后两侧,是主要的运动器官(图4-3)。营穴居生活的种类四肢多短粗,在森林或高草丛中栖息的种类多体形纤细,四肢修长,行动敏捷。善跳跃的跳鼠科动物和林跳鼠的后肢长是其前肢长的2.5~5倍。鼯鼠科种类的体侧前后肢间均生有皮翼,是它们在空中滑翔的特化适应器官。与地下挖掘活动有关的竹鼠科和鼢鼠亚科种类的前足掌很粗大,鼢鼠亚科

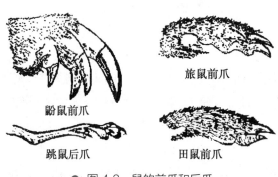

鼢鼠前爪

旅鼠前爪

跳鼠后爪

田鼠前爪

● 图4-3 鼠的前爪和后爪

种类的前爪长超过其趾长；巢鼠的脚趾末端变粗，脚掌有垫状物，爪弯曲而锐利，均有助于攀树和在枝上奔走。在戈壁滩上生存的种类通常足掌裸露；潮湿环境中的鼠类除足掌裸露外，还多具发达的掌垫；而生活在草原和沙丘中的种类的后足掌常密覆短毛。营水中生活的河狸和水䶄的后足趾间具半蹼，在水中起浆的作用。

2. 毛被与毛色

（1）毛被：全身被毛是哺乳动物的特征。毛被在春秋冷暖交替的季节需要更换即换毛。啮齿动物的毛被可分针毛、绒毛和须毛3种。

1）针毛：长而坚韧。依一定的方向着生（毛向），具保护作用。

2）绒毛：位于针毛的下层，无毛向，毛干的髓部发达，保温性好。

3）须毛：为特化的针毛，有触觉作用。

（2）毛色：毛被的颜色与其栖息环境的温度和辐射热有关。鼠类不但有最常见的全身灰黑色（褐家鼠、莫氏田鼠），灰褐色（小家鼠、仓鼠），也有黄褐色（社鼠），棕褐色（黑线姬鼠），红棕色，红褐色或栗棕色（红背䶄、棕背䶄、东方田鼠）和沙灰色（狭颅田鼠），有些鼠类的背腹毛色完全不同，如沙鼠和跳鼠的背毛为土黄色，腹毛为白色。毛被的颜色与组成毛被的每根毛的颜色有关，毛有单色，也有毛尖和毛基颜色不同的双色毛和三色毛。

3. 外形测量　鼠类外形测量主要包括：体长、尾长、后足长、耳长、体重和胴体重（图4-4）。其中，长度单位采用毫米（mm），体重单位用克（g）。

1）体重：整体重量。

2）胴体重：除去全部内脏的重量。

3）体长：从吻端至肛门或尾基的直线距离。

4）尾长：从肛门或尾基至尾端（端毛除外）的直线距离。

5）后足长：从后跟至最长趾端（爪除外）的直线距离。

6）耳长：从耳孔下缘至耳壳顶端（端毛除外）的距离。

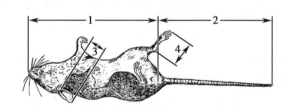

1. 体长；2. 尾长；3. 耳长；4. 后足长。
● 图4-4　鼠类外形测量

（二）头骨形态

鼠类骨骼系统十分复杂，现在仅把其与分类有关的头骨结构进行阐述。鼠类的头骨可分为颅骨（上颌骨）与下颌骨两大部分。颅骨包围在脑、平衡及听觉器官的外面形成颅腔，并与一部分面骨共同形成眼窝；面骨形成颜面的骨质基础，围绕在口、咽腔及鼻腔周围。

1. 头骨结构

（1）颅骨：从颅骨背面观，在最前方，位于外鼻孔后上方的是1对狭长的鼻骨。紧接其后，在两眼眶间有 1 对额骨,在我国多数姬鼠属(*Apodemus*)种类的额骨外侧,沿眼眶内缘有 1 条骨嵴,称眶上嵴。再后,有位于脑颅部上方的 1 对顶骨;有的种类在两顶骨间形成骨嵴,称矢状嵴。位于两顶骨后缘居中部位有 1 单块的骨骼,间顶骨(也称顶间骨)。再向后,间顶骨同 1 块位于颅骨后侧面的枕骨(也称上枕骨)相连;有的种类间顶骨与顶骨愈合,也有的与枕骨愈合,形成骨嵴,称人字嵴。颧骨位于颅骨两侧,眼眶后方生有 1 对颞骨;在一些种类的颞骨两侧生有发达的骨嵴,称颞嵴(图 4-5)。

从颅骨腹面观,在最后部有 1 单块的骨骼,称基枕骨。基枕骨和枕骨从前、后部环绕着枕骨大孔;在枕骨大孔两侧各有 1 略呈椭圆形的扁平突起称枕髁,由它与第 1 颈椎相关联。在基枕骨的侧前方有 1 对膨大呈球状的鼓骨,或称听泡;基枕骨与听泡连接处有 1 似附在听泡后缘的突起,称副枕突。在基枕骨正前方有 1 单块的基蝶骨。在基蝶骨两侧生有 1 对狭长而翘起的骨骼,称翼骨,或翼蝶骨。在基蝶骨前方与之相连的有 1 块前蝶骨。再向前则连接 1 对口盖骨,或称腭骨。位于腭骨前方的为 1 对较大的前颌骨,它们构成吻部,门齿生在其前端。1 对生有前臼齿与臼齿的上颌骨就位于腭骨和前颌骨后部之两侧。多数种类在腭骨前方有 1 对腭骨孔;部分鼠兔的两腭骨孔合为 1 孔,而在 1 对小门齿之后另生有门齿孔;也有一些鼠兔的腭骨孔与门齿孔全部合为 1 孔(图 4-5)。

从颅骨侧面观,位于最前方的,依次分别为前文已介绍过的前颌骨和上颌骨。上颌骨的侧后方有 1 个发达的突起,称上颌骨颧突;颧骨的侧前方也有 1 个发达的突起,称颧骨颧突;上颌骨颧突与颧骨颧突在颅骨两侧各通过 1 小块称为颧骨的小骨相连接,形成颧弓。由颧弓与额骨环绕着的空间称眼眶。眼眶的前内方有 1 对小骨,称泪骨;而其后形成眶间隔的骨骼称眶蝶骨。再向后为鼓骨听孔向外的通道,称外耳道。在鼓骨后,颞骨的侧下方有 1 对乳头状突起,称乳突或颞乳突(图 4-5)。

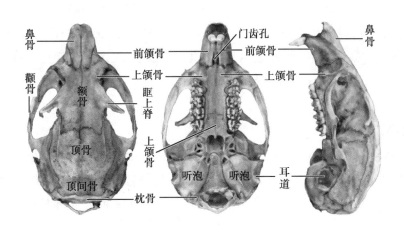

图 4-5 鼠类头骨结构示意图(复齿鼯鼠)

(2)下颌骨:左右下颌骨在前端以软骨结合相连,包括骨体及下颊支两部。骨体包括前端有的门齿部和臼齿部。门齿与臼齿齿槽间是宽阔的虚齿位。下颌支靠后面有 3 个突起,最上面的为钩状的冠状突,或称喙突;中间的突起为髁状突,或称关节突;最下面的一个突起为朝向后方的隅突。

2. 牙齿 啮齿动物牙齿分化为门齿、前臼齿和臼齿。因前臼齿和臼齿均生在颊

啮齿类头骨及牙齿示意图

部,也合称颊齿。门齿与前臼齿之间有一宽阔的间隙,称为齿虚位。鼠类的门齿无齿根,能终身生长,因而要经常咬啮磨损,所以叫作啮齿动物。门齿的颜色(黄、白、橙),前缘表面有无纵沟,齿尖后缘有无缺刻,以及与上颌骨所形成的角度(垂直或前倾)等都可作为分类的依据。牙齿数和分布情况常用齿式表示,其公式多写为分数等式的形式,分子依次为上颌一侧的门齿、犬齿、前臼齿、臼齿数,分母为下颌一侧的门齿、犬齿、前臼齿、臼齿数,不同齿型间用圆点隔开,等号后为该动物的牙齿总数。

$$齿式 = \frac{(上)门齿 \cdot 犬齿 \cdot 前臼齿 \cdot 臼齿}{(下)门齿 \cdot 犬齿 \cdot 前臼齿 \cdot 臼齿} = 总齿数$$

第二节　鼠类的生物学习性

一、栖息地及洞穴

(一)鼠类的栖息地

根据鼠类对环境条件适应能力的大小,以及分布范围的广狭,可以将鼠分成两个类型:一类是广域性鼠种,对于环境没有什么特殊要求,能生活在温带、暖温带、亚寒带等各种自然地理带和不同地理区域内,所以,它们的分布极为广泛。另一类是狭域性鼠种,对于栖息地内的某些条件有严格的选择性,只能在特定的栖息地内生活。狭域性鼠类对栖息地都有某种程度的依赖性,栖息地内条件的任何改变,常常会使它们的数量减少,以至引起死亡或迁居别地。总的来看,任何一种鼠的分布中心地区的环境条件对该种鼠的生活是最适宜的,因此在这个特定范围里,可以说它们是广域性的。随着分布区往四周扩大,愈来愈接近分布的边缘地区,那时生存条件也渐渐变得不适宜鼠的栖居,鼠的数量不但会因此而变少,甚至这里的环境条件已经成为阻止它们分布和限制其生存的要素。于是,鼠的类型在这里也就由广域性逐步转变成了狭域性。

(二)鼠类的洞穴

鼠类的洞穴除了少数树栖、半水栖的鼯鼠、松鼠和麝鼠外,绝大部分是在地下挖土掘洞过着穴居生活。鼠类洞穴不但是鼠类居住和休息的场所,而且还是它们避敌、贮存食物、分娩哺乳、蛰眠过冬的地方。鼠类挖洞穴居的习性是在自然选择过程中形成的一种本能,也是对于外界环境变化的适应性。

1. 鼠类的洞穴结构　鼠类洞穴由洞口、洞道、老窝、粮仓、厕所、盲洞等构成(图 4-6)。洞穴的长短、直径大小、深浅与鼠种的体形大小、生活习性、季节活动、地理环境有直接的关系。同类的鼠种一般都有近似的洞穴结构,而亲缘关系较远的鼠种,洞穴结构相差悬殊。然而,在不同生境和不同季节里同一种鼠的洞穴结构也有所差异。

群居鼠类和独居鼠类的洞穴结构有所差异。群居鼠类是以家族为单位共居在一个复杂的洞系内,如旱獭、鼠兔、长爪沙鼠、沼泽田鼠等。洞系分为永久栖息洞和临时栖息洞;永久栖息洞又

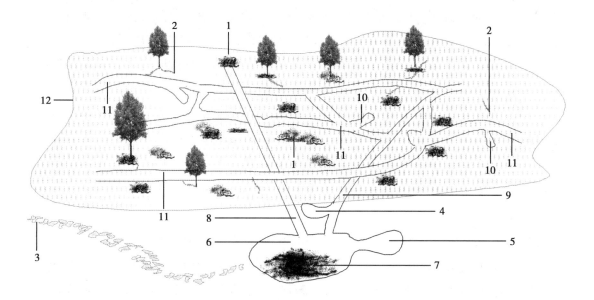

1. 地面土丘; 2. 食草洞地面裂脊; 3. 食草洞地面裂脊放大图; 4. 厕所; 5. 粮仓; 6. 卧室; 7. 睡垫; 8. 朝天洞; 9. 永久性常洞; 10. 临时性常洞; 11. 盲洞; 12. 地面线。

● 图 4-6 甘肃鼢鼠地面土丘与地下洞穴结构示意图

有冬季洞和夏季洞两种。独居鼠类有黄鼠、仓鼠、花鼠、跳鼠、鼢鼠等。除在繁殖期外,一般 1 洞 1 鼠,洞的构造简单。但鼢鼠的洞穴比较复杂,分 3 层,地面洞口常被堵塞,不易被发现。在其取食洞的地面常有大小不等的土丘。

2. 鼠类的洞穴与治理的关系 由于栖息地不同,不同物种对于生活条件的要求也不一样。同时,鼠类还以不同的方式适应各种不良环境和渡过困难时期,而洞穴就是调节鼠类与不良环境关系的最好小生境。不同鼠种的洞系结构在繁简程度、洞穴长度、入土深浅、有无粮仓等方面都有其自己的特殊形式和与其相关的适应意义。只有通过实地调查和研究,才能客观地掌握有关鼠洞构造的规律和特点。只有针对不同鼠的洞穴特点才能有效地发动群众进行创造性的和科学性的大面积灭鼠;否则,缺乏有关鼠类洞穴构造的知识,相应的捕杀方法、灭鼠工作就难以奏效。

二、活动与取食

(一)鼠类的活动

1. 鼠类的活动规律 鼠类的活动规律是保证其生活条件及调解与环境适应性的重要生态学特征之一。主要包括活动、休息和取食昼夜交替的日生活节律;在日生活节律变化中,可分为昼出活动、夜出活动、晨昏活动和全昼夜活动类型,此外,还有季节性规律周期,昼夜单峰型、双峰型和多峰型活动类型。鼠类活动规律的变化,是与其食物、繁殖、蛰眠等生态特征紧密相连的,同时与外环境因子的变化关系也十分密切。因此,研究鼠类活动的周期性规律,具有很大的实践意义,它对于了解鼠类活动规律及发生成因,制订科学的鼠害修复方案和环境安全诊断指标有着重要的参考价值。

2. 鼠类日活动规律　鼠类活动和休息的日节律变化,可以区分为白天活动和夜晚活动类型,晨昏活动和全昼夜活动等类型。如果将活动强度以4小时为单位用图表示,可见有单峰型、双峰型和多峰型的昼夜活动节律。影响鼠类昼夜活动的外界条件首先是光,其次是食物。

3. 鼠类活动的距离　与迁移鼠的活动距离随鼠种而异。家栖鼠多在住室及其周围活动,由于季节、食源等条件变化,也可到住宅附近的野外活动。野栖鼠基本上在农田、草地、荒坡活动,有的秋末也可侵入住室内。它们的活动范围,沙鼠一般100~200m,最远可达1 000m左右,黄鼠300~500m,布氏田鼠迁移距离远至4~10km。有的鼠如板齿鼠善游泳,能越过100多米宽的河流。

鼠类的活动多循一定路线,如褐家鼠常沿墙根、墙角、夹道行走,在这些地方常形成明显的跑道。有明显的活动路线的鼠类,可在其跑道上布放夹子等进行捕杀。有些鼠类因气候改变,引起小规模的转换栖息地点,如暴雨可使在低洼地栖居的黑线姬鼠等转移到附近的高地;大旱时,有些鼠进行远距离的迁移。在食物、饮水缺乏时,由栖息地迁移到农作物和水草丰富的地方。

(二)鼠类的取食活动规律

1. 鼠类的食性食量　食性在动物生命活动中占有重要地位,因为动物是异养生物,所以需要以其他生物(植物或动物)作为营养来源,因此各种动物的食性便决定了它在生物群落中的地位和作用,食物链就成为最重要的种间关系之一。此外,生命的最基本特征是新陈代谢,动物机体与环境之间的物质交换也是依据食物的联系,因此,食物往往对动物的生长、发育、繁殖、死亡、分布、迁移起着极为重要的影响,并转而成为影响动物数量变动的重要因素。鼠类食性的特点,往往决定其对人类益害的程度。

2. 狭食性和广食性　按食性特化程度的不同,可以分为狭食性和广食性的动物。鼠类虽然是植食性的,但大多数鼠类食谱中所包含的种类还是比较丰富的,其中还包括少量的动物。为了区分各种食物的主次,常将食物分为基本食物、次要食物和偶然食物,当然这种区分是形式上的,因为,它们还决定于喜食程度,以及食物在自然界中的多少和容易获得程度。直接在野外观察动物的取食,室内饲养中观察动物的选食,可以帮助推断喜食性(嗜食性),根据喜食程度可以将食物区分为最喜食的、喜食的和不喜食的等。

3. 食性的变化

(1)食性的季节性变化:环境条件的季节变化,也影响动物食性的季节变化。在热带雨林里,气候的季节变化很小,全年都有各种各样的食物,因此,许多种类食性很特化,因此没必要有对周期性食物缺少的适应。在温带和寒带里,随着纬度的增高,气候条件和食物条件的季节性变化很大,特别是冬季的积雪对食物保障影响特别大。小家鼠、小林姬鼠、各种仓鼠、鼢鼠、黑线姬鼠、黄鼠、子午沙鼠等,喜欢吃植物的种子。在播种时节它们盗食播下的种子,在药用植物生长阶段咬毁植物茎、叶及地下块茎;在成熟时,它们咬断作物,盗吃种子,把大量的种子搬进洞内贮藏。

（2）食性的地理变化：恒温动物的食性中,在高纬度地带比低纬度地带需增多更高热能的食物,这是因为高纬度地带气候较冷,恒温动物保持恒定体温的一个手段是增加产热量,即化学体温调节,高热能食物的增多是对寒冷的一种适应。这首先表现在自南到北（北半球）动物食性程度的增加上,在某些植食性啮齿动物中,也表现为种子和绿色部分的比重上。例如普通田鼠,在南方只有 10% 的胃有种子,往北有 19%,再往北有 26% 田鼠胃中有种子。其次,从食性分化来讲,从南往北,往往广食性和食性季节变异增大,如普通田鼠在南方有 70~80 种植物,往北增加到90~100 种。

（3）食性的选择性：地面害鼠喜欢吃鲜、甜、含水量较多的药用植物茎秆,秋季嗜食乳熟阶段种子,危害方式也各种各样。地下害鼠喜欢取食药用植物肥大的根茎或块根。

三、生长与繁殖

鼠类种群年龄组成在不同鼠类与不同时期均有很大变化,一般可划分为幼年组、亚成年组、成年组和老年组。不同的鼠类,种群性比差异较大;对于同一种群,因栖息地环境、种群结构、年度、季节、气候、食物等因素的变化,种群性比也发生变化。

鼠的性成熟、性周期和繁殖次数与鼠龄、寿命及体积都有密切的关系,同时受食物、季节、气候和自然环境的影响。在一般情况下,家鼠和一些体型小的野栖鼠,每年可繁殖 2~8 胎,每胎数多为 4~8 只,最高达 12~17 只。小家鼠,出生后 2 个月性成熟就可交配受孕;褐家鼠幼鼠 3 个月性成熟,一年四季都可繁殖。有冬眠习性的鼠类,性成熟为半年至一年以上,如黄鼠性成熟为 1 年,旱獭个体较大,性成熟时间为 3 年。有些鼠虽然全年能繁殖,但一般繁殖季期大都在春末夏初和秋季。如繁殖力较强的黑线姬鼠,一年中以春、秋两季为其繁殖旺季,其中又以 4—8 月为其繁殖高峰,春、秋繁殖盛期后,幼鼠大量出现,所以在夏末和深秋种群数量增加,但也有地区的差异。例如,在东北地区,夏季繁殖旺盛;在浙江,冬季仍有少数个体繁殖。通常每年可繁殖 2~5 胎,每胎多为 5~7 只,少数产 10 只以上。幼鼠在 3 个月后性成熟,参与繁殖。

四、行为与通信

鼠类通信主要是依靠释放和接受化学信号实现的。这个通信系统释放的信号,即化学信使,是由鼠体上一些特殊构造的腺体分泌的化学物质。化学信使通过周围环境的媒介物如空气和水,传给受纳动物的嗅觉感受器而构成整个化学通信系统。雄性个体对雌性气味的偏爱超过雄性的气味;具性经验的雄性更偏爱雌性和性腺除去后的雄鼠气味;动情期和间情期的雌性对正常雄性气味的偏爱超过雌性和阉割的雄性气味;在 Y 形迷宫中,小白鼠可以分辨同种雌雄的气味;鼠类的尿、粪、肛阴区的气味均具性识别的功能,在野外发现林姬鼠异性间的气味相互吸引。

地下鼠终身生活在自己的洞穴内,视觉退化,听觉和嗅觉灵敏,相邻各鼠洞系交错分布,但绝不会相互贯通。地下鼠有巡视自己洞系的习性,在巡视过程中可发出震动声实现对其领域的保护,同时可以监测相邻鼠的存在状况,如果相邻鼠对其敲击声没有应答声,那么有可能它已不存在,就会发生侵占相邻鼠洞系的行为。

五、越冬与蛰眠

低纬度的热带地区的气候、季节变化不明显,水、热变化的幅度不大,气候温和,食物丰富,鼠类全年都有优越的生活条件;家栖鼠类,因生活在人为的环境条件下,故自然界对它们的影响相对较小。而高纬度的温带、寒带地区,气候的变化十分明显:夏季温度较高,雨量较多,食物丰富;冬季气候寒冷,食物减少,生活条件极为严酷。生活在这些地区的啮齿动物,通常贮藏食物越冬或进入冬眠。

(一)贮存食物

自然界中食物条件明显地随季节变化,尤其是食物丰富与贫乏季节有规律地交替,使许多哺乳动物在进化过程中形成了贮存食物的本能。贮存食物的本能在非迁移的全年活动的种类表现得最典型。例如松鼠贮藏蕈类,它将蕈搬到两个树枝之间,一般都挂于 1.5~5m 高度,很易干燥和发现,但多数其他啮齿类难以找食。

(二)蛰眠

蛰眠是北方小型鼠类渡过不良环境条件的一种适应现象,包括夏眠和冬眠。夏眠与夏季干旱有关,不一定每年都出现;冬眠则是每年一定出现的习性。

1. 冬眠的类型

(1)不定期冬眠:如松鼠、小飞鼠等在冬季特别寒冷的日子里,可以暂时进入蛰眠状态。

(2)间断性冬眠:蛰眠的程度较深,体温也有下降,但容易惊醒。在冬季较温暖的日子里,甚至可以外出活动;并有贮粮的习性。如花鼠。

(3)不间断冬眠:例如旱獭、黄鼠和跳鼠等都是典型的冬眠鼠类。这些动物进入冬眠之后,不食不动,完全依靠体内贮存的脂肪维持其有限的代谢作用和生命活动。机体呈昏睡状态,心跳、体温和呼吸都急剧下降,血液中 CO_2 的含量增高,对外界的刺激和疾病的感染都比平时差,甚至受到轻度伤害也不惊醒。

入蛰是温度下降、光照缩短以及食物丰富等环境因素综合作用的结果,但在饥饿状态下,更容易进入冬眠。除外界因素的作用之外,冬眠动物本身还有其自身的生理基础。在体内贮存有一定数量的营养物质,作为冬眠时能量消耗的物质基础;体温能随着环境温度的变化而升降;当代谢作用降低时,仍能维持机体内各种生理过程的协调作用。冬眠动物的体温,一般认为在 0.1~1℃ 到 8~10℃。低于 0℃ 或 1℃ 时,动物会被冻僵;高于 10~12℃ 时,会使动物苏醒而恢复活动状态。因此冬眠动物的越冬窝巢都在冻土层以下,温度在 1~10℃。

2. 冬眠鼠类的特点　冬眠期一般长达半年之久或更长。冬眠的鼠类有以下特点。

（1）繁殖次数少：每年仅有1次，繁殖期短，但因冬眠期鼠的死亡率较小，使它们的种群数量仍然保持在一个比较稳定的水平上。

（2）活动少：活动期较短，栖居地比较稳定（跳鼠例外），因而其活动范围不大，一般也不作远距离的迁移。

（3）出蛰时间决定鼠类的繁殖期：不同年份的出蛰时间相差可达数周，因而也影响到它们的繁殖和危害期。

第三节　药用植物害鼠类群

鼠类属动物界（Animalia），脊索动物门（Chordata），脊椎动物亚门（Vertebrata），哺乳纲（Mammalia）的兔形目和啮齿目。据估计，全世界现存啮齿动物有1 600~2 000种，分属31~36个科。我国的啮齿动物隶属2目、12个科，178~232种，占全世界种数的10%~11%。对药用植物危害严重的主要是仓鼠科、鼠科、松鼠科和兔科的一些种类。

仓鼠科（Cricetidae）属啮齿目。体型一般都比较小，少数种类已特化而适应特殊的生活方式。如鼢鼠适应于地下生活，前足生有锐长的爪；麝鼠适应于水中生活，后足有蹼，尾形侧扁。齿式为$\frac{1 \cdot 0 \cdot 0 \cdot 3}{1 \cdot 0 \cdot 0 \cdot 3}=16$，臼齿或具2纵列齿尖，或无齿尖而形成多种形式的齿环。具分叉的齿根或无齿根。多数为地面生活种类，也有营地下生活的种类。主要在夜间活动。大多以植物为食，有时也食昆虫。本科种类繁多，在我国有4个亚科。常见种类有仓鼠亚科（Cricetinae）的黑线仓鼠、长尾仓鼠*Cricetulus longicaudatus*和灰仓鼠*C. migratorius*，沙鼠亚科（Gerbillinae）的大沙鼠、柽柳沙鼠*Meriones tamariscinus*、长爪沙鼠*M. unguiculatus*和子午沙鼠*M. meridianus* Pallas，鼢鼠亚科（Myospalacinae）的中华鼢鼠、甘肃鼢鼠和高原鼢鼠*Myospalax baileyi*，田鼠亚科（Microtinae）的布氏田鼠*Microtus brandtii*、棕色田鼠、根田鼠、东方田鼠等。

鼠科（Muridae）属啮齿目。是一些小型或中型的鼠类。适应性极强，除少数营树栖生活外，大都为陆生穴居种类。主要特征是第1、第3臼齿具有3纵列齿突，每3个并列的齿突又形成一条横嵴；有的种类在成体时不见齿突而仅有横嵴（板齿鼠）。尾较大，毛稀，其上布有鳞片。鼠科的种类很多，尤其是家鼠属（*Rattus*），不仅种类多，而且分布广，有的甚至是全球性的鼠种。本科有42属，460余种。分布在我国的有15属，41种。主要种类有小家鼠、黑线姬鼠、黄胸鼠、褐家鼠等。

松鼠科（Sciuridae）属啮齿目。是啮齿目中的一大类，有树栖、半树栖和地栖3种类型。三者在外形上有显著差异。树栖种类，尾长而尾毛蓬松，前后肢相差不显著，耳壳较大。地栖种类，适宜于挖掘活动与穴居生活，尾短而小，后肢比前肢略长，耳壳较小，有的仅成为皱褶。半树栖半地栖的种类，形态分化属于从树栖到地栖的过渡类型，一般尾圆或扁，被覆长毛，尾上无鳞；前足4指，拇指极不显著，后足5趾；头骨亦因生活型不同而有差异，树栖和半树栖类型的颅骨大都圆而凸；地栖型的则狭窄而多嵴，齿式为$\frac{1 \cdot 0 \cdot 2 \cdot 3}{1 \cdot 0 \cdot 1 \cdot 3}=22$。树栖型的多栖息在森林中；地栖型的大都栖息于草原和农区附近。本科有许多种类具有经济意义,如普通松鼠、岩松鼠、丽松鼠、长吻松鼠、旱獭等毛皮均可利用,肉或脂肪也可食用。另一方面,不少种类如旱獭、黄鼠等是鼠疫的主要传播者,在流行病学上给人类带来严重的危害。

兔科(Leporidae)属兔形目。其种类体较大,体长一般在 300mm 以上,尾短;耳通常狭长;后肢明显比前肢长,颊齿通常为 $\frac{6}{5}$;脑盒呈拱形;眶上突很发达,鼻骨向后扩大,轭骨略微延伸到鳞骨突后面。第 1 对上门齿齿端切缘各有 2 个不甚明显的弧形小齿突,外侧的较宽,左右门齿共形成 3 个很浅的缺刻,4 个弧形小齿突正面几乎在同一直线上。本科有 9 属 40 种,分布于欧洲、亚洲、非洲及美洲(澳洲已引进),是一些中型食草兽类。在我国仅有兔属(Lepus)1 属。其顶间骨 1 个;颅骨较宽,颧宽约为颅长的 1/2;鼻骨向后宽大。吻部较长,约为颅长的 1/3 或以上,吻基部相对较宽,为颅长的 28%~30%;内鼻孔较宽,其宽度大于腭桥前后最窄的宽度。初生幼仔的眼睛开,全身被毛,很活跃。本属分布在亚洲、非洲、欧洲和北美洲。我国已知有 9 种,常见的有草兔、高原兔 *Lepus oiostolus* 和华南兔 *L. sinensis* 等。

第四节 药用植物害鼠的控制

以害鼠杀灭为目的的治理策略使鼠害治理走进了死胡同,人类要摆脱这种困境,必须从根本上改变人与自然的关系,把害鼠管理和环境保护协调一致,建立可持续发展的生态系统。重点研究生态系统资源的分类、配置、替代及其自我维持模型;发展生态工程和高新技术的农业工厂化;探索自然资源的利用途径,不断增加全球物质的现存量;研究生态系统科学管理的原理和方法,把生态设计和生态规划结合起来;加强生态系统管理,保持生态系统健康和维持生态系统服务功能。生态系统在长期的自然演化过程中,始终处于一种动态平衡状态。鼠类作为生态系统中的一员,具有自己独特的生态位,发挥着重要的作用,其种群数量随着生态系统的动态平衡变化而消长,不存在害益问题;只是在生态平衡遭到严重破坏,鼠的种群数量急剧增加时,人类从自身利益和生存的立场出发,才提出了鼠类的危害问题。而鼠害的发生,正是人类自身过度利用自然资源的产物。鼠类达到危害的程度时,即对生态平衡产生破坏作用,此时必须治理,合理的治理能促进生态平衡的恢复或重建。这是最基本的生态治理观。

一、害鼠控制的基本原理

1. 功能高效原则 根据生态系统内物质循环再生和能量充分利用的原理,从整个生态系统功能出发,充分发挥和使用包括害鼠杀灭在内的各种技术,如草场改良、围栏圈养、营造混交林、林下更新、清除田间杂草、适地适树、农林间作、轮作、套种、选育抗性品种等,调控生态系统和目的植物 - 害鼠 - 天敌食物链的功能流,使系统的整体功能最大。

2. 结构和谐原则 根据生态系统结构与功能相协调,系统内生物和环境相和谐,生物亚系统内各组分的共生、竞争、捕食等作用相辅相成的原理,合理调整目的植物的布局和结构,因势利导地利用系统内目的植物的耐害补偿功能和抗逆性功能、天敌的控制作用和其他控制因子,变对抗为利用,变控制为调节,变害为利,为系统的整体服务。

3. 持续控制原则　根据生态系统具有自我调节与自我维持的功能,以及朝着系统功能完善的方向发展演替的特性,在掌握生态系统结构和功能的基础上,对目的植物的生长发育、害鼠与天敌的种群动态及土壤肥力进行检测,设计和实施出与当地生物资源、土壤、能源、水资源相适应的生态工程技术,将害鼠管理纳入整个生态系统功能完善的过程中,最优地发挥生态系统内各种生物资源的作用,提高系统的负反馈作用和调控能力,将系统内主要害鼠持续维持在经济允许损失水平以下。

4. 经济合理原则　根据经济学中边际分析理论,要求害鼠生态调控修复所挽回的经济损失应大于或等于其所花去的费用。

二、害鼠生态调控修复的指导思想

1. 系统学的观点　害鼠危害的生态调控修复必须从生态系统的整体功能出发,从目的植物 - 害鼠 - 天敌的相互作用系统来综合考虑。

害鼠危害生态调控修复的综合论观点是指综合地使用系统内外的一切因素,变对抗为利用,变控制为调节,变害为利,为系统的整体服务。

2. 区域的观点　是指害鼠危害的生态调控修复,必须从单一的农林牧生态系统扩展到区域性生态系统中,实现农林牧害鼠和城镇卫生鼠害的区域联防和协调进行,提高害鼠综合管理的整体性水平。

3. 可持续的观点　即在有效控制害鼠的前提下,努力实现害鼠治理与环境保护的有机结合,实现害鼠治理与农业高新技术的有机结合,尽量减少灭鼠剂的使用量,降低生态风险性,保护生物多样性,造福子孙后代。

4. 创新的观点　在害鼠危害生态调控修复过程中,要不断地发展新技术、新方法、新理论,害鼠的管理才能逐渐地向人类理想的方面发展。

（1）建立新理论:重新评估以经济指标和从人类好恶出发的害鼠防治指标或经济阈值。正是这类指标的制定,导致了人类为获得最大的经济收益,"不择手段"地杀灭害鼠,才造成了目前鼠害猖獗的现状,这也可以说是大自然对人类的报复。要实现害鼠管理与生态系统功能完善的和谐统一,就必须提出一套经济效益和生态效益兼顾的、两者有机结合的害鼠危害的安全诊断体系,并在实践中不断改进和完善。

（2）开发新型无公害药剂:滥用灭鼠剂是造成目前害鼠治理产生危害的主要原因之一,也是导致半人工生态系统生物多样性降低的重要因子。对目前灭鼠剂存在的主要问题,开展有针对性的研究,不断开发高选择性、高效低毒、无二次中毒的生物性灭鼠剂,逐步达到理想灭鼠剂的要求。同时开发研制其他预防害鼠的无公害药剂,逐步实现对生态系统中其他非靶生物无干扰的化学药剂治理。

（3）研究基因疫苗和免疫抗生育技术:由于人类生殖避孕研究的新进展和免疫技术的出现,

控制鼠类不育也有了借助。免疫不育是指将鼠类的多肽或蛋白质类调控激素与具有免疫活性的"碎片"或其他外源性大分子物质连接起来形成抗原,当进入动物体后,机体便产生破坏自身生殖调控激素的抗体,达到阻断生育力的目的。

5. 容忍哲学的观点 保留小部分残存害鼠是加强及维持自然生态调控的一种重要方法。更重要的是,不要把鼠的危害绝对化,有害与有益是相对的,对人类有害的一些鼠类,却是鸟类的食物。另外,每一种动物都可能有其有用的方面,都可能存在有用的基因,保存下来,至少会有助于维持基因遗传的多样性。而要求彻底消灭一种害鼠,从生态学的观点分析是不科学的,也是不明智的。

6. 自然控制的观点 害鼠综合管理强调自然因素控制作用的重要性。生物防治、空间隔离、机械捕杀、农林牧业技术防治等占重要地位,因为这类方法大多能与自然控制因素相协调。

7. 以危害对象为中心的观点 过去的害鼠治理工作都是以某一害鼠为防治对象,而综合管理方案的制定则以危害对象为中心。将其控制在经济阈值水平以下,同时监测其他次要害鼠的种群动态,必要时也予以治理,力求达到最经济的管理。

三、害鼠控制的侧重点

1. 充分发挥生态系统中自然因素的生态调控作用。首先从生态系统中的目的植物 - 害鼠 - 天敌的相互作用关系入手,通过抗性品种、耕作技术、整地技术、水肥管理和放宽经济阈值指标,将目的植物抵御、耐害、补偿和诱导抗性调节到最佳状态;其次是强调天敌的控制作用,通过调整目的植物布局、物理空间隔离、使用无公害灭鼠剂和生物灭鼠剂等,创造天敌栖息与繁殖的最适条件,将天敌的控制作用调节到最理想的状态;第三是强调采用多种调控措施,破坏害鼠的栖息地或生境,恶化其取食与生存的条件,将害鼠种群密度持续维持在经济允许损失水平以下。

2. 减少化学灭鼠剂用量,采用无害化治理。随着人们环保意识日益提高,对环境保护愈来愈重视,绿色无公害食品逐渐成为人们的时尚追求,农药残留问题成为了首先需要解决的关键问题,因此,防治害鼠应采用低毒和低残留杀鼠剂,采用综合防治技术减少化学农药的使用。

3. 强调高新技术在害鼠管理中的应用。生物技术和遗传工程的迅猛发展为害鼠管理提供了广阔的发展空间,同时也为尽可能地减少化学灭鼠剂奠定了基础。一是利用遗传工程技术,将抗性基因导入植物体内,使目的植物对害鼠产生抗性;二是利用基因工程技术,修饰微生物本身基因以提高其对害鼠的感染能力;三是利用基因工程手段和免疫不育技术,研制基因疫苗,使害鼠产生不育后代,从而达到遗传防止鼠害的目的。

（韩崇选）

思考题

1. 什么是鼠类、害鼠和鼠害？
2. 简述鼠类头骨结构的特点。
3. 分析鼠类的食性与危害的关系。
4. 论述害鼠控制的基本原理。

第四章　同步练习

第五章 药用植物有害生物的调查与预测预报

掌握：重点掌握病虫害发生期预测和发生量预测方法；掌握经济允许水平和经济阈值含义；掌握药用植物害虫害发生程度表示方法。

熟悉：杂草种群动态预测方法；病虫害田间分布类型与取样方法。

了解：农业鼠害预测基本步骤；病虫害调查类别。

第一节 药用植物病虫害调查方法

对病虫进行防治，首先要了解病虫发生情况。这就必须进行实地调查，了解病虫种类、分布、发生程度，估计损失程度，掌握病虫发生规律。

各种调查都要明确调查任务、对象、目的和要求，根据病虫特点，确定适当的方式方法，制订调查方案和计划，做好调查前的准备工作；调查要实事求是，要有代表性。

一、调查的类别

1. 普查 当一个地区有关病虫害发生情况资料很少时，可先进行一般调查。调查的面要广、种类要多。其目的就是查清当地各种药用植物上的病虫种类、分布面积、危害与损失程度。

2. 专题调查 在普查基础上，对某一重点病虫进行深入调查。主要围绕病虫的发生特点、流行危害情况、经济损失情况、环境影响效应或防治效果等展开调查。这种调查面不广，要求工作细致深入，并须和室内、田间试验相结合。

3. 系统定点调查 为系统了解某种病虫发生发展变化全过程，选择有代表性地块，选好样点，定期或不定期地在样点上调查，再结合气候条件的变化分析发生规律，以提供测报依据和指导防治。

二、田间调查的基本方法

各种调查都涉及调查时间、次数、调查统计的单位、取样方法、田间记载、危害情况、损失估计、调查材料的整理和分析等问题。

（一）调查时期和次数

病虫调查时期和次数要根据调查目的而定。一般普查,只进行一次,宜在病虫害发生盛期进行;如作为测报根据,就需要从播种到收获定期进行;作为病虫系统发生发展观察,应在病虫发生之后,定期进行调查。

（二）取样方法

取样必须要有代表性,才能使田间调查结果正确反映田间病虫的实际情况。选点和取样数目,由病虫种类、性质和环境决定。

1. 病虫害的空间分布类型

（1）均匀分布:病虫在田间分布均匀,个体间距离近相等。常由于个体间的相互排斥造成的。

（2）随机分布:种群内各个体既不相互吸引也不相互排斥,分布比较均匀,调查取样时每个个体出现的概率相等。如玉米螟卵块在玉米田间的分布属于这一类型。

（3）核心分布:是不均匀分布,即病虫在田间分布呈多个小集团,形成核心,并自核心作放射状蔓延,核心之间是随机的。如三化螟幼虫在田间的分布以及它们所造成的被害株都属此类型。

（4）嵌纹分布:也是不均匀分布,昆虫在田间的分布呈不规则的疏密的相间状态。例如棉红蜘蛛、棉蚜在田间分布多属于此类型。

2. 调查取样方法　根据病虫分布型进行取样,取样常有以下几种方法(图5-1)。

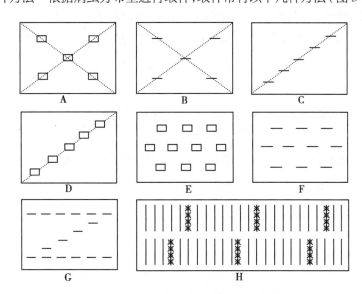

● 图5-1　田间调查取样方法示意图
A. 五点取样(面积);B. 五点取样(长度);C. 单对角线取样(长度);D. 单对角线取样(面积);E. 棋盘式取样(面积);F. 棋盘式取样(长度);G. "Z"形取样;H. 分行取样

（1）五点取样：适合于密集式的或成行的植物和随机分布的结构,可按一定的面积、一定长度或一定株数选取样点。

（2）对角线取样：适合于密集的或成行的植物和随机分布的结构,有单对角线和双对角线两种。

（3）棋盘式取样：适合于密集的或成行的植物、害虫分布为随机分布型或核心分布型的情况。

（4）分行取样：在田间每隔数行取一行进行调查,适宜于成行的植物、害虫分布属核心分布的结构。

（5）"Z"形取样：适宜于嵌纹分布的结构。

取样时,力求样点均匀分布在田间。对分布很不均匀的病虫,取样则应根据实际情况调整。如增加样点数,样点延长等。此外取样均应离开田边 5~10m 以消除边际效应。一般情况下,样本的数目不应少于 5 个。由空气传播而分布均匀的病害样本数目可以少些,土壤传播的病害样本数目要多。地形、土壤和耕作方法不一致的地点取样也要多些。

（三）取样单位

1. 长度单位　常用于调查密植成行药用植物上的害虫。

2. 面积单位　常用于调查地面或地下害虫;密集的、矮生作物上的害虫;或害虫密度很低的情况。如调查小地老虎的卵和幼虫。

3. 体积或容积单位　常用于木材害虫、种子中的害虫。

4. 重量单位　用于调查粮食、种子中的害虫。

5. 时间单位　用于调查活动性大的害虫,观察单位时间内经过、起飞或捕获的虫数。

6. 以植株、部分植株或植株的某一器官为单位　例如植株小时,计算整株植物上的虫数。如果植株太大,不易整株调查时,则只调查植株的一部分或植株的某一器官。

7. 诱集物单位　如灯光诱虫,以一定的灯种、一定的光照度、一定时间内诱集的虫数为计算单位;糖醋液诱集黏虫、地老虎,黄色盘诱集蚜虫,以每一个诱器为单位;草把诱蛾、诱卵,则以把为单位。

8. 网捕单位　一般是用口径 30cm 的捕虫网,网柄长为 1m,以网在田间来回摆动一次,称为一网单位。

样地的大小应根据病虫对象而定。植株较大的植物,行长和面积要大些,样地一般为 0.5~1m² 或取 1~2m 长条带作标准地。标准地总面积不少于全部被害面积 0.1% 为原则。果实病害要观察 100~200 个,全株性病害要观察 100~200 百株。叶片病害则由分布情况决定,分布不均匀的病害,每一样点要有 20~30 张叶片,发病比较均匀的如锈病,可观察 7、8 张叶片,介壳虫每点查 10~20 个枝条,霜霉病每点查 100~200 株。

（四）调查记载

对所调查的实际情况认真记载和统计,并及时整理、总结和进行分析。为了便于调查资料的整理和分析,一般常用表格记载,其形式和内容因调查的目的和对象而不同。在调查的过程中,一定要采用统一的记载标准记载,内容根据调查目的而定。一般调查记载项目有:调查地点、日期、调查者姓名,药用植物名称及品种、种子(种苗)来源、药用植物生育期,病虫名称、发生率、危害规律,以及当地群众防治经验和效果等(表5-1、表5-2、表5-3、表5-4、表5-5)。

表5-1　病虫害调查一般记载表

调查地点＿＿＿＿＿＿　　调查日期＿＿＿＿＿＿　　调查人＿＿＿＿＿＿

药用植物名称＿＿＿＿＿＿　　品种＿＿＿＿＿＿　　种子来源＿＿＿＿＿＿　　生育期＿＿＿＿＿＿

病虫名称＿＿＿＿＿＿　　被害率和田间分布情况＿＿＿＿＿＿　　发生期＿＿＿＿＿＿

耕作方法＿＿＿＿＿＿　　播种日期＿＿＿＿＿＿　　密度＿＿＿＿＿＿　　施肥情形＿＿＿＿＿＿

土壤性质和肥沃度＿＿＿＿＿＿　　土壤湿度＿＿＿＿＿＿　　灌溉和排水情况＿＿＿＿＿＿

当地温度和降雨＿＿＿＿＿＿　　有没有其他重要病虫害＿＿＿＿＿＿　　防治方法和效果＿＿＿＿＿＿

群众经验＿＿＿＿＿＿

表5-2　病害调查记载表

病害种类＿＿＿＿＿＿　　调查地点＿＿＿＿＿＿　　调查日期＿＿＿＿＿＿

品种	生育期	施肥水平及生育情况	样本检查总数	样本类别	各级发病样本数						发病率/%	病情指数	备注
					0	1	2	3	4	合计			

表5-3　害虫越冬、越夏基数调查表

调查日期	地点	寄主	取样数	有虫株数	越冬幼虫							残存数量	备注
					总数	活虫		死虫		寄生			
						活虫数/%		死虫数/%		寄生数/%			

表5-4　害虫化蛹、羽化时期调查表

调查日期	检查虫数	活虫数	蛹		新鲜蛹壳数	羽化率/%	气温/℃			相对湿度/%	降雨量/mm
			蛹数	化蛹率/%			平均	最高	最低		

表5-5　卵量调查表

调查日期	药用植物生育阶段	调查株数	卵株		卵块			
			卵株数	卵株率/%	卵块数	寄生卵块	寄生率/%	

（五）田间病情、虫情表示方法

从调查记载中获得的一系列数据，通过整理、计算，得出数据结果，能说明病虫发生数量和危害程度、损失情况及防治后的防治效果等。

1. 田间病情的表示方法

（1）发病率：表示作物的株、叶、果实等受害的普遍程度，这里不考虑单株（叶、果等）的严重程度。

$$发病率（\%）= \frac{发病样本数}{调查样本总数} \times 100$$

（2）严重度：指已发病单元发生病变的程度，通常用发病面积或体积占该单元总面积或总体积的百分比表示。严重度可表示植株、器官的发病程度，严重度有时还用发病等级来表示，尤其是对于一些系统侵染的病害。

（3）病情指数：许多病害对植物的危害只造成植株的部分受害，为了反映群体的受害程度，需要把发病率和严重度结合起来。因此，需要按植物发病程度分成不同等级，然后分级计数，求出病情指数。

$$病情指数 = \frac{\Sigma\left[各病级株（叶、果等）数 \times 各级代表值\right]}{调查总株（叶、果等）数 \times 发病最重一级代表值} \times 100$$

2. 田间虫情的表示方法

（1）虫口密度：虫口密度是指单位面积、单位植株或单位器官上害虫的卵（或卵块）数或虫（幼虫、若虫或成虫）数；调查地下害虫用筛土或淘土的方法统计单位面积一定深度内害虫的头数，必要时可进行分层调查。

计算时一般整理出算术平均数。有些资料各数据所占有比重不同，应采用加权法来计算。

$$虫口密度 = \frac{调查总虫数}{调查总面积}$$

（2）被害率：表示作物的株、叶、果实等受害的普遍程度，这里不考虑每株（叶、果等）的受害轻重，计数时同等对待。

$$被害率（\%）= \frac{被害样本数}{调查样本总数} \times 100$$

（3）被害指数：许多害虫对植物的危害只造成植株产量的部分损失，植物株之间受害轻重程度不等，用被害率表示不能说明实际受害程度。因此，需要按植物受害轻重分成不同等级，然后分级计数，求出被害指数。

$$被害指数 = \frac{\Sigma\left[各级代表值 \times 相应级的株（叶、果等）数\right]}{调查总株（叶、果等）数 \times 最高级代表值} \times 100$$

3. 损失估计　病虫危害所造成的损失，不但取决于病虫的数量，也取决于病虫危害的严重程度。一般产量损失可用损失率来表示，也可用实际损失的数量表示。

$$损失系数 = \frac{未受害株的单株平均产量 - 受害株的单株平均产量}{未受害株的单株平均产量} \times 100$$

$$产量损失率 = \frac{损失系数 \times 受害株百分率}{100}$$

4. 防治效果计算

$$增产率（\%）=\frac{防治区产量-对照区产量}{对照区产量}\times100$$

$$病害防治效果（\%）=\frac{对照区病情指数-防治区病情指数}{对照区病情指数}\times100$$

$$虫害防治效果（\%）=\frac{防治前的虫口数-防治后的虫口数}{防治前的虫口数}\times100$$

三、经济允许水平和经济阈值

害虫种群密度随着外界环境的变化而变化。当害虫种群数量扩大或病情发展到一定程度时，对植物产品可造成减产，出现经济损害。当虫害或病害所造的损失等于有效防治所花的费用价值，把这种条件下的害虫种群密度或病情指数称为经济允许水平（ELT）或称为经济损害水平，这时病虫害所造成的损失很小，是我们能接受的。

经济阈值（ET）（又称防治指标）是采取防治措施阻止害虫种群密度扩大或病情发展，以免达到经济损害水平的虫口密度或病情指数。经济阈值是比经济允许水平低的种群密度或病情指数，在此状态下不造成经济损害。因此，种群密度或病情指数尚未达到经济损害水平而处于经济阈值时，就应该采取防治行动，因为采取防治行动不能立即阻止病情发展或害虫种群扩大。

害虫经济阈值的测定：

Chiang（1979）提出经济阈值通常包括害虫生活早期达到经济阈值的种群密度，随后发展到能引起经济损害的生活后期种群密度过程中所涉及的若干有关因素，从而提出以下经济阈值的一般模式：

$$ET=\frac{CC}{EC \cdot Y \cdot P \cdot YR \cdot SC} \cdot CF \qquad 式（5-1）$$

式中，CC 为防治费用，包括人工和机器磨损等费用。EC 为防治效果，例如玉米螟，以一般的防治技术可达 70% 的效果。Y 为产量，因作物品种、密度、栽培技术等而不同。P 为产品价值，指产品单价。YR 为产量降低百分率，即因害虫种群的一定密度而引起的产量损失百分率。由于害虫生殖和外界生态条件等变化，故导致作物产量降低百分率亦随之而变化，并有一定的变幅。SC 为生存率，害虫种群密度通常要随其所处的生态条件的好坏而表现不同的生存率。从早期虫口密度扩大到经济阈值 A 时起，到后期虫口数达到经济损害水平 A' 时的过程中，不是在环境条件较好的情况下生存率高，使后期引起经济损害的种群密度达到 C'，就是在环境条件不好的情况下生存率低，使后期达到经济损害的种群密度降到 B'，因此，根据历年研究引起害虫死亡率的主导因素的历史资料，和当年有关的气象等资料，可以调节采用的经济阈值水平。如果生存率高，可使经济阈值降到 C，否则可提高到 B，均能使后期种群数量达到经济损害水平 A'。CF 为临界因子，即矫正调整防治费用、进一步确定经济阈值范围界限的因子。已如前述：害虫在有利或不利的生态条件下使后期的种群密度在经济损害水平 A' 的上下波动，如果达到 $A'F$，则临界因子为2；如果下降到 $A'u$，则临界因子为1，就这样来确定防治费用需要多少。所以经济阈值在临界因子1和2的变化范围

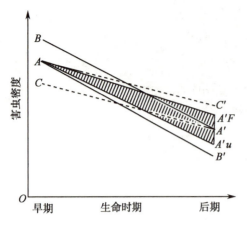

● 图 5-2　害虫种群密度变化与
经济允许水平、经济阈值
A. 经济阈值；A′. 经济允许水平

内,应从经济角度加以调整（图 5-2 ）。

在这个模式中,涉及的因素较多,其中防治费用（CC）与产品价值（P）常为一对测定经济阈值的主要因素,应首先加以仔细的研究,但它们也同时受其他诸因素的影响。

例如: 曹赤阳（1981）利用吴维钧（1965）对玉米螟危害损失率测定的资料,应用 Chiang 的公式计算了防治玉米螟的经济阈值。吴维钧测得当时的玉米产量 Y=500 斤 / 亩（1 斤 =0.5kg, 1 亩 ≈ 666.7m^2 ）,玉米价格 P=0.08 元 / 斤,每条虫可以引起的产量损失率 YR=0.05,每个卵块平均有卵粒 31.7 粒,幼虫期存活率 3.4%,所以 SC=0.034 × 31.7=1.078,现用农药灌心叶防治玉米螟,药价 CC=0.6 元 / 亩,防治效果 EC=100%,设临界因子 CF=1,则

$$ET = \frac{CC}{EC \cdot Y \cdot P \cdot YR \cdot SC} \cdot CF$$

$$= \frac{0.60}{100\% \times 500 \times 0.08 \times 0.05 \times 1.078} \times 1 \times 100 = 27.8 （卵块/百株）$$

而百株累计卵块数（X）与高峰期百株卵数（z）之间的关系为

$$Z=0.352X-2.721$$

$X=ET$=27.8,代入上式,则

$$Z=（0.352 \times 27.8）-2.721=7.06（块 / 百株）$$

也就是说,当卵高峰期百株卵量达 7.1 块时,便是达到了防治此虫的经济阈值,因而必须进行药剂防治。

第二节　药用植物病虫害预测

病虫害的预测工作,是以病虫发生规律为基础,根据当前病虫的发生情况,结合气候条件和作物发育等情况进行综合分析,判断病虫未来的动态趋势,保证及时、经济有效地防治病虫害。它的主要任务是:预报病虫发生危害的时期,以便确定防治的有利时机;预报病虫发生数量（发生程度）的大小和危害性的大小,以便确定是否进行防治;如果进行防治,确定其防治规模、措施等;预测病虫发生的地点和轻重范围,以便按不同地区采取不同的对策。

一、病虫害发生期预测

发生期预测是预测某种病虫害的某虫态或虫龄出现的时期,或病害的侵染临界期（病原菌集中侵染时期 ）。害虫的发生时期按各虫态可划分为始见期、始盛期、高峰期、盛末期、终见期,预报

时着重始盛期、高峰期和盛末期三个时期。病害的发生过程分为三个时期,包括接触和侵入期、潜育期、发病期,一般来说预报病害的接触和侵入期更重要。预报按时期的长短可分为短期预报(一般为一至几个星期)、中期预报(一般为下一代)、长期预报(预报下一年或年初预报全年)。

(一)期距预测法

期距是指时间的距离。一般前一个虫期发展到后一个虫期,要经历一定的时间。前个世代发育到后一世代虫期也有一定的时间,因此,不同地区、季节、世代的期距差别很大,需要在当地选有代表性的地点或田块进行系统调查,从当地多年的历史资料总结出来。有了这些期距的经验和历年的平均值,就可依此来预测发生期。

1. 诱集法　此法适用于飞翔活动范围较大的成虫。主要是利用害虫的趋性,如趋光性、趋化性,以及取食、潜藏、产卵等习性进行诱集。了解某种害虫在一年出现的代数、时间。通过多年积累资料,结合分析当时、当地的气候条件、历史资料进行对比,就可以按期距大致的情况进行预报。如黄板(盆)诱蚜,黑光灯、荧光灯诱金龟子,糖醋酒液诱地老虎等。

2. 饲养法　从田间采回一定数量的虫卵、幼虫或蛹在人工饲养条件,观察统计发育历期,根据一定数量的个体求出平均发育期。以平均"历期"作为期距,进行短期预测。

3. 田间调查法　在害虫发生阶段,定期、定田、定点(甚至定株)调查它的发生数量,统计各虫态百分比,将逐渐统计的百分比顺序排列,便可看出害虫发育进度的变化规律,发生的始、盛、末期和各个期距,结合历年情况进行比较来预测。

对于病害,选择有代表性的地块,定点、定期进行调查,了解病菌孢子释放、侵入、潜育期及田间病害发展情况等,再配合当时当地气候条件因子是否适合,来预测病害发展趋势。

(二)有效积温预测法

在适宜病害发生和害虫生长发育的季节里,温度的高低是决定病害潜育期长短、害虫生长发育快慢的主导因素。只要我们了解病害潜育期的长短、某一害虫、某一虫态或世代的发育起点温度和有效积温,就可以根据当地近期气象预报的平均温度条件,来对某一虫态或下代的出现期进行预测。对害虫可按式(5-2)推算:

$$N=\frac{K}{T-C} \qquad\qquad 式(5-2)$$

只要知道了昆虫某一虫期的有效积温(K)和该虫期的发育起点温度(C),就可以根据近期气温的实测值或预测值(T),计算完成该虫期所需要的时间(N)。

例如,已知黏虫卵的发育起点温度是 12.1℃,有效积温是 50.4 日度(d·℃),卵产下当时的平均气温是 20℃,代入公式就可测出 6 天多孵出幼虫。

$$N=\frac{50.4}{20-12.1}=6.38 \ 天$$

利用有效积温可预测某地某种昆虫可能发生的代数。

$$世代数(N)=\frac{某地全年有效积温和(K)}{某虫完成一个世代的积温}$$

病害病情发展的预测是根据田间系统观察的结果,将历年观察得到病害潜育期和当时温度条件比较,得出该病菌侵害所需的潜育期来确定防治日期。

例如:人参黑斑病的潜育期在18℃时为5~7天,在20℃时为2~3天。可根据当时的温度推算出病害症状的出现期,再根据孢子出现期的湿度来预测传播所需时间,确定防治日期。

(三)利用物候预测

物候是指自然界各种生物现象出现的季节性规律。如桃、李花开等,都表现一定的季节性。这些物候都代表大自然进入一定的节令。病害或某一种害虫的某一虫期,也是在一定节令出现的。可以根据多年田间观察的结果,根据某种植物或动物的出现时间和某一病虫出现在时间顺序上的相关性来预测某一病虫害的出现期。如河南方城县对小地老虎就有“榆钱落,幼虫多”的简易而准确的测报方法。但是,病虫测报仅停留在同一时间出现的物候现象上是不够的,必须把观察的着重点放在病虫出现以前的物候上,并找出它们之间的期距,才能比较准确地进行预测。

(四)数学模型预测法

当前主要运用回归分析、判别分析等方法,对植物病虫害发生期预测时,首先要选择与发生期相关的因子,通过多年的资料进行统计分析,建立以发生期为因变量、各相关因子为自变量的数学模型,然后通过模型预测病虫害发生期。

通常在建模时需以某时间为起点,把某月某日记为0,将发生期转换为数值。如北京地区菜青虫1年发生5代,以第1代危害最重。对第1代产卵高峰期(y)与4月上中旬日平均气温(x)间建模得:$y = 62.02-2.41x$,式中y为第1代产卵高峰期,以4月1日为0,x为当年4月1日至20日平均气温,代入预测式,可得第1代产卵高峰日预测值。

人参黑斑病当年初发病时间的预测,可根据5月下旬至6月上旬平均气温x_1及5月下旬至6月上旬连续降雨天数x_2建立预测当年初发病时间Y的模型:$Y=-26.28+2.27x_1+0.25x_2$。

二、病虫害发生量或流行程度预测

病虫害发生量或流行程度预测,即预测害虫的发生数量、田间虫口密度或病害流行程度(如病情指数)。

(一)有效基数预测法

这是目前应用比较普遍的一种方法。它是根据上一世代的有效虫口基数、生殖力、存活率来预测下一代的发生量。此法对一代性害虫或一年发生世代数少的害虫的预测效果较好,特别是在耕作制、气候、天敌寄生等较稳定的情况下应用效果较好。预测的依据是害虫发生数量通常与前一代的虫口基数有密切关系,基数愈大,下一代的发生量往往也愈大,相反则较小。在预测和研究害虫数量变动规律时,对许多害虫可在越冬后、早春时进行有效虫口基数调查,作为预测第一代发生量的依据之一。例如玉米螟越冬后幼虫基数的大小、死亡率高低,可作为预测第1代发生量的依据。

根据害虫前一代的有效虫口基数推算后一代的发生量,常用式(5-3)计算其繁殖数量。

$$P = P_o \left(e \cdot \frac{f}{m+f} \cdot (1-m) \right) \qquad\qquad 式（5-3）$$

式中，P 为繁殖数量，即下一代的发生量；P_o 为上一代虫口基数；e 为平均每雌虫产卵量；m 为死亡率（包括卵、幼虫、蛹、成虫未生殖前）；$1-m$ 为生存率，可为 $(1-a)(1-b)(1-c)(1-d)$，a、b、c、d 分别代表卵、幼虫、蛹和成虫生殖前的死亡率；$\frac{f}{m+f}$ 为雌虫百分率，f 为雌虫，m 为雄虫。

对于病害也可根据越冬病菌数量，预测次年病害流行程度。不同的病害要选择有利于调查的对象，如对于黑穗病可以调查种子中黑粉菌数量，以预测第二年病情；以分生孢子侵染的病害可以用孢子捕捉器捕捉空中孢子，统计孢子数量，预测病情；对于积年流行病害可以用上一年的病情指数预测下一年的病情；对于单年流行性病害可以用当月（旬）的病情指数预测下一月（旬）的病情。如以两年生龙胆斑枯病季节流行规律建立的短期预测公式为

$$y_i = 95.05 / \left[1 + \left(\frac{95.05}{y_0} - 1 \right) \cdot e^{-1.748} \right],$$（y_0 为当前病情指数，y_i 为过半月后预测病情指数），在一个生长季节里，若把当前田间调查的两年生龙胆斑枯病病情指数代入这个公式就能预测半月后的病情。

对于多年生药用植物，前一年发病重，如不进行清园等处理，第二年病情会更重。三年生龙胆田龙胆斑枯病明显重于两年生龙胆田，说明病情和田间病原菌越冬基数密切相关。但利用有效基数预测同时要考虑气象因子。

（二）气候图预测法

为说明某一地区气候情况，用一年各月的温湿度组合所绘制的图叫气候图。许多害虫在食物得到满足的情况下其种群数量变动主要是以气候中的温湿度为主导因素，把气候图与害虫适宜的温度和湿度范围图进行叠加所绘制的图叫作生物气候图，通过绘制生物气候图来探讨害虫的发生量与温、湿度的关系，从而进行发生量预测。利用气候图预测害虫的发生数量，必须有相当长的历史资料积累。通过反复验证，使其完善。

通常绘制气候图是以月（旬）总降雨量或相对湿度为坐标的一方，月（旬）平均温度为坐标的另一方。将各月（旬）的温度雨量或温度与相对湿度组合绘为坐标点，然后用直线按月（旬）先后顺序将各坐标点连接成多边形不规则的封闭曲线，这种图叫作气候图。把各年各代的气候图绘出后，再把某种害虫各代发生的适宜温湿度范围方框在图上绘出，就可比较研究温湿度组合与害虫发生量的关系。通过对历年资料分析比较，如果证明害虫发生量与温湿度组合高度相关，就可以用生物气候图进行发生量预测。

如害虫发生期中各月（旬）的温湿度组合均落在当代适宜温湿度范围的方框内，害虫将大发生（图 5-3A）；发生期中各月（旬）温湿度组合大部分落在方框以外，害虫发生将偏轻（图 5-3B）。生物气候图在制作时同绘气候图一样，先按月在图上标出点来，而在连线时则可用不同的线段符号代表害虫不同的虫态。

同样，温湿系数的月或旬变化，与害虫种群数量变化的相关分析，也可作为预测的根据。应该指出，温、湿度不是害虫发生关键因子时，不能用气候图法。

如果温、湿度是某种病害发生的关键因子时，也可用气候图法预测病害的流行程度。

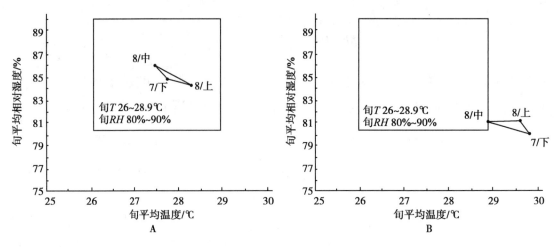

● 图 5-3　褐飞虱（第 2 代）生物气候图
A. 1975 年第 2 代褐飞虱（7/下—8/中）；B. 1976 年第 2 代褐飞虱（7/下—8/中）

（三）形态指数预测法

作用于昆虫数量变动的环境因子的变化,必然引起害虫某些相应的适应性变化,这种变化从内外部形态特征上表现出来。例如蚜虫处于不利条件下,常表现为生殖力下降。此时蚜群中若蚜和无翅蚜的比率随之下降。因此可根据有翅若蚜比率的增减或若蚜与成蚜的数量比值来估测有翅成蚜的迁飞扩散和数量消长。例如:华北地区棉蚜群体中当有翅成、若蚜占总蚜口的比例,肉眼观察达到 30% 左右时,常在 7~10 天后将大量迁飞扩散。病害中产生子囊果、菌核等形态,发病就逐渐趋向停止,不会再扩大蔓延;当出现大量分生孢子,而环境条件又适宜时病害将会发生严重。

（四）经验指数预测法

常用经验指数法来预测某种害虫发生的数量趋势。这些经验指数是在研究分析影响害虫猖獗发生的主导因素时得出来的,反过来应用于害虫预测上。目前,常用的经验性预测指数有温雨系数、温湿系数、气候积分指数、综合猖獗指数、天敌指数。

1. 温雨系数或温湿系数法

$$温雨系数 = \frac{P}{T} 或 \frac{P}{(T-C)} \qquad\qquad 式（5-4）$$

$$温湿系数 = \frac{RH}{T} 或 \frac{RH}{(T-C)} \qquad\qquad 式（5-5）$$

式中, P 为月或旬总降雨量（mm）; T 为月或旬平均温度（℃）; C 为该虫生育起点温度; RH 为月或旬平均相对湿度。

某些害虫在其适生范围内要求一定的温湿度（或温雨量）比例,这段时间内的平均相对湿度（或降雨量）与平均温度的比值,称为这段时间内的温湿系数（或温雨系数）。

例如:据北京地区 7 年资料得出月平均气温与相对湿度的比值是影响华北地区棉蚜季节性消长的主导因素的结论。当温湿系数 =2.5~3.0（$E=RH/T$）[RH=5 日平均相对湿度, T=5 日平均温度

（℃）]时,有利于棉蚜发生,可造成猖獗为害。

2. 天敌指数 在分析了当地多年的天敌种类、数量、寄生率及害虫数量变动资料得出结论并在实验中试测后,也可概括得到某些天敌指数。例如华北地区棉蚜消长与天敌指数的关系为:

$$P = \frac{x}{\sum (y_i \cdot e_i)}$$ 式（5-6）

式中,P 为天敌指数;x 为当时每株蚜口数;y_i 为当时平均每株某种天敌数量;e_i 为某种天敌每日食蚜量,可根据实验室测定值。

在华北地区当 $P \leqslant 1.64$ 时,预示 4~5 天后棉蚜虫口受天敌抑制,不需防治。

3. 综合猖獗指数 将气候因素和虫口密度等综合统计计算而成。如棉小绿盲蝽在关中地区蕾期猖獗的预测指数为:

$$\frac{P4}{10\,000} + \frac{R6}{S6} > 3,发生严重年$$

$$1 < \frac{P4}{10\,000} + \frac{R6}{S6} < 2,发生中等年$$

$$\frac{P4}{10\,000} + \frac{R6}{S6} < 1,发生严重年$$

其中,$P4$ 为 4 月中旬苜蓿田中每亩的虫口数;$R6$ 为 6 月份总降雨量（mm）;10 000 为常年调查苜蓿田虫口理论数。

经验指标法也用来预测病害流行程度,吉林省农业科学院通过资料分析得出:决定玉米大斑病重、中、轻病年的关键因素,与当年 6—8 月的降雨量多少密切相关,尤其与 6—7 月降雨量关系更为密切。如 6—7 月降雨量均超过 80mm,降雨日较多,8 月降雨量适中,可能属重病年。如 6、7 月降雨量和降雨日均少,尤其 7 月降雨量在 40mm 以下,即便 8 月降雨量适中,仍可能属轻病年。

（五）数学模型预测方法

植物病虫害发生量预测与发生期预测的数理统计方法相似,也要选择与发生量相关的因子,建立以发生量为因变量、各相关因子为自变量的数学模型,然后以预测年份的因变量数据代入模型,预测病虫害发生量或流行程度。

以银川市 2006—2008 年枸杞田间调查的枸杞蚜虫虫口密度数据与同期气象因子间建立相关关系,得到虫口密度预测模型:$N = -3\,652.548 + 389.659T - 9.548T^2$。其中,$N$ 为虫口密度（头 /m²）,T 为旬平均气温（℃）,代入式中即得枸杞蚜虫虫口密度预测值。

枸杞炭疽病的病情与温度、湿度关系密切,通过对呼和浩特市 1997—2003 年 7 年的数据测定,得出炭疽病 7 月份的病情指数（y）与 6 月份平均湿度（x_1）、平均温度（x_2）相关,建立模型为:$y = -34.56 + 102.1x_1 + 1.22x_2$。通过 6 月份的平均湿度与平均温度可测定 7 月份枸杞炭疽病的病情指数。

随着科学技术的发展以及计算机和网络应用的普及,对于数据处理能力的增强,不仅能建立多元线性回归模型,还能建立多元二次回归模型,以及其他统计学方法的应用,使建立的预测模型更可靠,结合田间调查数据自动采集技术、物联网技术的应用使病虫害预测预报更及时、便捷和准确。

三、病虫害危害程度预测

病虫害危害程度预测也称损失估计,主要根据病虫害发生期、发生量或流行程度,并结合药用植物生物学特性、栽培条件、气象条件等因素预测病虫害造成的损失大小。尽可能以损失主要影响因素建立损失模型进行预测,这需要多年的数据积累,才能建立更可靠的预测模型。对于病害,发病程度是影响药材产量损失的关键因素,可以以病情指数为因变量建立数学模型。如以龙胆斑枯病病情指数建立的药材损失模型为:$L=123.24/(1+82.74e^{-0.041\,71d})$。其中,$L$ 为产量损失率,d 为病情指数,损失率的极限值 $K=54.11\%$。只要把当前龙胆田间的病情指数代入公式就可以计算出产量损失率的预测值。根据损失预测值是否超过经济允许水平,以确定是否需要进行防治,使药用植物病虫害防治具有经济性和科学性。

第三节 杂草群落演替与种群动态预测

一、杂草群落演替

随着时间的推移,杂草群落内的一些物种消失,另一些物种进入,杂草群落的组成及其环境向一定方向产生有序的发展变化,称为杂草群落演替。在农田中为害的杂草通常不是一个种群而是经常与其他杂草伴生形成多元种群。多元种群不遵循"均匀平衡、机会均等"的规律而是有主有次,但都对经济作物构成不同程度的危害。

(一)影响杂草群落演替的因素

杂草群落的演替是群落内部关系与外部环境中各种生态因子综合作用的结果。影响杂草群落演替的因素主要包括以下几个方面。

1. 杂草繁殖体的迁移、散布 杂草繁殖体的迁移和散布普遍而经常地发生着。因此,任何一块地段,都有可能接受这些扩散来的繁殖体。当杂草繁殖体到达一个新环境时,杂草的定居过程便开始了。杂草的定居包括杂草的发芽、生长和繁殖三个方面。我们经常可以观察到这样的情况:种子虽然到达了新的地点,但不能发芽或存活;或是发芽了,但不能生长;或是生长成熟,但不能繁殖后代。只有当一个种在新的地点能繁殖时,定居才算成功。任何一片裸地上生物群落的形成和发展,或是任何一个旧的群落为新的群落所取代都必然包含有植物的定居过程。因此,杂草繁殖体的迁移和散布是杂草群落演替的先决条件。

2. 杂草群落内部环境的变化 由杂草群落本身的生命活动造成,与外界环境条件的改变没有直接的关系,有些情况下,是杂草群落内物种生命活动的结果,为自己创造了不良的居住环境,使原来的杂草群落解体,为其他杂草的生存提供了有利条件,从而引起演替。

3. 种内和种间关系的改变 组成一个杂草群落的物种在其内部以及物种之间都存在特定的相互关系。这种关系随着外部环境条件和群落内环境的改变而不断地进行调整。当密度增加时,种群内部的关系紧张化,竞争能力强的物种得以充分发展,而竞争能力弱的物种则逐步缩小自己的地盘,甚至被排挤到群落之外。这种情形常见于尚未发育成熟的杂草群落。处于成熟、稳定状态的群落在接受外界条件刺激的情况下也可能发生种间数量关系重新调整的现象,进而使杂草群落特性或多或少地改变。

4. 外界环境条件的影响　虽然决定杂草群落演替的根本原因存在于群落内部,但群落之外的环境条件诸如气候、地貌、土壤和火等也可成为引起演替的重要条件。当然,凡是与群落发育有关的直接或间接的生态因子都可成为演替的外部因素。

5. 人类的干扰活动

（1）垦荒:垦荒破坏了自然的杂草群落,随着垦荒后土壤的熟化,农田杂草迅速代替了荒地杂草促进杂草群落的演替。种植农作物后,一年生禾本科杂草稗子、狗尾草、马唐、牛筋草等,以及藜、刺苋、苍耳、鸭跖草 *Commelina communis* 等成为主要杂草。

（2）土壤耕作:土壤耕作影响群落演替,首先表现在对土壤中杂草种子库的输入和输出的影响。受不同的耕作方法的影响,如翻耕（深翻、浅翻）、少耕和免耕等,改变了杂草种子在土壤中的垂直分布状况,影响杂草种子在下茬或来年的发生种类与数量。因此,周期性的土壤耕作足以引起杂草群落的演替。

（3）化学除草剂的使用:目前,使用的除草剂大部分为选择性除草剂,只能防除某一种或某几种主要杂草。例如燕麦畏用于防除麦田野燕麦,而对其他杂草无效。但有些除草剂杀草谱较广,如草甘膦。田间杂草种类繁多,在一定的生态条件下,具有一定的种群组成和结构,这种群落组成会因除草剂的使用而发生变化。

（二）杂草群落的演替

南方玉竹田间杂草群落的演替:玉竹一般种植在旱地上,前茬种植农作物的旱地一般杂草较少,但撂荒的旱地杂草群落较复杂。一般以鬼针草、藿香蓟、小飞蓬为优势种群,牛筋草、马唐、空心莲子草、稗子、香附子、铁苋菜 *Acalypha australis*、马齿苋、一年蓬 *Erigeron annuus*、蔊菜 *Rorippa indica* 等构成的杂草群落。第一年 10 月份,玉竹开始种植前,一般先打除草剂,杀死大部分有生命的杂草。杂草枯死后用火烧,再深翻地,破坏大部分杂草种子和繁殖体,使原来杂草的群落结构被破坏。第二年春季,土壤和堆肥中残留的杂草种子和繁殖体以及周边飘过来的杂草种子又大量萌发,形成以藿香蓟、小飞蓬、鬼针草为优势种群,香附子、空心莲子草、牛筋草、马唐等为非优势种群。一般玉竹出苗前先打一次除草剂,出苗后再人工除草 3~4 次,使得杂草群落结构基本破坏。第三年由于玉竹已经成为优势种群,群落变得比较郁闭,群落环境发生变化。长期的人工干扰,土壤中杂草的种子及繁殖体已经较少,一般以零星的小飞蓬、鬼针草、藿香蓟等构成简单的杂草群落。第三年 10 月玉竹采收后,杂草群落被破坏,又形成次生裸地。

玉竹田间杂草群落演替

二、杂草种群动态预测

杂草种群动态是指田间杂草种群数量随着时间推移而变化的过程。杂草种群的数量在种群内在或外在因素的影响下,总是随着时间变动而保持动态平衡或者改变。内在因素指种群固有的出生率和死亡率,外在因素主要包括竞争、人为干扰等。它对我们制定防治措施,特别是在防治中应用"阈值"起到十分重要的作用。杂草种群动态决定于杂草种群输入与输出两方面的因素,其中包括出生数量、死亡数量、迁入数量与迁出数量。一个种群经一定时期(t)及下一时期($t+1$)后数量的变化可按式(5-7)计算:

$$N_{t+1}=N_t+B-D+I-E$$

式(5-7)

式中,N 为种群数量;B 为出生数量;D 为死亡数量;I 为迁入数量;E 为迁出数量。

1. 输入

(1)种子产生的数量:一株杂草能结实数十至数十万粒,结实数的多少决定于土壤中杂草种子发芽数和成活数。发芽数则因种子休眠期、寿命及其在土壤中所处位置而异,接近土表的种子往往易于发芽。杂草出苗后,在生长过程中既发生种间竞争,也发生种内竞争。种间竞争会导致单株结实率及单位面积结实量下降,种内竞争的结果产生自疏现象,可以使单株结实率减少,而单位面积结实量显著增多。

种子数量主要来源于杂草结实量,但通过不同传播途径如风、水、动物、人以及混杂于播种材料中传播而来的种子也增加土壤中种群的数量。

(2)种子的贮存数量:土壤中的种群即为种子库,它是指土壤中已含有的杂草种子,这是种子休眠与寿命的一种功能表现。一般种子库本身的损失总量不足以减少土壤中种子的积累。当将天然放牧场耕作 5 年或 10 年而成为耕地后,如果田间保持无草状态,那么土壤中种群总量便明显下降。但在生产中,由于许多杂草的多实性,所以一年中仅仅很少量的杂草便能造成次年的再发生,从而增加种子库中杂草种子数量。

(3)营养繁殖器官的数量:多年生杂草的营养繁殖器官是造成田间再侵染的重要原因之一,与种子比较,它易于萌芽成新株,而且在一年内能不断繁殖,其个体的竞争性很强,是土壤中种子库的输入来源之一。

(4)迁入数量:单位时间内杂草种群迁入的个体数。如许多杂草的种子靠风或动物传播到特定区域的数量。

2. 输出 输出分为死亡数量与迁出数量。损失的途径很多,如通过防治措施消灭幼苗与植株、昆虫及病原菌感染造成的伤害、异常的气候环境条件等都能引起土壤中种子库种子量的显著减少;种内与种间竞争、异株克生也会导致田间杂草的损失及种子库中种子的腐烂等。单位时间杂草种群迁出的个体数量为迁出数量。

在进行大量且系统的调查基础上,可以编制适宜的模型,应用计算机来预测不同防治措施与种群的变化规律之间的联系。但当前存在的问题是,我们对中间相当大的损失尚缺乏深入的调查研究,不足以提出准确的模型。

农田杂草群落及其分布与种群密度的变化是人类通过农业生产措施使环境因素发生改变的结果。耕作、轮作、栽培制度的改变,翻耕机械和收获机械的使用,使多年生杂草再生器官被切成有生命的小段,杂草种子随着收割作业被分散到各处。混杂有草籽的作物种子频繁调运使杂草远地传播。由于劳力安排或自然条件影响,不能按期收获或应用联合收获机延迟收获时间,都有利于杂草种子的成熟和落入土壤。应用除草剂的地方,被防除的杂草种类和数量减少,但抗药性种类增加,同时也从中产生一些抗性杂草新的类型,一些种群被压下去,另一些种群则出现,农田杂草的结构组成形成了新的组合。

第四节 药用植物田间鼠害调查与预测

一、药用植物田间鼠害调查

(一)鼠类数量调查

1. 调查时间 根据害鼠的活动习性,在春季和秋季分别调查。

(1)地下害鼠:每年春季土壤解冻后(3—5月)和秋季鼢鼠储粮期(9—10月)各调查1次。

(2)地面害鼠:鼧类每年4月和9月各调查1次;田鼠(鼠兔)4月下旬至5月下旬和8月下旬至9月下旬各调查1次;绒鼠2—3月和7—8月各调查1次;沙鼠在4月和10月各调查1次。

2. 设立标准地 选择鼠害常灾区和偶灾区,在踏查的基础上,按不同的立地条件选设面积为0.2~1hm² 的标准地 20~30 块。

3. 害鼠数量调查方法

(1)地下害鼠:一般采取土丘系数法和切洞堵洞法。

1)土丘系数法:每种立地类型选择一块面积 1hm² 的标准地,统计标准地内的新土丘数。根据土丘挖开洞穴,间隔 1 昼夜进行检查,凡封洞者即为有效洞。在有效洞布十字形弓箭,弓箭与洞口的距离为切开洞口直径的 2 倍。一昼夜检查 1 次,及时重设弓箭,连续捕杀 2 昼夜。然后统计捕获的鼢鼠数量和鼠种,计算出土丘系数和捕获率。根据下式计算土丘系数:

$$土丘系数 = 实捕鼢鼠数 / 土丘数$$

然后在各种立地类型标准地内分别统计土丘数,乘以土丘系数,则为鼢鼠的相对数量。

$$鼢鼠密度(只 /hm²)= 标准地内鼢鼠数 / 标准地面积$$

捕获率计算公式如下:

$$p=[n/(N \times H)] \times 100\% \qquad 式(5-8)$$

式中,p 为捕获率;n 为捕获的鼢鼠数;N 为设置弓箭数;H 为捕鼠昼夜数。

捕获率可作为鼢鼠密度的相对指标。

2)切洞堵洞法:在土丘不明显的情况下,利用鼢鼠的堵洞习性采取切洞堵洞法进行调查。具体方法:在样地内,沿洞穴每隔 10~15m(视鼢鼠在地面上拱起的土丘分布而定)探查洞穴,并切开洞口,要求每公顷切开洞口 100 个,不足 100 个均按实际切洞数计。切洞 1 昼夜后调查堵洞数,堵洞者即为有效洞口。以鼢鼠堵洞与切开洞口数之比值,求出一定面积内鼢鼠数量。在统计上,堵洞率低于 30%,说明鼢鼠在前一个时期处于大量死亡或迁移;堵洞率高于 60%,说明鼢鼠个体发育良好,没有受到抑制。

采用切洞堵洞法调查鼢鼠,方法简便迅速,适用于广大地区,但其缺点是不能较精确地反映数量。因为在实际调查中常发现一只鼢鼠的洞穴时或长而曲折,时或聚集一处;被切开的多个洞口,往往属于一个洞系,为一只鼠所堵;也可能属于多个洞系,为多只鼠所堵;至于繁殖季节,还有两只鼠同居一洞的现象。为了克服上述问题,可在有效洞口采取弓箭(地箭),将其鼢鼠全面捕尽,求出样地鼢鼠数与有效洞口系数。以样地内有效洞口数乘系数即可得出鼠口密度。

(2)地面害鼠:采用铗日法调查。铗日法适用于小型啮齿动物的数量调查,特别是夜行性的鼠类密度的调查。铗日法使用得当,可以调查当地的鼠种、相对数量、鼠类种群结构、繁殖状况等宝贵资料,是目前广泛采用的方法之一。其缺点是诱饵对各种鼠种诱惑力不同,在较短时间内不能完全反映该地的鼠种组成;鼠铗易丢失、损坏,须及时补充;所须样本量大,特别是进行种群动态调查时,铗次数不能过少。

1个鼠铗支起放置1次称为1个铗次,1个鼠铗捕鼠1昼夜所捕获的鼠数为1铗日。通常以100铗日作为统计单位,即100铗次1昼夜所捕获的鼠数作为鼠类种群密度的相对指标——铗日捕获率。例如,100铗日捕鼠10只,则铗日捕获率为10%。其计算公式为:

$$P = \frac{n}{C_l \times T} \times 100\% \qquad \qquad 式(5\text{-}9)$$

式中,P为铗日捕获率(%),n为捕获鼠数(只),C_l为布设铗次,T为捕鼠昼夜时间(d)。

铗日法通常使用中型板铗,具托食踏板或诱饵钩的均可。诱饵以方便易得并为鼠类喜食为准,各地可以因地制宜。同一系列的研究,为了保证调查结果的可比性,鼠铗和诱饵必须统一,不得中途更换。鼠密度调查时,每一栖息地类型布放鼠铗的总数不少于300铗次。鼠铗布放后检查间隔不能超过12小时,检查时将捕到的鼠取下,并将所有的鼠铗重新支起。捕打夜间活动的鼠可以在上午收铗,傍晚重新布铗。

在野外放铗时,最好两个人合作。前一人背上鼠铗并按铗距逐个把鼠铗放在地上,后一人手持空铗,在行进中固定诱饵(也可预先把难以脱落的诱饵固定在鼠铗上)并支铗,将支好的铗放在适宜地点,顺手拾起地上的空铗,继续支铗、放铗。放铗处勿离应放铗点太远,以免收铗时难以寻找。放完一行鼠铗,应在行的首尾处安置醒目的标记。

由于风雨天鼠类活动会发生变化,故风雨天统计的铗日捕获率没有代表性。若鼠铗击发而铗上无鼠,只要有确实证据说明该铗为鼠类碰翻,应记作捕到1鼠。

1)铗线法:又叫铗日法、铗夜法。在栖息地内,将鼠铗按5m的间隔距离放置成鼠铗线,每条线布放100或50个鼠铗,行距不小于50m,连捕2~3天,再换样地重复操作。如果鼠铗是连续昼夜放置称为铗日法,如果只在夜间布放就称为铗夜法。

2)定面积铗日法:在每块标准地内,将100个鼠铗按铗距5m、行距20m的平行线,或按Z字形、棋盘式等形式顺势布放。鼠铗布放后,间隔24小时进行检查,用空铗将已捕获鼠的鼠铗替换,48小时后将捕鼠铗全部收回(有条件的地方,为了获得更准确的捕获率,可将收铗时间延长至72小时,并间隔12小时检查1次)。逐日统计捕获害鼠的数量并分雌雄记载。在备注中注明是48小时还是72小时的捕获数。并计算捕获率。

沙鼠类调查时,在1hm²标准地内,将所有沙鼠洞口堵塞。24小时后,以新鲜胡萝卜为食饵,在鼠刨开的有效洞口布铗,共100铗次。统计堵洞数、有效洞数、百铗捕获数,计算百铗捕获率和鼠口密度,连续调查5天。

$$有效洞口系数 = 有效洞数 / 堵洞数$$

$$校正百铗捕获率 = 百铗捕获鼠数 \times 有效洞口系数 (\%)$$

$$标准地鼠数量 = 堵洞数 \times 校正百铗捕获率$$

$$害鼠密度 (只/hm^2) = \sum 逐日标准地害鼠数量 / 标准地面积$$

（二）药用植物被害情况调查

结合春季鼠口密度调查进行。采取样株调查法。将标准地大致划分为10~15块样方,从中随机确定3块,要求样方内作物株数不少于100株。然后,在样方内逐株调查。计算出作物被害株率和死亡株率。

$$被害株率 = (受害株数 / 调查株数) \times 100\% (注:被害株数包括死亡株数)$$

$$死亡株率 = (死亡株数 / 调查株数) \times 100\%$$

地下鼠:以样地有鼠洞,且植株叶发灰、发黄色,顶芽生长缓慢判定为受害。

地面鼠:以茎叶1/4以上被啃食被害作为统计起点。

（三）鼠害治理效果分析

治理效果是反映治理技术对害鼠种群数量的作用程度的指标。主要用鼠口密度、杀灭率和害鼠种群密度恢复周期等指标衡量。

1. 鼠口密度　是单位面积上的害鼠数量,分为绝对密度和相对密度。数量监测常采用相对密度,单位:%。

（1）捕获率:也叫捕鼠率。用100铗日捕获的害鼠数量表示,单位:%。

（2）盗洞率:也叫开洞率。是害鼠盗开单位面积上人为用土堵住的鼠洞洞口数量比率,单位:%。

（3）堵洞率:也叫封洞率。是反映地下害鼠,尤其是鼢鼠密度的指标。用单位面积鼢鼠用土封住的人为挖开的洞口数量表示,单位:%。

2. 治理效果指标　是衡量害鼠治理效果高低的指标。一般用杀灭率和害鼠种群数量恢复周期表示。

（1）杀灭率:是治理技术措施对害鼠种群数量的杀灭比率。用治理后对照与处理鼠口密度之差除以对照鼠口密度表示,也可用治理前后鼠口密度之差除以治理前鼠口密度衡量。单位:%。

（2）有效期:指害鼠治理措施维持有效性的时间。一般用害鼠种群数量恢复周期和对林木危害预防有效期表示。

1）害鼠密度恢复周期:指害鼠治理后,残余鼠口恢复到治理前鼠口密度所持续的时间。

2）有效预防期:是治理措施对作物保护效果持续的时间。是衡量害鼠治理措施有效性的重要指标。

（四）鼠害预防效果分析

预防效果是评价采用害鼠治理措施后作物的保存效果及产品产量和品质提高效果的指标。

1. 调查指标　主要调查计算预防效果需要的基本数据。

（1）定植密度：指单位面积作物种植的数量。单位：株/亩或株/hm²。

（2）保存密度：指治理后，每年生长季结束时，单位面积实际存活的作物数量。单位：株/亩或株/hm²。

（3）鼠害指标：指治理后，收获时调查的处理与对照单位面积作物被害株数以及致死株数。单位：株/亩或株/hm²。或者调查单株被害鼠盗食的果实种子重量。单位：kg/株。或者调查处理与对照单位面积的作物产量。单位：kg/亩或kg/hm²。

2. 预防效果评价指标　是评价鼠害治理对作物保护效果指标。分为被害预防效果、致死预防效果、综合预防效果和盗食预防效果。

（1）被害预防效果：是治理区与对照区单位面积作物被害率减少的比率。

（2）致死预防效果：指治理区与对照区单位面积作物被害致死率减少的比率。

（3）综合预防效果：指治理区与对照区单位面积作物保存率增加的比率。

（4）盗食预防效果：指治理区与对照区害鼠盗食果实种子产量的减少比率。

二、鼠害预测

鼠类种群数量在1年内或不同年份都可能发生几十倍乃至数百倍的变化。为了适时准确地进行害鼠治理，了解害鼠种群数量变化的规律十分重要。

（一）预测的基本概念

预测是根据对事物过去发展变化的客观过程及所表现出的规律性分析，运用适当的方法和技巧，对事物未来状态所作的一种科学分析、估计和推断。

调查是测报的基础，通过适当的调查方法，搜集研究对象及其环境条件的资料和动态情报，对所获取的资料进行分析整理，就能得到预测所必需的有关信息。

在获取了预测的有关信息后必须进行测报分析，即根据有关理论所进行的思维研究活动，这种活动应贯穿于预测活动的整个过程。包括选取适当的预测方式和方法。

各种测报方法都有其适应范围，不同的测报方法用于同一测报对象，其结果可能不同，因此，测报者必须了解各种测报方法的原理、特性和参数选择，以保证根据不同的检测对象，选择最适合的测报方法。

通过测报，对害鼠发生期、数量和危害程度等作出一个分析结果，并将这些信息提前反馈于主管部门，使害鼠环境灾害修复工作有目的、有计划、有重点地进行。

（二）预测的特点

1. 科学性　预测是在科学理论的指导下，采取先进方法进行的探索性研究工作。是根据长期积累的研究资料和鼠类生态学，运用规定程序、方法和模型，分析鼠情和有关因素的相互联系，从而揭示测报对象的特性和变化规律。

2. 近似性　预测研究的对象是随机事件，是可能发生也可能不发生的不肯定事件。在事件发生之前对其状态的估计和推测,因受多种复杂因素的制约,很难达到完全准确,预测与实际结果总会出现一定的偏差,预测值只是在一定的置信度下取得的一个近似值。

3. 局限性　预测者对研究对象的认识程度受其学识、经验、观察分析能力的限制,也受科学发展水平的制约;此外,由于掌握的资料不够准确和完整,或建立的模型有某种程度的失真等,导致预测分析不够全面。因而预测结果又有一定的局限性。

正确认识预测的特点,可以避免不正确的看法而妨碍预测的研究和应用,不加分析地怀疑和否定预测结果,将使计划和决策无所适从;绝对依赖预测的结果,又会使实际工作缺乏弹性和应变能力;过分苛求预测的精确度,则是不够客观和现实的要求。只要预测有较充足的依据,达到一定的精确度,就可以用于指导实际工作。

（三）鼠害预测的类别

1. 按预测方法分

（1）定性预测:依靠人的观察分析能力,借助于经验和判断能力,进行逻辑推理的预测方法。

（2）定量预测:依靠长期统计数据,在定性分析的基础上,采用数学分析组建数学模型进行预测的方法。

（3）综合预测:指多种方法的综合运用,可以是定性方法与定量方法的综合,也可以是两种以上的定量方法的综合。由于各种预测方法都有一定的适用范围和缺点,综合预测可兼有多种方法的长处,因而可以得到比较可靠的预测结果。

2. 按预测时间分

（1）短期预测:是旬报或月报的预测。一般鼠害预测预报很少采用旬预测。

（2）中期预测:根据上一季度或半年鼠情的监测资料和预报因子的变化,预测下一季度和下半年的鼠类数量及其危害。

（3）长期预报:对未来1年或数年的鼠情及其危害动态的预测预报。

一般,各种预测常互相印证补充,为鼠类环境灾害修复的决策提供科学参数。

3. 按预测内容分

（1）发生期预测:主要预测当地优势鼠种的发生危害高峰期,以确定最佳治理时期。

（2）发生量预测:主要依靠害鼠越冬基数、开春后的密度、繁殖强度、种群年龄结构,以及气候、食物条件等因素,通过综合分析,建立害鼠数量预测模型,预测鼠害发生期或发生高峰期的种群密度或数量。

（3）发生程度预测:主要以害鼠危害期密度、危害损失、发生面积占总面积的比例等3个因素作为衡量标准,采用鼠害程度划分参考标准,对食物、气候、天敌、鼠的内禀增长力等因素进行综合分析,组建系统预测模型,预测害鼠危害期或危害高峰期的危害程度和危害面积。

（四）预测的基本步骤

1. 收集和分析资料　鼠害的预测目的十分明确,就是要预测鼠害发生的时间、范围和程度。一切有助于说明鼠害发生发展规律的资料都应收集。

（1）种群繁殖资料:包括繁殖基数、年龄组成、性比、妊娠率、胎数和胎仔数等资料。

（2）栖息地调查资料：通过定期对害鼠栖息地调查，着重收集其食物条件和隐蔽场所的植物变动和季节变化资料。

（3）气象资料：充分利用当地气象站测报的各项基本资料，着重收集上半年和当年的气象资料。

（4）鼠类活动资料：主要了解害鼠季节性的活动规律，特别是迁移现象。

（5）天敌资料：天敌种类及其数量变比，鼠间流行病等。

（6）其他资料：利用狩猎、毛皮收购或其他有助于数量预测的各种资料。

对于收集来的资料要根据预测的目的加以选择，特别是那些在准确性方面存在问题的资料和不能反映预测对象正常发展趋势的异常数据，必须加以剔除或改造，以保证预测的科学性和准确性。

2. 选择预测方法与组建预测模型　通过分析研究预测对象的特性，根据各种预测方法的适用条件和性能，选择出合适的预测方法。预测方法是否选用得当，将直接影响到预测的精确度和可靠性。

预测的核心是建立描述、概括研究对象特征和变化规律的模型。定性预测的模型是逻辑推理的过程，定量预测模型通常是以数学关系式表示的数学模型。向预测模型输入有关信息，进行计算或处理，即可得到预测的结果。

数学模型是一种抽象的模拟，它用数学符号、数学式或程序、图形等反映客观事物的本质属性与内在联系，是对现实事物简化的本质描述。它或者能解释事物的各种状态，预测其将来的状态；或者能为控制这一事物的发展提供某种意义下的最优策略或较好策略。

建立数学模型的过程是把错综复杂的实际问题简化、提炼、抽象为合理的数学结构的过程。要做到这一点，既需要寻找较为合适的数学工具，也需要研究者的洞察力和丰富的想象力。可以认为，它是能力与知识的综合运用，是科学和艺术的有机结合。

鼠类动态属啮齿动物生态学的研究范畴，许多现有的生态学模型可以借鉴。此外，在生态学理论指导下，通过对鼠类种群动态及其影响因素的深入研究，也可创建新的模型。一般新模型组建的步骤为：假设→建模→求解→验证→修改假设及模型，直到验证肯定为止，才可应用于实际。

3. 分析评价　分析评价主要是针对预测结果的准确性和可靠性进行论证。用早期的历史资料预测晚期的历史现实，测出其历史符合率，应该是分析评价的常规内容；用历史和现实的资料预测将来，其符合率只能受到未来时间的考验，是无法预先测算的。预测结果由于受到资料质量、预测方法本身的局限性等因素的影响，未必能确切地估计预测对象的未来状态。此外，各种影响预测对象的外部因素在预测期限内也可能出现新的变化，研究各种因素的影响程度和范围，进而估计预测误差的大小，评价原先预测的结果，并对原先的预测值进行修正，即可得到最终的预测结果。

（孙海峰　王　智　韩崇选）

思考题

1. 病虫害发生期预测方法有哪些?
2. 病虫害发生量或流行程度预测方法有哪些?
3. 影响杂草群落演替的因素有哪些?
4. 鼠类数量的调查方法有哪些?

第五章　同步练习

第六章　药用植物有害生物综合治理

掌握：有害生物综合治理的含义；农业防治、物理防治、生物防治和化学防治的优缺点及主要防治方法；农药的施用方法。

熟悉：植物检疫的主要内容；农药常用剂型、使用原则。

了解：常用农药的种类和特点。

第一节　有害生物防治原理

一、综合防治和综合治理

早在二十世纪五六十年代，我国植保工作就贯彻"预防为主，综合防治"的方针，主要采用多种方法防治单一作物上的病虫害。二十世纪七十年代我国吸收了国际上提出的综合治理（itegrated pests management，IPM）先进思想，建立了我国综合防治的科学概念。1986年第二次全国综合防治学术讲座会上又把综合防治提高到系统治理的高度。提出有害生物综合防治（综合治理）含义："综合防治是对有害生物进行科学管理的体系。它从农业生态系统总体出发，根据有害生物和环境之间的相互关系，充分发挥自然控制因素的作用，因地制宜，协调应用必要的措施。将有害生物控制在经济受害允许水平之下，以获得最佳的经济、生态、社会效益。"因此，综合防治（综合治理）的含义不仅综合考虑了保护对象、防治对象、防治目的和防治方法等，而且在理论基础和方法论上也要提高到生态学、经济学和社会学系统观念上来。综合防治也可概括总结为"从生物与环境的整体观点出发，本着预防为主的指导思想和安全、有效、经济、简易的原则，因地制宜，合理运用农业、化学、生物、物理方法及其他有效的生态手段，把有害生物的危害控制在经济阈值之下，以达到提高经济效益、生态效益和社会效益的目的。"

综合防治和综合治理是两个相近的术语，通常认为综合治理是综合防治的更高层次的发展。但目前的综合防治的定义已近于综合治理的含义，两者就成为同义语。

综合治理的特征主要表现在以下几方面。

1. 综合治理的整体性系统性　自然界是由多种多样的生物和非生物组成的,生态系统是指一定地区范围内,生物与环境之间所构成的能量转化和物质循环系统。植物是生态系统中的主要组成部分,它利用非生物因子通过光合作用制造营养;病原物和害虫等有害生物又以植物为食物来源;天敌又以这些有害生物为食物。这种一环扣一环的食物关系就是"食物链索",系统中各种生物又受到环境的影响,生态系统中各要素既相互联系又相互制约,构成了一个整体。

"预防为主,综合防治"就是从植物与病虫害,病虫害与天敌,以及三者同耕作经营制度与生态环境相互制约和相互依赖的整体观点出发,通过各种技术措施干预系统的发展,完善系统结构,增强系统功能的稳定,创造有利于寄主植物和天敌生物而不利于病虫害的环境条件,发挥生态系统长期稳定地控制病虫害的作用,保护药用植物,提高药材产量和质量。

2. 综合防治措施的协调　各种防治措施具有各自的优缺点和局限性。我们要根据调查研究,了解植物在整个生育期内病虫害种类、主次、发生轻重程度以及它们之间相互联系,病虫害和天敌的关系等,从而制订 IPM 优化方案。同时又要密切注意由于自然和人为因子的影响,病虫害诸多矛盾之间的相互转化,从而采取防、治结合的措施相互补充,取长补短,紧密协调,把病虫害控制在经济允许水平之下。

3. 综合治理的目标　可持续发展,获得最佳的经济效益、生态效益和社会效益是综合治理的目标。为了达到经济效益的目标,综合治理引进了经济危害允许水平(EIL)和经济阈值(ET)。

经济危害允许水平(economic injury level, EIL)是人们能够接受一定限度的有害生物存在和危害。只有当有害生物的种群数量超过这个限度才有必要防治,这样的防治活动才能带来经济效益。由于防治措施效果的不确定性和有害生物种群数量在不断变化,必须提前在有害生物的种群数量达到经济阈值(防治指标)时就要进行防治,以免超过经济危害允许水平。利用经济危害允许水平和经济阈值指导有害生物的综合防治,它不要求彻底消灭有害生物。在防治上不会造成人力物力的浪费,可减少化学药剂的使用,保留一定的有害生物,也有利于保护天敌。因此既保证了防治的经济效益,同时也取得了良好的生态效益和经济效益。

为了更好地实现生态效益和社会效益,要充分利用非化学防治措施,减少化学农药的使用和不利影响。生态效益的评价主要包括植物产品和环境的农药残留水平,天敌种类的多样性和丰富程度等。社会效益是指综合防治对社会发展产生的有利和有益效果。因此,综合治理要从作物、有害生物、天敌,以及生产者、消费者角度综合考虑。实现经济效益、生态效益和社会效益的最大化。

二、综合治理的类型和体系构建

(一)综合治理主要类型

1. 单病虫性综合防治　是一种初级类型的综合防治,主要针对某种植物上的 1~2 种主要病虫害为防治对象,根据其发生规律,采用农业防治、生物防治和化学防治等相结合的方法,以达到控制有害生物,获得经济效益、社会效益和生态效益的目的。这类综合防治考虑得有害生物类型较少,可能会因其他有害生物的危害而影响综合防治效果。

2. 单作物性综合防治　是以单一作物为保护对象,综合考虑一种作物的多种有害生物,并将作物、有害生物和天敌作为农田生态系统的组成成分,采用多种防治措施相互结合,形成有效的防治体系。

3. 区域性综合防治 是以生态区内多种作物为保护对象的综合治理。是在单一作物有害生物综合治理基础上的更广泛的综合,通过对同一生态区域内各种作物的综合考虑,进一步协调好作物布局以及不同作物上的有害生物不同防治技术,可以更好地实现防治的目标。

(二)综合治理体系的构建

综合治理体系是一个植物保护系统工程,是由多种要素构成的一个动态的有害生物管理体系,主要包括信息收集、防治决策和防治实施。信息收集主要收集植物产品、生产资料、劳动力等经济信息,气象信息、作物的生长发育状况,作物主要有害生物和天敌的种类、密度和发育信息等。对有害生物的种群密度动态或病害的流行动态和造成的损失,各种防治措施的效果、成本和效益,通过计算机进行评估和预测,以对采用的防治措施、防治时期、防治次数和防治规模等作出决策。而防治实施主要由生产者根据防治决策实施。可见,构建防治体系的关键是决策系统。

综合治理体系实施后,还要对防治后产生的经济效益、生态效益、社会效益进行总体评估。要看是否能提高产品产量、质量,增加收益,是否有利于保护天敌,维护生态平衡,同时减少农药残留和对环境造成的不利影响。根据评估结果和易用性对防治体系进行改进,不断完善和优化。

第二节 有害生物主要防治技术

药用植物病虫害的发生,必须具备三个要素,即寄主植物、有害生物和适宜有害生物发生的环境条件,三者缺一不可。因此防治途径也是从这三方面考虑。一般病虫害的防治途径是:①杜绝有害生物来源;②恶化有害生物的生存环境;③直接消灭有害生物;④保护寄主植物等。从这些防治途径入手,人们设计了各种防治方法。这些防治方法归纳为植物检疫、农业防治、生物防治、物理防治和化学防治等。

一、植物检疫

植物检疫是一个国家或地方政府,为防止危险性有害生物随植物及其产品的人为传播,以法律、行政和技术的手段强制实施的保护性植物保护措施。包括禁止或限制危险性病、虫、杂草人为地从国外传入本国及从本国传到国外,以及传入以后限制其在国内传播。

1. 植物检疫的重要性 在自然情况下,有害生物的分布具有区域性,各地区发生的有害生物的种类也不相同,如某一害虫在原产地,由于天敌、植物抗性以及其他长期发展起来的农业措施所控制,它的发生和危害并不严重,但当它一旦传入新地区后,由于缺乏这些控制因素,就可能在新地区生存下来,迅速传播蔓延,引起严重危害,不易防除。

2. 植物检疫的范围

（1）对内检疫：又称国内检疫。为了防止国内各省、自治区、直辖市之间由于交换、调运种子、苗木及其他农产品等传播危害性病、虫、杂草等，由省、自治区、直辖市的植物检疫机构会同邮局、铁路、公路、民航等有关部门，根据各地人民政府公布的对内检疫办法和检疫对象名单，执行检疫。以防止局部地区危险性病、虫、杂草向外传播蔓延。

（2）对外检疫：又称国际检疫。为防止国外有关物品中带有危险性病、虫、杂草输入国内，引起重大损失，由国家在沿海港口、国际机场以及国际间交通要道等处，设置植物检疫及商品检查站等机构，对出入口岸及过境的农产等物品进行检验和处理。

3. 植物检疫的任务　植物检疫的目的是防止危险性病、虫、杂草在地区间或国家间传播蔓延。其主要任务是：①禁止危险性病、虫、杂草随着农作物及其产品由国外输入或由国内输出；②将在国内局部地区已发生的危险性病、虫、杂草，封锁在一这范围内，不让它们传播到未发生地区；③当危险性病、虫、杂草已被传入新区时，应采取紧急措施，就地彻底肃清。

4. 植物检疫的对象　构成植物病害检疫的对象有以下三个条件：①国内尚未发现或虽已发现而分布不广，或已发生相当普遍，但正在大力防治的危险性病、虫、杂草；②在各国或传播地区，对经济上有严重危害性而防除极为困难的危险性病、虫、杂草；③必须是人为传播的危险性病、虫、杂草。根据上述三个条件，制定国内和国外的植物检疫对象名单。

5. 植物检疫措施

（1）禁止入境：主要针对危害性极大的有害生物。

（2）限制入境：有条件入境，如出具检疫证书。

（3）调运检疫：在国家或地区间调运植物及其产品等，在指定地点和场所由检疫人员进行检疫和处理。

（4）产地检疫：对种子及其他繁殖材料在其原产地，农产品在其产地或加工地进行检疫。这是最有效的一项措施。

（5）国外引种检疫：引种之前要经审批，引种后要经检疫，并在特定的隔离圃中试种。

（6）旅客携带物、邮寄和托运物检疫：主要针对植物及其产品的检疫。

（7）紧急防治：对新侵入或定植的有害生物进行封锁和扑灭。

二、农业防治

农业防治是运用栽培措施减少或防治病虫害的方法。农业防治措施大多为预防性的。合理调整栽培技术措施、田间管理措施，可以创造有利于植物生长而不利于有害生物生长繁殖的环境条件，增强植物抗性和耐害性，从而能有效地防治病虫害。农业防治措施一般不增加额外开支，安全有效，简单易行。

1. 建立合理的种植制度　合理的种植制度可以创造有利于药用植物生长而不利于有害生物生存的田间生态环境。包括合理轮作、间作与套作，合理的作物布局等。

（1）合理轮作、间作和套作：利用有害生物对寄主植物及环境要求的不同，进行合理轮作、间作或套作，使有害生物获得营养困难或使其生存环境变差，而有利于药用植物生长。如果一种药用植物在同一块土地上连作，不但消耗地力，影响药用植物的生长发育，同时使有害生物在土壤中积累。特别是对那些在土中寄居或休眠的有害生物来说，实行轮作对其防治就更为有效。如土传病害种类多、危害严重的人参、西洋参绝对不能连作，老参地不能再种参，否则病害严重。人参和水稻田轮作，根腐病发病率会降低，轮作年限越长，效果越明显。大黄与川芎或黄芪轮作可减轻大黄拟守瓜 *Gallerucida* sp. 的危害。

轮作期限的长短一般根据病原物在土壤中存活的期限而定，目的是使那些病原物由于轮作而在土中无适合的养料而逐渐饥饿死亡或大大降低其繁殖数量。例如白术根腐病和地黄枯萎病轮作期限均为 3~5 年。此外，合理选择轮作物也至关重要。一般选亲缘关系较远，非有害生物共同寄主的作物为宜。同科、属植物或同为某些严重病、虫危害的植物不能选为轮作物，否则会使植物受害加重，如玄参、乌头、白术等同为白绢病等根腐病的寄主，它们都不能选为轮作物。对轮作物的选择原则，从病虫害防治角度同样适合于间作物或套作物的选择。但间作物同时栽种在一块地里，相互之间的影响更大，必须从病虫害防治和植物的生长发育多方面综合考虑。

有些植物的植株和根系分泌物或气味可以对某些相邻作物有害生物有抑制或驱避的作用。某些作物因根系的作用，改善了土壤的物理性状，而造成对某些相邻作物根部病害的不利条件，从而抑制了这些病害的发生；还可能由于高矮作物搭配，对某些相邻作物害虫活动产生机械的阻碍作用等。通过科学地运用这些生物之间的关系，选择理想的间作物或套作物组合，可达到防治病虫害的目的。根腐病较严重的药用植物和有气生根的玉米间作，可改善土壤通气状况，则根腐病的病情减轻，如乌头和玉米间作，使乌头根腐病的病情减轻；地黄和高秆作物玉米间作，成虫飞翔产卵活动受到机械阻碍作用，使地黄蛱蝶危害显著减轻；龙胆和玉米间作，由于玉米的遮阴作用使龙胆生长健壮，减轻了龙胆斑枯病的发病；玉米和平贝母套作使平贝母的草害减轻。

（2）药用植物在田间的合理布局：根据当地的气候和土壤条件，以及所适宜的药用植物种类及药用植物的经济性，同时考虑不同植物之间及其与有害生物之间的关系，合理确定不同地块栽培药用植物的种类。选择适宜本地区气候特点的药用植物种植，既有利于药用植物生长又不利于有害生物的发生和危害。土层深厚、排水良好的地块，适合根类药材的栽培，不易发生根腐病等。

（3）栽培诱集植物或驱虫植物：根据有害生物习性，在田间适当种植诱集植物带，不但可以引诱害虫等进行集中消灭，而且还能增加天敌数量。也可在田间适当种植驱虫植物，如在田间每隔一段距离种植一株蓖麻或在田间四周种植蓖麻隔离带可有效防治地老虎等地下害虫。

2. 调节播种期　某些病虫害常和药用植物某个生长发育阶段有关，如使这一阶段错过病虫大量侵染为害的危险期，可避免或减轻病虫害的危害程度，达到防治目的。例如，红花实蝇在红花花蕾现白期为大量产卵危害盛期，如实行冬播或春季早播可使苗早苗壮，提前现蕾，错过实蝇产卵盛期，从而减轻其危害。又如龙胆秋季移栽，其斑枯病发生的程度明显低于春季移栽的地块。

3. 深耕细作　生长期耕作能改善土壤的水、肥、气、热条件，促进植株根系发育，使植物生长健壮，增强抗病虫能力；冬初或早春翻耕还能破坏在土内休眠的害虫巢穴和病菌越冬的场所，直接消灭病原物和害虫。冬耕晒土及春季耕耙可以改变土壤环境，致使害虫死亡和不利于病菌生长。

还能把表层内越冬的害虫翻进土层深处使其不易羽化出土,又可把蛰伏在土壤深处的害虫及病菌翻露于地面,由于日晒、动物取食等降低病虫基数,减轻翌年病虫害的发生。对土传病害严重的人参、西洋参等,播种前对土地耕作要求很严格,播前除必须休闲养地外,还要耕翻晒土数遍,以改善土壤物理性状,减少土中致病菌数量,这已成为重要防病措施。

4. 保持田园卫生　除草、修剪、清洁田园可以清除病原菌或害虫,清除害虫食物。田间杂草及药材收获后田间的病虫残株和枯枝落叶,往往是病虫隐蔽及越冬场所,成为翌年的病虫来源,因此,除草及清洁田园,结合修剪将病虫残株和枯枝落叶烧毁或深埋处理,可以大大降低病虫越冬基数和翌年病虫危害程度。如龙胆斑枯病病原菌在病叶上越冬,秋季彻底清除龙胆枯枝落叶,可减轻第二年龙胆斑枯病的危害。枸杞黑果病的病原菌在病株枯枝落叶和罹病的僵果上越冬,在秋季收果后,彻底清除树上的病果和剪除病枝,并将地面枯枝落叶和病果全部清除烧毁或深埋,清园后发病率明显降低。

5. 加强水肥管理　合理施肥能促进药用植物生长发育,增强其抗病虫能力和受害后的恢复能力。施肥要考虑植物的不同生长发育阶段和提高抗病性对营养的需要,包括多施有机肥,有机肥要充分腐熟;以施氮肥为主,磷、钾肥配合施用;适当增施钾肥可以促进碳水化合物合成,提高抗病性。例如白术施足有机肥,适当增施磷、钾肥可减轻花叶病。使用未腐熟的厩肥或堆肥,则肥料中残存的病原菌以及地下害虫蛴螬等的虫卵未被完全杀灭,就可能造成地下害虫和某些病害加重。

适时排灌,保持土壤中适宜含水量,可以有效地改善土壤的水、气条件,有利于药用植物健康生长,能有效控制病虫害的发生和危害。干旱时适当灌溉有利于药用植物生长,提高其抗病虫害能力,雨季及时排出田间积水可以减轻药用植物根部病害的发病。

6. 选育、利用抗病品种及无病虫害种苗　药用植物的不同类型或品种之间往往对病、虫害抵抗能力有显著差异。如有刺型红花比无刺型红花能抗炭疽病和红花实蝇;白术矮秆型抗术籽虫等。对那些病虫害发生严重且防治难度大的药用植物,选育和利用抗病、虫品种是一项最经济有效的措施。目前,在药用植物抗病、虫品种的选育和利用工作方面国内外都做得很少,今后应大力开展和加强这方面工作。

种苗及无性繁殖材料经常成为有害生物越冬场所和传播介体,选用无病虫种苗或对种苗进行处理可以减少初侵染病原菌或越冬虫源基数,对黑穗病、线虫病等的防治尤其重要。

三、生物防治

把利用有益生物(微生物、天敌昆虫、脊椎动物等)或其产物来控制有害生物的方法称为生物防治。过去我们对生物防治含义的理解是:应用某些有益生物(即天敌)或其产品来消灭或抑制有害生物。但随着现代生物技术和有关边缘科学的发展,生物防治的含义也有了新的发展。如在防治虫害中昆虫性信息素及其他激素的应用以及防治病害中的类似免疫作用,即交叉保护作用的应用等,均属于生物防治的范畴。

病虫害的生物防治方法主要包括以下几个方面内容。

（一）动物天敌的利用

1. 动物天敌治虫

（1）以天敌昆虫防治害虫：包括利用捕食性天敌昆虫和寄生性天敌昆虫。捕食性天敌昆虫以捕食害虫为生，主要有肉食瓢虫、螳螂、草蛉幼虫、步行虫、猎蝽、食蚜虻、食蚜蝇等。目前国内外对繁殖、利用草蛉和瓢虫方面工作做得比较多。

寄生性天敌昆虫可分为两类，一类寄生在另一些昆虫的体内，以寄主体内物质为营养而生存繁殖，这些昆虫称为内寄生昆虫。如寄生在柑橘凤蝶和马兜铃凤蝶蛹内的凤蝶金小蜂等。还有一类天敌昆虫寄生在另一些昆虫的体外，通过口器或吸管状通道，吸取寄主的体内物质为自身营养，这些昆虫则为外寄生昆虫。如寄生菊天牛和咖啡虎天牛等的肿腿蜂，寄生地黄蛱蝶的绒茧蜂等。利用天敌来防治害虫主要途径包括：繁殖和释放当地天敌昆虫；从外地输入和驯化天敌新种；保护当地害虫天敌，增加天敌数量，可以有效控制害虫数量。

（2）脊椎动物、节肢动物等防治害虫：脊椎动物中防治害虫作用较大的是某些鸟类，其次是两栖类、鱼类、爬虫类和哺乳类的食虫目和翼手目，此外节肢动物类蜘蛛可捕食害虫。常见的鸟类有啄木鸟、大山雀、大杜鹃、伯劳、画眉、家燕等，两栖类的成蛙，以捕食昆虫为主要食物。通过保护利用这些动物防治害虫。

害虫的动物天敌

2. 动物治草　利用昆虫可以防治杂草，如20世纪初澳大利亚引进仙人掌螟蛾控制了草原上的仙人掌。其后有100多种昆虫被成功用于防治杂草危害。

3. 动物天敌治鼠　鼠类天敌很多，其中猛禽类、小型猫科动物和鼬科动物是重要的天敌类群。如黄鼬、黑鼬、猫头鹰、雕等，它们都能大量捕食鼠类。

（二）病原微生物的利用

1. 微生物治虫　以微生物治虫包括利用细菌、真菌、病毒等昆虫致病微生物防治害虫。

（1）细菌：昆虫病原细菌种类很多，有芽孢杆菌属、梭菌属、假单胞菌属、链球菌属等，昆虫致病细菌大多属于苏云金杆菌类，如我国常用的Bt乳剂、青虫菌6号等制剂。这类细菌能产生伴孢晶体，经昆虫取食后能使昆虫得败血病。罹病昆虫主要症状为食欲减退、停食等，1~3天后死亡。苏云金杆菌类可用于防治鳞翅目、双翅目及鞘翅目害虫，尤其对鳞翅目害虫有较广的杀虫谱，见效快，效果好。如对马兜铃凤蝶和菜青虫、黄刺蛾、芸香凤蝶等均有很好的防治效果。

苏云金杆菌制剂防治菜青虫

（2）真菌：昆虫的致病真菌有530多种，主要有白僵菌、绿僵菌、黄僵菌、穗霉、虫霉菌等，其中利用较多的是白僵菌。白僵菌寄生范围包括鳞翅目、膜翅目及螨类等200余种害虫。我国利用白僵菌防治玉米螟及肉桂木蛾 *Thymiatris* sp. 等取得了成功。昆虫感染真菌病的病程较长，3~15天后死亡，高温、高湿条件有利于真菌防治害虫。

（3）病毒：昆虫的病原病毒有核型多角体病毒和质型多角体病毒。罹病昆虫表现烦躁、食欲减退、横向肿大，皮肤易破并流出乳白或其他颜色的脓液。病程一般较长，约感病1周后死亡。寄生昆虫的病毒专化性较强，一般一种病毒只能寄生一种昆虫。我国已有十多个商品病毒杀虫剂，如棉铃虫NPV、菜粉蝶GV、小菜蛾GV等。

2. 微生物治病　主要利用重寄生真菌或病毒防治真菌病和线虫病。如土壤中的腐生木霉菌可以寄生丝核菌、小核菌、腐霉菌和核盘菌等多种植物病原菌。病毒寄生病原真菌后会使其致病力减弱。

3. 微生物治草 利用杂草病原微生物侵染杂草使其发病,可以起到控制杂草的作用。如国内利用黑粉菌防治马唐,利用炭疽菌防治菟丝子都取得较好的效果。日本利用细菌 *Xanthomonas campestris* pv. *poae* 制剂防治早熟禾等杂草,引起杂草枯萎,防效达90%以上。

4. 微生物治鼠 利用鼠类病原微生物可以防治害鼠。应用较多的是沙门氏菌(*Salmonella*),其次是病毒。但因鼠类与人、畜相近,鼠的病原菌可能会感染人、畜,所以鼠类病原菌的应用要经过严格的评估和监测。

(三)天然产物的利用

用于防治药用植物有害生物的天然产物很多,包括植物的次生代谢产物和信号产物,微生物的抗生素和毒素,昆虫激素和信息素等。

1. 植物的次生代谢产物 包括生物碱类、黄酮类、皂苷类、香豆素类等化合物,苦参碱、烟碱、印楝素等可用于防治害虫,如用苦参碱防治危害三七的蓟马。蛇床子素、大蒜素用来防治植物病害有较好的效果。

2. 抗生素类 如井冈霉素、农抗120、多抗霉素等用于防治植物病害。阿维菌素、庆丰霉素等用于防治害虫。

3. 昆虫激素 昆虫激素又称荷尔蒙,是昆虫体内腺体所分泌的物质,它可调节昆虫生长、变态、生殖、滞育、代谢等重要生理活动。主要有昆虫生长调节剂,分为几丁质合成抑制剂如灭幼脲,保幼激素类似物如双氧威和蜕皮激素类似物如抑食肼。使用过量的外源激素,可使害虫产生畸形,不能正常发育而死亡。还有昆虫性信息素,利用性信息素诱捕法或迷向法防治害虫,已成为害虫综合防治的重要方法之一。例如应用性信息素防治金银花尺蠖已取得较好效果。

灭幼脲防治菜青虫

(四)拮抗作用和交叉保护作用在防治病虫害上的应用

1. 拮抗作用 一些微生物通过营养、生存空间竞争、改变环境或产生抑菌物质将另一些微生物杀死或抑制它们生长的现象称为拮抗作用。拮抗微生物产生的杀菌或抑菌代谢产物称为抗生素。拮抗微生物包括细菌、真菌、放线菌,用于防治植物病害成为生防菌。

(1)生防真菌:有木霉菌,如哈茨木霉、绿色木霉和绿黏帚霉等。可拮抗核盘菌属、镰刀菌属、炭疽菌属、轮枝孢属等多种植物病原菌。如绿色木霉对人参锈腐病有一定的防治效果,用哈茨木霉防治甜菊白绢病取得了良好效果。

(2)生防放线菌:微生物来源的生物活性物质约有70%由放线菌产生。如链霉菌对锈腐菌和根腐菌有明显的抑制作用,用"5406"菌肥可有效地控制荆芥茎枯病。

(3)生防细菌:其中芽孢杆菌耐热、耐旱、抗紫外线和有机溶剂,并且对许多病原物具有抑制作用。如枯草芽孢杆菌 *Bacillus subtilis*、蜡状芽孢杆菌 *B. cereus*、多黏芽孢杆菌 *B. polymyxa* 对炭疽病、枯萎病、立枯病、疫霉病有防治作用。

假单胞杆菌适宜防治植物根部病害。假单胞杆菌属细菌,具有生长速度快、易培养、易遗传改良的优点。如荧光假单胞杆菌、丁香假单胞杆菌。巴氏杆菌具有抗性内生孢子,易于附着在线虫体壁和侵染线虫。

此外,拮抗作用也可用于草害的防治,某些植物通过释放次生物质或通过营养、空间竞争抑制杂草。如野豌豆、紫苜蓿、红三叶等豆科植物可控制野燕麦、荔枝草、丝路蓟等多种杂草。

2. 交叉保护　用非病原微生物有机体或不亲和的病原小种首先接种植物,往往导致这些植物对亲和性病原物的不感染性,即类似诱发的抗病性,又称为交叉保护。如利用柑橘叶炭疽菌接种枸杞,可以防治枸杞黑果病。

四、物理防治

物理防治

物理防治是用物理因子(如温度、湿度、光、电、核辐射等)及器械来防治植物有害生物的方法。温度和光的应用较为普遍。

1. 人工机械防治　是人们利用简单的器械通过汰选或捕杀有害生物的一类措施。播种前对种子进行水选、风选汰除杂草种子、病种子等。对珍贵的药用植物也可采用清除植物发病组织或器官。对害虫防治常采用捕打、震落、网捕、摘除有虫枝果等。人工除草也是在药用植物栽培中除草的主要方法。

2. 诱杀法

(1)灯光诱杀:许多昆虫具有趋光性,特别是趋于短波光源。因此生产上常用短光波的黑光灯诱集害虫,也有用普通日光灯与黑光灯合用的双光源诱虫,也取得较好的效果。如用黑光灯诱集危害贝母的铜绿丽金龟。

(2)黄板诱蚜:利用蚜虫趋向黄色的习性,用黄色粘虫板诱蚜。

(3)食饵诱杀:利用害虫或害鼠对食物气味的趋性,通过配制适当的食饵来诱杀害虫或害鼠。如配制糖醋液诱杀小地老虎,利用炒香的米糠或麦麸诱杀蝼蛄。

3. 温控法　是利用高温或低温来控制或杀死有害生物的方法。常用温控法处理种子、药材或休闲田。如温汤浸种可杀死薏苡黑粉病菌,又如在夏季高温时,通过覆膜晒田,使地温升高,从而杀死田间多数有害生物。

4. 阻隔法　根据有害生物的习性,设置障碍物阻止有害生物的危害或扩散。如在树干上涂胶或刷白,可以防治某些树木害虫。利用纱网覆盖保护药用植物可防蚜虫危害。在川芎等药材栽培地用麦秸、稻草等覆盖可以抑制杂草生长。

5. 辐射法　指利用电磁波、γ射线、红外线、紫外线、激光、超声波等辐射技术防治有害生物的方法。主要包括辐射直接杀虫和辐射不育防治害虫。如以γ射线可直接杀死仓库害虫皮蠹、谷蠹等。γ射线、X射线等处理昆虫,可造成昆虫雄性不育,经大量饲养后释放到野外,使其与自然种群竞争、交配,经若干代后就能抑制自然种群的繁殖。

五、化学防治

化学防治是应用化学农药防治有害生物的技术。主要用杀虫剂、杀菌剂、除草剂、杀鼠剂等来防治有害生物。

化学防治主要优点是使用方便,见效快,防治效果好。适宜大面积机械化防治。尤其是在病虫害大面积严重发生时,化学防治往往是最有效的手段,在防治病虫害中发挥了重要作用,目前仍为防治病虫害的重要手段。但化学防治也存在缺点,如保管或使用不慎,会引起人畜中毒;不合理地使用和滥用农药,造成环境污染和农药残留,使病虫害产生抗药性及杀死天敌等。

化学防治必须符合综合防治的要求,要从生态学观点出发。第一,要求在最适时期用药,使用最低有效浓度,减少投入环境中的农药量,减少污染,降低成本,同时也可防止或减缓病虫害抗药性的产生。还应考虑对主治和兼治对象的综合防治效果,提高防治效益。第二,要考虑对病虫害天敌和传粉昆虫的综合影响。第三,还要考虑对人畜、作物的安全程度。

随着科学技术的进步,不断开发出高效、低毒、易降解农药,施药技术也不断发展,由人力施药转向机械化,无人机施药也广泛应用,使施药更高效,各种自动化监测设施与网络通信结合构建物联网并与专家决策系统在有害生物预测、防治决策中广泛应用,使有害生物的防治更加科学精准。这些会使化学防治充分发挥其优势,克服其不足,成为综合治理的重要技术。

无人机防治
害虫(视频)

第三节　有害生物防治常用农药和使用技术

一、农药种类和作用方式

农药种类多,分类的方法有多种,有按来源分类,按用途分类,按作用方式分类,按化学结构分类等。按用途和作用方式分类有以下几种。

(一)杀菌剂

根据药剂防病的作用方式,可分为以下几种主要类型。

1. 保护剂　在植物感病前将药剂喷布覆盖于植物表面,以杀死或阻止病菌侵染植物的药剂,如波尔多液等。

2. 内吸剂　药剂经植物叶、茎、根部吸收在体内输导、存留或产生代谢产物,以保护植物免受病原物的侵害或治疗植物病害的药剂,如甲霜灵、乙膦铝等。

3. 治疗剂　对病害有治疗作用的药剂,如多菌灵、甲基硫菌灵等。

4. 铲除剂　对病原菌有强烈杀灭作用,是植物在生长期常不能忍受的,多用在播种前或植物休眠期,如甲醛。

(二)杀虫剂

根据药剂进入害虫虫体的途径,可分为触杀剂、熏蒸剂、胃毒剂和内吸剂等。

1. 触杀剂　通过接触表皮或渗入体内能使害虫死亡的药剂,如拟除虫菊酯类杀虫剂等。

2. 熏蒸剂　以气体状态,通过呼吸系统进入体内能使害虫中毒死亡的药剂,如磷化铝等。

3. 胃毒剂　通过消化系统进入体内使害虫中毒死亡的药剂,如敌百虫等。

4. 内吸剂　药剂施于植物的茎、叶或根部,经植物吸收而输导到整个植物体,害虫取食植物或吸取汁液而中毒死亡。

5. 特异性杀虫剂　有拒食剂、忌避剂和生长调节剂等。

(三)除草剂

指能防治杂草的药剂,主要有内吸性和触杀性两大类。

1. 内吸性除草剂　由杂草叶、茎、根部吸收,在体内输导,而杀死杂草的药剂。能防除多年生杂草,一般要在施药几天以后才见效,如草甘膦、扑草净等。

2. 触杀性除草剂　药剂不能在植物体内传导,只能杀死所接触到的植物组织,用于防治由种子萌发的杂草,如草铵膦等。

除上述药剂种类外,还有杀线虫剂、杀螨剂、植物生长调节剂、杀鼠剂等。

农药按原料来源可以分为无机农药、有机农药和生物农药(来源于植物、动物、微生物)。

二、农药加工剂型

农药的原药加入辅助剂、稀释剂等制成不同的剂型,可以提高农药的药效,扩大使用范围。常用的加工剂型有以下几种。

1. 粉剂　是原药加入一定量的填充料(如黏土、高岭土、滑石粉等)经机械粉碎成为粉状的混合物,低浓度的粉剂供喷粉施用,高浓度粉剂供拌种、毒饵、毒土和土壤处理施用。使用粉剂一般在早、晚有露水,无风或风小时喷施为宜。

2. 可湿性粉剂　是用原粉加入一定量的湿润剂和填料,经粉碎而制成的。可湿性粉剂是供兑水后喷雾用,药效较粉剂持久,附着力比粉剂强。

3. 可溶性粉剂　把具有水溶性的固体农药制成可溶性粉剂,有利于贮运和使用。如敌百虫可溶性粉剂。

4. 乳剂(乳油)　原粉或原油加入一定量的乳化剂和溶剂,混合均匀,制成透明状的液体。乳剂的防治效果一般比其他剂型好。

5. 液剂(水剂)　原药溶于水,不需要加入助剂,即可加水稀释使用。

6. 悬浮剂　又称胶体剂,用不溶于水的农药原药和湿润性分散剂、助剂在水或油中经超微粉碎制成的悬浮液体制剂,加水稀释即可使用。如胶体硫就属于这一类。

7. 超低容量制剂　是专门供超低容量喷雾使用的油剂,要用有机溶剂作载体,常用的溶剂有高芳烃类、多元醇与醇醚类等。如超低容量油剂有 25% 敌百虫油剂、25% 辛硫磷油剂等。

8. 颗粒剂及微粒剂　用农药原药和载体制成的颗粒状的制剂。颗粒剂的直径为 250~600μm。颗粒剂的残效长,用药量少,使用方便。微粒剂的直径在 100~300μm,它兼有粉剂和颗粒剂的优点,也可以在植物叶部使用。

9. 熏蒸剂　一般不需要再行加工配制,可以直接施用原药,如磷化铝等。常用于防治仓库害虫。

10. 烟剂　烟剂是用农药原药、燃料、氧化剂等配制而成的,如硫黄烟剂等。

11. 种衣剂　由农药和生长调节剂、营养元素、成膜剂及其他助剂等制成的制剂,可包覆在种子表面起到防病虫害及促进生长的作用。

三、农药施用方法

药剂的施用方法应根据作物的形态、发育阶段、病虫危害情况,以及气候条件和各种农药的性质、不同加工剂型等而不同,要根据当时的实际情况,灵活运用。

1. 喷粉法　是将药剂用喷粉器或其他器具撒布的方法。适用于粉剂、粉粒剂、微粒剂。此法不需用水,在水源困难的地方或山区应用方便,但药效不如喷雾法,且受气流的影响较大,宜在无风时进行。

2. 喷雾法　是将药液用喷雾器喷洒防治有害生物的方法。比喷粉法耗药量少,药效较持久,防治效果较好。目前喷雾器械种类很多,根据作业面积和要求选择适宜的器械喷雾。根据喷雾液量多少及其特点,可分为常规喷雾、低容量喷雾、超低容量喷雾法等。

3. 撒施和浇灌法　将药剂直接撒施或浇灌于田间,撒施法适用于颗粒剂。颗粒剂具有受风影响小,施药方向好,药效释放速度可控制,不扩散污染环境等特点。浇灌法是将药液浇灌于植株根际,或在灌水时在进水口施药,用于防治地下害虫、地下根茎部病害等。

4. 毒饵法　利用害虫和鼠类喜食的饵料与一定比例的农药混合配制,然后将其投在害虫或鼠类危害或栖息的地方,常用的饵料有麦麸、谷糠、饼肥、鲜草等。撒施毒饵宜在傍晚进行。常利用毒饵来防治蝼蛄、地老虎等。

5. 熏蒸法　是应用熏蒸剂农药的有毒气体来消灭病虫害的方法。主要用在防治室内、仓库、种苗及土壤中的病虫害。它必须有密闭的条件,如在熏蒸箱、帐幕、房屋或仓库内进行。一般室温要求在20℃以上,土壤熏蒸时地温要在15℃以上,才能获得良好的防治效果,如用磷化铝熏蒸仓库。

6. 烟雾法　利用农药的雾剂或烟剂消灭病虫害的方法。烟剂是含农药的小粒子分散在空气中,其粒子直径较小,多在0.001~0.1μm。雾剂是含农药的小液滴分散在空气中,其液滴直径在0.1~50μm。目前烟雾剂主要用于防治温室、仓库及森林等处病虫害。

7. 种子、种苗处理法　将种子或种苗浸渍在一定浓度的农药溶液中一段时间,以防治病虫害的方法,称为浸种法。例如用波尔多或代森锌溶液浸人参根,防治人参根腐病。应用农药的粉剂或液剂与种子均匀拌和以防治病虫害的方法,称为拌种法。如用辛硫磷药液拌种防治地下害虫。

8. 土壤处理法　将农药的粉剂、液剂或颗粒剂施入土中防治病虫害或杂草的方法称为土壤处理法。

（1）局部施药法:将药剂灌注或喷洒于播种沟、穴中,施药后覆土。此法可集中施药,节省用药量。

（2）全面施药法:将药剂全面、均匀地喷洒在土表,然后翻入土中,或用播种机或施肥机直接将药剂施入土中,防治病虫害。此法用药量大,但效果好。

四、农药使用原则

1. 选用适宜的农药 要根据农药适宜的防治对象,有害生物危害特点、发生期,寄主植物种类和状态等选择农药种类和剂型。以刺吸式口器取食植物汁液的害虫应选择触杀及内吸性农药,对以咀嚼式口器食叶的害虫,应选择以胃毒作用为主的药剂。除草剂的选用要避免伤害药用植物。

2. 掌握用药适期 应选择有害生物易受农药杀伤的时期用药,病害掌握在病菌、病毒传播之前或侵入前用药。杀虫剂施药适期应选择在害虫三龄以前的幼虫期,钻蛀性害虫要在卵孵化高峰期施药。同时要注意在天敌非敏感期用药。

3. 选择适宜的施药方法 施药时应根据病虫发生特点和药剂性能,采用适宜的施药方法。对食叶和刺吸汁液的害虫可用喷雾等方法。根部害虫或根部病害可用灌根的方式防治等。种苗处理和毒饵法用药量少、省工,是优先选用的方法。

4. 掌握合理用药剂量 严格按照农药安全使用说明用药,不得随意增减,根据农药毒性及有害生物的发生情况,结合气象条件,严格掌握药量和配制浓度,防止出现药害和伤害天敌。做到用药浓度适宜,尽量减少用药次数。在病虫害发生严重时,按标准中规定的最多施药次数还不能达到防治要求的,应更换农药品种。

5. 根据不同的环境条件科学用药 农药的使用受天气影响较大,阴天、大风、下雨都会影响农药的施用效果,应观察掌握天气变化情况。如环境温湿度较高时,所用药剂浓度可适当减小;强光下易分解或挥发的药剂,应在阴天或傍晚时使用。

6. 科学混配,兼治病虫 农药混合使用可以增加防治对象,提高药效,提高防治工作效率。农药混配要以能保持原药有效成分或有增效作用,不产生化学反应并保持良好的物理性状为前提。采用混合用药技术,达到一次施药控制多种病虫危害的目的。农药混用要遵循下面原则:①混合后不发生不良的物理、化学变化;②混合后对作物无不良影响;③混合后不降低药效。

7. 轮换用药 长期使用单一农药,有害生物会对同类农药产生抗药性称为交互抗性。轮换和交替用药是克服和延缓抗药性的有效方法。应选择作用机制不同或能降低抗性的不同种类的农药交替使用。

8. 安全用药,降低农药残留 注意农药的安全间隔期。安全间隔期是在收获前一定间隔时间内禁止用药,以便使农药残留量降解到安全限度以下。不同农药和保护对象的安全间隔期不同,要严格按照国家规定的安全间隔期标准执行。掌握农药安全使用技术,严格执行安全操作规程。

严禁使用高毒高残留农药,优先使用生物农药和高效低毒、低残留农药,集成一批配套的绿色防控技术。由于中药材种类繁多,新农药或当地尚未使用过的农药,应先进行试验示范,方可大面积推广应用。

五、常用农药及其性质

农药是一类用来防治病、虫、鼠害和调节植物生长的具有生物活性的物质。按照防治对象不同可分为杀虫剂、杀螨剂、杀线虫剂、杀菌（病毒）剂、除草剂、植物生长调节剂和杀鼠剂七大类。在这里主要介绍杀虫剂、杀菌剂、杀鼠剂和除草剂。

（一）杀虫剂

按作用方式分为触杀、胃毒、内吸、驱避、拒食、引诱和生长调节制剂，按来源分为生物农药和化学农药。

1. 生物农药 生物农药包括植物源农药、微生物农药、抗生素和生物化学农药。使用生物农药既可有效地防治有害生物，又不杀伤天敌，病原菌和害虫不易产生抗性，对人畜无毒，有利于可持续发展和绿色中药材生产。

（1）苏云金杆菌制剂：一种杀虫细菌。作用机制是胃毒作用，对人畜及天敌无毒，不污染环境，对药用植物无药害。害虫吞食后造成败血症而死亡。剂型有乳剂、可湿性粉剂（含活芽孢 1×10^{10} 个 /g），已开发出可有效防治鳞翅目、鞘翅目、双翅目、膜翅目害虫制剂，用于防治药用植物上的刺蛾、尺蠖、豆天蛾、菜青虫、小菜蛾、棉铃虫、地老虎、蛴螬等多种害虫，使用时稀释 500~1 000 倍。

（2）阿维菌素：又名齐螨素、爱福丁、农哈哈、虫螨克等，是一种广谱、高效，具有杀虫、杀螨和杀线虫活性的大环内酯类杀虫抗生素。兼有触杀和胃毒作用，无内吸性，每亩 0.5g 有效成分即能杀灭害虫，对人畜十分安全。常用剂型为 1.8%、1.0% 乳油，用于防治枸杞、佛手等药用植物的锈螨、瘿螨、潜叶蛾、蚜虫等。使用时稀释成 2 000~5 000 倍液。

（3）白僵菌：一种杀虫真菌。利用其活性孢子接触害虫后产生芽管，透过表皮进入体内长成菌丝，不断增殖使害虫新陈代谢紊乱而死亡，害虫体内水分被吸干呈僵状。虫体长出孢子可再传染，高温高湿条件防治效果好。有含活孢子 1×10^{10} 个 /g 和 1×10^{11} 个 /g 粉剂。可用于防治蛀果蛾、菜青虫、卷叶蛾、叶蝉、蛴螬等害虫。

（4）灭幼脲：一种昆虫生长调节剂，属特异性杀虫剂。害虫接触或取食后，抑制表皮几丁质的合成，使幼虫不能正常蜕皮而死亡。主要作用机制为胃毒作用，也有一定的触杀作用，无内吸性，对鳞翅目和双翅目幼虫有特效，毒性低，对人畜和天敌安全。药效缓慢，2~3 天后显示出杀虫作用，残效期长达 15~20 天，耐雨水冲刷。剂型为 25%、50% 胶悬剂，应用时稀释成 1 500~2 000 倍液防治刺蛾、天幕毛虫、舞毒蛾等。

（5）吡虫啉：又名一遍净、蚜虱净、康复多等，具有高效、广谱、低毒、低残留等特点，且害虫不易产生抗性，对人畜、植物、天敌安全。害虫接触药剂后中枢神经传导受阻而麻痹死亡。属触杀、胃毒、内吸性杀虫剂。剂型有 2.5%、10% 可湿性粉剂及 5% 乳油，可防治药用植物蚜虫、木虱、卷叶蛾等害虫，稀释成 2 000~6 000 倍液使用。

（6）苦参碱：由苦参根、茎叶、果实经乙醇等有机溶剂提取制成，其成分主要是苦参碱、氧化苦参碱等多种生物碱。属广谱性植物杀虫剂，害虫接触药剂后可使神经中枢麻痹，蛋白质凝固堵塞气孔窒息而死。对人、畜低毒,具触杀和胃毒作用,对各种药用植物上的菜青虫、蚜虫、红蜘蛛等有明显的防治效果,也可防治地下害虫。

（7）烟碱:从烟草中分离出的杀虫剂。其溶液或蒸气可渗入害虫体内,使其神经迅速中毒而死亡,主要表现触杀作用,也有一定的熏蒸和胃毒作用,对植物安全,残效期短,对人畜有一定毒性。剂型主要为40%硫酸烟碱水剂,应用时稀释成800~1 000倍液,防治药用植物的蚜虫、叶螨、叶蝉、卷叶虫、食心虫等。

2. 化学农药 中药材生产提倡使用生物农药防治有害生物,但目前生产上主要选择高效、低毒、低残留的化学农药,并严格遵守合理使用化学农药的原则。以下对它们的种类、使用方法和防治对象作简单介绍。

（1）速灭威:为氨基甲酸酯类杀虫剂,对害虫具有内吸、触杀、熏蒸作用。见效快,残效较短,对人、畜毒性较低,无残毒,对天敌影响小,对鱼类安全。在一般使用浓度下,对作物无药害。遇碱及受热后有少量分解。剂型为25%可湿性粉剂,每亩用100~150g加水喷雾,防治药用植物的蚜虫、叶蝉、飞虱、蓟马等害虫。注意不宜与碱性农药、化肥混用。

（2）辛硫磷:具有强烈的触杀、胃毒作用的广谱性有机磷杀虫剂。在常温下稳定,高温下易分解,对光线敏感,极易分解失效。该药残效期短,可以用来防治药用植物害虫。用50%乳油处理种子(薏米、红花种子等),做成毒土、颗粒剂或浇灌防治蛴螬等地下害虫效果显著。注意不能与碱性农药混用,使用时注意避光,一般宜在傍晚或阴天进行,可提高防治效果。作物收获前5天内禁止使用。

（3）敌敌畏:具有较强的触杀、胃毒、熏蒸和渗透作用的广谱性有机磷杀虫剂。同时又有较高的挥发作用,易水解,持效期短,无残留。可消灭室内卫生害虫和仓库害虫。有50%、80%乳油两种剂型。用80%乳油1 000~2 000倍液防治蚜虫、茴香螟等药用植物害虫效果较好。安全期为4~5天,葫芦科药用植物(如栝楼)、绞股蓝对其较敏感,使用时要特别注意。

（4）敌百虫:广谱性有机磷杀虫剂,具有强的胃毒、触杀作用,并有渗透性,对人、畜毒性低。对药用植物多种害虫均有效。使用90%晶体1 000倍液可防治多种药用植物上的咀嚼式口器的害虫。药材收获前10~15天内停止用药。或与麸皮做成毒饵防治地下害虫。

（5）杀螟硫磷:是高效低毒的有机磷杀虫剂,具有触杀、胃毒、内吸杀虫作用,遇碱、高温及铁、铜等金属易分解失效。它是一种广谱杀虫剂,对刺吸式和咀嚼式口器害虫都有效。用50%乳油1 500~2 000倍液可防治药用植物鳞翅目幼虫、蚜虫、红蜘蛛、叶蝉等害虫。注意事项:对菘蓝等十字花科药用植物易产生药害;不宜与碱性农药混用;不耐贮藏,应随购随用。

（6）溴氰菊酯:又叫敌杀死,为拟除虫菊类杀虫剂,具有高效、广谱、长效、低残留等特点,对作物安全。以触杀为主,兼有胃毒和拒食作用,无内吸作用,可用于防治多种药用植物害虫。每亩用2.5%乳油20ml,加水喷雾防治菜青虫、蚜虫、玉米螟、棉铃虫、蚜虫、叶蝉等。注意事项:不能与碱性药物混用;对眼睛、皮肤有刺激过敏反应,施药人员在操作过程中应注意防护;如果要兼治红蜘蛛,必须与杀螨剂混用。

（二）杀菌剂

1. 常用生物杀菌剂

（1）多抗霉素：又叫多氧霉素，为抗生素类杀菌剂，对多种真菌病害有效，杀菌谱广，有内吸作用，低毒无残留，不污染环境，对人畜、天敌和植物安全。剂型有 1.5%、10% 可湿性粉剂，500~1 000 倍液喷雾防治药用植物斑点病、轮纹病、灰霉病、霜霉病、褐斑病等。

（2）武夷菌素：为内吸性强的广谱、高效、低毒抗生素类杀菌剂，对真菌的抑制活性强，对革兰氏阳性菌、阴性菌有抑制作用，对药用植物的白粉病、灰斑病、茎枯病及假单胞菌等有很好的防治效果，对人畜及天敌安全。

（3）农用链霉素：对细菌性病害效果较好，杀菌谱广，有内吸性。剂型为 10% 可湿性粉剂，稀释成 500~2 000 倍液喷雾，防治药用植物细菌性软腐病、腐烂病、疫病、霜霉病及细菌性穿孔病，对人畜低毒，但对鱼类毒性较高。

（4）木霉菌制剂：通过产生抗生素、营养竞争、微寄生、细胞壁分解酵素，以及诱导植物产生抗性等机制，对于多种植物病原菌具有拮抗作用，具有保护和治疗双重功效，可有效防治土传性真菌病害。木霉菌依不同作物种类与作物不同时期有不同的使用方式，主要是要让木霉菌均匀分布于植物根部、表面与土壤中，短期作物使用 1~2 次，果树、花卉等多年生作物每年使用 3~4 次即可，木霉菌使用次数越多效果越明显，长期使用可有效减少土壤传播性病害发生。木霉菌使用时常添加米糠或豆粕以增加田间木霉菌增殖的能量，也方便木霉菌在田间的分散性，使用量为木霉菌的 20~40 倍。

此外，生物杀菌剂还有井冈霉素、春雷霉素、公主岭霉素、胶霉素、土霉素等。

2. 化学类杀菌剂

（1）多菌灵：为高效、低毒、内吸性苯并咪唑类杀菌剂，对人畜低毒。常用 50% 可湿性粉剂 500~800 倍液喷雾，可防治多种药用植物霜霉病、疫病、菌核病、灰霉病、炭疽病、褐斑病等。也可用于拌种、浸种、蘸根、灌溉及沟施等。注意事项：药材收获前 20 天停用；药剂保存注意防潮；不得与铜制剂混用。

（2）甲基硫菌灵：商品名称甲基托布津，为高效、低毒、广谱的内吸性苯并咪唑类杀菌剂，具有很强的渗透力，可杀死侵入植株体内的病菌。对多种药用植物的褐斑病、灰霉病、白粉病、炭疽病、斑枯病等病害有预防和治疗作用，对植物安全。每亩用 50% 或 70% 可湿性粉剂 50~75g 兑水成 1 000~1 200 倍液喷雾。本品杀菌谱、作用机制同多菌灵。收获前两周内停止使用。

（3）甲霜灵：又叫瑞毒霉，为高效、低毒、内吸性苯基酰胺类杀菌剂，能上下传导，持效期长，药效高。对多种药用植物霜霉病、疫病、白粉病、根腐病有防治作用。每亩用 25% 可湿性粉剂 40~50g 兑水 50kg 喷雾效果明显。也可用作土壤处理及拌种。注意事项：安全间隔 21 天；开花期禁用；不要连续使用，以免病原菌产生抗药性；可与多种杀虫剂、杀菌剂混用，但不得与碱性农药混用。

（4）腐霉利：又称速克灵，为防治菌核病、灰霉病的杀菌剂，保护效果好，治疗作用强，持效期长、稳定，有内吸性，耐雨水冲刷。用 50% 可湿性粉剂 800~1 000 倍液可防治多种药用植物的菌核病和灰霉病。在发病前或发病期间喷雾，有明显的保护作用。注意事项：药剂配好后尽快使用，不得久置；不要与有机磷农药、碱性农药混用，喷药为发病前或发病初期；安全间隔期为 15 天。

（5）乙膦铝：又叫疫霜灵，为内吸、低毒杀菌剂，对植物无药害，可在植物体内上下传导，具保护和治疗作用。对多种药用植物霜霉病、疫病有特效，可兼治灰霉病、白粉病、根腐病等，常用40%可湿性粉剂300~500倍液喷雾。注意事项：应在发病前或发病初期喷药；宜与其他杀菌剂交替或混合使用，以免产生抗药性。

（6）三唑酮：又称粉锈宁，为一种高效、内吸性强的杂环类杀菌剂，具有保护、治疗、熏蒸等作用。对药用植物锈病、黑穗病、白粉病有特效，持效期长达40天，对作物安全。用25%可湿性粉剂拌种，药量为种子重量的0.3%~0.5%，或每亩用50~100g兑水50~75kg喷雾。注意事项：安全间隔期15~20天；拌种要均匀，以免发生药害；虽为低毒药剂，但尚无解毒药；切勿与粮食、饲料、食品一起存放；本品易燃，应远离火源。

（7）波尔多液：为杀菌力强、适用范围广、作用持久的常用无机杀菌剂，其残效期达15天左右，是良好的保护性杀菌剂。主要用于防治药用植物霜霉病及各种叶斑类病害。幼嫩组织对铜离子敏感，可配成低浓度石灰倍量式或过量式溶液，而对石灰敏感的植物可用石灰半量式或少量式的各种稀释倍数。药液应随配随用，不可久置及与酸性农药混用，不能用金属容器配制。

（8）代森锰锌：是一种保护性杀菌剂，对人、畜低毒，对植物安全，可防治药用植物的多种叶部病害，如黑斑病、霜霉病、菌核病等。常用80%和50%可湿性粉剂400~500倍液喷雾。注意事项：该药剂为保护性杀菌剂，应在发病前和发病初期均匀喷洒；不得与碱性农药混用；置阴凉、通风干燥处保存。

（9）敌锈钠：为含有97%对氨基苯磺酸钠的片状结晶，对人、畜毒性低，是一种高效内吸杀菌剂，对锈病具有良好的防治效果，可与三唑酮轮换使用。用250倍液于发病初期喷洒，每100kg药液中加100g洗衣粉，可提高湿润和黏着力，增强药效。注意事项：不宜与石灰、硫酸铜混用，以免降低药效；贮存时严防雨淋日晒，不能与种子、饲料混放。

（10）百菌清：为广谱、保护性杀菌剂，在碱性及酸性溶液中具有化学稳定性。可防治多种药用植物的霜霉病、白粉病、炭疽病、疫病、黑斑病、叶霉病等。常用75%可湿性粉剂600~800倍液喷雾。注意事项：应在病害发生前或发病初期施药，每隔7~10天喷1次药，连喷2~3次；对皮肤、黏膜和眼睛有刺激，施药时要戴口罩，完毕后要用肥皂清洗手脸及皮肤裸露部位。

（11）丙环唑：是一种广谱低毒的内吸性杀菌剂，可被根、茎、叶部吸收，并能很快地在植物株体内向上传导，可防治子囊菌、担子菌和半知菌引起的病害，药期长达1个月。防治药用植物芦竹、紫苏、红花、薄荷、苦菜的锈病，菊花、薄荷、田旋花、菊芋的白粉病，可在发病初期开始喷施25%乳油3 000~4 000倍液，隔10~15天喷1次。

（12）嘧菌酯：又称阿米西达，高效、广谱，对几乎所有的真菌界（子囊菌亚门、担子菌亚门、鞭毛菌亚门和半知菌亚门）病害如白粉病、锈病、斑枯病、叶斑病、霜霉病、稻瘟病等均有良好的活性。可用于茎叶喷雾、种子处理，也可进行土壤处理。嘧菌酯不能与杀虫剂乳油混用，尤其是有机磷类乳油，也不能与有机硅类增效剂混用。

（三）杀鼠剂

（1）杀鼠醚：抗凝血类杀鼠剂。对鼠毒力强，靶谱广，无二次中毒现象。水溶性好，可直接用浸泡法配制毒饵,操作简便,药物不脱落,高效低毒,尤其适用于阴雨潮湿地带使用。

（2）杀鼠灵：抗凝血类杀鼠剂。该药杀鼠作用缓慢,一般在投药后第 3 天发现死鼠,第 5~7 天出现死亡高峰。

（3）敌鼠钠：抗凝血类杀鼠剂。对鼠类有较强的胃毒作用,适口性好,杀鼠作用缓慢,中毒个体无剧烈的不适应症状,不易引起同类其他个体的警觉,因而可使绝大多数个体吃够足以致死的剂量。

（4）溴敌隆：第二代抗凝血类杀鼠剂。对鼠类有很强的胃毒作用,杀鼠谱广,适口性好,杀鼠作用缓慢,可小剂量多次投饵,灭鼠效果好,急性毒力强,一次投药即有效,对第一代抗凝血杀鼠剂产生抗性的鼠也有高效。

（5）溴鼠灵：又名大隆、溴鼠隆,是第二代抗凝血杀鼠剂。具有使用浓度低、毒杀力强、灭鼠谱广、适口性好等特点。一次投药对一切害鼠均有较高的灭鼠效果,包括对其他抗凝血鼠药产生抗性的鼠。该药被誉为大面积灭鼠最理想的灭鼠剂。在农村使用时应放置在毒饵站内使用。适于加工成 0.005% 或 0.002 5% 的毒饵。配制毒饵时,可按 1：6 或 1：10 倍兑水稀释。稀释后与去皮谷物混合搅拌均匀,晾干后使用。

（6）氟鼠灵：又名氟鼠酮、氟羟香豆素,第二代抗凝血杀鼠剂。其特点与溴敌隆相似,对第一代抗凝血杀鼠剂产生抗性的鼠有高效作用。

（四）除草剂

（1）二甲戊灵：二甲戊灵乳油适用于射干、桔梗、丹参、防风、菊花、玉竹、黄精等移栽田和白术、防风等播种田,可防除一年生禾本科杂草、部分阔叶杂草,如稗草、马唐、狗尾草、牛筋草、马齿苋、藜、苘麻、龙葵等。每亩用 33% 二甲戊灵乳油 150~200ml,兑水 15~20kg,播种后出苗前表土喷雾。注意事项：①土壤有机质含量低、沙质土、低洼地等用低剂量,土壤有机质含量高、黏质土、气候干旱、土壤含水量低等用高剂量；②土壤墒情不足或干旱气候条件下,用药后需混土 3~5cm；③在土壤中的吸附性强,不会被淋溶到土壤深层,施药后遇雨不仅不会影响除草效果,而且可以提高除草效果,不必重喷；④在土壤中的持效期为 45~60 天。

（2）乙草胺：内吸性酰胺类除草剂,是选择性芽前除草剂。用于防除一年生禾本科杂草及某些双子叶杂草。制剂有 90% 乙草胺乳油、50% 乙草胺乳油、88% 乙草胺乳油和 20% 乙草胺可湿性粉剂等。乙草胺主要通过杂草的幼芽和幼根吸收。因此必须在杂草出土前施药,施药后覆土。在喷药时,可将地面喷湿为止,不可重复施药。乙草胺对眼睛和皮肤有刺激作用,使用时应注意采取必要的防护措施。

（3）精喹禾灵：一种高度选择性的低毒旱田茎叶处理剂,在禾本科杂草和双子叶作物间有高度的选择性,对马唐、狗尾草、野燕麦、雀麦、白茅等一年生禾本科杂草效果明显,对阔叶杂草无效。精喹禾灵作用速度快,药效稳定,不易受雨水气温及湿度等环境条件的影响。禾本科杂草宜于 3~5 叶期喷药防治。防治一年生禾本科杂草每亩地用 5% 精喹禾灵乳油 50~70ml,兑水 30~40kg,均匀茎叶喷雾处理。土壤水分空气湿度较高时,有利于杂草对精喹禾灵的吸收和传导。

（4）高效氟吡甲禾灵：一种选择性除草剂,用于各种阔叶作物田中防除各种禾本科杂草。尤其对芦苇、白茅、狗牙根等多年生顽固禾本科杂草具有卓越的防除效果。对阔叶作物高度安全。低温条件下效果稳定。防除一年生禾本科杂草,于杂草 3~5 叶期施药,亩用 10.8% 高效氟吡甲禾灵乳油 20~30ml,兑水 20~25kg,均匀喷雾杂草茎叶。天气干旱或杂草较大时,须适当加大用药量至 30~40ml,同时兑水量也相应加大至 25~30kg。用于防治芦苇、白茅、狗牙根等多年生禾本科杂草时,亩用量为 10.8% 高效氟吡甲禾灵乳油 60~80ml,兑水 25~30kg。在第一次用药后 1 个月再施药 1 次。

（5）精噁唑禾草灵:属杂环氧基苯氧基丙酸类除草剂,主要是通过抑制脂肪酸合成的关键酶——乙酰辅酶 A 羧化酶,从而抑制了脂肪酸的合成。药剂通过茎叶吸收传导至分生组织及根的生长点,作用迅速,施药后 2~3 天停止生长,5~6 天心叶失绿变紫色,分生组织变褐色,叶片逐渐枯死,是选择性极强的茎叶处理剂。主要用于防除野燕麦、看麦娘、狗尾草、黑麦草、早熟禾、稗草、马唐等杂草。杂草 3~5 叶期施药,每公顷用 10% 乳油 450~600ml,加水 300L 茎叶喷雾。

（6）吡嘧磺隆:磺酰脲类除草剂,为选择性内吸传导型除草剂,主要通过根系被吸收,在杂草植株体内迅速转移,抑制生长,杂草逐渐死亡。药效稳定,安全性高,持效期 25~35 天。可以防除一年生和多年生阔叶杂草和莎草科杂草,如异型莎草、水莎草、萤蔺、鸭舌草、水芹、节节菜、野慈姑、眼子菜、青萍、鳢肠。对稗草、千金子无效。

（7）烟嘧磺隆:内吸性除草剂,可为杂草茎叶和根部吸收,随后在植物体内传导,造成敏感植物生长停滞,茎叶褪绿,逐渐枯死,一般情况下 20~25 天死亡,但在气温较低的情况下对某些多年生杂草需较长的时间。在芽后 4 叶期以前施药药效好,苗大时施药药效下降。该药具有芽前除草活性,但活性较芽后低。可以防除一年生和多年生禾本科杂草、部分阔叶杂草。试验表明,对药敏感性强的杂草有稗草、狗尾草、野燕麦、反枝苋;敏感性中等的杂草有本氏蓼、荸草、马齿苋、鸭舌草、苍耳和苘麻、莎草;敏感性较差的杂草主要有藜、龙葵、鸭趾草、地肤和鼬瓣花。杂草出齐且多为 5cm 左右株高,每亩用 4% 悬浮剂 50~75ml,兑水 30kg,茎叶喷雾。

（8）苯磺隆:内吸传导型除草剂,可被杂草的根、叶吸收,并在植株体内传导。通过抑制乙酰乳酸合成酶活性,影响支链氨基酸的生物合成。主要用于防除各种一年生阔叶杂草,对播娘蒿、荠菜、碎米荠菜、麦家公、藜、反枝苋等效果较好,对地肤、繁缕、蓼、猪殃殃等也有一定的防除效果,对田蓟、卷茎蓼、田旋花、泽漆等效果不显著,对野燕麦、看麦娘、雀麦、节节麦等禾本科杂草无效。杂草苗前或苗后早期施药。一般用药量为 10% 苯磺隆可湿性粉剂 10~20g/ 亩,兑水量 15~30kg,均匀喷雾杂草茎叶。

（9）灭草松:又名苯达松,一种内吸选择性除草剂,主要通过触杀作用来防除茎叶期杂草,具有高效、安全和杀草谱广等特点,主要用于防除阔叶杂草和莎草科杂草,对禾本科杂草无效。旱地主要通过杂草茎叶吸收,水田则通过根部和茎叶吸收。因本品以触杀作用为主,喷药时必须充分湿润杂草茎叶。

（孙海峰　蒲高斌）

思考题

1. 什么是农业防治？包括哪些措施？
2. 什么是生物防治？包括哪些措施？
3. 农药的施用方法有哪些？

第六章　同步练习

第二篇
药用植物主要病害

第七章 叶部病害

掌握：代表性药用植物叶部病害白粉病、斑枯病、黑斑病、疫病的症状、病原、发病规律和防治措施。掌握本地区主要药用植物叶部病害诊断、发生规律和防治措施。

熟悉：主要药用植物锈病、炭疽病、灰霉病发病规律和防治措施。

了解：药用植物的花叶病、霜霉病和白锈病。

第一节 白粉病

白粉病是药用植物上常见的病害，主要危害黄芪、芍药、枸杞、防风、苦参、黄连、牛蒡、红花、菊花、蒲公英、地榆、车前草、三七、川芎和栝楼等多种药用植物。

白粉病在田间和温室中均能发生危害，它虽不具有毁灭性，但该病常使植株生长衰弱，严重的甚至枯死。白粉病主要危害药用植物的叶片和嫩茎，有的也危害花和果实，使药材产量降低、质量变劣。发病初期整个叶片或嫩梢布满白色粉层。后期，在霉层中产生褐色至黑色小颗粒，即病菌的闭囊壳。发病严重的叶片逐渐变褐、干枯。

白粉病是由子囊菌亚门、白粉菌目真菌引起的一类病害，因其在病部的病症呈白色粉状而得名。白粉菌为专性寄生菌。危害药用植物的以白粉菌属（ *Erysiphe* ）、单囊壳属（ *Sphaerotheca* ）和叉丝壳属（ *Microsphaera* ）等为主。

白粉病病菌以闭囊壳或菌丝越冬，第二年生长季节以子囊壳破裂释放的子囊孢子或越冬的菌丝为初侵染源，病部产生的分生孢子进行再侵染，使病害扩大蔓延。

白粉病病菌对温度的要求因种类不同而异，但不耐高温。白粉病病菌对湿度的要求也不严格，但以高湿发病重。强烈阳光能抑制病害发生。因此白粉病在温暖、弱光或在荫蔽的条件下发病重。另外，植株生长衰弱、施氮肥过多、植株生长茂密，白粉病发生也重，在植物生长中后期发病重。

白粉病症状

防治白粉病，应在收获后清理病残体，消灭越冬菌源；加强田间管理，合理密植，降低田间湿度。严重发病的药用植物，应进行药剂防治，防治效果好的药剂有三唑酮、甲基硫菌灵等。

黄芪白粉病

黄芪白粉病是黄芪生产中的主要病害之一,发生普遍,河北、北京、内蒙古、山西、山东、黑龙江、吉林、辽宁及陕西等产区均有该病害,一般发病率10%~30%,严重时可达40%以上,严重影响黄芪的产量和品质。

【症状】主要危害叶片,叶柄、嫩茎和荚果上也可发生。叶面最初产生近圆形白色粉状斑,扩展后连接成片,呈边缘不明显的大片白粉区,上面布满白色粉末状霉层,为病菌的菌丝体、分生孢子梗和分生孢子,严重时叶背及整株被白粉覆盖;后期白粉呈灰白色,产生大量黑色小颗粒,为病菌闭囊壳。发病较重的往往造成早期落叶,甚至全株枯萎。

【病原】病原为豌豆白粉菌 *Erysiphe pisi* DC.,属子囊菌亚门,核菌纲,白粉菌目,白粉菌属真菌。菌丝体可在叶的两面生。分生孢子桶形、柱形至近柱形,大小为(25.4~38.1)μm×(12.7~17.8)μm;闭囊壳聚生或近散生,暗褐色,扁球形,直径92~120μm,个别达150μm。壁细胞多角形。附属丝菌丝状,12~34根,大多不分枝。子囊5~9个,卵形、近卵形,少数近球形或其他不规则形状。一般有短柄,少数无柄或近无柄。子囊孢子3~5个,卵形、矩圆至卵圆形,带黄色,大小为(20.3~25.4)μm×(12.7~15.2)μm(图7-1)。据报道,甘肃黄芪产区发现黄芪束丝壳 *Trichocladia astragali*(DC.)Neger 也可引起黄芪白粉病。

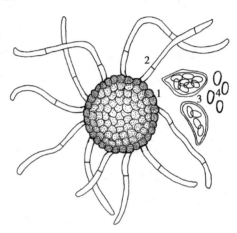

● 图 7-1 豌豆白粉菌
1. 闭囊壳;2. 附属丝;3. 子囊;4. 子囊孢子

【发病规律】病菌主要以闭囊壳随病株残体在土表越冬。第二年春条件适宜时产生子囊孢子引起初侵染,产生大量分生孢子,借气流传播,进行再次侵染。白粉病病菌对温度和湿度适应范围较广,10~30℃以及25%以上的相对湿度病菌均可侵染发病。分生孢子萌发不需要水滴条件,相反,水滴的存在会使分生孢子因吸水过多而使孢壁破裂。每年5—6月开始发病,9—10月发病率达到高峰。施肥不足或氮肥过多、土壤缺水或低洼排水不良、管理不善、环境荫蔽、光照不足等造成植株生长衰弱,白粉病发生严重。

【防治措施】

1. 加强栽培管理　选用新茬地种植,避免与豆科植物连作及在低洼潮湿地块种植。施肥应以农家肥为主,施用化肥氮磷钾的比例应合理搭配。加强水肥管理;合理密植,注意株间通风透光,增强植株抗病性。

2. 清除田间病残体　收获后彻底清除田间病残体,集中深埋或烧毁,降低越冬菌源基数。

3. 发病初期及时药剂防治　可选用25% 三唑酮可湿性粉剂1 000~1 200 倍液,或62.25% 仙生可湿性粉剂600 倍液,或50% 甲基硫菌灵可湿性粉剂800 倍液。

（**周如军**）

黄连白粉病

黄连白粉病是黄连生产上的重要病害,主要危害叶片致使植株生长衰弱,也能危害果实导致种子歉收,往往造成十分严重的经济损失。

【症状】主要危害叶片,其次危害叶柄和茎。发病初期在叶背面出现圆形或椭圆形黄褐色小斑点,逐渐扩大成病斑。叶表面病斑褐色,长出白粉,并由老叶向新叶蔓延。白粉逐渐布满全株叶片,使叶片慢慢枯死,严重者全株死亡。发病后期,霉层中形成黑色小点,即病菌闭囊壳。

【病原】病原为豌豆白粉菌 *Erysiphe pisi* DC.,属子囊菌亚门白粉菌属真菌(见黄芪白粉病)。

病原还有毛茛耧斗菜白粉菌 *Erysiphe aqulegiae* DC. var. *ranunculi*(Grev.)Zheng et Chen。

菌丝体大多在叶的两面,少数于叶面或叶背,也生叶柄上。分生孢子大多柱形,少数桶柱形。闭囊壳散生至聚生,深褐色,扁球形,直径73~125μm;附属丝5~49根,一般不分枝,大多弯曲,少数近直,呈曲折状或波状,有时近结节状,长度为闭囊壳直径的1~4(~5)倍,上下等粗,有时略粗细不匀,子囊2~11个,卵形或不规则卵形,少数广卵形至近球形,有短柄至近无柄,大小为(40.6~80.0)μm×(26.5~56.3)μm;子囊孢子2~6个,卵状椭圆形、长卵形,带黄色,大小为(16.3~25.4)μm×(8.8~12.7)μm。

【发病规律】该病为气传病害。5月下旬发病,7—8月危害严重,9月以后减轻。不同栽培年限的黄连均可受害,但以三年生以上的黄连受害较重,常造成叶片干枯,以致地上部枯死。在温度较高、通风不良和环境荫蔽时发病较重。

【防治措施】

1. 农业防治　选用抗病品种,增施磷、钾肥,提高植株抗病力;调节荫蔽度,适当增加光照并注意排水。

2. 化学防治　发病初期用庆丰霉素80IU或70%甲基硫菌灵1 000倍液,10%苯醚甲环唑1 000倍液,每隔7~10天喷雾1次,连喷2~3次。

(丁万隆)

防风白粉病

防风白粉病是生产中常见病害,各产区均有危害,常与斑枯病混合发生,造成叶片提早脱落,甚至枯死。

【症状】主要危害叶片及嫩茎。初期在叶片及嫩茎上产生白色近圆形的点状白粉斑,以后逐渐扩大蔓延,全叶及嫩茎被白色粉状物覆盖,即病原菌的分生孢子。后期病叶及茎上散生大量小黑点,即病原菌的有性世代闭囊壳。发病严重时引起早期落叶及茎干枯。

【病原】病原为独活白粉菌 *Erysiphe heraclei* DC.,属子囊菌亚门白粉菌属真菌。菌丝体生于叶的两面,消失至存留。分生孢子近柱形,少数桶形至柱形,(20.3~40.6)μm×(12.7~17.8)μm。闭囊壳散生至近聚生,暗褐色,扁球形,直径75~120μm。附属丝丝状、近二叉状或不规则分枝,(30.0~125.0)μm×(3.8~8.9)μm,表面平滑至微粗糙,0~3个隔膜。子囊近卵形至球形,有或无短柄,(45.7~83.8)μm×(38.1~49.5)μm。子囊孢子2~6个,卵圆至椭圆形,(19.1~27.9)μm×(12.7~16.3)μm(图7-2)。病菌可侵害蛇床、芫荽、胡萝卜、水芹、泽芹等多种植物。

【发病规律】病菌以闭囊壳在病株残体上越冬。次年春温湿度条件适宜时释放出子囊孢子,子囊孢子从寄主表皮直接侵入引起初侵染。发病植株上产生的分生孢子,通过风雨传播,重复侵染频繁。温湿条件与病害发生有密切关系,一般气温在20~24℃、空气相对湿度较高时,最有利于白粉病的发生和流行。栽培管理上如施用氮肥过量,植株徒长,环境荫蔽,田间通风不良时发病也较重。

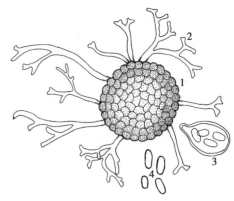

● 图7-2　独活白粉菌
1. 闭囊壳;2. 附属丝;3. 子囊和子囊孢子;
4. 分生孢子

【防治措施】

1. 清理病残体　冬前清除病残体,集中销毁,以减少田间侵染源。病残体沤肥,需充分腐熟后方可施用。

2. 农业防治　与禾本科作物轮作;加强栽培管理,合理密植,增强田间的通风透光,适当增施磷肥、钾肥,避免低洼地种植。

3. 药剂防治　发病初期喷洒0.3~0.5波美度石硫合剂或15%三唑酮可湿性粉剂800倍液,50%多菌灵可湿性粉剂600倍液,12.5%烯唑醇可湿性粉剂2 000~3 000倍液等。以后视病情隔7~10天喷1次,共喷2~3次。

（周如军）

枸杞白粉病

枸杞白粉病发生普遍,主要危害枸杞幼嫩的新梢和叶片,也危害嫩芽、花蕾、花柄和花瓣等,引起叶片干枯或者脱落,降低树势,从而导致枸杞子质量和产量下降。

【症状】枸杞叶片发病后,正反两面常生近圆形或不定形白色粉状霉斑,后扩散至整个叶片,叶片被白粉覆盖,发病后期白粉渐变成淡灰色,病斑上逐渐形成很多黄褐色小颗粒(闭囊壳),最后小颗粒变为黑色。危害严重时,病叶萎缩、变褐枯死,或早期脱落,果粒变得瘦小,造成减产。

【病原】病原为穆氏节丝壳 *Arthrocladiella mougeotii*（Lév.）Vassilk,属子囊菌亚门,白粉菌目,节丝壳属真菌。菌丝体叶两面生,附着器乳头状;分生孢子串生,桶形、柱形,（21.2~29.4）μm×（8.2~12.9）μm;芽管菊苣形;分生孢子梗直立或弯曲,脚胞柱状。病原菌有性世代闭囊壳成熟后暗褐色,直径110.5~168.4μm;附属丝较多,生于闭囊壳的"赤道"部位,长度为闭囊壳直径的0.5~1.8倍,长度为60.4~220.4μm,顶端1~3次二叉或三叉状分枝,第一次分叉接近中部或下部,并在第一次分叉上进行第二次分叉,第二次分叉短且疏松,顶端钝圆或收缩,无色,壁薄（图7-3）。

【发病规律】枸杞白粉病菌主要以闭囊壳在落叶上或黏附在枝梢上越冬。翌年7—8月子囊孢子成熟,借风雨传播,引起初侵染;8月下旬至9月初开始发病,进入发病盛期。分生孢子产生能力强、速度快、侵染力强,可多次重复侵染,10月下旬至11月,形成闭囊壳。

【防治措施】

1. 加强田间管理　合理密植,合理修剪,保证通风透光,并且合理松土和灌溉,降低园区湿度和温度。增施有机肥,避免偏施氮肥,增加土壤有机质,增强树势,提高树体抗病能力。集中清理落叶并销毁。在冬季和春季,结合修剪,剪除病枝,及时摘除病芽和病梢。

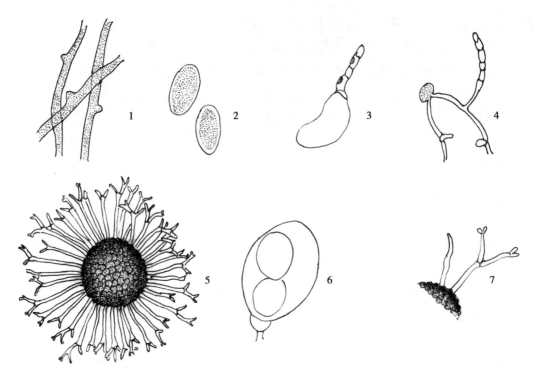

● 图 7-3　穆氏节丝壳

1. 附着器；2. 分生孢子；3. 芽管；4. 分生孢子梗；5. 闭囊壳；6. 子囊和子囊孢子；7. 附属丝

2. **药剂防治**　目前药剂防治仍是防治枸杞白粉病的主要措施。我国目前注册登记防治枸杞白粉病的药剂有 0.5% 香芹酚水剂、1% 蛇床子素微乳剂和 30% 苯甲醚菌酯悬浮剂。在春季枸杞发芽前，喷 1 次 5 波美度石硫合剂或 45% 晶体石硫合剂 20~30 倍液。一般 8—9 月发病初期连续防治 2~3 次，可选择的药剂有 0.5% 香芹酚水剂、1% 蛇床子素微乳剂、30% 苯甲醚菌酯悬浮剂、50% 硫磺悬浮剂、10% 苯醚甲环唑水分散颗粒剂、50% 醚菌酯水分散颗粒剂、30% 吡唑嘧菌酯悬浮剂等。落叶后彻底清扫落叶，全树喷洒 50% 硫悬浮剂 300 倍液或 5 波美度石硫合剂。

（何　嘉）

芍药白粉病

芍药白粉病是芍药生产上的主要病害之一。主要危害芍药叶片，发病后叶片覆盖一层白粉，严重影响叶片的光合作用，使芍药的药材产量下降。

【症状】主要危害芍药的叶片。发病初期，叶片正面和背面产生近圆形的小霉斑，以后逐渐扩大成边缘不明显的连片的白色霉斑，随后白色霉斑布满整个叶片。后期在霉斑上产生黄褐色至黑褐色的小黑点，即病原菌闭囊壳。发病严重时叶片干枯死亡。

【病原】病原菌为豌豆白粉菌 *Erysipe pisi* DC. 属子囊菌亚门白粉菌属真菌（见黄芪白粉病）。

【发病规律】病菌主要以闭囊壳和菌丝体在田间芍药病残体上越冬。翌年，条件适宜时释放子囊孢子引起初侵染，气温 25~27℃ 最适宜病菌侵染；病斑产生的分生孢子，随气流传播，不断引起再侵染。白粉病多发生在 6 月初开花以后，气温 20℃ 以上为初发期，随气温升高，7—8 月为盛发期。病害先从植株近地面的叶片开始发生，由下往上、由里往外扩展。

7—8 月雨水充沛、湿度大，发病严重。施氮肥过多，植株枝叶茂密，通风不良，光照不足时发病较重。土壤干旱或灌水过量也有利于发病。

【防治措施】

1. 农业防治

（1）合理施肥：增施磷、钾肥。增施有机肥和农家肥，合理搭配氮、磷、钾肥。能增强植株的抗病力，减轻病害的发生。

（2）合理密植：保证通风透光。

（3）秋后清洁田园：清除植株地上部分和残枝病叶，带出田外集中烧毁深埋，减少越冬菌源基数。

2. 化学防治

（1）秋后清洁田园后，地表喷洒 5 波美度石硫合剂杀灭越冬菌源。

（2）开花前用 50% 多菌灵可湿性粉剂 600 倍液喷施叶面 1~2 次。

（3）发病初期用 70% 甲基硫菌灵可湿性粉剂 1 000 倍液、25% 三唑酮可湿性粉剂 800~1 000 倍液或 25% 丙环唑乳油 2 500 倍液喷雾防治，7~10 天 1 次，连续喷雾 2~3 次。以上药剂可以交替使用，延缓抗药性。喷雾时叶片正反面和植株附近的地面都要喷到。

（朱键勋）

金银花白粉病

白粉病是金银花上常见的病害，全国各种植区广泛发生，危害严重。

【症状】主要危害叶片，有时也危害茎和花。叶上病斑初为白色小点，后扩展为白色粉状斑，直至整片叶布满白粉层，后期病部生出黑色小点，严重时叶发黄变形甚至落叶；茎上病斑褐色，不规则形，上生有白粉；花扭曲，严重时脱落。

【病原】病原为忍冬叉丝壳 *Microsphaera lonicerae*（Dc.）Wint. in Rabenh.，属子囊菌亚门，白粉菌目，叉丝壳属真菌。闭囊壳散生，球形，深褐色，大小 65~100μm。具 5~15 根附属丝，长 55~140μm，无色，无隔或具 1 隔膜，3~5 次双分叉。子囊 3~7 个，卵形至椭圆形，大小（34~58）μm×（29~49）μm。子囊孢子 2~5 个，椭圆形，大小（16.3~25）μm×（8.8~16.3）μm（图7-4）。

【发病规律】病菌以闭囊壳在病残体上越冬。翌年闭囊壳释放子囊孢子进行初侵染，发病后病部产生的分生孢子进行再侵染。高温高湿或植株间荫蔽易发病。施用氮肥过多，干湿交替发病重。

【防治措施】

1. 选用抗病品种　因地制宜选用抗病品种，从源头把控。

2. 加强栽培管理　合理密植，及时修剪，注意通风透光；科学施肥，增施磷、钾肥，提高植株抗病力；适时灌溉，雨后及时排水，降低湿度。

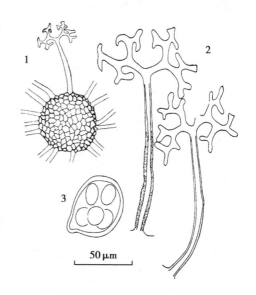

● 图 7-4　忍冬叉丝壳
1. 闭囊壳；2. 附属丝；3. 子囊和子囊孢子

3. 药剂防治　发病初期喷洒 50% 胶体硫 100g 兑水 20kg 或 15% 三唑酮可湿性粉剂 2 000 倍液，7 天喷 1 次，连喷 2~3 次。

（蒲高斌）

五味子白粉病

五味子白粉病是五味子主要病害之一，近年来在辽宁、吉林、黑龙江等五味子主产区均有发生危害，以幼叶和幼果受害对五味子影响最大。

【症状】主要危害五味子的叶片、果实和新梢，其中以幼叶、幼果危害最为严重。往往造成叶片干枯，新梢枯死，果实脱落。叶片受害初期，叶背面出现针刺状斑点，逐渐上覆白粉，为病菌菌丝体、分生孢子和分生孢子梗，严重时扩展到整个叶片，病叶由绿变黄，向上卷缩，枯萎而脱落。幼果发病先从靠近穗轴开始，严重时逐渐向外扩展到整个果穗；病果出现萎蔫、脱落，在果梗和新梢上出现黑褐色斑。发病后期在叶背的主脉、支脉、叶柄及新梢上产生大量小黑点，为病菌的闭囊壳。

【病原】病原为五味子叉丝壳 *Microsphaera schizandrae* Sawada，属子囊菌亚门叉丝壳属真菌。病部的白色粉状物即为病菌的菌丝体、分生孢子及分生孢子梗。菌丝体于叶两面生，也生于叶柄上；分生孢子单生，无色，椭圆形、卵形或近柱形，（24.2~38.5）μm ×（11.6~18.8）μm。闭囊壳散生至聚生，扁球形，暗褐色，直径 92~133μm。附属丝 7~18 根，多为 10~14 根，长 93~186μm，为闭囊壳直径的 0.8~1.5 倍，基部粗 8.0~14.4μm，直或稍弯曲，个别曲膝状，外壁基部粗糙，向上渐平滑，无隔或少数中部以下具 1 隔，无色，或基部、隔下浅褐色，顶端 4~7 次双分叉，多为 5~6 次。子囊 4~8 个，椭圆形、卵形、广卵形，（54.4~75.6）μm ×（32.0~48.0）μm。子囊孢子（3~）5~7 个，无色，椭圆形、卵形，（20.8~27.2）μm ×（12.8~14.4）μm（图 7-5）。

【发病规律】病菌以菌丝体、子囊孢子和分生孢子在田间病残体内越冬。次年 5 月中旬至 6 月上旬，平均温度回升到 15~20℃，田间病残体上越冬的分生孢子开始萌动，借助降雨和结露，分生孢子开始萌发，侵染植株，田间病害始发。7 月中旬为分生孢子扩散的高峰期，病叶率、病茎率急剧上升，果实大量发病。10 月中旬气温明显下降，五味子叶片衰老脱落，病残体散落在田间，病残体上所携带的病菌进入越冬休眠期。枝蔓过密、徒长、氮肥施得过多和通风不良的环境条件都有利于此病的发生。

【防治措施】

1. 加强栽培管理　注意枝蔓的合理分布，通过修剪改善架面通风透光条件。适当增加磷、钾肥的比例，以提高植株的抗病力，增强树势。

2. 清除田间病残体　萌芽前清理病枝、病叶，发病初期及时剪除病穗，拣净落地病果，集中烧毁或深埋，减少病菌的侵染来源。

3. 发病初期及时进行药剂防治　发病初期可选用 25% 三唑酮可湿性粉剂 800~1 000 倍

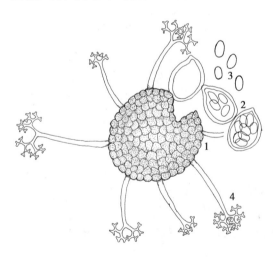

● 图 7-5　五味子叉丝壳
1. 闭囊壳；2. 子囊；3. 子囊孢子；4. 附属丝

液,或 50% 硫磺悬浮剂 400~500 倍液,或 15% 三唑酮乳油 1 500~2 000 倍液喷雾,或 25% 嘧菌酯水悬浮剂 1 500 倍液,或 50% 醚菌酯干悬浮剂 3 000~4 000 倍液喷雾,隔 7~10 天喷 1 次,连喷 2 次。

（周如军）

第二节　叶斑类病害

药用植物叶片上产生的枯死斑点,总称为叶斑病。是一种发生最为普遍的病害,发生轻重不一,危害严重者也可造成毁灭性危害。

药用植物叶斑类病害种类很多,危害较重的有白术斑枯病、龙胆斑枯病、地黄斑枯病、柴胡斑枯病、玄参斑枯病、芍药叶斑病、白芷斑枯病、当归斑枯病、忍冬褐斑病、菊花黑斑病、人参黑斑病、西洋参黑斑病和三七黑斑病等。

叶斑病主要是叶片发病,有的病害也能危害嫩梢或果实,形成枯死斑点。由于病原菌和寄主植物不同,所以病斑的形状、大小、颜色也有差异,有圆斑、轮纹斑、角斑或病斑破裂脱落成为孔洞（穿孔斑）;也有的病斑相互连接而成大斑。病斑颜色有褐色、灰褐色或红褐色。还有的病斑周围有黄色晕圈。发病后期,潮湿的条件下都能长出不同类型的菌组织,有的是灰色或灰绿色霉状物,有的是小黑点。小黑点有的多,有的少,也有的排列成轮纹斑。

叶斑病是真菌病害,病原菌属于半知菌亚门。其中斑枯病由壳针孢属（*Septoria*）真菌引起,病斑上产生小黑点,是发生普遍、危害严重的一类病害。黑斑病或叶枯病由链格孢属（*Alternaria*）真菌引起,病部会产生黑褐色霉层。褐斑病主要由尾孢属（*Cercospora*）属真菌引起,病斑上会长出灰褐色霉状物。

叶斑类病菌,是以菌丝和分生孢子器在病叶或病枝上越冬。第二年春季,释放分生孢子随风雨传播引起初侵染。病菌分生孢子萌发后,先侵染下部叶片,然后逐渐向上蔓延。在雨水多、缺肥、管理粗放、植株生长衰弱的情况下发病较重。氮肥施用过多,植株幼嫩茂密的地块发病也重。

防治这类病害,除在收获后彻底清除病残体外,还要注重轮作,合理施肥,加强田间管理等。并在发病初期配合喷药防治,如多菌灵、甲基硫菌灵、代森锰锌和波尔多液等。

一、斑枯病

斑枯病症状及病原

龙胆斑枯病

龙胆斑枯病是龙胆最重要的病害,主要分布在我国辽宁省、吉林省、黑龙江省。该病发生普遍,秋季发病率接近 100%,所造成的产量损失率在 20% 以上。

【症状】龙胆斑枯病主要危害叶片,初期叶面出现蓝黑色小晕圈,以后在晕圈的中心出现褐色病斑,随着病斑扩大,病斑中央颜色变浅,随后叶两面着生黑色小点即分生孢子器,分生孢子器多着生在叶片正面,严重时病斑汇合,整个叶片枯死。通常龙胆植株下部叶片先发病,逐渐向上部蔓延。

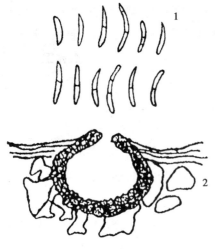

● 图7-6 龙胆壳针孢
1. 分生孢子;2. 分生孢子器

【病原】病原有小孢壳针孢 *Septoria microspora* Speg.、龙胆壳针孢 *S. gentianae* Thum.、*S. gentianicola* Baudys et Picb.。其中 *S. microspora* Speg. 危害性最强,是主要病原菌。属于半知菌亚门,球壳孢目,壳针孢属真菌(图7-6)。

S. microspora Speg. 病斑生于叶上,圆形或近圆形,病斑褐色,中央色稍浅;分生孢子器近球形,直径65.0~100.0μm,器壁褐色膜质,有长喙,喙通向叶面;产孢细胞(7~10)μm×(4~8)μm,产孢方式为全壁芽生合轴式;分生孢子小,且分生孢子针形,两端尖,1~7个分隔,以4个分隔居多,大小(25~37.5)μm×(1.2~1.5)μm。

S. gentianae Thum. 病斑红褐色,典型圆形,一般不相互愈合,有轮纹;分生孢子器近球形,直径61.0~85.0μm,器壁褐色膜质;产孢细胞(6~8)μm×(4~6)μm,产孢方式为全壁芽生合轴式;分生孢子针形,基部较钝,0~2个分隔,(21.5~31.5)μm×(2~3)μm。

S. gentianicola Baudys et Picb. 病斑灰褐色,病斑较大;分生孢子器近球形,直径65~107.5μm,器壁褐色膜质;产孢细胞(8~13)μm×(3~8)μm,产孢方式为全壁芽生合轴式;针形或梭形,两端尖,3个分隔,(27.5~35)μm×3μm。主要侵染条叶龙胆和三花龙胆。

【发病规律】病菌以菌丝体或分生孢子器在种苗和病叶中越冬。翌年春季,分生孢子借风雨传播引起初侵染,病斑上产生大量的分生孢子,不断地引起再侵染。导致龙胆叶片自下而上逐渐发病,发病严重时叶片枯死。雨水飞溅是田间病害传播的主要方式,而带病种苗调运是病害远距离传播的主要途径。

在辽宁、吉林、黑龙江的不同地区,龙胆4月下旬至5月上旬出苗,至10月上旬地上部分自然枯萎。每年的5月下旬至6月上旬,为龙胆斑枯病始发期,7月中旬至8月中旬的雨季为盛发期,9月初至9月末为秋后慢发期,10月随着温度下降植株枯萎,病菌进入越冬休眠期。

龙胆斑枯病由于有多次再侵染,在短期内病情迅速蔓延,引起病害流行,在流行类型上属于典型复利病害,二年生龙胆病害的流行曲线为:

$$y=95.05/(1+98\,603.13e^{-1.748t})$$

其中,y 为病情指数,t 以15天为1个单位。

龙胆斑枯病菌喜高温、高湿,而龙胆植株在遮光条件下生长良好,20~28℃的较高温度、高湿多雨季节和全光下栽培有利于病害的发生和流行。龙胆覆盖遮阳网,斑枯病发病时间较裸地栽培约晚15天,发病率低。

优质健壮种苗作种栽可以使龙胆生长健壮,提高抗病能力,使龙胆发病减轻。较高的栽培密度、与高秆作物间作,龙胆斑枯病较轻。龙胆喜阴,怕烈日暴晒,适当增加种植密度,使龙胆植株个体之间相互遮阴,在龙胆栽培地套种或间种玉米等高大作物,也可为龙胆遮阴,形成适宜龙胆生长的田间小气候,使龙胆病害发生减轻。龙胆在秋季移栽有利于龙胆成活和生长,龙胆斑枯病发生较春季移栽轻。龙胆不同种之间抗病性存在明显差异,以条叶龙胆抗病性最强,发病轻。轮作可减轻龙胆病情。龙胆连作,田间病原菌逐年积累,斑枯病会越来越重,龙胆栽培地以前茬作物为玉米的地块发病比前茬作物为龙胆的地块轻。

【防治措施】

1. 农业措施

(1)选用抗病品种:龙胆不同种之间抗病性存在明显差异,以条叶龙胆抗病性强,发病轻。而粗糙龙胆叶薄,表面粗糙,病原菌孢子易附着和侵入,因此,粗糙龙胆发病重,但因其产量高,在生产上以栽培粗糙龙胆为主。

(2)种苗选择:龙胆种苗分三级,选用一、二级种苗,龙胆病害发生较轻。

(3)移栽时间:龙胆栽培常采用育苗移栽,第一年育苗,在当年秋季移栽或第二年春季移栽。秋季移栽,龙胆在第二年定植快,生长健壮,抗病性强。

(4)种植密度:种植密度相对较高时龙胆发病轻,种植密度低发病重。

(5)轮作和间作:龙胆要与禾本科作物进行 3 年以上的轮作。轮作可避免病原菌在田间积累,使病情明显减轻。

(6)清园:秋季枯苗后,用刀割除地上部分,深埋或烧毁,减少越冬病原菌。

2. 化学防治

(1)土壤消毒:育苗前常规进行翻耕,整平,耙细,去除杂物,播前浇透水,用多菌灵 500~600 倍液喷洒床面 2 次,两次间隔 24 小时。

(2)种子处理:可用蛇床子乙醇提物 0.1g/ml(每毫升含 0.1g 生药),也可选用 40% 嘧霉胺悬浮剂 500 倍液、3% 多抗霉素 300 倍液、70% 甲基硫菌灵可湿性粉剂稀释 300 倍液、10% 苯醚甲环唑水分散颗粒剂 1 000 倍液或 70% 代森锰锌可湿性粉剂 5 000 倍液。这些药物都是有效的,每次用不同的药剂可以降低病原菌的抗药性。也可将龙胆种子浸入 30% 乙醇溶液中 10 秒左右,再放入配制好的农药中半小时后取出。可以杀死龙胆种子所带病原菌,并且对种子的发芽率没有影响。

(3)种苗处理:选用 40% 嘧霉胺悬浮剂 800 倍液、50% 醚菌酯 800 倍液、70% 代森锰锌可湿性粉剂 400 倍液、70% 甲基硫菌灵可湿性粉剂 600 倍液、10% 苯醚甲环唑水分散粒剂 1 000 倍液。种苗移栽前用农药配制的药液浸泡 4 小时后移栽。

(4)田间化学防治:可选用 70% 甲基硫菌灵可湿性粉剂 600 倍液、70% 代森锰锌可湿性粉剂 400~600 倍液,25% 丙环唑 1 000 倍液、68% 精甲霜·锰锌 400 倍液、40% 嘧霉胺悬浮剂 1 000 倍液、10% 苯醚甲环唑水分散粒剂 1 000 倍液。用喷雾器施药,喷药时间可以选在傍晚,整个植株都要喷上药液,包括叶的背面,植株周围的地上也喷药。一般 6 月初 1 次,7 月 2 次,8 月 3~4 次。发病期每 7~10 天用药 1 次。用药后下雨要重新用药。采收前 20 天禁止用药。

(孙海峰)

白术斑枯病

斑枯病又称"铁叶病",是一种在白术产区普遍发生的重要叶部病害,引起叶片早枯,导致严重减产。

【症状】主要危害叶片,严重时危害茎部。病害初期叶片生黄绿色小病斑,大多自叶尖向叶缘

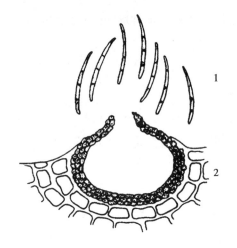

● 图 7-7　白术壳针孢
1. 分生孢子；2. 分生孢子器

往内扩展成一阔斑,因叶脉所限呈多角形或不规则形,颜色暗褐至黑色,中央为灰白色,上生小黑点。严重时病斑布满全叶,呈铁黑色,叶片发病由下向上扩展,茎和苞片也产生类似的褐斑。

【病原】病原为白术壳针孢 *Septoria atractylodis* Yu et Chen.,属半知菌亚门壳针孢属真菌。分生孢子器呈球形或扁球形,暗褐色,表生或生于叶片的两面,大小为（70~100）μm×（60~80）μm。分生孢子线形,弯或直,无色,一般 0~7 个分隔（图 7-7）。

【发病规律】病菌主要以分生孢子器和菌丝体在病残体及地表土壤中越冬,成为次年病害的初侵染源。第二年春天分生孢子器遇雨释放分生孢子,分生孢子借风雨传播,从气孔侵入进行初侵染;病斑上产生新的分生孢子,引起再侵染,循环往复,扩大蔓延。远距离传播由种子带菌造成,而近距离传播的主要途径是雨水飞溅,此外昆虫和农事操作也会引起传播。此病害发生期长,流行需要高温高湿。

【防治措施】

1. 加强田间管理　选择较干燥、排水良好的土地合理密植和轮作,减少越冬菌源;及时剪除病叶,带出田地烧毁;施足底肥,多施有机肥、磷肥及钾肥,促进白术苗苗壮生长,增强植株抗病性。

2. 清除病残体　收获后及时彻底清除田间病株残体,减少初侵染源。

3. 药剂防治　播种前将种子浸泡在 50% 代森锰锌 500 倍液中 2~3 分钟;发病初期用 50% 多菌灵可湿性粉剂 800~1 000 倍液、50% 甲基硫菌灵悬浮剂 800 倍液或 1∶1∶200 波尔多液等药剂进行防治,间隔 10~15 天再喷施 1 次,视病情防治 2~3 次。注意喷药要均匀,叶片正反面均应喷到。

（范慧艳）

地黄斑枯病

地黄斑枯病是危害地黄叶部较严重的病害之一,发生普遍,给地黄的产量和品质造成较大影响。

【症状】主要危害叶片。叶上病斑圆形、近圆形或椭圆形,直径 2~12mm。初期病斑为黄绿色,或中央色稍淡,边缘呈淡绿色。后期病斑呈黄褐色,较大,边缘不明显,无同心轮纹,上生黑色小颗粒,为病原菌的分生孢子器。严重时病斑汇合,叶折卷,引起植株叶片干枯。

【病原】病原为地黄壳针孢 *Septoria digitalis* Pass.,属半知菌亚门壳针孢属真菌。分生孢子器黑色,球形,有孔口。分生孢子无色,线性,多细胞（图 7-8）。

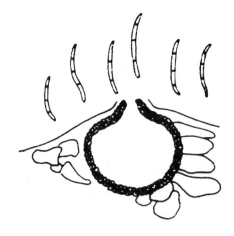

● 图 7-8　地黄壳针孢

【发病规律】病菌以分生孢子器随着病残体在土壤中越冬。翌年温湿度条件适宜时,分生孢子器遇水释放出大量的分生孢子,分生孢子随水滴飞溅传播,侵染叶片引起初侵染。病斑上产生新的分生孢子器和分生孢子引起再侵染,再侵染频繁导致病害扩大蔓延。一般 5 月中旬开始发生,7—9 月为发病盛期,以后逐渐减少。雨后高温高湿有利于地黄斑枯病发生。

【防治措施】

1. 农业措施 地黄收获后及时清除田间残叶,集中处理病残体;合理密植,保持植株间通风透光;雨季及时排水;合理施肥,增施磷、钾肥,提高植株抗病力;选栽抗病品种等。

2. 化学防治措施 发病初期摘除病叶,并选用 50% 多菌灵 600 倍液,50% 代森锰锌 500 倍液,或 1∶1∶150 波尔多液等药剂喷雾 2~3 次,间隔 10~15 天。

(吴廷娟)

白芷斑枯病

白芷斑枯病是白芷产区常年发生的一种叶斑病,又称白斑病,通常发病率在 30% 以上。

【症状】主要危害叶片。病菌先侵染外部叶片,逐渐向内部扩展。初侵染时,叶面出现暗绿色斑点,后形成白色病斑,并向外扩展,由叶脉阻断,形成多角形,最终遍布全叶,叶片枯萎下垂、干枯。后期病斑上密生很多小黑点,即病菌的分生孢子器。

【病原】病原为白芷壳针孢 *Septoria dearnessii* Ell. et Ev.,属半知菌亚门,球壳孢目,壳针孢属真菌。分生孢子器黑褐色,圆形或扁圆形,初埋生,后微突破表皮。分生孢子线性,正直或弯,两端略尖或钝圆,具 1~3 个隔膜。病菌生长和产孢温度范围为 10~35℃,最适温度为 25℃;最适 pH 为 5~7(图 7-9)。

【发病规律】病原菌以分生孢子器随病叶在留种株上越冬。第二年春季,分生孢子器释放分生孢子,随气流传播,引起初侵染。叶面上有水分,分生孢子萌发芽管,从表皮细胞或气孔穿透侵入寄主。菌丝在寄主细胞内蔓延,并产生分生孢子器和分生孢子,进行再侵染。在 5 月发病,随田间密度和湿度增大,危害也不断加重。一般土壤肥沃、水肥条件好的地块发病较轻。

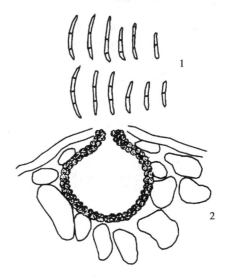

● 图 7-9 白芷壳针孢
1. 分生孢子;2. 分生孢子器

【防治措施】

1. 清理病残体 减少初侵染源,及时清理田间病残体,对病残体进行深埋或烧毁。

2. 加强田间管理 选取土壤肥沃的沙质土壤,施肥足量,浇水适量,避免大水漫灌,雨季需要及时排水,防治田间出现高湿小气候。

3. 药剂防治 及时喷施农药,合理混用或轮用。选用 50% 多菌灵可湿性粉剂 800~1 000 倍液、1∶1∶200 波尔多液等药液防治,防治 2~3 次。

(范慧艳)

玄参斑枯病

【症状】主要危害叶片。在叶片上形成灰白色大型病斑,呈多角形、圆形或不规则形。病斑有时被叶脉分割成网状,边缘紫褐色。病斑上散生许多小黑点,即病原菌分生孢子器。病斑大小为0.5~2.0cm。严重时,病斑相互汇合成不规则形大斑,最后全叶枯死。

【病原】病原为玄参壳针孢 *Septoria scrophulariae* West.,属半知菌亚门壳针孢属真菌。病原分生孢子针形,无色透明,微弯,基部倒圆形,顶端略尖,3~4个隔膜,大小为(26~49)μm×(3.0~3.3)μm(图7-10)。

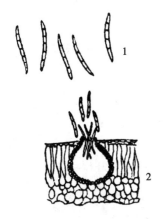

● 图7-10 玄参壳针孢
1. 分生孢子;2. 分生孢子器

【发病规律】病菌以分生孢子器在病叶上越冬,成为翌年发病的初侵染源。条件适宜时,产生分生孢子借风雨传播,进行再侵染,在25℃经6小时,分生孢子形成芽管侵入玄参。潜育期随气温升高而缩短。于4月中旬开始发病,6—8月较重,一直延续至10月。高温多湿有利于发病;发病轻重还与土质、施肥情况、管理条件等因素有关。管理及时、肥力足,植株生长健壮,发病轻;反之则重。

【防治措施】

1. 及时清洁田园 处理病残体,减少初侵染源。玄参收获后,及时将田间病残体带出田外进行深埋或烧毁,可大幅度减少越冬菌源。

2. 加强田间管理 进行合理轮作,减少越冬菌源;合理密植,改善田间小环境,降低田间湿度,创造通风透光条件;及时剪除田间病叶,带出田外深埋或烧毁;加强水肥管理,施足底肥,多施有机肥、磷肥和钾肥,促进幼苗生长健壮,提高植株抗病性。

3. 药剂防治 发病初期用50%多菌灵可湿性粉剂600~800倍液、50%甲基硫菌灵悬浮剂800倍液等药剂进行防治,5~7天1次,视病情防治2~3次。注意喷药要均匀,叶片正反面均要喷到。

（王　智）

柴胡斑枯病

斑枯病是柴胡生产中的主要叶部病害之一。在甘肃省干旱地区种植的北柴胡上发生普遍,且较严重。

【症状】叶片、茎秆均受害。叶部产生直径为1~2.5mm的近圆形、椭圆形、半圆形小病斑,边缘紫褐色,稍隆起,中部黄褐色、灰褐色,后变灰白色。叶片病斑的正背面均可产生黑色小颗粒,即病菌的分生孢子器。有些病斑自叶尖向下扩展呈"V"形,有些沿叶缘发生,造成中脉一侧枯死。发病严重时,病斑相互汇合,引起叶片枯死。

【病原】病原为柴胡壳针孢 *Septoria bupleuricola* Sacc.,属半知菌亚门壳针孢属真菌。分生孢子器近球形、球形,黑褐色,直径56.5~83.5μm(平均68.1μm),高52.9~74.1μm(平均63.9μm)。分生孢子针形,基部较圆,顶部较细、无色,有些稍弯曲,具1~3隔膜,大小(12.9~25.9)μm×(1.2~2.9)μm(平均20.0μm×1.9μm)。内有顺序排列的小油珠(图7-11)。

【发病规律】病菌以菌丝体和分生孢子器随病残体在地表及土壤中越冬。来年初夏以分生孢子借风雨传播进行初侵染，有再侵染。8 月为发病盛期，病害多在高温多雨季节流行。

【防治措施】

1. 处理病残　收获后彻底清除病残组织，集中烧毁或沤肥。

2. 加强栽培管理　与麦类等作物实行 3 年以上轮作。

3. 化学防治　发病初期喷施 50% 多菌灵可湿性粉剂 600 倍液、70% 甲基硫菌灵可湿性粉剂 700 倍液、10% 苯醚甲环唑水分散颗粒剂 1 800 倍液、78% 波尔·锰锌可湿性粉剂 600 倍液及 70% 丙森锌可湿性粉剂 600 倍液。

10 μm

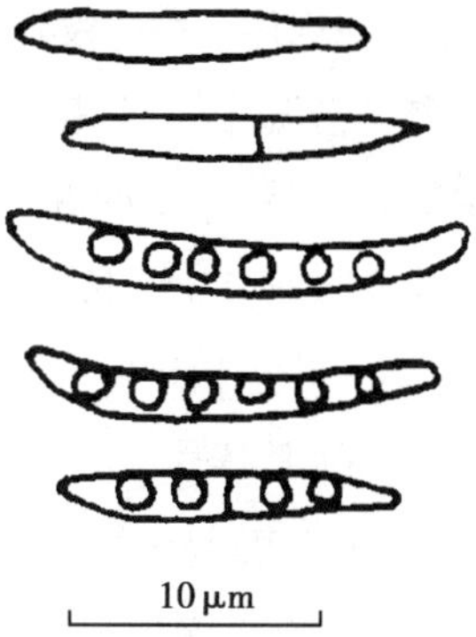

● 图 7-11　柴胡壳针孢分生孢子

（王　艳）

防风斑枯病

斑枯病是防风生产上常见的一种叶斑病，辽宁、吉林、黑龙江、内蒙古等主产区均有发生危害，一般发病率 20%~40%，严重时可达 100%，严重影响防风的品质和产量。

【症状】主要危害叶片。发病初期叶面上生褐色小斑点，病斑圆形或近圆形，直径 2~5mm，褐色，边缘深褐色，上生小黑点，即病原菌的分生孢子器。病情严重时，病斑连片干枯。该病秋季发生较普遍。

【病原】病原为防风壳针孢 *Septoria saposhnikoviae* G. Z. Lu et J. K. Bai，属半知菌亚门壳针孢属真菌。分生孢子器生于叶片两面，分散或聚集埋生于寄主表皮下，初埋生，后突破表皮，孔口稍外露，球形至近球形，淡褐色，直径 65~169μm，高 60~110μm，器壁膜质，淡褐色，内壁无色，形成产孢细胞。分生孢子针形，基部钝圆，无色透明，正直或微弯，顶端略尖，1~4 个隔膜，多数 3 个隔膜，大小为（20.0~45.0）μm ×（1.5~2.5）μm（图 7-12）。

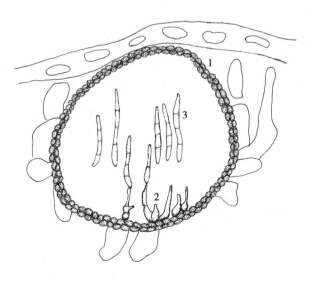

● 图 7-12　防风壳针孢

1. 分生孢子器；2. 产孢细胞；3. 分生孢子

【发病规律】病菌以分生孢子器在病残体上越冬,翌年产生孢子引起初侵染。病斑上产生的分生孢子借风、雨和农事操作传播,引起再侵染,条件适宜,一个生长季节可发生多次再侵染。潮湿、多雨的天气有利于病害发生。植株过密、施氮肥过多和通风不良环境条件都有利于病害发生。在东北地区一般6月下旬始发,7—8月为发病盛期。

【防治措施】

1. 清理病残体　冬前清除田间病残体,集中烧毁,减少越冬菌源。

2. 发病初期及时进行药剂防治　可喷施50%多菌灵可湿性粉剂500倍液,或50%万霉灵可湿性粉剂600倍液,或77%可杀得可湿性粉剂500倍液,或80%代森锰锌可湿性粉剂600倍液,或70%代森锰锌可湿性粉剂500倍液。

（周如军）

党参斑枯病

党参斑枯病是党参种植中的主要叶部病害,在甘肃省渭源县、陇西县、兰州市普遍发生,而在重庆市巫山、巫溪、奉节等县零星发生。

【症状】叶面形成小型(3~6mm)多角形、圆形、近圆形褐色病斑。边缘紫褐色、深褐色,中部淡褐色至灰白色,有不明显的轮纹,病斑周围常有黄色晕圈。后期在病斑中部产生黑色小颗粒,即病菌的分生孢子器。

【病原】病原为党参壳针孢 Septoria codonopsidis Ziling,属半知菌亚门,球壳孢目,壳针孢属真菌。分生孢子器叶两面生,黑褐色,扁球形、近球形,直径53.8~76.6μm(平均64.1μm),高40.3~62.7μm(平均55.3μm)。分生孢子无色,针形、线状,直或弯曲,基部较圆,顶部细,具1~4隔膜,大小(15.3~38.8)μm×(0.9~1.2)μm(平均26.1μm×1.1μm)。

【发病规律】病菌以菌丝体及分生孢子器随病残体在地表及土壤中越冬。翌年条件适宜时,以分生孢子器吸水释放分生孢子进行初侵染。孢子借风雨传播,再侵染频繁,10~27℃时只要有水膜就可侵染。多雨、露时发病严重,植株密度大发病亦重。8—9月上旬为发病盛期。

【防治措施】

1. 清洁田园　收获后彻底清除田间病残体,集中处理,减少初侵染来源。

2. 加强栽培管理　合理栽植,不可过密,以利通风透光;增施磷、钾肥,提高寄主抗病力。

3. 化学防治　发病初期喷施50%多菌灵可湿性粉剂600倍液、10%苯醚甲环唑水分散颗粒剂1 500倍液、30%氧氯化铜悬浮剂800倍液、78%波尔·锰锌可湿性粉剂600倍液。

（王　艳）

当归斑枯病

又名当归褐斑病,是危害当归地上部的一种病害。是当归生产中的主要病害之一。在我国当归种植区均有分布,在陕西省太白县、陇县、凤县、平利县,以及甘肃省的岷县、渭源县和漳县均严重发生。

【症状】叶片、叶柄均受害。叶面初生褐色小点,后扩展呈多角形、近圆形红褐色斑点,大小1~3mm,边缘有褪绿晕圈。后期有些病斑中部褪绿变灰白色,其上生有黑色小颗粒,即病菌的分生孢子器。病斑汇合时常形成大型污斑,有些病斑中部组织脱落形成穿孔,发病严重时,全田叶片发褐、焦枯。

【病原】病原为峨参壳针孢 *Septoria anthrisci* Pass. & Brunaud,属半知菌亚门壳针孢属真菌。分生孢子器扁球形、近球形,黑褐色,直径 67.2~103.0μm(平均 84.5μm),高 62.7~89.6μm(平均 78.1μm)。分生孢子针状、线状,直或弯曲,无色,端部较细,隔膜不清,大小(22.3~61.2)μm×(1.2~1.8)μm(平均 44.2μm×1.7μm)(图 7-13)。

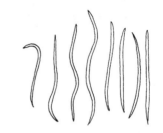

【发病规律】病菌以菌丝体及分生孢子器随病残组织在土壤中越冬。翌年,以分生孢子引起初侵染。生长期产生的分生孢子,借风雨传播进行再侵染。温暖潮湿和光照不足有利于发病。一般 5 月下旬开始发病,7—8 月发病加重,并延续至收获期。病原基数大、湿度大发病重。甘肃省岷县、渭源县和漳县均严重发生,发病率 75%~100%,严重度 2~3 级。

● 图 7-13　峨参壳针孢分生孢子

【防治措施】

1. 清洁田园　彻底清理病残组织。初冬彻底清除田间病残体,减少初侵染源。

2. 加强栽培管理　采用垄作栽植,合理密植,增加田间的通风透光等调控措施减缓病情扩展;发病初期,及时摘除病叶结合喷施高效低毒的杀菌剂等措施防治病害流行。

3. 化学防治　发病初期喷施 70% 丙森锌可湿性粉剂 200 倍液、70% 甲基硫菌灵可湿性粉剂 600 倍液和 10% 苯醚甲环唑水分散粒剂 600 倍液,防效均可达 71% 以上,并且具有较好的增产作用。一般 7~10 天喷施 1 次,连续喷 2~3 次,交替使用药剂。

（王　艳）

二、黑斑病和叶枯病

黑斑病症状及病原

人参、西洋参黑斑病

黑斑病是人参、西洋参生产中最为重要的叶部病害之一,发生普遍,危害严重。美国、加拿大以及我国的参业生产中均有发生危害。环境条件适宜时,黑斑病发病迅速,可在很短时间传遍参园。发病率一般在 20%~30%,严重时可达 80% 以上。造成早期落叶,致使参籽、参根的产量低、品质差。

【症状】主要危害叶片,也可危害茎、花梗、果实等,以叶片和茎秆危害为主。叶片上病斑近圆形或不规则形,黄褐色至黑褐色,稍有轮纹,病斑多时常导致叶片早期枯落。茎上病斑椭圆形,黄褐色,向上、下扩展,中间凹陷变黑,上生黑色霉层,致使茎秆倒伏,参农俗称"疤拉杆子"。花梗发病后,花序枯死,果实与籽粒干瘪,果实受害时,表面产生褐色斑点,果实逐渐抽干,果实干瘪,提早脱落,俗称"吊干籽"。被害种子起初表面米黄色,逐渐变为黄褐色或褐色。

【病原】病原为人参链格孢 *Alternaria panax* Whetz.,属半知菌亚门,丝孢纲,丛梗孢目,链格孢属真菌。分生孢子梗 2~16 根束生,褐色,顶端色淡,基部细胞稍大,不分枝,直或稍具 1 个膝状节,1~5 个隔膜,大小为(16~64)μm×(3~5)μm。分生孢子单生或串生,长椭圆形或倒棍棒形,黄褐

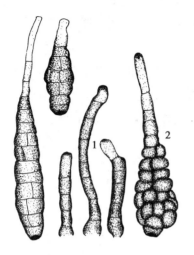

● 图7-14 人参链格孢
1. 分生孢子梗；2. 分生孢子

色,有横竖隔膜,隔膜处稍有缢缩,顶部具稍短至细长的喙,色淡（图7-14）。该病菌主要侵染五加科植物人参属药用植物。

【发病规律】病原菌以菌丝体和分生孢子在病残体、参籽、宿根、参棚及土壤中越冬。在东北,5月中旬至6月上旬开始发病,7—8月发展迅速。病斑上形成的大量分生孢子可借风雨、气流飞散,在生育期内反复地引起再侵染,直至9月上旬。降雨量和空气湿度是人参黑斑病发生发展和流行的关键因素。根据多年的调查分析,已初步明确了预测黑斑病流行的气象指数。

1. 当田间平均气温达15℃,如果连续两天降雨,降雨量在10mm以上,相对湿度在65%以上时,5~10天后参棚将出现首批病斑。

2. 田间平均气温在15℃以上,6月中旬降雨量在40mm以上;7—8月平均气温在15~22℃,降雨量130mm以上,当年病害发生严重。

3. 7月中旬,田间病情指数达到25~40,旬降雨量超过80mm,相对湿度在85%以上,平均气温15~25℃,病害将大流行。

【防治措施】

1. 加强田间管理　保持棚内良好的通风条件,夏季减少光照。做好秋季参园清理工作,将带菌的床面覆盖物清除烧毁。春、秋季畦面以0.3%硫酸铜或高锰酸钾进行消毒。施肥时注意氮、磷、钾的比例,可适当提高磷、钾肥的比例,控制氮肥,特别是铵态氮肥的施入。

2. 选用无病种子,实行种子和参苗消毒　种子用多抗霉素200mg/kg或50%代森锰锌可湿性粉剂1 000倍液浸泡24小时,或按种子重量的0.2%~0.5%拌种。移栽时用多抗霉素200mg/kg或50%异菌脲可湿性粉剂400倍液浸泡参根1小时,晾干后定植。

3. 及时清除田间病株　生长期间发现病株,应及时清除,集中销毁,对严重病区可喷50%异菌脲可湿性粉剂500倍液。

4. 苗床消毒及药剂防治　参苗出土后,要及时喷药预防,特别是对老病区,出苗前以0.3%硫酸铜喷施,展叶期喷50%代森锰锌可湿性粉剂800倍液、多抗霉素100~200mg/kg或58%甲霜·锰锌可湿性粉剂800倍液等药剂,每隔7~10天喷1次。轮换使用,以防产生抗药性。

（周如军）

三七黑斑病

三七黑斑病是我国三七生产中主要的病害之一,分布广,危害重。早在1964年就大面积发生过,至今仍未得到有效控制。一般发病率为20%~35%,严重时达90%。近年来,随着化肥和农药的大量施用,以及规范化种植与常见病虫害综合防治的宣传、培训,该病常年发病率在5%~20%,严重时高达60%以上,该病扩展蔓延势头趋缓。

【症状】三七植株各部位均能被侵染,以茎、叶、花轴、果柄的幼嫩部位受害严重。叶部受病,多从叶尖、叶缘产生近圆形或不规则形水浸状褐色病斑,以后逐渐扩大,中部色泽稍淡,干燥时易破裂或穿孔,潮湿时病斑扩展快,至全叶 1/3~1/2 时叶片脱落,病斑中心产生黑褐色霉状物。茎、叶柄受害,初呈针尖大小的褪色病斑,继而呈近椭圆形浅褐色病斑,以后色泽逐渐加深,并向上下扩展,中心凹陷并产生黑褐色霉状物,严重时植株折倒;花轴受害,受害部位凹陷致花轴扭曲,俗称"烂脚瘟""扭脖子"等。果实感病,初期出现褐色斑点,以后凹陷,果皮渐干瘪发黑,变成"干籽"或"黑果"。

【病原】病原为人参链格孢 *Alternaria panax* Whetz.,属半知菌亚门链格孢属真菌。该病菌除危害三七外,还可危害人参、西洋参、鹅掌柴、八角金盘、刺五加、黄漆木、辽东楤目等五加科植物,同样引起黑斑病。病原分生孢子形态因营养基质不同存在差异(见人参、西洋参黑斑病)。

【发病规律】三七黑斑病的流行与病原、天气、栽培技术等条件关系密切。三七园内温度高,湿度大,植株过密,施肥不当,荫棚透光稀密不均,病害蔓延快,危害加重。一般 3 月出苗期就有病害发生,4—5 月遇高温干燥天气不利于发病;平均气温 18℃以上,病害潜伏期为 7 天,随温湿度增高,潜伏期缩短为 3~5 天;7—9 月进入雨季高温高湿病害达高峰期,10—12 月低温干燥,病情明显下降。

【防治措施】

1. 农业防治　调整荫棚透光率,做到透光均匀,不能有明显空洞;选用无病种子种苗;严格选地,实行轮作,以水旱轮作最佳;及时清除病株残体;雨季勤开园门,降低园内湿度;均衡施肥,不偏施氮肥,适当增加钾肥施用量。

2. 化学防治

(1)种子、种苗处理:播种或移栽前进行种子或种苗药剂处理。可用 40% 菌核净可湿性粉剂 400 倍液、58% 甲霜·锰锌可湿性粉剂 500 倍液浸种或种苗 15~20 分钟,或用 65% 代森锰锌可湿性粉剂按种子重量 0.2%~0.5% 拌种后播种。

(2)大田防治:可用以下药剂单独或两种混合施用。65% 代森锰锌可湿性粉剂 500 倍液、3% 多抗霉素可湿性粉剂 100~200 倍液、10% 苯醚甲环唑水分散颗粒剂 2 000 倍液、40% 菌核净可湿性粉剂 600~800 倍液、50% 福美双可湿性粉剂 1 200 倍液,在发病初期进行喷雾,每隔 7 天喷 1 次,连续喷 2~3 次。

三七开花或幼果期,花序、幼果对化学药剂比较敏感,应选用多抗霉素以避免干花现象。

(冯光泉)

菊花黑斑病

菊花黑斑病为真菌性病害,在菊花的整个生长期均可发生,高温、高湿天气更易发生。

【症状】主要危害菊花叶片,从植株的下部叶片发生,逐渐向上蔓延。叶片染病初期在叶尖叶缘处发生近圆形或不规则的褐色或灰色斑,外围有浅黄色晕圈,无明显轮纹。后期病斑上生黑色霉层,为病原菌的分生孢子和分生孢子梗。条件适宜时,病斑迅速扩展,严重时全株叶片变黑枯死,病叶挂在茎秆上不脱落。

【病原】病原为链格孢菌 *Alternaria alternata*(Fr.)Keissler,异名 *A. tenuis* Nees.,属半知菌亚门链格孢属真菌。分生孢子梗褐色,单生或数根簇生,直立或弯曲,具隔膜,分枝罕见,(33~

75）μm×（4~5.5）μm。分生孢子链生或单生，卵形、倒梨形、倒棒形，或近椭圆形，褐色，表面光滑或具细疣，横隔3~8个，纵、斜隔1~4个，分隔处缢缩，（22.5~40）μm×（8~13.5）μm。喙短柱状或锥状，淡褐色，0~1个横隔，（8~25）μm×（2.5~4.5）μm，大部分可转变为产孢细胞，再形成次生孢子（图7-15）。

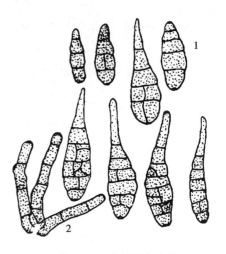

● 图7-15　菊花黑斑病菌
1. 分生孢子；2. 分生孢子梗

【发病规律】病菌以菌丝体在病株残体上越冬，田间病残体为初侵染来源，借助风雨、浇水、气流、嫁接等传播，多从植株叶片气孔处、伤口处侵染危害。降雨量大、降雨次数多有利于病菌的传播和蔓延。植株生长衰弱、土壤黏重、长期阴雨等容易诱发病害，种苗带菌是造成病害严重的主要因素。高温、高湿时发病较重，6—10月均可发生，7—8月为发病高峰，9月以后发病较少。

【防治措施】

1. 加强田间管理　适当施用氮、磷、钾肥，促使植株健壮发育，提高植株抗病力。

2. 及时清除病残体　减少初侵染来源。冬季深耕，埋除病叶。实行轮作倒茬，避免重茬。

3. 药剂防治　发病初期喷洒58%甲霜·锰锌500倍液、75%代森锌600倍液或75%百菌清可湿性粉剂600倍液等药剂。连续3~4次，间隔期为7~10天。

（范慧艳）

麦冬黑斑病

麦冬黑斑病属于叶部病害，是麦冬主要的病害之一，在麦冬种植区均有发生，4月中旬开始发病，雨季发病严重。

【症状】危害叶片。发病初期叶尖端先发黄变褐，逐渐向叶基蔓延，病斑灰褐色，病健部交界处为紫褐色。叶片褪绿，产生青、白不同颜色的水渍状病斑。后期叶片呈灰白色至灰褐色。最后叶片全部变黄枯死。

【病原】病原为链格孢菌 *Alternaria* sp.，属半知菌亚门链格孢属真菌。分生孢子梗单生或2~30根束生，暗褐色，顶端色淡，基部细胞稍大，不分枝，正直或微弯，无膝状节，2~9个隔膜，（15~90）μm×4.5μm。分生孢子单生或2~3个串生，褐色，倒棒形；喙短至稍长，色略淡，不分枝。孢身具2~7个横隔膜，1~6个纵隔膜，隔膜处有缢缩，大小为（23~52）μm×（9~12）μm。嘴喙0~2个横膈膜，大小（5~20）μm×（3~4）μm（图7-16）。

【发病规律】病菌以菌丝或分生孢子在枯叶及种苗上越冬。翌年4月中旬开始发病。6—7月为发病高峰期，因为6—7月雨水多、温度高，高温高湿造成病

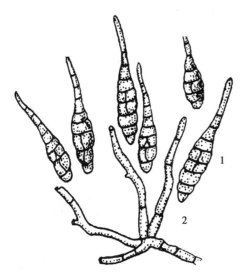

● 图7-16　麦冬黑斑病菌
1. 分生孢子；2. 分生孢子梗

原菌迅速繁殖。黑斑病造成的损失较大,一般田块病苑率可达 40%,严重田块病苑率高达 70% 以上,病叶率达 50%~80%。此外,植株长势差,衰老叶片也发生病害。

【防治措施】

1. 加强预测　关注气候温度变化状况,掌握麦冬病害的发生发展动态,再根据自然环境条件、麦冬生长发育情况等因素综合分析,作出科学的预测,提前做好防治准备,以便采取正确的防治方法。

2. 选种及种子消毒　选用叶色翠绿健壮的无病种苗作种栽,移栽前用 50% 代森锰锌 500 倍液浸根 5 分钟。

3. 拔除病株　大田发病期应及时挖除感病植株,发病普遍的地块割去发病部位,重施肥料,促进叶重新抽出新叶。

4. 加强田间管理　雨后及时排水,降低田间湿度,及时拔除田间杂草。

5. 药剂防治　发病初期,可选用 50% 多菌灵可湿性粉剂 1 000 倍液,或 50% 甲基硫菌灵可湿性粉剂 1 000 倍液,每隔 7~10 天 1 次,连续 3~4 次。

（范慧艳）

红花黑斑病

红花 Carthamus tinctorius L. 属菊科一年生草本药用植物。我国新疆、河南、四川、浙江、黑龙江、吉林及辽宁等大部分地区均有栽培。红花黑斑病是近年来在栽培中严重发生的一种真菌病害,该病害分布较广,各红花产区均有发生,一般减产 20%~50%,严重时减产 60%~80%,甚至绝收。

【症状】主要危害叶片,也可危害叶柄、茎及苞叶。发病初期,叶片上出现暗黑色斑点,扩大后为圆形或近圆形褐色病斑,直径 3~12mm,同心轮纹不明显,后期病斑中央坏死。湿度大时病斑两面均可产生灰褐色至黑色霉层,为病菌分生孢子梗及分生孢子。幼苗期发病子叶上有明显病斑,向下扩展后在胚轴上形成坏死条斑,子叶凋萎,植株死亡。

【病原】病原为红花链格孢 Alternaria carthami Chowdhury,属半知菌亚门链格孢属真菌。分生孢子梗单生或 2~6 根束生,不分枝,褐色,直或稍屈曲,有 2~10 个隔膜,（32~90）μm×（3~5）μm。分生孢子单生,或 2~4 个串生,多数倒棍棒形,少数不规则形,浅褐色,横隔膜 4~9 个,纵隔膜 0~4 个,隔膜处缢缩,（26~52）μm×（11~15）μm。喙稍长至长,或无明显的喙,有横隔膜 0~2 个,（16~58）μm×（2~5）μm（图 7-17）。

【发病规律】病菌随病残体在土壤中越冬,也可随种子带菌传播。次年温湿度条件适宜时,产生分生孢子借风雨传播,从气孔侵入引起初侵染。发病后病斑上产生大量分生孢子又进行再侵染。温度在 25℃时病菌最易从气孔侵入,发病严重。种子带菌是病菌传入新栽培区的主要途径。开花期如气候条件适宜病害易流行。

【防治措施】

1. 清洁田园,减少越冬初侵染源　收获后及时清除田间病残

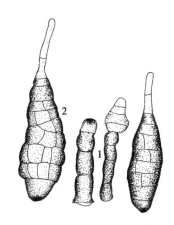

● 图 7-17　红花链格孢

1. 分生孢子梗;2. 分生孢子

体,并集中烧毁。

2. 加强栽培管理,提高植株抗病性　精细选种,使用健康种子。合理施肥,使植株生长健壮;雨后及时开沟排水,降低田间湿度。

3. 发病初期及时药剂防治　用波尔多液(1∶1∶100)、3% 多抗霉素可湿性粉剂 150~200 倍液、50% 异菌脲可湿性粉剂 800 倍液或 50% 腐霉利可湿性粉剂 1 000 倍液等。每 7~10 天喷 1 次,连续喷 3~4 次。

(周如军)

五味子叶枯病

五味子叶枯病是五味子生产中常见病害,广泛分布于辽宁、吉林、黑龙江等五味子主产区,发病严重时大量叶片染病,导致早期落叶、落果、新梢枯死、树势衰弱、果实品质下降、产量降低等严重后果。

【症状】主要危害叶片。病斑多从叶尖或叶缘开始发生,形成褐色或红褐色坏死斑,逐渐向叶片内部扩展至 1/2 叶片或全叶,导致叶片枯死脱落。严重发病时,大量叶片死亡,易造成五味子日灼病,甚至果穗脱落,严重影响五味子的产量。

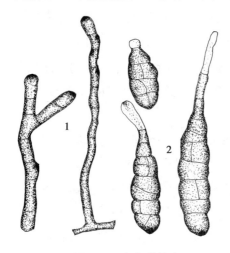

● 图 7-18　细极链格孢
1. 分生孢子梗; 2. 分生孢子

【病原】病原为细极链格孢 *Alternaria tenuissima*(Fr.)Wiltshire,属半知菌亚门链格孢属真菌。分生孢子梗多单生或簇生,直立或略弯曲,淡褐色或暗褐色,基部略膨大,有隔膜,(25.0~70.0)μm×(3.5~6.0)μm。分生孢子褐色,多数为倒棒形,少数为卵形或近椭圆形,具 3~7 个横隔膜,1~6 个纵(斜)隔膜,隔膜处缢缩,大小为(22.5~47.5)μm×(10.0~17.5)μm。喙或假喙呈柱状,浅褐色,有隔膜,大小为(4.0~35.0)μm×(3.0~5.0)μm(图 7-18)。

【发病规律】该病多从 5 月下旬开始发生,6 月下旬至 7 月下旬为该病的发病高峰期,高温高湿是病害发生的主导因素,结果过多的植株和夏秋多雨的地区或年份发病较重;同一园区内地势低洼积水以及喷灌处发病重;另外,在果园偏施氮肥,架面郁闭时发病亦较重;不同品种间感病程度也有差异,有的品种极易感病且发病严重,有的品种抗病性强,发病较轻。

【防治措施】

1. 加强栽培管理　注意枝蔓的合理分布,避免架面郁闭,增强通风透光。适当增加磷、钾肥的比例,以提高植株的抗病力。

2. 药剂防治　5 月下旬喷洒 1∶1∶100 倍等量式波尔多液进行预防。发病时可用 50% 代森锰锌可湿性粉剂 500~600 倍液喷雾防治,每 7~10 天喷 1 次,连续喷 2~3 次;也可选用 2% 农抗 120 水剂 200 倍液,或 10% 多抗霉素可湿性粉剂 1 000~1 500 倍液,或 25% 嘧菌酯水悬浮剂 1 000~1 500 倍液喷雾,隔 10~15 天喷 1 次,连喷 2 次。

(周如军)

板蓝根黑斑病

板蓝根黑斑病是生产中一种常见真菌病害，一般发病率为20%~30%，条件适宜时易流行成灾。

【症状】主要危害菘蓝叶片。在叶上产生圆形或近圆形病斑，灰褐色至褐色，有同心轮纹，周围常有褪绿晕圈。病斑较大，一般直径3~10mm。病斑正面有黑褐色霉状物，即病原菌分生孢子梗和分生孢子。叶上病斑多易变黄早枯。茎、花梗及种荚受害产生相似症状。

【病原】病原为芜菁链格孢 *Alternaria napiformis* Purkayastha et Mallik，属半知菌亚门链格孢属真菌。该菌分生孢子梗单生或簇生、直立，或屈膝状弯曲，分枝或不分枝，褐色至淡褐色，具分隔，大小为（31.0~70.0）μm×（3.0~5.5）μm。分生孢子倒棒状，褐色，单生或短链生，孢身（31.5~54.5）μm×（8.0~14.0）μm，具横隔3~9个，纵隔膜2~3个，斜隔膜0~2个，分隔处稍缢缩。喙柱状，有或无分隔，大小为（0~50.0）μm×（3.0~3.5）μm。另外芸苔链格孢 *A. brassicae* Sacc. 也可危害菘蓝（图7-19）。

【发病规律】病原菌以菌丝和分生孢子在病残体上越冬，成为翌年侵染来源。分生孢子借风雨传播，生长季可发生多次再侵染。高温、多雨、多露、缺肥、老弱组织易发病。一般5月开始发生，一直可延续到10月，7—8月高温多雨季节为发病高峰期。

【防治措施】

1. 清除田间越冬病残体　集中烧毁或深埋腐熟，降低越冬菌源基数。

2. 加强田间栽培管理　合理轮作，适量增施磷、钾肥，提高植株抗病力。

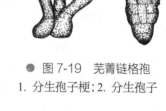

● 图7-19　芜菁链格孢
1. 分生孢子梗；2. 分生孢子

3. 发病初期喷药防治　可喷施1∶1∶100波尔多液，或75%代森锌可湿性粉剂600倍液，或50%代森锰锌可湿性粉剂600倍液，或50%异菌脲可湿性粉剂800倍液。

（周如军）

三、其他叶斑类病害

芍药叶斑病

芍药叶斑病又称轮纹病，是芍药的常见病害，如果发病严重，会造成芍药过早落叶，生长势衰弱，影响芍药来年生长。

【症状】发病初期，叶正面呈现圆形或近圆形斑，之后逐渐扩大，病斑中央淡褐色至灰白色，边缘褐色，呈同心轮纹状，病斑多时，互相连接成为大斑，使叶片枯死。湿度大时，病斑背面产生黑绿色霉状物，即为病原的分生孢子梗和分生孢子。发病严重时叶片枯焦，提早落叶，植株长势衰弱。

【病原】病原为黑座假尾孢 *Pseudocercospora variicola*（Wint.）Guo et Liu，异名 *Cercospora paeoniae*

Tehon et Daniels，属半知菌亚门，丝孢目，假尾孢属真菌。子实体叶两面生。子座球形，黑褐色，直径25~58μm。分生孢子梗淡榄褐色至淡黑色，密集，10~25根簇生，0~2个隔膜，先端往往较尖，罕见膝状节，顶端圆锥形，孢痕小，直径1~1.2μm，大小为（44~115）μm×（3~4）μm，产孢细胞合轴生。分生孢子倒棒形至圆筒形，无色至淡榄色，明显弯曲，多隔，2~8个隔膜，以3个隔膜居多，基部常呈圆锥形，先端钝尖，大小为（23~64）μm×（2.0~2.6）μm（图7-20）。

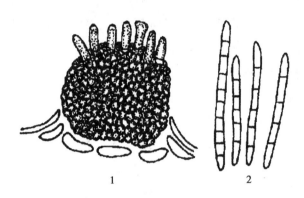

● 图7-20 黑座假尾孢

1. 分生孢子座；2. 分生孢子

【发病规律】病菌以菌丝体和分生孢子在病残体上越冬，成为翌年的侵染来源。病害一般在植株生长后期发生严重，一般秋季发病率高且严重，而且下部叶片先发病，逐渐向上部叶片扩展。植株密度过大、田间通风透光不良、管理粗放和易造成伤口的条件下发病重。

【防治措施】

1. 及时清洁田园　处理病残体，减少初侵染源。

2. 农业措施　深翻土地，实行3年以上轮作。合理密植，保证通风透光；雨后及时开沟排水。

3. 药剂防治　发病初期喷50%多菌灵可湿性粉剂800~1 000倍液、50%甲基硫菌灵悬浮剂800~1 000倍液、70%代森锰锌可湿性粉剂500倍液，10~15天1次，视病情防治2~3次。

（李思蒙）

白芷灰斑病

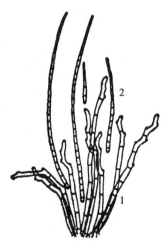

● 图7-21 当归尾孢菌

1. 分生孢子梗；2. 分生孢子

白芷灰斑病是白芷常见病害之一，病害导致白芷植物叶片出现大面积的病斑，会造成叶片早枯，影响产量和质量。

【症状】主要危害叶片，也可侵染叶柄、茎及花序等部位。发病叶片初为圆形或多角形不规则黄绿色病斑，后向外扩大为中央灰褐色，边缘褐色，有时不明显，生有黑色霉层，会造成叶片早枯，影响产量和质量。

【病原】病原为当归尾孢菌 Cercospora apii Fres. var. angelicae Sacc. et Scath，属半知菌亚门，丝孢纲，丛梗孢目，尾孢属真菌。子实体叶面生，子座较小或无。孢子梗6~18根丛生，无分枝，基部褐色或暗褐色，至顶端色淡，顶端孢痕明显。分生孢子鞭形，无色透明，基部截形，顶端略尖，隔膜多而不明显（图7-21）。

【发病规律】病菌以菌丝体和分生孢子梗在土表病残组织上越冬。第二年春天,条件合适,会产生分生孢子,分生孢子借助风雨传播,引起初侵染,生长季会不断再侵染。病菌喜高温,分生孢子的萌发和侵染都需要水。病害多发季为夏季、初秋,温暖多雨,危害植株生长后期。侵染适温20~23℃,缺肥田及偏施氮肥田,通风不良,低洼地,多雨、潮湿时发病重。

【防治措施】

1. 清洁田园　收获后,彻底清除病残体,集中进行深埋或焚烧。

2. 药剂防治　可在5月下旬喷施1∶1∶100波尔多液,6月下旬喷施77%可杀得500倍液或50%多菌灵500倍液等,隔10~15天喷药1次,防治2~3次。

（范慧艳）

甘草褐斑病

甘草褐斑病是甘草生产区的主要病害。在每年甘草生长季节发生普遍且严重,引起植株早期的叶片脱落、植株衰弱、枯死。

【症状】主要危害叶片。叶部产生中小型(2~8mm)病斑,通常在叶脉一侧或主脉与侧脉分叉处的三角区发生,呈多角形、不规则形、长条形,褐色至黑褐色,病斑边缘清晰或不清晰,斑上有黑色点状霉状物。严重发病时,病斑相互连接,叶片变为淡红褐色至紫黑色,大量脱落。叶柄上病斑长条形、长椭圆形,淡紫红色至淡紫褐色。

【病原】病原为甘草尾孢 *Cercospora glycyrrhizae*（Săvulescu & Sandu）Chupp,属半知菌亚门尾孢属真菌。子座生于叶面,近球形、椭圆形,淡灰褐色,大小为(37.6~62.3)μm×(29.4~47.0)μm(平均50.7μm×39.8μm);子座上有分生孢子梗9~34根,束生,灰褐色,无隔,稍弯曲,顶部近平截,较圆,稍变狭,不分枝,具膝状节,孢痕明显,大小为(25.9~44.7)μm×(3.5~4.7)μm(平均32.7μm×3.8μm)。分生孢子无色,鼠尾状、鞭状,直或稍弯曲,基部粗,上部细,0~6个隔膜,多为2~4个隔膜,基部平截,大小为(33.4~119.4)μm×(2.3~4.5)μm(平均73.4μm×3.6μm)。有的分生孢子很长,达144.59~206.65μm(平均176.6μm),具11~12个隔膜。(图7-22)。

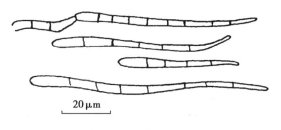

20μm

● 图7-22　甘草尾孢分生孢子

【发病规律】病菌以菌丝体和分生孢子梗在病残体上于地表越冬。翌年,条件适宜时,分生孢子借风雨传播引起初侵染。病斑上产生的分生孢子可进行再侵染。7—8月高温季节,降雨多、露时长、湿度大时病害发生严重。

【防治措施】

1. 清除田间病残体　当年生长后期,地上部分枯死后及时割掉地上枝,集中堆放、覆盖,减少翌年初侵染来源。

2. 加强栽培管理　合理密植,以利通风透光;增施磷、钾肥,提高寄主抗病力。

3. 化学防治　发病初期可选喷施 70% 代森锰锌可湿性粉剂 600 倍液、50% 苯菌灵可湿性粉剂 1 000 倍液、50% 甲基硫菌灵可湿性粉剂 500 倍液、77% 氢氧化铜可湿性粉剂 800 倍液、25% 咪鲜胺乳油 2 000~3 000 倍液及 50% 氯溴异氰脲酸可溶性粉剂 1 000 倍液,注意均匀喷药,中下部叶片不可遗漏。

（王　艳）

忍冬褐斑病

忍冬褐斑病是忍冬叶部的常见病害,易造成植株长势衰弱。

【症状】发病初期在叶上形成褐色小点,之后扩大成褐色圆形病斑或不规则病斑,受叶脉所限呈多角形。病斑背面生有灰黑色霉状物,为病原菌分生孢子梗和分生孢子,发病重时,能使叶片脱落。

【病原】病原为鼠李尾孢 *Cercospora rhamni* Fack,属半知菌亚门尾孢属真菌。子实体叶背面生,子座只是少数褐色的细胞。分生孢子梗 2~10 数根束生,淡褐色,上下色泽均匀,宽度不一,不分枝,正直至屈曲,0~1 个膝状节,孢痕不显著,0~4 个隔膜,顶端圆锥形,（13~52）μm×（3~4.5）μm。分生孢子倒棒形或圆柱形,0~6 个隔膜,大小为（16~90）μm×（3~5）μm。

【发病规律】病菌以分生孢子梗和分生孢子在病叶上越冬,翌春条件适宜时产生分生孢子引起初侵染和再侵染。一般在高温高湿的条件下发病较重。植株生长衰弱时发生严重。多发生于生长季的中后期,8—9 月为发病盛期。

【防治措施】

1. 清洁田园　及时清除病枝落叶,以减少病菌来源。

2. 加强田间管理　每年春秋 2 季各进行 1 次中耕;增施有机肥,增强抗病力;生长季修剪掉弱枝及徒长枝。

3. 药剂防治　发病初期喷 65% 的代森锌可湿性粉剂 800 倍液或 1∶1.5∶200 波尔多液,7~10 天喷 1 次,连续 2~3 次。10% 苯醚甲环唑水分散粒剂 1 500 倍液;50% 福美双可湿性粉剂 800 倍液。每隔 7~10 天喷雾 1 次,共喷 2~3 次。

（李思蒙）

山药褐斑病

山药褐斑病又叫白涩病、灰斑病或枯叶病,是危害山药的重要病害。近年来,山药褐斑病有不断加重的趋势。

【症状】主要危害叶片,植物下部叶片首先发病,叶柄及茎蔓也可受害。发病初期,叶面病斑黄色或黄白色,边缘不明显,病斑不断扩大,并受叶脉所限,呈多角形或不规则形褪绿黄斑,病斑大小因寄主品种不同而异,一般 2~21mm。后期,病斑中心灰白色至灰褐色,边缘褐色,常有 1~2 个黑褐色细线轮纹圈,有的四周具有黄色至暗褐色水浸状晕圈。湿度大时病斑上生有灰黑色霉层或针尖状小黑粒（即病原菌的分生孢子盘）。同时,在叶面上长出无数白色小点,即分生孢子盘上大量聚集的分生孢子。严重发生时,病斑汇合,叶面病斑形成穿孔,造成叶片干枯脱落和茎蔓枯死。

【病原】病原为薯蓣柱盘孢 *Cylindrosporium dioscoreae* Miyabe et Ito,属半知菌亚门,腔孢纲,黑

盘孢目,柱盘孢属真菌。分生孢子盘叶两面生,聚生或散生,初埋生,后突破表面而外露。分生孢子梗长圆柱形,无色至浅色,单胞,不分枝,直立或稍弯曲。分生孢子针形,无色,透明,两端较圆或一端较尖,直或微弯,具3~8个横隔膜(图7-23)。

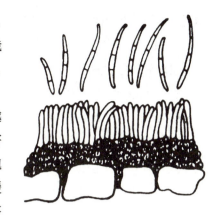

● 图7-23　薯蓣柱盘孢

【发病规律】病原菌以菌丝或分生孢子在病残体上越冬,翌年春末夏初,温湿度适宜时,分生孢子借气流传播至寄主新生叶片上,进行初侵染。山药感病后病部又产生分生孢子,借助风和雨水传播,进行多次再侵染。发病条件是温暖高湿,特别是在生长期间遇频繁风雨,或山药架内以及不搭架的地块,通风透光条件差,湿度增大就容易发病。山药褐斑病的最适危害温度为25~28℃,相对湿度在80%以上。该病在河南,一般7月中、下旬开始发生,8—9月发病较重,且严重时病斑布满叶面,叶片干枯。

【防治措施】

1. 农业措施　选地势较高、通风良好的地块种植。因地制宜设计畦向,合理密植,避免株行间郁蔽;做好肥水管理,防止植株早衰;阴雨天注意排水;收获后及时清除病残体,集中烧毁或深埋,并深翻土壤。

2. 化学防治措施　发病初期及时喷施药剂防治,药剂可选用70%甲基硫菌灵可湿性粉剂800倍液,或50%多菌灵可湿性粉剂500倍液,或40%多硫悬浮剂500倍液,或80%代森锰锌可湿性粉剂800倍液进行喷雾防治。

(吴廷娟)

玉竹褐斑病

玉竹褐斑病又称黑点病,为玉竹常见病害,严重时可使玉竹叶片局部或全部枯死。

【症状】病害主要发生在玉竹叶片上。叶面病斑初为浅黄褐色小点,后扩展成圆形或椭圆形,常受叶脉所限呈条状,以后中央变成淡褐色,边缘褐色,具有不明显的轮纹。后期出现灰褐色霉状物,即病原菌的分生孢子梗和分生孢子。严重感病的叶片上,病斑连片,导致叶片变褐枯黄,直至植株死亡。

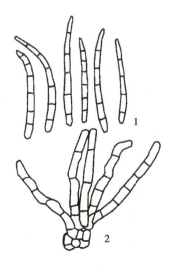

● 图7-24　中华尾孢菌
1. 分生孢子;2. 分生孢子梗

【病原】病原为中华尾孢菌 *Cercospora chinensis* Tai,属半知菌亚门尾孢菌属真菌。分生孢子梗褐色,直或有弯曲,不分枝,有隔膜。分生孢子鞭形,无色,有3~14个隔膜,大小为(51~143)μm×(2.8~5.7)μm(图7-24)。

【发病规律】病菌以分生孢子座和菌丝体在玉竹病残体及土壤中越冬。翌年一般在5月开始发病,当环境条件适宜时,分生孢子借风雨飞散传播。7—8月高温多雨的季节发病比较严重,直至收获均可感染。氮肥过多、生长过密、田间湿度过高有利玉竹褐斑病的发生。

【防治措施】

1. 选择无病健壮抗病力强的种栽　贮藏期间保持玉竹根茎的鲜活,防止发霉及失水干瘪。栽种前用50%多菌灵或70%甲基硫菌灵可湿性粉剂 1 000 倍液浸泡 6~8 分钟,晾干后种植。选择排水良好的地块种植。

2. 加强栽培管理　选择排水良好的砂壤土种植,种植密度要适当。合理轮作,选择抗病品种。发现病叶立即摘除。秋末,收集病落叶和病残体集中销毁。

3. 药剂防治　发病初期,可喷施 50% 多菌灵可湿性粉剂 1 000 倍液,或 80% 代森锰锌可湿性粉剂 500~700 倍液,或 1% 波尔多液,或 75% 百菌清 500 倍液防治。每隔 7~10 天喷施 1 次,连续 2~3 次。

（王　智）

三七圆斑病

三七圆斑病是一种毁灭性的病害。据调查,圆斑病造成的损失占三七整个生长过程中各种病害损失的 30%~40%,严重者高达 70% 以上,造成三七生产的重大损失。近年来,由于对三七圆斑病的生物学特性、药物筛选和防治研究,已得到较好控制。

【症状】病菌可危害三七植株各个部位,在各龄期三七植株上均可发生。叶部受害一般从伤口或叶背气孔侵入,初期呈黄色小点,潮湿或连续阴雨时迅速扩大,形成透明状圆形病斑,直径为 5~10mm。病害发展速度快,从发病到叶片脱落仅 1~2 天。若天气晴朗较干燥时,发病减慢,病斑圆形褐色,有明显轮纹,直径一般不超过 20mm,病健交界处可见黄色晕圈,最后病斑合并腐烂。潮湿时表面生稀疏白色霉层。叶柄受害,呈暗褐色水渍状缢缩、脱落;茎秆受害,感病部呈褐色,但不扭折。发病后天气晴朗,受害部有裂痕,轻触茎秆即从受病部位折断。芽或幼苗茎基部受害,发病组织表面为褐色,病部凹陷,中央为黑色,病健交界处呈黄色,在土壤潮湿或铺厢草较厚时发病部位呈玫瑰红色。根茎和块根受害时,受害部表皮呈褐色,病组织较干,剖开病部可见黑色小点或小块,即厚垣孢子。块根受害中后期,其他病菌可从发病部侵入,构成复合侵染导致根褐腐。

【病原】病原为槭菌刺孢 *Mycocentrospora acerina*(Hartig)Deighton,属半知菌亚门,丝孢纲,刺孢属真菌。病菌在 PDA 培养基上初期菌落无色,后变绿色、灰色或紫红色,最后变成黑色。光照条件下产生明显的玫瑰红色,菌落呈同心轮纹状扩展。菌丝有隔,宽 4~7μm。菌落中心常形成念珠状串生的椭圆形或矩圆形、厚壁、深褐色厚垣孢子。厚垣孢子大小为(15~30)μm×(15~20)μm。分生孢子梗短菌丝状,淡褐色,分枝,有隔膜,合轴式延伸,(7~24)μm×(4~7)μm。产孢细胞合生,圆桶形,孢痕平截。分生孢子单生、顶侧生,倒棍棒形,具长喙,基部平截,淡褐色,大小为(54~250)μm×(7.7~14)μm,4~16 个隔膜,隔膜处微突起。少数孢子具有 1 个从基部细胞侧生出的刺状附属丝,大小为(25~124)μm×(2~3)μm(图 7-25)。

【发病规律】带病种子种苗可通过异地播种移栽进行远距离传播,成为新建三七园的初次侵染源。三七圆斑病菌主要借助气流在三七园内及园间传播,雨滴飞溅也是病害传播的有效方式之一,此外,带菌土壤随农事操作,可在三七园内近距离传播。三七圆斑病的发生与光照、温湿度、海拔、地势有较大关系,随着荫棚透光率的增加,病害逐渐加重;三七圆斑病菌菌丝生长的最适温度 20℃,空气相对湿度在 80% 以上,在此条件下持续 3 天以上圆斑病即开始发生,持续时间越长,圆斑病危害越严重,每年 4—5 月、7—8 月是三七圆斑病发病的高峰期;三七圆斑病发病率随海拔的升高而增加,在海拔 1 400~1 600m 的产区,三七圆斑病仅零星发生,在海拔 1 700m 以上的产区,圆斑病发生较集中,发病早、持续时间长、危害较严重;在地势低凹、空气流通不畅、相对湿度过大的三七园,圆斑病发病率普遍高于地势较开阔的三七园。

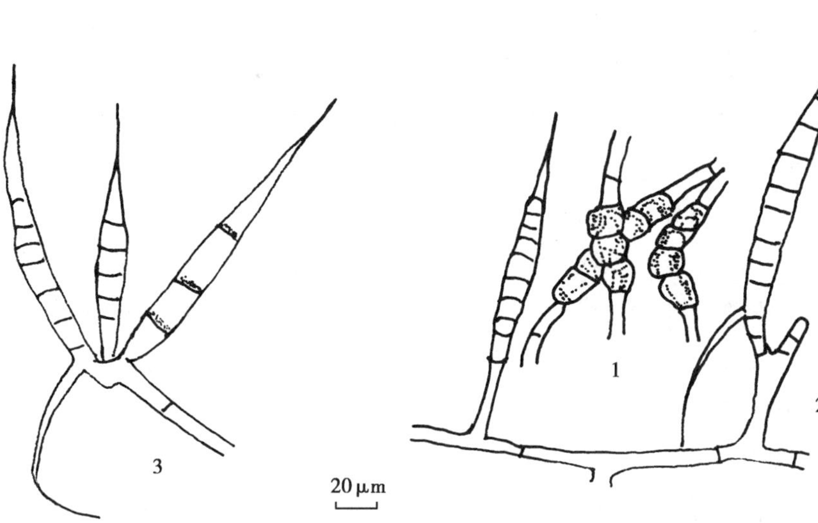

● 图 7-25 槭菌刺孢

1. 厚垣孢子；2. 分生孢子梗；3. 分生孢子和基部侧生的刺状附属丝

【防治措施】

1. 农业防治

（1）轮作及土壤处理：病原可在土壤中越冬，故选地时应避免选用曾发生过三七圆斑病的地块作三七园。育种 1 年的地块若需继续种植三七，可于种植前对土壤进行深翻晒垡。

（2）三七园管理：雨季应打开园门，通风排湿；调整荫棚时，荫棚材料要疏密一致，透光均匀；对已发病的三七园，要及时清除病残体，集中深埋，并对发病中心进行土壤药剂消毒处理。

2. 种苗处理　首先应选用生长健壮、无病无损伤的一年三七作种苗，移栽前对种苗进行药剂拌种或浸种处理，可参照第七章三七黑斑病种苗处理方法进行。

3. 化学防治　发病初期，可选用以下药剂中的 1 种或 2 种进行喷雾防治。40% 氟硅唑乳油 4 000 倍液、30% 苯甲丙环唑乳油 3 000 倍液、1.5% 多抗霉素可湿性粉剂 200 倍液、60% 锰锌·腈菌唑水分散剂 1 000 倍液、65% 代森锰锌可湿性粉剂 600 倍液。防治 3~5 次。

（冯光泉）

细辛叶枯病

细辛叶枯病是目前细辛生产上危害最为严重的病害之一，各细辛产区均有发生，在辽宁省清原、新宾、桓仁、凤城和本溪等细辛主产区均大面积发生。据调查，田间发病率 100%，病株率 50%~100%，病情指数 30~100，一般减产高达 30%~50%，严重发生地块细辛地上叶片全部枯死。

【症状】主要危害叶片，也可侵染叶柄和花果，不侵染根系。叶片病斑近圆形，直径 5~18mm，浅褐色至棕褐色，具有 6~8 圈明显的同心轮纹，病斑边缘具有黄褐色或红褐色的晕圈。发病严重时病斑相互汇合、穿孔，造成整个叶片枯死。叶柄病斑梭形，黑褐色，长 2~25mm，宽 3~5mm，凹陷，病斑边缘红色。严重发病的叶柄腐烂，造成叶片枯萎。花果病斑圆形，黑褐色，凹陷，直径 3~6mm。严重发病可造成花果腐烂，不能结实。上述发病部位在高湿条件下均可产生褐色霉状物，为病菌的分生孢子梗和分生孢子。

【病原】病原为槭菌刺孢 *Mycocentrospora acerina*（Hartig）Deighton，属半知菌亚门刺孢属真菌

（见三七圆斑病菌）。

【发病规律】病菌主要以分生孢子和菌丝体在田间病残体和罹病芽孢上越冬,种苗也可以带菌。早春在田间病残体上越冬的病原菌可再生大量分生孢子,成为发病的初侵染来源。种苗带菌可进行远距离传播。种子平均带菌率17.5%,将病区种子直接播种,幼苗发病率为3.5%~7.5%。由于种苗带菌传病,如不采取消毒措施,可将病害传入无病区。

该病是一种典型的多循环病害。气流和雨滴飞溅是田间病害传播的主要方式。发病初期田间调查可见到中心病株。病菌产孢量大、致病性强,细辛叶片硕大、平展、密集,因而该病易于传播和流行。一般4年生以上的细辛园,到6月上旬以后近100%叶片发病,看不到明显的发病梯度。雨滴飞溅是细辛植株之间病害传播的有效方式。细辛叶片大而平展,病斑产孢量极大,雨滴可将大量分生孢子飞溅到邻株叶片上传播发病,形成新的病株。采用挂帘或利用林下地遮阴栽培细辛,由于雨滴飞溅传播概率较小,因而发病较轻。

细辛叶枯病是一种低温、高湿、强光条件下易于流行的病害,其中温度是影响田间流行动态的主导因素。细辛主产于长白山沿脉,年均降雨量800mm以上,昼夜温差明显,极易结露,病菌侵染的高湿条件易于满足。影响该病流行的限制因子是温度,15~20℃是最适发病温度,25℃以上的高温天气抑制病菌的侵染和发病。光照刺激病菌产孢,强光也不利于细辛生长,加速叶片枯死。遮阴栽培细辛较露光栽培可以减轻发病。一般5月上旬开始发病,6—7月是病害盛发期。7月中旬至8月中旬因盛夏高温(25℃以上)抑制病菌侵染,病害无明显进展,而细辛叶片继续生长,因而病情指数有所回落。8月下旬以后,随着气温下降,病情又有所加重,从而形成双峰曲线。

【防治措施】

1. 种苗消毒　栽植前采用50%腐霉利可湿性粉剂800倍液浸细辛种苗4小时进行消毒,可以全部杀死种苗上携带的病原菌,从而有效地防止种苗带菌传病。

2. 田园卫生　秋季细辛自然枯萎后,应当及时清除床面上的病残体,集中田外烧毁或深埋。春季细辛出土前,采用50%代森铵水剂400倍液进行床面喷药消毒杀菌,可以有效地降低田间越冬菌源量。

3. 遮阴栽培　遮阴栽培细辛与全光栽培细辛相比可以有效地降低发病程度。因此,可以利用林荫下栽培细辛或挂帘遮阴栽培减轻发病。

4. 药剂防治　化学药剂是细辛叶枯病防治的必要手段。发病初期可选用50%腐霉利可湿性粉剂1 000倍液,或50%异菌脲可湿性粉剂800倍液,或50%万霉灵可湿性粉剂600倍液进行喷施,视天气和病情每隔7~10天1次,需喷多次。

（周如军）

第三节　灰霉病

灰霉病主要是由半知菌亚门,丝孢纲,丝孢目,葡萄孢属(*Botrytis*)真菌引起的一类病害的总称,因病原菌产生的分生孢子梗和分生孢子在受害部位常形成灰色霉层而得名。病菌在自然条件下难以进行有性繁殖,故无性态在灰霉病的发生发展中起主要作用。

灰霉病是药用植物上普遍发生的一类重要病害,主要危害芍药、牡丹、人参、黄精、贝母、菊花、百合等。

灰霉病在田间和温室中均能发生危害,尤其是在温室条件下危害最大。幼苗至成株期均可发生,叶片、茎秆、花器及果实等器官部位均可受害,轻者影响叶片,严重时可引起茎叶倒伏,幼苗萎蔫,花朵焦枯腐烂。苗期发病,叶片、叶柄或幼茎上呈水浸状,变褐腐烂,逐渐干枯、缢缩或折倒,表面生出灰色霉层。成株期受害,发病初期叶片或花瓣上出现水渍状近圆形褐色斑点,后扩大成不规则大斑,病斑上有明显的同心轮纹。病斑扩展相连成片,严重时整叶焦枯,花瓣腐败。潮湿时,病部表面密生厚厚的灰色霉层。后期病斑上会产生黑色、球形菌核。

灰霉病症状及病原

灰霉病主要以分生孢子、菌丝体或菌核在病残体上和土壤中越冬越夏。病菌分生孢子适应性很强,喜湿且耐干燥,在病残体上可存活4~5个月。翌春条件适宜时,菌核萌发,产生分生孢子进行初侵染,病部产生的大量分生孢子可再侵染。成熟的分生孢子借助气流、雨水、露滴、灌溉水、农事操作等传播蔓延。

灰霉菌属寄生性较弱的真菌,喜低温、高湿、弱光条件。寄主植株生长健壮时,抗病性较强,不易被侵染;当寄主处于生长衰弱的情况下,抗病性降低,易于感病。空气湿度大时,病害发展迅速;重茬地、植株密度过大、通风不良的环境中发生严重;氮肥过多,植株组织嫩弱,则发病重。在温度18~25℃、湿度持续90%以上时为病害高发期。当温度高于31℃时,不利于病菌生长,产孢量下降,孢子萌发速度缓慢,病情明显缓解。

防治灰霉病,应在收获后清理病残体,消灭越冬菌源;加强栽培管理,合理密植,加强通风透光,降低田间湿度。严重发病的药用植物,可用多菌灵、腐霉利等化学药剂进行防治。应大力提倡生物防治,目前研究和应用较广的生防菌主要有木霉(*Trichoderma*)、黏帚霉(*Gliocladium*)和酵母等。

贝母灰霉病

灰霉病是贝母的重要病害之一,主要危害其叶片和茎秆,又称为叶枯病。灰霉病普遍发生在浙贝母和平贝母上,会导致贝母茎叶早枯,鳞茎产量降低。灰霉病可导致贝母鳞茎有20%的产量损失,严重年份损失可达50%。

【症状】灰霉病主要危害贝母的叶片、茎秆。叶片初染灰霉病时,出现暗绿色小斑点,扩散后病斑颜色呈中间黄褐色,四周暗绿色。因病斑周围有黄色晕圈,故又被药农称为"眼圈病"。产生病斑处,出现叶脉坏死,病斑向两端进行扩展,最终形成长条形枯死斑。一张叶片上出现病斑,只需1~2个病斑就可使整张叶片逐渐变黄枯死。茎秆染病时,一开始产生暗绿色病斑,扩展后,绕茎秆一周,导致整株植物枯萎死亡。在适宜的温度和湿度条件下,病菌的分生孢子梗和分生孢子呈灰色霉状物生成在病斑上。

【病原】病原为椭圆葡萄孢菌 *Botrytis elliptica*(Berk.)Cooke,属半知菌亚门,丝孢纲,丛梗孢目,葡萄孢属真菌。其菌丝初为白色,后变成黑褐色。分生孢子梗直立,有分枝3~5个,隔膜1~3个,其尖端有葡萄状分生孢子簇生。分生孢子无色到浅褐色,卵圆形或者球形,单胞,大小是(16~32)μm×(15~24)μm,其顶端具有尖突。菌丝在生长后期会形成菌核。菌核为黑色,形状为球形或者不规则形,大小为0.5~1.4mm(图7-26)。

● 图 7-26 椭圆葡萄孢

【发病规律】病菌以菌核在病残体和土壤中越冬。在下一年的3月下旬到4月初萌发并产生分生孢子,随风雨传播,使贝母染病,引起初侵染,以后病部又产生分生孢子进行再侵染,病害开始扩大蔓延。4月上旬多为皖贝母的发病期。适宜的气温、连阴雨或者相对湿度达到92%以上,病情发展快。

【防治措施】

1. 实行轮作制度　贝母和麦类植物、油菜轮换种植两年以上。

2. 处理病残体　收获后,及时清理灰霉病病株残体。

3. 合理施肥　多施用有机肥料,少用化肥,尤其是氮肥,适量增加磷肥、钾肥,增强植株抗病力。

4. 降低田间的湿度　雨季时,要及时清理沟渠进行排水,降低田间的湿度。

5. 化学药剂防治　发病前用1:1:100的波尔多液喷雾预防。发病初期后选用10%多抗霉素可湿性粉剂800倍液,或50%甲基硫菌灵800倍液、50%多菌灵800倍液等药剂喷施,每10~14天1次,连续3~4次。

（范慧艳）

菊花灰霉病

灰霉病是药用植物菊花生产上的重要真菌病害,全国各栽培区广泛分布,严重影响菊花的药用价值。

【症状】主要危害植物的花、茎、叶等部位。叶片被侵染后叶缘出现褐色病斑,表面波状皱纹略呈轮纹状,叶柄先软化,后表皮破裂腐烂。灰霉菌侵染花器,发生水渍状褐色病斑。湿度大时病斑部位产生浅黑色霉状物即病菌的分生孢子梗和分生孢子。

【病原】病原为灰葡萄孢 *Botrytis cinerea* Pers.,属半知菌亚门葡萄孢属真菌。子实体从菌丝或者菌核生出;分生孢子梗（280~550）μm×（12~24）μm,丛生,灰色,后转为褐色,其顶端膨大或尖削,在其上有小的突起;分生孢子单生于小突起之上;分生孢子亚球形或卵形,（9~15）μm×（6.5~10）μm（图7-27）。

【发病规律】病菌主要在土壤中越冬。第二年产生分生孢子靠气流、风雨传播。病斑上产生的分生孢子可以引起多次再侵染,扩大危害。病菌可通过伤口侵染或在衰老的组织上生长,侵染花器造成花瓣变褐腐烂,亦可引起植株顶枝枯萎和叶枯。在高温多雨、氮肥过于充足、密植或土壤质地过黏时,发病率高。

【防治措施】

1. 土壤处理　选用无病新土或在栽种前对土壤进行杀菌处理。

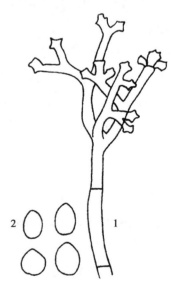
● 图 7-27 灰葡萄孢
1. 分生孢子梗;2. 分生孢子

2. 合理密植　维持合适的植株密度,保证植株通风良好。

3. 加强田间管理　及时清除病叶、病株,浇水时避免直接喷洒到植株上,以减少病菌传播。

4. 药剂防治　发病初期可喷洒 0.3~0.5 波美度的石硫合剂或 40% 灭菌丹可湿性粉剂 500 倍液来防治。

(范慧艳)

人参灰霉病

人参灰霉病是近年来东北人参、西洋参产区大面积发生和流行的一种叶部病害,一般病株率为 15%~30%,严重地块达 50% 以上。特别是每年 7—8 月在花梗上发生,造成参籽减产,危害严重。

【症状】灰霉病菌主要侵害叶片、茎部、花梗、果等人参地上部位,严重时还可侵染茎基部。叶片发病,多从叶尖或叶边缘开始,呈 "V" 形向内扩展,初呈水渍状,展开后为黄褐色,边缘不规则、深浅相间的轮纹,病健交界明显,表面生灰色霉层。茎染病时,初期呈水渍状小点,后扩展为长圆形或不规则形,浅褐色,湿度大时病斑表面生有大量灰色霉层,严重时致病部以上茎叶枯死。果实染病时残留的柱头或花瓣多先被侵染,后向果实或果柄扩展,致使受害果实不能成熟,病部灰色霉层明显。

【病原】病原为灰葡萄孢 *Botrytis cinerea* Pers.(见菊花灰霉病)。

【发病规律】病菌主要以菌核或菌丝体及分生孢子随病残体遗落在土壤中越冬。条件适宜时,萌发产生分生孢子,借气流和雨水传播反复侵染发病。该病菌喜低温高湿,在寡照条件下,温度在 15~25℃,如遇降雨,空气湿度在 90% 以上时有利于发病。棚架过低、通风性差加重病害发生。在掐花或掐果后留下伤口,受肥害、药害和日灼病发生时,寄主生长衰弱易诱发灰霉病的发生流行。

【防治措施】

1. 加强栽培管理,提高植株抗性　可适当增施磷、钾肥,如喷施 0.5% 磷酸二氢钾,促使植株生长健壮,提高抗病能力。合理选择参棚形式,降低棚内湿度。

2. 清洁田园　及时清除田间病残体,保持参园卫生,发现病叶和病果及时清除出参园,集中深埋或烧毁,以减少田间病菌的再次侵染。

3. 减少植株损伤,及时药剂保护　在人参掐花或掐果过程中尽量减少对植株的损伤,操作后可喷施 50% 腐霉利可湿性粉剂 1 000 倍液或 50% 甲基硫菌灵可湿性粉剂 1 000 倍液等进行保护。

4. 发病初期及时进行药剂防治　可选用 50% 腐霉利可湿性粉剂 1 000 倍液、40% 嘧霉胺悬浮剂 1 000 倍液、50% 咪鲜·氯化锰可湿性粉剂 1 000~2 000 倍液或 1∶1∶200 波尔多液,每隔 7~10 天喷 1 次,连续喷 2~3 次。

(丁万隆)

芍药灰霉病

芍药灰霉病是芍药生长期的重要病害之一,主要危害芍药叶、茎、花部,潜育期短,发病迅速,一个生长季可多次侵染,造成茎叶腐烂,严重者导致整株枯死。

【症状】叶、叶柄、茎和花等部位均能受害。叶片由叶尖变黄褐色,沿中脉纵深发展,产生近圆形或不规则病斑,水渍状,具有不规则轮纹,病斑紫褐色或褐色,天气潮湿时常在叶背面长出灰色霉层,严重时叶片焦枯。叶柄和茎部病斑长条形,水渍状,初为暗绿色,后变为暗褐色,凹陷软腐。早春花芽、幼茎受害表现为萎蔫和倒伏,危害性大。病菌侵染常发生在花期,花和花蕾受害后变褐枯萎。受害部位可见灰褐色霉层,为病原菌产生的子实体。发病后期茎基组织及表土病残体部位产生黑色球形或不规则形小菌核。

【病原】病原菌有两种:一种是芍药葡萄孢 *Botrytis paeoniae* Oudem,另一种是灰葡萄孢 *Botrytis cinerea* Pers.,属半知菌亚门葡萄孢属真菌。该菌分生孢子梗直立,浅褐色,有隔膜,宽度为 5.0~8.0μm,顶端有 3~5 次分枝,梗基部常膨大。分生孢子聚集成头状,卵圆形至矩圆形,无色至浅褐色,单胞,大小为(12.5~18.0)μm×(7.5~10.5)μm,菌核大小为 1.0~2.5mm。灰葡萄孢病原分生孢子无色至淡褐色,椭圆形或卵圆形,大小为(8.0~15)μm×(7.0~10.0)μm(图 7-28)。

【发病规律】上述两种病原菌以菌丝体、菌核和分生孢子在土壤及病残体上越冬。翌年产生孢子侵染芍药,靠气流、风雨传播危害。以后病部又产生孢子进行再侵染,故多次连作地块发病严重。病原菌可通过伤口侵入或在衰老的组织上生长,侵染花器造成花瓣变褐腐烂,病花瓣接触花梗、叶片或叶缘有外伤时,病菌能在上面迅速生长,引起植株顶枝枯萎和叶枯。低温潮湿、连阴雨天气有利于发病。

【防治措施】

1. 实行轮作　轮作或下种前深翻土地,以减轻来年发病。

2. 处理病残株　生长季节随时清除病叶、病株。秋季芍药落叶后,将枯枝散叶集中一起烧毁或深埋。

3. 加强田间管理　选择肥沃深厚、排水良好的砂壤土种植芍药;雨后及时排水,合理密植,并增施磷、钾肥,提高植株抗病能力。

4. 药剂防治　嫩芽出土前喷 1 次 1∶1∶150 波尔多液保护,以后可选 10% 多抗霉素可湿性粉剂 800 倍液、50% 万霉灵 800 倍液等药剂,喷雾 2~3 次。

(李思蒙)

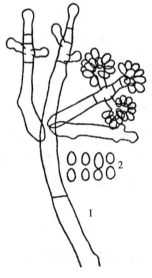

● 图 7-28　芍药葡萄孢
1. 分生孢子梗;2. 分生孢子

百合灰霉病

百合灰霉病是一种普遍发生的真菌病害,各百合产区均有分布,一般发病率 20%~30%,严重时可达 70% 以上,严重影响百合的品质和产量。

【症状】主要危害叶、茎、花蕾、花以及幼株。叶片受害形成圆形或椭圆形,直径 2~10mm,浅黄色至浅红褐色,具浅红至紫色边缘的病斑。天气潮湿时,病斑上产生灰色霉层,即病菌的分生孢子梗和分生孢子。干燥时病斑变薄而脆,半透明状,浅灰色。严重时引起叶枯。茎部受害,被害部变褐色,缢缩,易折倒。花蕾受害,初产生褐色小斑点,后扩大引致花蕾腐烂,常多个花蕾粘连在一起腐烂。天气潮湿时,病部产生大量的灰色霉状物。后期,在病部还可看到黑色的小颗粒状菌核。

【病原】病原为半知菌亚门葡萄孢属的 2 种真菌。

1. 椭圆葡萄孢 *Botrytis elliptica*（Berk.）Cooke 该菌分生孢子梗直立，淡褐色至褐色，有 3 至多个隔膜，顶端有 3 至多个分枝，其顶端簇生分生孢子，呈葡萄串状。分生孢子无色或淡褐色，椭圆形、卵圆形，少数球形，单胞，大小为（16~32）μm×（15~24）μm，一端有尖突。菌核黑色，很小（见贝母灰霉病）。

2. 百合葡萄孢 *Botrytis liliorum* Hino 浙江报道此菌也是该病的病原。该菌分生孢子梗单生至双生，深褐色，向上渐淡，大小为（336.6~663.0）μm×20.4μm，小梗顶生，3~4 次叉状分枝；分生孢子 4~6 个生于小梗顶端，卵形至近球形，淡灰白色，平滑，大小为（28~37）μm×（21~31）μm。

另外有报道，灰葡萄孢可引起花腐和叶腐。

【发病规律】病菌以菌丝体在病部越冬，或以小菌核遗留在土壤中越冬。翌年春季随着气温的上升，越冬后的菌丝体在病部形成分生孢子和菌核上长出大量的分生孢子，通过气流、风雨传播，伤口侵入引起初次侵染。田间发病后，病部又产生分生孢子，造成多次再侵染。此病在气温 15~20℃、相对湿度 90% 以上的条件下，潜育期 20~24 小时。连作、地势低洼、排水不良等情况发病严重。

【防治措施】

1. 加强栽培管理，提高植株抗病性 选用健康的鳞茎繁殖，并注意种植地的通风、透光条件，避免过分密植；加强水肥管理，适当增施磷、钾肥，可喷施 0.5% 磷酸二氢钾，促使植株生长健壮，提高抗病能力。

2. 清洁田园，减少越冬菌源基数 冬季清除落花和枯叶等病残组织，集中烧毁或制作堆肥，以减少田间病菌的侵染来源。

3. 发病初期及时进行药剂防治 可采用 50% 腐霉利可湿性粉剂 1 000 倍液，或 50% 咪鲜胺锰盐可湿性粉剂 1 000~2 000 倍液。每隔 10 天喷 1 次，连续喷 2~3 次。

（周如军）

三七灰霉病

三七灰霉病是三七生产中普遍存在的一种病害。病原主要危害三七的幼芽、苗期幼嫩植株叶片、成熟叶片的叶尖和采收花蕾后留下的花梗，进而危害三七的叶柄，发病率在 10%~30%，严重的三七园发病率可达到 60% 以上。

【症状】三七灰霉病菌主要从下棵时留下的残茬伤口处侵染。感病残茬呈暗色，逐步下串至芽部引起芽腐。感病后，残茬与芽部连接处茎秆中空，表皮脱落，芽部发病组织呈水渍状褐色腐烂，偶有霉状物出现。叶片感病时，病原菌首先从叶尖入侵，感病初期呈水浸状"V"形病斑，进而病斑呈黄褐色透明状，病部软腐披垂。后期若遇连续阴雨天气或三七园内空气湿度较大时，病斑上可见明显灰色霉层，在霉层上生出灰色锤状子实体。当病斑扩展至叶片面积的 1/3 左右时，叶片通常脱落。三七花序受害，罹病部位黄化枯死，终至脱落。

【病原】病原为灰葡萄孢 *Botrytis cinerea* Pers.（见菊花灰霉病）。该菌除危害三七外，还危害番茄、草莓、黄瓜、葡萄、辣椒等多种蔬菜、果树和观赏植物，引起各种植物的灰霉病。

【发病规律】灰霉病是露地、保护地作物常见且比较难防治的一种真菌性、低温高湿型病害。病原菌生长温度为 2~30℃，温度 20~25℃、湿度持续 90% 以上时为病害高发期。在云南省文山地区全年均可发病,但以出苗期和7—9月危害较重。在海拔1 700m以上地区,病原可引起三七芽腐和摘蕾后花梗腐烂(俗称"座花")。高温、高湿有利于病害的发生。三七园管理不善、荫棚透光过强可加速三七灰霉病的扩展蔓延。每年3月以后,三七园内日平均气温达15℃以上时,即有零星发生,7月以后,降雨频繁、日照不足,易于流行。流行开始后降雨持续长,则流行时间长,天气稳定转晴,流行随之终止。

【防治措施】

1. 农业防治　选用无病种子和种苗,实施规范化栽培。注意三七园排水,保证荫棚透光均匀一致。三七采收花苔和下棵后,要及时喷施保护药剂,以免伤口受病菌感染。秋冬季节注意清除园内及周围的植物残体。

2. 药剂防治　在发病初期,喷施50%腐霉利可湿性粉剂800~1 000倍液,每隔5~7天喷施1次,连续施用2次。如发生芽腐,可用乙烯菌核利700~1 000倍+25%噻菌茂可湿性粉剂(或20%叶枯唑可湿性粉剂)800倍液防治。

(冯光泉)

第四节　疫病

疫病症状及病原

疫病是由鞭毛菌亚门,霜霉目,疫霉属(*Phytophthora*)真菌引起的,是药用植物病害中较为常见的一类,常侵染药用植物的根、茎、叶及果实等器官,病部通常呈淡绿色至墨绿色水渍状,潮湿条件下病部表面出现发达或不发达的白色霉层或霜状霉层,病害扩展快,故通称为疫病。如恶疫霉 *Phytophthora cactorum* 危害人参引起肉质根腐烂,也常危害茎叶和果实。在潮湿条件下,受害部位出现的常见病征为大量棉絮状的白色菌丝体,部分疫霉菌在病斑表面出现类似霜霉病的病征。另外,三七、细辛、牡丹、丹参、百合、地黄、穿心莲等药用植物也遭受疫霉菌的危害。

疫病的初侵染一般以越冬卵孢子萌发引起,有的以菌丝体和孢子囊在病残体中越冬作为初侵染源。初侵染危害寄主后的病组织上产生大量的孢子囊并释放游动孢子,借雨水或气流传播。当环境适宜时,病菌的潜育期短,通常仅需数日;再侵染的次数较多,因此短时间内造成大面积范围内的蔓延病害,引起病害流行。疫霉病所致病害的发生一般要求较高的湿度,在持续阴雨天气、高湿多雨的情况下发生较重。

疫霉菌大多生存于土壤中,兼性寄生或腐生,当条件适合时才侵染植物,特别是当植物生活力降低或处于幼嫩阶段时更易被侵染。由于疫霉菌寄主范围一般都比较广,不易发现抗病品种,较难防治。可通过以下途径减轻发病:①开沟排水,降低土壤湿度;②合理密植,改善田间通风透光的条件;③清洁田园;④实施轮作,改良土壤的理化性状;⑤苗床换土,用热力或化学药剂处理病土;⑥选用健康无病繁殖器官并进行处理;⑦应用化学防治等辅助措施。

人参、西洋参疫病

人参、西洋参疫病,在东北等各人参及西洋参产区均有发生,一般发生率5%~8%,严重地块达

50% 以上。

【症状】主要危害人参、西洋参的叶、茎、根。叶片病斑呈水浸状，不规则，暗绿色，无明显边缘；病斑迅速扩展，整个复叶凋萎下垂。茎上出现暗色长条斑，很快腐烂使茎软化倒伏。根部发病处呈水浸状黄褐色软腐，内部组织呈黄褐色花纹，根皮易剥离，并附有白色菌丝黏着的土块，具特殊的腥臭味。

【病原】病原为恶疫霉 *Phytophthora cactorum*（Lebert & Cohn）J.Schröt.，属鞭毛菌亚门，卵菌纲，霜霉目，疫霉属真菌。菌丝体白色，棉絮状，菌丝具分枝，无色，无隔膜。孢囊梗无色，无隔膜，无分枝，宽 4~5μm，其上生 1 个孢子囊。孢子囊卵形，无色，顶端具明显的乳头状突起，大小为（32~54）μm×（19~30）μm，萌发后产生数个至 50 个的游动孢子，偶尔孢子囊产生芽管。游动孢子圆形，在水中易萌发。藏卵器球形，无色或淡黄色，膜薄，表面光滑，直径 30~36μm。雄器多异株生，侧生。卵孢子球形，黄褐色，表面光滑，直径 28~32μm（图 7-29）。

【发病规律】病菌以菌丝体和卵孢子在病残体及土壤中越冬。翌年条件适合时菌丝直接侵染参根，或形成大量游动孢子囊传播到地上部侵染茎叶。风雨淋溅和农事操作是病害传播的主要途径。在人参生育期内，可进行多次再浸染。种植密度过大、通风透光差、土壤板结、氮肥过多等均有利于疫病的发生和流行。在东北参区 6 月开始发病，雨季为发病盛期。

【防治措施】

1. 加强田间管理　发现中心病株及时拔除，并移出田外烧掉，用生石灰粉封闭病穴；保持合适密度，注意松土除草；严防参棚漏雨，注意排水和通风透光。双透棚栽参，床面必须覆盖落叶。

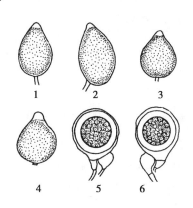

● 图 7-29　恶疫霉
1~4. 孢子囊；5~6. 藏卵器

2. 化学防治　雨季前喷施 1 次 1∶1∶160 波尔多液，以后每 7~10 天喷药 1 次，视病情速喷 3~5 次；也可用 50% 代森锰锌可湿性粉剂 600 倍液、40% 乙膦铝可湿性粉剂 300 倍液、25% 甲霜灵可湿性粉剂 600 倍液、58% 甲霜·锰锌可湿性粉剂 500 倍液。

（丁万隆）

牡丹疫病

牡丹疫病又称枯萎病，牡丹常受到其侵害，影响牡丹产品品质和产量。

【症状】茎部染病初期出现水渍状灰绿色小斑点，之后发展成为长达数厘米的黑色斑，病斑中央黑色，向边缘颜色逐渐变浅，且与健康组织间无明显界限；若近地面幼茎染病，则整个枝条变黑枯死；病菌侵染根茎部时，出现茎腐。叶片染病多发生在下部叶片，初期呈暗绿色水渍状，后变黑褐色，叶片萎垂。一般不出现霉层。

【病原】病原为恶疫霉 *Phytophthora cactorum*（Lebert & Cohn）J.Schröt.（见人参、西洋参疫病）。

【发病规律】病菌以卵孢子、厚垣孢子或菌丝随病组织在土壤里越冬。雨水飞溅和水流起主要传播作用。一般翌年牡丹生长期遇大雨之后，就易出现一个侵染及发病高峰；连阴雨及降水量大的年份易发病；雨后高温或湿度大易发病。排水不良的低洼田块，疫病常严重发生。

【防治措施】

1. 选择高燥地块或起垄栽培　防止茎基部淹水,适度浇水,注意排灌结合。

2. 合理施肥　配方施肥,增施磷、钾肥,提高植株抗病力。

3. 清除病残体　田间发现病株及时拔除,病穴土壤要施药消毒,收获后清除病残组织,减少来年菌源。

4. 药剂防治　发病初期喷 25% 甲霜灵可湿性粉剂 200 倍液或 58% 甲霜·锰锌可湿性粉剂 400 倍液等药剂。

（李思蒙）

三七疫病

三七疫病又名"叶腐病",俗名"清水症""搭叶烂",一般发病率 10%~20%,个别三七园达 40%~50% 以上。

【症状】三七疫病可以危害三七植株的各个部位。叶片受害时,先于叶尖或叶缘出现水浸状病斑,病健分界不明显,以后病部迅速扩大,最后全叶和主脉两侧大部分软腐披垂,病叶一般不发黄,不脱落,也不产生明显的霉层,但发病后若遇持续降雨,可在病健交界处看到稀薄的霉状物,即病菌的孢囊梗和孢子囊;若天气转晴数天,病叶即呈青灰色干枯,易于破碎,不出现霉层。茎秆受害因三七龄不同而表现各异,三七出苗至展叶期主要茎基部表现为缢缩,并进一步向下扩展侵染根茎及块根,导致根腐;茎秆顶部及复叶柄连接部或花轴顶部与花序连接部受害,病部呈水浸状缢缩扭折,相对湿度较大时在发病部位可见白色霉状物,但天气干燥时霉层极不明显。

【病原】三七疫病由恶疫霉 *Phytophthora cactorum* (Lebert & Cohn) J.Schröt.(见人参、西洋参疫病)。

【发病规律】三七疫病以菌丝体和卵孢子在三七病残体和土壤中越冬,尤其是卵孢子在土壤中可存活数年之久,是该病的主要初次侵染来源。此病常在多雨季节发生,一般早春阴雨或晚秋低温多雨均易诱发此病。三七园通风透光不好、土壤板结、植株过密有利此病的发生和蔓延。三七一般 3~5 年采收,由于卵孢子不断积累,导致三七疫病逐年加重,轮作间隔年限越长,发病越轻,反之则重。三七园荫棚透光率太高,三七疫病发病程度加重,反之则减轻。

【防治措施】

1. 实行轮作,深翻晒垡　由于该病卵孢子在土壤中存活达 4 年之久,三七种植间隔年限应控制在 6~8 年以上;三七播种或移栽前,应进行地块翻犁,并增加翻犁次数,延长晒垡时间。

2. 合理施肥　应根据三七需肥特点合理搭配氮、磷、钾比例,选用复合肥,不使用硝态氮肥;在施肥时,应采用少量多次、混土撒施的施肥方法,做到均衡施肥。

3. 三七园管理　降雨后及时打开园门,加快园内空气流动,在短时间内降低园内空气湿度;根据三七生长状况调节荫棚透光率,一般不能大于 20%,否则三七植株抗性降低;在发病较集中的4—6 月和 8—10 月,要勤查三七园,一旦发现病株,要及时清除,病穴土壤用生石灰或 1% 硫酸铜溶液灭菌,并将清除的病残体拿到三七园外深埋或烧毁。

4. 药剂防治　发病初期或遇较强的降雨过后,可用甲霜灵、乙膦铝、甲霜·锰锌等药剂,任选其中一种或两种混合,500~800 倍液进行喷施。

此外,也可用下列药剂中任何一种,每隔 7~10 天喷 1 次,连喷 2 次:50% 烯酰吗啉可湿性粉剂 2 500~3 000 倍液、52.5% 噁唑·霜脲氰水分散粒剂 2 000~3 000 倍液、72.2% 霜霉威盐酸盐水剂 600 倍液。

三七根部发生疫霉根腐时可采用 40% 乙膦铝可湿性粉剂 500 倍液灌根,可收到较好的防治效果。

（冯光泉）

丹参疫病

丹参疫病是为害丹参的严重病害,常造成丹参植株大量死亡,使丹参药材减产。

【症状】发病初期植株下部叶片变黄,顶部叶片于中午高温天气则失水萎垂,早晚仍可恢复,至后期整株叶片萎垂且不恢复,并从基部开始腐烂。此类病害的扩展速度较快,一般染病植株在 1~2 周内可造成死亡。

【病原】病原为恶疫霉 *Phytophthora cactorum*（Lebert & Cohn）J.Schröt.（见人参、西洋参疫病）。

【发病规律】病菌以菌丝体和卵孢子在土中越冬。翌年菌丝或卵孢子遇水产生孢子囊和游动孢子,随水传播到丹参萌发芽管,产生附着器和侵入丝穿透表皮进入寄主体内。在高温高湿条件下,2~3 天产生大量孢子囊,借风雨或灌溉水传播蔓延。病菌以两种方式产生孢子囊:一是从气孔抽出较短的菌丝状孢子囊梗,顶端形成孢子囊;二是由气孔抽出菌丝,菌丝分枝,在分枝上长出菌丝状孢子囊梗,顶端形成孢子囊。该病发生程度与当年雨季早晚、雨量大小、气温高低有关。生产上连作或采用平畦栽培易发病,长期大水漫灌,浇水次数多,水量大,发病重。

【防治措施】

1. 实行 3 年以上轮作 采用高畦栽培,并喷施新高脂膜可减少与病菌接触,如能采用地膜覆盖,效果好。

2. 加强水肥管理 施用酵素菌沤制的堆肥,增施磷、钾肥,适当控制氮肥,有条件的采用配方施肥技术。

3. 药剂防治 病株出现后及时喷洒 72% 霜脲·锰锌可湿性粉剂 800 倍液或 80% 代森锰锌可湿性粉剂 800~1 000 倍液、56% 氧化亚铜水分散微颗粒剂 800 倍液、58% 甲霜胺·锰锌可湿性粉剂 600 倍液、50% 乙铝·锰锌可湿性粉剂 500 倍液,每亩喷兑好的药液 50L,隔 10 天左右 1 次,视病情防治 2~3 次。

（蒲高斌）

第五节 锈病

锈病是药用植物上常见的重要病害。发病后多数叶片干枯,造成早期落叶、落果,有的能使嫩茎枯死,使产量降低,品质变劣,严重时甚至造成绝产。危害药用植物的病原菌主要有单胞锈菌属（*Uromyces*）和柄锈菌属（*Puccinia*）,属于担子菌亚门锈菌目真菌。

发生锈病的主要药用植物有甘草、三七、延胡索、白术、芍药、白芷、当归、贝母、珊瑚菜、党参、黄芪、紫菀、紫苏、荆芥、薄荷、红花、菊花、忍冬、白扁豆和木瓜等。

锈病主要危害药用植物的叶片、嫩茎、花和果实。锈病的种类虽多,却极易识

锈病症状

别。病斑上生有疱状或刺毛状物,黄色或锈褐色,疱斑破裂后,散出黄色或铁锈色粉末状物,故称锈病。

药用植物上常见的症状类型有两类。①性孢子和锈孢子:发病初期,先在病叶的正面产生黄色的小斑点,并有蜜汁物溢出—病菌的性孢子。随后,病斑逐渐扩大,并向叶背面微隆起,在叶片背面形成瘤状物或刺毛状物,破裂后散出黄色、锈褐色粉末状物 - 病菌的锈孢子。②夏孢子和冬孢子:发病初期,在叶片或嫩茎上产生黄色、橙黄色微起的疱斑,有时几个疱斑联合成大斑,疱斑破裂,散出黄色、橙黄色或锈色粉末——病菌的夏孢子。发病后期,发病部位长出黑色粉末状物——病菌的冬孢子。

锈菌是一类多孢子类型的真菌,有的是在两种植物上转主寄生,有的只在一种植物上寄生,即单主寄生。因此锈病的发病规律也有两种类型。①转主寄生类型。例如:木瓜锈病病菌先在松柏树上寄生,再转到木瓜上寄生;芍药锈病病菌,先在松树上寄生,再转到芍药上寄生。这类锈菌多是在松、柏植株上越冬,春天先在松、柏上为害;产生孢子后,飘落到药用植物上为害;药用植物发病后,产生的孢子再飞到松、柏上为害。②单主寄生类型锈菌,则以冬孢子在病残体中越冬。第二年春季,冬孢子萌发产生担孢子,进行侵染,同时形成性孢子、锈孢子、夏孢子。夏孢子能反复侵染,造成病害大发生。到生长后期,又形成冬孢子越冬。

锈菌各种孢子传播的方式不同,性孢子是靠昆虫采蜜和取食时传播。锈孢子和夏孢子靠风力远距离传播。锈菌孢子萌发侵入寄主植物,需要高温高湿的条件。因此,锈病常在阴雨连绵的情况下发生严重。

防治这种病害应采用农业防治措施,选用抗病品种和药剂防治。防治锈病效果好的药剂有三唑酮、敌锈钠等。另外清除转主寄主,加强田间管理有减轻病害的作用。

甘草锈病

甘草锈病是甘草产区的主要病害。在每年甘草生长季节发生普遍且严重,引起植株衰弱、枯萎。

【症状】叶片及茎秆均受害。初期在叶背面产生灰白色、灰黄色圆形疱斑,后增大呈半球状,表皮破裂后露出黄褐色粉堆,即病菌的夏孢子和夏孢子堆。发病严重时,整株叶片覆盖夏孢子堆,引起叶片至全株叶片枯死。后期在叶片两面产生黑褐色冬孢子堆,并散出黑粉状冬孢子。

【病原】病原菌为甘草单胞锈菌 *Uromyces glycyrrhizae* (Rabenh.) Magn.,属担子菌亚门,冬孢菌纲,锈菌目,单胞锈菌属真菌。夏孢子球形、近球形、椭圆形,淡黄色至淡黄褐色,表面有小刺,大小为(20.0~35.3)μm × (17.6~23.5)μm(平均 26.9μm × 20.0μm)。冬孢子卵圆形、椭圆形,单胞,褐色,表面光滑,顶端明显加厚,有无色短柄,孢子大小为(20.0~32.9)μm × (15.3~18.8)μm(平均 28.1μm × 18.6μm)(图 7-30)。

【发病规律】病菌为单主寄生菌。以菌丝及冬孢子在植株根、根状茎和地上部枯枝上越冬。翌春产生夏孢子,引起初侵染,夏孢子可再侵染危害。2 年生甘草 5 月即开始显症,育苗地多在 7 月份发生,栽培甘草病害重于野生

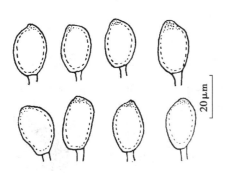

20μm

● 图 7-30　甘草单胞锈菌冬孢子

甘草。据调查,光果甘草抗病性较强,乌拉尔甘草次之,胀果甘草高度感病。温暖、潮湿及多雨天气病害发生重。地势低洼,种植密度过大,易发病。

【防治措施】

1. 清除田间病残体　当年生长后期,地上部分枯死后及时割掉地上枝,集中堆放、覆盖或烧毁,减少次年初侵染来源。

2. 加强栽培管理　合理密植,以利通风透光;增施磷、钾肥,提高寄主抗病力。

3. 化学防治　发病初期喷施 20% 三唑酮乳油 2 000 倍液、25% 嘧菌酯悬浮剂 1 000~2 000 倍液、12.5% 烯唑醇可湿性粉剂 2 000 倍液。灌根较叶面喷洒效果好。

（王　艳）

平贝母锈病

平贝母是东北主要特产药材之一。锈病一般发病率在 40%~70%,个别年份可高达 98% 以上,该病一旦发生,植株地上部分提前枯萎,严重影响平贝母产量与质量。

【症状】首先在贝母叶背与茎的下部出现黄色长圆形的病斑,随后在病斑上出现金黄色锈孢子堆,成熟破裂后有金黄色粉末状锈孢子随风飞散;被害部位的组织穿孔,茎叶枯黄。5 月下旬贝母叶背面、茎和叶柄上生许多暗褐色的小疱,即为冬孢子堆,破裂后散出大量冬孢子。严重时,叶片和茎秆提早枯萎。

【病原】病原为百合单孢锈菌 *Uromyces lilli* (LK.) Fekl.,属担子菌亚门单胞锈菌属。性孢子器球形,黄褐色,位于锈子腔间。锈子腔主要生于叶背面、叶柄及茎上。初为圆形而后中心部开裂,呈杯状,边缘反卷,黄色。锈孢子近球形,黄色,有棱角,表面有疣,直径 24~32μm。冬孢子堆产生于叶的两面,但主要在叶背,散生或聚生,圆形、椭圆形。冬孢子椭圆形、长椭圆形、洋梨形或近球形,单胞,褐色;顶端有明显的乳头突起,表面列生小疣,或呈不明显的断续纵纹;大小为 (24~45) μm × (19~28) μm;冬孢子柄无色,易脱落(图 7-31)。

【发病规律】以冬孢子在病株残体上越冬,成为第二年的初侵染源。越冬的冬孢子萌发后侵染平贝母,产生性孢子器和锈子腔,锈子腔所形成的锈孢子可进行再侵染。夏孢子阶段尚未发现。

平贝母锈病的发生与温湿度、雨量及土壤质地、植株密度以及栽种年限等均有一定的关系。低温、高湿有利于该病发生,在适宜的温度范围内,田间湿度在 85% 以上,平贝母锈病开始发生,湿度越大,发病越重,阴雨天气可加速锈病发展蔓延。据报道,春季当气温达 15~18℃时,久旱后骤降 1~2 次小雨,平贝母锈病随即陆续发生。数日内发病率可由 13.7% 剧增至 76.1%;但若温度在 15℃ 以下,虽降雨频繁,却发病极少。田间植株过密,发病重,反之发病轻。栽植年限越长,发病越重,一般重茬地发病重于新栽地。地势高燥、排水良好的岗地发病较轻,而积水、湿润的低洼地发病较重。黏重土壤渗透性差、湿度大,发病重,而砂壤土通透性好、湿度小,发病轻。平贝母田间管理粗放、病残体不清理的田块,平贝母发病率高,危害损失重。

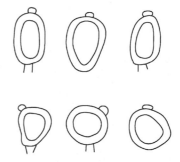

● 图 7-31　百合单孢锈菌冬孢子

【防治措施】

1. 农业防治　加强田间管理,平贝母地上枯萎后清除田间病残体,减少越冬菌源;合理密植,增施磷、钾肥;实行轮作。

2. 化学防治　发病前喷洒70%甲基硫菌灵800倍液,15%三唑酮可湿性粉剂300~500倍液,97%敌锈钠可湿性粉剂300倍液,40%氟硅唑乳油2 500倍液和10%苯醚甲环唑水分散颗粒剂1 000倍液的防治效果更好。每7~10天喷1次,共喷3次。

（孙海峰）

红花锈病

红花锈病是红花生产上一种最严重的病害,在红花的整个生育期均可发生,造成红花幼苗死亡或减产。在东北地区、新疆、四川、河南、河北、浙江和江苏等地发生普遍。随着红花的种植面积不断扩大,红花锈病的发生面积也在不断扩大,发病程度不断加重。

【症状】幼苗期受害,锈菌孢子侵入幼苗的根部、根茎和嫩茎,出现黄色斑块,上有稠密针头状的性孢子器,其后产生近圆形褐色的锈孢子器,使幼苗折断枯萎,造成严重缺苗。

成株期主要危害叶片及苞叶等部位。发病初期,叶背散生黄绿色小疱斑。病部表皮破裂后露出棕褐色粉状夏孢子堆和夏孢子,后期出现黑褐色粉状冬孢子堆,严重时孢子堆同时在叶片正面以及背面上产生。当锈斑布满全叶,叶片逐渐变黄枯萎。最后植株枯死。发病严重时,部分叶片或全部叶片枯死,造成红花减产。

【病原】病原为红花柄锈菌 *Puccinia carthami* Corda,属担子菌亚门,锈菌目,柄锈菌属真菌。病菌为单主寄生、全孢型锈菌。

性孢子器球形,颈部凸起于表皮外,黄褐色,直径72.5~112.5μm。性孢子椭圆形,单胞,无色,大小为（2.5~5.0）μm×（2.5~3.5）μm。锈子器圆形或近圆形,扩展连为不规则形、垫状,褐色。锈孢子圆形、近圆形或椭圆形,黄褐色,表面有小刺,大小为（21.0~25.9）μm×（22.0~30.7）μm。

夏孢子堆主要在叶背面产生,多散生,圆形,棕褐色,粉状,周围表皮翻起,直径0.5~1mm。夏孢子球形或卵形,淡褐色,单胞,表面有刺,（24~29）μm×（18~26）μm;冬孢子堆叶两面生,主要生在叶背,圆形,黑褐色,直径1.0~1.5mm。冬孢子长椭圆形,褐色,双胞,隔膜处稍缢缩,（28~45）μm×（19~25）μm,柄无色较短,易脱落（图7-32）。

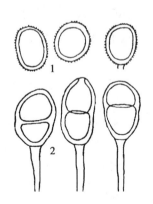

● 图7-32　红花柄锈菌
1. 夏孢子;2. 冬孢子

【发病规律】病菌以冬孢子随病残体遗留在地面或黏附于种子上越冬。翌春冬孢子萌发产生担孢子侵染幼苗引起初侵染。生长季可不断产生栗褐色的夏孢子,借气流传播进行再侵染。夏孢子在温暖地区也可以越冬,通过风雨传播反复侵染为害。冬孢子于生长后期产生,无休眠期,在干燥条件下可存活2年,条件适宜即可萌发。冬孢子萌发适温为18~28℃。夏孢子在干燥条件下可以存活166天。春末夏初,湿度较高时有利发病。西北红花春播区,3月下旬播种的,30天后子叶、下胚轴及根部出现性子器,5~6天产生锈孢子器;锈孢子侵入叶片,5月下旬叶斑上产生夏孢子堆;夏孢子又通过风雨传播引致再侵染,8月中旬植株衰老产生冬孢子堆和冬孢子越冬。该病在一般5月上中旬至6月上中旬始发,7—8月温度升高,雨量较大,病害迅速蔓延。

【防治措施】

1. 种植抗病性强的品种　如红花S-208、Ac-1、Uc-1、B-54和吉拉等品种抗病性较强。

2. 进行轮作栽培　使用不带菌的种子,不从病区采种。

3. 加强田间管理　选择地势高燥、排水良好的地块种植。控制灌水,雨后及时排水,适当增施磷、钾肥,促使植株生长健壮。一般晚播红花锈病较少。秋季红花收获后及时清园,集中处理有病残株,降低越冬菌源基数。夏种出苗后1个月,结合间苗拔除病苗,集中烧毁。

4. 药剂防治　拌种:用三唑酮拌种,用量为种子质量的0.2%~0.4%。可以杀死大部分锈孢子,能有效地防治锈病。发病初期及时进行喷药防治:可采用0.2~0.3波美度石硫合剂,或15%三唑酮可湿性粉剂800倍液,或20%三唑酮乳油1 500倍液,或62.25%锰锌·腈菌唑可湿性粉剂600倍液等进行喷雾防治,7~10天1次,连喷2~3次。

（王　智）

北沙参锈病

锈病是北沙参的重要病害,是一种发生普遍、危害严重的流行性病害,主要危害茎叶造成叶片提早枯死,从而大大降低产量和品质。

【症状】主要危害叶片,也危害叶柄及果柄。发病初期叶片黄绿色,老叶及叶柄上产生大小不一的不规则病斑。病斑开始时为红褐色,后呈黑褐色,并蔓延至全株叶片。发病后期叶片或全株枯死,病斑表皮破裂,散出黑褐色粉状物,即为病原菌的冬孢子或夏孢子。

【病原】病原为珊瑚菜柄锈菌 *Puccinia phellopteri* Syd.,属担子菌亚门柄锈菌属真菌。病原菌为一种缺锈孢型的单主寄生锈菌。

【发病规律】北沙参锈病病菌以冬孢子在病残体上越夏和越冬,为第二年的初侵染源。第二年春天,冬孢子在适宜的条件下萌发侵染幼苗,先形成性孢子器,3~5日后产生夏孢子堆和夏孢子,经气流传播夏孢子不断进行再侵染,导致锈病流行。7月,留种田植株衰老,锈病停止发展,陆续形成冬孢子堆,7—8月发病严重。

【防治措施】

1. 清除病残体　秋收后彻底清除田间病残体,减少初侵染源。

2. 农业防治　实行种秧春季倒茬栽植,避免初侵染。

3. 药剂防治　在4月下旬至5月中旬,初发时期施用多菌灵、代森锌等药剂控制;在7月中下旬至9月下旬病害流行期内,根据气象条件和病情发展,及时施用多菌灵、代森锌等药剂控制危害。

（范慧艳）

木瓜锈病

木瓜锈病是木瓜的主要病害之一,常导致植株早落叶及落果,造成树势衰弱,发病严重时引起大幅度减产及品质下降。

【症状】主要危害叶片、叶柄、嫩枝和幼果。初期在叶正面出现枯黄色小点,后扩展成圆形病斑。随着病斑的扩展,病部组织增厚,并向叶背隆起,在隆起处长出灰褐色毛状物即病菌的锈孢子器,破裂后散出铁锈色粉末,为病菌的锈孢子,后期病斑呈黑色。病重时叶片枯死、脱落。新梢和幼果上的病斑与叶斑症状相似,病果畸形,病部开裂,常造成落果。

【病原】病原为亚洲胶锈菌 *Gymnosporangium asiaticum* Miyabe ex Yamada,属担子菌亚门,锈菌目,胶锈菌属真菌。病原菌需要在木瓜、山楂等寄主植物上产生性孢子器和锈孢子器,圆柏、龙柏等植物是其转主寄主,在其上产生冬孢子角。病原菌无夏孢子阶段。性孢子器扁烧瓶形,埋生于叶正面病部组织表皮下,孔口外露,大小为(120~170)μm×(90~120)μm。性孢子无色,单胞,纺锤形或椭圆形,大小为(8~12)μm×(3~3.5)μm。锈孢子器丛生于叶片病斑背部或嫩梢、幼果和果梗的肿大病斑上,细圆筒形,长5~6mm,直径0.2~0.5mm。锈孢子球形或近圆形,大小为(18~20)μm×(19~24)μm,膜厚2~3μm,单胞,橙黄色,表面有瘤状细点。冬孢子角红褐色或咖啡色,圆锥形,初短小,后渐伸长,一般长2~5mm。冬孢子纺锤形或长椭圆形,双胞,黄褐色,大小为(33~62)μm×(14~28)μm,柄细长,其外表被有胶质,遇水胶化,冬孢子萌发时长出4个细胞的担子,每细胞生1个小梗,每小梗顶生1个担孢子。担孢子卵形,淡黄褐色,单胞,大小为(10~15)μm×(8~9)μm。

【发病规律】病原菌以菌丝体在圆柏上越冬。翌年3—4月产生米粒大小的红褐色冬孢子堆,遇雨后膨大形成一团褐色胶状物,上面的冬孢子萌发产生担孢子,借风传播到木瓜上进行侵染。后在病斑上又产生锈孢子器,散出的锈孢子随风飘落在圆柏上,侵入后在圆柏上越冬。病原菌无夏孢子阶段,没有再侵染,一年中只在一个短时期内产生担孢子侵染。木瓜锈病发生的轻重与转主寄主、气候条件、品种抗性等密切相关。一般患病圆柏越多,木瓜锈病发生越重。病原菌只侵染幼嫩组织。当木瓜幼叶初展时,如遇天气多雨,温度又适合冬孢子萌发,风向和风力均有利于担孢子的传播,则发病重,反之则发病轻微。

【防治措施】

1. 基地选择 木瓜园宜选在远离圆柏的地方,以切断病害循环。秋冬时扫除病落叶,剪除圆柏上的冬孢子角并烧毁,以减少侵染来源。

2. 药剂防治 3月中下旬将要产生担孢子前,在圆柏上喷施25%三唑酮可湿性粉剂2 500倍液或1∶1∶160的波尔多液,每10~15天喷施1次,连续3~4次。发病初期喷70%甲基硫菌灵可湿性粉剂1 000倍液或25%三唑酮可湿性粉剂1 000倍液,或在木瓜发芽刚现新叶时,喷20%三唑酮乳油2 000倍液1~2次。

（丁万隆）

第六节　炭疽病

炭疽病是药用植物上常见的一类病害,无论草本、木本药用植物上均有发生,其中发生普遍、危害较重的有人参炭疽病、三七炭疽病、红花炭疽病、山药炭疽病、山茱萸炭疽病、枸杞炭疽病和黄连炭疽病等。炭疽病主要危害叶片,也常危害药用植的茎秆、枝条、果梗、果实、种子等部位。造成叶片枯黄,叶片、果实提早脱落,影响产量和品质。苗期发病,可使幼苗大量枯死,造成田间缺苗。药用植物感染炭疽病后,患病组织迅速坏死,形成枯死病斑,患病果实上产生明显的同心轮纹。病斑扩大后生有颗粒状小点,为病原菌的分生孢子盘,常排列成不规则的轮纹。药用植物和危害的部位不同,枯死斑的形状、大小、颜色也常不同。在潮湿的条件下,病斑上往往出现粉红色的黏液,为病菌的分生孢子团,这也是炭疽病害的特征之一。

炭疽病是由半知菌亚门炭疽菌属真菌引起的病害,以菌丝、分生孢子盘或分生孢子在病叶、病枝等病组织上越冬,成为病害的初侵染源。多数种子能够带菌。翌年越冬病菌产生分生孢子后,通过雨水飞溅或昆虫携带传播,也能以带菌种子或秧苗传播。病菌从伤口或气孔等自然孔口侵入。病菌侵入时要求有较高的空气湿度,病菌侵入后潜育期短。多雨潮湿的条件有利于发病。病害发生后,病部产生大量的分生孢子,进行多次再侵染,使病害发展很快,造成严重危害。

炭疽病症状

对种子进行处理、收获时及时清除田间病株残体是防治药用植物炭疽病的有效措施。发病初期和发病期间选用高效低毒的药剂进行化学防治。

炭疽病菌还能危害砂仁、佛手、麦冬、芍药、百合、大黄、天南星、当归、菘蓝、苍术、桔梗、石斛、槟榔、肉桂、玉簪、芦荟、厚朴等药用植物。

红花炭疽病

红花炭疽病是红花的重要病害。该病害分布广泛,各产区普遍发生,常造成明显减产及品质下降。

【症状】病菌危害叶片、叶柄、嫩梢和茎,以嫩梢和顶端分枝受害严重。感病后嫩茎上出现水渍状斑点,后逐渐扩大为褐色的梭形病斑,中央稍凹陷,上有突起的黑褐色小点,为病菌的分生孢子盘。受害严重时梢部呈黑色,并弯曲下垂,叶片扭缩变形,造成植株烂梢,天气潮湿时病部出现橘红色黏状物。叶上病斑圆形或不规则形,多在叶片边缘,常使叶片干枯。叶柄上病斑长条形,褐色,严重时叶片萎蔫枯死。

【病原】病原为胶孢炭疽菌 *Colletotrichum gloeosporioides*(Penz.)Sacc.,属半知菌亚门,腔孢纲,黑盘孢目,炭疽菌属真菌。病菌分生孢子盘聚生,突破表皮外露;黑褐色,无刚毛。分生孢子梗倒锥形,单胞,无色,(8~16)μm×(3~4)μm。分生孢子长卵形、近椭圆形,多数正直,单胞,无色,(8~16)μm×(3~5)μm(图7-33)。

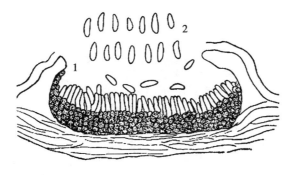

● 图 7-33 红花炭疽病菌的胶孢炭疽菌
1. 分生孢子盘;2. 分生孢子

【发病规律】病菌以分生孢子盘、菌丝体及分生孢子在病残体组织和土壤中越冬、越夏,或以菌丝体在种子内部越冬、越夏,成为下一季节及远距离的初次侵染来源。发病后病斑上产生大量新的分生孢子通过雨水、昆虫等传播进行再次侵染。春季气温回升快、降雨量大的年份发病严重。春播比秋播发病重,有刺型品种比无刺型品种抗病性强。氮肥施用过多或过晚会使植株贪青徒长,危害加重。

【防治措施】

1. 加强田间管理　播前施足底肥,定苗后追施磷、钾肥,开花前叶面喷磷肥,提高植株抗病力。

2. 建立无病留种田　为生产提供无病良种。

3. 播种前种子变温处理　将种子在常温下浸泡10小时,再用48℃的热水浸1分钟,然后用52~54℃的热水浸10分钟后捞出,晾干,用50%甲基硫菌灵可湿性粉剂按种质量0.3%拌种。

4. 药剂防治　发病初期喷洒50%异菌脲600~800倍液或50%代森锰锌600倍液,每10天1次,连续2~3次。

（丁万隆）

山药炭疽病

山药炭疽病是山药的主要病害。河南、山东、四川等山药主产地发病普遍,危害严重,常致叶片枯死,造成大量减产。

【症状】主要危害叶片,叶柄、茎也可发病。发病初期,在叶片上产生略有凹陷的褐色斑点,不断扩大成黑褐色,中央色浅,有不规则的轮纹,上生小黑点,即病原菌分生孢子盘。茎基部被害,出现深褐色水渍状病斑,后期略向内凹陷,造成枯茎、落叶。

【病原】病原为胶孢炭疽菌 *Colletotrichum gloeosporioides*（Penz.）Sacc.,属半知菌亚门,黑盘孢目,炭疽菌属真菌。分生孢子盘圆盘形,直径36~40μm。分生孢子梗单胞,无色,棍棒形,顶端钝圆或稍尖,（4.8~14.7）μm×（2.5~4.9）μm,有时长达20μm。刚毛在后期形成,暗褐色,顶端色淡,偶有隔膜,大小为（16.3~51.6）μm×（3.0~6.0）μm,分生孢子单胞,无色,椭圆形或圆筒形,（12~19）μm×（4~6）μm,内含颗粒体（图7-34）。

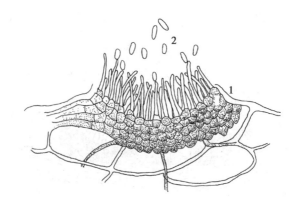

● 图7-34　山药炭疽病的胶孢炭疽菌
1. 分生孢子盘;2. 分生孢子

【发病规律】病菌以菌丝体及子座组织随寄主残余物遗留在土壤和芦头上越冬,成为翌年的初次侵染源。分生孢子靠雨水飞溅传播,一般贴近地面的叶片最先发病。昆虫带菌及潮湿时进行田间操作也有传病的可能。温暖(25~30℃)、高湿、多风雨的天气有利于发病;连作、排水不良、潮湿背阴以及植株生长衰弱的田块发病较重。通常从6月开始发病,7—8月危害严重,9月基本停止发展。

【防治措施】

1. 清洁田园,及时清除病残体　山药收获后,清洁田园,扫除病株残叶,集中烧毁或沤肥,减少越冬菌源基数。

2. 选用无病种苗,种苗消毒　栽苗前,种苗可用50%多菌灵可湿性粉剂500倍液浸泡消毒,减少种苗带菌。

3. 合理轮作及加强田间管理　尽早搭架,以利通风、降湿、透光,加强栽培管理,配方施肥,提高植株的抗病性。

4. 发病前和发病初期及时施药防治　发病前喷1:1:150的波尔多液保护,每10天1次,连喷2~3次;发病初期,及时摘除病叶,再喷30%氟菌唑可湿性粉剂1 500~2 000倍液或80%代森锌可湿性粉剂500~600倍液,每隔7天1次,连续喷2~3次。

(周如军)

山茱萸炭疽病

在山东、河南、安徽、浙江等地发生普遍,危害较重。严重时病果率达95%以上,树势衰减,当年花芽形成减少,造成翌年减产,影响产量和产品质量。

【症状】病菌主要危害果实,也危害枝条和叶片。幼果染病多从果顶开始发病,然后向下扩展,病斑黑色,边缘红褐色,严重时全果变黑干缩,一般不脱落。青果染病,初在绿色果面上生圆形红色小点,逐渐扩展成圆形至椭圆形灰黑色凹陷斑,病斑边缘紫红色,外围有不规则红色晕圈,使青果未熟先红。后期在病斑中央生有小黑点,为病原菌的分生孢子盘。湿度大时,病斑上产生黑色小粒点及橘红色孢子团。果实染病后,还可沿果柄扩展到果苔,果苔染病后,又从果苔扩展到果枝的韧皮部,造成枝条干枯死亡。叶片染病,初在叶面上产生红褐色小点,后扩展成褐色圆形病斑,边缘红褐色,周围具黄色晕圈。严重时叶片上有十多个至数十个病斑,后期病斑穿孔,病斑多时连成片致叶片干枯。

【病原】病原为胶孢炭疽菌 *Colletotrichum gloeosporioides* (Penz.) Sacc. (见红花炭疽病)。

【发病规律】病原菌以菌丝和分生孢子盘在病果、病果苔、病枝、病叶等病残组织上越冬。4月中下旬分生孢子进行初侵染。病原菌主要通过伤口,也可直接侵入。病部产生的分生孢子借风雨、昆虫传播进行再侵染。分生孢子也能借雨水飞溅传播。叶片一般于4月下旬发病,5—6月进入发病盛期。5月上旬出现病果,6—8月果实进入发病盛期。炭疽病从植株的下部果实先发病,逐渐向上蔓延。田间越冬菌源多,4—5月多雨的条件下发病早且重。山茱萸花果期若遇多雨潮湿天气及管理粗放的种植园及老龄、生长衰弱的树体发病重。不同种质类型的山茱萸炭疽病的发病程度存在差异,石碾枣、珍珠红、马牙枣发病较轻,且果大、肉厚、色泽鲜红。

【防治措施】

1. 农业防治

（1）选用抗病丰产品种,如石碰枣、珍珠红、马牙枣等类型。

（2）及时摘除病果,清除地面上的病残体,深秋冬初剪掉病枝,带出园外进行深埋或集中烧毁,以减少初侵染菌源。

2. 化学防治　发病初期及时喷药,可选用 25% 咪鲜胺可湿性粉剂 500 倍液、12% 松脂酸铜乳油 600 倍液、1∶2∶200 波尔多液。每隔 10 天喷施 1 次,共 3~4 次。

（丁万隆）

第七节　霜霉病

药用植物霜霉病是危害严重的病害。霜霉病主要引起植物绿色部分发生病斑和枯死,多数受叶脉限制而使病斑呈多角形,并在病斑叶背相应处形成典型的霜状霉层;有的霜霉菌还可刺激绿茎、花梗或花器使其膨大畸形,有的使植株矮化、叶片褪绿坏死或形成丛簇。

霜霉病症状

霜霉病由鞭毛菌亚门,卵菌纲,霜霉科真菌引起,均属于高等的专性寄生菌。在持续较长时间的阴雨或高湿、气温相差较大的条件下,又有大面积的单一寄主植物存在时,霜霉病易发生和流行而造成损失。霜霉菌侵染植物,有的为局部侵染,症状仅表现在受侵染部位及其附近,到一定时期产生新的孢子囊进行再侵染;有的霜霉菌侵染植物,既有局部侵染,也有系统侵染,如由黄芪霜霉菌引起的黄芪霜霉病,既可在 1~2 年生黄芪叶片上表现局部侵染症状,也可在多年生植株上表现系统侵染,即全株矮缩。

霜霉病的防治,必须针对病菌侵染特点,有的放矢地制定病害综合防治策略,才能达到防病治病的目的。

黄芪霜霉病

黄芪霜霉病是黄芪生产中的主要病害之一,在甘肃省黄芪各主产区普遍发生,且发生较重,病株率普遍达 43.0%~100.0%,严重度 1~4 级,主要危害叶片,严重时病叶卷曲、干枯、脱落,严重影响黄芪的产量和品质。

【症状】该病害具有局部侵染和系统侵染特征。在 1~2 年生黄芪植株上表现为局部侵染,主要危害叶片,发病初期叶面边缘生模糊的多角形或不规则形病斑,淡褐色至褐色,叶背相应部位生有白色至浅灰白色霉层,即病原菌孢囊梗和孢子囊,发病后期霉层呈深灰色,严重时植株叶片发黄、干枯、卷曲,中下部叶片脱落,仅剩上部叶片。在多年生植株上多表现为系统侵染,即全株矮缩,仅有正常植株的 1/3 高,叶片黄化变小,其他症状与上述局部侵染症状相同。

【病原】病原为黄芪霜霉菌 *Peronospora astragalina* Syd.,属鞭毛菌亚门,卵菌纲,霜霉目,霜霉属真菌。孢囊梗自气孔伸出,多为单枝,偶有多枝,无色,全长（224.0~357.4）μm ×（6.1~8.2）μm（平均 285.6μm × 7.5μm）,主轴长占全长 2/3,上部二叉状分枝 4~6 次,末端直或略弯,呈锐角或直角张开,大小为(7.7~15.9)μm×(1.5~2.5)μm(平均10.5μm×2.2μm)。孢子囊卵圆形,一端具突,无色,大小为(18.0~28.3)μm×(14.1~20.6)μm(平均20.4μm×19.1μm)。藏卵器近球形,淡黄褐色,大小为(43.7~61.7)μm×(43.7~61.7)μm(平均51.2μm×47.3μm)。雄器棒状,侧生,单生,大小为(30.8~39.8)μm×9.0μm。卵孢子球形,淡黄褐色,直径23.1~36.0μm(平均31.5μm)(图7-35)。

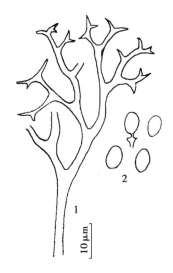

● 图7-35 黄芪霜霉菌
1. 孢囊梗;2. 孢子囊

【发病规律】病菌随病残体在地表及土壤中越冬或在多年生植株体内越冬。来年环境适宜时,病残体和土壤中越冬病菌侵染寄主,引起初侵染。病部产生的孢子囊借风雨传播,引起再侵染。在气温20~26℃及65%~77%的相对湿度下,潜育期为5天。在甘肃省陇西县7月上中旬开始发病,7月中下旬病情缓慢发展,在8月上旬至9月中旬为盛发期,直至采挖。降雨多、露时长、湿度大有利于病害发生。在甘肃省岷县、漳县及渭源县等高海拔地区,7—8月的夜间露时多在21—23时,叶面水膜的存在有利于孢子囊的萌发和侵染,所以,在海拔2 000m以上地区发生较重。通常中、上部叶片发病重,下部叶片发生较轻。发病后期病残组织内形成大量的卵孢子,卵孢子随病叶等病残组织落入土中越冬,成为次年的初侵染来源。

【防治措施】

1. 彻底清除田间病残组织　收获后彻底清除田间病残体,减少初侵染源。

2. 加强栽培管理　合理密植,以利通风透光;增施磷、钾肥,提高寄主抵抗力。

3. 化学防治　发病初期喷施72.2%霜霉威盐酸盐水剂800倍液、70%丙森锌可湿性粉剂400倍液、72%霜脲·锰锌可湿性粉剂400倍液喷施,对黄芪霜霉病防治效果好。当霜霉病和白粉病混合发生时,喷施40%乙膦铝可湿粉剂200倍液加15%三唑酮可湿粉剂2 000倍液。

（王　艳）

延胡索霜霉病

延胡索霜霉病俗称"瘟病",具有发病率高、进展迅速和危害严重的特点,是导致延胡索后期早衰和减产的重要病害,常造成毁灭性的危害,雨转晴后10天左右可使全田枯死,称"火烧瘟",减产高达到50%~70%。

【症状】主要危害叶片,也可危害茎。叶片出现黄绿色不规则斑点,发展为黄褐色,边缘不明显,逐渐扩大至全叶,斑块相应的背面密生微紫灰色霜霉层,即病菌孢囊梗和孢子囊。受害叶片常皱缩,失去光泽,干枯,造成植株枯死。茎部叶柄交叉处也极易受害,很快变褐枯死。

【病原】病原为紫堇霜霉 *Peronospora corydalis* de Bary,属鞭毛菌亚门霜霉属真菌。菌丝无色透明,在寄主细胞间生长。子实层紫灰色,孢囊梗单生或2~4根丛生。孢子囊单生,柠檬型。

孢子囊萌发产生芽管,不产生游动孢子。卵孢子产生于组织内部,球形,黄褐色(图7-36)。

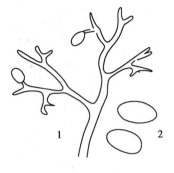

● 图 7-36　紫堇霜霉
1. 孢囊梗；2. 孢子囊

【发病规律】病菌在延胡索内部病叶中产生卵孢子（后期病茎中极易产生），卵孢子随残病组织在土壤中越冬、越夏，是次年再次产生侵害的主要来源。病部产生的孢子囊随风雨向四周传播，引起多次再侵染。延胡索霜霉病的发生与流行和温度、湿度有密切关系。早春 3—4 月是侵染初期，4 月下旬为发病高峰，至 5 月中旬延胡索收获期都能受侵害。春季气温升高，湿度大，有利于病害流行，如天气干旱少雨，砂壤土或高畦地则发病较轻。

【防治技术】

1. 栽培管理　延胡索收获后，彻底清除病残组织，避免重茬，实行轮作制，与禾本科植物进行 3 年以上轮作。

2. 种茎管理　不用严重发病地的块茎作种，选用大块茎作种，田间出现病种时，以内吸剂处理。

3. 药剂防治　3—4 月间喷洒 40% 乙膦铝可湿性粉剂 300 倍，每隔 10~15 天 1 次，共喷 2~3 次，效果明显。或选用 1：1：300 波尔多液或 58% 甲霜·锰锌可湿性粉剂 1 000 倍液进行喷施，每隔 7~10 天 1 次，共喷 2~3 次。

（范慧艳）

菊花霜霉病

菊花霜霉病是危害菊花生长的重要病害之一，主要发生于安徽、浙江产区，其中安徽贡菊受害最重。春秋季节发病较多，传播范围广。病害流行时，叶片至整株枯死，不能开花，影响产量至绝产无收。

【症状】主要危害叶片也危害叶柄、嫩茎、花梗和花蕾。初病叶片正面褪绿，出现不规则病斑，界限不清，后变为黄褐色，病叶皱缩，并逐渐干枯。病叶背面初生稀疏白色菌丝，后变淡褐或深褐色稀疏霉层，为病菌的孢囊梗和孢子囊。嫩茎、花蕾染病，其上长满白色霜霉层，并逐渐变褐干枯。病害由下往上发展，春季发病致幼苗枯死或衰弱，秋季发病叶片、花蕾、茎秆等部位枯死。

【病原】病原为丹麦霜霉 *Peronospora danica* Gaüm.，属鞭毛菌亚门霜霉属真菌。孢囊梗单生或丛生，主梗为全长的 43.7%~57.9%，冠部叉状分枝 4~6 回，顶端二叉分枝或三叉分枝，一般锐角少数直角，顶枝长 7.8~11.7μm，末端钝圆，略膨大。孢子囊呈近圆至椭圆形，淡褐色。此外也有报道菊花霜霉 *Peronospora radii* de Bary 也可侵染菊花，引起霜霉病（图 7-37）。

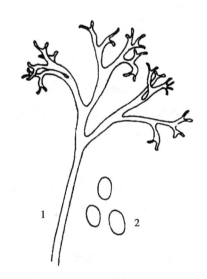

● 图 7-37　丹麦霜霉
1. 孢子囊梗；2. 孢子囊

【发病规律】病菌以菌丝体在留种母株脚芽或病部上越冬。翌春 3、4 月产生孢子囊借风雨飞散传播，进行初期侵染和再侵染，秋季 9 月下旬、10 月上旬再次发病。该病多发生在平均温度 16.4℃、春季低温多雨的地区，秋季多雨或植株表面结冰的情况下,病害再次发生或流行,连作或种植过密也易发病。

【防治措施】

1. 选用抗病品种。

2. 加强栽培管理　合理密植。清除病残,打掉的病叶或拔掉的病株应及时销毁,如深埋或烧掉,以免病害传播。

加强水肥管理,增施有机肥,提高植株抗病力。在条件允许的情况下,适当降湿,抑制病害的流行。

3. 加强药剂防治　种子播前可用 50% 福美双可湿性粉剂拌种。发病初期喷药防治,可选用 50% 甲霜铜 600 倍液或 40% 乙膦铝 300 倍液、58% 甲霜·锰锌 600 倍液等,每 10 天 1 次,一般喷 3~4 次。化学防治要做到药剂交替使用,避免产生抗药性。

（范慧艳）

板蓝根霜霉病

霜霉病是板蓝根生产中的主要病害之一,严重降低板蓝根的品质和产量。

【症状】菘蓝叶片、茎秆、花瓣、花梗、花萼、荚果等部位均受害。叶片受害后,初期在叶背面产生一层白色霉状物,叶正面相应处出现淡黄色病斑,因受叶脉限制,病斑扩大为多角形、不规则形,并呈黄褐色,后期逐渐变为褐色枯斑,由植株外层叶向内层干枯。病斑多分布在叶脉处或叶缘,病健交界处明显,受害部分增厚,边缘弯曲。严重时病斑连接成片,叶色变黄,叶片干枯死亡。茎、花梗、花瓣、花萼以及荚果等局部或全部受害后褪色,其上长有白色霉状物,并能引起肥厚变形。严重被害的植株矮化,荚果细小、弯曲,常未熟先裂或不结实。

【病原】板蓝根霜霉病病原为寄生霜霉 *Peronospora parasitica*(Pers.)Fr.,属鞭毛菌亚门,卵菌纲,霜霉目,霜霉属真菌。孢囊梗单根或多根,自气孔伸出,全长 95.0~330.0μm,宽 8.0~20.0μm,主轴长 30.0~285.0μm,基部略膨大,顶端叉状锐角分枝 2~5 次,末端稍弯曲,端生 1 个孢子囊。孢子囊椭圆形至卵形,无色至淡褐色,单胞,大小为(18.0~ 35.0)μm × (17.0~29.0)μm(图 7-38)。孢子囊萌发时可形成 1~2 根芽管,多为 1 根。卵孢子未见。病组织中的菌丝体无色、无隔,粗细不均,内含物丰富。病菌可危害多种十字花科植物,种内有不同专化型和生理小种。

【发病规律】病菌以卵孢子或菌丝体随病残体在土壤中越冬、越夏。翌年春季天气转暖后从病部产生孢囊梗及孢子囊,经气流传播引起初侵染。病株上的孢子囊在适宜的温湿度环境条件下,可重复侵染。苗期受害普遍。果荚发病严重。

在气温 13~15 ℃,相对湿度 90% 以上时,病情发展极为迅速。因此,该病多发生于春季。孢子囊的形成与降雨量密切相关,当日平均气温 13 ℃ 左右,相对湿度 85% 以上,普遍出现霜霉。若连续降雨数日,一旦转晴,田间病

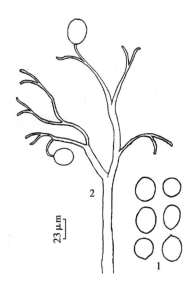

● 图 7-38　寄生霜霉
1. 孢子囊；2. 孢囊梗

情迅速发展。秋播的留种地最先发病,直到种子收获均有危害。春播菘蓝一般在4—6月发病严重。密不通风的郁闭状态,通风透光差的小气候环境,易引起病害发生;冬暖春寒、多雨高湿有利于发病;抽苔开花期病害发生严重;管理粗放、土壤肥力不足、除草及排水不及时也易发病。

【防治措施】

1. 彻底清除田间病残体　入冬前彻底清除田间病残体,减少越冬菌源。

2. 加强栽培管理　合理密植,增施肥料,适量浇水,注意通风透光;与非十字花科植物轮作;因地制宜适当调整播种期;低湿地采用高畦栽培。

3. 化学防治　发病初期选择喷施58%甲霜·锰锌可湿性粉剂1 000倍液、90%乙膦铝可湿性粉剂600倍液、1∶1∶120波尔多液、65%代森锌可湿性粉剂600倍液、78%波尔·锰锌可湿性粉剂500倍液、69%烯酰·锰锌可湿性粉剂600倍液、20%氟吗啉可湿性粉剂700倍液及52.5%噁唑·霜脲氰水分散颗粒剂1 500倍液,每7~10天喷1次,连续喷2~3次,药剂交替使用。

〔王　艳〕

第八节　花叶和畸形类病害

病毒病在数量上占植物病害的第二位,是药用植物的一大类病害。病毒侵染药用植物后,导致植物生长衰退,品质、产量下降,严重者甚至导致整株植株死亡,给生产带来巨大损失。植物病毒病主要发生在茄科、豆科、十字花科、葫芦科和禾本科等植物。主要危害的药用植物有百合、半夏、牛蒡、薄荷、太子参、番红花、地黄等。

植物病毒病几乎都属于系统侵染,当寄主植物感病后,或迟或早都会在全株表现出症状。典型的症状主要有三类:①变色,主要表现为褪绿、黄化和花叶、斑驳;②坏死,植物细胞和组织死亡;③畸形,主要表现为萎缩、小果、小叶、皱叶、丛枝等。

花叶畸形病害往往是由植物病毒引起的一类病害。植物病毒是一类结构简单的分子寄生物,主要由核酸和保护性蛋白质衣壳组成。根据核酸的类型分为正单链RNA病毒、负单链RNA病毒、双链RNA病毒、单链DNA病毒和双链DNA病毒。植物病毒依赖于寄主的核酸和蛋白质合成系统进行复制,干扰了植物细胞正常的生理代谢。

病毒病的寄主范围十分广泛,可以在寄主体内或传播介体体内越冬。很多杂草是病毒的越冬寄主,虫传病毒的生物媒介可带毒在田间和保护地中越冬,有些药用植物可以种子带毒而成为初侵染来源。翌年春天,越冬毒源传播到寄主上开始危害。一些以无性繁殖为主的药用植物,一旦被病毒侵染则终身受害;而一些以种子繁殖为主的药用植物,种传病毒会对其造成巨大危害,一方面作为初侵染源感染下一代植株,另一方面又会经蚜虫等介体传播而扩散。

气候条件和虫口密度是影响该病发生的主要因素,高温干旱有利用病毒病的发生和流行,这是因为高温有利于传毒介体的迁飞和病毒的增殖,干旱则降低了植株的抗病性,导致病毒病发病重。环境条件也可以改变或抑制症状的表现。其中,温度和光照对病毒症状的影响最大。高温和低温对花叶型病毒病的症状表现有抑制作用,强光能促进某些病毒病害症状的发展。此外,寄主的营养条件也能影响症状的发生,一般增加氮肥可以促进症状表现,增加钾、磷肥则相反。

植物病毒病害只能有效预防和控制,如果发病严重,很难彻底治疗。防治策略为加强检疫措施,杜绝、清除侵染源,选用抗病品种和无毒种苗,种子播种前进行消毒处理,防治蚜虫、烟粉虱等传播介体,加强栽培管理。

半夏花叶病

半夏花叶病在各地种植区普遍发生,发生危害重,许多田块几乎全田发病,是目前半夏生产中危害最重的病害。

【症状】半夏花叶病又名病毒病、缩叶病,其症状表现为病株叶片皱缩、花叶、畸形、全株矮缩甚至死亡。植株在发病初期,危害症状表现不明显,叶片偶有出现轻微绿色斑驳。随着植株病情的发展,花叶症状越来越明显,表现为不规则褪绿、黄色条斑及明脉,叶片边缘向上卷曲。危害严重时半夏病株叶片黄化、畸形,植株明显矮缩,直至整株死亡。

【病原】侵染半夏的病毒有大豆花叶病毒（soybean mosaic virus, SMV）、芋花叶病毒（dasheen mosaic virus, DsMV）和黄瓜花叶病毒（cucumber mosaic virus, CMV）。大豆花叶病毒粒体线状,大小为（650~760）nm×13nm,属马铃薯 Y 病毒组。芋花叶病毒粒体呈线状,大于 60nm。黄瓜花叶病毒粒体呈球状,直径 30nm。

【发病规律】带毒球茎是半夏花叶病的重要初侵染源,其他寄主也是初侵染源。经虫媒和汁液传播。病毒主要在半夏球茎或野生寄主及其他栽培植物体内越冬。第二年春天,播种带毒球茎,出芽后即出现病状。病株与健康植株枝叶接触时相互摩擦或人为的接触摩擦而产生轻微伤口,蚜虫、叶蝉、蓟马、飞虱等虫媒传毒,均可造成该病的再侵染。天气干旱、蚜虫多、农事操作频繁,有利于病害传播和蔓延。

【防治措施】

1. 培育无毒种苗　通过热处理结合茎尖脱毒培养无毒苗;以种子繁殖方式获得无毒苗;在高海拔地区建立无病种子基地,以供应大田生产。

2. 做好田间管理　棚内操作前,手、工具等应消毒;发现病株后立即拔除,集中烧毁、深埋;合理施肥,施用充分发酵并腐熟的有机肥,适当追施磷、钾肥。

3. 防治传毒昆虫　大棚栽培时,放风口加防虫网,以防蚜虫钻入;蚜虫发生初期,及时喷洒杀虫剂,如 10% 吡虫啉可湿性粉剂 1 500 倍液、2.1% 啶虫脒 2 500 倍液、40% 氰戊菊酯乳油 6 000 倍液及 25% 噻虫嗪乳油 5 000 倍液。

4. 药剂防治　植株发病初期可喷施 1.5% 三十烷醇·硫酸铜水乳剂 1 000 倍液、3.85% 三氮唑·铜·锌水乳剂 500 倍液、10% 混合脂肪酸水乳剂 100 倍液及 50% 氯溴异氰尿酸可湿性粉剂 1 000 倍液。

（郑开颜）

白术花叶病

白术花叶病为病毒性病害。以白术长管蚜为主要自然传播媒介,是白术产区的常见病害。

【症状】先侵染心叶和嫩叶,使叶片变小,出现黄绿相间的花叶疱斑,并伴随叶片皱缩。感病植株生长缓慢,节间缩短,分枝增多,地下根茎变得细小,品质下降。

【病原】已知病原有:蚕豆萎蔫病毒2号(broad bean wilt virus 2, BBWV2),球状病毒粒体,直径约25nm;黄瓜花叶病毒,球状病毒粒体,直径约30nm。

【发病规律】侵染源来自带毒种苗。病毒可由蚜虫传播,若春季蚜虫发生严重,病害发生也较重。夏季高温时有隐症现象;9月以后又出现花叶症状。发病严重时病株率高达90%。

【防治措施】

1. 加强田间管理　多施磷、钾肥,提高植株抗病性。

2. 建立无病种子田　选栽无病抗病品种,确保种苗不带毒。

3. 防治传病蚜虫　在白术生长期,及时防治蚜虫,春季蚜虫迁飞至白术田为害时,选用40%乐果1500倍液等药剂防治。

4. 化学药剂防治　发病初期喷洒1.5%植病灵800倍液或20%病毒A 500倍液,喷1~2次。

(范慧艳)

太子参花叶病

太子参花叶病是太子参的病毒病,为太子参主要病害之一,严重危害根的产量和质量。主要发生地区为山东、江苏、福建等。

【症状】病株矮小,叶片出现斑驳、皱缩、花叶等情况,块根小,块根数明显减少。发病时期为苗期,主要影响茎、叶。该病害发生后,早期叶脉变黄,形成花叶,后期叶片皱缩,出现叶斑。若苗期发生,常出现植株矮化、顶芽坏死、叶片不能扩展等情况。

【病原】已知毒原种类有4种:烟草花叶病毒(tobacco mosaic virus, TMV)的一个株系,杆状病毒粒体,约300nm长;芜菁花叶病毒(turnip mosaic virus, TuMV),属马铃薯Y病毒组,线状病毒粒体,长680~780nm,病叶细胞内有风轮状内含物;黄瓜花叶病毒,属黄瓜花叶病毒组,球状病毒粒体,直径约30nm;蚕豆萎蔫病毒,球状病毒粒体,直径约25nm,在病叶细胞内有晶格状内含物。其中以芜菁花叶病毒广泛分布于各产区,是危害太子参的主要病毒病原。

【发病规律】该病毒由带毒的太子参种根或带毒蚜虫传染,引起发病,扩大危害。太子参生长期蚜虫发生量大,以及管理粗放致发病重。另外,病毒可通过汁液摩擦接种、带毒块根、病株残体和土壤传播。一般发病时期在2月下旬至4月中旬。遇上干旱,发病更严重。太子参产区5月症状明显。

【防治措施】

1. 精选参种,对参种进行处理　选择产量高、适应性广、抗花叶病较强的品种,或无病毒植株留种。参种块根肥大、均匀、健壮、芽头无损害。种子处理有化学和物理两种方法。化学方法:用10%磷酸钠浸种20分钟左右或者用1%硝酸银浸种1分钟,再用无菌水冲洗3次;物理方法:对种子进行40~60天0℃低温处理后播种。

2. 培育无病种苗　利用茎尖脱毒,培育无毒种苗。采用种子繁殖,建立无病繁殖基地,向大田提供无病种苗。

3. 实行轮作　育苗地选择生荒地或前茬为玉米、谷子等禾本科作物的地块,避免选前茬为烟草、蔬菜等地。

4. 防治蚜虫　及时防治蚜虫,防止和减少病毒的传染。

（范慧艳）

百合病毒病

百合病毒病在很多百合种类和产地都有不同程度的危害,使生产遭受很大损失。

【症状】百合病毒病主要有百合花叶病、坏死斑病、环斑病和丛簇病4种。百合花叶病叶面现浅绿、深绿相间斑驳,严重的叶片分叉扭曲,花变形或蕾不开放,有些品种实生苗可产生花叶症状。百合坏死斑病有的呈潜伏侵染,有的产生褪绿斑驳,有的出现坏死斑,有些品种花扭曲或畸变呈舌状。百合环斑病叶上产生坏死斑,植株无主秆,无花或发育不良。百合丛簇病染病植株呈丛簇状,叶片呈浅绿色或浅黄色,产生条斑或斑驳,幼叶染病向下反卷、扭曲,全株矮化。

【病原】百合花叶病:病原为百合花叶病毒（lily mosaic virus）。病毒粒体线条状,长650nm,致死温度70℃。

百合坏死斑病:病原有百合潜隐病毒（lily symptomless virus, LSV）和黄瓜花叶病毒。百合潜隐病毒粒体线条状,大小为（635~650）nm×（15~18）nm,致死温度65~70℃。在黄瓜苗上产生系统花叶。黄瓜花叶病毒粒体球状,直径30nm,致死温度60~70℃,体外保毒期3~7天。

百合环斑病:病原为百合环斑病毒（lily ring spot virus）,在心叶烟上产生黄色叶脉状花叶,致死温度60~65℃,体外保毒期25℃条件下1~2天。

百合丛簇病:病原为百合丛簇病毒（lily rosette virus）。

【发病规律】百合病毒均可在鳞茎、珠芽内越冬,通过枝叶摩擦、蚜虫传毒。甜瓜蚜、桃蚜等是传毒介体昆虫。鹿子百合较抗病,而麝香百合、卷丹百合、荷兰百合感病。

【防治措施】

1. 选用健株不带病毒的鳞茎繁殖　有条件的应设立无病留种地,发现病株及时拔除,有病株的鳞茎不得用于繁殖。

2. 控制传毒蚜虫　百合生长期及时喷洒10%吡虫啉可湿性粉剂1 500倍液或50%抗蚜威可湿性粉剂2 000倍液,控制传毒蚜虫,减轻该病传播蔓延。

3. 药剂防治　发病初期开始喷洒20%盐酸吗啉胍·铜可湿性粉剂500~600倍液、5%菌毒清可湿性粉剂500倍液,隔7~10天1次,连续防治3次。

（王　智）

菊花花叶病

菊花花叶病在各地不同菊花品种上发生普遍,危害严重,严重时发病率可达100%,产量损失可达30%以上。该病主要由汁液、扦插条传播。

【症状】该病病原能侵染各种药用菊花。植株由上部叶开始发病出现浓绿、淡绿相间的花叶或斑驳症状。抗病品种在染病后表现为轻型花叶或不显症,在感病品种上可形成明显的花叶症状或坏死斑,严重的产生褐色枯斑。病株生长衰弱,节间变短,全株矮化。

叶片上的症状表现为花叶型和红叶型两种类型。

花叶型:叶片呈灰绿色,有不规则隆起的灰白色线状条纹;或叶脉绿色,叶肉产生不规则的不同颜色斑纹。

红叶型:叶片小而厚,叶尖短而钝圆,叶缘内卷,正面暗绿色,背面沿叶缘变紫红色。发病植株生长衰弱,叶片发病从下往上蔓延,叶片枯黄。

【病原】病原主要有:菊花B病毒(chrysanthemum virus B,CVB),是一个长形棒状结构的粒子,大小685nm×12nm;番茄不孕病毒(tomato aspermy virus,TAV),球状病毒,直径25~30nm;烟草花叶病毒,杆状病毒粒体,约300nm长;菊花矮化类病毒(chrysanthemum stunt viroid,CSVd)。核苷酸组成单链环状RNA分子,棒状的二级结构,无开放阅读框(ORF),不编码任何蛋白质。

【发病规律】菊花B病毒在留种母株上越冬,用分根或扦插等繁殖方法均能带毒传播。汁液摩擦和蚜虫均可传染,传毒蚜虫主要为桃蚜 *Myzus persicae*、马铃薯蚜 *Macrosiphum euphorbiae* 及其他多种蚜虫,蚜虫传毒属于非持久性。用分根法繁殖的病害普遍而严重。田间科学管理、施肥充足,发病轻;反之,田间管理粗放、施肥不足的发病重。

【防治措施】

1. 严格进行植物检疫 引种时要严格检疫,防止将病毒人为传播到无病区。

2. 建立无病留种田 选用健康无病株作为繁殖材料,病株不得用于分根繁殖和扦插繁殖。在移栽幼苗时,应用高锰酸钾或甲醛对幼苗及土壤进行消毒。条件允许可采用茎尖组织培养进行脱毒,将带毒的盆栽菊花置于36℃条件下处理21~28天,即可脱毒。在生产上,经过热处理的菊花,病毒已被钝化,可用来作繁殖材料。

3. 治蚜防病 及时防治传毒蚜虫即可控制病害的扩展蔓延,可在蚜虫危害初期和迁飞前使用50%抗蚜威可湿性粉剂2 000倍液进行叶片喷雾。为有效防止蚜虫的传播,目前生产上采用40目的防虫网和黄板等进行物理防治。

4. 加强田间管理 合理施肥,增强植株自身抗病能力,减少病害损失;及时拔除病株;田间管理过程中,应避免人为传毒。

5. 药剂防治 在必要时可喷洒5%菌毒清可湿性粉剂400倍液或20%盐酸吗啉胍·铜可湿粉剂500~600倍液、0.5%抗毒剂1号水剂300倍液、20%病毒宁水溶性粉剂500倍液,每隔7~10天1次,连用3次。采收前3天停止用药。也可喷洒石灰等量式(100~160)波尔多液或0.4波美度石硫合剂进行防治。

（范慧艳）

思考题

1. 黄芪白粉病的主要症状、发病规律和防治措施是什么?

2. 枸杞白粉病的发生规律、防治措施有哪些?

3. 简述金银花白粉病症状、防治措施。

4. 龙胆斑枯病的症状特点、发病规律和防治措施有哪些?

5. 白术斑枯病的主要症状、发病规律和防治措施是什么?

6. 简述地黄斑枯病的主要症状、发病规律和防治措施。

7. 白芷斑枯病的主要症状、发病规律和防治措施是什么?

8. 玄参斑枯病的主要症状、发病规律和防治措施是什么?

9. 试述柴胡斑枯病的主要症状、病原、发病规律和防治措施。

10. 试述党参斑枯病的主要症状、病原、发病规律和防治措施。

11. 试述当归斑枯(褐斑)病的主要症状、病原、发病规律和防治措施。

12. 人参、西洋参黑斑病的主要症状和防治措施有哪些?

13. 三七黑斑病的主要症状、发病规律和防治措施有哪些?

14. 菊花黑斑病的主要症状、发病规律和防治措施是什么?

15. 麦冬黑斑病的主要症状、发病规律和防治措施是什么?

16. 五味子叶枯病的发生规律及防治措施有哪些?

17. 简述芍药叶斑病的症状及发病规律。

18. 白芷灰斑病的主要症状、发病规律和防治措施是什么?

19. 试述甘草褐斑病的主要症状、病原、发病规律和防治措施。

20. 简述忍冬褐斑病的症状及发病规律。

21. 简述山药褐斑病的主要症状、发病规律和防治措施。

22. 玉竹褐斑病的主要症状、发病规律和防治措施是什么?

23. 三七圆斑病的病原、发病规律和防治措施是什么?

24. 细辛叶枯病是生产中的主要病害,其防治措施有哪些?

25. 贝母灰霉病的主要症状、发病规律和防治措施是什么?

26. 菊花灰霉病的主要症状、病原和发病规律是什么?

27. 试述人参灰霉病的主要防治措施。

28. 简述芍药灰霉病的症状及发病规律。

29. 三七灰霉病的发病规律和防治措施是什么?

30. 疫病的病原及症状是什么? 简述其侵染循环。

31. 人参、西洋参疫病的发生规律是什么? 防治措施有哪些?

32. 简述牡丹疫病的发病症状及规律。

33. 三七疫病的症状特点、发病规律和防治措施是什么?

34. 简述丹参疫病的发病规律。

35. 试述甘草锈病的主要症状、病原、发病规律和防治措施。

36. 平贝母锈病的主要症状、发病规律和防治措施是什么?

37. 红花锈病的主要症状、发病规律和防治措施是什么?

38. 北沙参锈病的主要症状、发病规律和防治措施是什么?

39. 简述木瓜锈病菌的生活史及其主要防治措施。

40. 炭疽病菌最常见的种是哪个？主要危害哪些药用植物？（能列举出5种即可）

41. 山茱萸炭疽病的发病规律是什么？主要防治措施有哪些？

42. 试述黄芪霜霉病的主要症状、病原、发病规律和防治措施。

43. 延胡索霜霉病的主要症状、发病规律和防治措施是什么？

44. 菊花霜霉病的主要症状、发病规律和防治措施是什么？

45. 试述板蓝根霜霉病的主要症状、病原、发病规律和防治措施。

46. 白术花叶病的主要症状、发病规律和防治措施是什么？

47. 太子参花叶病的主要症状、发病规律和防治措施是什么？

48. 百合病毒病的主要症状、发病规律和防治措施是什么？

49. 菊花花叶病的主要症状、发病规律和防治措施是什么？

第七章　同步练习

第八章 根和茎部病害

掌握：代表性药用植物根及根茎病害立枯病、根腐病、菌核病的症状、病原、发病规律和防治措施。掌握本地区主要药用植物根及根茎病害的诊断、发生规律和防治措施。

熟悉：主要药用植物猝倒病、白绢病、线虫病和菟丝子的发病规律和防治措施。

了解：药用植物的青枯病和软腐病。

第一节 立枯病

立枯病是药用植物苗期主要病害之一，主要危害人参、西洋参、五味子、桔梗、防风、厚朴、白术、荆芥、酸橙、白豆蔻、穿心莲等多种药用植物。

立枯病是由半知菌亚门丝核菌属真菌侵染所致，该类真菌寄主范围广，可以引起多种植物苗期病害。药用植物立枯病病原主要为立枯丝核菌。

立枯病在药用植物育苗床和育苗田发生普遍，以侵染1~2年幼苗为主，主要危害幼苗茎基部，呈现褐色或黄褐色的缢缩腐烂，导致幼苗倒伏、死亡。湿度大时，发病部位和土壤表面有明显白色丝状物，为病菌的菌丝体。田间发病中心明显，蔓延速度快，一旦发生，短期可造成成片死亡。

立枯病菌为典型的土壤习居菌，可以在土壤中长期存活。病菌以菌丝体或菌核在病株残体或土壤中越冬，成为翌年的初侵染源。春季温湿度适宜，菌丝在土壤中迅速蔓延，从伤口或直接侵染幼苗茎基部为害。

病菌可通过雨水、灌溉水、农具转移以及使用带菌堆肥等传播蔓延。田间湿度过大、播种过密、土壤黏重、地势低洼、植株生长势弱有利于病害的发生，如遇早春低温、雨雪交加、冻化交替易造成立枯病大流行。

防治立枯病，应选择地势较高、排水良好、土质肥沃、疏松通气和保水好的地块育苗；加强田间管理，合理密植；播种前应进行种子消毒和土壤消毒；发病初期可用多菌灵、甲基硫菌灵或腐霉利等药剂对发病中心进行喷灌，并将病区进行隔离。

人参、西洋参立枯病

立枯病是人参、西洋参苗期的主要病害之一,该病害发生普遍,分布广泛。一般植株被害率在20%以上,严重的地块可达50%,造成参苗成片死亡,损失较大。

【症状】主要危害幼苗茎基部。发病初期,茎基部呈现黄褐色的凹陷长斑,被害组织逐渐腐烂、缢缩。严重时,病斑深入茎内,环绕整个茎基部,破坏输导组织,致使幼苗倒伏、枯萎死亡。出土前遭受侵染小苗不能出土,幼芽在土中即烂掉。在田间,中心病株出现后,迅速向四周蔓延,幼苗成片死亡。病部及周围土壤常见有菌丝体。

【病原】病原为立枯丝核菌 *Rhizoctonia solani* Kühn(图 8-1),属半知菌亚门,丝孢纲,无孢目,丝核菌属真菌。在 PDA 培养基上,菌落初淡灰色,后褐色。菌丝有隔,直径 8~12μm,分枝呈直角,分枝处缢缩,离分枝处不远有一隔膜,以后菌丝变为淡褐色,分枝与隔膜增多。可形成形状不规则的菌核,直径 1~3mm,褐色,常数个菌核以菌丝相连,菌核表面菌丝细胞较短,切面呈薄壁组织状。该病菌不产生分生孢子。

人参立枯病
症状图

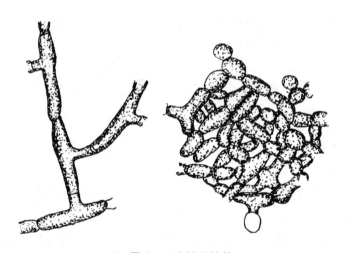

● 图 8-1　立枯丝核菌

【发病规律】病菌以菌丝体、菌核在病株残体内或土壤中越冬,成为翌年的初侵染来源。丝核菌可在土壤中存活 2~3 年。5~6cm 土层内温度、湿度合适,菌丝便在土壤中迅速蔓延,从伤口或直接侵染幼茎为害。菌核则可借助雨水、灌溉水及农事操作而传播。在东北,6月下旬是立枯病的盛发期,有时可延至7月上旬。北京地区发病期为5月上旬至6月。在土壤温度为 12~16℃、湿度在 28%~32% 的条件下,立枯病最易发生。天气高温干燥,土温在 16℃以上,湿度在 20% 以下,病菌便停止活动。早春雨雪交加,冻化交替,常常导致立枯病大流行。黏重土壤的低洼地块是立枯病发生的危险区域,播种过密使参苗拥挤,影响空气流通,增加了参苗之间相互感染的机会。过厚的覆盖物在保持土壤湿度的同时,早春影响土壤温度的增加,造成出苗缓慢,而有利于病原菌的侵染。

【防治措施】

1. 药剂拌种　可用 50% 福美双可湿性粉剂或 50% 腐霉利可湿性粉剂等药剂拌种,用量为种子重量的 0.1%~0.2%。

2. 土壤药剂处理　可用 50% 多菌灵可湿性粉剂、75% 百菌清可湿性粉剂、50% 福美双可湿性粉剂、50% 腐霉利可湿性粉剂、65% 代森锌可湿性粉剂等药剂 10~15g/m²,拌入约 5cm 土层内进行消毒。亦可在早春参苗出土后,用 300~500 倍上述药液浇灌床面。

3. 加强栽培管理　选择土质肥沃、疏松通气土壤,最好是砂壤土作苗床,要做高床,以防积水,并注意雨季排水。出苗后勤松土,以提高土温,使土壤通气良好。覆盖物不宜过厚。

4. 拔除中心病株　田间发现病株立即拔掉,必要时用 50% 多菌灵可湿性粉剂 250~500 倍液、40% 噁霉灵可湿性粉剂 200 倍液浇灌病穴,防止蔓延。

5. 发病初期及时药剂防治　用 75% 敌磺钠可湿性粉剂 1 000~1 500 倍液,叶面及茎基部喷洒,每 7~10 天 1 次。对于发病严重的地块,用 50% 多菌灵可湿性粉剂、10% 双效灵水剂 200~300 倍液浇灌床面,以渗入土层 3~5cm 为宜。

（周如军）

三七立枯病

三七立枯病是三七幼苗期的一种重要病害,在文山三七产区的不同海拔地区均有发生,常年发病率 4%~15%,严重者可造成三七种苗成片枯萎死亡。

【症状】病原以侵染种苗假茎(即复叶柄)基部与土壤接触的部位为主,即在距离表土层 3~5mm 的干湿土交界处。初期感病部位出现黄褐色针状小点,以后扩展呈水浸状条形病斑,病斑逐渐变为深褐色,并且表皮出现凹陷,感病部位失水缢缩,地上部逐渐萎蔫,幼苗折倒枯死,又称为“干脚症”。病原也能危害两、三年生三七的根部,多发生于三七出苗期间天干少雨的年份,主要侵染幼苗基部与芽接触的部位,感病部位多呈菱形或三角形黄褐色病斑,地上部幼苗逐渐发黄枯死。

【病原】三七立枯病由立枯丝核菌侵染引起(见人参、西洋参立枯病),病菌的有性阶段为瓜亡革菌 *Thanatephorus cucumeris*（Frank）Donk.。

在 PDA 培养基上,菌落平展,白色。菌丝生长初期无色,宽 2~3μm,直角分枝,分枝处缢缩,附近有隔膜。后期菌丝淡黄色;有的菌丝细胞膨大似桶状,扭结成菌核。菌核卵圆形,深褐色或棕褐色,直径 2~3mm。

【发病规律】三七立枯病病原菌是典型的土传真菌,能在土壤植物残体及土壤中长期存活。病菌以菌丝、厚垣孢子在罹病的残株上和土壤中腐生,又可附着或潜伏于种子、种苗上越冬,成为翌年发病的初侵染源。条件适宜时,菌丝可在土壤中扩展蔓延,反复侵染。引种或移栽带菌的种子、种苗是本病传播到无病区的主要途径,而施用混有病残体的堆肥、粪肥,或三七园土壤带菌,则是病害逐渐加重的主要原因。在三七园内,病菌还可借流水、灌溉水、农具和耕作活动传播蔓延。

三七苗期的环境因素是影响三七立枯病发生的主导条件,每年 4—5 月土壤低温高湿,出苗缓慢,幼茎柔嫩,易受病原菌侵染。虽然立枯丝核菌属于低温菌,但其发病的温度范围较广,一般土温在 10℃左右即可侵染,最适温度为 18℃左右。在多雨、土壤湿度大时,极有利于病原菌的繁殖、传播和侵染,有利于病害的发生。

三七立枯病是以土壤传播为主的病害,它的发生发展受土壤及耕作栽培条件的影响很大。在三七重茬地块,病菌在土壤内不断积累,发病加重;三七园地势低洼,排水不良,易造成园内积水,土壤湿度增大,病害则加重;土质黏重,土壤板结,地温下降,使幼苗出土困难,生长衰弱,立枯病严重。深翻和管理精细的三七园,植株生长旺盛,抗病力强,发病轻。出苗后及时调节遮阳网密度,保持田园透光率 8%~15% 为宜。缺乏营养及营养失调也是促成三七感病的诱因,如在缺钾土壤内,三七立枯病就比较重。偏施氮肥有利于病害的发展,而氮、磷、钾和微量元素合理搭配施用,有利于减轻病害,提高产量。

【防治措施】

1. 实行整地　种植或移栽前对土壤进行深翻晒垡。忌连作。

2. 合理施肥　增施钾肥和微量元素肥,提高植株抗病性。

3. 药剂防治

（1）种子包衣:用 25g/L 咯菌腈悬浮种衣剂按有效成分 5~10ml/100kg 种子或制剂用量 200~400ml/100kg 种子,于三七播种前对种子进行包衣。

（2）灌根:一旦发现病株,可用 3×10^8 CFU/g 哈茨木霉菌按 5~10g 制剂 /m^2 灌根(注意:不能与其他杀真菌剂混用),或用 30% 噁霉灵水剂 600~800 倍液灌根。

（冯光泉）

白术立枯病

白术立枯病俗称"烂茎瘟",是白术苗期的主要病害,常造成幼苗成片死亡,严重时导致毁种。

【症状】未出土幼芽、小苗及移栽苗均能受害,常造成烂芽、烂种。幼苗出土后,在近地表的幼茎基部出现水渍状暗褐色病斑,并很快延伸绕茎,茎部坏死收缩成线状"铁丝茎",病部常黏附着小土粒状的褐色菌核,地上部萎蔫,幼苗倒伏死亡。贴近地面的潮湿叶片也可受害,边缘产生水渍状深褐色至褐色大斑,全叶很快腐烂死亡。

【病原】病原为立枯丝核菌(见人参、西洋参立枯病)。担孢子仅在酷暑高温情况下偶尔形成,一般不易发现。担子单胞,圆筒形或长椭圆形,顶端生 2~4 个小梗,其上各生 1 个担孢子。担孢子无色,单胞,椭圆形或卵圆形,大小为（9~15）μm×（6~13）μm。

【发病规律】病菌以菌丝体或菌核在土壤中或病株残体上越冬,存活期长达 3 年,遇适当寄主即可侵入为害。病原菌通过雨水、农具、田间作业以及肥料等进行传播。一般从白术出苗至 9 月上中旬均可发病,干旱年份发病轻,雨水多、田内积水、土质黏重、通透性差的田块易发病,新茬地发病轻。病菌寄主范围广,人参、三七、西洋参、桔梗、荆芥等药用植物及多种农作物均可受其危害。该病为低温高湿病害,早春播种后遇低温阴雨天气,出苗缓慢则易感病。连作及前茬为易感病作物时发病严重。

【防治措施】

1. 农业防治　秋季深翻土壤,将病残体翻入土壤下层;与禾本科作物轮作 3 年以上;适期播种,缩短易感病期;播后多雨时及时开沟除湿。

2. 药剂防治　播种和移栽前每平方米用木霉制剂 10~15g 处理土壤;播前用种子重量 0.5% 的 50% 多菌灵拌种。出苗后可选用 65% 代森锰锌或 50% 甲基硫菌灵 600~800 倍液等喷雾 1 次。

（丁万隆）

第二节 猝倒病

猝倒病是药用植物苗期的重要病害,常使幼苗成片倒伏枯死,危害较重。

发生猝倒病的药用植物有人参、西洋参、三七、牛膝、桔梗、红花、白豆蔻、丝瓜、颠茄、太子参、穿心莲、五味子等多种药用植物。

幼苗出土前和出土后均能发生猝倒病。幼苗茎基部发病与立枯病相似。猝倒病在幼苗茎基部近地面处出现水渍状黄褐色腐烂病斑,似开水烫过一样,组织软化,病部常有白色丝状物。由于病部腐烂迅速,植株倒伏后,叶片仍然为绿色,似突然死亡,故称猝倒病。种子在出苗前后发病,胚茎和子叶腐烂造成烂种。

猝倒病是由鞭毛菌亚门,霜霉目,腐霉属(*Pythium*)真菌引起的苗期病害,其中德巴利腐霉 *Pythium debaryanum* Hesse、瓜果腐霉 *Pythium aphanidermatum*(Edson)Fitzpatrick 是最常见的种,能造成多种药用植物猝倒病。

病菌以卵孢子在土壤中过冬,菌丝也能在土壤中腐生生活。病菌侵害幼苗,引起病害,常在病部产生白色丝状物。病菌形成孢子囊后,随雨水、灌溉水传播,造成病害的扩大蔓延。猝倒病发生的条件和立枯病相似,一般在低温、潮湿和黏重的土壤中发病重。

猝倒病是土传病害。防治这类病害要进行土壤消毒;合理轮作;加强田间管理,降低田间湿度;及时进行药剂防治。

人参、西洋参猝倒病

猝倒病是人参、西洋参苗期常见病害之一,严重时可造成参苗成片死亡。育苗地土壤肥沃,如果种子苗出土前后土壤湿度大且温度适宜,则发生严重。

【症状】发病初期,在近地面处幼茎基部出现水浸状暗色病斑,扩展很快,发病部位收缩变软,最后植株倒伏死亡。若参床湿度大,在病部表面常常出现一层灰白色霉状物。

【病原】病原为德巴利腐霉 *Pythium debaryanum* Hesse 为鞭毛菌亚门,卵菌纲,霜霉目,腐霉属真菌。在 PDA 培养基上菌丝体白色绵状,繁茂,菌丝较细,有分枝,无隔膜,直径 2~6μm。孢子囊顶生或间生,球形至近球形,或不规则裂片状,直径 15~25μm。成熟后一般不脱落,有时具微小乳突,无色,表面光滑,内含物颗粒状,直径 19~23μm。萌发时产生逸管,顶端膨大成泡囊,孢子囊的全部内含物通过逸管转移到泡囊内,不久,在泡囊内形成游动孢子,30~38 个,泡囊破裂后,散出游动孢子,游动孢子肾形,无色,(4~10)μm×(2~5)μm,侧生 2 根鞭毛,游动不久便休止。卵孢子球形,淡黄色,1 个藏卵器内含1 个卵孢子,表面光滑,直径 10~22μm(图 8-2)。

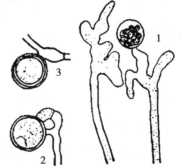

西洋参猝倒病症状

● 图 8-2 德巴利腐霉
1. 孢子囊及泡囊;2. 藏卵器和雄器;3. 卵孢子

【发病规律】病原菌的腐生性极强,可在土壤中长期存活,在有机质含量丰富的土壤中,腐霉菌的存活量大。在适宜的条件下以卵孢子萌发产生游动孢子或直接长出芽管侵染寄主,病菌一经侵入寄主,即在皮层的薄壁细胞组织中很快发展,蔓延到细胞内和细胞间,在病组织上产生孢子囊释放游动孢子,进行重复侵染。后期又在病组织内形成卵孢子,越冬。在土壤中越冬的卵孢子能存活 1 年以上。病菌主要通过风、雨和流水传播。腐霉菌侵染的最适温度为 15~16℃。在低温、高湿、土壤通气不良、苗床植株过密的情况下,对植株生长发育不利,却有利于病原菌的生长繁殖及侵染。另外,在参田透水性差、易积水的情况下,亦利于病害的发生。

【防治措施】

1. 药剂拌种 可选用 50% 福美双可湿性粉剂、50% 腐霉利可湿性粉剂等药剂拌种,用药量为种子重量的 0.1%~0.2%。

2. 加强田间管理 要求参床排水良好,通风透气,土壤疏松,避免湿度过大并防止参棚漏雨。发现病株立即拔除,并在病区浇灌 500 倍硫酸铜溶液。

3. 化学防治 发病期喷药,在苗床上进行叶面喷洒 1∶1∶180 波尔多液、25% 甲霜灵可湿性粉剂 800 倍液或 65% 代森锌可湿性粉剂 500 倍液等药剂。

(丁万隆)

五味子猝倒病

五味子猝倒病是生产上的重要病害之一,在各育苗基地均有发生,发病率为 10%~20%,严重发生时可导致 50% 以上幼苗死亡。

【症状】主要侵害幼苗茎基部,病斑初为水渍状,浅褐色,扩展后环绕茎基部,病苗萎缩、褐色腐烂。病部以上茎、叶在短期内仍呈绿色,随后出现缺水凋萎后成片死亡,发病中心明显。湿度大时可在病部及土壤表层观察到白色棉絮状菌丝体。

【病原】病原为德巴利腐霉(见人参、西洋猝倒病)。

五味子猝倒病

【发病规律】病菌以卵孢子或菌丝体在土壤中及病残体上越冬,并可在土壤中长期存活。主要靠雨水、喷淋而传播,带菌的有机肥和农具也能传播病害。病菌在土温 15~16℃时繁殖最快,适宜发病地温为 10℃,故早春苗床温度低、湿度大时利于发病。光照不足,播种过密,幼苗长势弱发病较重。浇水后积水处、地势低洼处,易发病而成为发病中心。

【防治措施】

1. 育苗地的选择 应选择地势较高、平整、排水良好的田园进行育苗。

2. 加强管理以培育壮苗 苗床注意及时排水,降低土壤湿度;合理密植,注意通风透光,降低冠层湿度,是减少病害发生的主要措施。

3. 拔除病株与药剂处理 发现病苗立即拔除,病穴可用生石灰进行消毒,或浇灌 70% 代森锰锌可湿性粉剂 500 倍液,或 58% 甲霜·锰锌可湿性粉剂 500 倍液、72.2% 霜霉威盐酸盐水剂 600 倍液、30% 甲霜·噁霉灵水剂 800~1 000 倍液等。

(丁万隆)

第三节　根腐病和枯萎病

根腐病和枯萎病主要危害药用植物的根和根茎,具有易传染、致死率高、防治难度大等特点。近年来在全国各药材产区均有不同程度的发生。发病较重的有:红花、党参、黄芪、白术、贝母、芍药、牡丹、地黄、玄参、太子参、牛膝、菊花、枸杞、杜仲等。如黄芪根腐病在主产区山西、甘肃、内蒙古等地均已普遍发生,造成较大损失。

根腐病的发病植株症状一般表现为根及根茎变褐腐烂,细胞和维管束组织均受到严重破坏,同时散发出臭气,植株地上部分呈现矮小,叶片缩小、变黄,植株萎蔫等病状,严重时植株全部枯死。根腐病和枯萎病不同程度地造成药材减产,影响到中药材生产。

根腐病症状

不良的生态环境、真菌、线虫、细菌等都能引起药用植物根腐病和枯萎病。其中最主要的致病因素是病原真菌,如镰孢属(*Fusarium* spp.)、丝核菌属(*Rhizoctonia* spp.)、腐霉属(*Pythium* spp.)和疫霉属(*Phytophthora* spp.)等。如黄芪和甘草根腐的病原主要是尖孢镰孢 *F. oxysporum* Schlecht. 和腐皮镰孢 *F. solani*(Mart.)Sacc.,丹参、红花、芦荟、牡丹根腐的病原为茄镰孢。不同产地罹患根腐病和枯萎病的同种药用植物优势致病菌也常有变化,甚至同一地区不同年份因生态条件不同,其优势菌种类也可能发生变化。如地黄枯萎病的病原菌种类各地区不完全相同,有鞭毛菌亚门霜霉目恶疫霉、半知菌亚门瘤座孢目腐皮镰孢和尖孢镰孢和无孢目的立枯丝核菌。

根腐病和枯萎病一般由多种病原体从植物根部或茎部的伤口入侵引发,在黏度高、地势低洼、排水不良的土壤中更易受侵染,在多雨、光照不足、湿度和气温较高的季节发病率较高。这些引起药用植物根腐病和枯萎病的病原真菌都属于土壤习居菌,能长期在土壤中营腐生生活,并且寄主范围广,一旦在土壤中定植下来便很难根除。

根腐病和枯萎病的致病因素复杂,弄清患病植株确切的致病因素是有效防治根腐病的关键。药剂灌根、土壤和种子消毒、轮作倒茬、利用拮抗微生物等是防治药用植物根腐病和枯萎病的有效措施。明确根腐病和枯萎病的病原与其侵染规律,从源头阻截病原物的入侵,是保证药用植物正常栽种、提高其产量与质量的关键。

人参、西洋参根腐病

根腐病在人参、西洋参各产区均有分布,尤其农田栽参模式中发生普遍、损失严重。随着人参种植年限延长和种植面积扩大,根腐病逐渐加重,直接影响人参、西洋参的产量和品质,经济损失巨大。

【症状】根腐病主要危害成株期参根,主根、须根及芦头也可发病。地上部初期无明显症状,诊断识别较困难,中后期叶片开始褪绿变黄、下垂,逐渐萎蔫,最终导致整株枯死。地下部分参根各部位均可被侵染发病,初期病斑呈圆形或不规则形,淡黄褐色或黑褐色,病斑逐渐蔓延成长梭形或不规则形,黄褐色或黑褐色,参根明显腐烂,湿度大时,病部有明显的白色丝状物,为病原菌的菌丝体。发展到后期,参根部分或全部腐烂。

【病原】该病害可由多种半知菌亚门,丝孢纲,镰孢属真菌所致,主要为腐皮镰孢菌 *Fusarium solani*（Mart.）Sacc. 和尖孢镰孢 *Fusarium oxysporum* Schlecht.,据文献报道,*F. acuminatum* 和 *F. redolens* 也可以引起发病。腐皮镰孢菌落薄绒状,白色或浅灰色,间有土黄色分生孢子座,基物表层肉色。小型分生孢子单胞,无色,卵形或肾形,壁较厚;大型分生孢子镰刀形或马蹄形,顶胞稍弯,整个孢子形态较短而胖,壁较厚,3~5 个隔膜。尖孢镰孢菌落絮状,白色、浅粉色至肉色。小型分生孢子着生于单生瓶梗上,常在瓶梗顶端聚成球团,单胞,无色,卵圆形或肾脏形等;大型分生孢子镰刀形,多胞,少弯曲,多为 3 隔（图 8-3）。

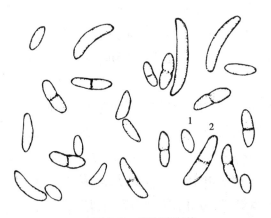

● 图 8-3　腐皮镰孢菌
1. 小型孢子;2. 大型孢子

【发病规律】病原菌可在土壤中长期存活,为土壤习居菌。以菌丝体和厚垣孢子在土壤中或参根上越冬,可在土壤中长期存活而保持其侵染力,以伤口侵染为主。雨水、流水、土壤及带菌参根传播蔓延。病原菌生长发育最适温度为 25~30℃,6 月中下旬田间出现明显症状,7—8 月高温高湿条件下易严重发生。土壤黏重、地势低洼、排水不良、植株长势弱条件下易发生严重。2~3 年生的参根一般发生较轻,4 年生以上参根发病重。

【防治措施】

1. 加强栽培管理　参园宜选择富含腐殖质、疏松肥沃、排水良好的土壤或砂壤土,新开地为宜,忌连作。

2. 土壤消毒及病穴处理　播种前进行土壤消毒,可有效杀灭土壤中的病原菌,播前可选用 50% 多菌灵可湿性粉剂 10~15g/m² 或 70% 代森锰锌可湿性粉剂 10~20g/m² 苗床消毒。发病后及时挖除病株,并用 50% 多菌灵可湿性粉剂或 10% 双效灵水剂 200~300 倍液浇灌病穴。

3. 精选参苗及药剂处理　精选无病无伤种栽,参苗可用 50% 禾穗胺 600 倍液或 70% 代森锰锌可湿性粉剂 600~800 倍浸根。

4. 生物防治　绿色木霉对根腐病菌有拮抗作用,用种子质量的 5%~10% 的木霉制剂拌种或用木霉制剂的 1 500~2 000 倍液灌根,都能有效地防治根腐病。

5. 发病初期及时进行药剂防治　在病害发生初期可选用 50% 腐霉利可湿性粉剂 800 倍液、50% 多菌灵 300 倍液或 50% 代森铵 500 倍液浇灌病株。

（周如军）

人参、西洋参锈腐病

锈腐病为人参、西洋参根部的主要病害,一般发病率为 20%~30%,个别严重地块可达 70% 以上。该病发生普遍,从幼苗到成株生长的各个时期均有发生,参根染病可造成严重减产,严重降低人参、西洋参的产量、质量,影响商品价值,给参业生产造成重大的经济损失。

【症状】主要危害人参、西洋参的根、地下茎、越冬芽等。参根受害,初期在侵染点出现黄色至黄褐色小点,逐渐扩大为近圆形、椭圆形或不规则形的锈褐色病斑。病斑边缘稍隆起,中部微陷,病健部界限分明。发病轻时,表皮完好,也不侵及参根内部组织,仅在病斑表皮下几层细胞发病;严重时,不仅破坏表皮,且深入根内组织,病斑处积聚大量锈粉状物,呈干腐状,停止发展后则形成愈伤的疤痕。有时病组织横向扩展绕根一周,使根的健康部分被分为上下两截。如病情继续发展并同时感染镰孢等,则可深入到参根的深层组织,导致参根腐烂。一般地上部无明显症状,发病严重时,地上部表现植株矮小,叶片不展开,呈红褐色,最终枯萎死亡。病原菌侵染芦头时,可向上、下发展,导致地下茎发病倒伏死亡。越冬芽受害后,出现黄褐色病斑,重者往往在地下腐烂,不能出苗。

【病原】病原为 4 种柱孢属真菌:*Cylindrocarpon destructans*、*C. panacis*、*C. obtusisporum* 和 *C. panicicola*,属半知菌亚门,丝孢纲,丝孢目,柱孢属真菌。4 类致病菌中毁灭柱孢 *C. destructans* 致病性较强。气生菌丝繁茂,初白色,后褐色。产生大量厚垣孢子,球形,黄褐色,间生、串生或结节状。分生孢子单生或聚生,圆柱形或长柱圆形,无色透明,单胞或 1~3 个隔膜,少数可达 4~6 个,孢子正直或稍弯。病原菌生长最适温度为 22~24℃,低于 13℃ 或高于 28℃ 则生长明显减弱。锈腐病菌只侵染人参、西洋参,不侵染黄瓜、南瓜、小萝卜和胡萝卜等作物(图 8-4)。

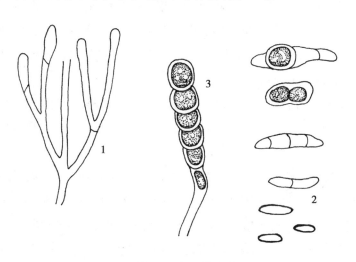

● 图 8-4 毁灭柱孢菌
1. 产孢结构;2. 分生孢子;3. 厚垣孢子

【发病规律】病原菌可在土壤中长期存活,为土壤习居菌。主要以菌丝体和厚垣孢子在宿根和土壤中越冬。一旦条件适宜,即可从损伤部位侵入参根,随带病的种苗、病残体、土壤、昆虫及人工操作等传播。参根内普遍存在潜伏侵染,带菌率是随根龄的增长而提高,参龄愈大发病愈重。当参根生长衰弱,抗病力下降,土壤条件有利于发病时,潜伏的病菌就扩展、致病。土壤黏重、板结、积水,酸性土及土壤肥力不足会使参根生长不良,有利于锈腐病的发生。锈腐病菌的侵染对环境条件的要求并不严格,自早春出苗至秋季地上部植株枯萎,整个生育期均可侵染,但侵染及发病盛期是在土温15℃以上。锈腐病在吉林省的发病时期,一般于5月初开始发病,6—7月为发病盛期,8—9月病害停止扩展。

【防治措施】

1. 加强栽培管理　选择参地要排水良好,宜选通气、透水性良好的森林土壤栽培。栽参前要使土壤经过1年以上的熟化,精细整地做畦,清除树根等杂物。实行2年制移栽,改秋栽为春栽,移栽时施入鹿粪等有机肥,对锈腐病防治效果明显。

2. 精选参苗及药剂处理　移栽参苗要严格挑选无病、无伤残的种栽,以减少侵染机会,参苗可用50%禾穗胺600倍液于栽参前浸根20分钟,70%代森锰锌可湿性粉剂600~800倍浸根12小时,可减轻锈腐病的发生。

3. 土壤处理　播种或移栽前用50%多菌灵可湿性粉剂10~15g/m² 进行土壤消毒。

4. 清除病株及消毒　发现病株及时挖掉,用生石灰对病穴周围的土壤进行消毒。发病期用50%多菌灵可湿性粉剂或用50%甲基硫菌灵可湿性粉剂500倍液浇灌病穴,可在一定范围内抑制病菌的蔓延。

5. 生物防治　应用"5406"菌肥,可达到防病增产的作用。栽参时施入哈茨木霉制剂对锈腐病有较好防效。

（周如军）

三七根腐病

三七根腐病主要包括根褐腐、根锈腐、细菌性根腐等三种,此外,三七圆斑病、疫病等病原菌也可侵染根部引起根腐。三七根腐病主要表现为植株染病后根部腐烂,地上部黄萎,地下部部分或全部腐烂,对三七产量和质量造成重要影响,是导致三七连作障碍的主要原因。发病率一般在5%~20%,严重时达70%以上,甚至绝收。

【症状】整个根系均可受害。三七根褐腐病表现为根系发病初期呈黄褐色点状病斑,随后病斑扩大导致细胞组织崩溃而腐烂,根部仅剩残余部分或与地上部分分离;地上部叶片逐渐变为淡黄、萎蔫,以至脱落。感病后期,植株枯萎或可成活,但根部已大部腐烂或仅剩根茎。三七根锈腐病发病初期部分植株叶片逐渐发黄,严重时局部或全部枯萎。主根感病初期,有针尖大小向外突起的白色小点,随着病程的延长,白色小点逐渐变为锈黄色小点或斑点,继而由浅入深,逐渐扩大汇合,最后形成近圆形、椭圆形或不规则形的黄锈色病斑,边缘稍隆起,中央略凹陷,病健交界明显。部分病害深入至内部组织,形成龟裂而致干腐,干腐组织疏松,黄锈色至褐色。三七细菌性根腐病危害根茎(羊肠头)与芽基结合部位时,初期出现褐色水渍状斑点,继而呈角状向上蔓延,最终茎秆中间髓部腐烂造成茎基部中空。若须根感病,则须根先腐烂,进而扩展至块根。块根感病后,病部表皮颜色变暗,湿度大时可看到无色或灰白色的珠状液体,即菌脓;后期块根组织崩溃腐烂,中间腐烂组织为灰白色,上有灰白色菌脓,闻时有恶臭味。地上部表现为三七植株急性萎蔫,即三七地上部叶片呈绿色,叶片突然萎蔫披垂成青枯状。

【病原】三七根腐病是由多种病原物复合侵染所致,致病病原主要有镰孢属（*Fusarium*）、柱孢属（*Cylindrocarpon*）、假单胞菌属（*Pseudomonas*）、疫霉属（*Phytophthora*）、菌刺孢属（*Mycocentrospora*）等。镰孢属主要有腐皮镰孢 *F. solani*（Mart.）Sacc.、腐皮镰孢霉根生专化型 *Fusarium solani*（Mart.）Sacc.f.sp.*radicicola*（Wr.）Snyd. et Hans.、尖孢镰孢 *F. oxysporum* Schlecht.、藨草镰孢 *Fusarium scirpi* Lambotte et Fautrey；柱孢属主要有毁灭柱孢 *Cylindrocarpon destructans*（Zinss.）Scholton、人参柱孢 *Cylindrocarpon panacis* Matuo et Miyaz.；假单胞菌属有假单胞杆菌 *Pseudomonas* sp.；菌刺孢属有槭菌刺孢 *Mycocentrospora acerina*（R.Hartig）Deighton.；疫霉属有恶疫霉 *Phytophthora cactorum*（Leb. et Cohn）J.Schröt 等。

（1）毁灭柱孢：生长初期气生菌丝无色，后成褐色；分生孢子梗单生，不分枝或分枝；分生孢子单生或聚集成团，圆柱形、长椭圆形或卵形，常具乳突状突起，无色，单孢或 1~3 个隔膜，偶见 4 个以上隔膜，两端钝圆，孢子体正直或微弯，大小为（5~45）μm×（2.5~8）μm。

（2）人参柱孢：子座茶褐色，气生菌丝繁茂棉絮状，初期菌落为白色，后变为褐色。分生孢子梗分枝，无色，具隔膜；分生孢子分散或聚集成团，着生于分生孢子梗顶端的产孢细胞上。分生孢子圆柱形、腊肠形，两端钝圆，少数具乳突，无色，单孢或具 1~3 个隔膜，极少数可达 4~6 个隔膜，大小为（11~56）μm×（2.5~6）μm。厚垣孢子数量颇多，常间生、单生或串生，球形，茶褐色，表面光滑或具小瘤，大小为（12~16.5）μm×（9.5~18）μm。产生小型分生孢子、大型分生孢子和厚垣孢子。

（3）假单胞杆菌：在 NA 培养基上菌落圆形低凸，表面光滑，湿润，半透明，边缘整齐，灰色至乳白色。菌体杆形，直或稍弯，（0.4~1.0）μm×（1.2~3.8）μm，端生鞭毛 1~4 根，革兰氏染色反应阴性，氧化酶和接触酶反应阳性。

（4）腐皮镰孢：菌丝体白色至浅灰色，渐呈蓝色至蓝绿色。小型分生孢子卵形，稀少。大型分生孢子生于分生孢子梗座及气生菌结中，弯曲，镰刀形，或呈柱形或稍呈纺锤形，顶端细胞钝圆略呈喙状，无明显带梗状的脚胞，2~5 个横隔膜，大多数 3 个隔膜，3 个隔膜的孢子大小为（27~44）μm×（4.5~5.5）μm。厚垣孢子球形，数量多，单生或对生，直径 6~10μm。

（5）腐皮镰孢霉根生专化型：气生菌丝较发达，菌落具条纹，密厚；灰白色，后期呈蓝绿色。小型分生孢子卵形，数量多。大型分生孢子产生于多分枝的分生孢子梗上，呈不等边纺锤形，微弯，较宽短；2~4 个横隔膜，大多数 3 隔，3 个隔膜的孢子大小为（26.0~40.0）μm×（5.2~6.3）μm。厚垣孢子单生、间生或者 2 个或偶尔 3~4 个串生；球形，淡黄色；表面不光滑，大小为 6.7~11.7μm。

（6）尖孢镰孢：气生菌丝绒状，初期白色，后期呈淡青色。小型分生孢子数量较多，肾形，大小为（5~12.6）μm×（2.5~4）μm。大型分生孢子镰刀形，稍弯，向两端较均匀地逐渐变尖，1~7 个隔膜，多数为 3 个隔膜。3~4 个隔膜的大小为（23~56.6）μm×（3~5）μm。厚垣孢子球形，直径 6~8μm，单生、对生或串生。

（7）藨草镰孢：分生孢子镰刀形，顶端通常过度伸长成鞭状，多数 3~5 个隔膜，大小为（27~38）μm×（3.7~4.5）μm。厚垣孢子大量产生，常形成链状，直径为 8~13μm。

【发病规律】三七根腐病菌中病原真菌以菌丝或厚垣孢子在土壤、病根或其他寄主植物上越冬，病原细菌则广泛存在于土壤中越冬，成为病害发生的初侵染源。病菌的近距离传播方式以带菌土壤和带菌流水为主，远距离传播则以种苗带菌为主。三七块根感病后，土壤中的其他病原极易对已感病的植株进行入侵,造成复合侵染。

三七根腐病的发生除与土壤中的病原多少、环境温湿度、种苗带菌关系密切外,还与海拔、地势、土壤类型、轮作年限、施肥和荫棚透光率等有关。对引起根腐病的多数病原菌来说,湿热的气候条件更有利于其繁殖、生长,故在海拔 1 400~2 000m 的地区,三七根褐腐病随海拔升高而减轻,反之则加重;缓坡地、台地排水优于平地和陡坡地,故三七园发病率依次为平地 > 陡坡地 > 台地 > 缓坡地;按土壤类型而言,土层深厚、有机质丰富的土壤环境对病害有一定的抑制作用,黏重、贫瘠、酸性的土壤易引起病害的发生;轮作年限越短,发病越重;在相同施肥水平下,偏追施氮肥,病害会加重;病害发生随荫棚透光率的增大,发病率提高。

【防治措施】

1. 选择合适地块　认真选地,选择适宜的海拔、地形及有机质丰富、土层深厚的地块,加强土壤熏蒸消毒处理,以降低发病率。

2. 加强田间管理　培育和选用无病壮苗,加强田间水肥管理,调整荫棚透光度,及时清除病株或病根。

3. 实行轮作　轮作能使病情显著减轻。最好与禾本科作物轮作,水旱轮作是最经济有效的土壤生态改良措施。

4. 化学防治

(1) 土壤处理

土壤熏蒸消毒处理:用大扫灭(二硫代氨基甲酸钾和二甲基噻二嗪)或棉隆对栽培土壤进行熏蒸处理。

土壤药剂消毒处理:选用 64% 噁霜灵可湿性粉剂 50g 加 70% 敌磺钠可湿性粉剂 45g 再加清水 15kg,或黄腐酸盐 50g 加 70% 敌磺钠可湿性粉剂 50g 再加清水 15kg,在三七播种或移栽前作畦面喷雾,每 15kg 药液喷施 80m^2。

(2) 种子、种苗药剂处理:种子处理还可以选用 4% 萎锈·福美双种衣悬浮剂或 2.5% 咯菌腈种衣悬浮剂按每 6ml 与 50kg 种子充分混匀后播种。种苗可用 65% 代森锰锌可湿性粉剂 500 倍液加 40% 乙膦铝可湿性粉剂 100 倍液的混合液浸苗 15~20 分钟,适当加入 30% 噻森铜悬浮剂、25% 噻菌茂可湿性粉剂等杀菌剂,对控制中后期病原细菌导致的复合侵染具有很好的防治效果。

(3) 生长期药剂防治:在发病初期,可用 25% 噻菌茂可湿性粉剂 600 倍液或 10% 农用链霉素可湿性粉剂 1 000 倍液与 4% 农抗 120 水剂 500~600 倍液、50% 福美双可湿性粉剂、50% 甲霜·锰锌可湿性粉剂 500 倍液、64% 噁霜·锰锌可湿性粉剂 500 倍液、72.2% 霜霉威盐酸盐水剂 700~800 倍液、50% 多菌灵可湿性粉剂 600 倍液中的任何 1 种混合,每 7~10 天灌根或喷雾 1 次,连续 2~3 次,交替使用效果更佳。也可在发病前,用石灰粉与草木灰以 1∶4 的比例混合均匀,每亩三七园撒施 100~150kg,防病效果良好。

(冯光泉)

黄芪根腐病

黄芪根腐病是危害黄芪生产的主要病害,植株发病后,地上部长势衰弱,严重时植株叶片枯黄、脱落,根部变褐腐烂。此病常常与麻口病混合发生。

【症状】植株地上部长势衰弱,植株瘦小,叶色较淡至灰绿色,严重时整株叶片枯黄、脱落。根茎部表皮粗糙,微微发褐,有很多横向皱纹,后产生纵向裂纹及龟裂纹。根茎部变褐的韧皮部横切面有许多空隙,如泡沫塑料状,并有紫色小点,呈褐色腐朽,表皮易剥落。木质部的心髓初生淡黄色圆形环纹,扩大后变为淡紫褐色至淡黄褐色,向下蔓延至根下部的心髓。地上部分萎蔫、失绿,自下而上枯死,根顶端发软,产生白色致密的菌丝,缠绕根的顶端,病部以上根正常。有些茎基部亦变灰白色、淡褐色,其上生致密的白色菌丝。有些根的中部或中下部变褐,表面生有白色菌丝,根的中下部全部变褐、腐烂。

【病原】黄芪根腐病病原菌为镰孢属的多个种,属半知菌亚门镰孢属真菌。

(1)尖孢镰孢 *Fusarium oxysporum* Schlecht.:在 PDA 培养基上菌落白色,絮状,致密,明显隆起,菌背米白色。中部有些为灰橙黄色、淡灰黑色至淡紫灰色。大型分生孢子弯月形,具 1~5 个隔膜,多为 3~4 个。大小为(20.0~38.8)μm×(2.9~4.7)μm(平均 29.9μm×3.8μm),长宽比 7.9∶1。小型孢子多为单胞,个别为双胞,椭圆形,两端较细,大小为(7.1~12.9)μm×(2.4~3.3)μm(平均 9.7~2.5μm),小型孢子易结球。产孢梗为单瓶梗,很短,菌丝中产生厚垣孢子,串生或单生(图 8-5A)。

(2)腐皮镰孢 *F.solani*(Mart.)Sacc.:菌落土灰色至淡黄色,稀薄,平铺,菌表似灰粉状。菌丝无色,大型分生孢子镰刀形,较肥,最宽处在孢子中上部 2/3 处,稍弯曲,具 3~4 个隔膜,大小为(23.5~36.5)μm×(3.5~4.7)μm(平均 30.1μm×4.1μm)。小型孢子椭圆形、肾形、长椭圆形,无色,单胞或双胞,大小为(5.9×11.8)μm×(2.4~4.1)μm(平均 7.6μm×2.7μm)。产孢结构单瓶梗,较长,大小为 16.8~28.2μm(平均 21.1μm),有些很长(图 8-5B)。另外还有少量木贼镰孢 *F. eguiseti*(Corda)Sacc. 和锐顶镰孢 *F. acuminatum* Ell. et Ever.。

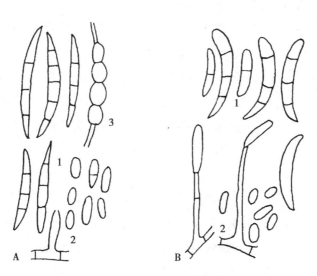

● 图 8-5 黄芪根腐病菌

A. 尖孢镰孢;B. 腐皮镰孢

1. 分生孢子;2. 分生孢子梗;3. 厚垣孢子

【发病规律】病菌在土壤中可长期营腐生生活,能存活 5 年。自根部伤口入侵,地下害虫、线虫及中耕等造成的各种机械伤口均有利于病菌侵入。病菌借水流、土壤翻耕和农具等传播。低洼积水、杂草丛生、通风不良、雨后气温骤升、连作等病害发生重。

【防治措施】

1. 彻底清除田间病残组织　彻底清除田间病残体,减少初侵染源。

2. 加强栽培管理　平整土地,防止低洼积水;实行 5 年以上轮作;合理密植,以利通风透光;栽植、中耕及采挖时尽量减少伤口。采挖时剔除病根和伤根;防治地下害虫,减少虫伤。

3. 化学防治

（1）育苗地及大田土壤进行药剂处理:育苗地用 20% 乙酸铜可湿性粉剂 300g/亩,或 50% 多菌灵可湿性粉剂 4kg/亩,加细土 30kg 拌匀撒于地面,耙入土中。栽植时栽植沟（穴）亦用此药土处理。

（2）药液蘸根:栽植前 1 天用 3% 甲霜·噁霉灵水剂 700 倍、50% 多菌灵磺酸盐可湿性粉剂 500 倍液、20% 乙酸铜可湿性粉剂 900 倍液蘸根 10 分钟,晾干后栽植,或用 10% 咯菌腈 15ml,加水 1~2kg,喷洒根部至淋湿为止,晾干后栽植。

（王　艳）

党参根腐病

党参根腐病是党参生产中的主要病害。发病后造成根部腐烂,严重影响党参的产量和品质。

【症状】靠近地面的根上部及须根、侧根受害后,产生红褐色至黑褐色病斑,后逐渐蔓延到主根至全根,最后植株由下向上变黄枯死,如发病较晚,秋后可留下半截病参。来年春季,病参芦头虽可发芽出苗,但不久继续腐烂,植株地上部叶片也相应变黄并逐渐枯死,根部腐烂,上有少许白色绒状物。栽植无症种苗,发病初期,根部外表正常,纵剖根,内部维管束组织变褐色,地上部叶片出现急性萎蔫,很快全株萎蔫枯死。

【病原】党参根腐病病原菌为镰孢属的多个种,属半知菌亚门真菌。尖孢镰孢 *Fusarium oxysporum* Schlecht. 为其中一种病原（见黄芪根腐病）。

【发病规律】病菌在土壤和带菌的参根上越冬。上年已感染的参根在 5 月中下旬出现症状,6—7 月为发病盛期。当年染病后发病较晚,一般 6 月中下旬出现病株,8 月为发病高峰,田间可持续危害至 9 月。在高温多雨、低洼积水、藤蔓繁茂、湿度大以及地下害虫多的连作地块发病重。多发生于 2 年生植株。甘肃省临洮县、陇西县及渭源县发生较重。

【防治措施】

1. 彻底清除田间病残组织　初冬彻底清除田间病株残体,减少初侵染来源。

2. 加强栽培管理　与禾本科植物实行 3 年以上轮作。深翻土地,将病菌压于土壤深层;平整土地,避免低洼积水。发现病株及时拔除,病穴用生石灰消毒,并全田施药。

3. 培育无病苗　选择生荒地育苗;或进行苗床土处理,具体为整地时用 50% 多菌灵可湿性粉剂 3kg/亩,拌细土 20~30kg,顺沟施入;或用 20% 乙酸铜可湿性粉剂 200g 拌细土 20kg,撒于地面,耙入土中,进行土壤处理。

4. 防治地下害虫　及时防治蛴螬等地下害虫,以利于减少虫伤口,减轻发病。

5. 化学防治

（1）种苗药剂处理：种苗用 70% 甲基硫菌灵可湿性粉剂 1 000 倍液或 50% 多菌灵可湿性粉剂 500 倍液浸苗 5~10 分钟,沥干后栽植。

（2）病株药剂灌根：发现病株后,用 50% 多菌灵可湿性粉剂 600 倍液、3% 甲霜·噁霉灵水剂 700 倍液、30% 苯噻氰乳油 1 200 倍液和 3% 多抗霉素水剂 600 倍液灌根。

（王　艳）

地黄枯萎病

地黄根腐病又称枯萎病,在地黄产区发生普遍,危害严重,常造成田间大片死株、死苗,对生产威胁很大。

【症状】病株初期在近地面根茎和叶柄处出现水渍状黄褐色腐烂斑,逐渐向上、向内扩展,叶片萎蔫。远离地面较粗的根茎表现为干腐,严重时只剩下褐色表皮和木质部,细根也腐烂脱落。湿度大时,病部可见棉絮状菌丝体。

【病原】引起地黄枯萎病的病原菌种类比较复杂,各地区不完全相同。有鞭毛菌亚门霜霉目恶疫霉、半知菌亚门瘤座孢目腐皮镰孢和尖孢镰孢和无孢目的立枯丝核菌等。恶疫霉和腐皮镰孢是其主要病原,两者共同危害时症状更严重,损失极大。立枯丝核菌只危害长势较弱的植株,或是在恶疫霉和腐皮镰孢侵染后,进一步危害较深层的根茎引起干腐。另外,还有一种腐霉菌 *Pythium* sp. 也可加速根茎腐烂。

【发病规律】这几种病菌都以菌丝体、孢子和休眠机构在被害株和土壤中存活。因此,种栽和土壤带菌是病害侵染来源,也是传播途径。在土壤湿度大、根茎部有伤口（尤其是土壤线虫的危害）的情况下,最有利于发病。恶疫霉引起的根腐在多雨天气尤为普遍。广东省该病多发生在 6—10 月,上半年以成株期发病严重,下半年种的则多危害幼苗幼株,这可能与病菌喜高温有关。

【防治措施】

1. 合理选地　选择排水良好的地块栽培地黄,实行轮作,与禾本科作物轮作。

2. 加强栽培管理　彻底清除田间病残组织,收获后彻底清除病残体,减少初侵染源。保持适宜的土壤湿度,避免低洼积水,雨后及时排出田间积水。

3. 种栽处理　种栽要选自无病和无损伤的根茎,并用 50% 多菌灵 500 倍液浸泡 3~5 分钟,置于通风处使伤口愈合,或用草木灰涂蘸切口后栽种。

4. 土壤处理　选用多菌灵、退菌特等药剂处理土壤,每公顷 30~40kg 或两种药剂等量混用。

（王　艳）

当归根腐病

当归根腐病在当归种植区发生普遍,罹病植株矮小,叶片变黄,严重时枯萎而死。往往与当归茎线虫病混合发生。

【症状】在整个当归生长季节均可发生。发病初期,仅少数侧根和须根感染病害,后随着病情发展逐渐向主根扩展。早期发病植株地上部分无明显症状,随着根部腐烂程度的加重,植株上部叶片出现萎蔫,但夜间可恢复,几天后,萎蔫症状夜间也不能恢复。挖取发病植株,可见主根呈锈黄色,腐烂,只剩下纤维状物,极易从土中拔起。地上部植株矮小,叶片出现椭圆形褐色斑块,严重时叶片枯黄下垂,最终整株死亡。

【病原】当归根腐病病原为燕麦镰孢菌 *Fusarium avenaceum* (Fr.) Sacc.,属半知菌亚门镰孢属真菌。该菌分生孢子大小两型。大型分生孢子镰刀型,多胞,有 1~5 个隔膜;小型分生孢子卵圆形,单胞。

【发病规律】病原菌土壤内和种苗上越冬,成为来年的初侵染源。一般在 5 月初开始发病,6 月逐渐加重,7—8 月达到发病高峰,一直延续到收获期。地下害虫造成伤口、灌水过量和雨后田间积水,根系发育不良等因素均加重发病。甘肃省岷县、渭源县和漳县中度发生。此病往往与当归茎线虫病混合发生。

【防治措施】

1. 彻底清除田间病残体　收获后彻底清除病残体,减少初侵染源。

2. 加强栽培管理　合理密植;进行轮作,与禾本科作物、十字花科植物进行轮作倒茬;选择排水良好的砂壤地种植;发现病株,及时拔除,并用生石灰消毒病穴。

3. 化学防治

（1）土壤消毒处理:育苗地及大田栽植前用 50% 甲基立枯磷 1.3kg/ 亩或 20% 乙酸铜可湿性粉剂 200~300g/ 亩,加细土 30kg,拌匀后撒于地面,翻入土中,或用 3% 辛硫磷颗粒剂按 3kg/ 亩拌细土混匀,栽植时撒于栽植穴可兼防当归麻口病和根腐病。

（2）药液蘸根:用 1∶1∶150 波尔多液浸种苗 10~15 分钟,或 30% 苯噻氰乳油 1 000 倍液浸苗 10 分钟,或用 50% 多菌灵可湿性粉剂 1 000 倍液浸苗 30 分钟,晾干后栽植。

（王　艳）

玉竹根腐病

玉竹根腐病又称枯萎病,在玉竹产区时有发生,危害严重,常造成田间植株大量死亡,对生产威胁很大。

【症状】玉竹地下根状茎初产生淡褐色圆形病斑,后病部腐烂,组织离散、下陷,病斑圆形或椭圆形,直径 5~10mm,重者病斑相连,严重影响玉竹产量和品质。

【病原】玉竹根腐病病原为腐皮镰孢霉根生专化型 *Fusarium solani* (Mart.) Sacc. f. sp. *radicicola* (Wr.) Snyd. et Hans.,属半知菌亚门镰孢属真菌。在 PSA 培养基上菌丛白色至淡紫色,培养基反面紫色,絮状,较茂盛。小型分生孢子很多,生于单生的小瓶梗上,无色单胞,卵圆形至纺锤形,大小为 (6~15)μm × (2~4)μm。大型分生孢子产生于分枝的分生孢子梗上,产孢细胞瓶梗型,大型分生孢子纺锤形,无色,稍弯曲,顶细胞稍尖,足细胞较钝,3~5 个隔膜,一般 3 个分隔的大小为 (20~35)μm × (2.6~4.7)μm,占多数;5 个分隔的大小为 (24~31)μm × (3.1~4.4)μm,很少。厚壁孢子产生很多,单生或 2~3 个串生,球形,淡黄色,(6~11)μm × (6~9)μm(图 8-6)。

【发病规律】以菌丝体和分生孢子在种苗、病土及病残体上越冬,田间遇有土壤黏重、排水不良、地下害虫多,易诱发此病。尤其是移栽后,浇水不匀或不及时,根部干瘪发软,土壤水分饱

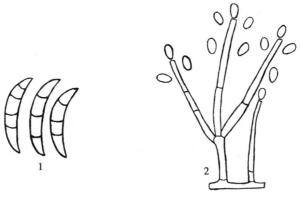

● 图 8-6　腐皮镰孢根生专化型
1. 大型分生孢子；2. 小型分生孢子及分生孢子梗

和,根毛易窒息死亡,病菌易侵入发病。3月出苗期就有发生,4、5月气温升高、干燥,病害停滞,6—9月高温多雨,进入发病盛期。该病发生还与运输苗木过程中失水过多或受热有关。田间土质过黏,植株生长不良,造成根组织抗病力差,容易发病,生产上偏施氮肥发病重。

【防治措施】

1. 选择无病健壮的种栽　选用无病虫害、健壮的玉竹种茎或组织培养种苗进行种植,可有效减少根腐病的发生。栽种前用50%多菌灵或70%甲基硫菌灵可湿性粉剂1 000倍液浸泡6~8分钟,晾干后种植。

2. 合理轮作　土壤是镰孢菌越冬的主要场所。采取与非寄主作物轮作,特别是有条件的地方进行水旱轮作,将大大减轻病害的发生与流行,是目前防治玉竹根腐病最经济有效的方法。一般进行3年轮作,对于玉竹根腐病老病区应采用与玉米、水稻等作物5年以上的轮作制。

3. 加强田间管理　选择排水良好、土质肥沃、质地疏松的非连作地进行种植。避免过量施氮肥。在地块内发现个别病株时,应及时拔除,并穴施石灰或用药剂消毒,有利于防止病害的蔓延和流行。

4. 药剂防治　发病初期用50%多菌灵可湿性粉剂500~800倍液、50%甲基硫菌灵1 000倍液、25%代森锰锌可湿性粉剂500倍液、15%噁霉灵水剂1 000倍液,每5~7天左右喷药1次,共喷药2~3次。

（王　智）

白术根腐病

白术根腐病为维管束系统性病害。发病部位为根茎部,多见于植株生长中后期。各产区普遍发病,新、老栽培区都易发生此病害,造成干腐、茎腐和湿腐,影响产量,严重发病年份产量损失达50%以上,并导致产品质量明显下降。

【症状】发病初期细根变黄褐色,随即变褐色而干瘪,然后蔓延到粗根和肉质根茎。病菌也可直接侵入主根,主根感染后,维管束变褐色并向茎秆蔓延,使整个维管束系统发生褐变,出现黑褐色下陷腐烂斑。后期根茎全部呈海绵状黑褐色干腐,皮层和木质部脱离,仅有木质纤维及碎屑残留。病部可见橙红色霉状物或点状黏性物。根茎发病后,养分运输受阻,地上部枝叶萎蔫。根茎和主茎横切面维管束呈明显褐色圈。最后,白术叶片全部脱落,根茎易从土壤中拔起。

【病原】病原为尖孢镰孢(见黄芪根腐病)。

【发病规律】病菌以菌丝体在种苗、病残体和土壤中越冬,为第二年病害的初侵染源。病菌借助地下害虫、风雨、农事操作等传播,从虫伤、机械伤等伤口侵入,也可以直接侵入。土壤淹水、黏重或施用未腐熟的有机肥造成根系发育不良,以及由线虫和地下害虫危害产生伤口后易发病。病害发生的主要原因为种栽贮藏过程中受热,导致幼苗抗病力下降。生产中、后期如遇连续阴雨后转晴,气温升高,则病害发生重。在日平均气温 16~17℃时便开始发病,发病的最适温度是 22~28℃。该病害在浙江种植区一般于 4 月中下旬始发,6—8 月为发病盛期。发病期间雨量多、相对湿度大为病害蔓延的重要条件,地下害虫及根结线虫的危害会加剧白术根腐病的发生。

【防治措施】

1. 选择无病、健壮、抗病力强的种苗栽培　贮藏期间保持幼苗鲜活,防止发热后失水干瘪。栽种前用 50% 多菌灵或 70% 甲基硫菌灵可湿性粉剂 1 000 倍液浸泡 6~8 分钟,晾干后种植。

2. 加强栽培管理　选择地势高燥、排水良好的砂壤土种植,合理轮作。为避免伤根则中耕宜浅。同时加强对线虫及地下害虫的防治。

3. 土壤消毒　老田每亩用 40% 拌种双可湿性粉剂 1.5kg 与细土拌匀撒施,进行土壤消毒。从白术地下根茎膨大开始用药灌根,每隔 15~20 天 1 次,连灌 2 次,配方为 99% 噁霉灵可湿性粉剂 5 000 倍液 +99% 磷酸二氢钾 1 500 倍液。

4. 化学药剂防治　发病初期进行防治的关键是及时拔除病株。可以用 50% 多菌灵可湿性粉剂或 70% 甲基硫菌灵可湿性粉剂 500~1 000 倍液等浇灌病穴及病穴周围的植株,也可进行喷雾,还可选用 3% 中生菌素可湿性粉剂 1 000 倍液喷雾防治。

(范慧艳)

菊花枯萎病

枯萎病是菊花的重要病害之一。我国许多地区都有发生,虽然目前发病率不高,也不普遍,但植株一旦染病,则迅速萎蔫枯死,并且防治困难。

【症状】植株受害后生长缓慢,叶片失绿黄化,病害逐渐向上部扩展,最后整株叶片黄化枯萎。一株中也有黄化枯萎叶片出现于茎的一侧,而另一侧叶片正常的现象,植株基部茎秆微肿变褐,表皮粗糙,间有裂缝,湿度大时可见白色霉状物,即病菌菌丝和分生孢子。纵、横剖根茎,髓部与皮部间维管束变褐色或黑褐色,向上扩展枝条的维管束也逐渐变成淡褐色。根部被感染后变黑腐烂,外皮坏死或变黑腐烂。病菌分泌的有害物质可导致导管堵塞,寄主细胞组织被破坏,从而阻碍水分运输,导致植株萎蔫死亡。病株枯死的速度受菊花品种、气候条件和土壤性质的影响。

【病原】病原为尖孢镰孢菊花专化型 *Fusarium oxysporum* Schlecht. f. sp. *dianthi* (Prill. et Del.) Snyd. et Hans.,属半知菌亚门镰孢属真菌。在 PDA 培养基上气生菌丝茂盛,絮状,菌丛背面浅紫

色至紫色,个别白色。大型分生孢子纺锤形或镰刀形,无色,多数具 3 个隔膜,大小为(25~36)μm×(3.6~4.7)μm。小分生孢子形态不一,生于单柄梗或较短的分生孢子梗上,1~2 个细胞,卵形、椭圆形或纺锤形,单胞大小为(7.2~15.1)μm×(2.5~3.6)μm;双胞大小为(16.2~25.2)μm×(1.8~3.6)μm(图 8-7)。

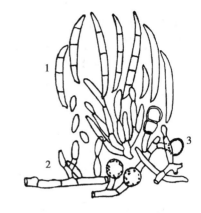

● 图 8-7　尖孢镰孢菊花专化型
1. 大型分生孢子;2. 小型分生孢子;
3. 厚垣孢子

【发病规律】病原菌可通过土壤传播。主要以菌丝体随病残体在土中越冬。初侵染来源来自土壤或带菌肥料。在田间主要通过灌溉水传播,也可随病土借风吹往远处,通过根部或茎基部伤口侵入。病菌发育适温 24~28℃,最高 37℃,最低 17℃。发病最适宜的温度为 27~32℃,在 21℃时病害趋向缓和,到 15℃以下时则不再发病。病菌在土壤内存活传播,侵染植株后,病菌分泌有毒物质,破坏组织细胞和堵塞导管,使水分供应受阻,引起植株萎蔫枯死。

【防治措施】

1. 选育抗病性强的品种　从无病植株上采集扦插枝作繁殖材料。控制土壤含水量。

2. 减少病原　及时清除病株,病株穴土周围,可用 25% 苯菌灵可湿性粉剂或 50% 多菌灵可湿性粉剂 200~400 倍液,或 50% 代森铵乳剂 800 倍液淋灌 3~4 次,间隔期为 1~2 天。

3. 药剂防治　可选用 50% 多菌灵可湿性粉剂 500 倍液或 40% 多硫悬浮剂 600 倍液、20% 甲基立枯磷乳油 1 000 倍液、50% 田安水剂 500~600 倍液等药剂视病情连续灌 2~3 次,间隔期为 10~15 天。

（范慧艳）

贝母鳞茎腐烂病

贝母鳞茎腐烂病,又称为干腐病,在皖贝母、鄂贝母、东贝母、浙贝母均有发生。从越夏期及播种出苗以前(6—11 月)均易发病。

【症状】有两种:一种是被害鳞茎呈"蜂窝状",多从分瓣伤口或鳞茎盘处变褐褶皱腐烂,后被蚀空,只剩一层皮;另一种是被害鳞茎基部呈青黑色,俗称"青屁股"。鳞茎形成黑褐色、青色或大小不等的斑状空洞。鳞茎维管束被破坏,横切鳞片可见褐色腐烂斑,病部生有白色霉层。

【病原】病原菌为镰孢菌,属半知菌亚门镰孢菌属真菌。一般以尖孢镰孢 *Fusarium oxysporum* Schlecht. 为主,腐皮镰刀菌有潜伏侵染的现象(见黄芪根腐病)。

【发病规律】病原菌在土地里越冬,在种鳞茎或土壤中越夏。鳞茎过于干燥,易发病,用病鳞茎作种或病田连作,都易引起该病发生。病原菌主要通过植株伤口侵入寄主,各种地下害虫如蛴螬、金针虫、蝼蛄等危害,均为病菌的侵入提供了有效的途径。该病系由镰孢菌和线虫复合侵染引起的,线虫以短体线虫为主。线虫和螨主要危害鳞茎,并且传播镰孢菌,加速鳞茎腐烂。

【防治措施】

1. 合理育苗　采用统一育苗、统一供苗的方法,严选营养土,确保土壤不带病菌,选择排水良好的砂质土壤作种子地。可利用太阳能消毒土壤,在夏季气温高于 30℃时,地表覆盖塑料薄膜,高温处理 8~10 天。

2. 农业防治　建立无病留种地,选用无病鳞茎作种,实行 3 年以上轮作栽培。

3. 药剂防治　播种前,用 70% 多菌灵可湿性粉剂 600~800 倍液,浸种 20~30 分钟,晾干后播种;收获后剔除带病斑的鳞茎,用 40% 多菌灵悬浮剂 600 倍液浸 10~20 分钟,晾干后贮存。

(范慧艳)

丹参根腐病

根腐病是丹参生产中最重要的病害,主要危害丹参根部,使丹参的产量和品质下降。该病在四川、陕西及山东等地均有发生,发病率为 10%~30%,严重的地块发病率可达 80% 以上。

【症状】发病初期,丹参须根和侧根水渍状腐烂,由红褐色逐步加深,并蔓延至主根。危害后期,丹参木质部完全腐烂,变为黑色,呈纤维状;地上部分枯萎,极易拔出。该病害在丹参的整个生育期均可发生,传播蔓延速度较快,导致丹参产量大幅度降低,外观性状不符合药用要求。

【病原】丹参根腐病的病原菌为木贼镰刀菌 *Fusarium eguiseti*（Corda）Sacc.,属半知菌亚门,丝孢纲、瘤座孢目,镰孢属真菌。气生菌丝体无色或淡黄色,絮状,易形成分生孢子座。大分生孢子镰刀状,微弯,3~5 个隔膜,大小 25~36μm;小分生孢子椭圆形或近卵形,无隔或 1 个隔膜,大小 10~18μm;厚壁孢子多间生,单生或 2 个串生于菌丝或大分生孢子内。

【发病规律】丹参根腐病为土传病害,病原菌主要以菌丝体及厚垣孢子在土壤、丹参种根以及未腐熟的带菌粪肥中越冬,作为翌年的初侵染源。越冬病菌主要从根毛及根部的伤口侵入根系,发病部位产生的分生孢子借助土壤、灌溉水或雨水、耕作及地下害虫传播,引起再侵染。病菌可在土壤中存活 5~15 年。丹参根腐病潜伏期一般为 10~15 天,蔓延速度快,在日平均气温 16~17℃时即可发病,最适气温为 22~28℃。在雨水多、土壤湿度大、种植过密的情况下,病害蔓延迅速,危害严重。地下害虫蛴螬及线虫危害植株造成伤口,病原菌更容易侵入,发病严重。

【防治措施】

1. 实行轮作　因土壤带菌,丹参连作发病早,病情重,蔓延迅速。最好与禾本科作物实行 3~5 年的轮作,以减少病原基数,降低发病率。

2. 健康留种　选用抗病品种;选用健壮无病的种根;不在发病的田块中留种,以减轻病害。

3. 加强田间管理　合理施肥,多施有机肥,增施磷、钾肥;雨季及时排出积水,注意疏松土壤,提高植株抗病能力。

4. 药剂防治　每亩 1kg 70% 敌磺钠可湿性粉剂或 50% 多菌灵可湿性粉剂拌细土 3kg,于下种时撒入穴内,有一定防治效果;插穗和芦头消毒,用 50% 退菌特可湿性粉剂 800 倍液或 70% 甲基硫菌灵可湿性粉剂 1 000 倍液浸插穗和芦头 3~5 分钟,晾干后下种;生长期施药,在丹参发病初期用杀菌剂在病株根周浇灌,可控制病害蔓延,常用的农药有 50% 多菌灵可湿性粉剂或 50% 敌磺钠可湿性粉剂 500 倍液,或 96% 硫酸铜 1 000 倍液,或 3% 农抗 120 水剂 100 倍液,每隔 10~15 天防治 1 次,连续 3~4 次。

（蒲高斌）

红花枯萎病

红花枯萎病也称为根腐病,红花产区发生比较普遍,发病严重时造成植株大量死亡,使红花严重减产。

【症状】主要危害根和茎部,一般在根茎部发病。发病初期,须根变褐腐烂,扩展后引起主根、支根和茎基部维管束变褐。茎基部皮层腐烂,引起植株死亡。湿度大时在病部长出白色菌丝体,后期出现粉红色分生孢子团。发病严重时植株茎叶由下向上萎缩变黄,3~4 天全株枯萎死亡,植株叶片不脱落;或于一侧发病,植株呈弯头状,后全株枯死。发病较轻时植株还能开花,但花序少、质劣,有的花蕾枯死。幼苗受害尤甚,受害幼苗的根部黑褐色并变细。

【病原】病原菌为尖孢镰孢红花专化型 *Fusarium oxysporum* Schlecht.f.sp. *carthami* Klis et Houst,属半知菌亚门镰孢属真菌。大型分生孢子镰刀形,无色透明。两端逐渐尖削,微弯或近乎正直,多具有 3 个隔膜,大小为（19~46）μm×（3~5）μm。小型分生孢子卵形、椭圆形,无色透明,具有 1 个隔膜或没有隔膜,大小为（2~4.5）μm×（6~24）μm。此外,疫霉、黄萎轮枝孢 *Verticillium albo-atrum* Reinke et Berthold 也可引起根茎腐烂。

【发病规律】该病由土壤、红花残株、种壳及种皮内部组织带菌所致。病原菌主要以菌丝和厚垣孢子在土壤中和病残体上越冬。第二年春天产生分生孢子从主根、茎基部的自然裂缝或地下害虫和线虫等造成的伤口侵入,后在植株的维管束内蔓延,并产生毒素毒害寄主。后期根茎部产生分生孢子借风雨传播进行再侵染。种子也可带菌成为初侵染来源,引起远距离传播。该病害于 5 月开始发病,开花前后遇阴雨发病严重。温度较高,土壤湿度大,特别是采用漫灌,田间积水,发病较重。在含氮量高、酸性土壤及温暖潮湿的气候下容易发病。管理粗放、连作也利于病害发生。

【防治措施】

1. 轮作　与禾本科作物轮作 3~4 年,可减轻发病。

2. 选地　选地势稍高、排水良好的地块种植。

3. 加强田间管理　在多雨季节及时排出田间积水。发病初期及时拔除病株,集中烧毁,并撒施生石灰消毒病穴及周围土壤。

4. 选用健康无病种子　播种前使用 50% 多菌灵 300 倍液浸种 20~30 分钟进行种子消毒。

5. 药剂防治　可喷施 25% 嘧菌酯悬浮剂 1 500 倍液、50% 多菌灵可湿性粉剂 600~800 倍液、2% 农抗 120 水剂 200 倍液或 10% 双效灵水剂 200~300 倍液。

（周　博）

第四节　菌核病

菌核病是药用植物主要根部病害之一,危害人参、西洋参、苍术、细辛、白头翁、当归、川芎、款冬、延胡索等多种药用植物。

菌核病是由子囊菌亚门核盘菌属真菌侵染引致,该类真菌寄主范围广,危害严重,除引起多种药用植物菌核病外,还可危害大豆、向日葵、油菜、莴苣、黄瓜等多种作物。危害药用植物的核盘菌主要有 *Sclerotinia sclerotiorum*（Lib.）de Bary、*S. ginseng* Wang et Chen、*S. asari* Y.S.Wu et C.R.Wang 和 *S. nivalis Saito* 等种类。

药用植物菌核病以危害根、根茎等地下部分为主,也可危害茎基部、芽孢、叶片和茎秆等部分。初期在发病部位形成白色绒状菌丝体,随后迅速腐烂、消解,后期病部产生大量黑色或黑褐色鼠粪状菌核,菌核有时多个连片。该病害发生初期症状不明显,地上部分与健康植株无明显区别,症状不易诊断,一旦发生,植株快速枯萎、死亡。田间多呈中心式分布,缺苗断垄现象严重。

菌核病

病菌以菌核在土壤中或混杂在病残体中越冬,成为翌年的初侵染源。生长季温湿度适宜时,菌核萌发,菌丝随雨水和灌溉水传播,或萌发形成子囊孢子,借风雨飞散,进行再次侵染,扩大危害。该病菌为低温高湿型真菌,菌丝生长的适温为12~20℃,如遇早春低温、雨雪交加、冻融交替易造成菌核病大流行。偏施氮肥、排水不良、管理粗放、雨后积水等条件下发病重。

菌核病防治应采用预防为主,合理选地、种苗消毒、因地制宜防冻、加强田间管理、及时药剂防治等综合防治措施进行防控。发病初期可用腐霉利或菌核净等药剂进行灌施。

细辛菌核病

细辛菌核病是细辛产区重要病害之一,1968 年前后发现,1979—1982 年曾在辽宁省新宾、凤城和宽甸等细辛产区大面积流行,一般发病率在 15%~30%,个别田块大面积枯死,全田毁灭。该病扩展迅速,危害性大,特别是在老病区出现发病中心后,经过 2~3 年的扩展蔓延就可以导致全田毁灭。

【症状】细辛菌核病是一种全株性腐烂型病害,能危害植株的地上和地下部分。出现苗腐、芽腐、根腐、柄腐、叶腐和果腐等症状。

苗腐:移植前的 1~3 年幼苗均可发病。一般多在幼根产生褐色腐烂病斑,其上有短绒状的菌丝体,很快变成小白点和小菌核。病苗生长不良,根系很少,常常造成茎叶枯萎状,甚至死亡。受害较轻者,可使叶片变黄。幼茎发病,开始呈粉红色。并生有白色菌丝体。苗床自然发病,多从个别幼苗开始,逐渐向周围蔓延,造成大片死亡。

芽腐:芽腐在田间发病有两个时期,可分为春芽发病(即春季解冻后的萌芽)和秋季发病(8月形成的越冬芽),是成株期受害最重和损失最大的时期。秋芽发病:8 月间新形成的细辛越冬芽,粗壮,淡紫色。病原菌侵入后局部变湿润软腐状,以后全芽变紫红色而腐烂,其上产生白色菌丝体,如发病较晚,因低温有的产生菌核很少,或不产生。病菌通过根茎很快传染到根部,使根部变为褐色腐烂,产生根腐型症状。细辛成株具有很多芽苞,秋芽染病较晚,或只有局部发生,到了春季仍可萌发。此时芽苞开始萌发,并变成绿色。病芽呈粉色软腐状,外生白色菌丝体,后集结为白色至黑色小菌核。受害轻的仍可展叶,但因土壤中的叶基发病,新叶呈萎蔫状,并很快导致根腐而全株腐烂。

根腐:苗期和成株期都可发生根腐,以春、秋两季发生最重。开始多从根茎开始发病,局部变成褐色腐烂,进而导致全株腐烂。根外发生白色菌丝体,蔓延形成较大的白色菌丝团,后变为黑色菌核。主根处菌核形状较大,细根上则较小,一般大小为(2~30)μm×(2~15)μm。菌核产生量较大时,每平方米细辛根际可产生菌核 100~200 枚。

叶柄发病多从根腐蔓延或土壤传播而来,也产生白色绒状菌丝层,以后也变成菌核,叶柄腐烂,使叶片猝倒地面而干枯。果腐发生在果柄和果实上,最初发病处呈淡紫色,以后有白色绒状物,最后变为菌核。病果呈软腐状,轻病果也能结实,但是种子干瘪。叶腐较少见,但在重病区,叶片也会发生水渍状褐色腐烂病斑。

细辛菌核病成株期发生的芽腐、根腐主要在春秋两季危害较重,经常造成全株性腐烂而死。叶柄、果实及叶片患病腐烂多发生在 5 月下旬至 6 月上、中旬,是病害扩展的主要时期。

【病原】病原为细辛核盘菌 Sclerotinia asari Y.S.Wu et C.R.Wang,属子囊菌亚门,盘菌纲,柔膜菌目,核盘菌属真菌。菌丝体无色,有分隔,宽 3.0~7.5μm。菌核大小差异很大,较大的为(17~30)mm×20mm,较小的为 0.4mm×0.3mm。菌核在春季萌生 1~9 个子囊盘,子囊盘褐色,直径为 3~20mm,柄长 5~70mm。子囊棍棒状,无色,10.3μm×165.0μm×(7.5~10.0)μm。子囊孢子单胞,无色,长椭圆形,(10.0~17.5)μm×(4.3~7.5)μm。细辛核盘菌无性世代生长温度范围为 0~27℃,适宜温度为 7~15℃,属低温菌。菌核在 2~23℃条件下均可以萌发,处理后 5~15 天开始萌发。萌发方式是产生菌丝体,未见产生子囊盘。该菌仅发现侵染细辛,未见侵染其他植物(图 8-8)。

【发病规律】病菌以菌丝体和菌核在病残体、土壤和带病种苗上越冬。主要侵染来源为菌丝体,从细辛根、茎、叶侵入。病菌以穿透方式侵入,潜育期一般为 22~48 小时。病菌的侵染力以新生菌丝体最强;老化菌丝体较弱;形成白色菌核后则难于侵染。室内接种试验证明,侵染起点温度为 1℃,适宜温度为 10℃,24℃是侵染的临界高温,27℃以上基本不能侵染。低温(10℃左右),侵染性菌丝生长旺盛,菌核产生少而慢,高于 18℃菌核产生多而快。

在自然条件下,菌核萌发主要产生子囊盘。在东北,4 月中、下旬细辛出土不久,土温 1~4℃,菌核即开始萌发,5 月上旬子囊盘出土,子囊孢子主要从伤口侵入,造成初侵染。6 月上旬以后,平均地温上升至 18~20℃,虽然温度稍高,但仍在发病适宜温度范围内,此时雨水和结露逐渐增多,植株伸展覆盖地面,构成了病害扩展的有利条件,因此 6 月是该病发病的高峰期。7—8 月间,地温显著上升,平均达 23~25℃,虽然此季节多雨水,但高温不利于病菌的活动,使病害暂

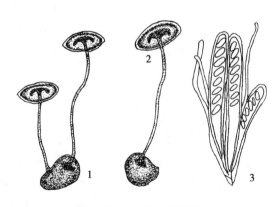

● 图 8-8 细辛核盘菌
1. 菌核;2. 子囊盘;3. 子囊和子囊孢子

时停止发展。9月以后,地温显著下降到20℃以下,病株内菌丝体恢复活性,此时细辛已经形成越冬芽,病菌菌丝体可侵染叶柄、芽苞和根部,造成秋芽发病。11月以后,当地温下降到0℃以下,病株体和病残体上的菌丝体开始越冬休眠,等到翌年气温上升再度发病为害。

病害在苗床内传染,多先在发病中心病株周围发病,通过耕耘和病健根交接传病,尤以顺垄传病较快,逐渐扩大蔓延,再形成成片死亡。

【防治措施】

1. 选用无病种苗和种苗消毒 可用50%腐霉利可湿性粉剂800倍液浸种苗4小时。

2. 加强田间管理 早春于细辛出土前后及时排水,降低土壤湿度。及时锄草、松土以提高地温,均能大大减轻细辛菌核病的发生与蔓延。在松林下杂草少、有落叶覆盖和保水好的地块实行免耕栽培,防止病菌在土壤中传播。

3. 及时发现和处理病株 田间锄草前应仔细检查有无病株,防止锄头传播土壤中的病菌。发病早期拔除重病株,移去病株根际土壤,用生石灰消毒,配合灌施腐霉利或多菌灵等药剂,铲除土壤中的病原菌。

4. 发病初期进行药剂浇灌防治 可采用药剂有50%腐霉利可湿性粉剂800倍液、40%菌核净可湿性粉剂500倍液、50%多菌灵200倍液加50%代森铵800倍液。每平方米施用药量2~8kg,以浇透耕作土层为宜。

(周如军)

人参菌核病

人参菌核病菌主要侵染3年生以上的参根,幼苗很少受害。该病近年来在东北各参区特别是平地栽参田块发生较为普遍、严重,已上升为人参生产中重要病害之一。发病率一般在10%~15%,严重可达20%以上。

【症状】主要危害参根和茎基部,参根受害后,初期在表面生少许白色绒状菌丝体,随后参根内部迅速腐败、软化,细胞全部被消解殆尽,只留下坏死的外表皮。表皮外形成大量黑色鼠粪状菌核,有时多个连片。发病初期,地上部分与健株无明显区别,早期症状不易诊断,后期地上部表现明显萎蔫,叶片红褐色或黄褐色,极易从土中拔出,此时地下部早已溃烂不堪,因此该病害易由于诊断不及时而导致严重发生。

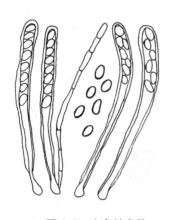

● 图8-9 人参核盘菌

【病原】病原为人参核盘菌 *Sclerotinia ginseng* Wang et Chen,属子囊菌亚门核盘菌属真菌。菌丝白色,绒毛状。菌核黑色,不规则形,大小不一,通常为(0.6~5.5)mm×(1.7~15.0)mm。在适宜条件下,菌核可萌发并形成子囊盘。子囊孢子单生,无色,椭圆形(图8-9)。有性世代在自然条件下不易产生。病原菌生长的适温为12~18℃,最适温度15℃。其野生寄主有羊乳和沙参等。

【发病规律】病菌以菌核在病根上或土壤中越冬。翌年条件合适时,萌发出菌丝侵染参根。人参菌核病菌是低温菌,从土壤解冻到人参出苗为发病盛期。在东北4—5月为发病盛期,6月以后,气温、土温上升,基本停止发病。地势低洼,土壤板结,排水不良,低温、高湿及氮肥过多是人参菌核病发生和流行的有利条件。9月中、下旬,土温降到6~8℃,病害又有所发展。有性世代在病害流行、传播中不占重要地位。

【防治措施】

1. 选择排水良好、地势高的地块栽参 早春注意提前松土,防止土壤湿度过大,且利于提高土温。

2. 苗床消毒 出苗前用1%硫酸铜溶液或50%腐霉利可湿性粉剂500倍液进行床面消毒。

3. 加强栽培管理 严防早春融雪和低温导致的参根冻害。

4. 及时发现并拔除病株 可用生石灰或1%~5%的石灰乳消毒病穴,或用30%噁霉灵水剂600倍液进行病区土壤消毒。

5. 发病初期用药剂灌根 有效药剂有50%腐霉利可湿性粉剂800倍液、50%异菌脲可湿性粉剂1 000倍液或40%菌核净可湿性粉剂500倍液。移栽前用上述药剂处理,可达到预防发病的作用。

（**周如军**）

延胡索菌核病

延胡索菌核病,俗称“搭叶烂”“鸡窝瘟”,是延胡索的重要病害之一。在主产区浙江、江苏、上海等地都广泛流行,江苏南通地区曾因为菌核病造成毁灭性的危害。

【症状】发病前期,叶片泛黄,叶片表面出现椭圆形青褐色病斑,在近地表的茎基部会出现黄褐色梭形条斑。严重时,延胡索会出现大面积“鸡窝状”成片倒伏,叶片病斑逐渐变大,颜色加深为褐色,甚至叶片大面积枯死。湿度大时,茎基腐烂,植株倒伏搭叶,并向四周扩散,在延胡索发病部位及周围近地面,可见白色棉絮状菌丝体和黑色不规则鼠粪状菌核。

【病原】病原为核盘菌 *Sclerotinia sclerotiorum*（Lib.）de Bary,属子囊菌亚门核盘菌属真菌。该菌菌核球形、豆瓣或鼠粪形,大小为（1.5~3）mm×（1~2）mm。一般萌生有柄子囊盘4~5个。子囊盘淡红褐色,直径0.4~1.0mm。子囊圆筒形,子囊孢子椭圆形或梭形,大小为（8~13）μm×（4~8）μm。侧丝丝状,顶部较粗（图8-10）。病菌寄主范围广,可侵染32科160多种植物,对植物危害极大。

【发病规律】致病菌主要靠遗留在土壤中或混杂在延胡索块茎中的菌核越冬、越夏。早春时,菌核萌发子囊盘,产生子囊孢子,菌核也可直接产生菌丝,借助气流传播,侵染延胡索地面的茎叶,菌丝匍匐于地表,并不断向四周延伸,扩大侵染范围。菌核病为低温高湿病害,4月中上旬为高发季节,种植密度过大、排水不良、多雨等因素有利于发病。

【防治措施】

1. 实行轮作 进行水旱轮作,注意田间管理。

2. 化学防治 及时铲除病株,病穴撒施硫磺石灰粉或石灰草木灰粉（1:1）。药剂喷洒可选用50%

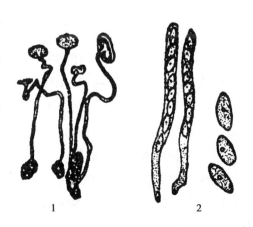

● 图8-10 核盘菌
1. 菌核萌发子囊盘;2. 子囊和子囊孢子

甲基硫菌灵可湿性粉剂 400 倍液、50% 代森锰锌 600 倍液或 75% 百菌清 500 倍液等,喷施于植株茎基部及地面。

3. 生物防治　可使用哈茨木霉菌和谷草芽孢杆菌微生物制剂,在发病初期微生物制剂对延胡索菌核病具有较好的防控效果。使用微生物制剂时避免同时使用杀菌剂,可在使用杀菌剂 5~7 天后再使用微生物制剂。

（范慧艳）

第五节　白绢病

白绢病菌腐生性较强,寄主范围广,已发现 50 余科近 500 种寄主植物,包括丹参、黄连、乌头、白术、黄芪、萝芙木、博落回、绞股蓝、薄荷、玄参、紫菀、太子参、黄芩、款冬、苍术等多种药用植物。

白绢病通常病根外部缠绕白色绢丝状菌丝层,故名白绢病。白色菌丝疏松或集结成线形紧贴于基物上,后形成菌核。菌核表生,球形、椭圆形,初白色,继变淡褐色,最后变红褐色,内部灰白色,表面光滑,有光泽,直径 0.5~2mm,有时互相聚集,剖面呈薄壁组织状,结构紧密,细胞呈多角形。受害病株萎蔫,生长迟缓。

白绢病是由半知菌亚门小核菌属（*Sclerotium*）真菌引起。该属菌核褐色至黑色,长形、球形至不规则形,隆起或扁平,组织致密,干时极硬。表面细胞小而色深,内部细胞大而色浅或无色,软骨质全肉质。有性态是伏革菌属（*Corticium*）及小球腔菌属（*Leptosphaeria*）。其中最常见的是齐整小核菌。

白绢病为土传病害。病菌以菌核、菌丝体在田间病株和病残体中越冬,条件适宜时菌核萌发形成菌丝侵染植株。病株和土表的菌丝体可以侵染邻近植株。菌核形成后,不经过休眠就可萌发进行再侵染。菌核随土壤水流和耕作在田间近距离扩展蔓延。高温多雨季节及连作地发病重。

白绢病的防治措施主要有:①与禾本科作物轮作,禁止与易感病的如地黄、玄参、北乌头、芍药等药用植物以及花生等作物轮作;②选用无病种栽作种,田间发现病株带土移出烧毁,并在病穴及其周围撒施石灰粉消毒,必要时用退菌特等化学农药防治。

白术白绢病

白术白绢病产区又称"白糖烂",是白术生产的主要病害。病菌寄主范围很广,能危害玄参、芍药、北乌头、地黄等药用植物和其他农作物。

【症状】发病初期地上部分无明显症状,后期随温湿度的增高,根茎内的菌丝穿出土层,向上表伸展,菌丝密布于根茎及四周的土表,并向主茎蔓延,最后在根茎和近土表上形成先为乳白色、半黄色最后为茶褐色的如油菜籽大小的菌核。由于菌丝破坏了白术根茎的皮层及输导组织,被害株顶梢凋萎、下垂,最后整株枯死。根茎腐烂有两种症状:一种是在较低温度下,被害根茎只存导管纤维,似一丝丝"乱麻"状干枯;另一种在高温高湿条件下,蔓延较快,白色菌丝布满根茎,并溃烂成"烂薯"状。

【病原】病原为齐整小核菌 *Sclerotium rolfsii* Sacc.,属于半知菌亚门,丝孢纲,无孢菌目,小核菌属真菌。菌丝白色有隔膜,具绢丝状光泽,细胞大小为 2.35μm×1.0μm。菌核球形、椭圆形,直径 0.5~1.0mm,大的达 3mm,平滑有光泽如油菜籽,先为白色后变棕褐色,内部灰白色,构成的细胞为多角形,表层细胞色深而小且不规则(图 8-11)。

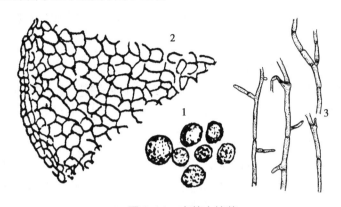

● 图 8-11 齐整小核菌
1. 菌核; 2. 菌核横断面; 3. 菌丝

【发病规律】病菌主要以菌核在土壤中越冬,也能以菌丝体在种栽上存活。以菌丝生长蔓延为害。菌核还随水流或病土转移传播。菌核在土壤中能存活 5~6 年。土壤、肥料、术栽等带菌是本病初侵染来源。发病期以菌丝蔓延或菌核随水流传播进行再侵染。本病于 4 月下旬开始发生,6 月上旬到 8 月上旬为发病盛期。高温多雨易发病。

【防治措施】

1. 与禾本科作物轮作　不与易感病的如地黄、玄参、北乌头、芍药等药用植物以及花生等作物轮作。

2. 选用无病种栽作种　并用 50% 退菌特 1 000 倍液浸栽后种植。田间发现病株带土移出烧毁,并在病穴及其周围撒施石灰粉消毒。

（丁万隆）

丹参白绢病

丹参白绢病在我国丹参各产区均有发生,部分地块发病率达 30%~50%,发生严重的年份造成丹参产量大幅度下降。

【症状】丹参感病后从近地面的根茎处开始发病,逐渐向地上部和地下部蔓延。病部皮层呈水渍状变褐坏死,最后腐烂,其上出现一层白色绢丝状菌丝层,呈放射状蔓延,常蔓延至病部附近土面上;发病中后期,在白色菌丝层中形成黄褐色油菜籽大小的菌核。严重时腐烂成乱麻状,最终导致叶片枯萎,全株死亡。

【病原】病原菌是齐整小核菌,为半知菌亚门小核菌属真菌(见白术白绢病)。

【发病规律】该病为土传病害。病菌以菌核、菌丝体在田间病株和病残体中越冬。翌年条件适宜时菌核萌发形成菌丝侵染植株引起发病。连续干旱后遇雨可促进菌核萌发,增加对寄主侵染的机会。病株和土表的菌丝体可以通过主动生长侵染邻近植株。菌核形成后,不经过休眠就可萌发进行再侵染。菌核在高温高湿下很易萌发,菌核随土壤水流和耕作在田间近距离扩展蔓延。丹参整个生长季节均有白绢病发生,6—9 月为

丹参白绢病

发病高峰期。高温多雨季节发病重,田间湿度大、排水不畅的地块发病重,酸性砂质土易发病,连作地发病重。

【防治措施】

1. 加强田间管理　选择无病地种植,发病田实行轮作;采用深沟高厢栽培,防止田间积水;病害发生初期,及时拔除病株,并用井冈霉素、多菌灵或木霉制剂等处理病穴土壤和邻近植株。

2. 种子和种根消毒　播种前,选择新鲜、饱满、成熟度一致的无病种子在 25~30℃温水中浸种 24 小时,然后用相当于种子重量 0.3% 的 50% 敌磺钠可湿性粉剂拌种,或用 50% 甲基硫菌灵可湿性粉剂 1 000 倍液浸种 6 小时。栽种前可用 70% 甲基硫菌灵可湿性粉剂 1 000 倍液浸 3~5 分钟,捞出晾干后栽种。

3. 药剂防治　整地前,育苗地和栽培地每亩撒施 1.5kg 哈茨木霉;发病初期,可用 40% 菌核净可湿性粉剂 800~1 000 倍液或 5% 三唑酮 2 000 倍液等药液浇灌病株茎基部,7~10 天 1 次,连续灌 2 次。

（丁万隆）

第六节　线虫病

线虫病是我国药用植物上发生的主要病害之一。线虫是威胁中药材生产的一类重要的病原物。目前全世界已报道的植物线虫有 200 多属 5 000 余种,其寄主范围广,危害严重。

药用植物受线虫危害致病,表现出各种类型的症状。地上部的症状有顶芽和花芽的坏死,茎叶的卷曲或组织的坏死形成叶瘿或虫瘿等。根部受害的症状,有的生长点被破坏而卷曲或停止生长,根上形成肿瘤或过度分枝,根部组织的坏死和腐烂等。肉质的地下根或茎受害后,组织先坏死,以后由于其他微生物的侵染也会表现腐烂症状。如由马铃薯茎线虫 *Ditylenchus destructor* Thorne 侵染当归引起的当归麻口病的病根往往可受镰孢菌的侵染,而使病情加重。根部受害后,地上部的生长受到影响,表现为植株矮小、叶色失常、早衰等类似营养不良的现象,严重时整株坏死。由于土壤中本身存在着许多其他病原微生物,根部受到线虫侵染后,容易遭受其他病原物的侵染。如在根结线虫危害较为严重的地方,常伴随着根腐病、枯萎病和青枯病等病害的发生。

线虫病症状

目前,药用植物线虫病主要有地黄孢囊线虫病 *Heterodera glycines* Ich.、当归麻口病 *Ditylenchus destructor* Thorne、三七根结线虫病 *Meloidogyne hapla* Chitwood、乌头根结线虫病 *M. hapla* Chitwood、栝楼根结线虫病 *M. incognita*（Kofoid et White）Chitwood）、黄芪根结线虫病 *M. incognita* var. *acrita*、罗汉果根结线虫病 *M. javanica*, *M. incognita*、桔梗根结线虫病 *M. incognita*、北沙参根结线虫病 *Meloidogyne* sp.、人参根结线虫病 *Meloidogyne* sp.、续断根结线虫病 *Meloidogyne* sp. 和丹参根结线虫病 *Meloidogyne arenaria*（Neal）Chitwood 等。

线虫以成虫和幼虫在土壤、寄主以及病残组织中越冬,是第二年的主要侵染源。线虫个体小,繁殖快,但在土壤中活动范围很小,靠自身活动不能远距离传播。线虫的远距离传播是随苗栽或其他播种材料的调运、流水或农具、牲畜携带等方式传播。

线虫生活需要较充足的氧气,所以砂质土壤对线虫发生有利。土壤过干、过湿都影响线虫的活动。线虫在土壤中的分布,以10~30cm深的范围内为多,土温低于12℃时或高于28℃都不利于线虫的活动。土温在45℃以上连续数小时,可以杀死土壤中的线虫。

防治线虫病,可采用合理轮作;对土壤进行处理(施用药剂或利用太阳热力进行土壤消毒);选用抗病品种;危险性线虫病,应实行检疫。

当归麻口病

当归麻口病在我国当归主产区甘肃省岷县、渭源县、漳县严重发生,是引起当归减产的主要原因之一。

【症状】主要危害根部。发病初期,病斑多见于土表以下的叶柄基部,产生红褐色斑痕或条斑状,与健康组织分界明显,严重时导致叶柄断裂,叶片由下而上逐渐黄化、枯死、脱落,但不造成死苗。根部感病,初期外皮无明显症状,纵切根部,局部可见褐色糠腐状,随着当归根的增粗和病情的发展,根表皮呈现褐色纵裂纹,裂纹深1~2mm,根毛增多和畸形。严重发病时,归头部整个皮层组织呈褐色干性糠腐,其腐烂深度一般不超过形成层;个别病株从茎基处变褐,糠腐达维管束内。轻病株地上部无明显症状,重病株则表现矮化,叶细小而皱缩。此病常与根腐病混合发生。

【病原】当归麻口病病原为腐烂茎线虫 *Ditylenchus destructor* Thorne,又名马铃薯茎线虫、马铃薯腐烂线虫、甘薯茎线虫,属动物界茎线虫属。该虫的雌、雄成虫呈长圆筒状蠕虫形,体长997~1 650μm。雌虫一般大于雄虫,虫体前端稍钝,唇区平滑,尾部呈长圆锥形,末端钝尖,虫体表面角质层有细环纹,侧线6条,吻针长12~14μm,食管垫刃型。中食管球呈卵圆形,食管腺叶状,末端覆盖肠前端腹面。阴门横裂,阴唇稍突起,后阴子宫囊一般达阴门2/3处。雌虫一次产卵7~21粒,卵长圆形,60μm×26μm。雄虫交合刺长22μm,后部宽大,前部逐渐变尖,中央有2个指状突起。交合伞包至尾部2/3~3/4处(图8-12)。该线虫是一种迁移性植物内寄生线虫,寄主范围广泛,已知的寄主植物有90多种,是我国和许多国家、地区的检疫性有害生物。

【发病规律】该线虫以成虫及高龄幼虫在土壤、自生当归以及病残组织中越冬,是来年的主要侵染源。在当归栽植到收获的整个生育期(4—9月),线虫均可侵入幼嫩肉质根内繁殖为害,以5—7月侵入的数量最多,也是田间发病盛期。被侵染的种苗、病区的土壤、流水、农具等可黏附线虫传播。地下害虫危害严重时,病害也严重。

腐烂茎线虫病的发生与土壤内病原线虫的数量、温度和当归生育期有关。病区在10cm土层内线虫的数量最多。当归根对线虫有诱集作用,归头部受害重。线虫活动的温度范围为2~35℃,最活跃的温度为26℃,温度过高或过低,活动性均降低。相对湿度低于46%时,该线虫难以生存。在甘肃省岷县,病原线虫一年可发生6~7代,每代需21~45天,地温高完成一代所需的时间短。

【防治措施】

1. 处理病残体 彻底清除田间病残组织。收获后,彻底清除腐烂根等病残体和杂草,减少初侵染源。

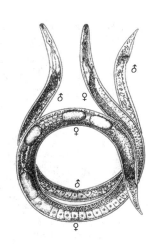

● 图8-12 腐烂茎线虫雌雄虫体形态特征

2. 加强栽培管理　合理密植,与麦类、油菜等作物实行轮作,切勿与马铃薯、蚕豆、苜蓿、红豆草等植物轮作;使用充分腐熟鸡粪等有机肥。

3. 培育无病苗　选择高海拔(2km以上)的生荒地育苗,减少幼苗染病。

4. 化学防治

(1)育苗地进行土壤处理:用98%棉隆微粒剂每5~6kg/亩加细土30kg拌匀,撒于地面,翻入土中20cm,20天后再松土栽植。

(2)栽植地土壤消毒:栽植前用3%辛硫磷颗粒剂,按3kg/亩拌细土撒于地面,翻入土中,或用1.8%阿维菌素乳油2 000倍液及50%硫磺悬浮剂200倍液喷洒栽植沟。

(3)药液蘸根处理:用50%辛硫磷乳油1 000倍液及1.8%阿维菌素乳油2 000倍液蘸根30分钟,晾干后栽植。

（王　艳）

桔梗根结线虫病

桔梗又名铃当花、和尚头花、苦菜根,以根入药,有宣肺祛痰、利咽排脓的功效。桔梗在我国种植范围广泛,既可药用,也可以食用。人工栽培桔梗由于多年连作,导致桔梗根结线虫病的发病率逐年升高,严重影响了商品价值,使其经济效益降低。

【症状】桔梗根结线虫主要危害根部,以侧根和须根受害较重。桔梗在感染根结线虫初期,病根结上方受到刺激形成密集丛生的根系,植株地上部分症状表现不明显;当植株受根结线虫危害严重时,地上部分表现出生长不良、矮小、黄化、萎蔫等状态,容易造成植株缺少肥水或疑似枯萎病的症状;当遇到天气干旱或植株蒸腾作用旺盛时,植株会出现萎蔫现象。因线虫寄生,细胞分裂加快,当重病植株拔起后,会发现根茎,尤其是侧根和须根上会形成许多大小不等的瘤状根结,即虫瘿。虫瘿单生、串生,一般呈球状或粗糙的棒状,绿豆或黄豆粒大小,剖开根结后,在显微镜下可以看到若干乳白色鸭梨形的颗粒——雌虫。在根结之上可长出细弱的新根,再度感染形成根结肿瘤。桔梗受根结线虫危害之后,往往会引起根腐生菌的侵染,使根瘤部位出现腐烂,严重时可导致整个根系腐烂,造成病株死亡。

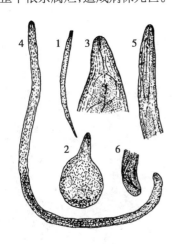

● 图8-13　桔梗根结线虫

1. 2龄幼虫;2. 雌虫;3. 雌虫前端;
4. 雄虫;5. 雄虫前端;6. 雄虫尾部

【病原】桔梗根结线虫 *Meloidogyne incognita*（Kofoid and White）Chitwood,属线形动物门,垫刃目,根结线虫属。雌雄异型。雌成虫头尖腹圆,呈鸭梨形,内藏大量虫卵或幼虫,不形成坚硬胞囊。生殖孔位于虫体末端,每个雌虫可以产卵500粒,排放在尾部。雄成虫细长呈蠕虫状,尾稍圆,无色透明。卵长椭圆形,少数为肾脏形。幼虫无色透明,形如雄虫,但比雄虫体形要小得多(图8-13)。

【发病规律】桔梗根结线虫以幼虫在土壤中或以成虫、卵在遗落于土中的虫瘿内越冬,多在土壤5~30cm深处生存,生存最适温度为25~30℃,温度高于40℃或低于5℃时都很少活动,在干燥或过湿的土壤中活动受抑制。根结线虫也可通过桔梗的病残体,带虫瘿的土杂肥,病土、病苗、灌溉水、农具和杂草等途径传播。病虫既是病害的主要侵染来源,又是病原线虫传播途径。翌年春天,当土温回升到 10℃ 以上时,越冬卵孵化为幼虫,1 龄幼虫留在卵内,2 龄幼虫钻出卵外进入土壤侵染寄主幼嫩的新根内部,取食并分泌唾液,刺激寄主组织形成巨型细胞,致使细胞过分膨大形成根结。幼虫在根结内经过数次脱皮发育成形态各异的成虫。蠕虫形的雄虫从根部钻出,在土壤中自由生活,梨形雌虫经雌雄交配产卵或雌虫进行孤雌生殖。卵孵出的幼虫可继续在根结内发育而完成生活史,也可迁离重新侵染新根。

【防治措施】

1. 合理轮作 栽培桔梗要生长 2~3 年采收,因此适合与小麦-夏玉米(或夏高粱)2~3 年轮作 1 次。有条件的地区可进行水旱轮作,与水稻进行 1~2 年的轮作。

2. 加强田间管理 收获后,彻底处理病残体,集中烧毁或深埋、水泡,减少传染源。增施磷、钾肥,干旱时勤灌溉,增强桔梗抗病能力。慎施有机肥料,施用不带病残体或充分腐熟的有机肥料,减少传染源。

3. 冬季进行翻耕 将残留土壤的线虫幼体翻至地表,利用低温将其冻死,减少传染源。

4. 土壤消毒 在整地时每亩用 3% 氯唑磷颗粒剂 4~6kg 或 5% 涕灭威颗粒剂 3~4kg 或 5% 灭线磷颗粒剂 3~4kg 拌干细土 25kg,均匀撒施,先撒后犁。或在播种前每亩用 1.8% 阿维菌素乳油 450~500ml,拌细沙土 20~25kg,均匀撒施,然后深耕 10cm,防治效果较好,达 90% 以上,对土壤无污染,对桔梗无残毒。

5. 灌根 在发病初期用 1.8% 阿维菌素乳油 1 000 倍液灌根,10~15 天灌根 1 次,能有效地控制根结线虫病的发生。

（郑开颜）

三七根结线虫病

近年来,三七根结线虫病发病范围逐年扩大,且有迅速蔓延的趋势。从目前的调查情况看,三七根结线虫病发生与前作为烤烟、辣椒、西红柿等茄科作物有关。三七发生根结线虫病后对三七产量及品质的影响较大,感染该病后,发病率都在 80% 以上,严重者高达 100%。

【症状】三七根结线虫病主要引起三七地下部分根系畸变,以侧根和须根易受害,即在植株的大、小支根上形成肉眼可见的小米粒至绿豆大小的近似圆球形的根结。根结上长出许多须根,须根受侵染后又形成根结。经此反复多次侵染,根系形成根须团。感病程度轻的植株地上部分表现不明显,较重者植株营养不良、矮小、茎叶发黄、叶片狭小,品质变劣。将发病的根结解剖后,发病组织较疏松,病组织中央可看到浅红色小颗粒,将小颗粒捣碎后经显微观察,可见根结线虫幼虫、成虫和卵。

【病原】三七根结线虫病是由北方根结线虫 *Meloidogyne hapla* Chitwood 寄生引起。北方根结线虫属线虫动物门,垫刃目,异皮科根结线虫属。雌虫会阴花纹弓低,略带圆形,有的花纹可向一侧或两侧延伸成翼状,近尾尖处有刻点,近侧线处具短而无规则的分叉线纹。雄虫口针细短,背食管腺开口至口针近基部球底部距离为 6.0~9.5μm。幼虫有钝而分叉的尾部,2 龄雄虫体长 1 150~1 500(平均 1 300)μm,口针长 17.5~24.0(平均 20.5)μm;2 龄雌虫体长 385~490(平均 435)μm。雌虫产卵于尾端的胶质卵囊中,1 龄幼虫在卵内发育,2 龄幼虫侵入寄主后固定取食,

3龄幼虫开始雌雄分化,雌虫身体逐渐膨大,经两次蜕变后变成雌成虫,雌成虫交配或不交配均可产卵(图8-14)。

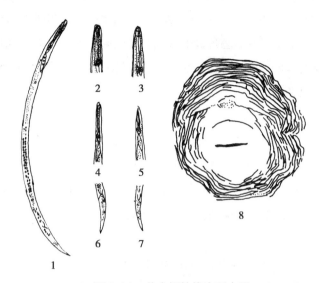

● 图8-14 北方根结线虫形态图

1. 幼虫; 2. 雄虫体前部背腹面观; 3. 雄虫体前部侧面观;
4、5. 幼虫体前部侧面观; 6、7. 幼虫尾部; 8. 雌虫会阴花纹

【发病规律】北方根结线虫以2龄幼虫、卵囊中卵块和病残体根结中的雌成虫在土壤和粪肥中越冬。以后,以2龄幼虫从植物根冠上方侵入幼根,内寄生于中柱与皮层中生长发育,经几次蜕皮后变为成虫。雌成虫产卵于卵囊中,孵化后的2龄幼虫在同一根上引起再侵染,也可再侵染同一植株的其他根部,或侵染其他植株。病土和灌溉水导致线虫在田间的近距离传播和蔓延。种子、种苗的调运和块根销售是线虫远距离传播的主要途径。

该病的发生、流行与土壤、耕作制度及温湿度等因素有关。由于三七属多年生宿根植物,且线虫病害属于累积性病害,感病寄主连作年限越长,病害越重;根结线虫好气,故地势高、含水量低、土质疏松、含盐量低的中性砂质土壤有利于线虫的生长和繁殖;三七种植区气温适宜,根结线虫的发生世代多,危害时间长,再侵染频繁,且世代重叠,群体密度大,危害重。一般土壤相对湿度为40%~80%时较适宜线虫活动。

【防治措施】

1. 植物检疫 在种苗或块根调运过程中,一旦发现根结线虫病,必须立即销毁,并对发病三七园进行彻底的无害化处理。

2. 农业防治 认真选地,实行轮作,培育和选用无病壮苗,加强田间水肥管理,调整荫棚透光度。选用未栽种或者间隔年限长缓坡地作为种苗繁殖地,且土壤的物理和化学性质都适合种植且不易染病的土壤,避免选用已种植过烟草、马铃薯、番茄、辣椒等茄科植物的地块,减少病原,选用色泽正常、饱满无病、无损伤的种子作种,加强水肥管理,及时调整适宜的荫棚透光度,增大三七的抗病力。

3. 生物防治 施用地福来和沃益多微生物肥,增施花椒饼肥,能有效低根结线虫的发生量。

4. 物理防治 采用热力处理,如地膜覆盖、深翻晒土。

5. 化学防治

（1）土壤处理：在播种或移栽前，利用大扫灭（二硫代氨基甲酸钾和二甲基噻二嗪）或98%~100%棉隆微粒剂进行土壤熏蒸消毒处理，可减少土壤中根结线虫种群数量。

（2）田间药剂防治：用厚孢轮枝菌剂微粒剂1.0~1.5kg/亩、10%噻唑膦颗粒剂1.5~2.0kg/亩、10%杀线威颗粒剂1.5~2.0kg/亩或3%氯唑磷颗粒剂4.0~6.0kg/亩，以上药剂单独使用，不能混用。穴施、沟施或与土壤混合后撒施，可以有效预防三七根结线虫病。治疗剂则可以采用30%除虫菊素溶液和1.8%阿维菌素微乳剂制成混剂，能有效杀死线虫。

（冯光泉）

丹参根结线虫病

在丹参栽培区，线虫病的发生极为严重，个别地块可造成80%以上的死苗率，影响药材产量和质量。

【症状】根部长出许多瘤状物，植株生长缓慢，株型矮小、萎缩，叶片褪绿逐渐变黄，后期全株枯死。须根上有许多虫瘿状的瘤，瘤外面黏着土粒，难以抖落。被线虫危害的瘤状丹参药用质量降低，商品性低。

【病原】病原主要为北方根结线虫和花生根结线虫 *Meloidogyne arenaria*（Neal）Chitwood，均属线虫动物门，侧尾腺口纲，垫刃目，根结线虫科，根结线虫属。两种线虫在形态上基本相同，都是雌雄异型。北方根结线虫雄虫线状，体躯与头区有明显界限，头感器长裂缝状，背食管腺开口到口针基部，长4~6μm。雌虫梨形或袋形，背弓低平，侧线不明显，尾端区常有刻点。2龄幼虫线形，平均长度413μm。花生根结线虫雄虫线形，头冠低，头区具环纹，背食管腺开口到口针基部球底部，长4~7μm。雌虫梨形，会阴花纹侧线不明显，尾部无刻点，近侧线处有不规则横纹，排泄孔位于距头部端2倍口针长处。2龄幼虫线形，平均长度521μm。

【发病规律】线虫的整个发育阶段有卵、幼虫和成虫三个时期，其幼虫、成虫和虫瘿在土壤中或种根上进行越冬，成为来年的初次侵染源。随着气温和地温的回升，越冬线虫开始扩展侵染危害，6月中旬至9月上旬是线虫危害的盛期。由于线虫的危害，丹参植株衰竭，生长缓慢，被害根部伤口易引起真菌性病害的侵染，导致植株干枯死亡。

【防治措施】

1. 清除病残体　收获后彻底清洁田园，将病残体带出田外集中烧毁，降低虫源基数，减轻病害的发生。

2. 轮作　是目前最为有效的防治方法，可与禾本科作物如玉米、小麦等轮作；不在重茬地种植，不选前茬地是大豆、花生、蔬菜的地块；也可用水旱轮作，以灌水来淹死线虫，减轻危害。

3. 起垄种植　丹参是喜阳植物，既怕涝又怕寒。因此，要进行起垄种植，增加地温，也有利于排水和灌水，垄上可进行双行种植。

4. 高温杀虫　收获后深翻土壤，灌水后，利用7—8月高温，用塑料膜平铺地面压实，保持10~15天，使土壤5cm深处的地温白天达60~70℃，土壤10cm深处的地温达30~40℃，可有效杀灭各种虫态的线虫。

5. 药剂防治　种植前，每亩用3%氯唑磷颗粒剂4~6kg，拌细土50kg，撒施、沟施或穴施。发病初期,用 1.8% 阿维菌素乳油 4 000~6 000 倍液灌根,每株灌 100~200ml,间隔 10~15 天再灌 1 次,能有效控制根结线虫病的发生。

(蒲高斌)

第七节　青枯病和软腐病

青枯病和软腐病是常见病害。主要危害植物的多汁肥厚的器官,如块根、块茎、果实、茎基等。发病不限于田间,运输途中和贮藏期间也有发生,且危害更重。

青枯病是急性萎蔫病害。发病初期为局部嫩梢出现萎蔫症状,但在夜间多可恢复正常。病情发展很快,几天就会使全株萎蔫枯死,也有的局部枝条萎蔫死亡。植株枯死后仍保持绿色,故称青枯病。软腐病主要症状为病部腐烂。

青枯病病原菌为假单胞杆菌,软腐病病原菌有欧文氏菌属(*Erwinia*)细菌和根霉属(*Rhizopus*)等。

病原菌能在繁殖材料、病残体上或土壤中越冬。初侵染病原菌有的来自播种材料,如鳞茎、块茎、幼苗;有的来源于土壤,病菌多是从根部的伤口侵入。病原菌可随播种材料远距离传播,在田间随流水或灌溉水传播,暴雨转晴后,病害发生加重。地下害虫和线虫危害严重的地块,发病也重。

防治上应采取土壤消毒、处理病残体、实行轮作、防治地下害虫和线虫减少伤口等措施,能减轻发病。

姜瘟病

姜瘟病又称腐烂病或青枯病,是姜的主要病害,分布广,危害重。据调查,主要产姜区常年因病减产 20%~30%,严重的达 70% 以上。

【症状】姜瘟病主要危害根部及姜块,染病姜块初呈水渍状,黄褐色,内部逐渐软化腐烂,挤压有污白色汁液,味臭。茎部染病,呈暗紫色,内部组织变褐腐烂,叶片凋萎,叶色淡黄,边缘卷曲。

【病原】病原为青枯假单胞杆菌 *Pseudomonas solanacearum*(Smith)Smith,属原核生物界薄壁菌门的假单胞菌属。

【发病规律】姜瘟病为一种细菌性病害,该病原菌存活的温度为 5~40℃,最适 25℃左右,52℃ 10 分钟可以致死。病菌可在种姜、土壤及含病残体的肥料上越冬,因而可通过病姜、土壤及肥料进行传播,成为翌年侵染源。其中带菌姜种是主要的侵染源,栽种后成为中心病株,病菌侵染时多从近地表处的伤口及自然孔口侵入根茎,或由地上茎、叶向下侵染根茎,病姜流出的汁液可借助水流传播。姜瘟病流行期长,危害严重。通常 6 月开始发病,8—9 月高温季节发病严重。

【防治措施】

1. 实行水旱轮作　可以有效地控制姜瘟病在姜苗中的扩散。种植姜的土地应该是地势比较高、排水和浇水都比较容易的地方。

2. 增施磷肥和钾肥　增强姜的抗病力,条件允许的情况下,还可以在行间覆盖稻草或秸秆遮阴,预防姜瘟病的发生。

3. 选用抗品种栽培　在选择品种的时候,依据当地的种植条件,选择一些抗病能力强的品种。

4. 雨后及时排水　在姜的生长期中,在雨天过后,要及时地进行田地排水,以防水淹姜。

5. 及时清除病株　如果发现了病株之后,要及时将其挖除,为了防止病菌在田中的扩散,要将病苗周围半米的株苗全都挖去。病穴灌药可用 5% 硫酸铜 3 000~4 000 倍液,每穴 0.5~1L。喷雾可用 20% 叶枯唑 1 300 倍液、30% 氧氯化铜 800 倍液或 1∶1∶100 波尔多液,每亩用药 75~100L,每隔 10~15 天 1 次,共喷 2~3 次。

（蒲高斌）

百合细菌性软腐病

百合细菌性软腐病主要危害鳞茎,是百合生产中的一种重要病害,发生较普遍。

【症状】主要危害鳞茎和茎部,发病初期茎部或鳞茎生灰褐色不规则水渍状斑,逐渐扩展,向内蔓延,造成湿腐,导致整个鳞茎形成脓状腐烂。

【病原】病原为欧文氏菌胡萝卜软腐致病亚种 *Erwinia carotovora* subsp.*carotovora*（Jones）Bergey et al.。该菌菌体短杆状,周生 2~5 根鞭毛,病菌生长的适宜温度为 25~30℃,最高 38~39℃,最低 4℃,致死温度 48~51℃。

另有报道,百合欧文菌 *E. lilii*（Uyeda）Magrou 也可引致百合鳞茎腐烂。

【发病规律】病菌在土壤及鳞茎上越冬。翌年环境适宜时侵染鳞茎、茎和叶,引起初侵染和再侵染。该病害在百合鳞茎收获或贮藏运输期间危害严重。高湿环境和通风不良是病害发生的主要条件。

【防治措施】

1. 加强栽培管理　选择排水良好的地块种植百合。加强栽培管理,注意排水,加强通风透气,降低田间湿度;及时清理田园,减少病菌数量。

2. 生长季节避免造成伤口　农事操作及挖掘鳞茎时,尽可能避免出现碰伤,减少侵染。

3. 发生初期及时药剂防治　可用 30% 碱式硫酸铜悬浮剂 400 倍液,或 47% 春雷·王铜可湿性粉剂 800 倍液,或 72% 农用硫酸链霉素可溶性粉剂 3 000 倍液等药剂灌施。

（周如军）

第八节　菟丝子病

菟丝子是旋花科菟丝子属植物的总称,是一种攀缘寄生的草本植物,没有根和叶,或叶片退化成鳞片状,无叶绿素,为全寄生植物。以其线性黄绿色茎蔓缠绕在药用植物上,生出吸盘,吸收寄主营养和水分。由于菟丝子生长迅速而繁茂,影响植物光合作用,而且营养物质被菟丝子所夺取,致使叶片黄化、干枯,长势衰落。严重发生时,田间整个植株被缠绕,植株一片枯黄甚至死亡。菟丝子在世界上约有 170 种,我国有 10 余种。菟丝子可危害的药用植物有人参、西洋参、防风、黄芩、黄芪、桔梗、短梗五加、白鲜、忍冬、细辛、大黄、麻黄、半边莲、月见草、旋覆花、菊花、芸香、珊瑚菜、荆芥和牛膝等。

【症状】菟丝子生活力强，蔓延迅速，菟丝子种子萌发后缠绕寄主植物，并产生吸根伸入寄主体内，依靠吸收寄主体内的营养物质和水分生存，能在较短的时间内布满成片，导致被害植株生长衰弱、枯黄，甚至大量死亡，严重影响植株生长及产量。

【病原】我国药用植物上菟丝子主要为中国菟丝子 *Cuscuta chinensis* Lam. 和日本菟丝子 *C. japonica* Choisy。

中国菟丝子属旋花科菟丝子属植物。蔓茎丝状，黄色至枯黄色，叶片退化成鳞片状。花小，黄白色，簇生松散，无柄，成伞形花序；花冠钟形，5 裂，呈杯状；苞叶 2 片；花萼长卵形，5 裂；雄蕊 5 枚，花药长卵形，与花丝等长；雌蕊长约超过子房之半。子房 2 室，每室 2 胚珠，构成含 4 粒种子的蒴果；蒴果黄褐色，扁球形，表面粗糙；种子少，淡褐色，表面粗糙，只有胚而无子叶和胚根（图 8-15）。

日本菟丝子属旋花科菟丝子属植物。茎蔓丝状，较中国菟丝子的茎粗，稍带肉质，直径 1~2mm，黄绿色或带橘红色。叶片退化成鳞片状。花成短穗状花序，花冠橘红色，长钟形。蒴果球形，种子 2~4 粒，淡褐色粗糙，只有种胚没有子叶和胚根。

菟丝子危害图

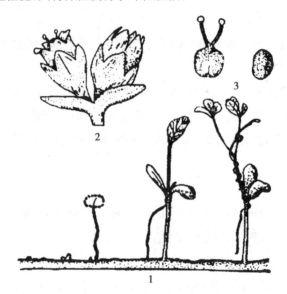

● 图 8-15　中国菟丝子
1. 种子萌发及其缠绕方式；2. 花；3. 子房和种子

【发病规律】成熟的菟丝子种子落入土壤中或混入种子中越冬。翌年 5—6 月寄主生长后才能萌发，种胚一端形成细丝状幼芽，并以粗棍棒状部分固定在土粒上，另一端脱离种壳形成缠绕丝，在空中旋转，遇到适合寄主缠绕其茎，在接触处形成吸根，伸入寄主后分化为导管和筛管，分别与寄主的维管束系统连接，吸取寄主的养分和水分。寄生关系建立后，菟丝子与地下部分脱离。菟丝子种子的成熟期很不一致，边成熟边脱落，在田间不断形成侵染源。茎蔓再生力极强，折断后仅有一个生长点仍能寄生。春季多雨利于菟丝子种子萌发，夏季阴雨连绵，蔓延极快，危害严重并产生大量种子，种子成熟落入土中或混杂于收获的种子里。

【防治措施】

1. 播种前去除混杂在种子中的菟丝子种子　施用经过高温腐熟的厩肥或其他粪肥，避免菟丝子种子带入田间。

2. 与非寄主作物轮作　菟丝子危害严重的地块,可与禾本科等非寄主作物轮作,并结合深耕将菟丝子种子深埋。

3. 及时发现并拔除菟丝子　生长期勤检查。发现菟丝子,要及时拔除,最好在开花前连同药用植物一起拔掉,要拔彻底,否则留下部分菟丝子断茎仍会继续蔓延为害。

4. 药剂防治　每亩施用鲁保 1 号菌粉 1.5~2kg 有一定防治效果。用药前折断菟丝子茎蔓,并在雨后或小雨中施用,可提高防治效果。

（周如军）

思考题

1. 简述人参、西洋参立枯病的发生规律及其防治措施。

2. 人参、西洋参锈腐病主要防治措施有哪些?

3. 简述药用植物菌核病的主要种类及其防治措施。

4. 简述三七立枯病的病原、发病规律和防治措施。

5. 简述白术立枯病的发生规律及防治措施。

6. 简述猝倒病的主要症状与病原,并列举至少 5 种易受猝倒病危害的药用植物。

7. 试述人参与西洋参猝倒病的防治措施。

8. 试述黄芪根腐病的主要症状、病原、发病规律和防治措施。

9. 试述党参根腐病的主要症状、病原、发病规律和防治措施。

10. 试述地黄枯萎病的主要症状、发病规律和防治措施。

11. 白术根腐病的主要症状、发病规律和防治措施是什么?

12. 菊花枯萎病的主要症状、发病规律和防治措施是什么?

13. 贝母鳞茎腐烂病的主要症状、发病规律和防治措施是什么?

14. 延胡索菌核病的主要症状、发病规律和防治措施是什么?

15. 白绢病主要是由那种真菌引起的? 典型症状是什么?

16. 列举发生白绢病的 5 种常见药用植物。

17. 丹参白绢病的发生规律和防治措施是什么?

18. 试述当归麻口病的症状、病原、发病规律和防治措施。

第八章　同步练习

第九章　果实及种子病害

学习目标

掌握：枸杞炭疽病、薏米黑穗病的症状、病原、发病规律和防治措施。

薏米黑穗病

薏米,全国各地均有栽培。薏米黑穗病是薏米种植过程中的常见病害,发病率高,防治难度大,是影响薏苡仁产量和质量的主要病害。

【症状】薏米黑穗病又名黑粉病,俗称黑疸,主要危害穗部,也可危害茎和叶。此病症状出现较晚,植株苗期不表现症状,一般在抽穗以后,在被害植株的不同部位出现症状。幼穗分化期后,植株上部2~3片嫩叶及叶梢上形成单一或成串的瘤状突起,呈紫褐色,以后逐渐干瘪呈褐色,内含黑粉,为病原菌的冬孢子。穗部受害主要表现在花序和子房上,受害子房膨大呈近圆形或卵圆形,顶端稍尖细,部分隐藏在叶鞘内,开始为紫红色,后期渐变为暗褐色,比正常果实大,子房内部充满黑褐色粉状物,即病原菌的厚垣孢子,子房壁不易破裂。受害植株的主茎及分蘖茎上的每个生长点都变成一个黑粉病疱,病株大多不结实而且会形成菌瘿。

【病原】病原为薏米黑粉菌 *Ustilago coicis* Brefeld,属担子菌亚门,冬孢菌纲,黑粉菌目,黑粉菌属真菌。冬孢子,散生,大小为(7~12)μm × (6~10.5)μm,卵圆形、椭圆形、球形或不规则形,壁厚,呈黄褐色,密生细刺或瘤。冬孢子在25℃下,在PSA培养基上可进行离体培养,3~5天冬孢子萌发产生有隔初生菌丝,担孢子侧生或顶生,梭形,无色,担孢子出芽产生子细胞(图 9-1)。

薏苡黑穗病
症状

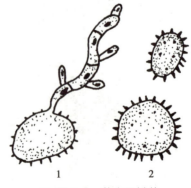

● 图 9-1　薏米黑粉菌
1. 厚垣孢子萌发;2. 厚垣孢子

【发病规律】薏米黑穗病的病苞破裂后,散出黑褐色冬孢子,冬孢子附着在种子表面或病残体以及土壤中越冬。次年春季,当土温上升至10~18℃时,在土壤湿度适宜时,冬孢子萌发产生菌丝和担孢子侵染植株幼芽。菌丝随植株生长扩展至穗部,侵入子房及茎、叶,形成系统侵染,引起发病。本菌只侵染薏米,不侵染玉米和高粱等作物。连作、施用带菌肥料的田块病害发生严重。

【防治措施】

1. 实行轮作　实行2~3年以上的轮作,减少土壤里的病原菌数量。

2. 种子处理　用1:1:100波尔多液浸种24小时或用3%石灰水浸48小时或用50%多菌灵300倍液浸种15分钟,浸后用清水洗净,晾干后播种。也可用60℃热水浸种30分钟,晾干后播种。选用冷水浸泡12小时,再转入沸水中烫8~10秒,立即取出摊晾散热,晾干后下种。也可用15%三唑酮按种子重量的0.2%~0.3%拌种处理。

3. 建立无病留种田　在无病田块,选择分蘖力强、分枝多、结籽密、成熟期一致的健康单株作为采种母株,于果实成熟时单收、单打、单藏作种。

4. 消灭初侵染源　薏米收获后,及时清理田块,将植株、枯枝、落叶及时清理出田块并集中烧毁或深埋,减少来年菌源。

5. 加强田间管理　经常进行田间检查,及时拔除病株,并把病株带出田间深埋,不要留作沤肥。避免使用未完全腐熟的堆肥和厩肥。

（郑开颜）

枸杞炭疽病

枸杞炭疽病又称枸杞黑果病,在宁夏、甘肃、河北、浙江、吉林等地有不同程度的发生,是枸杞常见病害,严重影响枸杞产量和质量。

【症状】枸杞炭疽病主要危害枸杞叶片、花蕾、青果、红果等。青果染病后,半果或整果变黑,染病初期在果面上生小黑点或不规则形褐色斑点,遇连续阴雨,病斑扩大迅速。气候干燥时,黑果缢缩,湿度大时,病果上长出很多橘红色胶状小点,即病原菌的分生孢子盘和分生孢子。花染病后,花瓣出现黑斑,逐渐变为黑花,子房干瘪,不能结实;花蕾染病后,表面出现黑斑,轻者成为畸形花,严重时成为黑蕾,不能开花。嫩枝、叶尖、叶缘染病产生褐色半圆形病斑,扩大后变黑,湿度大呈湿腐状,病部表面出现黏滴状橘红色小点。成熟果实染病后,加工后的干果上有黑色斑点,或成油果。

【病原】病原为胶孢炭疽菌,属真菌门,半知菌亚门炭疽菌属真菌(形态特征见第七章第六节山药炭疽病)。

枸杞炭疽病
症状

【发病规律】病菌以菌丝体和分生孢子在病果上越冬。第二年春季,温度适宜时形成分生孢子,引起初侵染。病菌分生孢子借风雨传播,再侵染频繁。病原菌发生的温度范围是15~35℃,最适宜温度是23~25℃;适宜湿度100%,当湿度低于75.6%时,病原菌孢子萌发受阻,干旱不利于该病的发生及流行。一般5月中旬至5月下旬开始发病,6月中旬至7月中旬为发病高峰期,遇连阴雨流行速度快,雨后4小时孢子即可萌发,遇大降雨时,2~3天可造成全园受害,常年造成减产20%~30%,严重时可达80%,甚至绝收。枸杞黑果病与开花结果期的降雨量有密切关系,全年的发病高峰期与最高降雨量时期相吻合。

病菌分生孢子堆常黏着很紧,只有分生孢子被水分散后,才能顺枝条流淌或被雨水飞溅到附近的果、花蕾上侵染。风加雨的天气是病菌远距离传播的最适条件。多雨的年份发病重,干旱少雨的年份发病轻。病害的发生与栽培管理条件关系密切。行距过小,造成荫蔽,通风不良,田间小气候过于潮湿,利于发病。偏施氮肥、土壤黏重、雨后积水,均会加重病害的发生。

【防治措施】

1. 做好清园工作　冬季结合剪枝,清除树上的病果、枯枝、残花,连同地面的枯枝落叶、落果、落花等病残体一并集中烧毁或深埋,以减少病原菌越冬基数,在以后的生长季节中也要结合修剪和中耕进行清园。夏秋两季清理地面落叶、落果各 1 次。初期发现病果要及时摘除,防止扩大蔓延。

2. 加强田园管理　①合理剪枝:因春果产量大,占全年产量的大部分,加之北方春季雨水较少,春果受害也较轻。可采取冬春轻度剪枝、多施底肥、合理追施化肥、多浇水等措施,保证春果丰收。春果摘后可进行重剪枝,以改善田间通风透光条件,降低湿度。②合理施肥:要施足有机肥,不偏施氮肥,多施磷、钾肥,以提高植株抗病能力。③及时中耕除草:秋季要深翻土地,深度可在25~30cm,将地面病残体埋入地下,以减少来年初侵染来源。

3. 选用抗病品种　枸杞品种间抗病性差异大。目前栽培的品种较混杂,病害严重。在开辟枸杞新园时,应注意选用抗病品种。也可通过嫁接的方法防病。

4. 人工免疫措施　利用真菌的交叉保护作用,预先接种枸杞非致病炭疽菌,诱发寄主对致病菌产生抗性。利用枸杞枝条培养非致病菌,然后分散挂在田间。此防治方法的防治效果接近于福美双的防治效果。

5. 药剂防治　我国目前明确注册登记防治枸杞炭疽病的药剂只有 20% 苯甲·咪鲜胺水乳剂。枸杞炭疽病是再侵染频繁的流行性病害,及时喷药防治能较好地控制病害蔓延。喷药应在发病初期进行,每 7~10 天喷 1 次,每次雨后应立即喷药。生产中使用的药剂有 80% 代森锰锌可湿性粉剂 500 倍液、10% 苯醚甲环唑水分散粒剂 2 000 倍液、50% 醚菌酯水分散粒剂 3 000 倍液,40% 氟硅唑乳油 6 000~10 000 倍液。

（何　嘉）

思考题

1. 简述黑穗病的病原、发病规律和防治措施。

2. 炭疽病主要的危害症状有哪些?

3. 如何有效预防枸杞炭疽病的发生?

第九章　同步练习

第三篇
药用植物主要害虫

第十章　药用植物根部害虫

学习目标

掌握：蝼蛄类、蛴螬类、金针虫类、地老虎类等根部害虫的主要种类、主要识别特征及近似种的区别；掌握代表性种类的重要习性；掌握根部害虫一年中在土壤中的垂直活动规律；掌握小地老虎的迁飞规律；掌握根部害虫药剂防治的最佳时间及主要方法。

熟悉：蝼蛄类、蛴螬类、金针虫类、地老虎类等的分布、越冬虫态及场所；主要发生规律、主要防治措施。

了解：种蝇、沙潜、蟋蟀、根天牛、根螨的主要种类及危害症状、防治措施。

第一节　蝼蛄类

东方蝼蛄、华北蝼蛄

蝼蛄，俗称拉拉蛄、土狗子。属直翅目，蝼蛄科。全世界约 40 种，我国记载有 6 种。主要种类有东方蝼蛄 *Gryllotalpa orientalis* Burmeister 和华北蝼蛄 *Gryllotalpa unispina* Saussure 两种。蝼蛄是多食性害虫，可危害麦冬、地黄、乌头、人参、西洋参、贝母、丹参、荆芥、薏米、黄连、牡丹、天南星、穿心莲等 20 多种药用植物，还能危害多种蔬菜、果树、林木、大田作物的种子和幼苗。在苗圃、温室和温床，受害更甚。

蝼蛄喜欢栖息在温暖潮湿、腐殖质多的壤土和砂壤土内。生活史长，1~3 年完成 1 代，以成虫、若虫在土壤深处越冬，春秋两季特别活跃，昼伏土中，夜出地面活动，食性很杂。

改造环境是防治蝼蛄的根本方法。可通过改良盐碱地，适时翻耕整地，并结合人工进行防治；在播种期和苗期，实行药剂拌种和毒饵诱杀是常用的化学防治方法。

【分布与为害】东方蝼蛄又称单刺蝼蛄，分布遍及全国，过去仅在南方发生严重，现在也成为北方诸多地区的优势种。华北蝼蛄主要分布于我国西北、华北及东北南部，土壤偏盐碱的砂壤土地区发生严重。黄淮海平原旱作地区是两种蝼蛄的主要为害区，常混合发生，但以华北蝼蛄为主。

蝼蛄的成虫、若虫均能为害,嗜食刚播下的种子和幼芽,或将幼苗咬断,引起被害植物生长不良甚至枯死。受蝼蛄危害,植株受害部位很不整齐,呈乱麻状。此外,蝼蛄喜在土壤表层窜行,造成纵横交错的隧道,使苗土分离,幼苗因失水而死亡。

【形态特征】东方蝼蛄和华北蝼蛄的主要区别特征详见表 10-1、图 10-1。

表 10-1 两种蝼蛄形态特征的区别

虫态	东方蝼蛄	华北蝼蛄
成虫	雌虫 31~35mm,雄虫 30~32mm。淡灰褐色。前胸背板卵圆形,中央心脏形斑小,且凹陷明显。前足腿节下缘平直;后足胫节内侧上方有刺 3~4 个。腹部近纺锤形	雌虫 45~66mm,雄虫 39~45mm。体黄褐至暗褐色。前胸背板盾形,中央心形斑较大,但凹陷不明显。前足腿节下缘呈"S"形弯曲;后足胫节内侧上方有刺 1~2 个或消失。腹部肥胖,近圆桶形
卵	椭圆形。孵化前长约 4mm,宽约 2.3mm。初产时灰白色,后渐变为黄褐色,孵化前呈暗褐色或暗紫色	椭圆形。孵化前长 2.4~3mm,宽 1.5~1.7mm。初产时乳白色,后渐变为黄褐色,孵化前呈暗灰色
若虫	末龄若虫约 25mm。初孵若虫乳白色,腹部红色或棕色,2~3 龄后体色接近成虫	末龄若虫 36~40mm。初孵若虫乳白色,腹部大,以后体色逐渐加深,5~6 龄后体色接近成虫

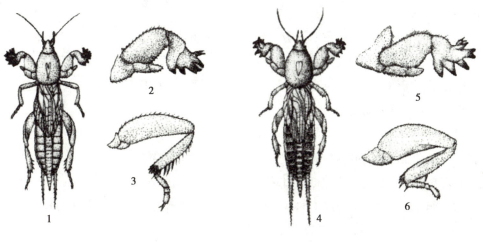

● 图 10-1 东方蝼蛄(左)和华北蝼蛄(右)
1. 东方蝼蛄成虫;2. 东方蝼蛄前足;3. 东方蝼蛄后足;
4. 华北蝼蛄成虫;5. 华北蝼蛄前足;6. 华北蝼蛄后足

蝼蛄

【生活史和习性】

1. 东方蝼蛄 东方蝼蛄在华中、长江流域及以南地区 1 年完成 1 代,在华北、东北及西北地区约 2 年完成 1 代。以成虫及有翅若虫在 60~120cm 土壤深处越冬。在黄淮海 2 年 1 代区,5 月中旬越冬成虫开始产卵,盛期为 6—7 月。卵经 15~28 天孵化为若虫,至秋季发育至 4~7 龄,深入土中越冬。翌年 4 月开始危害麦冬、贝母等药用植物,8 月羽化为成虫。若虫共 9 龄,生长期长达400 天以上。当年羽化的成虫少数可产卵,大部分越冬后至第 3 年才产卵。成虫寿命达 8~12 个月。春秋两季,气温在 16~20℃时,蝼蛄取食活动最盛,猖獗为害。

东方蝼蛄的成虫白天潜伏在土下隧道或洞穴中,夜间外出取食、交尾,以 21 时至凌晨 3 时活动最盛。趋光性极强,利用黑光灯可诱到大量东方蝼蛄。另外,成虫、若虫喜食煮至半熟的谷子、稗子、炒香的豆饼及麸糠等,对马粪等腐烂有机质粪肥也有趋性。因此,施用未腐熟的有机肥,易招引其为害。蝼蛄喜湿润土壤,雌虫产卵多选择在沿河两岸、池塘和沟渠附近腐殖质较多的地方。东方蝼蛄每头雌虫产卵 60~80 粒,卵室 5~20cm 深。潮湿的土壤环境、盐碱地、富含有机质的砂壤土,最适于蝼蛄发生。

2. 华北蝼蛄　华北蝼蛄生活周期很长,若虫 13 龄,各地均是 3 年左右完成 1 代。冬季以成虫和 8 龄以上若虫在土穴中越冬,有时深达 150cm。在黄淮海地区,越冬成虫 4—5 月开始上升为害,6 月中下旬开始产卵,6 月下旬至 7 月上旬是产卵盛期。卵 7 月初孵化,若虫取食为害至秋季达 8、9 龄,深入土中越冬。第 2 年春,越冬若虫上升继续为害,秋季以 12、13 龄若虫下潜越冬。第 3 年以高龄若虫取食为害,8 月上、中旬才羽化为成虫,新羽化的成虫当年不交配,为害一段后即进入越冬状态。越冬成虫第 4 年 5—6 月开始交配产卵。卵期 20~25 天,若虫期 692~817 天,成虫期 278~451 天。

华北蝼蛄成虫也具有趋光性,但是由于笨重,飞翔能力弱,利用灯光诱集相对比东方蝼蛄效果差。华北蝼蛄成虫、若虫亦有趋向香甜物质、马粪等的习性。产卵多选择在轻盐碱地内缺苗断垄处,或干燥向阳的地埂畦堰附近。在干旱丘陵地区,多集中产在水沟两旁、过水道和雨后积水处。华北蝼蛄产卵前先做 1 个 3 层卵窝,呈螺旋形向下。卵多产于土下 9~25cm 深处的卵室中,每头雌虫平均产卵 300~400 粒。

【虫情调查】药用植物栽种前调查虫口基数,在田内采用 5 点取样法取样,每点取长 2m,宽 0.5m,挖土深度 30~60cm 为宜,虫口数量达到 0.2 头 /m²,应列为防治田块。药用植物出苗后,应及时检查被害情况,5 天检查 1 次,在田内选点,每点查 20 株,记载被害情况。被害株率 3%(定植后)~6%(定植前),地面有蝼蛄活动的新鲜隧道,应进行施药防治。

【防治措施】

1. 农业措施　改良盐碱地,施用腐熟有机肥。药材收获后适时翻耕整地。把虫、卵翻耕到地面,经过冬冻、夏晒和天敌取食,可大大压低虫口基数。

2. 挖窝灭虫灭卵　早春地表出现虚土堆时,向下深挖,即可挖到虫窝;或夏季产卵盛期,结合夏锄,寻找蝼蛄洞孔,向下挖 10~30cm,即可挖到卵和成虫。

3. 灯光诱杀　利用蝼蛄的趋光性,于羽化盛期,设黑光或频振式杀虫灯诱杀成虫。尤以温度高、天气闷热、无风的夜晚诱杀效果最好。

4. 生物防治　红脚隼、戴胜、喜鹊、黑枕黄鹂和红尾伯劳等鸟类是蝼蛄的天敌。可在药田周围栽植杨、刺槐等防风林,招引益鸟栖息繁殖,以利消灭害虫。

5. 化学防治

(1) 药剂拌种:用 50% 辛硫磷乳油 100ml,或用 50% 乐果乳油 50ml,加水 5L,拌种子 50kg,晾干后播种。不仅可以防治蝼蛄,也可以防治蛴螬、金针虫等其他根部害虫。

(2) 撒毒土:蝼蛄发生高峰期,可用 5% 丁硫克百威颗粒剂 45kg/hm²,或 3% 氯唑磷颗粒剂 60kg/hm²,拌细沙 225kg,混匀后沿垄均匀撒施。

(3) 毒饵诱杀:用 90% 晶体敌百虫 0.5kg 用热水稀释,或 50% 辛硫磷乳油 100ml,兑适量水后拌入 5kg 炒香的秕谷或麦麸、豆饼、米糠,混拌均匀。在药用植物播种或栽种的同时,将毒饵顺行撒下后浅土覆盖。或在田间发现被害状时,于傍晚每隔 3~4m 挖 1 个浅坑,放入毒饵再覆土,施用毒饵 22.5~37.5kg/hm²,均能取得较好的防治效果。

（4）马粪诱杀:在有蝼蛄活动的田埂边,每隔 20m 左右挖 1 小坑,规格（30~40）cm×20cm×6cm,将马粪或带水的鲜草放入坑内诱集,加上毒饵更好,次日清晨可到坑内集中捕杀。

第二节　蛴螬类

东北大黑鳃金龟、华北大黑鳃金龟、暗黑鳃金龟、铜绿丽金龟

蛴螬,俗称白土蚕,是鞘翅目金龟甲总科幼虫的统称,是种类最多、分布最广、危害最重的一类根部害虫。国内有记载危害农、林、药、牧草的蛴螬有 110 余种,遍布全国各地,其中以东北大黑鳃金龟 *Holotrichia diomphalia* Bates、华北大黑鳃金龟 *H. oblita* Faldermann、暗黑鳃金龟 *H. Parallela* Motschulsky 和铜绿丽金龟 *Anomala corpulenta* Motschulsky 危害最重。

蛴螬类食性复杂,可严重危害白芍、牡丹、山药、桔梗、贝母、百合、人参、西洋参、丹参、大黄、白术、黄芪、麦冬、乌头、郁金、射干和黄连等 20 多种药用植物,还可危害多种农作物、蔬菜、果树、牧草及林木的幼苗。蛴螬喜取食萌发的种子,咬断植物幼苗根或茎,造成缺苗断垄,甚至毁种重播。

在地下组织肥厚的药用植物上,或在未垦荒地、周围树林较多的地块,蛴螬发生严重。蛴螬大多 2~3 年 1 代,或 1 年 1 代,以成虫和幼虫在土壤深处交替越冬,并随着气温、土温的变化周年性地在土壤中垂直活动。2 年 1 代的种类造成的危害常有较明显的大小年现象。昼伏夜出,成虫多具有较强趋光性,花金龟和丽金龟类成虫白天活动。

目前利用昆虫病原线虫防治蛴螬是最有效的生物防治手段,可推广利用。另外,收获后和播种前深耕多耙,可杀死大量蛴螬。在成虫盛发期可利用黑光灯或频振式杀虫灯诱杀成虫,或利用假死性进行人工捕捉,都能取得很好的效果,且无残留、无污染。化学防治宜结合播种进行,可使用药剂拌种或土壤处理;在作物生长期发现危害,可喷药、撒毒土,或用喷过药的树枝诱杀成虫。

【分布与为害】大黑鳃金龟是一个复合种群,由几个近缘种组成。在我国除西藏尚未报道外,各省（区）均有发生,各地有不同的种群。东北大黑鳃金龟主要分布在东北三省;华北大黑鳃金龟主要分布于河北、山东、山西、河南、辽宁西部;此外,华南大黑鳃金龟 *H. sauteri* Moser 主要分布在江苏、浙江、安徽等地;江南大黑鳃金龟 *H. gebleri*（Faldermann）及四川大黑鳃金龟 *H. szechuanensis* Chang 主要分布在四川、贵州和甘肃南部。暗黑鳃金龟和铜绿丽金龟在国内亦分布广泛,除新疆和西藏尚无报道外,全国各地均有发生。

蛴螬喜食刚播下的种子、幼苗,咬断处断口整齐平截,如刀切状,易于识别。幼苗受害常干枯死亡,轻则造成缺苗断垄,重则毁种绝收;咬食块茎、块根、鳞茎类地下组织时,造成的伤口容易引起病原菌的侵染而导致腐烂,严重影响药材的产量和根类、地下茎类药材的质量。成虫喜食大豆、花生、药材、果树和林木的嫩芽、叶片等,形成孔洞、缺刻,甚至将叶片吃光。

【形态特征】三种金龟甲的形态特征及主要区别见表10-2和图10-2。

表10-2　三种金龟甲形态特征的区别

虫态	华北大黑鳃金龟	暗黑鳃金龟	铜绿丽金龟
成虫	体长16~22mm，宽8~11mm。卵圆形。黑色或黑褐色，具光泽。翅鞘长椭圆形，长度为前胸背板宽度的2倍，每侧有4条明显的纵肋。臀节外露，背板向腹面包卷，与腹板相会合于腹面	体长17~22mm，宽9.0~11.5mm。长卵形。暗黑色或红褐色，无光泽。前胸背板前缘具有成列的褐色长毛。翅鞘两侧4条纵肋不显。腹部臀节背板不向腹面包卷，与腹板相会合于腹末	体长19~21mm，宽10~11.3mm。触角黄褐色，体背铜绿色，有金属闪光。翅鞘两侧具不明显的纵肋4条，肩部具疣突。臀板黄褐色，雄性基部有1个倒正三角形大黑斑
卵	初产时长椭圆形，长约2.5mm，宽约1.5mm，白色略带黄绿色光泽；发育后期圆球形，洁白色有光泽	初产时长椭圆形，长约2.5mm，宽约1.3mm；发育后期呈近圆球形	初产时椭圆形，长1.7~2.0mm，宽1.3~1.4mm，乳白色；孵化前呈圆球形
幼虫	体肥大，弯曲呈"C"形，白色。胸足发达。3龄幼虫体长35~45mm。头部前顶刚毛每侧3根，其中冠缝侧2根，额缝上方近中部1根。肛腹板后覆毛区有钩状毛散乱排列，多为70~80根，无刺毛列	3龄幼虫体长35~45mm。头部前顶刚毛每侧仅1根，位于冠缝侧。肛腹板后部覆毛区散乱排列的钩状毛70~80根，无刺毛列	3龄幼虫体长30~33mm。头部前顶刚毛每侧6~8根，排成1纵列。肛腹板后部覆毛区正中有两列黄褐色长刺毛，每列15~18根，两列刺毛尖端大多彼此相遇或交叉
蛹	体长21~23mm，宽11~12mm，初期为白色，后变黄褐色至红褐色。尾节有叉状尾角1对，雄蛹臀节腹面有3个毗邻的疣状突起	体长20~25mm，宽10~12mm。尾节三角形，2尾角呈钝角岔开	体长18~22mm，宽9.6~10.3mm。土黄色，体稍弯曲，雄蛹臀节腹面有1个4裂的疣状突起

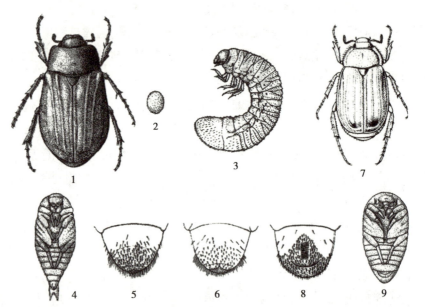

● 图10-2　华北大黑鳃金龟、暗黑鳃金龟和铜绿丽金龟
华北大黑鳃金龟：1. 成虫；2. 卵；3. 幼虫；4. 蛹；5. 幼虫臀节腹面观
暗黑鳃金龟：6. 幼虫臀节腹面观
铜绿丽金龟：7. 成虫；8. 幼虫臀节腹面观；9. 蛹

金龟甲及蛴螬

华北大黑鳃金龟和东北大黑鳃金龟极为相似,主要区别见表10-3。

表10-3　两种大黑鳃金龟形态特征的区别

虫态	项目	华北大黑鳃金龟	东北大黑鳃金龟
成虫	臀板	臀板微隆,顶端圆尖,后缘较直;第5腹板后方中部三角形凹坑较窄、较深	臀板弧形,顶端呈球形,隆凸高度略高于末腹板之长
	雄性外生殖器	阳基侧突下部分叉,呈上下两突,两突均为尖齿状	上突呈尖齿状,下突短钝
幼虫	肛腹片	肛腹片后部的钩状刚毛群,紧挨肛门孔裂缝处,两侧具有明显的横向小椭圆形的无毛裸区	两侧无裸毛区或不明显

【生活史和习性】

1. 华北大黑鳃金龟　在华北地区2年1代,以成虫、幼虫在土壤深处隔年交替越冬。越冬成虫于4月下旬开始出土,5月下旬至6月上、中旬,10cm地温稳定在14~15℃,有利于成虫出土,地温17℃以上,成虫达出土高峰。6—7月间为交尾、产卵盛期。7月中下旬为卵孵化盛期。秋季发育为2~3龄幼虫,11月上旬开始筑土室越冬。越冬幼虫于来年春季10cm土温达10℃时上升活动,13~18℃是其活动最适温度。5月中旬至6月上旬为取食为害盛期。幼虫老熟后在土中20cm处筑蛹室化蛹。6月初始见蛹,盛期在6月下旬。7月可见羽化的成虫,这些成虫当年不出土,在土中不食不动,直至越冬。成虫取食多种药材、果树、林木等的叶片补充营养,产卵历期多达80天。

在2年1代区,华北大黑鳃金龟以幼虫越冬为主的年份,次年春药用植物受害重,夏秋受害轻;以成虫越冬为主的年份,次年春药用植物受害轻,夏秋受害重。出现隔年严重危害的“大小年”现象。成虫昼伏夜出,趋光性弱,飞翔力不强,有假死性。山地荒坡杂草地中发生量最多,大量施用未腐熟有机肥的田块虫量也多。

2. 东北大黑鳃金龟　在黑龙江绥化以南地区,2年发生1代,少数3年1代。在辽宁2年1代区,以成虫和幼虫交替越冬,越冬深度为56~149cm。越冬成虫5月出现,出土气温为12.4~18.0℃。5月下旬开始产卵,6月中下旬达盛期,卵多产在6~12cm深的表土层。6月中旬出现初孵幼虫,7月中下旬出现2龄幼虫,8月则进入3龄,10月中下旬3龄幼虫潜入土壤深处,11月下旬开始越冬。第2年5月,10cm土温平均8~10℃时,幼虫开始上升活动,危害中草药,6月下旬开始化蛹,8月上旬开始羽化。羽化当年不出土。成虫期300余天,卵期15~22天,幼虫期340~400天,蛹期约20天。非耕地虫口密度明显高于耕地,向阳坡岗地高于背阴平地。

3. 暗黑鳃金龟　东北2年1代,其他地区1年1代,多数以3龄幼虫在30cm以下深土层越冬,少数以成虫越冬。在山东,越冬幼虫于4月下旬至5月初开始化蛹,5月中下旬为化蛹盛期。蛹期15~20天,6月上旬开始羽化,盛期在6月中旬,7月中旬至8月中旬为成虫活动高峰期。7月初田间始见卵,盛期在7月中旬,卵期8~10天。7月中旬开始孵化,7月下旬为孵化盛期。初孵幼虫即可为害,8月中下旬为幼虫为害盛期。9月末幼虫陆续下潜进入越冬状态。成虫有假死性,有强趋光性和飞翔力,有隔日出土上灯习性。喜食豆科、胡麻科药用植物或农作物叶片。

4. 铜绿丽金龟　各地均1年1代,大多以3龄幼虫越冬。越冬幼虫春季10cm土温高于6℃

时开始活动,3—5月有短时间为害。在安徽、江苏等地,越冬幼虫于5月中旬至6月下旬化蛹,5月底为化蛹盛期。成虫5月下旬出现,6月中旬进入活动盛期。产卵盛期在6月下旬至7月上旬。7月中旬为卵孵化盛期,8—9月为幼虫为害盛期。10月中旬,当10cm土温低于10℃时,以2~3龄幼虫下潜越冬。越冬深度大多20~50cm,在北京地区,最深可达96.5cm。在东北地区,春季幼虫为害期略迟。盛期在5月下旬至6月初。室内饲养观察表明,铜绿丽金龟的卵期、幼虫期、蛹期和成虫期分别为7~13、313~333、7~11和25~30天。

成虫食性杂、食量大,是果树、林区的重要食叶性害虫,周边杨、榆、柳等种植较多的药田,发生量大。成虫具有假死性和强烈的趋光性,对黑光灯趋性明显。气温在22℃以下,成虫活动不活跃,而在晴朗无风或闷热之夜,成虫活动最盛。幼虫喜湿,湿润的砂壤地幼虫的种群数量高于旱地。

根部害虫的垂直活动规律:一年中,根部害虫会随季节、气温、地温的变化在土层中垂直活动。土温决定了根部害虫在土壤中分布的位置。严寒的冬季,根部害虫会在深土层越冬。早春,随着气温转暖、地温升高,根部害虫解除越冬状态,开始向表土层移动。在当地春播作物播种期至苗期集中在耕作层为害,形成一年中最严重的危害时期。随着炎热夏季的到来,根部害虫会停止为害,下潜迁移越夏,一些种类会在此时产卵,这一阶段植株也较高大,危害减轻。秋季到来,地温、气温相对适宜时,根部害虫又开始向耕作层迁移,在秋播作物的播种期和苗期形成较为短暂的第二次危害高峰。11月上旬以后天气转冷,根部害虫向土层深处迁移越冬。另外,群体在浅土层活动期,土壤湿度是群体升降的主要因素。土壤结构、寄主植物成熟期和幼虫龄期均能影响群体的垂直分布。

【虫情调查】药用植物栽种前挖土检查虫口基数,在田内采用5点取样法取样,每点取长2m、宽0.5m,挖土深度30~60cm为宜,虫口数量达到3头/m²,应列为防治田块。药用植物出苗后,应及时检查被害情况,采用"Z"形或棋盘式取样法,每次调查10~20个点,条播药用植物每点查1行,长1~2m,散播植物每点查1m²,5天检查1次,记载被害情况。被害株率3%(定植后)~6%(定植前),应进行施药防治。对于趋光性种类,也可于越冬成虫出土活动时开始,设置频振式杀虫灯诱集成虫,每2公顷安装1盏,根据成虫盛发高峰期,测算1、2龄幼虫高峰期,为药剂防治的最佳时期。

【防治措施】

1. 农业防治　实行深耕多耙,在秋、冬季节要深翻土壤,在夏季浅耕暴晒,通过机械损伤、天敌捕食、寒冷、晾晒等,杀灭越冬成虫和幼虫;施用腐熟的有机肥,以防引诱成虫产卵。药用植物避免和蛴螬嗜食的其他作物如花生、玉米等连作、套种,以防招致为害。

2. 灯光诱杀　设置黑光灯或频振式杀虫灯诱杀铜绿丽金龟与暗黑鳃金龟成虫。铜绿丽金龟发生严重地区,也可设置黑绿单管双光灯进行诱杀。

3. 人工防治　利用成虫假死性,震动树干,将假死坠地的成虫收集起来集中杀死;春季结合农事操作,翻地后拾虫。

4. 生物防治　利用昆虫病原线虫是目前对蛴螬及其他根部害虫最有效的生物防治手段。将小卷蛾斯氏线虫55.5×10⁹头/m²施入土中或与基肥混用,防治蛴螬效果可达100%。在春、秋季低温时用格氏线虫和在夏季高温时用异小杆线虫防治蛴螬,均能取得良好防效。另外,使用卵孢白僵菌施用150万亿孢子/hm²,防治效果可达80%;利用乳状芽孢杆菌(Doom或Japidemic)22.5kg

菌粉/hm²,防治效果可达60%~80%;利用绿僵菌、苏云金杆菌制剂,也有良好效果。此外,还发现10多种寄生性天敌,在山东莱阳,利用大黑臀钩土蜂防治蛴螬,田间寄生率可高达60%~70%。

5. 化学防治

（1）种子处理:可用50%辛硫磷乳油100ml加水5L,拌种子50kg。将药剂稀释后喷于种子上,堆闷6~12小时后播种。另外,18%氟虫腈·毒死蜱微囊悬浮剂药种比1:150,对蛴螬的防治效果可达95%以上,并且对多种根部害虫有长期的控制作用。

（2）土壤处理:结合播前整地进行。常用方法有:①将农药均匀撒于或喷于田间,浅犁翻入土中;②将农药与有机肥或化肥混合施入;③顺垄条施、沟施或穴施;④施用颗粒剂,与种子混合施入。可用50%辛硫磷乳油3.75~4.5L/hm²,加水10倍喷雾或拌细土375~450kg施用,或用5%辛硫磷颗粒剂30~37.5kg/hm²,3%氯唑磷颗粒剂60kg/hm²;或用0.5%阿维菌素颗粒剂,移栽或直播时每穴2~3粒。注意,用毒土或颗粒剂时,最好趁雨前和雨后土壤潮湿时施下,如天旱不下雨,则需灌溉或松土,可延长药效,提高防治效果。

（3）药枝诱杀:在成虫出土盛期,可用50~100cm长的榆、杨等树枝,浸于40%氧化乐果乳油30倍液或40%久效磷乳油50倍液中,浸泡10~15小时后,于傍晚插入田间,每公顷60把;或用加拿大杨、刺槐等树叶,每公顷放150~225小堆,喷洒40%氧化乐果乳油800倍液可毒杀大量成虫。

（4）喷药防治:在成虫盛发期,喷粉用1.5%乐果粉或2.5%敌百虫粉30kg/hm²;喷雾用40%乐果乳油125ml/hm²,兑水100L,喷洒于药田及四周喜食的寄主上。

第三节　金针虫类

沟金针虫、细胸金针虫

金针虫是鞘翅目叩头甲科幼虫的统称。成虫俗称叩头虫。危害药用植物的金针虫主要有沟金针虫 *Pleonomus canaliculatus* Faldermann 和细胸金针虫 *Agriotes subrittatus* Motschulsky 两种,除此以外,褐纹金针虫 *Melanotus caudex* Lewis 和宽背金针虫 *Selatosomus latus* Fabricius 在我国北方许多地区发生也较普遍。

金针虫食性杂、寄主多,主要危害人参、西洋参、贝母、芍药、桔梗、菊花、太子参、麦冬、天麻等药用植物和多种农、林植物的地下部分。

金针虫在不同土质和灌溉条件的药田中,发生种类不一样。生活史长,大多2~3年1代,以成虫或幼虫在土壤深处越冬,春秋季节药用植物受害严重。多年生的药用植物寄主田长期不翻耕,金针虫发生数量多;新垦的土地或靠近荒地的药材田,沟金针虫发生危害较重。生产中要避免金针虫喜食的植物连作、套种。耕翻土壤、药剂拌种进行有效防除,也可堆草诱杀细胸金针虫。

【分布与为害】沟金针虫是亚洲地区的特有种类,是我国中部和北部旱作地区的重要根部害虫,以旱作区有机质较为缺乏、土质较为疏松的粉砂壤土和粉砂黏壤土地带发生较重。细胸金针虫在我国分布于东北、华北、西北、华东各省区,以水浇地、较湿的低洼过水地、黄河沿岸的淤地、有机质较多的黏土地带危害较重。

金针虫成虫在地上活动时间不长,取食少量的作物嫩叶或不取食。幼虫咬食刚播下的种子、幼苗根部、块根和地下茎,使植物生长受阻甚至枯萎死亡。一般受害苗主根很少被咬断,被害部位不整齐,呈丝状。还能蛀入块茎、块根或鳞茎,伤口诱发腐烂病。

【形态特征】沟金针虫和细胸金针虫的主要形态特征区别见表10-4和图10-3。

表10-4　两种金针虫形态特征的区别

虫态	沟金针虫	细胸金针虫
成虫	深褐色,密被金黄色细毛。扁长形,雌雄异型。雌虫体长16~17mm,宽4~5mm;雄虫体长14~18mm,宽约3.5mm。雌虫触角11节,锯齿形,长约为前胸的2倍;雄虫触角12节,丝状,长达鞘翅末端。前胸背板宽大于长,呈半球形隆起,密布刻点,中央有微细纵沟。雌虫鞘翅长约为前胸的4倍,后翅退化;雄虫鞘翅长约为前胸的5倍,有后翅	茶褐色,略具光泽,密被灰色短毛。体细长扁平。体长8~9mm,宽约2.5mm,触角细短,红褐色,第2节球形,自第4节起略呈锯齿状。前胸背板略呈圆形,长大于宽,后缘角伸向后方。鞘翅长约为前胸的2倍,上有9条纵列刻点
卵	乳白色。椭圆形,长约0.7mm,宽约0.6mm	乳白色。圆形,直径0.5~1mm
幼虫	老熟幼虫体长20~30mm,宽约4mm。宽而扁平。体金黄色。每一体节宽大于长,从头部至第9腹节渐宽。自胸背至第10腹节,背面中央有1条细纵沟。尾节两侧缘隆起,具3对锯齿状突起;尾端分叉,并稍向上弯曲,各叉内侧均有1小齿	老熟幼虫体长20~25mm,宽约1.3mm。细长圆筒形。淡黄色有光泽。腹部体节长大于宽。尾节圆锥形,背面近前缘两侧各有1褐色圆斑,圆斑后有4条褐色纵纹
蛹	纺锤形。初为淡绿色,后渐变深。雌蛹长16~22mm,雄蛹长15~19mm	纺锤形。初为乳白色,后变黄色,羽化前复眼黑色,口器淡褐色,翅芽灰黑色。蛹长8~9mm

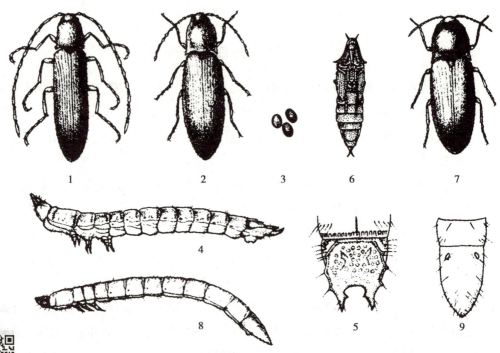

● 图10-3　沟金针虫和细胸金针虫
沟金针虫:1. 雄成虫;2. 雌成虫;3. 卵;4. 幼虫;5. 幼虫尾节末端;6. 蛹
细胸金针虫:7. 成虫;8. 幼虫;9. 幼虫尾节末端

金针虫

【生活史和习性】

1. 沟金针虫　一般 3 年 1 代,少数 2 年、4~5 年或更长时间才能完成 1 代。以成虫或各龄幼虫在深土层越冬。越冬深度因地区和虫态而异,多在 15~40cm,最深可达 100cm 左右。越冬成虫春季 10cm 土温 10℃左右时开始出土活动,10~15℃时达到活动高峰。在华北地区,3 月上旬开始活动,4 月上旬为活动盛期。在陕西关中,产卵期从 3 月下旬至 4 月上旬,卵期平均约 42 天,5 月上、中旬为卵孵化盛期。孵化幼虫为害至 6 月底土温超过 24℃时潜入土中越夏,待 9 月中、下旬秋播开始时,又上升到表土层活动,为害至 11 月上、中旬,下潜至土壤深层越冬。第 2 年 3 月初,越冬幼虫开始活动,3 月下旬至 5 月上旬为害最重;7—8 月越夏,秋季上升到表土层继续为害,至 11 月入土越冬。幼虫共 10~11 龄,幼虫期长达 1 150 天左右,直至第 3 年 8—9 月,幼虫老熟,钻入 15~20cm 土中做土室化蛹。蛹期 12~20 天,9 月初开始羽化为成虫。成虫当年不出土,仍在原土室中栖息不动,第 4 年春才出土交配、产卵,寿命约 200 天。

成虫昼伏夜出,白天潜伏在寄主植物或田边杂草中和土块下,晚上出来交配、产卵。雄虫善飞,有趋光性,不取食;雌虫无后翅,不能飞翔,行动迟缓,偶尔咬食少量叶片。卵散产于 3~7cm 深土中,每雌平均产卵 200 余粒,最多可达 400 多粒。土壤类型、土壤含水量和耕作栽培制度与沟金针虫的发生危害程度关系密切。以砂壤土地块虫口密度最高,壤土次之,黏土和砂土最少。幼虫适宜的土壤含水量为 11.1%~16.3%,高于或低于此范围均不利于发生。在北方旱区,春季降小雨常加重危害,但田间灌水则可抑制其发生。新开垦的荒地发生较重,间作、套种、复种地块发生量多,精耕细作的药田发生量小。

2. 细胸金针虫　陕西关中地区大多 2 年 1 代,东北三省、内蒙古、甘肃武威等地大多 3 年 1 代。以成虫或幼虫在 20~40cm 土中越冬。在陕西关中地区,越冬成虫 3 月上、中旬开始出土活动,4 月中、下旬 10cm 土温 15.6℃时达活动高峰。4 月下旬开始产卵,5 月上旬为产卵盛期。卵期 26~32 天,5 月中旬卵开始孵化。初孵幼虫短时间为害后潜入土壤深层越夏,为害减轻。9 月下旬又上升至表土层为害,至 10cm 土温降至 3.5℃时潜入深土中越冬。第 2 年春季,越冬幼虫活动较早,当 2 月中旬,10cm 土温 4.8℃时,已有 16.2% 的幼虫上升到表土层为害。3—5 月是幼虫为害盛期。6 月下旬幼虫陆续老熟并化蛹,7 月中、下旬为化蛹盛期,8 月为成虫羽化盛期,初羽化成虫不出土,在土室中潜伏直至第 3 年春出土活动。

成虫昼伏夜出,白天潜伏在土缝或作物根茬中,傍晚开始活动,交配、产卵、取食。雌雄虫均可取食,但取食量不大。雌雄虫有重复交配的习性,一夜最多可交配 6 次。卵散产于表土 0~3cm 层。每雌产卵量 16~74 粒,大多为 30~40 粒,成虫具强叩头反跳能力、假死性和弱趋光性,对新鲜而略萎蔫的杂草及作物枯枝落叶等腐烂发酵气味有极强的趋性。细胸金针虫喜湿,耐低温,土质疏松、富含有机质的灌溉田虫口密度大。春季活动较早,秋后为害时间长。在陕西关中地区,春季高峰在 3—5 月,主要危害刚萌发的种子及幼苗的根茎;秋季危害高峰在 9—10 月,主要危害块根和块茎。

【虫情调查】调查方法同蝼蛄。药用植物栽种前挖土检查虫口基数时,虫口数量达到 5 头 /m²,或药用植物出苗后,被害株率 3%(定植后)~6%(定植前),应进行施药防治。

【防治措施】

1. 农业防治　清除田间杂草,药用植物避免和金针虫喜食的禾本科、豆科、十字花科植物连作、套种。播种前和收获后翻耕、整地;产卵和化蛹期中耕除草,可杀死部分金针虫。

2. 诱杀成虫　细胸金针虫发生危害区,在成虫大量产卵前(4—5月),在田间堆约直径 0.5m、高 10cm 的小草堆,75~150 堆 /hm²,可诱杀大量成虫。每日早晨翻草捕杀成虫。

3. 化学防治　可参考蛴螬、蝼蛄等根部害虫的防治方法。

第四节　地老虎类

小地老虎、黄地老虎、大地老虎

地老虎属于鳞翅目,夜蛾科,切根夜蛾亚科。幼虫俗称黑地蚕、土地蚕、切根虫、夜盗虫等,是一类重要的根部害虫。在农业生产上能造成危害的地老虎有 10 多种,主要种类有小地老虎 *Agrotis ypsilon* Rottemberg、黄地老虎 *A. segetum* Schiffermuller 和大地老虎 *A. tokionis* Butler 等。

地老虎为多食性害虫,可危害人参、西洋参、桔梗、芍药、白术、贝母、菊花、麦冬、薄荷和黄柏等 30 多种药用植物,还可危害多种农田作物、蔬菜、苗木及杂草。发生严重地区常致使成片药用植物幼苗死亡,严重影响药用植物的生产。

地老虎为多食性、暴发性害虫,1 年多代,各地均以第 1 代幼虫危害最重。昼伏夜出,成虫多有补充营养的习性,产卵量高,第 1 代卵多产于 5cm 以下低矮杂草上;幼虫食性杂,夜晚爬出地表咬断药用植物近地面根茎部。小地老虎为迁飞性害虫,在我国北方地区不能越冬,周年性在我国范围内大规模南北迁飞。在降雨量多的地区或灌溉田发生严重。

防治地老虎,可利用其习性在成虫发生期进行诱杀,还要注意及时清除药材田内外杂草以杀死地老虎的卵和幼虫。发生严重时,可在地老虎幼虫的低龄期撒施毒饵、毒土或喷药防治,但要注意对天敌的保护。防治小地老虎,各地均需严密监控迁入地和迁出地的成虫和种群数量,并注意防治发生危害严重的第 1 代幼虫。

【分布与为害】小地老虎是世界性大害虫,国内各省区均有分布。以雨量丰富、气候湿润的长江流域和东南沿海、低洼内涝地区和灌区各省发生最多,近 20 年北方水浇地面积扩大,其危害区范围也随之扩大。黄地老虎在国内除广东、广西、海南外,均有分布,尤以华北、西北地区发生量大,危害之重、分布之广仅次于小地老虎;大地老虎主要分布于长江中下游和沿海地区,多与小地老虎混合发生,近年来在人参、白术、牡丹等药用植物上危害严重。

地老虎是多食性害虫,以幼虫取食危害植物的幼苗。低龄幼虫多在嫩叶、嫩梢上为害,咬食成孔洞或缺刻;3 龄后潜入土中,夜晚出来活动,咬断根、地下茎或切断幼苗近地面的茎部,使整株植物死亡。

【形态特征】三种地老虎的形态特征及主要区别见表 10-5 和图 10-4。

表 10-5　三种地老虎形态特征的区别

虫态	小地老虎	黄地老虎	大地老虎
成虫	体长 16~23mm，翅展 42~54mm。体暗褐色。雌蛾触角丝状；雄蛾触角双栉齿状，栉齿仅达触角之半。前翅亚基线、内横线、中横线、外横线、亚缘线均为双曲线；肾形纹、环形纹、棒状纹明显，有黑色的轮廓线；在肾纹外有一尖端向外的楔状纹与亚外缘线上两个尖端向内的楔状纹，三斑相对。后翅灰白色，翅脉及边缘黑褐色	体长 15~18mm，翅展 32~43mm。体黄褐色。触角雌蛾丝状；雄蛾双栉齿状，栉齿基部长而端部渐短，约达触角的 2/3 处，端部 1/3 处为丝状。前翅各横线不明显，但肾状纹、环形纹、棒状纹则很明显，各具黑褐色边而内充以暗褐色，肾状纹外无斑纹。后翅白色，外缘淡褐色	体长 20~30mm，翅展 42~62mm。灰褐色。触角雌蛾丝状；雄蛾双栉齿状，栉齿部分近达翅末端。前翅暗褐色，前缘从基部到 2/3 处呈现黑褐色。各横线均为双曲线，有时不明显。肾状纹及环状纹明显，有黑褐色边框。肾状纹外侧有一不规则黑斑。后翅淡褐色
卵	半球型，直径 0.6mm，高 0.5mm，表面有纵横隆起线。初产时乳白色，孵化前呈棕褐色	扁圆形，直径约 0.5mm。卵壳表面有纵脊纹 16~20 条。初产时乳白色，后渐变黄褐色，孵化前呈黑色	半球形，略扁。直径约 1.8mm，高 1.5mm。初产时浅黄色，后变为褐色，孵化前呈棕褐色
幼虫	老熟幼虫体长 37~50mm。黄褐色至黑褐色。背部有淡色纵带，体表粗糙，密布黑色颗粒。腹部各节背面各有 4 个毛片，后 2 个比前 2 个大 1 倍以上。臀板黄褐色，有 2 条深褐色的纵带	老熟幼虫体长 35~45mm。黄褐色。表皮多皱纹，颗粒不显。腹部各节背面各有 4 个毛片，前后 2 个大小、距离几乎相等。臀板中央有黄色纵纹，两侧各有 1 黄褐色大斑	老熟幼虫体长 41~61mm。黄褐色，体表多皱，颗粒不明显。腹部各节背面前 2 个毛片等于或略小于后 2 个毛片。臀板深褐色，密布龟裂状皱纹
蛹	体长 18~24mm，红褐至黑褐色。腹部第 4~7 节背面前缘各有 1 列小黑点。腹末黑色，具臀棘 1 对，呈分叉状	体长 15~20mm。腹部第 4 节背面中央有稀少不明显的刻点，第 5~7 节刻点小而多，腹末具臀棘 1 对	体长 23~29mm。腹部第 4~7 节基部密布刻点，第 5~7 节刻点环体一周。臀棘 1 对

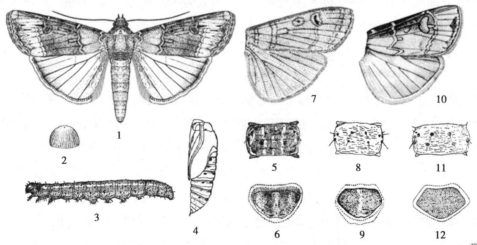

● 图 10-4　小地老虎、黄地老虎和大地老虎

小地老虎：1. 成虫；2. 卵；3. 幼虫；4. 蛹；5. 幼虫第 4 腹节背面观；6. 幼虫末节背板
黄地老虎：7. 成虫翅；8. 幼虫第 4 腹节背面观；9. 幼虫末节背板
大地老虎：10. 成虫翅；11. 幼虫第 4 腹节背面观；12. 幼虫末节背板

地老虎

【生活史和习性】

1. 小地老虎 小地老虎无滞育现象,条件适宜可终年繁殖。在我国 1 年发生 1~7 代,发生代数由北向南逐渐增加。在南岭以南 1 年发生 6~7 代,以幼虫危害药用植物幼苗及小麦、油菜、蔬菜、绿肥等作物,为国内主要虫源地;南岭以北黄河以南 1 年发生 4~5 代,以第 1 代幼虫危害植物幼苗,为我国主要危害区;黄河以北及西北海拔 1 600m 以上地区 1 年发生 2~3 代,于 7—8 月危害各类旱作植物幼苗,是小地老虎秋季向南回迁的主要虫源地。就全国范围看,除南岭以南地区 1 年为害 2 次外,其余各地,不论当地发生几个世代,以当地发生最早的一代幼虫造成生产上的危害,其后各代数量骤减,不造成危害。我国部分地区小地老虎发生代数、越冬代成虫及第 1 代幼虫危害高峰期见表 10-6。

表 10-6 小地老虎越冬代成虫和第 1 代幼虫在各地发生期

地区	代数	越冬代成虫高峰期（月/旬）	第 1 代幼虫危害高峰期（月/旬）
黑龙江嫩江	2	5/ 上—6/ 中	6/ 中下
辽宁沈阳	2~3	4/ 中下	5/ 下—6/ 上
北京通州	3~4	4/ 初—4/ 中下	5/ 上中
陕西关中	4	3/ 中—4/ 下	5/ 上—5/ 下
湖北武汉	4~5	第一次高峰 2/ 下 第二次高峰 3/ 中下	4/ 中下
江苏南京	5	第一次高峰 3/ 中下 第二次高峰 4/ 中下	5/ 上中
福建福州	6	第一次高峰 2/ 中下 第二次高峰 3/ 下	3/ 中—4/ 上

小地老虎的迁飞规律:小地老虎是迁飞性害虫。春季越冬代成虫从越冬区逐步由南向北迁移,秋季再由北向南迁回到越冬区过冬,从而构成 1 年内大区间的世代循环。小地老虎的越冬北线为 1 月份 0℃等温线或北纬 33° 一线(即沿秦岭—淮河一线)。在越冬北线以北不能越冬,在南岭以南 1 月份平均温高于 10℃ 的地区,可终年繁殖,在南岭以北越冬北线以南的地区,以少量幼蛹越冬。

在我国北方,小地老虎越冬代成虫都是由南方迁入的,属越冬代成虫与 1 代幼虫多发型,危害高峰期出现在成虫盛发后的 20~30 天。在江苏、山东、河北、河南、山西、陕西和甘肃等省,越冬代成虫发生期较长,发蛾峰较多,是由于南方越冬面积大,生态环境不同,春季羽化进度不一所致。在南方,2 月下旬至 3 月上旬各地开始出现越冬代蛾峰,发蛾期可延续 3 个月之久。危害高峰出现在成虫盛发后 15~20 天。在浙江一带,4 月中旬开始出现危害,4 月下旬到 5 月上旬危害最为严重。

小地老虎的成虫昼伏夜出,白天潜伏于土缝、杂草丛、屋檐下或其他隐蔽处,夜晚活动、取食、交配和产卵。晚上有 3 次活动高峰,第 1 次在天黑前后,第 2 次在午夜前后,第 3 次在凌晨以前,其中以第 3 次高峰虫量最多。成虫对黑光灯有强烈的趋光性。成虫羽化后需要取食补充营养,对糖、蜜、发酵物、萎蔫的杨树枝等具有明显的趋性。成虫羽化后 3~5 天交配,交配后第 2 天产卵。卵产在 5cm 以下矮小的杂草上,特别喜欢产在贴近地面的叶背或嫩茎上。卵散产,每雌产卵量在

800~1 000 粒,最高达 3 000 粒以上。小地老虎喜温喜湿,河渠两岸、湖泊沿岸、水库边发生多,杂草丛生、管理粗放的地块发生重。

幼虫 6 龄,少数个体 7~8 龄。初孵幼虫有吞噬卵壳的习性。幼虫具假死性,受惊或被触动立即卷缩呈"C"形。1~2 龄幼虫对光不敏感,栖息在表土、寄主的叶背或心叶里,昼夜活动;4~6 龄表现出明显的负趋光性,白天潜入土中,晚上出来活动取食,咬断植物幼苗。幼虫对泡桐叶或花有一定的趋性,在田间放置新鲜潮湿的泡桐叶可诱集到幼虫,而幼虫取食泡桐叶后生长发育不良,不能正常羽化,存活率下降。幼虫耐饥饿能力较强,3 龄前可耐饥 3~4 天,3 龄后可达 15 天,受饿而濒死的幼虫一旦获得食料,仍可恢复活动。在饥饿时间稍长或种群密度过大时,常出现自相残杀现象。

2. 黄地老虎　黄地老虎在新疆北部、内蒙古、辽宁、黑龙江等地 1 年发生 2 代,北京、河北、新疆南部 3 代,河南、山东 4 代。越冬虫态因地区而异。在我国西部地区多以老熟幼虫在土壤中越冬,少数以 4 龄幼虫越冬;在东部地区则无严格的越冬虫态,因各年气候和发育进度而异。越冬场所集中在田埂和沟渠堤坡的向阳面。黄地老虎在我国大多数地区以第 1 代幼虫危害春播作物幼苗,其他世代发生较少。在江淮地区,越冬幼虫在第 2 年春季 3 月中旬化蛹,4 月上旬开始羽化为成虫。卵盛发期在 5 月上中旬,卵孵化盛期为 5 月中旬。5 月下旬至 6 月上旬为幼虫为害盛期。以后各代发蛾高峰期分别出现在 7 月中旬、9 月中旬和 10 月下旬。华北地区 5—6 月危害最重,黑龙江 6 月下旬至 7 月上旬危害最重。

黄地老虎成虫与小地老虎相似,但越冬代较小地老虎晚发生 15~20 天,此时蜜源植物丰富,故对糖醋液无明显趋性。趋光性较强,并趋向大葱和芹菜取食花蜜,雌蛾多产卵在土面根茬、草秆以及多种杂草上,如小旋花、刺儿菜、小蓟、苍耳的叶背。每雌产卵 400~500 粒,多的可达 1 300 粒左右。

黄地老虎不耐低温也不耐高温,冬季寒冷,越冬代幼虫死亡率高,翌年发生危害较轻。在华北、华东地区 2 代发生时正值炎热夏季,田间发生量较少。发生期对雨水和温度的要求偏低,在干旱少雨的西北地区发生危害较重。灌溉对各代幼虫都有控制作用。

3. 大地老虎　大地老虎在我国 1 年 1 代,大多以 2~4 龄幼虫在表土或草丛根际越冬。第 2 年 3 月初越冬幼虫开始活动取食,5 月上旬进入暴食期,5 月中旬以后老熟幼虫开始滞育越夏。9 月中旬为化蛹盛期。10 月上中旬羽化为成虫,产卵盛期为 10 月中旬。幼虫 10 月下旬出现,后以低龄幼虫越冬。越冬阶段的低龄幼虫,如遇气温较高,在 6℃以上,仍能少量取食。

成虫昼伏夜出,趋光性不强,对糖醋酒液有较强的趋性,喜食花蜜。雌蛾交尾后次日即可产卵。卵多产于土表或幼嫩的杂草茎叶上。平均每雌产卵 900~1 000 粒。幼虫 4 龄前不入土,常在草丛间取食叶片,4 龄后白天潜伏于表土下,夜晚出土活动为害。幼虫有滞育越夏习性,夏眠后即行化蛹。

幼虫喜湿,在雨水较多、土壤湿润的沿海及长江流域发生量较大,危害重。幼虫有较强的抗低温能力,越冬后的幼虫,由于龄期较大,食欲旺盛,因而是全年危害最严重时期。

【虫情调查】主要监测越冬代(小地老虎监测迁入第 1 代)成虫和当地第 1 代幼虫,防治适期为 1 代 2 龄幼虫的盛发期。有 3 种调查法。

(1)诱蛾:从 3 月上、中旬至 6 月上旬,用糖醋酒液(红糖∶醋∶酒∶水 =3∶4∶1∶2,另加

0.1% 的敌百虫），或性诱剂，或频振式杀虫灯诱集成虫，逐日记载诱蛾量。

（2）查卵：在成虫初盛期后至成虫产卵结束止，随机 10 点取样，每点调查 1m²，仔细调查记录根茬、土块或杂草上的卵量，每隔 2~3 天调查 1 次，按发蛾高峰日或卵量及卵发育进度测算第 1 代 2 龄幼虫的盛发期。

（3）查受害情况：在幼虫 1~2 龄盛期和定苗期各调查 1 次幼虫和被害情况，棋盘式 10 点取样，每点 20 株或 1m²。在调查时应注意检查植株心叶、根际和地面松土内的幼虫。当定苗前幼虫达到 1~1.5 头 /m²，定苗后 0.3~0.5 头 /m²，或幼苗心叶被害率达 3%~5% 时，应立即进行全面防治。

【防治措施】

1. 农业防治

（1）除草灭虫：春播前进行春耕、细耙；幼苗期结合松土，清除药材田内外杂草，可消灭大量地老虎的卵和幼虫。如已产卵，并发现 1~2 龄幼虫，则应先喷药后除草。清除的杂草要远离药田，沤肥处理。

（2）捕杀幼虫：高龄幼虫期，于清晨到田间检查，发现新萎蔫幼苗，可扒开表土捕杀幼虫。或用泡桐叶或莴苣叶放置在田间植株附近，诱集幼虫，于清晨捕捉杀死。

（3）种诱集带：黄地老虎喜产卵在小白菜和苘麻上，可种植诱集植物带，引诱成虫产卵，在卵孵化初期铲除并集中销毁。

2. 物理防治　利用黑光灯、糖醋液、杨树枝或性诱剂等，在成虫发生期进行大量诱杀。

3. 生物防治　保护和利用食虫益鸟、步行虫、蟾蜍、小茧蜂、姬蜂等及生防菌类等来防治地老虎。

4. 化学防治　地老虎 1~2 龄幼虫可用喷粉、喷雾或撒毒土，防治 3 龄以上幼虫可撒施毒饵诱杀。一般在第 1 次防治后，隔 7~10 天再治 1 次，连续 2~3 次。

（1）撒毒土：用 50% 辛硫磷乳油 500ml，或 2.5% 溴氰菊酯乳油 25ml，拌半湿润细土 50kg，做成毒土。300~400kg/hm²，傍晚顺垄撒施于幼苗根际附近。

（2）喷雾：用 50% 辛硫磷乳油 1 000~1 500ml/hm²，2.5% 溴氰菊酯乳油、10% 氯氰菊酯乳油 300~400ml/hm²，加水 1 000~1 500kg，在幼虫低龄阶段向植物嫩叶、生长点喷雾。或用 200g/L 氯虫苯甲酰胺悬浮剂 150ml/hm²，兑水 450kg/hm² 在作物茎基部均匀喷雾。

（3）撒毒饵：主要针对高龄地老虎幼虫。可选用 90% 晶体敌百虫 3.5kg 加水 17.5~35kg，喷拌在 200~250kg 新鲜的菠菜、白菜或鲜草碎段饵料中，浸 0.5 小时，也可按 1∶3∶4 的比例加入少量的酒、红糖、醋。于傍晚顺垄施于作物根际，每隔 1m 左右施放 1 堆。

第五节　种蝇类

种蝇

种蝇属双翅目，花蝇科。幼虫称为根蛆或地蛆。我国常见的种类有灰地种蝇（种蝇）*Delia platura*（Meigen）、葱地种蝇（葱蝇）*D. antiqua*（Meigen）、萝卜地种蝇（萝卜蝇、白菜蝇）*D. floralis*（Fallen）和毛尾地种蝇（小萝卜蝇）*D. planipalpis*（Stein）等。在药用植物上，以灰地种蝇发生最为严重。灰地种蝇食性杂,能危害葫芦科、伞形科、豆科、十字花科、百合科的药用植物,其中当归、川芎、丝瓜受害最重,常造成烂种或烂根而死。其次,葱地种蝇对百合、贝母也造成危害。

种蝇1年发生2~6代,北方地区以蛹在土壤中越冬。成虫对腐烂的有机质、粪肥等有强烈的趋性。幼虫寡食性或多食性,喜湿不耐高温,常造成药用植物烂种或烂根。生产上要在种蝇成虫出土之前播种,粪肥要充分腐熟,播种完毕和施肥后要立即覆土以免招致种蝇成虫产卵,造成蛆害。另外,苗期大水多次漫灌可有效控制蛆害。化学防治以药剂拌种为首选,必要时可灌根。

【分布与为害】灰地种蝇为世界性害虫,国内除海南外,分布遍及各省区。幼虫喜食萌动的种子、幼根和嫩茎,引起种芽畸形、腐烂,不能发芽,甚至造成严重缺苗。危害块根、幼茎时,常蛀入根内部,并顺根茎向上取食为害,造成植物凋萎死亡。此外,被害株的伤口易受病原菌侵染,造成根茎腐烂。

【形态特征】

1. 成虫 体长4~6mm。雄虫略小,灰黄色,触角黑色。两复眼近乎相接。胸部背面有3条黑色纵纹,腹部背中央有1条黑色纵纹,各腹节均有1条黑色横纹。后足胫节内下方生有成列密而等长的短毛,末端向下弯曲。雌虫体稍大,灰黄色至灰色。两复眼间距离约为头宽的1/3。腹背中央纵纹不明显。中足胫节外上方有1根刚毛(图10-5)。

2. 卵 长约1mm。长椭圆形,稍弯,弯内有纵沟陷。乳白色,表面有网状纹。

3. 幼虫 老熟幼虫体长8~10mm,乳白色稍带浅黄色。体形前细后粗,头退化,仅有1黑色口钩。腹部末端有7对肉质突起,均不分叉;第一对和第二对突起等高,第五对和第六对几乎等长,第七对极小。

4. 蛹 长5mm左右,椭圆形,前端稍扁平,后端圆筒形。红褐色或黄褐色。尾端可见6对突起。

根蛆

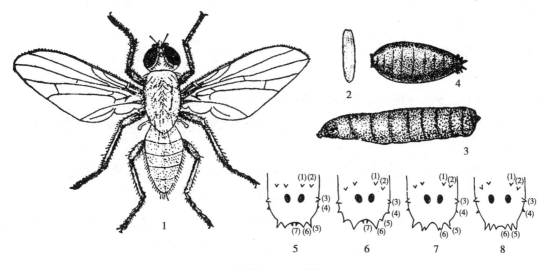

● 图10-5 种蝇

灰地种蝇:1. 成虫;2. 卵;3. 幼虫;4. 蛹;5. 幼虫腹部末端
葱地种蝇:6. 幼虫腹部末端
萝卜地种蝇:7. 幼虫腹部末端
毛尾地种蝇:8. 幼虫腹部末端
(1)~(7)表示各肉质突起的所在位置和形态

【生活史和习性】灰地种蝇在我国1年发生2~6代,自北向南代数增多。在北方一般以蛹在土中越冬,在温暖地区各虫态均可越冬,无滞育现象。在华北地区,每年发生3~4代,越冬代成虫春季4月上、中旬开始发生,第1代幼虫发生期在5月上旬至6月上旬,主要危害春播药用植物的种子及幼苗;第2代在6月下旬至7月中旬发生,主要危害当归种子和幼苗,还可危害其他药材的根茎;第3代幼虫于9月下旬至10月中旬发生,严重危害刚栽种不久的川芎。10月下旬至11月上旬则以老熟幼虫或蛹越冬。

成虫有趋向腐败有机物的习性,因此,有机肥未腐熟或施肥不当,把粪肥露在外的地块,能诱集大量成虫产卵,受害重。成虫对开花的植物、发酵的霉味有较强的趋性,可用糖浆、玉米粉和酵母等配成诱剂诱集成虫。种蝇不耐高温,气温超过35℃时,各虫态都发育受阻。卵孵化和幼虫化蛹阶段都要求有较高的土壤湿度,以土壤含水量35%左右为宜,根茎含水量大的药材也更易受害。

【虫情调查】成虫产卵高峰及地蛆孵化盛期,及时防治是关键。通常采用诱测成虫的方法,诱剂的配方是:1份糖、1份醋、2.5份水,加少量敌百虫拌匀。诱蝇器用大碗或小盆,先放入少许锯末,然后倒入适量诱剂,加盖。每天在成虫活动时间开盖,及时检查诱杀效果和补充或更换诱剂。当盆内诱蝇数量突增或雌雄比近1∶1时,即为成虫发生盛期,应立即防治。

【防治措施】

1. 农业防治

(1)清除田间被害作物和腐烂植株。

(2)在土地解冻之后,在成虫羽化期之前尽早进行翻耕和春播,可防止湿土招引成虫产卵。在浇水播种时,覆土要细致,不使湿土外露,以免招引成虫产卵。

(3)施用腐熟的粪肥,注意深耕,不使粪肥外露,以免吸引成虫产卵。

(4)在播种和幼苗期要有充足的水分。在发现幼虫危害时,及时进行大水漫灌数次,可有效控制蛆害。

2. 诱杀成虫　可用诱剂诱杀成虫。

3. 化学防治

(1)拌种:用50%辛硫磷乳油按种子重量的0.3%~0.5%用药量拌种。

(2)沟施:结合播种,在播种沟内洒入3%氯唑磷颗粒剂60kg/hm²或5%阿维·吡虫啉颗粒剂30kg/hm²。

(3)浇灌:当发现幼虫危害时,可用50%辛硫磷乳油800倍液,或2.5%高效氯氟氰菊酯水乳剂1 000倍液,或25%喹硫磷乳油1 200倍液,用喷雾器灌入土中。

(4)喷雾:在成虫盛发期,用90%晶体敌百虫900g、2.5%溴氰菊酯乳油或1.8%阿维菌素乳油300ml,兑水900L,喷洒在植株周围地面和根际附近。隔7~10天后再喷1次。

第六节　其他根部害虫

沙潜

沙潜属鞘翅目,拟步甲科。成虫称为拟地甲或伪步甲,幼虫称为伪金针虫。沙潜在我国主要有两种,网目沙潜 *Opatrum subaratum* Faldermann(又称网目拟地甲)和蒙古沙潜 *Gonocephalum mongolicum* Reitter(又称蒙古拟地甲)。

两种沙潜均食性杂,主要危害桔梗、菊花、人参、黄芪、地黄、菘蓝、白芷、甘草等药用植物和其他作物,以桔梗受害最重。成虫和幼虫均可为害,咬食刚萌发的种子或幼苗。

沙潜喜干燥,发生在旱地或较黏重的土壤中。1 年 1 代,以成虫在土中或枯草、落叶下越冬。成虫、幼虫均可取食,成虫寿命长,具有假死性,后翅退化只能爬行;幼虫早晚在根部表土中活动,中午迁入较深土中,5—6 月是幼虫为害盛期。春天干旱发生重。

可利用春季地膜覆盖、药田留草诱集等方法,减轻幼苗受害。药剂防治集中在成虫越冬期前夕、春季成虫活动为害盛期和初夏幼虫为害盛期 3 个时期进行,毒饵诱杀是最好的施药方法。

【分布与为害】两种沙潜在国内均分布于东北及河北、山西、陕西、河南、山东、甘肃、青海、安徽等地,且两者常混合发生。成虫和幼虫均喜食初萌发的种子或幼苗,咬食嫩茎,造成缺苗断垄;还能钻入块根和块茎内为害,使幼苗枯萎甚至死亡。在安徽桔梗产区,网目沙潜受害田缺苗率16.2%,最高达 50% 以上,受害严重的地块有毁苗无收的记录。

【形态特征】两种沙潜的形态特征及主要区别见表 10-7 和图 10-6。

表 10-7　两种沙潜的形态特征的区别

虫态	网目沙潜	蒙古沙潜
成虫	体长 6~8mm,黑褐色,常覆有泥土,呈土灰色,椭圆形稍扁。复眼在头下方。触角 11 节,棍棒状。前胸背板发达,密布细沙状刻点,前缘呈弧形弯曲,边缘宽平。鞘翅近长方形,前缘向下弯曲,将腹部完全遮盖,故成虫有翅不能飞翔。鞘翅上有 7 条隆起的纵线,每条纵线两侧有 5~8 个瘤突,呈网络状	体长 6~8mm,暗黑褐色,头部黑褐色,向前突出。触角棍棒状 11 节。前胸背板外缘近圆形,前缘凹进,前缘角较锐,向前突出,上有小刻点。鞘翅密布刻点和纵纹,刻点不及网目拟地甲明显,成虫可以飞翔。身体和鞘翅均较网目沙潜窄
卵	长 1.2~1.5mm,椭圆形,乳白色,表面光滑	长 0.9~1.3mm,椭圆形,乳白色,表面光滑
幼虫	共 5 龄,老熟幼虫体长 15~18mm。深灰黄色,背面呈浓灰褐色。前足发达,比中、后足粗大。腹部末节小,末端尖,背片基部稍突起成 1 横沟,上有褐色 1 对钩形纹;末端中央有乳头状隆起的褐色部分,边缘共 12 根刚毛,其中两侧缘及顶端各有 4 根	老熟幼虫体长 12~15mm,圆筒形。初孵幼虫乳白色,后渐变为灰黄色。腹部末节背板中央有 1 条纵沟,边缘有刚毛 8 根,每侧 4 根,以此可与网目沙潜幼虫相区别。其他特征类似网目沙潜
蛹	体长 7~9mm,腹部末端有 2 刺状突起	体长 5.5~7.4mm

网目沙潜成虫

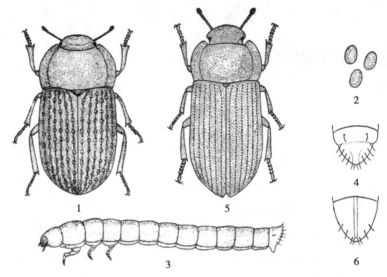

● 图 10-6　网目沙潜和蒙古沙潜
网目沙潜：1. 成虫；2. 卵；3. 幼虫；4. 幼虫腹部末节
蒙古沙潜：5. 成虫；6. 幼虫腹部末节

【生活史和习性】两种沙潜在东北、华北、华东地区均每年发生 1 代，以成虫在土壤中、土缝、洞穴和枯草落叶下越冬。在华东地区，网目沙潜越冬成虫 2 月下旬开始活动，3—4 月发生最多，严重危害春播桔梗萌发的种子。4 月下旬成虫逐渐减少，田间开始出现幼虫。5 月中旬至 6 月下旬幼虫盛发，严重危害桔梗幼苗。茎基木质化后，长大的幼虫围绕主根取食表皮层，轻则形成虫伤株，重则全株凋萎死亡。7 月初化蛹。7 月上、中旬成虫大量羽化并在作物或杂草根部越夏，秋季向外转移，危害秋苗。秋末开始越冬。在华北地区，蒙古沙潜越冬成虫 2 月开始活动，3—4 月成虫大量出土活动，取食为害严重。4 月下旬至 5 月上旬为产卵盛期。6—7 月老熟幼虫在土表下 10cm 土层中做土室化蛹。7 月下旬至 8 月上中旬羽化为成虫。成虫越夏后 9 月取食为害，10 月下旬陆续越冬。但往往 11 月上旬仍有成虫在土面活动。

网目沙潜成虫和幼虫都有较强的假死性，畏光、土居。成虫不能飞翔，气温低时，白天取食产卵；气温高时，白天潜伏，早晚活动。成虫寿命较长，最长的能跨越 4 年，连续 3 年都能产卵，还可孤雌生殖，且孤雌后代成虫仍能进行孤雌生殖。每雌产卵 9~53 粒，最多达 167 粒。幼虫多在表土活动，食性杂，喜食寄主发芽的种子，幼苗嫩茎、嫩根。蒙古沙潜成虫爬行速度较网目沙潜快，能飞翔，趋光性强，对花生饼、豆饼有趋性，且食性极杂，能危害多种药用植物和其他农作物，每雌产卵 34~490 粒。其他似网目沙潜。

两种沙潜均喜干燥，网目沙潜在黏土、两合土等黏性重的土壤中发生量大；春季干旱年份发生危害重；前茬作物为桔梗、大豆、山芋的田块虫量大，而前茬为棉花的田块虫量小。蒙古沙潜喜干燥，耐高温，在地势高、土质疏松的地块虫口密度大，地面潮湿、坚实则不利于其生存。春季雨水稀少，温度回升快，虫口发生量大，危害重。当年降雨量少，次年发生则重。

【防治措施】

1. 农业防治　提早播种或定植，错开沙潜发生期。桔梗等多年生的草本药用植物，春季可采用地膜覆盖，以保持土壤水分，提高土壤温度，促进早发芽、早出苗，增强耐害性。

2. 留草诱集　早春，网目沙潜成虫和幼虫有嗜食鲜嫩杂草习性，药材田适时晚除草，可诱集成虫和幼虫取食,减轻药用植物寄主幼苗受害。

3. 药剂防治

（1）药剂拌种:参照金针虫。

（2）土壤处理:危害严重的地区,于播种前或移植前用 3% 氯唑磷颗粒剂 30~90kg/hm²,混细干土 50kg,均匀地撒在地表,深耙 20cm,也可撒在栽植沟或定植穴内,浅覆土后再定植,可兼治多种根部害虫。

（3）喷药防治:在成虫越冬前夕、春季成虫活动为害盛期和初夏幼虫为害盛期 3 个阶段进行施药。可用 2.5% 高效氯氟氰菊酯水乳剂 300ml/hm²,或 25% 喹硫磷乳油 1 000 倍液,及时喷雾或灌根处理。

（4）洒毒饵:成虫期可用 90% 晶体敌百虫 2.25kg/hm²,或用 50% 辛硫磷乳油 2.25L/hm²,加适量水溶解稀释,拌入 30~37.5kg 炒香的麦麸或磨碎的饼肥,傍晚撒到田间。

蟋蟀

蟋蟀属直翅目,蟋蟀科。我国药用植物上发生危害的主要种类为大蟋蟀 *Tarbinskiellus portentosus*（Lichtenstein）和北京油葫芦 *Teleogryllus emma*（Ohmachi & Matsuura）等。蟋蟀的食性杂,寄主种类多样,药用植物主要危害芍药、牡丹、藿香、白花树、萝芙木等,严重时引起缺苗断垄,也能取食茎叶,造成光杆。

1 年 1 代,以卵或幼虫在土壤深处越冬,春秋季节危害严重。两种蟋蟀均食性杂,喜香甜物质,雄虫善鸣好斗。大蟋蟀穴居。防治蟋蟀最有效的方法是毒饵诱杀,也可利用大蟋蟀穴居为害的特点,在雨后或土壤较湿软的时期,寻找大蟋蟀洞口标志性土堆,进行挖洞捕杀。北京油葫芦也可进行堆草诱杀或成虫期黑光灯诱杀。

【分布与为害】大蟋蟀俗名花生大蟋,国内主要分布于广东、广西、江西、福建、台湾、云南、贵州等南方省区。北京油葫芦在我国河北、河南、山东、山西、安徽、江苏、江西、湖南等地发生较重,在东北、华南、西南部分省区也有发生和危害。两种蟋蟀成虫和若虫均可造成危害,咬食寄主植物的嫩根、幼苗、嫩茎、叶、种子和幼果,严重时造成缺苗断垄;茎叶受害时,常形成缺刻、孔洞,严重时叶被食尽或全株死亡。

【形态特征】两种蟋蟀的形态特征及主要区别见表 10-8 和图 10-7。

表 10-8　两种蟋蟀形态特征的区别

虫态	大蟋蟀	北京油葫芦
成虫	雄虫体长 35~42mm,雌虫 35~38mm。暗褐色或棕褐色。头部较前胸阔,触角丝状细长,复眼间具"Y"形线沟。前胸背板前缘较后缘广阔,中央具 1 纵沟,两侧各有 1 个淡色三角形纹。前后翅发达,前翅长达腹部末端或稍超过,后翅伸出腹端如长尾。足短粗,后足胫节具 2 列刺状突起。腹末尾须稍长,雌虫产卵管短于尾须	雄虫体长 22~24mm,雌虫 23~25mm。体背黑褐色有光泽,腹面黄褐色。头方形,与前胸等宽。前胸背板有 2 个月牙形纹。前翅约与腹部等长,后翅发达,尖端向后方突出如尾状。产卵器甚长,箭状。后足腿节内侧红褐色,胫节特长,有刺 5~6 对
卵	长约 4.5mm,浅黄色,近圆筒形,稍弯,两端钝圆	长 2.4~3.8mm,长筒形,乳白色微黄,两头微尖
若虫	形似成虫,但体色较浅。共 7 龄,从 2 龄起出现翅芽	形似成虫,共 6 龄;前胸背板月牙纹明显,雌若虫产卵管超过尾端

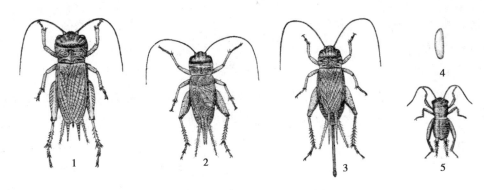

● 图 10-7　大蟋蟀和北京油葫芦

大蟋蟀: 1. 雄成虫

北京油葫芦: 2. 雄成虫; 3. 雌成虫; 4. 卵; 5. 第 1 龄若虫

【生活史和习性】大蟋蟀 1 年 1 代。在长江以南地区以 3~5 龄若虫在土穴中越冬,深度多在 60cm 以下,甚至达 150cm。次年 2—3 月,越冬若虫出蛰活动,开始取食药用植物幼苗,以 3—5 月危害最盛。5—7 月成虫陆续羽化,7 月为成虫发生盛期。雌虫 7—10 月产卵,9 月为产卵盛期。8—10 月若虫相继孵化,常出土危害秋播药材的幼苗。12 月进入越冬。在我国华南地区,若虫在 0℃以上的夜晚仍可出土活动觅食。大蟋蟀成虫有趋光性,对酸及香甜的物质有较强的趋性。雄虫善鸣好斗。大蟋蟀为穴居性害虫,多独居,昼伏夜出。常在洞口附近觅食,咬食地面植物的幼嫩部分,并拖回穴内咬食,有时也咬食嫩茎和植物幼嫩组织。该虫通常 5~7 天才出穴 1 次,但 7—8 月交尾盛期外出较为频繁,且多在傍晚 19—20 时出穴,晴天闷热无风或久雨初晴的温暖夜晚出穴最多,夏季阵雨初晴后的白天也出穴活动。大蟋蟀外出活动回穴后,即用后足将泥土堵塞洞口,因此,在大蟋蟀生活地区,地面往往有一堆堆松土,是大蟋蟀穴居洞中的标志。

北京油葫芦 1 年发生 1 代,以卵在土壤中越冬。在北京、河北一带,于 5 月初孵化出土,5 月上中旬为孵化盛期。5 月下旬至 8 月上旬为若虫发生盛期。若虫有 6 个龄期,每龄约 10 天,7 月下旬始见成虫,8 月中下旬为成虫羽化盛期。8 月中旬至 9 月中旬为成虫发生盛期,此时严重危害药材秋苗。雌虫 9 月下旬至 10 月中旬产卵越冬。10 月下旬以后成虫陆续死亡。成虫或若虫不善做穴,多栖息于温凉、阴暗、潮湿的草丛中、土块下,夜间活动取食,以 22 时以后为盛。行动敏捷,受惊扰迅速爬走或跳离。成虫对黑光灯、萎蔫的杨树枝叶和泡桐叶有趋性。雄虫善鸣好斗。

【防治措施】

1. 人工捕杀　在雨后或土壤较湿软的时期,根据大蟋蟀洞口土堆出现情况,进行挖洞捕杀。

2. 灯光诱杀　北京油葫芦成虫发生期用黑光灯或频振式杀虫灯诱杀。

3. 堆草诱杀　根据北京油葫芦喜藏身于草堆的习性,在田间按 5m×3m 间距放一堆厚度为 10cm 的杂草,次日揭草集中捕杀,或在草堆下放毒饵或撒施敌百虫粉等进行毒杀。用杨树枝或泡桐叶也可取得同样甚至更好的效果。

4. 毒饵诱杀　用 90% 晶体敌百虫 50g,加适量水稀释,拌入 5kg 炒香的棉籽饼或麦麸,或拌入南瓜碎块、青菜残叶或杂草的碎段,配成毒饵。选择无风闷热的傍晚,顺垄撒施 45kg/hm²。

5. 药剂喷雾　用 20% 氰戊菊酯乳油 450ml/hm²,或 20% 丁硫·辛乳油 1 600ml/hm² 兑水喷雾,施药时宜从田块四周向田中心推进。

6. 撒施毒土　用 50% 辛硫磷乳油 900ml/hm^2,拌细土 1 000kg,或用 5% 丁硫克百威颗粒剂 45kg/hm^2,或 3% 氯唑磷颗粒剂 60kg/hm^2,拌细沙 225kg,混匀后撒入田中。

根螨

根螨属蜱螨目,粉螨科,是重要的农业害螨。在药用植物上危害较重的有罗宾根螨 *Rhizoglyphus robini* Claparede 和刺足根螨 *R. echinopus* Keven(别名球根粉螨、葱螨)。两种根螨主要危害贝母、百合、知母、半夏、郁金香、水仙、唐菖蒲、鸢尾、风信子等寄主植物,又以百合科药用植物的鳞茎受害最为严重。浙贝母和皖贝母也易受害,造成严重减产。此处主要介绍罗宾根螨。

罗宾根螨 1 年多代,以成螨在土壤中越冬,除第 1 代外,世代重叠严重,与腐烂病菌可以共生,夏秋多雨发生危害严重。避免寄主植物连作是防治罗宾根螨最重要的方法,在高温季节深耕暴晒,可杀死大量根螨。对已经发生根螨的地块,播前土壤处理或药剂浸鳞茎,能起到很好的杀虫防病作用。

【分布与为害】罗宾根螨是世界性分布种类。国内主要分布于东北、华北、华东及华南部分省、自治区。以成螨和若螨吸食百合科药用植物的鳞茎及块根,使细胞组织坏死,形成褐色小斑点,地上部植株矮小、瘦弱、畸形。在云南危害半夏可使植株丝状根数量减少,根脱落易于从土中拔出,植株生长缓慢,叶发黄干枯。同时,罗宾根螨取食植物根部造成的伤口,可诱发腐烂病,造成贝母、百合等生长期、储存期和栽种后鳞茎大量腐烂。

【形态特征】

1. 成螨　体椭圆形,乳白色,表面光滑。足 5 节,粗短,上生刚毛和棘,末端具指状突起,爪弯曲呈新月形。雌螨体长 0.61~0.87mm,肛毛 6 对,后端两对短;雄虫体长 0.45~0.72mm,阳茎细,圆锥形,肛门吸盘无放射状线条(图 10-8)。

2. 卵　椭圆形,灰白色,半透明。

3. 若螨　体形与成螨相似,但较小,颚体和足色淡,胴体呈白色。

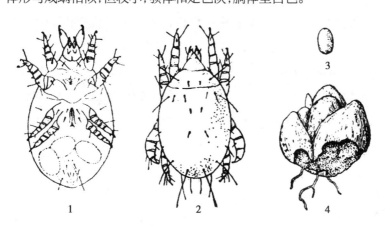

● 图 10-8　罗宾根螨
1. 雌成虫腹面;2. 雄成虫背面;3. 卵;4. 贝母被害状

【生活史和习性】罗宾根螨 1 年发生多代,以成螨在土壤中越冬,腐烂的茎残瓣中最多。除第 1 代发生较为整齐外,其余各世代重叠发生。春季开始取食活动,交尾产卵,每雌可产卵 80~100 粒,卵期 3~5 天。螨量与鳞茎腐烂程度关系密切,腐烂的鳞茎周围根螨分布最多。据在安徽皖贝母产区调查发现,严重腐烂的鳞茎平均每瓣有根螨 47 头,初腐烂鳞茎每瓣为 6.8 头,未腐烂的鳞茎每瓣带螨量仅为 0.1 头。

罗宾根螨既有很强的腐生能力,也有寄生能力。经研究发现,成螨和若螨在健康鳞茎上取食,会形成针尖大小的褐斑点;不久后开始腐烂,腐烂的伤口更招致大量根螨集中取食和繁殖,从而使腐烂加快。罗宾根螨具有很强的携带贝母腐烂病菌及镰孢菌的能力,罗宾根螨和腐烂病菌建立了密切的共生关系。罗宾根螨取食为害的伤口利于病原菌的浸染;贝母鳞茎的腐烂,为罗宾根螨提供了很好的食料条件,最终,造成贝母鳞茎大量腐烂。罗宾根螨喜欢高湿的土壤环境,高温、干旱对生存繁殖不利。因此,夏秋多雨的年份罗宾根螨发生危害严重。

【防治措施】

1. 农业防治　选用无病虫的田块,罗宾根螨寄主药用植物和其他作物不连作种植,最大程度地减少田间病虫来源;高温季节深耕暴晒,可消灭大量根螨;栽种前选用无病虫的繁殖材料,以防止栽种后腐烂病和罗宾根螨发生蔓延。

2. 化学防治　可用 50% 辛硫磷乳油 250ml/hm²,拌湿润的细土 300~375L,翻耕后撒入田内,然后整地播种,防治效果好。在贝母室内储藏过夏或栽种前,用 50% 辛硫磷乳油 1 500~2 000 倍液喷洒,晾干后储藏或栽种,能杀死大量根螨和其他害虫,或用 40% 乐果乳油 1 500 倍液加入等量 50% 甲基硫菌灵可湿性粉,混合后将种用鳞茎浸入,保持 15~30 分钟,晾干,能收到杀虫防病的效果。

根天牛

根天牛属鞘翅目,天牛科,以幼虫在土下危害寄主植物根部。药用植物上危害最严重的是中华锯花天牛 *Apatophysis sinica* Semenov-Tian-Shanskij。主要危害牡丹等药用植物,一般蛀害率 35%~70%,受害严重可高达 90% 以上。

中华锯花天牛在山东 3 年 1 代,以幼虫在牡丹根茎交接处越冬。来年,幼虫多从近地面断杈伤口腐烂处向根部蛀食为害。多年生牡丹受害重。在该天牛化蛹盛期进行中耕,破坏土室灭蛹;在牡丹根际打孔,用磷化铝熏杀是防治根天牛既实用、又经济的好方法。

【分布与为害】中华锯花天牛俗称啄木虫,在国内主要分布于山东、河北、江西、四川等省,在北方危害较重。中华锯花天牛以初孵幼虫先咬食牡丹幼嫩根茎表皮,后从近地面断梢伤口腐烂处蛀入,并向根下部蛀害,隧道长 30~70mm。受害株生长发育不良,影响花苞和牡丹的开花及生长,对药材生产影响很大。

【形态特征】

1. 成虫　雌虫体长 11~26mm,雄虫 11~20mm,黄褐色至栗褐色。头、胸带棕褐色,鞘翅端部淡黄褐色,体被稀疏黄色短绒毛。头近于圆形,上颚前伸,额唇基凹下,额中央有 1 纵沟。复眼大。全身均有细密刻点。触角 11 节,基瘤尖而明显,柄节粗大。雄虫触角较体长,雌虫触角较体短。前胸背板中央稍凹陷,有 2 个圆形瘤突,两侧缘各有 1 个小而钝的齿突。鞘翅宽于前胸,翅面端部刻点不明显。足长,后足腿节有细小齿突,腹部肥大,末端外露(图 10-9)。

2. 卵　长椭圆形,长 1.5mm,浅黄色或稍带绿色。

3. 幼虫　老熟幼虫体长 20~32mm。头近方形,触角 3 节,褐色,第一节长,端部有刚毛 3 根。

上颚黑色,三角形。前胸发达,略长于中、后胸之和,前缘有 1 浅褐色横带。背板硬化,多细皱纹,中间有 1 浅纵沟,两侧各有 1 条不明显的弯曲浅沟,3 线呈"水"形。

4. 蛹 裸蛹,初蛹乳白色,后变为黄色。

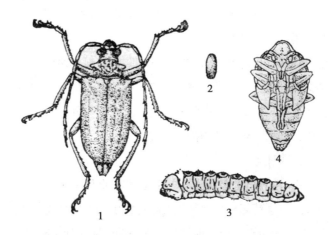

● 图 10-9 中华锯花天牛
1. 成虫;2. 卵;3. 幼虫;4. 蛹

【生活史和习性】中华锯花天牛在山东菏泽地区 3 年完成 1 代,以不同龄期的幼虫在牡丹根茎交接处越冬,世代重叠现象明显。老熟幼虫 3 月下旬开始从根部隧道内爬出,在土壤中筑土室待化蛹,3 月末 4 月初为入土盛期。4 月中旬大多进入预蛹期,预蛹期 10~15 天。4 月下旬至 5 月上旬进入化蛹盛期,蛹期 15~20 天;5 月中旬成虫羽化。初羽化的成虫在蛹室内静伏约 10 天,于 5 月下旬出土并于当天交尾,当天或第 2 天开始产卵。卵期 10 天左右,6 月下旬进入孵化盛期。卵散产于近表土 3cm 处,每雌产卵 62~246 粒。

成虫昼伏夜出,具趋光性。幼虫孵化后即开始咬食幼嫩根茎表皮,然后多从近地面断杈伤口腐烂处蛀入,逐渐向根下部蛀食。钻蛀的隧道长 30~70mm,宽 3~13mm。幼虫老熟后从近地面隧道孔爬出,在受害植株周围 10cm 左右土下做土室化蛹,深度为 3~5cm。危害轻重与牡丹生长年限有关。生长期愈长,虫口数量越多,牡丹受害越重。发生程度还与牡丹品种和土质有一定关系。另据山东菏泽调查,有 1 种小型黄色蚂蚁取食预蛹和蛹,捕食率很高,对中华锯花天牛发生危害有一定抑制作用。

【防治措施】

1. 农业防治 4 月下旬至 5 月上旬,在天牛化蛹期间进行中耕松土,破坏蛹室杀死蛹,以减少成虫繁殖为害。

2. 药剂熏蒸 在牡丹周围打孔 3~4 个,深 20cm 左右,放入磷化铝片,每孔 1 片,或将带有虫害的苗木放在密闭的室内用磷化铝熏杀,均有好的效果。

3. 化学防治 在 5 月下旬,成虫出土盛期,可用 50% 辛硫磷乳油 800 倍液、90% 晶体敌百虫900g 兑水 900L 等喷洒,5 天喷 1 次,连喷 2~3 次。在 6 月下旬,卵孵化盛期,用 50% 辛硫磷乳油800 倍液,或 2.5% 高效氯氟氰菊酯水乳剂 1 000 倍液,或 25% 喹硫磷乳油 1 200 倍液灌根。

（张利军）

思考题

1. 华北蝼蛄和东方蝼蛄在形态上有何区别？如何防治蝼蛄？

2. 简述根部害虫的垂直活动规律。

3. 华北大黑鳃金龟的大小年是如何形成的？如何防治蛴螬类害虫？

4. 沟金针虫和细胸金针虫在形态上的主要区别有哪些？

5. 在我国药用植物上常见的地老虎有哪些种类？分布上有何不同？

6. 什么是三斑相对？如何利用习性防治小地老虎？

7. 简述小地老虎的迁飞理论。

8. 蝼蛄、蛴螬、金针虫、地老虎危害幼苗的主要症状有何区别？

9. 什么是根部害虫？我国药用植物上常见的根部害虫的主要种类有哪些？

10. 防治根部害虫有哪些措施？防治根部害虫的关键时期是什么时候？

第十章　同步练习

第十一章　药用植物蛀茎害虫

学习目标

　　掌握：药用植物蛀茎害虫的种类；菊天牛、星天牛、褐天牛、亚洲玉米螟等害虫的危害特点、形态特征、生活史和防治方法。

　　熟悉：咖啡虎天牛和咖啡木蠹蛾等害虫的危害特点、形态特征、生活史和防治方法。

　　了解：北沙参钻心虫的危害特点、形态特征、生活史和防治方法。

第一节　天牛类

　　天牛属于鞘翅目，天牛科。在我国广泛分布，危害药用植物的主要有菊天牛 *Phytoecia rufiventris* Gautier、星天牛 *Anoplophora chinensis*（Forster）、褐天牛 *Nadezhdiella cantori*（Hope）、咖啡虎天牛 *Xylotrechus grayii* White 等，是药用植物上较难防治的一类害虫。

　　天牛寄主范围较广，可危害多年生木本、草本、灌木及藤本药用植物，包括菊花、白术、茵陈蒿、柑橘、柚、酸橙、吴茱萸、土沉香、厚朴、忍冬等。天牛成虫主要取食叶片、花粉、嫩枝、嫩叶、果实等；幼虫蛀食树根、树干或树枝的木质部，或藤本茎、根等，形成隧道，严重时可造成整株死亡。

　　天牛一生经历卵、幼虫、蛹、成虫 4 个阶段。一般 1 年发生 1 代或多年发生 1 代，多以老熟幼虫或成虫，少数以蛹在蛀干内或根部越冬。

　　天牛幼虫钻蛀为害较为隐蔽，可采用加强田间管理降低虫口基数；捕杀成虫，诱集成虫产卵，刮除虫卵和低龄幼虫，钩杀高龄幼虫；树冠喷药，注洞、堵孔毒杀幼虫和释放肿腿蜂等相结合的方法防治。

菊天牛

　　【分布与为害】菊天牛又称菊小筒天牛，俗称菊虎或菊牛，广泛分布于我国南北各省区。菊天牛可危害杭白菊、金鸡菊、大滨菊、荷兰菊、白术、茵陈蒿、飞蓬等多种菊科药用植物和花卉。成虫取食寄主茎表皮，形成长条形斑痕。成虫产卵时先环形咬坏茎梢，并产卵于茎内。茎梢被害后顶端萎蔫，也有部分创口愈合后形成肿大隆起的结节，导致输导组织受损，茎枝生长停滞。幼虫孵化后在茎内向下蛀食,被害植株生长不旺,容易倒伏,开花小或不开花,甚至枯萎死亡。

【形态特征】

1. 成虫　体长6~11mm。体呈圆筒形,头、胸和鞘翅黑色,鞘翅上有灰色绒毛及密集的圆形刻点。触角线状,黑色,各节间有稀疏缨毛。前胸背板中央有1橙红色卵圆形斑,红斑中央微微隆起。腹部各节及腿节、胫节均呈橘红色(图11-1)。

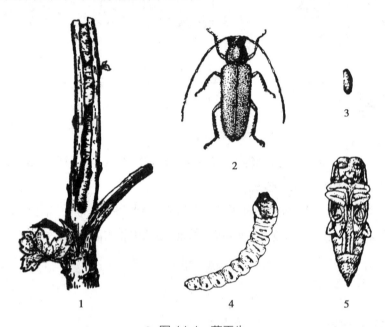

● 图11-1　菊天牛
1. 幼虫危害状;2. 成虫;3. 卵;4. 幼虫;5. 蛹

2. 卵　长1.4mm。长卵圆形,一端钝圆,一端稍尖,表面光滑。初产的卵为黄色,后变为黄褐色。

3. 幼虫　老熟幼虫长12~15mm。圆筒形,乳白色至淡黄色。头部与前胸背板黑色、棕色或黄褐色。前胸背板两侧各有1条向头外方倾斜的沟,呈倒"八"字形排列,其后有许多三角形褐色凸起。腹部各节较长,节间缢缩明显。自后胸到腹部第7节的背板上各有1步泡突,气门褐色长圆形。

4. 蛹　长7~10mm。体淡黄色。中后胸中部有纵沟。第2~7腹节背面具有黄褐色刺列。腹部末端部较平截,具黄褐色刺毛。

【生活史和习性】菊天牛1年发生1代,以幼虫、蛹或成虫潜伏在菊科植物根部越冬。越冬各虫态中,幼虫常占50%,成虫和蛹各约占25%。翌年4—6月为成虫活动期,成虫有假死性,白天常在叶背活动,9—10时及15—16时最活跃,多在上午交配,交配后在菊科植物茎梢部成环形咬破茎梢,形成刀切状伤口。成虫产卵其中,每处产卵1粒。伤口不久变黑,上部茎梢逐渐萎蔫。卵期约12天。5月上旬到8月下旬为幼虫危害期。幼虫孵化后蛀入茎内,沿茎干向下蛀食至根部,蛀至茎基部时,从侧面蛀一排粪孔。未发育完全的幼虫可转移他株由下向上为害。9月上旬老熟幼虫在根茎部越冬或发育成蛹或羽化为成虫越冬。

菊天牛的天敌有姬蜂和肿腿蜂,均为幼虫体外寄生。姬蜂的总寄生率高达40%,应注意保护和利用。

星天牛

【分布与为害】星天牛别名柑橘星天牛、白星天牛、银星天牛、橘根天牛、柳天牛、花牯牛、牛头夜叉、水牛姆等。国内外广泛分布。主要危害柑橘、化州柚、酸橙、木瓜、枇杷、柳、杨、桑、榆、槐、核桃、厚朴、佛手、月季、蔷薇、大豆、无花果、茶树、杏、栎、桉、红椿、木麻黄、乌桕、梧桐、苦楝、悬铃木等植物。成虫咬食嫩枝皮层,形成枯梢;幼虫蛀害成年树的主干基部、主根、主干和主枝,造成树干、枝条、主根内蛀道纵横,影响水分和养分输导,叶片枯黄脱落,导致树势衰退,影响产量和品质,重则整枝枯萎或全株死亡。

【形态特征】

1. 成虫　体长 19~39mm。全体漆黑具光泽。鞘翅基部密布颗粒,鞘翅表面散布许多不规则白色毛斑。触角黑色,第 3~11 节基部有淡蓝色毛环。雄虫触角超出体外 4~5 节,雌虫触角仅超出体外 1~2 节。前胸背板中瘤明显,两侧具有粗大尖锐刺突(图 11-2)。

2. 卵　长 5mm,长圆筒形。乳白色,后变为黄褐色。

3. 幼虫　老熟幼虫体长 45~67mm。淡黄色,扁圆筒形。前胸背板前方有 1 对黄褐色飞鸟形斑纹,后方有 1 块黄褐色"凸"形大斑。中胸腹面、后胸及腹部第 1~7 节背、腹两面均有步泡突作为移动器。

4. 蛹　长 28~33mm。乳白色,羽化前黑褐色。触角细长、卷曲。翅芽超过腹部第 3 节后缘。

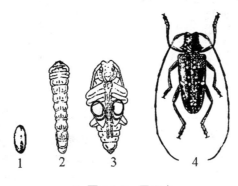

星天牛

● 图 11-2　星天牛
1. 卵;2. 幼虫;3. 蛹;4. 成虫

【生活史和习性】星天牛在我国浙江、台湾、广东和四川每年发生 1 代,在北方 3 年发生 2 代或 2 年发生 1 代。星天牛以幼虫在树干基部或主根的木质部越冬。越冬幼虫次年 4 月中下旬化蛹,蛹期 1~1.5 个月。5 月上旬起陆续羽化,5 月下旬至 6 月中旬为羽化盛期,个别地区 9 月上旬仍可见成虫。成虫羽化后在蛹室内停留 4~7 天,然后咬破蛹室爬出羽化孔。成虫飞翔力不强。羽化 10~15 天后交配。成虫在晴朗的午后多在树冠层活动,气温高时则爬到树下草丛中,多在黄昏前交尾、产卵。产卵前期一般为 8~15 天,卵多产在距地面 5cm 以内的范围内。成虫产卵前先咬破树皮,形成"T"或"人"形伤口,深达木质部。产卵处隆起裂开,表面湿润,流出树脂泡沫。每处产卵 1 粒,每雌产卵 22~33 粒,最高可达 71 粒。产卵期约 1 个月,卵期 9~14 天。5—6 月为产卵盛期,成虫寿命 1~2 个月。

幼虫孵化后,在树皮内向下方蛀食,主要啃食树干的表层和木质部,形成不规则的扁平虫道,并将粪便排在虫道内。幼虫在皮下蛀食 1~2 个月后开始深入木质部,并将咬碎的木屑粪便推出树皮外,成堆积聚在树干基部周围。幼虫期 300 天,虫道长达 50~60cm,幼虫于 11—12 月进入越冬状态。

褐天牛

【分布与为害】褐天牛别名橘褐天牛、老木虫、黑牯牛、牵牛虫、干虫等。广泛分布于山东、河南、陕西、甘肃、江西、湖南、湖北、安徽、四川、江苏、浙江、广西、贵州、云南、广东、海南、福建、台湾、香港等地。

主要危害吴茱萸、白木香、厚朴、化州柚、肉桂、酸橙等木本药用植物,也危害柑橘、柚子、葡萄、花椒等经济作物。幼虫通常蛀害主干和主枝,树干可见蛀孔,孔周围有颗粒状虫粪和木屑。树干内蛀道纵横,影响水分和养分的输导,以致树势衰退,重则整枝枯萎,甚至死亡。

【形态特征】

1. 成虫　体长 26~51mm。体黑褐色至黑色,具光泽,被灰黄色短绒毛。头顶复眼间有 1 深纵沟,其上方有 1 小瘤突。触角第 1 节粗大。前胸背板上具密而不规则的脑状褶皱,侧刺突尖锐。鞘翅肩部隆起,两侧近于平行(图 11-3)。

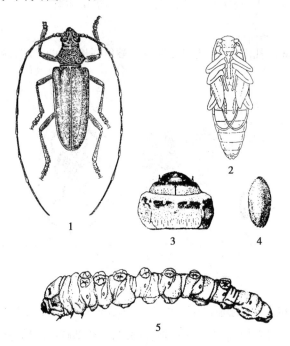

● 图 11-3　褐天牛
1. 成虫;2. 蛹;3. 幼虫头部和前胸背板;4. 卵;5. 幼虫

2. 卵　长 3mm,椭圆形。乳白色,表面有网状纹和细刺状突起。

3. 幼虫　老熟幼虫体长 45~65mm。淡黄色、黄褐色或乳白色,扁圆筒形。前胸背板前方具有横向排列的 4 个褐色横带,中间两个长,两侧短。具有细小的胸足。后胸及第 1~7 腹节背、腹面具步泡突作为移动器。

4. 蛹　长 40~50mm,乳白色或淡黄色,翅芽达腹部第 3 节末端。

【生活史和习性】褐天牛 2~3 年发生 1 代,以成虫和幼虫在枝条蛀道内越冬。成虫一年中有两个出孔高峰期,第一次在 4 月上旬,第二次在 7—9 月。一般 7 月上旬卵开始孵化,此时孵化的幼虫会以幼虫越冬,并在第 2 年 8—10 月化蛹,10—11 月羽化,再以成虫在蛹室内越冬,第 3 年出孔。如 8 月上旬孵化的幼虫,则以幼虫经过两个冬天,于第 3 年 5—6 月化蛹,8 月后成虫羽化出洞活动。

成虫白天一般潜伏在洞中,黄昏后开始出洞活动,以晚上 20—21 时出洞最盛,特别是下雨前天气闷热的夜晚出洞更多。雌虫交尾后于第二天清晨开始产卵,每雌产卵数十粒至数百粒不等,产卵期持续 3 个月左右。卵产在树干伤口或洞口边缘、地衣、树皮凹陷处以及树杈间的缝隙内,每处产卵 1~3 粒。产卵后 14~21 天孵化,初孵幼虫在皮下蛀食,蛀入孔表面会出现流胶现象。稍大的幼虫会蛀入木质部,起初横向蛀食,之后向上蛀食,遇到障碍物则会改变方向。老熟幼虫在隧道内吐出一种石灰质的物质封闭两端作室化蛹,蛹期 1~2 个月。成虫羽化钻出蛹室后寿命为 3~4 个月。

咖啡虎天牛

【分布与为害】咖啡虎天牛又名咖啡脊虎天牛。主要分布于台湾、云南、广西、湖南、湖北、山东、河南、河北、甘肃、陕西、江苏、福建、广东、香港、四川、贵州、西藏等地。咖啡虎天牛能危害咖啡、柚木、忍冬、榆树、日本泡桐等,此外在见血封喉、厚皮树上均有发现。咖啡虎天牛以幼虫蛀食木质部,被害处呈一条弯曲的隧道,木屑填满隧道,轻者使植株萎黄、枯枝、落果,严重者整株死亡。

【形态特征】

1. 成虫 体长 9.5~15mm,头部有颗粒状皱纹。触角长 5mm 左右,末端 6 节有白毛。前胸背板球状隆起,背部有 10 个淡黄色绒毛斑点。鞘翅棕色,具有稀疏白毛形成的白色折线。鞘翅表面分布细密刻点。鞘翅基部比前胸基部略宽,向末端逐渐狭窄。足黑色,腿节与胫节前端大部分呈棕红色(图 11-4)。

2. 卵 长 0.8mm 左右,椭圆形。初为乳白色,后变为浅褐色。

3. 幼虫 低龄幼虫浅黄色,随龄期增加颜色逐渐加深。

4. 蛹 长 14mm,浅黄褐色。

● 图 11-4 咖啡虎天牛成虫

【生活史和习性】1 年发生 1 代,以成虫和幼虫在受害植物基部茎干或枯枝内越冬。翌年 3—4 月,成虫咬破树皮出孔活动。成虫无趋光性,一般在白天活动,出孔后即可进行交尾,交尾后次日开始在树干裂缝中产卵。产卵量在 50~100 粒,一生可交配多次。卵期 8~10 天。

5 月中上旬为幼虫孵化盛期,初孵幼虫先在韧皮部蛀食至木质部边缘,当幼虫长至 3mm 时开始向木质部蛀食,虫道迂回曲折,内部充满木屑和虫粪,枝干表面无排粪孔。幼虫老熟时咬穿树皮做一羽化孔,并以最后虫道作为蛹室化蛹。幼虫期 95~110 天,蛹期 13~28 天,成虫在蛹室内约 100 天。越冬成虫在 4 月中旬气温回升时,且日均气温高于 20℃,最高气温高于 25℃,持续 3~5 天后,成虫即咬穿树皮出孔活动,出孔盛期一般在 4 月下旬到 5 月上旬。如以幼虫越冬,则 4 月底到 5 月中旬化蛹,5 月下旬羽化为成虫,6 月大量成虫出孔活动。

【天牛类的虫情调查】天牛类的虫情调查主要观察寄主植物受害状。看虫粪:有虫蛀入的地方,在蛀孔或气孔下常有虫粪堆积。看蛀入孔:蛀孔极小,应仔细观察,如在蛀入孔内拨出粪便,则定有幼虫。看气孔:如气孔边树皮有裂缝或气孔周围霉烂,常有成虫在洞内;如气孔四周边缘明显,则成虫已出洞。看白泡、流胶:产卵处或幼虫蛀入口常有白色泡沫或胶状物流出。

【天牛类的防治措施】

1. 农业防治 积极培育壮苗,促使植株生长旺盛,保持树体光滑,以减少成虫产卵机会。越冬期及时清园,人工清除有虫枝条、枯藤、老根。生长期加强田间管理,发现有虫枝条、产卵枝条及时剪除并集中销毁。对于虫口密度大的衰老树,及早砍伐处理,可减少虫源。

2. 人工和物理防治

(1)捕杀成虫:尽量在产卵之前灭杀成虫。在天牛成虫盛发期,进行人工捕虫。根据不同天牛的成虫盛发期与活动时间制订捕杀方案。5—7月是菊天牛的盛发期,除人工捕杀外还可采用糖酒醋液诱杀成虫。5月下旬至6月中旬是星天牛的羽化盛期,在晴朗的午后或黄昏进行捕杀。4月上旬和7—9月,褐天牛喜欢在夜间活动,特别是在闷热的晴天夜晚外出活动更加频繁。4月下旬至5月上旬及6月为咖啡虎天牛出洞时期,在白天进行捕杀。

(2)干基涂白或缠草绳:将离地面2m以下树干涂白,可防止星天牛在寄主上产卵。涂白剂配方:生石灰5kg、硫黄0.5kg、食盐25g、水20kg、兽油25g。

(3)刮除虫卵和初期幼虫:检查树干及枝条,观察是否有星天牛的产卵裂口和流出白色泡沫,或褐天牛初孵幼虫危害的流胶。发现虫卵和初期幼虫及时刮除或用小锤敲破产卵裂口破坏虫卵和初期幼虫。

(4)钩杀幼虫:当幼虫蛀入木质部后即可开始钩杀幼虫,检查树体如发现幼虫为害留下的木屑、虫粪等可用钢丝等进行钩杀。对于蛀孔较深或者比较复杂的蛀孔,应结合化学防治毒杀幼虫。

3. 药剂防治

(1)树冠喷药:在成虫羽化期间向寄主树冠或枝干喷洒40%噻虫啉悬浮剂3 000~4 000倍液、15%吡虫啉微囊悬浮剂3 000~4 000倍液防治成虫。也可用该药剂在成虫产卵期和幼虫孵化期在枝干上喷涂,杀死天牛的初孵幼虫。

(2)注洞、堵孔毒杀幼虫:先用粗铁丝将蛀孔内的粪屑清除干净,然后用注射器或用药棉蘸80%敌敌畏乳油、5%溴氰菊酯乳油或400亿孢子/g球孢白僵菌可湿性粉剂1 000~2 500倍液塞入虫孔。药剂塞入虫孔内后,可再用湿泥土封堵虫孔。

4. 生物防治 利用天敌对天牛进行防治,一般选择在天牛幼虫发生期进行。天牛的天敌有赤腹姬蜂、肿腿蜂、蚂蚁等。管氏肿腿蜂对天牛的田间寄生率高,具有应用推广价值。

(蒋春先)

第二节 蛀茎蛾类

药用植物蛀茎蛾类害虫为钻蛀危害药用植物的茎干、枝干、嫩梢或根部的鳞翅目害虫。分布广泛、经常发生的主要有草螟科(Crambidae)亚洲玉米螟 *Ostrinia furnacalis*(Guenée)、小卷叶蛾科（Olethreutidae）北沙参钻心虫 *Epinotia leucantha* Meyrick 和木蠹蛾科（Cossidae）咖啡木蠹蛾等 *Zeuzera coffeae* Niether 等。此类害虫危害重,防治难度大,造成经济损失大。以幼虫危害寄主植物的茎秆、枝干、嫩梢或根部,受害部常被蛀食出各种各样的隧道,或者形成虫瘿,影响植物水分、养料和光合产物的运输,造成寄主受害部位以上枝叶生长衰弱,易风折,甚至失水萎蔫、干枯。多年连续受害时,高大木本、藤本药用植物常常整株枯死,使药材严重减产,品质下降。

蛀茎蛾类一生经历卵、幼虫、蛹和成虫 4 个阶段。一般 1 年发生 1 代或多代,多以老熟幼虫或蛹在被害部位、根茎或土表越冬。

蛀茎蛾类幼虫钻蛀为害隐蔽,可采用种植抗性品种、清除越冬虫源、灯光诱杀成虫、释放天敌和低龄幼虫时期药剂防治等相结合的方法进行防治。

亚洲玉米螟

【分布与为害】我国玉米螟的优势种为亚洲玉米螟,属鳞翅目,草螟科,秆野螟属,除青藏高原未发现分布外,在全国各地均有分布。主要危害薏米、姜、菊花、川芎、白芷、黄芪、唐菖蒲、棕榈、艾等药用植物。薏米苗期、抽穗期均受害,植株受害率可达 10%。3 龄后的幼虫钻蛀薏米茎秆为害,造成枯心、枯孕穗、白穗或暗白穗,受害植株易折断,影响薏米的结实,降低产量。危害大丽花时,幼虫蛀入主茎或侧枝,影响水分和养料运送,造成植株凋萎枯死或者折断。危害菊花时,以幼虫钻蛀菊花嫩茎,受害严重时,植株几乎不能开花。

【形态特征】

1. 成虫　雌虫体长 14~15mm,翅展 28~34mm;前翅为鲜黄色,翅基部 2/3 处有棕色条纹及 1 条褐色波纹,外侧有黄色锯齿状线,向外有黄色锯齿状斑,再外有黄褐色斑。雄蛾体形略小,颜色较雌蛾深,体长 13~14mm,翅展 22~28mm;前翅黄褐色,内横线褐色,锯齿状。外横线褐色,向内弯曲,锯齿状（图 11-5）。

2. 幼虫　分为 5 个龄期,圆筒形。头和前胸背板深褐色,身体背部颜色为灰褐色、浅红色、淡黄色等。中后胸背面每节毛片 4 个;腹部第 1~8 节每节毛片 6 个,分成 2 排,前排 4 个大,后排 2 个小。腹足趾钩三序缺环式。

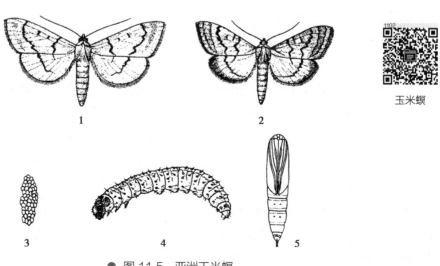

玉米螟

● 图 11-5　亚洲玉米螟
1. 雌成虫;2. 雄成虫;3. 卵块;4. 幼虫;5. 蛹

3. 卵　扁椭圆形,直径约 1mm。常 20~60 粒成排列成鱼鳞状卵块。

4. 蛹　长 14~18mm,体色为黄褐色到红褐色,长纺锤形。尾端有刺毛两列,黑褐色,臀棘显著。

【生活史和习性】在我国,亚洲玉米螟随纬度变化 1 年可发生 1~7 代。在北纬 45° 以北的黑龙江地区 1 年发生 1 代,在北纬 30°~45° 的长江以北 1 年发生 2~3 代,北纬 20°~25° 的广西、广东、台湾等省区 1 年发生 5~7 代,均以最后一代老熟滞育幼虫在寄主茎秆、穗轴、根茬内越冬。在辽宁、河北 2 代区,越冬幼虫一般于 5 月下旬至 6 月上旬化蛹羽化。在 3 代地区,第 1 代至 3 代幼虫危害期分别在 6 月中旬至 7 月上旬、7 月上旬至 8 月上旬、8 月上旬至 9 月中下旬。薏米以受第 2 代幼虫危害为主,姜主要受第 1、2 代幼虫危害,菊花主要受第 3 代幼虫危害。9 月中下旬老熟幼虫开始越冬。

成虫羽化后,白天隐藏在作物和杂草间,傍晚飞行,飞翔能力强,有趋光性,夜间交配。交配后 1~2 天产卵。产卵部位因寄主种类而异,在薏米上卵多在叶背中脉附近,菊花等多在梢部。平均每雌产卵量为 400 粒左右。卵历期 7 天左右。自然环境下,卵孵化集中在上午。初孵幼虫常聚集在一起取食卵壳,1 小时左右开始爬行分散或吐丝下垂,随风飘移扩散到邻近植株上,爬到心叶内取食叶肉,残留表皮,通称"花叶";或将纵卷的心叶蛀穿,至心叶展开后,叶面呈半透明斑点,孔洞呈横列"排孔"。尚未展开的叶片受害,形成枯心。3 龄后在茎秆内钻蛀取食,使叶片凋萎或茎秆易折断。穗期蛀食子房、嫩粒,造成籽粒缺损、霉烂。幼虫老熟后在寄主植物茎秆内化蛹。

【虫情调查】采用五点取样法,每点调查 20 株药用植物,查看亚洲玉米螟在茎秆和果穗上的蛀孔数及亚洲玉米螟幼虫、蛹等各虫态数量。具体方法可参考我国《玉米螟测报技术规范》。

【防治措施】

1. 农业防治　主要通过种植抗虫品种,处理玉米螟越冬寄主,改革耕作制度(种植诱集田、间作、套作)等措施控制亚洲玉米螟的危害。例如,在秋后至次年春天玉米螟化蛹羽化前,集中处理薏米、菊花等药用植物和玉米等大田作物的茎秆,减少虫源;可在药用植物园种植早播玉米,诱集玉米螟产卵,集中防治。

2. 物理防治　亚洲玉米螟具有趋光性,利用诱虫灯诱杀成虫是一种简便有效的物理措施。例如,可利用频振式杀虫灯、投射式杀虫灯、太阳能杀虫灯进行诱杀,可每隔 200m 设置 1 盏。

3. 生物防治　通过释放天敌和施用杀虫微生物菌剂进行防治。例如,可释放赤眼蜂 1.5 万头 / 亩,分两次释放,间隔时间为 5~7 天;可喷施 100CFU/g 的 Bt 可湿性粉剂 65~80g/ 亩,喷施 400 亿孢子 /g 球孢白僵菌可湿性粉剂 100~120g/ 亩;还可在早春越冬幼虫化蛹前,对残存的秸秆逐垛喷撒白僵菌菌粉封垛。利用玉米螟性诱剂诱杀成虫。诱芯的性信息素含量为 0.1mg,采用三角形诱捕器或水盆诱捕器,每亩设置 1~2 个。

4. 化学防治　在幼虫低龄期施药效果较好。薏米抽穗前,幼虫多集中在心叶内为害,可将 5% 辛硫磷颗粒剂 200~240g/ 亩撒施于心叶内毒杀。对于姜、菊花等药用植物,可在幼虫孵化盛期用菊酯类农药按推荐浓度喷雾,也可用药液灌心。

（董文霞）

北沙参钻心虫

北沙参钻心虫又名川芎茎节蛾,属鳞翅目,小卷叶蛾科。

【分布与为害】北沙参钻心虫分布于山东、河北、四川等地,是珊瑚菜(药材为北沙参)的重要害虫。以幼虫危害珊瑚菜的根、茎、叶、花等各部位,尤喜钻蛀根茎,可将根茎蛀空,造成枯心。北沙参钻心虫危害留种株,使种子减产。珊瑚菜受害较重,被害率达 70%~90%,减产达 20%。在川芎产区危害苓子,苓子损失率一般为 25%,严重的可达 50%。另外可危害防风、白芷、当归等药用植物。

【形态特征】

1. 成虫　为小型蛾类,体长 5~7mm,翅展 14~19mm。体暗灰褐色,下唇须中节向端部扩展的毛和短小的末节均为白色。前翅银白色,翅基部约 1/3 的翅面为灰黑色,后缘约在 2/3 处有 1 块三角形灰黑色斑,与前缘的黑灰色横斑相连接。前翅前缘有数条黑灰色短斜纹,后翅全为灰褐色(图 11-6)。

2. 卵　极小,圆形,乳白色。

3. 幼虫　老熟幼虫体长约 14mm,体淡粉红色,没有条纹。头部黄褐色,两侧各有黑色条纹 1 块。胸足褐色,其上有 3 条黑色横带。

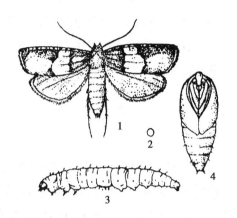

● 图 11-6　北沙参钻心虫
1. 成虫;2. 卵;3. 幼虫;4. 蛹

4. 蛹　体长约 8mm,红褐色。腹部第 2~7 节背面各有两列短刺,基部的一列粗大而稀疏,后面一列小而紧密;第 8~9 节只有中央的一排小刺;臀节则只有几个大刺。

【生活史和习性】北沙参钻心虫在山东、河北 1 年可发生 4~5 代,以蛹在种子田及秋季未采收的植株根际土表或在根茎等被害处越冬,以两年以上的种子田内越冬虫最多。有世代重叠现象。各代成虫发生盛期为:越冬代 4 月中旬,第 1 代 6 月上旬,第 2 代 7 月中旬,第 3 代 8 月中旬,第 4 代 9 月中旬。各代幼虫发生盛期为:第 1 代 5 月上、中旬,第 2 代 6 月下旬至 7 月上旬,第 3 代 7 月下旬至 8 月上旬,第 4 代 9 月上、中旬,第 5 代 10 月上、中旬。第 1、2 代幼虫发生盛期主要集中于种田为害。第 3 代幼虫主要危害一年生参株,并继续危害种子田。第 4 代幼虫危害一年生参株及采种后返青的种子田。第 5 代幼虫危害种子田及两年生参株。其中以第 3、4 代幼虫虫口密度最大,危害最重。

成虫飞翔能力弱,但趋光性较强。成虫羽化后 1~2 天开始产卵,卵散产于叶、花正反面,每头雌虫产卵 71~131 粒。成虫期 3~7 天。幼虫孵化当天即钻入植株为害。初孵幼虫钻入叶表皮下取食或在幼嫩的心叶与花蕾中取食,稍大后向叶柄、花、茎、根茎等部位钻食,直至根部。幼虫期 11~24 天,幼虫老熟后,一般被害处结茧化蛹。蛹期 8~11 天。最后一代幼虫老熟后爬向根茎基部或在根际周围土表中化蛹越冬。

北沙参钻心虫在四川都江堰地区每年发生 4 代,以蛹在川芎残株和地面枯叶内越冬。一般 4 月开始为害。第 1 代幼虫先危害心叶,然后由心叶基部向下蛀入茎内取食。第 2 代以后,多数幼虫先在叶鞘处为害,后蛀入茎内,咬食节盘,受害苓子不能作种用。

【防治措施】

1. 农业防治　种子田要选健壮无病虫的种苗栽种；大田一年生珊瑚菜出现花蕾时应及时摘除，既能防虫，又能增产；采收后将残株集中烧毁或沤肥；珊瑚菜采收后要进行深耕，将钻心虫埋入土中深处，使之不能羽化出土而致死。

2. 灯光诱杀　根据成虫趋光性强的习性，在成虫盛发期，尤其是第3、4代成虫盛发期，可用黑光灯诱杀。因成虫飞翔力较弱，要经常变换灯的位置。

3. 药剂防治　根据北参钻心虫第1、2代和最后一代幼虫集中危害种子田的特点，应重点防治种子田害虫。药剂防治适期应在产卵盛期或幼虫孵化盛期进行。用100CFU/g的Bt制剂30g/亩喷雾防治，也可用化学药剂80%敌百虫晶体300~400倍液喷雾防治初孵幼虫。发生严重的地区移栽时，参根上部可用90%敌百虫晶体500倍液浸根20~30分钟，晾干后栽种，可杀死茎基部害虫。

（孙海峰）

咖啡木蠹蛾

【分布与为害】咖啡木蠹蛾属鳞翅目，木蠹蛾科，又称咖啡豹蠹蛾、豹纹木蠹蛾、茶木蠹蛾等。咖啡木蠹蛾主要分布在我国海南、四川、云南、台湾、广东、广西、江西、湖南、河南、山东等省区。主要危害忍冬、山茱萸、檀香、杜仲、核桃、桉树、柑橘、枇杷、相思树、番石榴、木麻黄等药用植物。幼虫从枝梢上方或腋芽处蛀入韧皮部和木质部，使被害处以上的枝叶黄化枯死，容易折断，严重影响生长发育。如忍冬受害后花墩生长衰弱，抽出新梢很短，不能现花蕾，产量严重下降，连续被害后，花墩枯死。

【形态特征】

1. 成虫　雌虫体长21~26mm，翅展42~58mm；雄虫体长11~23mm，翅展26~47mm。雌蛾触角丝状；雄蛾触角基部羽毛状，端部丝状。胸部背面有3对蓝黑色斑点，腹部每节有蓝黑色横带。前翅白色，半透明，翅面散生多数大小不等的蓝黑色斑点，前缘、后缘及脉端有多个略圆形黑斑。后翅透明，外缘有青蓝色斑8个（图11-7）。

2. 卵　长约1mm，椭圆形。初产时淡黄色，近孵化时棕褐色。常数粒、数十粒黏结在枝条上。

3. 幼虫　初孵幼虫紫红色，体长1.5mm左右。老熟幼虫体长30mm左右，体赤褐色，头部基半部缩入前胸。前胸背板大而硬，呈黑褐色，中央有1条纵向黄色细线。各体节有黑褐色毛瘤，瘤上有1~2根白色细毛。腹足趾钩双序环状，臀足为单序横带。臀板黑褐色。

4. 蛹　长25~42mm，长筒形，赤褐色。蛹头端有1个尖的突起，第2~7节各有2列刺突。

【生活史和习性】咖啡木蠹蛾在皖南和山东1年发生1代，以高龄幼虫在枝条内越冬。3月下旬在枝干内取食，排出颗粒状粪便。5月上旬开始化蛹，5月下旬到6月上旬为化蛹盛期。成虫6月上旬开始羽化，6月下旬为羽化盛期。成虫羽化后当晚交尾，2~3天后产卵，多为5~25粒

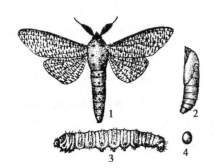

● 图11-7　咖啡木蠹蛾
1. 成虫；2. 蛹；3. 幼虫；4. 卵

一堆,每头雌虫产卵 200~300 粒。卵期 13~17 天,初孵幼虫从枝条的枝杈或嫩梢处蛀入,9 月上旬准备越冬。

在广东、广西、福建 1 年完成 2 代,以老熟幼虫在被害枝条内越冬。4—5 月成虫羽化,卵单粒或数粒产于寄主枝干伤口或裂皮缝隙中,卵期 9~15 天。6 月第 1 代幼虫孵化后,从枝梢上方的腋芽蛀入,经 5~7 天后又转移危害较粗的枝条。老熟幼虫在蛀道中做蛹室化蛹。8—9 月第 2 代成虫羽化飞出。10 月为第 2 代幼虫孵化高峰期。

成虫白天隐蔽在叶片背面或枝条间,夜间活动,具趋光性。低龄幼虫具群集危害的习性。

【虫情调查】通过观察寄主及附近地面有无新鲜蛀屑,利用新鲜蛀屑来寻找咖啡木蠹蛾幼虫蛀入孔。

【防治措施】

1. 农业防治　加强水肥管理,增强树势,以提高抗虫能力。采收后及时清除被害树木,结合整枝、剥皮等处理方法,清除越冬幼虫。利用低龄幼虫群集危害的习性,集中清除有虫害的树枝。

2. 生物防治　保护利用天敌和有益微生物,如蚂蚁、茧蜂、姬蜂、昆虫病原线虫、螳螂等,也可在林内招引益鸟捕食害虫。利用性引诱剂诱杀成虫。

3. 物理防治　利用杀虫灯和糖醋酒液诱杀成虫。

4. 化学防治　成虫活动高峰期及幼虫孵化高峰期适时喷施 20% 三唑磷乳油 1 500 倍液。当幼虫蛀入木质部以后,可以用棉花蘸 80% 敌敌畏乳油、1.8% 阿维菌素乳油 50 倍液、40% 毒死蜱乳油 50 倍液、15% 阿维·毒死蜱水乳剂 50 倍液等塞进蛀道或直接注入蛀道。

（蒋春先）

思考题

1. 简述菊天牛、星天牛、褐天牛和咖啡虎天牛的危害特征和天牛类的防治措施。
2. 简述咖啡木蠹蛾的危害特征和防治措施。
3. 简述北沙参钻心虫的生活史和习性、防治措施。
4. 亚洲玉米螟初孵幼虫是如何扩散为害的?

第十一章　同步练习

第十二章　药用植物叶部害虫

掌握:危害药用植物叶部重要害虫危害特点、发生规律和防治方法。

熟悉:危害药用植物叶部害虫的种类。

了解:危害药用植物各类叶部害虫虫情调查方法。

第一节　蚜虫类

蚜虫,又称腻虫、蜜虫,属半翅目,蚜总科。全世界有 4 700 余种,我国分布有 1 100 余种。常见危害药用植物的蚜虫种类有棉蚜、桃蚜、红花指管蚜、胡萝卜微管蚜、菊蚜、桃大尾蚜等。

蚜虫

蚜虫是一类刺吸性的植食性昆虫。蚜虫以成蚜或若蚜群集于植物叶背面、嫩茎、生长点和花上,用针状刺吸口器吸食植株的汁液,使细胞受到破坏,生长失去平衡,叶片向背面卷曲皱缩,新叶生长受阻,严重时植株停止生长,甚至全株萎蔫枯死。蚜虫在取食过程中常分泌大量的蜜露,导致煤污病的发生,影响植物的光合作用。同时,蚜虫在取食过程中还能传播植物的病毒病和其他病害。蚜虫主要危害白术、菊花、野菊、丝瓜、枸杞、郁金香、红花、苍术、甘草、黄芪、忍冬、当归、白芷等多种药用植物。

蚜虫生活史复杂,一生经历卵、若虫和成虫 3 个虫态。成虫分有翅、无翅两种类型。无翅雌虫在春夏季营孤雌生殖,卵胎生,产幼蚜。植株上的蚜虫过密时,有的长出两对膜质翅,飞行寻找新宿主。夏末出现雌蚜虫和雄蚜虫,交配后,雌蚜虫产卵,以卵越冬,翌春卵孵化经若蚜发育成的雌蚜称干母。温暖地区可无卵期。

防治蚜虫类害虫,目前主要采用黄板诱蚜法、化学防治等方法。

棉蚜

【分布与为害】棉蚜 *Aphis gossypii* Glover,别名瓜蚜。寄主范围较广,是一种世界性的、多食性害虫,其寄主种类超过 600 种植物。主要危害菊花、丝瓜、枸杞、颠茄、百合、曼陀罗、郁金香、土木香等多种药用植物。棉蚜为害时,以成虫、若虫密集于嫩梢、花蕾和叶背吸取汁液,造成叶片皱缩卷曲、嫩芽萎缩,不能开花结果,降低药材产量和品质。

【形态特征】

1. 无翅胎生雌蚜　体卵圆形,体长 1.5~1.9mm,宽 1mm,春秋两季多为蓝黑色、深绿色或棕色,夏季为黄绿或黄色。全体被蜡粉,体表具清楚的网纹结构。复眼黑色。触角不及体长的 2/3,6节,仅第 5 节端部有 1 个感觉圈。腹管短,圆筒形,具瓦纹。尾片乳突状,有曲毛 4~7 根,一般 5 根(图 12-1)。

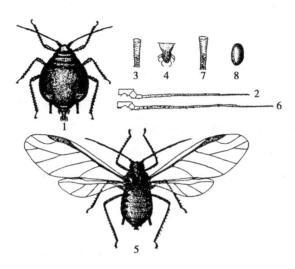

● 图 12-1　棉蚜

无翅胎生雌蚜:1. 成虫;2. 触角;3. 腹管;4. 尾片
有翅胎生雌蚜:5. 成虫;6. 触角;7. 腹管;8. 卵

2. 有翅胎生雌蚜　体长 1.2~1.9mm,夏季体黄色、淡绿色或深绿色,秋季蓝黑色。胸板黑色。腹部两侧有 3~4 对黑斑。触角 6 节,第 3 节有感觉孔 6~8 个,排成 1 行。翅 2 对,透明。前翅中脉 3 支,后翅有中肘脉。腹管黑色,圆筒形,基部较宽,有瓦纹状。尾片黑色,乳头状。

3. 卵　椭圆形,长 0.5~0.6mm。初产时橙黄色,后变漆黑色,有光泽。

4. 若蚜　共 4 龄。体长 0.5~1.4mm,体形如成蚜。体色于夏季多为黄白或黄绿色,秋季多为蓝灰色或蓝绿色。2 龄出现翅蚜。复眼红色,无尾片,1 龄若蚜触角 4 节,2、3 龄 5 节,4 龄6 节。

【生活史和习性】棉蚜在我国北方每年发生 10~20 代,在黄河、长江流域和华南地区每年发生 20~30 代。主要以卵在越冬寄主枸杞、石榴、花椒、木槿和鼠李属植物的枝条和夏枯草的基部越冬,或以成蚜和若蚜在温室内的花木和蔬菜上越冬或继续繁殖。华南、云南等地区终年无性繁殖,以若蚜和成蚜越冬。翌年 3 月,温度上升到 10~11℃时,越冬卵孵化为无翅雌蚜,称干母,营孤雌生殖。干母产生的无翅胎生雌蚜称干雌。干雌继续在越冬寄主上繁殖 2~3 代后产生有翅孤雌蚜。4—5 月中旬,有翅孤雌蚜迁移到棉花、菊花等夏季寄主或其他植物上营孤雌生殖,繁殖为害。直到 9 月以后,又产生有翅蚜,迁移到菊花等寄主植物上为害。一般到 10 月中下旬,又产生有翅的性母蚜,返回越冬寄主上,产生无翅有性雌蚜,与从其他植物上飞来的有性雄蚜交尾后,产卵越冬。

棉蚜发生的最适温度为 16~24℃,相对湿度在 70% 以下。当日平均温度高于 28℃,相对湿度大于 80% 时,繁殖数量下降。一般 5—6 月的温度适于棉蚜的发生,若气候干旱少雨,则会导致棉蚜的大发生。棉蚜有趋向寄主植物幼嫩部位取食的习性。危害菊花时,多聚集在嫩叶、嫩梢及花蕾等部位吸食汁液。危害枸杞时,主要危害新枝嫩芽、嫩叶,严重时每枝都有蚜虫密集取食。有翅蚜对黄色和橙色有很强的趋性,其次是绿色,故生产上多用黄板诱蚜的方法来进行防治或掌握棉蚜迁移扩散的规律。棉蚜的天敌种类繁多,已记载的有 213 种,其中主要包括寄生性天敌棉蚜茧蜂、印度蚜茧蜂、内亚波利斯异绒螨、无视异绒螨和蚜霉菌;捕食性天敌包括七星瓢虫、龟纹瓢虫、黑金毛瓢虫、中华草蛉、大草蛉、微小花蝽、华姬猎蝽、四条小食蚜蝇、草间小黑蛛等。

桃蚜

【分布与为害】桃蚜 *Myzus persicae*（Sulzer）为世界性害虫,我国各地均有分布。桃蚜寄主范围广,已知的寄主达 300 多种,主要危害人参、珊瑚菜、三七、大黄、枸杞、百合、小蔓长春花、曼陀罗、郁金香、酸模、筋骨草、川续断等药用植物。桃蚜以成、若蚜群集在植物的芽、叶、嫩梢上刺吸汁液,被害叶向背面卷曲、皱缩,严重影响枝叶的发育,并能传播多种药用植物病毒病,严重影响中药材的产量和品质。

【形态特征】

1. 无翅胎生雌蚜　体长 2.2mm,宽 1.1mm。全体绿色、橘黄色或褐色。触角比体短,各节有瓦纹。额瘤显著,内倾。腹管圆筒形,向端部渐细,有瓦纹,端部有缘突,黑色。尾片黑褐色,长圆锥形,近端部 1/3 收缩,有曲毛 6~7 根,生殖板有短毛 16 根（图 12-2）。

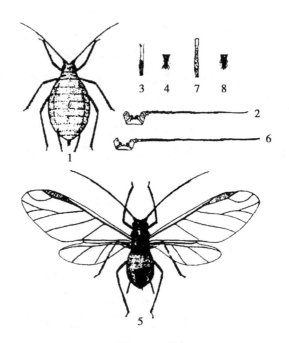

● 图 12-2　桃蚜
无翅胎生雌蚜:1. 成虫;2. 触角;3. 腹管;4. 尾片
有翅胎生雌蚜:5. 成虫;6. 触角;7. 腹管;8. 尾片

2. 有翅胎生雌蚜　体长 1.6~2.1mm。头、胸部黑色,腹部绿色。额瘤明显内倾,触角第 3 节有小圆形次生感觉圈 9~11 个,在外缘排成 1 行。腹部第 4~6 节背中部黑斑合为 1 块大斑。腹管细长,尾片有曲毛 6 根,其余同无翅蚜。

3. 卵　长椭圆形,长 1.2mm,有光泽。初产时为绿色,后变黑色。

【生活史和习性】桃蚜在华北地区每年可发生 10 余代,南方可达 30~40 代,世代重叠严重。以卵在桃、李、杏等多种果树芽腋、裂缝和小枝杈等处越冬,也能以孤雌蚜在田间避风种植的十字花科植物上越冬,或以无翅胎生雌蚜在窖藏白菜或温室内越冬。翌年 3—4 月越冬卵孵化为干母,相继繁殖出干雌和有翅迁移蚜,危害越冬寄主。4 月下旬至 6 月上旬迁飞到三七、大黄、人参等药用植物上繁殖为害。10 月中、下旬产生性雌蚜迁返到越冬寄主,孤雌胎生有性雌蚜,与有性雄蚜交配产卵越冬。

桃蚜具有较强的耐低温能力,繁殖的适宜温度为 16~24℃,温度高于 28℃则对其发育不利。故桃蚜春、秋季两季发生量大,夏季发生量小。桃蚜的天敌种类较多,主要有蚜茧蜂、菜小脉蚜茧蜂、草蛉、黑带食蚜蝇、异色瓢虫、七星瓢虫、龟纹瓢虫、六月斑瓢虫、草间小黑蛛、脊胸小头隐翅虫、球孢白僵菌、匐柄霉菌等。

红花指管蚜

【分布与为害】红花指管蚜 *Uroleucon gobonis*(Matsumura)在国内分布广泛,黑龙江、吉林、河北、宁夏、山东、河南、浙江和台湾等省区均有发生。主要危害药用植物红花、牛蒡、苍术及蓟属等植物。无翅胎生雌蚜集中在红花嫩叶、嫩茎上吸食汁液。红花生长中、后期则转移至中、下部叶片背面为害,被害枝叶呈现黄褐色微小斑点,茎叶短小,分枝和花蕾数减少,造成生长不良、产量降低。

【形态特征】

1. 无翅胎生雌蚜　体长 3.6mm,全体黑色。触角黑色,为体长的 1.5 倍,第 3 节有小圆形隆起次生感觉圈 35~48 个。腹管长黑色,圆筒形,基部粗大,端部渐细,基部有横纹,中部有瓦纹,端部有网纹。尾片黑色,圆锥形,有曲毛 13~19 根,并带有微刺。

2. 有翅胎生雌蚜　体长 3.1mm。头胸部黑色,腹部色淡,有黑色斑纹。触角略长于体,第 3 节有小圆形隆起次生感觉圈 70~88 个,分散于第 3 节全长。腹管楔形(图 12-3)。

【生活史和习性】红花指管蚜在我国东北每年发生 10~15 代,以卵或若蚜在牛蒡和蓟类等菊科植物的叶背、枝条和接近地面的根基处越冬。浙江每年发生 20~25 代,以无翅胎生雌蚜于红花幼苗或野生菊科植物上越冬。在东北,越冬卵于次年春季孵化为干母后,进行孤雌生殖,每头雌蚜产若蚜 55~70 头。当气温上升到 18~20℃时,产生有翅迁移蚜从野生寄主迁移到红花上为害。在吉林,6 月中旬左右大量发生为害,7 月上、中旬田间蚜虫量出现第二次发生高峰,以后数量逐渐减少。8 月下旬至 9 月上、中旬,有翅蚜又从红花向牛蒡等越冬寄主迁飞,产生雌、雄性蚜后交配产卵越冬。

红花指管蚜有强烈趋嫩绿的习性。在红花营养生长期,绝大多数蚜虫群聚在红花植株的新叶和嫩茎上。随着生长点老化,蚜虫陆续转移至植株中、下部的叶背面取食。据观察,红花指管蚜在红花田间有两次产生有翅蚜迁飞分散过程,第一次在 6 月中、下旬,红花孕蕾前后,第二次在 6 月下旬至 7 月上、中旬,红花孕蕾后期至开花初期。红花指管蚜繁殖最适

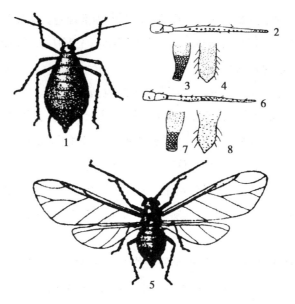

● 图 12-3　红花指管蚜

无翅胎生雌蚜：1. 成虫；2. 触角；3. 腹管；4. 尾片

有翅胎生雌蚜：5. 成虫；6. 触角；7. 腹管；8. 尾片

温度为 22~26℃，相对湿度为 60%~80%。温度高于 26℃或低于 20℃不利于其繁殖。若遭遇暴雨或连续阴雨，虫口密度下降。红花指管蚜的天敌主要有蚜茧蜂、草岭、食蚜蝇和瓢虫类等。

胡萝卜微管蚜

【分布与为害】胡萝卜微管蚜 *Semiaphis heraclei*（Takahashi）主要分布于我国南北各省区，可危害忍冬，以及白芷、防风、茴香等伞形科的药用植物。成蚜和若蚜刺吸茎、叶、花的汁液，使叶片卷缩，植株生长不良，甚至枯萎死亡。茴香苗被害后常卷缩成乱发状，忍冬幼叶受害后常畸形、皱缩。

【形态特征】

1. 无翅胎生雌蚜　体长 2.1mm，黄绿色或土黄色，被薄粉。触角第 3、4 节色淡，有瓦纹，各节有短尖毛。腹管光滑，黑色，短而弯曲，无瓦纹。尾片圆锥形，中部不收缩，有细长曲毛 6~7 根（图 12-4）。

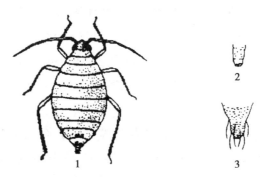

● 图 12-4　胡萝卜微管蚜

1. 无翅胎生雌蚜；2. 腹管；3. 尾片

2. 有翅胎生雌蚜　体长 1.6mm,黄绿色,被薄粉。触角黑色,第 3 节长。腹管无缘突。尾片有毛 6~8 根,其他特征同无翅蚜。

【生活史和习性】胡萝卜微管蚜每年发生 20 余代。以卵在珊瑚菜、忍冬等多种植物的枝条上越冬。翌年 3 月中旬至 4 月上旬越冬卵孵化,4—5 月严重危害芹菜和忍冬属植物,5—7 月迁至伞形科蔬菜和珊瑚菜、当归、防风、白芷等药用植物上为害。10 月产生有翅性雌蚜和性雄蚜由伞形科植物向忍冬属植物上迁飞,10—11 月雌、雄蚜交配,产卵越冬。珊瑚菜既是胡萝卜微管蚜的中间寄主,又是越冬寄主,卵常附在其叶片、叶柄、叶腋及新叶处越冬。在河北、山东珊瑚菜留种田或春播田虫口密度大,危害严重。

菊小长管蚜

【分布与为害】菊小长管蚜 *Macrosiphoniella sanborni*(Gillette),又叫白术长管蚜、菊姬长管蚜、菊小长管蚜主要分布于辽宁、河北、山东、河南、江苏、浙江、广东、福建、台湾、四川等地。危害的药用植物有白术、菊花、艾、野菊等。为害时常在寄主菊花等的叶和茎上吸食汁液。春天菊花发芽时,可群集危害新芽、新叶,致新叶难以展开,茎的生长和发育受到影响。秋季菊花开花时群集在花梗、花蕾上为害,使植株不能正常开花。危害白术时造成叶片发黄、植株萎缩、生长不良,且分泌蜜露布满叶面,严重影响植物的光合作用。

【形态特征】

1. 无翅胎生雌蚜　体长 1.5mm,体呈纺锤形,赭褐色至黑褐色,具光泽。触角比体长,除第 3 节色浅外,其余黑色。腹管黑色,圆筒形,基部宽,有瓦纹,端部渐细具网状纹。尾片黑色,圆锥形,有 11~15 根毛(图 12-5)。

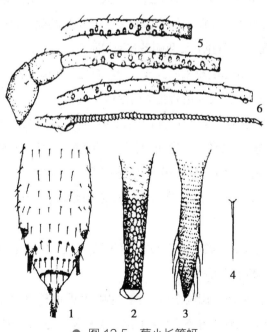

● 图 12-5　菊小长管蚜

无翅胎生雌蚜:1. 腹部背面观;2. 腹管;3. 尾片;4. 背部刚毛;5. 触角及触角第 3 节
有翅胎生雌蚜:6. 触角

2. 有翅胎生雌蚜　体长 1.7mm。胸、腹部的斑纹比无翅型明显,触角是体长的 1.1 倍,尾片上具 9~11 根毛。

【生活史和习性】菊小长管蚜每年发生 10 余代。南方地区全年危害菊科植物,一般不产生有翅蚜,多以无翅蚜在菊科寄主植物上越冬。翌年 4 月,产生有翅蚜迁移到菊、白术等寄主植株上,以无翅孤雌蚜繁殖和为害。一年中以 4—6 月危害重。6 月以后气温升高,降雨多,蚜量下降。8 月后虫量稍有回升。秋季气温下降后,开始产生有翅雌蚜,回迁到其他菊科植物上越冬。该虫是白术的重要害虫,除直接危害白术外,还可传播病毒病。因此,4—6 月菊小长管蚜大量发生时,白术的病毒病也相应发生严重。菊小长管蚜的天敌主要有蚜茧蜂、食蚜蝇、瓢虫、草岭、捕食螨等。

桃大尾蚜

【分布与为害】桃大尾蚜 *Hyalopterus arundinis* F.,别名桃粉大尾蚜、桃装粉蚜、桃粉绿蚜、桃粉蚜。分布较广,华北、华东、东北及长江流域各地均有分布。主要危害的药用植物有杏、梅、桃、李、榆叶梅、芦苇、当归等。为害时成、若虫群集于新梢和叶背刺吸汁液,被害叶失绿并向叶背对合纵卷,卷叶内积有白色蜡粉,严重时叶片早落,嫩梢干枯。排泄蜜露常致煤污病发生。

【形态特征】

1. 无翅胎生雌蚜　体长 2.3~2.5mm。体绿色,被白蜡粉。复眼红褐色。触角光滑,微显瓦纹,为体长的 3/4,第 5、6 节为灰黑色。腹管圆筒形,光滑,基部稍缢缩,端部 1/2 为灰黑色。尾片长圆锥形,有长曲毛 5~6 根。

2. 有翅胎生雌蚜　体长 2~2.2mm,长卵形。头、胸部暗黄至黑色,腹部黄绿色或橙绿色,体表被白色蜡粉。触角为体长的 2/3,6 节。腹管暗绿色至黑色,短圆筒形,基部缢缩,缢缩部有多褶曲横纹。尾片淡黄色,圆锥形,背部有刚毛,两侧各有两根刚毛。

3. 若蚜　体小,绿色,与无翅雌蚜相似。被白粉。有翅若蚜胸部发达,有翅芽。

4. 卵　椭圆形,长 0.6mm,初黄绿色后变黑褐色(图 12-6)。

【生活史和习性】每年发生 10~20 代,江西南昌 20 多代,北京 10 余代。以卵在桃、李等寄主的芽腋、裂缝及短枝权处越冬。翌年 3 月温度上升后开始孵化,再产生有翅胎生雌蚜,迁入田间,群集于嫩梢、叶背为害繁殖。5—6 月繁殖最盛,危害严重,大量产生有翅胎生雌蚜,迁飞到夏寄主(禾本科等植物)上为害繁殖,10—11 月产生有翅蚜,又返回冬寄主上,产生有性雌、雄蚜交尾产卵越冬。

【蚜虫的防治措施】应采取以农业防治为主,尽可能利用自然天敌的控制作用,优先应用与生物防治、化学防治相协调的综合防治措施。

1. 农业防治　结合修剪,清理田间杂草,集中烧毁,消灭越冬卵,以减少蚜虫数量;种植抗虫品种,增强抗蚜虫能力;合理与蚜虫非寄主植物间作,合理施用氮肥,及时灌溉和排水等,促进植物健壮生长。

2. 物理防治　药田蚜虫零星发生时,可用毛笔蘸水刷掉;早春刮除木本药用植物的老树皮及

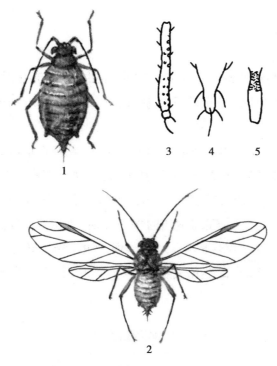

● 图 12-6　桃大尾蚜

1. 无翅胎生雌蚜成虫；2. 有翅胎生雌蚜成虫；

3. 触角第 3 节；4. 尾片；5. 腹管

剪除受害枝条,消灭越冬卵。利用黄板诱蚜、银灰色塑料薄膜避蚜等措施不仅可以防治蚜虫,减少药用植物田外有翅蚜的迁入数量,还可以降低病毒病的发生率。

3. 生物防治　蚜虫的天敌种类较多,应保护天敌,发挥天敌的控制作用。也可在药田种植诱集植物,吸引天敌,当蚜虫大发生时,砍倒诱集植物使天敌转移到药用植物上控制蚜虫。也可用蚜霉菌 400~500 倍液进行防治。

4. 化学防治　当蚜虫发生数量大,而天敌无法控制其危害时,可选用化学防治。化学防治应掌握在植物萌芽后至开花前,若虫大量出现前喷第一次药;谢花后蚜虫密集叶背、嫩梢时,喷第二次药。常用的药剂有 0.26% 苦参碱水剂、20% 氰戊菊酯乳油 2 000 倍液、1.8% 阿维菌素乳油 2 000 倍液、50% 啶虫脒水分散粒剂 3 000 倍液、10% 吡虫啉可湿性粉剂 1 000 倍液,或啶虫脒水分散粒剂 3 000 倍液 +5.7% 甲维盐乳油 2 000 倍混合液喷雾,每公顷用药液 600~900L,视虫情喷雾防治。防治时应注意药剂的轮换,选择对天敌杀伤作用小的药剂。当蚜虫发生面积较小,危害轻时,也可用烟草水进行防治。配比方法: 烟草粉末 40g 加水 1kg,浸泡 48 小时后过滤制得原液。施用时兑水 1kg 稀释,再加 2~3g 洗衣粉,搅拌均匀后喷施,有较好防治效果。

（吴廷娟）

第二节　介壳虫

　　介壳虫是药用植物特别是木本药用植物上的重要害虫,危害药用植物的介壳虫有 40 多种,包括吹绵蚧、红蜡蚧、甘草胭珠蚧、石斛菲盾蚧、椰圆盾蚧、日本龟蜡蚧、长白蚧、桑白蚧、橘臀纹粉蚧等。

　　介壳虫通常以雌成虫、若虫群集于药用植物的叶背为害,如危害牛膝、半夏的吹绵蚧,危害麦冬的椰圆盾蚧;还有些种类喜欢聚集于花轴和嫩梢上为害,如危害菊花、常春藤的橘臀纹粉蚧。介壳虫用刺吸式口器刺吸被害部位汁液,使叶、花轴、梢枯萎,甚至整株枯死。有的介壳虫还危害药用植物的块茎,如在天麻上危害的介壳虫,则以刺吸式口器插入天麻块茎皮层内刺吸汁液,造成被害天麻生长不良,个体衰弱,严重影响天麻的产量和质量。被介壳虫危害的常见药用植物有菊花、天麻、牛膝、半夏、枸杞、栀子、牛蒡、地黄、三七、忍冬、酸橙和麦冬等。

介壳虫

吹绵蚧

　　【分布与为害】吹绵蚧 *Icerya purchasi* Maskell,又名棉团蚧、白条蚧等,属半翅目,蚧总科,绵蚧科。我国各省区均有发生。淮河以北,冬季只能生活于温室中,长江以南,则常有成灾报道。吹绵蚧为多食性害虫,寄主有 250 多种,危害的药用植物有佛手、牛膝、半夏、苏木、王瓜、月季、玫瑰、牡丹、山茱萸等。以若虫和雌成虫群聚在叶背、嫩芽、新梢上吸取汁液,发生严重时,叶色发黄,造成落叶和枝梢枯萎,以致整枝、整株死去。即使尚存部分枝条、叶片,也会因其排泄物导致煤污病的发生而一片灰黑,严重影响光合作用。

　　【形态特征】

　　1. 雌成虫　椭圆形,无翅,橘红色,体长 5~7mm,宽 3.7~4.2mm,背面隆起,多皱纹,体表有黑色短毛。触角和足均为黑色。体背覆盖着一层白色颗粒状蜡粉。腹部后方有白色蜡质卵囊,囊上有脊状隆起线 14~16 条(图 12-7)。

　　2. 雄成虫　体瘦小,长 3mm,胸部黑色,腹部橘红色,前翅狭长,黑色,后翅退化成平衡棒。腹末有 2 个肉质突起,各有 4 根长毛。

　　3. 若虫　卵圆形,橘红色,背面覆盖淡黄色蜡粉,触角黑色。初孵若虫触角、足及体毛均发达。2 龄后雌雄二型,2 龄雌若虫体椭圆形,橙红色,背面隆起,散生黑色细毛,体被黄白色蜡质粉及絮状纤维。触角 6 节。2 龄雄若虫体狭长,蜡质物少。3 龄雌若虫体隆起甚高,黄白蜡质布满全身。雄若虫体色较深,触角均 9 节。

　　4. 卵　长椭圆形,初为橙黄色,孵化前变成橘红色,保持在卵囊内。

　　【生活史和习性】吹绵蚧在我国南部 1 年发生 3~4 代,长江流域 2~3 代,华北 2 代。大多数以若虫和雌成虫越冬。翌春开始产卵,在 2 代发生区,第 1 代卵 3 月上旬出现,5 月发生量最多。第 1 代成虫发生于 6 月上旬至 7 月上旬;第 2 代卵 7 月上旬至 8 月中旬产出,8 月上旬最盛,若虫发生于 7 月中旬至 11 月下旬,8、9 月最盛。在 3 代发生区,第 1 代卵和若虫盛期在 5—6 月,第 2 代

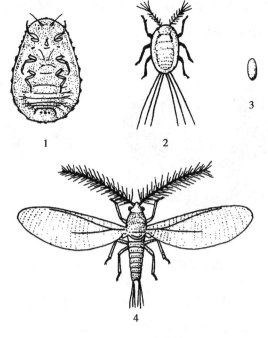

● 图 12-7　吹绵蚧

1. 雌成虫；2. 1 龄若虫；3. 卵；4. 雄成虫

在 7 月下旬至 9 月初,第 3 代在 9—11 月。吹绵蚧世代不整齐,即使在同一环境内,往往各虫态都有。

吹绵蚧雌虫很多,雄虫数量极少,不及雌虫 1%,通常不易发现,繁殖方式多营孤雌生殖。成虫喜聚居于主梢阴面及枝杈处,或枝条、叶片上吸食汁液。雌虫成熟后从腹部末端分泌蜡质,形成卵囊,卵产在囊内。单雌虫产卵数百粒,最多达 2 000 粒。卵孵化后,在卵囊内经过一段时间开始分散活动,若虫每蜕皮 1 次,换居 1 次。初孵若虫多向树外部爬迁,附着在新梢或叶背主脉两侧为害,2 龄后向大枝及主干爬行聚集吸食为害,同时排泄蜜露,导致煤污病的发生。雄若虫行动较活泼,经 2 次蜕皮后,口器退化,不再为害,在枝干裂缝或附近松土、杂草中做白色薄茧化蛹,经 1 周左右羽化为雄成虫,飞翔力弱,通常只能飞 0.33~0.66m。

（董文霞）

红蜡蚧

【分布与为害】红蜡蚧 Ceroplastes rubens Maskell,属半翅目,蜡蚧科,又名大红蜡蚧、脐状红蜡蚧,俗称蜡子。由于雌成虫体色呈玫瑰红至紫红色,故也称作胭脂虫。在我国分布范围西自西藏,东至台湾,南自海南、两广,北到陕北、山东。危害茶树、柑橘、油茶、柿、龙眼、香樟、枸骨、芒果、栀子、海棠、紫玉兰、苏铁、罗汉松、白兰花、石榴、桂花、月季、佛手、冬青、茶花等多种药用植物。以若虫和雌成虫固定在药用植物枝、叶上吸汁为害,其危害特点可概括为:“一缩”（致使植株长势衰退,树冠萎缩）、“二黑”（诱发煤污病,致使植物全株发黑）、“三枯”（受害严重的植物整株枯死）。

【形态特征】

1. **雌成虫**　长约 2.5mm,宽约 1.7mm,介壳椭圆形,蜡质紫红色,较硬厚,背中拱起,周缘翻卷;

前期背中隆作小圆突,后期隆作半球形,中央凹陷呈脐状,两侧有 4 条弯曲的白色蜡带。触角 6
节,第 3 节最长,口器较小,位于前足基节间;足细小,前胸气门和后胸气门发达呈喇叭状,气门沟
在体侧凹陷甚深(图 12-8)。

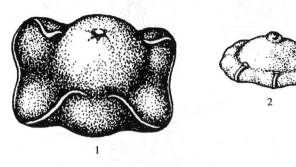

● 图 12-8　红蜡蚧
1. 雌成虫成熟期介壳;2. 雌成虫前期介壳

2. 雄成虫　体长约 1mm,翅展约 2.4mm;体暗红,口针及眼黑色,触角细长淡黄;前翅白色半
透明,沿翅脉有淡紫色带状纹;后翅退化成平衡棒;足及交尾器淡黄色。

3. 卵　椭圆形,两端稍细,淡紫红色,长约 0.3mm,宽约 0.15mm。

4. 若虫　1 龄若虫卵圆形、扁平,长约 0.4mm,红褐色,触角 6 节,足 3 对,发达,腹末有 1 对细
长尾丝。2 龄若虫卵圆形、略拱起,紫红色,足退化,体表泌蜡开始形成淡紫红色介壳,且背中略作
长椭圆形隆起,顶部白色,周缘呈现 8 个角突。3 龄雌若虫介壳增大加厚。

【生活史和习性】在我国 1 年发生 1 代,以雌成虫在药用植物枝干上越冬。浙江黄岩于 5 月
下旬开始产卵,6 月上旬开始孵化,整个卵孵化期长达 1 个多月,1 至 3 龄若虫发生期分别在 6 月
上旬至 6 月下旬、7 月上旬至 8 月上旬、8 月上旬至 8 月下旬,9 月雌成虫出现;雄虫于 8 月下旬形
成拟蛹,9 月上中旬羽化。海南琼山于 4 月中下旬开始产卵,5 月中下旬开始孵化,8 月下旬至 9
月上旬雌成虫出现,雄虫于 7 月中旬形成拟蛹,8 月下旬至 9 月初羽化。秋季羽化交尾,受精雌成
虫在入冬前大都陆续移至枝干上越冬,一般又以枝干中上部为多。越冬前后虫体继续增大,春季
孕卵,并陆续产卵于体下,产卵期长达 1 个月,产后雌体干瘪死亡。每雌产卵 200 余粒,最多可达
500 粒以上。若虫孵化后成批爬出母体介壳,沿枝干向树上爬行,或借风力、人畜携带传播,觅得
枝叶适宜部位后定居。2~3 天后在虫体腹部中间开始分泌白色的蜡质,随后又分泌红色蜡质,逐
渐覆盖全身,形成蜡壳,蜡壳随虫体不断增大而逐渐加厚、增大。卵期约 20 天,若虫期约 300 天,
雌成虫期约 40 天,雄成虫期 2 天。

（董文霞）

甘草胭珠蚧

【分布与为害】甘草胭珠蚧 *Porphyrophora sophorae* Arch.,又名胭脂虫,属半翅目,绵蚧科。主
要分布于宁夏、新疆、内蒙古和甘肃等甘草产区。可危害多年生豆科植物,如甘草、花棒、苦豆子、
黄花棘豆等,野生甘草和人工栽培甘草上常有发生。该虫以若虫危害寄主根茎,常造成植株根部
糜烂干枯,地上部长势衰弱以致全株干枯死亡。危害程度随甘草种植年限增加逐年加重,常造成
死株,严重减产,甚至绝产。

【形态特征】

1. 成虫　雌成虫椭圆形,体长5~8mm,背突起,体胭脂红色,体壁柔软,密生淡色细毛。触角8节,节间短缩,环状,第1节淡色,末节呈半球形,着生十余根长毛及约17个刺毛,并有少数小孔。足3对,前足较中足、后足粗壮,转节和腿节愈合,胫节和跗节缩短,呈半愈合,爪长,由基部向尖端渐细而尖。胸气门2对,短粗呈圆柱形,顶端有较大孔1列。体节多半部分密生细毛和蜡腺孔,常覆一层白色蜡粉或蜡丝。雌虫产卵时体端分泌白蜡丝团组织形成卵囊,内藏大量卵粒。

2. 雄虫　体长约2.5mm,暗紫红色。触角8节,第2节及第6、7节较小,其余各节较长,密生刺毛。复眼大,两侧各有1突起。胸部膨大呈球形。腹部瘦细,第8节常分泌一簇直而长的蜡丝,拖在体后如长尾,超过体长1~2倍。交配器短,钩状,生在腹端下方。各足腿节粗壮,前足胫节较中足、后足胫节粗而短,跗节1节,爪钩尖细。前翅发达,膜质,翅痣红色,长脉3条不明显;后翅退化为平衡棍,红色,呈刀形,外端有一尖钩。

3. 卵　长约0.6mm,狭长圆形,胭脂红色。

4. 若虫　初龄体长约0.7mm,紫红色。触角6节。头顶有2个暗色斑,腹端有2根长弯毛。体卵圆形或不规则形,紫色、蓝灰色、黑紫色或紫红色,成熟时表面可看到2对白色小点(胸气门),一般体表常黏附一层厚土粒。

5. 蛹　裸蛹,长约2.5cm,紫红色。

【生活史和习性】甘草胭珠蚧1年发生1代,以初龄若虫在土中的蜡丝卵囊内越冬。翌年4月上中旬1龄若虫蜕皮形成珠体,即2龄若虫,5—7月形成介壳,固定甘草为害。7月下旬若虫停止取食,雄虫成为拟蛹,雌虫不形成蛹;8月上、中旬雄虫羽化,雌虫出壳。此时口器消退,不再为害。雌虫脱壳后爬到近地表或地面,与雄虫交配,8月下旬至9月上旬为成虫交尾产卵盛期,雌虫交配后钻入土下10cm左右处分泌卵囊,产卵其中。10月初,为卵孵化期,若虫聚集在卵囊中或爬至寄主根部过冬。

甘草胭珠蚧主要以若虫形成珠体,聚集植株根部表皮,取食植物汁液,常造成甘草生长不良或枯死。介体表面常形成一层厚厚的蜡质,并黏附泥土,且在植株地下根茎部活动。但该虫1年发生1代,发生期比较整齐,如抓住关键时机防治,可以减少防治环节和次数,加之雄成虫体小,越冬后的初孵若虫有爬行寻觅寄主的习性,抗药性差,此期防治有利于控制其危害。

【介壳虫的虫情调查】一般选取样本植株10~20株进行调查。植株低矮和虫口密度不大时,可进行全株调查。木本植物植株过高不便于直接统计时,可把树冠分为上、中、下3个部位及东、西、南、北、中5个方位,各取10~20cm样枝或者50~100片叶子统计虫口数量。

【介壳虫的防治措施】

1. 农业防治

(1)合理修剪:在蚧虫卵孵化前结合修剪,剪除虫枝、虫叶和密闭的枝条,集中烧毁,减少越冬虫口基数,且有利通风、透光,可减少或削弱介壳虫的危害。

(2)合理施肥和合理密植:种植不要过密,使之通风透光;合理施肥,注意氮磷钾肥的配合使用,增强药用植物生长势,创造有利于药用植物生长而不利于介壳虫发生的环境条件。

（3）选用无虫苗：有蚧类寄生的苗木，可用溴甲烷（36~40g/m³）熏蒸4小时，既杀死蚧类，又不影响苗木的生活力。及时清除田间及埂边野生甘草，减少虫源。

2. 物理防治　发生量不多的药田，用手或用镊子捏去雌虫和卵囊，或者用硬刷刷去树上虫体。

3. 生物防治　保护和利用天敌对控制蚧类的发生尤为重要。在药田创造有利于捕食性天敌和寄生蜂生存的环境。人工剪除有虫枝时可集中堆放在药田附近的空地上，待寄生蜂羽化后再行集中烧毁。选择对天敌较安全的农药品种，如果天敌量大，能够控制蚧类的危害就不使用药剂防治。如果田内天敌少，可从外地引进。天敌有捕食性天敌、寄生性天敌和病原微生物等。其中，捕食性天敌主要有瓢虫和草蛉，寄生性天敌主要是小蜂。

4. 化学防治　若虫初龄期和成虫羽化盛期，选用高效低毒药剂分别进行土壤施药和植株喷药防治。

（1）消灭越冬代成虫：冬季可喷一次10~15倍的松脂合剂或95%的机油乳剂（防治吹绵蚧效果好）。松脂合剂的配方为苛性钠（或纯碱）2kg、松香2kg、水12kg，配制时先将水放入锅中，加入碱溶液后煮沸，再把碾成细粉的松香慢慢撒入，并进行搅拌，待松香全部融化后，即成松脂合剂原液。施用时，每千克原液加水8~10kg喷洒全株。

（2）消灭越冬代若虫：冬季或春季发芽前，使用3~5波美度的石硫合剂或者3%~5%的柴油乳剂或50%的硫悬浮剂稀释喷雾。

（3）若虫期防治：施药期掌握在若虫孵化盛期。可选用的药剂有10%吡虫啉可湿性粉剂、2%阿维菌素乳油、25%噻嗪酮可湿性粉剂、24%双氧威乳油等。

（王　艳）

第三节　木虱

危害药用植物的木虱常见有枸杞木虱，主要危害木本药用植物，草本药用植物很少受害。成虫和若虫吸食芽、叶及嫩梢汁液，使叶片变色，引起早期落叶，使植株生长衰弱。若虫可在叶片上分泌大量蜜汁黏液，诱致煤烟病发生。

生殖方式为两性生殖。一生经过卵、若虫、成虫三个虫态。以成虫在杂草中越冬，早春在嫩叶上产卵成堆，若虫群栖。每年发生的代数，因种类和地区而不同，通常3~5代。防治木虱，一般用内吸杀虫剂，应加强早期防治，掌握越冬成虫出蛰盛期集中消灭越冬成虫及已产下的一部分卵。

枸杞木虱

【分布与为害】枸杞木虱 *Paratrioza sinica* Yang et Li，属半翅目，木虱科。枸杞木虱主要分布于宁夏、甘肃、新疆、陕西、河北、内蒙古等地，寄主主要是茄科枸杞属植物。成虫、若虫以刺吸式口器刺入枸杞嫩梢、叶片表皮组织内，刺吸汁液，致叶片干枯脱落，树势衰弱，果实发育受阻，产量、品质下降。

【形态特征】

1. 成虫　体长3.7~3.8mm,黄褐色至黑褐色,密被绒毛,腹背基部有白带,翅透明。

2. 卵　橙黄色,长卵形,顶部略尖,长0.3mm,宽0.15mm;卵基部具细长的丝柄,长约1.22mm。

3. 若虫　体扁平,椭圆形;黄褐色,具大小有变化的褐斑;体周缘具蜡腺。足短粗,端生刚毛2根,背面的细长而末端弯,腹面的毛很短小。胸腹节明显,气门位于腹面两侧,胸部2对,腹部4对;肛门横扁。若虫分5龄(图12-9)。

木虱

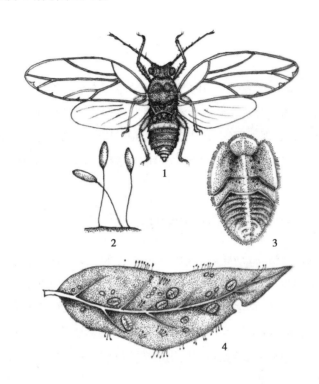

● 图12-9　枸杞木虱

1. 成虫;2. 卵;3. 若虫;4. 枸杞叶面卵群及叶面被害状

【生活史和习性】枸杞木虱以成虫越冬,隐藏在寄主附近的土块下、墙缝里、枯枝落叶中。一般3月中下旬开始出现,近距离跳跃或飞翔,在枸杞枝上刺吸取食,停息时翅端略上翘,常左右摇摆,肛门不时排出蜜露,白天交尾、产卵,先抽丝成柄,卵密布叶的两面。若虫可爬动,但不活泼,附着叶表或叶下刺吸为害。在6—7月为盛发期,各期虫态均多,1年发生3~4代,世代重叠,危害普遍,受害严重的植株8月下旬就可枯萎,对枸杞生长和产量影响很大。

【虫情调查】五点取样,每点随机调查2~5株枸杞树,每株在东、西、南、北、中五个方位上随机抽取1个枝条,调查记录每枝条顶梢30cm范围内枸杞木虱的虫态和虫口数量。

【防治措施】

1. 清园封园　早春枸杞萌芽期大量的越冬成虫开始活动产卵,秋季采果期结束时大量的木虱成虫聚集在树干上准备进入越冬状态,在这两个阶段清理园内的枯枝落叶、杂草及修剪下来的枸杞枝条,同时采用药剂对整个园区进行防治,可有效降低越冬成虫的数量。可选择的药剂有5%吡虫啉乳油2 000倍液、2.5%高效氯氟氰菊酯微乳剂1 250倍液等。

2. 药剂防治　4月上旬枸杞春季展叶期和8月中下旬秋梢生长期是枸杞木虱两个集中发生期,综合考虑防治效果和药剂安全间隔期,可选用内吸性药剂或触杀性药剂,于初孵若虫活动期进行防治。可用的化学药剂有25%吡蚜酮可湿性粉剂5 000倍液、5%吡虫啉乳油2 000倍液、50%氟啶虫胺腈水分散粒剂8 000倍液等;生物药剂有1.5%除虫菊素乳油1 500倍液、0.3%印楝素乳油600倍液、0.3%苦参可溶性液剂1 000倍液等。

（何　嘉）

第四节　叶蝉

叶蝉类害虫个体小,繁殖快,食性广,可危害多种草本和木本药用植物,严重影响药材的产量和品质。叶蝉以成虫和若虫在叶片上刺吸汁液,或刺吸嫩梢皮层,成虫产卵于嫩梢、茎秆组织内,使植株生长受阻,芽叶受害表现为萎缩、硬化,节间缩短,叶尖、叶缘枯焦,如遇到天旱,损失更重。叶蝉类害虫除直接取食造成的危害外,有些种类还可以传播病毒病。危害药用植物的叶蝉类害虫主要有小绿叶蝉、大青叶蝉、黑尾叶蝉。

大青叶蝉

【分布与为害】大青叶蝉 *Cicadella viridis* Linnaeus,又称大绿浮尘子、青叶跳蝉、青头虫等。属半翅目,叶蝉科,全国各地均有分布。食性杂,寄主种类多,可危害39科166属植物,经常危害的药用植物有山茱萸、黄芪、菘蓝、桔梗、白术、紫菀、菊花等。大青叶蝉对药用植物的危害有两种方式:一是成虫产卵于植物树干或小枝条的表皮下,数量多时会造成植物小枝韧皮部干枯剥离,严重时造成大量小枝死亡;二是成虫或若虫吸刺植物嫩枝及皮层,造成端部叶片失绿和枝梢枯死。此外,还可传播植物病毒。

【形态特征】

1. 成虫　体长7.2~10.1mm。全身青绿色,头部颊区近唇基线处左右各有1个小斑。触角上方两单眼之间有1对黑斑。头冠前部左右各有1组淡褐色弯曲横纹。中胸小盾片淡黄绿色,中间横刻痕较短。前翅绿色,端部透明,后翅黑褐色,半透明。

2. 卵　长筒形,长约1.6mm,白色微黄,中间弯曲,一端稍细,表面光滑。

3. 若虫　共5龄,1、2龄若虫体色灰白而微带黄绿色,头冠部皆有两黑点斑纹。3龄若虫胸腹部背面出现4条暗褐色纵纹,有翅芽。4、5龄翅芽较长,并出现生殖节。

大青叶蝉成虫

【生活史和习性】大青叶蝉在我国每年发生2~6代,多以卵在寄主枝条表皮下越冬。翌春3月下旬开始发育,初孵若虫喜群聚取食,常栖息于叶背或茎上,受惊便疾行横走、逃避。成虫喜聚集于矮生植物上,行动活泼,中午或午后气候温和的晴朗天气活动较盛。成虫趋光性强,飞翔能力弱,成、若虫均善跳跃。雌成虫交配后1天即可产卵,每雌产卵62~118粒,产于木本植物寄主的表皮下或禾本科寄主的叶鞘或叶主脉内。由于产卵时用产卵器刺破寄主的表皮,在产卵量多时,卵痕密布枝条,造成整枝枯死。

小绿叶蝉

【分布与为害】小绿叶蝉又名小绿浮尘子,属半翅目,叶蝉总科,叶蝉科。长期以来,我国小绿叶蝉的种名一直存在争议。20世纪90年代前叶,在中国大陆曾出现小绿叶蝉 *Empoasca flavescens* Fabriciud 和普里小绿叶蝉 *Empoasca pirisuga* Matsumura 等种名,而后又普遍接受了假眼小绿叶蝉 *Empoasca vitis* Gothe。中国台湾地区的小绿叶蝉种名则被定名为台湾雅氏叶蝉 *Jacobiasca formosana* Paoli。最新的调查和研究结果表明:中国大陆及中国台湾地区茶园小绿叶蝉的种名应为小贯小绿叶蝉 *Empoasca onukii* Matsuda。小贯小绿叶蝉除西藏、新疆、青海未见报道外,全国各地均有发生。主要危害茶树、中华猕猴桃、山茱萸、菊花、佛手等药用植物。成、若虫均刺吸芽梢嫩叶,受害芽叶沿叶缘黄化,叶脉红暗,叶片卷曲,叶质粗老,以致自叶尖叶缘红褐,进而焦枯,芽叶萎缩,生长停滞。雌虫还将卵产于嫩梢、叶脉或叶肉组织中,导致芽叶萎缩,叶脉变红,叶尖、叶缘红褐焦枯,芽梢生长停滞,严重影响药用植物的产量和品质。

【形态特征】

1. 成虫　头至翅端长 3.1~3.8mm,淡绿至淡黄绿色。头冠前缘弧形突出,后缘凹入,前、后缘不平行,中长大于侧面近复眼处长度,约等于复眼基部间宽;冠缝明显,几达头冠前缘;复眼褐色至深褐色,单眼位于头顶和颜面交界处,靠近复眼一侧,周围有乳黄色环纹;颜面中长略大于复眼间宽,额唇基区隆起,端部饰有淡青色斑纹。前胸背板中长大于头长。前翅淡黄绿色,前缘基部绿色,翅端透明或微烟褐色。足整体黄色,但胫节端部及跗节绿色(图12-10)。

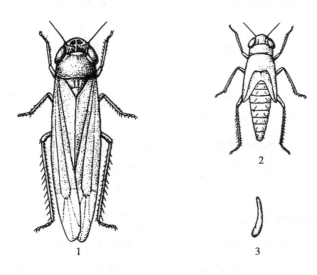

● 图 12-10　小绿叶蝉
1. 成虫;2. 若虫;3. 卵

2. 若虫　共5龄。初为乳白色,随虫龄增长,渐变淡黄转绿,3龄时翅芽开始显露,5龄时翅芽伸达第5腹节。

3. 卵　新月形,长约0.8mm,宽约0.15mm,初为乳白色,渐转淡绿色,孵化前前端透见1对褐色眼点。

【生活史和习性】小绿叶蝉在长江流域1年发生9~11代,福建11~12代,广东12~13代,广西13代,海南多达15代左右。以成虫在茶丛内叶背、留种菊花、冬作豆类、绿肥、杂草或其他植物上越冬。在华南越冬现象不明显,甚至冬季也有卵及若虫存在。在长江流域,越冬成虫一般于3月间当气温升至10℃以上,即活动取食并逐渐孕卵繁殖,4月上、中旬第一代若虫盛发。此后每半月至1个月发生1代,直至11月停止繁殖。由于代数多,且成虫产卵期长(越冬成虫产卵期长达1个月),致世代重叠发生极为严重。

成虫和若虫均趋嫩为害,多栖于芽梢叶背,且以芽下二、三叶叶背虫口为多。成虫和若虫均喜横行,除幼龄若虫较迟钝外,3龄后活泼,善爬善跳,稍受惊动即跳去或沿植株枝条迅速向下潜逃。成虫和若虫均怕湿畏光,阴雨天气或晨露未干时静伏不动。一天内于晨露干后活动逐渐增强,中午烈日直射,活动暂时减弱并向丛内转移,徒长枝芽叶上虫口较多。若虫蜕下的皮壳即留在叶背。成虫有趋光性,但飞翔力不强。羽化后一二日内即可交尾产卵。卵散产于芽梢组织内,且以芽下二、三叶节间嫩梢皮层下最多,叶柄次之,主脉中最少。平均每雌产卵量9~32粒。

当温度较高,相对湿度在70%~80%,叶蝉繁殖快,危害严重。早期遭受水渍的低洼地或干旱的山坡及高燥地,叶蝉发生较重,同时植株生长衰弱的地块,虫害发生重。凡叶上多毛而毛长的药用植物能抗叶蝉的危害。天敌有蜘蛛、草蛉、隐翅虫、瓢虫、蚂蚁、红恙螨等,对叶蝉的数量有一定的抑制作用。

【叶蝉的虫情调查】选择有代表性的药用植物地块(每一调查地块面积以1亩左右为宜),用五点取样法,每样点调查100张叶片或者100个新梢。晴天在晨露未干前调查,阴雨天则全天都可以进行。在选定的调查点上,查看植株中、上部叶片正反面的成、若虫数或者整个新梢上成虫和若虫数量,记录调查结果。

【叶蝉的防治措施】

1. 农业防治

(1)加强田间管理,及时清除田园内外的杂草,剪除被害枝,改善通风透光,可减少越冬成虫和当年的虫口密度。

(2)越冬卵量较大的木本药用植物,可用小木棍挤压卵块,消灭越冬卵。

(3)种植草本药用植物时,应避免与叶蝉类的其他寄主如十字花科、豆科植物间套种。

2. 物理防治

(1)利用黄板或绿板诱杀:根据叶蝉的趋黄、趋绿的特性,药用植物园悬挂诱虫黄板或绿板,每亩用诱虫板30~40张(20cm×30cm),就能较好地控制该虫的危害。

(2)用频振式杀虫灯诱杀:频振式杀虫灯在山地药用植物园上对叶蝉诱杀效果突出,在害虫发生期,每亩用灯1盏,就能显著降低该虫危害。

3. 生物制剂防治 可喷施0.6%苦参碱水剂、2.5%鱼藤酮乳油、田间湿度较大时还可喷施0.1亿~0.5亿孢子/ml的白僵菌孢子液。

4. 化学农药防治 具有内吸性或触杀性的高效低毒农药防治叶蝉比较理想,如15%茚虫威悬浮剂、2.5%三氟氯氰菊酯、10%吡虫啉可湿性粉剂、10%氯氰菊酯乳油、2.5%溴氰菊酯乳油、2.5%联苯菊酯乳油等,上述农药可任选一种在叶蝉发生高峰期前,若虫占80%时使用,可收到较好效果。

(董文霞)

第五节　螨类

药用植物上常见的害螨主要是朱砂叶螨 *Tetranychus cinnabarinus*（Boisduval）和枸杞瘿螨 *Aceria macrodonis* Keifer，其他种类还包括柑橘全爪螨 *Panonchus citri*（MeGregor）、枸杞刺皮瘿螨 *Aculops lycii* Kuang、卵形短须螨 *Brevipalpus obovatus* Donnadieu 等。螨类主要以多种虫态刺吸药用植物叶片、花和果等，使叶片失绿、变色、焦枯或形成虫瘿，造成叶、花、果脱落；有的种类还会传播植物病害。

螨类一生经过卵、幼螨、若螨、成螨 4 个阶段。1 年发生多代。

螨类防治一般采取选用无虫苗木，加强栽培管理，保护并释放捕食螨等天敌，适度进行化学防治等措施。

螨类

朱砂叶螨

朱砂叶螨属蜱螨目，叶螨科，过去与截形叶螨 *T. truncates* Ehara、二斑叶螨 *T. urticae* Koch、土耳其斯坦叶螨 *T. turkestani* Ugarov et Nikolski 和敦煌叶螨 *T. dunhuangensis* Wang 等统称为棉红蜘蛛。

【分布与为害】朱砂叶螨为世界性害螨，全国各地均有发生，可危害白芷、丹参、甘草、珊瑚菜、地黄、凤仙花、白屈菜、牛膝、忍冬等药用植物。朱砂叶螨在植物叶片背面吸取寄主汁液，危害初期叶片出现黄色针尖状斑点，后为红紫色焦斑，发生严重时叶焦枯似火烧状，干枯脱落。

【形态特征】

1. 成螨　雌螨体长 0.41~0.56mm。卵圆形，夏型黄绿色，越冬型橙红色。躯体两侧各有 1 个长黑斑。有 12 对刚毛状背毛，16 对腹毛，无臀毛。爪退化呈条状，各生黏毛 1 对，爪间突端部分裂成相似的 3 对毛刺。雄螨体长 0.38~0.42mm，略呈菱形，体色黄绿色或橙黄色。有 13 对背毛，须肢跗节的端感器细长（图 12-11）。

2. 卵　圆形，直径为 0.10~0.13mm，初产时近透明，后变浅黄色，孵化前淡红色。

3. 幼螨　体近圆形，浅红色或黄绿色，有 3 对足。

4. 若螨　体椭圆形，有 4 对足。

【生活史和习性】朱砂叶螨在北方地区 1 年发生 12~15 代，长江流域 1 年 18~20 代，华南地区 1 年 20 代以上。以雌成螨及其他虫态在杂草、枯枝落叶、土缝中，以及豌豆、蚕豆等作物上越冬。翌年春气温升至 5~7℃时开始活动，先在越冬或早春寄主上繁殖 2 代左右，待药用植物长出后转到药用植物上危害。

成螨羽化后即交配，第二天即可产卵，每雌螨产 50~110 粒，多产于叶背。先羽化的雄螨有主动帮助雌螨蜕皮的行为。两性生殖；也可孤雌生殖，其后代多为雄性。幼螨和前期若螨不太活泼，后期若螨则活泼贪食，有向上爬的习性。该螨在植株上一般先危害下部叶片，然后再向上转移。常群集于叶背基部，沿叶脉为害，并吐丝结网。繁殖数量过多时，常在叶端群集成团，滚落地面，被

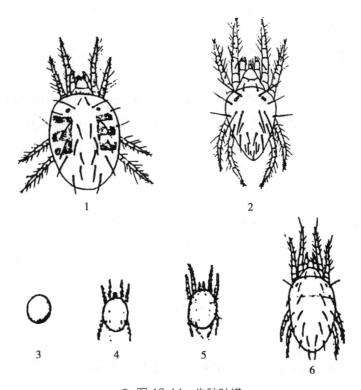

● 图 12-11　朱砂叶螨

1. 雌成螨；2. 雄成螨；3. 卵；4. 幼螨；5. 第一若螨；6. 第二若螨

风刮走,向四周爬行扩散。喜高温干旱,暴雨对其有一定的抑制作用。秋季气温持续下降到15℃以下时开始进入越冬状态。

朱砂叶螨的天敌有塔六点蓟马、深点食螨瓢虫、拟长毛钝绥螨、中华草蛉等。

（蒋春先）

枸杞瘿螨

【分布与为害】枸杞瘿螨,属蜱螨目,瘿螨科。分布于宁夏、内蒙古、甘肃、新疆、陕西、青海等地,枸杞专食性害虫。危害枸杞叶片、嫩茎、花蕾、幼果,形成虫瘿、瘤痣或造成畸形,使树势衰弱,早期落果落叶,严重影响生产。

【形态特征】

1. 成虫　体长约0.18mm,橙黄色,长圆锥形,全身略向下弯曲作弓形,前端较粗,有足2对,爪钩复羽状5~6枝,口器向前下方斜伸,胸部背刚毛1对,体侧有侧刚毛4对。腹部刚毛1对较长,其内侧还有1对短刚毛。腹部环纹60~65个,环上布有圆锥形微瘤,瘤端较钝向前指。背腹环数一致(图12-12)。

2. 幼螨　与成虫相似,仅体长较短,中部宽,后部短小,无色,前端有4足,口器如花托。

3. 若螨　与成虫相似,仅体长较短,乳白色。

4. 卵　直径3.9μm,球形,乳白色透明。

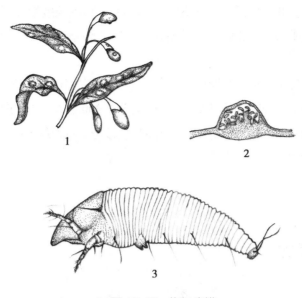

● 图 12-12 枸杞瘿螨
1. 枸杞被害状；2. 虫瘿剖面；3. 成虫放大

【生活史和习性】以成虫在冬芽的鳞片内或枝干的皮缝中越冬，或附着在木虱成虫的身体上越冬。4月中旬枸杞展叶期，越冬成螨即从越冬场所迁移到新展的嫩叶上，在叶背刺伤表皮吮吸汁液，损毁组织，使之渐呈凹陷，之后表面愈合，成虫潜居其内，产卵发育，繁殖多代，此时在叶片的正面隆起如一痣，痣由绿色转赤褐渐变紫色。5月中旬新梢生长期，瘿螨迁移到新梢为害，6月上旬达到高峰期；8月中下旬秋梢生长期，瘿螨再次迁移到新梢为害，到9月达第二次危害高峰期；10月中下旬瘿包逐渐干裂，成螨陆续爬出越冬。

【虫情调查】

1. 春季虫源基数调查 选择背风向阳的豌豆、小麦、油菜等田块，或夏至草、紫花地丁等杂草较多的样地 2~3 个，每样地随机选择样点 1 个，样点面积为 33cm×33cm，样点内五点取样，查明单位样点内成螨、幼螨、若螨和卵的总数。

2. 生长期虫情调查 药用植物生长季节，每 5~10 天调查 1 次，每次五点取样，每点 10~20 株。查上、中、下 3 叶，分别记载成螨、幼螨、若螨和卵数。也可调查计算螨害指数，采用五点取样，每点随机调查 2~5 株枸杞树，每株在东、西、南、北、中五个方位上随机抽取 1 个枝条，调查记录每枝条顶梢 30cm 范围内每个叶片的螨害程度，计算螨害指数。螨害分级标准如下。

0 级：正常叶；1 级：有 1~2 个小于 1mm 虫瘿包；2 级：有 2~3 个大于 1mm 虫瘿包；3 级：有 3~4 个或多个 2mm 以下虫瘿包；4 级：有 2mm 以上虫瘿包或有致畸叶片或嫩枝。

$$螨害指数 = \frac{\sum（被害叶片级数 \times 各级被害叶片）}{调查叶片总数 \times 5} \times 100$$

【螨类的防治措施】

1. 产地检疫 选用无虫苗木，繁殖材料要严格检查，加强苗木运输过程中的检验检疫。

2. 农业措施 清园封园。冬季和春季及时铲除田边杂草，清理田间枯叶残株。木本植物可以刮除粗皮、翘皮，剪除病、虫枝条，在树干绑草，诱集越冬雌螨，翌年春天收集烧毁。

3. 生物防治　保护并利用天敌消灭螨类,如捕食性螨中的植绥螨类、拟长毛钝绥螨,肉食性昆虫深点食螨瓢虫、草蛉、塔六点蓟马、小花蝽等。在允许的危害水平之下残留部分害螨,以保障天敌生存的必要条件。

4. 化学防治　在春季枸杞展叶期(4月中旬)、春季新梢生长期(5月上中旬)和秋季新梢生长期(8月中下旬),可选用的药剂有1.8%阿维菌素乳油300倍液、15%哒螨灵乳油1 500倍液、11%乙螨唑悬浮剂5 000倍液、50%硫磺悬浮剂300倍液等。每种药剂在一个生长季内使用次数最多2次,注意交替使用。

（何　嘉）

第六节　蝶、蛾类

取食药用植物叶片的蝶类和蛾类为鳞翅目昆虫。常见的有银纹夜蛾、斜纹夜蛾、金银花尺蠖、黄刺蛾、小菜蛾、菜粉蝶、黄凤蝶、柑橘凤蝶和地黄拟豹纹蛱蝶等。

蝶、蛾类主要以幼虫取食药用植物叶片,部分也危害花、果及茎秆。受害叶片常呈孔洞缺刻,发生严重时,可将叶片吃光,仅留下叶脉和叶柄。

蝶、蛾类

蝶、蛾类一生经过卵、幼虫、蛹和成虫4个虫期。1年发生多代。

蝶、蛾类的防治主要通过合理田间布局,清除被害枝条及叶片,清洁田园,人工摘除卵、幼虫和蛹;保护利用天敌和使用生物制剂;使用杀虫灯诱杀蛾类成虫,糖酒醋液和性引诱剂诱杀蝶、蛾类成虫;幼虫三龄前喷洒杀虫剂防治等方法。

银纹夜蛾

【分布与为害】银纹夜蛾 *Argyrogramma agnata* Staudinger,属鳞翅目,夜蛾科,又称黑点银纹夜蛾、豆银纹夜蛾、菜步曲、大豆造桥虫等。广泛分布于国内各地区,在黄河流域及长江流域发生较为严重。可危害泽泻、紫苏、地黄、紫菀、薄荷、水蓼、菘蓝等药用植物。以幼虫危害叶片,初孵幼虫叶背取食叶肉,残留上表皮;3龄后取食叶片成孔洞缺刻,也取食茎、花及果实;4龄后取食量增大,发生量大时可将全田叶片食光。取食时排泄粪便污染药用植物。

【形态特征】

1. 成虫　体长15~17mm,翅展32~36mm。头胸部灰褐色,前翅深褐色,中央有一银白色近三角形斑纹和一马蹄形银边褐斑,两斑靠近但不相连。后翅暗褐色,有金属光泽。

2. 卵　半球形,直径约0.5mm,白色至淡黄绿色,卵面具网纹状。

3. 幼虫　体淡绿色。头部绿色,两侧有黑斑。胸足及腹足皆为绿色,背线、亚背线白色,气门线黑色。第1、2对腹足退化,仅3对腹足,行走时体背拱曲,受惊时虫体卷曲呈"C"形或"O"形。

4. 蛹　长13~18mm。初期背面褐色,腹面绿色,末期整体黑褐色。腹部第1、2节气门孔突出。后足超过前翅外缘,达第4腹节的1/2处。腹末具8根臀棘。蛹体外具疏松白色丝茧(图12-13)。

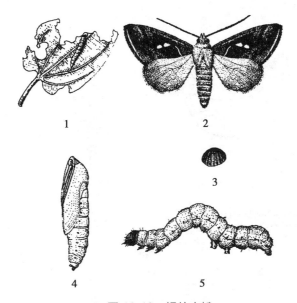

● 图 12-13 银纹夜蛾
1. 危害状; 2. 成虫; 3. 卵; 4. 蛹; 5. 幼虫

【生活史和习性】银纹夜蛾 1 年发生多代,有世代重叠现象。在宁夏每年发生 2~3 代,河北、江苏 3~4 代,杭州约 4 代,山东 5 代,河南、湖南、湖北、江西发生 5~6 代,广州 7 代。各地均以蛹在枯枝落叶下或土缝中越冬。在长江流域,第 1 代幼虫在 4 月下旬至 6 月上旬危害十字花科蔬菜和其他绿肥植物;第 2、3 代在 6 月中旬至 8 月中旬主要危害药用植物;第 4 代发生于 8 月中旬至 9 月中旬;第 5 代发生于 9 月上旬至 10 月中旬,可转移至其他作物为害,并以第 5 代幼虫在枯叶下或土缝中化蛹越冬。在气温 27℃、有补充营养的条件下,成虫寿命约 14 天,卵期 2.8 天,幼虫期 12.3 天,预蛹期 0.8 天,蛹期 6.6 天,整个历程约 37 天。成虫具有趋光性,将卵产于叶背,单产或数粒产一起。幼虫白天静伏,早晚或阴天为害,幼虫较活泼,有假死性。在长江流域以南,常存在春、秋两季两个发生危害高峰,田间常与小菜蛾、菜青虫等混合发生。

斜纹夜蛾

【分布与为害】斜纹夜蛾 *Spodoptera litura*(Fabricius),属鳞翅目,夜蛾科,又名莲纹夜蛾。斜纹夜蛾分布于全国各地区,可危害 99 科 290 余种植物,具多食性和暴食性,可危害人参、何首乌、西洋参、酸浆、黄芪、丝瓜、菘蓝等多种药用植物。以幼虫取食叶片、花蕾、花及果实。幼虫共 6 龄,危害叶片时,刚孵化幼虫集中在所产卵块周围叶背啃食叶肉,留下表皮,形成透明小斑;3 龄后分散,将叶片吃成小孔;4 龄以后进入暴食期,夜间取食,吃成大孔,仅留叶脉。

【形态特征】

1. 成虫 体长 16~21mm,翅展 37~42mm。前翅灰褐色,表面多斑纹,从前缘中部到后缘有一明显灰白色带状斜纹,后翅银白色(图 12-14)。

2. 卵 扁平球形,表面有网纹。卵粒常 3、4 层重叠形成卵块,上覆盖黄褐色绒毛。

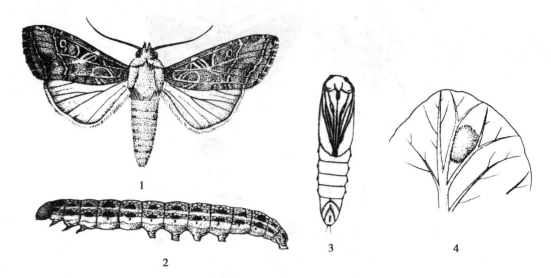

● 图 12-14　斜纹夜蛾

1. 成虫；2. 幼虫；3. 蛹；4. 危害状和卵块

3. 幼虫　老熟幼虫体长 35~47mm。头部黑褐色。体躯具黄色背线和亚背线，每体节亚背线内侧常有 1 对半月形黑斑，以腹部第 1、7 和 8 节黑斑最大。幼虫体色变化大，发生少时为淡灰绿色，大发生时为黑褐色或暗褐色。

4. 蛹　长 15~20mm，常赤褐色至暗褐色。腹端有臀棘 1 对，短且尖端不成钩状。

【生活史和习性】斜纹夜蛾 1 年发生多代，世代重叠。在我国南部广东、福建、台湾等省均可全年发生，无越冬现象。在华北 1 年 4~5 代，长江流域 5~6 代，云南 8~9 代。大多数以蛹在表土层中越冬，少数以老熟幼虫越冬。斜纹夜蛾为喜温而又耐高温的害虫，最适温度为 28~30℃，全国各地均在全年温度最高的季节发生危害严重，长江流域多在 7—8 月大发生，黄河流域 8—9 月危害重。成虫昼伏夜出，有趋光性，飞翔能力强，具季节性远距离迁飞习性。具趋化性，喜食糖酒醋液、发酵的胡萝卜、麦芽、豆饼等发酵物以及花蜜，对牛粪有较强的趋性。成虫需要补充营养，有无补充营养对产卵量影响很大。成虫产卵前期为 1~3 天，每雌可产卵 8~17 块，每个卵块有数十至数百粒卵，一般每雌产卵 1 000~2 000 粒。卵多产在植物中部叶片背面的叶脉分叉处，特别是生长比较高大、茂密的植株，浓绿的边际作物等着卵较多。幼虫一共 6 龄，在日平均温度 25℃时，发育历期为 14~20 天，初孵幼虫就近取食，有吐丝随风飘散的习惯，2、3 龄后分散为害，4 龄后为暴食期，取食量大。老熟幼虫在土层 3~7cm 处做一椭圆形土室入土化蛹。

【夜蛾类虫情调查】

1. 诱集　应用频振式杀虫灯或性诱剂诱集成虫，每日记载诱杀雌雄数量、性比，以及统计始盛期、盛期和盛末期。一般从 3 月至 10 月，每天进行诱集。

2. 田间发生消长调查　选择代表性田，每块任选 50 株。每 7~10 天调查 1 次。记载卵、幼虫及蛹数量。

金银花尺蠖

【分布与为害】金银花尺蠖 *Heterolocha jinyinhuaphaga* Chu，属鳞翅目，尺蛾科。在我国主要分布于河南、山东、安徽、浙江、陕西等金银花产地。金银花尺蠖为寡食性，仅取食忍冬科的植物，主要危害药用植物忍冬。初孵幼虫在叶背取食下表皮和叶肉组织，残留上表皮，使叶面呈白色透明斑。3 龄后取食叶片成不规则孔洞缺刻，5 龄进入暴食阶段，危害严重时将整株的叶片和花蕾吃光，表现为成片干枯状，造成大面积减产，甚至导致植株死亡。

【形态特征】

1. 成虫　雌蛾体长 9~10mm，翅展 11~12.5mm，触角线状，腹部肥大；雄蛾体长 10~11mm，翅展 11~12mm，触角羽状，腹部细小，末端具毛丛。体色有季节二型，春型（越冬代成虫）为灰褐色，夏型（第 1、2 代成虫）为杏黄色，但在第 2 代成虫中有少数个体表现为春型。前翅前缘略拱，外缘直；内横线紫棕色略呈波浪形；中室端部有一紫棕色圈；前缘顶角旁有一三角形紫棕色斑，下连一紫棕色宽带。后翅中线明显，紫棕色。前后翅外缘和后缘均有缘毛。胸部被黄色或淡褐色鳞毛，足黄色或淡褐色。腹部具有赭色小斑点（图 12-15）。

2. 卵　长约 0.77mm。椭圆形，表面光滑，略扁平，中央凹陷。初产时为米黄色，之后变为粉红色，再变成红色，孵化前变为灰黑色。

3. 幼虫　共 5 龄，初孵幼虫体黑色，各节有一点状横纹。老熟幼虫体长 21~25mm，体灰黑色或褐色。头黑色，单眼上方和内侧有白色纹或"T"形纹。前胸黄色，有黑斑 12 个，排成两排。背线、亚背线、气门上线、气门下线均为灰白色，气门线橘黄色。胸足黑色，基节黄白色，间有黄斑。腹足 2 对，黄色，外侧有不规则黑斑。

4. 蛹　纺锤状，9~12mm，初化蛹时为灰绿色，渐变黑褐色。腹末端具臀棘 8 根。

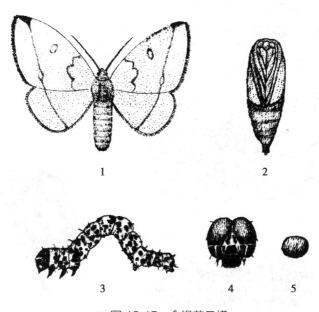

● 图 12-15　金银花尺蠖
1. 成虫；2. 蛹；3. 幼虫；4. 幼虫头部；5. 卵

【生活史和习性】1年发生 3~4 代,以幼虫和蛹在近土表枯叶下越冬。翌年 3 月下旬,越冬幼虫开始化蛹,当平均气温达到 10℃以上,越冬蛹开始羽化。第 1 代幼虫盛发期在 5 月上中旬,第 2 代在 7 月上中旬,第 3 代在 9 月下旬至 10 月上旬,9 月下旬起零星开始越冬。成虫一般在下午和晚上羽化,羽化后半小时便可飞行。成虫具有弱趋光性,多在夜晚和凌晨交尾,雌虫多数仅交尾一次,雄虫可交尾多次。交尾 6~8 小时后开始产卵,卵多产于忍冬叶片背面和枝条上。幼虫具有假死性,受到惊扰可吐丝下垂,片刻后收丝返回叶片继续取食。幼虫有转株为害习性。初孵幼虫可吐丝借风力扩散,低龄幼虫在叶背取食,仅留下透明的表皮,叶片呈现白色透明斑;老熟幼虫在表土或地表枯叶中结茧化蛹。降雨强度不大、温度偏高、潮湿和密闭的气候容易导致金银花尺蠖的大暴发。

金银花尺蠖的天敌主要有卵寄生的黑卵蜂,幼虫-蛹期寄生的有弧脊姬蜂和啮小蜂。寄生天敌中,以弧脊姬蜂的寄生率较高。捕食性天敌有螳螂、蚂蚁、鸟类等。

黄刺蛾

【分布与为害】黄刺蛾 *Cnidocampa flavescens*(Walker),属于鳞翅目,刺蛾科,俗称刺蛾、洋辣子、刺毛虫、八角虫、白刺毛、毛甲子、羊蜡罐等。目前国内除甘肃、宁夏、西藏、青海外,其他省区均有分布。主要危害山茱萸、杜仲、贴梗海棠、酸枣、忍冬等药用植物,此外在梨、桃、杏、柿、杨、柳等多种林木上也有危害。低龄幼虫常群集于叶背面蚕食叶肉,留下上表皮,形成网状透明斑块。高龄幼虫将叶吃成缺刻,严重时仅剩叶脉。

【形态特征】

1. 成虫 体长 13~16mm,展翅 30~34mm。头部小,雌虫触角丝状,雄虫双栉齿状。头和胸呈黄色,腹部黄褐色。前翅内半部黄色,外半部褐色,自顶角向后缘伸出两条棕褐色斜线,呈倒"V"形。中室端部有 1 个暗褐色圆点(图 12-16)。

2. 卵 长 1.5mm,扁椭圆形,一头略尖,初产时呈黄白色,后变为黄绿色。

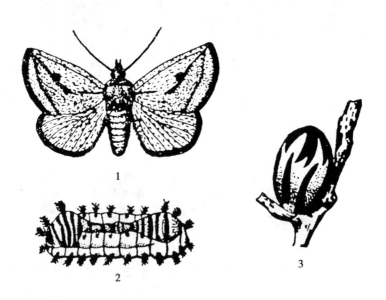

● 图 12-16 黄刺蛾
1. 成虫;2. 幼虫;3. 茧

3. 幼虫　老熟幼虫 19~25mm,体粗大,头黄褐色,胸黄绿色。体背有 1 个哑铃形紫褐色斑。体表自第 2 节至末节背线两侧各有 1 对肉质枝刺,其中第 3、4、10 节中间的两个肉质突起特别大。臀板上有 2 个黑点,腹足退化,胸足细小。第 1~7 节腹节腹面中间各具有 1 个扁圆形"吸盘"。

4. 蛹　被蛹,椭圆形,13~15mm,淡黄色。蛹位于卵形石灰质茧内。

5. 茧　椭圆形,质坚硬,黑褐色,形似鸟蛋,有 6~7 条灰白色不规则纵条纹。

【生活史和习性】1 年发生 1~2 代,以老熟幼虫在枝条及树干的粗皮裂缝中结茧越冬。越冬代成虫于翌年 6—7 月开始出现。成虫夜间活动,具趋光性,羽化后不久即可在夜间交配产卵。卵一般产于叶背,常以十几粒或几十粒聚集结块,卵期为 7~10 天。初孵幼虫集中取食叶片下表皮和叶肉,幼虫长大后分散,取食叶片呈缺刻、孔洞。第 1 代幼虫为害盛期为 7 月上旬;第 2 代幼虫为害盛期为 8 月上旬。8 月下旬,老熟幼虫陆续开始结茧越冬。茧开始时透明,可见茧内幼虫,后成不透明硬茧。茧初为灰白色,不久变褐色,并具白色纵纹。黄刺蛾的天敌有上海青蜂 *Chrysis shanghaiensis* Smith、黑小蜂 *Eurytoma monemae* Ruschka、健壮刺蛾寄蝇 *Chaetexorista eutachinoides* Baranov 等,其中以上海青蜂寄生率高,外寄生于刺蛾幼虫体上。

小菜蛾

【分布与为害】小菜蛾 *Plutella xylostella*(Linnaeus),属鳞翅目,菜蛾科。又称菜蛾、小青虫、两头尖、吊丝虫。小菜蛾为世界性害虫,国内分布广泛。小菜蛾主要危害十字花科植物,是菘蓝等药用植物的重要害虫。主要以幼虫取食植物叶片,幼虫共 4 龄,初孵幼虫潜食叶肉;2 龄取食叶肉留下表皮,被害叶片出现透明斑块;3~4 龄可将整个叶片咬食成孔洞缺刻,导致产量下降。

【形态特征】

1. 成虫　体长 6mm,翅展 12~15mm,体灰褐色或黄褐色。触角丝状,褐色且有白纹;前后翅狭长,具长缘毛。前翅后缘有黄白色三度曲折的黑色波浪纹,静止时翅呈屋脊状覆盖于体背,灰白色的部分组成 3 个菱形斑(图 12-17)。

2. 卵　长 0.5mm,椭圆形。表面光滑,初产时乳黄色,后变成黄绿色。多散产于叶背。

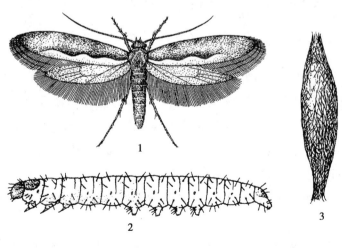

● 图 12-17　小菜蛾
1. 成虫;2. 幼虫;3. 蛹

3. 幼虫　共4龄。老熟幼虫体长10mm左右,呈纺锤状,两头略尖,体表有稀疏刚毛,头部黄褐色,前胸背板有淡褐色小点组成的两个"U"形纹,臀足延伸超过腹端。

4. 蛹　长3~8mm,黄绿色至灰褐色,外被白色丝网状薄茧,两头通透。

【生活史和习性】1年发生3~19代不等,在北方普遍发生3~5代,长江流域9~14代,华南17代。以蛹在北方越冬,在南方无越冬现象。具迁飞性,当温度不适宜或环境恶劣时亦无法越冬,次年虫源会从外地迁入。

长江下游地区一年有两个危害高峰,但秋季危害明显大于春季危害,北方则以春季危害为主。小菜蛾的大量发生与十字花科植物的大面积栽种时间密切相关。一般在菘蓝整个生长季节成虫和幼虫都有发生。

成虫通常夜晚活动,有趋光性,飞翔力弱,但可借风力作较远距离的迁飞。成虫羽化后当天即可交尾,雌、雄均可多次交配。每雌平均产卵200粒左右,最高可达600粒。卵散产或3粒左右聚集产于叶背。产卵有较强的寄主选择性,喜趋向含有异硫氰酸酯类化合物的植株上产卵。初孵幼虫在叶片内取食叶肉,留下透明的表皮,形成透明斑;3龄之后,幼虫会将叶片吃成孔洞或缺刻状。幼虫活泼好动,受到惊吓会吐丝下垂或倒退。

小菜蛾适应能力强,在0~40℃均可存活,最适温度在20~30℃。小菜蛾抗寒能力强,喜干旱。潮湿多雨的气候不利于小菜蛾的发生,尤其是低龄幼虫和卵会由于雨水的冲刷导致死亡或无法发育。小菜蛾对食物质量要求极低,老叶黄叶均能完成发育。

菜蛾的天敌很多,重要的寄生性天敌有菜蛾绒茧蜂和菜蛾啮小蜂,自然寄生率很高。此外,幼虫还有菜蛾颗粒体病毒病。

菜粉蝶

【分布与为害】菜粉蝶 *Pieris rapae*(Linnaeus),属鳞翅目,粉蝶科。成虫又名菜白蝶、白粉蝶,幼虫俗称菜青虫。国内广泛分布。幼虫食性广泛,嗜食十字花科植物,可危害菘蓝、羽衣甘蓝、旱金莲、大丽花等药用植物,尤其在菘蓝上危害严重。幼虫共5龄,2龄前仅啃食叶肉,留下一层透明表皮,3龄后蚕食叶片形成孔洞或缺刻,4龄后进入暴食期,严重时叶片全部被吃光,仅剩下叶脉和叶柄。高龄幼虫排泄粪便残留在植株上,可引起植物腐烂,严重降低产量和品质。

【形态特征】

1. 成虫　体长12~42mm,翅展45~55mm,体躯黑色。翅白色,顶角有1个三角形黑斑,中室外侧有一前一后2个黑色圆斑。雌虫体型较大,前翅的2个黑斑明显,前翅前缘和基部大部分灰黑色。后翅基部灰黑色,前缘有1个黑斑,翅展开时与前翅后方的黑斑相连接。雄虫前翅正面灰黑色部分较小,翅中下方的2个黑斑仅前面一个较明显。成虫常有季节二型的现象,即有春型和夏型之分,春型翅面黑斑小或消失,夏型翅面黑斑显著(图12-18)。

2. 卵　长1mm,瓶状,初淡黄色,后变为橙黄色,最后为淡紫灰色。顶部较尖,表面有12~15条纵行隆起线。

3. 幼虫　老熟幼虫28~35mm,全身青绿色,背线淡黄色,腹部各节有4~5条横纹。身体表面分布黑色小毛瘤,两侧气门线各具1列黄色斑点。

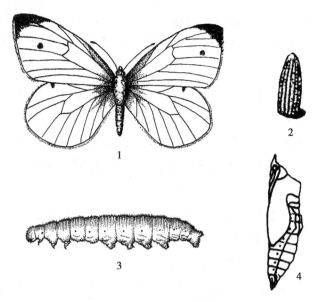

● 图 12-18　菜粉蝶
1 成虫；2. 卵；3. 幼虫；4. 蛹

4. 蛹　长 18~21mm，纺锤状，绿色或褐色。头部前端中央有一管状突起，腹部两侧各有一黄色脊，第 2、3 腹节的脊呈角状突起。

【生活史和习性】1 年发生 4~9 代，发生世代数由北到南逐渐增加。东北和华北地区 1 年发生 4~5 代，长江流域 7~9 代，以蛹在秋季危害地附近的屋墙、篱笆、风障、树皮缝内、砖石、土块、杂草或残枝落叶间越冬。华南地区无越冬现象。由于越冬蛹较分散，环境差异大，越冬代成虫羽化时间不一致，一般长江中、下游地区 3 月中旬之后可见成虫，越冬代成虫出现期可长达 1 个月以上，世代重叠。在南方以春末夏初（4—6 月）和秋初（9—11 月）两次盛发，华北 5—6 月和 8—9 月，东北地区则在 7—9 月盛发。

成虫白天活动，以晴朗无风的白天中午活动最盛，喜欢栖息在白色花朵上。羽化当天即可交配，卵散产于叶片上，以叶背居多，产卵前期 1~4 天，产卵期 3~7 天。雌虫产卵量与气候和补充营养有关，多则 180 粒左右，少则数粒。气温低于 15℃ 则无法产卵，最适产卵温度在 25~28℃。

成虫寿命 2~5 周。幼虫 5 龄，初孵幼虫具取食卵壳习性，取食叶肉后会留下透明表皮。4~5 龄幼虫进入暴食期，咬食叶片成孔洞缺刻。幼虫具假死性，低龄幼虫受惊后有吐丝下坠，高龄幼虫遇惊扰蜷缩身体坠地。幼虫老熟时爬至隐蔽处，先分泌黏液将臀足黏住固定，再吐丝将身体缠住后化蛹。菜粉蝶喜温暖少雨的气候条件，夏季高温暴雨不利于初孵幼虫存活。

菜青虫天敌种类很多，主要有寄生性昆虫和病原微生物类。如寄生于菜青虫幼虫体内的菜粉蝶绒茧蜂、日本追寄生蝇，寄生于菜粉蝶蛹体内的粉蝶金小蜂、广大腿蜂等。另外还有寄生于幼虫的菜青虫颗粒体病毒。

【菜青虫和小菜蛾虫情调查】在十字花科药用植物生长季节，每 5 天调查 1 次，采用五点式或"Z"形取样，每块地调查 10 点，每点调查 5 株。记载卵、幼虫和蛹的数量。

柑橘凤蝶

【分布与为害】柑橘凤蝶 *Papilio xuthus* Linnaeus，属于鳞翅目，凤蝶科，又名花椒凤蝶。全国除新疆外均有分布。柑橘凤蝶主要取食芸香科植物,对柑橘类、吴茱萸、茴香、佛手、黄檗、花椒等药用植物均有危害。幼虫取食嫩叶和嫩芽,严重时吃光新梢树叶,对苗木、幼树影响极大。

【形态特征】

1. 成虫　体长 27mm,翅展 70~100mm。淡绿色或暗黄色。体背中间有黑色纵纹,两侧黄白色。前翅黑色近三角形,具黄白色斑纹。前翅中室有放射状斑纹(此为与黄凤蝶最明显区别),外缘有黄色波形纹,其内有 8 个由小渐大的黄斑;后翅黑色,近外缘有 6 个新月形黄斑,基部有 8 个黄斑,后翅基半部的斑纹与中室间距宽;臀角处有 1 个橙黄色圆斑,圆斑中心有黑点,翅末具尾突(图 12-19)。

2. 卵　近球形,直径 1.2~1.3mm,无明显棱脊。初产时黄白色,后变为黑灰色。

3. 幼虫　共 5 龄。4 龄前黑褐色,有白色斜带纹,形似鸟粪。4 龄后,黄绿色,后胸背面两侧有蛇形斑,中间有 2 对马蹄形纹。臭腺橙黄色。

4. 蛹　长 29~32mm,纺锤状,体色与生存环境有关,一般有鲜绿色、淡绿色、黄白色,且有褐色。头顶具角状突起,中间凹陷较深。

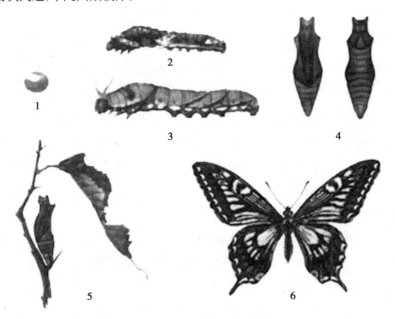

● 图 12-19　柑橘凤蝶
1. 卵;2、3. 幼虫;4. 蛹;5. 危害状;6. 成虫

【生活史和习性】1 年发生 3~6 代,长江流域及以北地区年生 3 代,江西 4 代,华南地区 6 代,以蛹在枝上、叶背等隐蔽处越冬。1 年发生 3 代地区,越冬代成虫于 5、6 月出现,第 1 代 7、8 月出现,第 2 代 9、10 月出现。

在黑龙江,大约 1 年发生 2 代,以蛹在树枝上越冬。第 2 年 5 月下旬出现成虫(春型),卵产在黄檗叶上,散产。幼虫发生于 6—7 月,7—8 月出现第 2 代成虫(夏型),8—9 月出现第 2 代幼虫,10 月初第 2 代幼虫老熟并在树枝上化蛹越冬。

成虫多上午羽化,羽化当天即可交尾,白天活动,善于飞翔,有访花习性,喜食花蜜。卵散产于嫩芽或叶背,单雌产卵量在 30~200 粒。产卵过程迅速,产下卵后即飞离,一般同一叶片只产 1 粒卵,但会在同一植株邻近叶片产卵。卵期约 7 天。幼虫期 15~24 天,孵化后有取食卵壳的习性。

幼虫共 5 龄,孵化后幼虫即在芽叶上取食,5 龄后进入暴食期,倾向取食较老叶片,取食被害状呈锯齿状,有时也取食主脉,一头 5 龄幼虫每昼夜可取食 5~6 片叶。遇到惊吓会伸出臭腺,散发出刺激性气味。老熟后多在隐蔽处化蛹,蛹斜立枝干上,一端固定,另一端悬空,有丝缠于枝干上。蛹期一般 9~15 天。越冬代老熟幼虫于 9 月中旬至 10 月化蛹进入越冬期,越冬蛹期 140~156 天。

柑橘凤蝶蛹期的天敌有金小蜂和广大腿小蜂,寄生率很高,对凤蝶发生起一定的抑制作用。

黄凤蝶

【分布与为害】黄凤蝶 *Papilio machaon* Linnaeus,属于鳞翅目,凤蝶科,又名茴香凤蝶、金凤蝶、胡萝卜凤蝶、黄杨羽、芹菜凤蝶、黄纹凤蝶,幼虫又叫茴香虫。全国均有分布。主要危害芸香科和伞形科植物,对防风、白芷、珊瑚菜、小茴香等药用植物均有危害。幼虫啃食嫩叶、嫩芽、花及果实,受害严重时,仅剩下花梗和叶柄,严重影响植株生长。

【形态特征】

1. 成虫　有春型、夏型之分。春型体长 25mm,翅展 82mm;夏型体长 32mm,翅展 94mm。体黄色,背脊有黑色宽纵纹,前后翅具有黑色和黄色斑纹,前翅中室基部无纵纹,后翅近后缘有蓝色斑纹并有一红斑,后翅各斑与中室间距窄(图 12-20)。

2. 卵　圆球形,长约 1.2mm,表面光滑无花纹,初产淡黄色,孵化前呈紫黑色。

3. 幼虫　共 5 龄,幼龄时黑色,有白斑,形似鸟粪。老熟幼虫 52~55mm,体黄绿色,粗壮,后胸及第 1 腹节略粗。体表光滑无毛,各体节背面有短黑横纹,短黑横纹之间有橙红色圆点 6 个,色泽鲜艳醒目。

4. 蛹　长 30~35mm,黄褐色或草绿色,表面粗糙,具有条纹。头上有两个角状突起,胸背和侧面也有突起,气门淡土黄色。

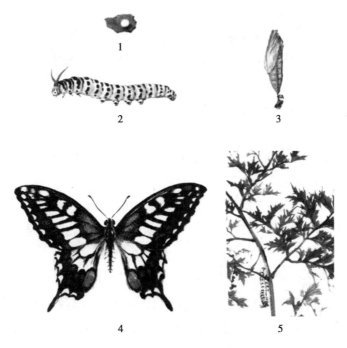

● 图 12-20　黄凤蝶
1. 卵;2. 幼虫;3. 蛹;4. 成虫;5. 危害状

【生活史和习性】每年发生代数因地而异。在高寒地区每年通常发生 2 代,温带地区 1 年可发生 3~4 代。以蛹在枝条或地面枯叶越冬。在甘肃地区,翌年春季 4—5 月羽化。第 1 代 5—6 月发生,第 2 代 8—9 月发生,9—10 月幼虫老熟后在枝干上化蛹越冬,越冬蛹也可随叶片落到地面。成虫善飞翔,一般白天羽化且喜欢白天活动,夜间和雨天多倒挂在树丛隐蔽处。成虫喜欢访花吸蜜,有饮水习性,可聚集水洼地吸水。成虫寿命 9~10 天,雄蝶一般比雌蝶早羽化,羽化后 1~2 天交配,产卵期 2~3 天,卵多分散产于寄主植物茎干或叶背,每雌产卵量 40~50 粒。幼虫期一般 18~20 天,初孵幼虫有取食卵壳的习性,一般白天静伏于叶背或枝叶茂密处,夜间活动取食叶片。受到惊吓后会从前胸伸出臭腺,渗透出臭液。老熟幼虫多在叶背或杂草中化蛹,颜色青绿不易在化蛹环境中辨认,蛹期一般 11~15 天。

【蝶类的虫情调查】调查多年生的草本药用植物虫情,每块田选 5 点,每点 5~10 株,3~5 天检查 1 次,检查幼虫数量和为害率,当 100 株有虫 5~10 头,应施药防治。对木本药用植物,可选择一定数量的叶片检查,发现虫口数量较多,植株开始受害时施药防治。

【蝶、蛾类的防治措施】

1. 农业防治　合理布局,尽量避免连作。避免十字花科植物周年连作可减轻小菜蛾、菜青虫的发生。加强田间管理,及时摘除带虫枝、叶。针对低龄夜蛾幼虫聚集习性,可人工摘除夜蛾卵块和聚集幼虫较多的叶片。凤蝶类幼虫和蛹易于识别,可人工捕杀幼虫和蛹。小菜蛾对营养要求极低,注意清洁田园。秋季对末代幼虫发生较多的田块进行冬耕深翻,深埋或翻出地表的蛹则无法羽化或被天敌取食,可直接消灭部分夜蛾的越冬蛹。合理剪除枯老枝、病残枝,改善通风透光条件,可减轻金银花尺蠖发生,也可利用金银花尺蠖假死性组织人工捕杀。防治刺蛾在树干处采用绑草等物理手段阻止老熟幼虫结茧,并及时处理;冬季及时清园,刮除虫茧。

2. 生物防治　包括保护利用天敌和喷施生物制剂。小菜蛾被寄生后网状薄茧内蛹为寄生蜂蛹,极易与小菜蛾被蛹区分,可收集寄生蜂蛹加以保护利用。柑橘凤蝶幼虫的天敌有凤蝶金小蜂和广大腿小蜂等,为保护天敌可将柑橘凤蝶蛹放在纱笼里置于园内,寄生蜂羽化后飞出再行寄生,也可人工释放赤眼蜂等天敌防治蝶、蛾幼虫。多种生物制剂对蝶、蛾类幼虫均有较好的防治效果,如斜纹夜蛾核型多角体病毒、小菜蛾颗粒体病毒,白僵菌、绿僵菌及玫烟色棒束孢等真菌制剂,苏云金杆菌等细菌制剂等。防治小菜蛾可采用小菜蛾性信息素诱杀成虫。

3. 物理防治　利用蛾类的趋光性用频振式杀虫灯进行诱杀,利用蝶、蛾成虫趋化性设糖醋酒毒液诱杀成虫。

4. 化学防治　蝶、蛾类幼虫 3 龄前防治效果较好。可选用 10% 虫螨腈悬浮剂、3% 甲氨基阿维菌素苯甲酸盐悬浮剂、80% 敌百虫可溶液剂、10% 溴氰虫酰胺可分散油悬浮剂、1% 苦皮藤素水乳剂和 1% 印楝素水分散粒剂等防治斜纹夜蛾和银纹夜蛾;15% 茚虫威悬浮剂、5% 阿维菌素微乳剂、4.5% 高效氯氟氰菊酯乳油、60% 乙基多杀菌素悬浮剂、10% 溴氰虫酰胺悬乳剂、3% 甲氨基阿维菌素苯甲酸盐悬浮剂等防治小菜蛾和菜青虫;1.5% 苦参碱水剂和 20% 氰戊菊酯乳油防治凤蝶;4.5% 高效氯氰菊酯乳油防治金银花尺蠖;4.5% 高效氯氰菊酯乳油和 2.5% 溴氰酯乳油等防治黄刺蛾。

（蒋春先）

第七节　甲虫

食叶甲虫属鞘翅目。药用植物常见食叶甲虫有瓢甲科的马铃薯瓢虫、茄二十八星瓢虫和叶甲科的枸杞负泥虫。

食叶甲虫是药用植物重要的叶部害虫。以成虫、幼虫取食药用植物叶片、新芽和嫩叶,严重时吃光叶片,仅剩叶脉和茎秆,严重影响药用植物的产量和质量。

食叶甲虫一生经过卵、幼虫、蛹和成虫4个发育阶段。1年发生1至多代,多以成虫在土壤根际及土缝内越冬。

防治食叶甲虫需采用重点消灭群集越冬虫源,利用成虫假死性捕杀,保护利用天敌和幼虫分散危害前进行化学防治等方法。

马铃薯瓢虫、茄二十八星瓢虫

【分布与为害】马铃薯瓢虫 *Henosepilachna vigintioctomaculata*（Motschulsky）、茄二十八星瓢虫 *Henosepilachna vigintioctopunctata*（Fabricius）,属鞘翅目,瓢甲科。马铃薯瓢虫在国内大部分地区都有分布,黄河以北的北方各地发生较多,可危害栝楼、曼陀罗、枸杞、酸浆、黄芪等药用植物。茄二十八星瓢虫分布在我国东部地区,长江以南多见。可危害曼陀罗、枸杞、酸浆等药用植物。两种瓢虫成虫、幼虫均可啃食叶片、果实和嫩茎,被害叶片仅留叶脉和一层表皮,形成透明密集的条痕,状如罗底,后变为褐色斑痕,或将叶片吃成穿孔,严重时叶片枯萎。果实受害则被啃食成许多凹纹,逐渐变硬而粗糙,并有苦味,失去商品价值。

瓢虫

【形态特征】马铃薯瓢虫与茄二十八星瓢虫形态如下（表12-1,图12-21）。

表 12-1　马铃薯瓢虫和茄二十八星瓢虫形态比较

虫态	马铃薯瓢虫	茄二十八星瓢虫
成虫	体长7~8mm,半球形。前胸背板中央有1剑状纵行黑斑,两侧各有2个小黑斑(有时合并为1个)。每鞘翅各有14个黑斑,鞘翅基部3个黑斑后面4个斑均不在一条直线,两鞘翅缝处有1对或2对黑斑互相接触	体长5.2~7.4mm,半球形。前胸背板中央有1条横行的双菱形黑斑,其后方有1个黑点。每鞘翅上有14个黑斑,但鞘翅基部3个黑斑后方的4个黑斑在一条直线上,两鞘翅缝处的黑斑不互相接触
卵	长约1.4mm,子弹形,初产时鲜黄色,后变黄褐色,卵粒排列较疏松	长1.2mm,子弹形,初产淡黄色,后变黄褐色,卵块中的卵粒排列较密集
幼虫	体色为鲜黄色,椭圆形、纺锤形。老熟幼虫9mm,体背各节有黑色枝刺,前胸及第8、9腹节上各有枝刺4个,其余各节有枝刺6个,各枝刺上有6~8个小刺。体上枝刺大部分为黑色,各枝刺有黄褐色环纹,但接近枝刺的环纹常合一	初龄幼虫淡黄色,后变为白色,纺锤形,背面隆起,体背各节生有整齐的枝刺,枝刺为白色,基部有黑褐色环纹
蛹	蛹较大,体长6~7mm,扁平椭圆形,淡黄色,上有黑色斑纹,有2根尾刺。尾端包有末龄幼虫的蜕皮,枝刺明显可见	蛹长约5.5mm,淡黄色,椭圆形,尾端包着末龄幼虫的蜕皮,背面有淡黑色斑纹

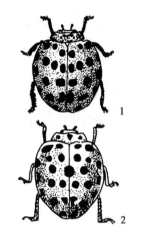

● 图 12-21　马铃薯瓢虫
与茄二十八星瓢虫
1. 茄二十八星瓢虫；2. 马
铃薯瓢虫

【生活史和习性】

1. 马铃薯瓢虫　马铃薯瓢虫在北方1年发生1~2代,在南方1年4~6代。均以成虫在背风向阳的山洞、树洞、石缝、墙缝、土缝,以及杂草、灌木、树根、屋檐等缝隙中越冬,群集越冬习性明显。在华北地区,越冬成虫于5月中、下旬出蛰活动,先在附近的龙葵等茄科杂草上取食栖息,然后陆续迁移到马铃薯、茄子和药用植物上为害。6月上、中旬为第1代卵发生盛期。6月下旬至7月上旬为第1代幼虫为害盛期。第1代成虫于7月下旬至8月上旬发生。8月中旬为第2代幼虫为害盛期。第2代成虫于9月中旬开始迁移越冬,10月上旬基本上全部进入越冬状态。成虫早晚静伏,白天活动和取食,以10—16时最为活跃。假死性强,受惊动时落地不动,并分泌黄色黏液。成虫羽化后3~4天开始交配,一生交配多次,交配后2~3天开始产卵。成虫于叶背产卵,单层直立排列成块,常20~30粒在一起,但卵粒排列较疏松。每雌产卵26~931粒,平均约300粒,成虫具食卵习性。马铃薯瓢虫成虫必须取食马铃薯叶片才能正常产卵。幼虫共4龄,1龄幼虫多群集叶背取食,2龄后分散为害。1~2龄食量较小,3~4龄食量大增。幼虫行动迟缓,多在叶背群集为害。幼虫老熟后多在植株基部的茎或叶背、附近杂草、地面化蛹。化蛹前,将尾端用分泌液黏在植物上,脱下的皮亦黏在尾端。

2. 茄二十八星瓢虫　茄二十八星瓢虫在长江流域及以南年发生4~6代。以成虫群集在杂草、松土、篱笆、老树皮、墙缝等的间隙中越冬,以散居为主,也有群集现象。翌年3月下旬至4月上旬越冬成虫先在龙葵、白英、灯笼草等野生茄科植物上活动、取食,而后陆续转至酸浆、曼陀罗等茄科药用植物及马铃薯上取食。夏季天热又迁到阴凉处生长的茄科植物上活动、取食、繁殖。白天、夜间均可羽化,但以白天为多。成虫取食不分昼夜,有假死性,飞翔能力差。羽化后3~4天开始交配,一生可交配多次。产卵都在白天进行,卵产于叶背,单层排列成块,每块有卵4~85粒,平均32粒。一头雌虫一生最高可产1 000粒卵。卵块中卵粒排列较马铃薯瓢虫的紧密。幼虫共4龄,初孵幼虫在卵块附近活动、取食,2、3龄逐渐散开。幼虫有自相残杀习性。老熟幼虫在叶背、茎等部位化蛹。

【虫情调查】两类害虫的卵、幼虫和蛹均呈聚集分布,采用平行跳跃式取样或棋盘式取样法调查。在5—8月,选择有代表性田块,调查至少50株。记录卵块、幼虫、蛹及成虫数量,每隔3~5天调查1次。

【马铃薯瓢虫和茄二十八星瓢虫的防治措施】

1. 农业防治　重点消灭越冬虫源,清除越冬场所,清理田间残株和杂草,集中烧毁,利用马铃薯瓢虫和茄二十八星瓢虫成虫群集越冬的习性,在冬春季节检查成虫越冬场所,捕杀越冬成虫。深耕晒土,降低土壤中越冬虫量。

2. 物理防治　利用成虫具有假死性,用器皿承接并扣打植株使之坠落收集消灭,中午时间效果较好。根据产卵集中、卵块颜色鲜艳容易发现的特点,人工摘除卵块。

3. 生物防治　两类瓢虫的捕食性天敌有草蛉、胡蜂、蜘蛛等,夏季成虫期还常被白僵菌或绿僵菌寄生,可在田间加以保护利用。另外也可使用绿僵菌、白僵菌、苏云金杆菌等生物制剂进行防治。

4. 化学防治　在马铃薯瓢虫和茄二十八星瓢虫越冬成虫发生期至第1代幼虫孵化盛期喷药,最好在幼虫分散为害之前进行防治。常用药剂有5%氯氰菊酯乳油、20%氰戊菊酯乳油、2.5%溴氰菊酯乳油等喷雾防治。在药剂防治时要特别注意向叶背施药。

（蒋春先）

枸杞负泥虫

【分布与为害】枸杞负泥虫 *Lema decempunctata* Gebler,属叶甲科,又名十点叶甲、稀屎虫。分布于宁夏等华北各地,枸杞专食性害虫。枸杞负泥虫为暴食性食叶类害虫,以成虫、幼虫取食叶片,造成不规则的缺刻或孔洞,并在被害枝叶上排泄粪便,严重时全部吃光,仅剩叶脉,造成枝条干枯,枸杞树无法正常生长。

【形态特征】

1. 成虫　体长5.6mm,头胸狭长,鞘翅宽长,触角、头、胸黑色,有刻点,鞘翅黄褐色,刻点纵列,有10个黑色斑点,故又名十点叶甲,不同个体,黑点数目有消失不全,甚至全无黑点（图12-22）。

2. 蛹　长5mm,浅黄色,腹端有刺毛2根。

3. 幼虫　体长7mm,灰黄色,腹部各节具1对吸盘,使之与叶面紧贴,背负污绿色粪便,老熟后在植株下土中结白色的茧化蛹。

4. 卵　橙黄色,长圆形。

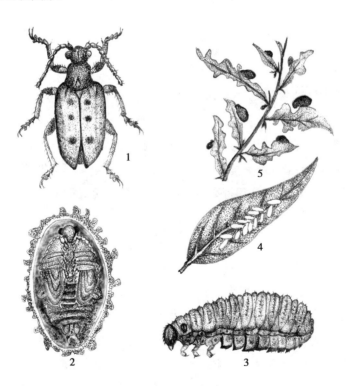

枸杞负泥虫

● 图 12-22　枸杞负泥虫
1. 成虫；2. 蛹；3. 幼虫；4. 卵；5. 枸杞被害状

【生活史和习性】1年发生3~4代,以蛹和成虫在被害植株下的土层里越冬,深度3~5cm。4月下旬越冬成虫出土,交尾产卵,卵产在叶片上,正反两面均可产卵,一般10粒左右,呈"人"形排列;5月中旬至9月间各虫态可见,世代重叠。成虫具有假死性,轻轻振动枝条即坠地不动,成虫不善飞行,取食、求偶活动均爬行。幼虫老熟后入土吐白丝黏合土粒结茧化蛹。10月下旬当代蛹和成虫土中越冬。

【虫情调查】五点取样,每点随机调查2~5株枸杞树,每株在东、西、南、北、中五个方位上随机抽取1个枝条,调查记录每枝条顶梢30cm范围内枸杞负泥虫的虫态和虫口数量。

【防治措施】

1. 农业防治　冬季成虫和老熟幼虫越冬后清理树下的枯枝落叶及杂草,早春越冬蛹和成虫出蛰前,清洁田园,结合浅耕,翻耕树下土壤以消灭越冬成虫,可有效降低越冬虫口数量。春夏生长季结合修剪除掉带有幼虫的枝条和叶片,合理施肥,增加土壤有机质含量,注重氮、磷、钾等营养元素的均衡,提高树势增强免疫力。

2. 化学防治　在负泥虫的幼虫始发期采用药剂防治,可以使用的药剂有1.8%阿维菌素乳油1 000倍液、2.5%高效氯氟氰菊酯微乳剂1 250倍液等。

3. 生物防治　在幼虫期有皱长凹姬蜂 *Diaparsis multiplicator* Aubert 和民权长凹姬蜂 *D. minquanensis* Sheng et Wu 寄生。姬蜂羽化期与寄主羽化期相似或稍迟。一般年份寄生率可达20%~30%。由于天敌多出现在6月中下旬,所以这期间应避免大量使用化学农药。在田园周围种植蜜源植物招引天敌,发挥天敌对害虫的自然控制能力。根据负泥虫的体背上经常覆盖有茶褐色虫屎的特性,可使用昆虫病原线虫进行防治。可使用的生物农药有0.3%印楝素乳油600~800倍液、1.5%除虫菊素乳油600~800倍液、0.5%苦参碱可溶性液剂1 000倍液。

(何　嘉)

第八节　潜叶害虫

潜叶害虫主要包括鳞翅目潜叶蛾类和双翅目潜叶蝇类等害虫,以幼虫潜入叶片内部取食叶肉,使叶片上形成弯曲的潜道。这类害虫一般体型较小,危害前期不易发现,后期叶片枯死或脱落,影响植株正常生长。我国危害药用植物的潜叶害虫主要为豌豆潜叶蝇。

豌豆潜叶蝇

【分布与为害】豌豆潜叶蝇 *Phytomyza atricornis*(Meigen),属双翅目,潜蝇科,又名油菜潜叶蝇、豌豆植潜蝇、刮叶虫、夹叶虫、叶蛆等。豌豆潜叶蝇除新疆、西藏未见报道外,分布在国内大部分地区。可危害菊花、红花、菘蓝、扁茎黄芪、补骨脂、牛蒡、丝瓜等药用植物。幼虫钻入叶片中取食叶肉,受害叶被害处只剩下叶片上下两层表皮,形成迂回曲折的白色虫道,内有细小的颗粒状虫粪,蛀道端部可见椭圆形、淡黄白色蛹。受害严重植株,叶片布满蛀道,造成叶片枯萎早落,产量下降。除危害叶片外,幼虫还能潜食嫩荚和花枝。成虫可吸食植物汁液,被吸处呈小白斑点状。

【形态特征】

1. 成虫 体长 1.8~3mm,翅展 5~7mm。全体暗灰色,疏生黑色刚毛。头部黄褐色,复眼红褐色。触角黑色,触角芒细长无毛。胸腹部灰褐色,胸部发达、隆起,背部生有 4 对粗大的背鬃,小盾片三角形,其后缘有小盾鬃 4 根,排列成半圆形。前翅半透明,白色有紫色闪光。平衡棒黄色或橙黄色。雌虫腹部较肥大,末端有漆黑色产卵器。雄虫腹部较瘦小,末端有 1 对明显的抱握器(图 12-23)。

2. 卵 长约 0.3mm,长椭圆形,灰白色。略透明,表面有皱纹。

3. 幼虫 蛆状,圆筒形,老熟时体长 2.9~3.5mm,初孵幼虫乳白色,后变黄白色。前气门呈叉状,向前方伸出;后气门位于腹部末端背面,为 1 对极明显的小突起,末端褐色。

4. 蛹 长 2.1~2.6mm,长扁椭圆形,蛹壳坚硬,初为黄色,以后变为黑褐色。

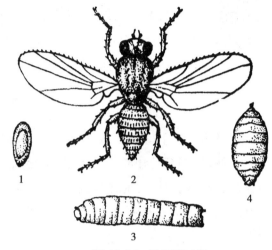

● 图 12-23 豌豆潜叶蝇
1. 卵;2. 成虫;3. 幼虫;4. 蛹

【生活史和习性】豌豆潜叶蝇在华北每年发生 4~5 代,淮河以及长江流域发生 10 余代。北方地区以蛹在寄主组织中越冬;华南地区较温暖,可周年发育繁殖。越冬代成虫早春主要危害豌豆、油菜等,以后迁移到红花、菘蓝等药用植物上。成虫白天活动,能迅速爬行和飞行,出没在各寄主植物间,吸食花蜜和叶片汁液作营养补充,对黄色有较强趋性。夜间静伏于枝叶等隐蔽处,但在气温达 15~20℃ 的晴天晚上或微雨之后仍可爬行或飞翔。成虫羽化后 36~48 小时交尾,交尾后 1 天就可开始产卵。卵多产于叶片背面边缘的叶肉内,每处只产 1 粒卵。1 只雌蝇一生可产卵 50~100 粒。幼虫共 3 龄期,幼虫从叶缘向内取食叶肉,只留下上下表皮,形成灰白色弯曲隧道,一片叶上虫数多时,潜道彼此串通,遍及全叶,致使叶片枯黄、脱落。一般植株基部的叶片受害重。老熟幼虫在隧道末端钻破叶表皮后化蛹。

【虫情调查】豌豆潜叶蝇危害高峰期,在田间随机抽取 30 株以上的药用植物植株,从下向上依次调查和记录每片叶上的幼虫量、蛹量,统计全株总虫量。

【防治措施】

1. 农业防治 早春及时清除田间、田边杂草和作物的老叶、基部叶,减少虫源,及时处理残株叶片,消除越冬虫蛹。

2. 生物防治 保护利用天敌寄生蜂,将被寄生蜂寄生的幼虫和蛹带回室内保护,待寄生蜂羽化后释放回田间。

3. 物理防治 利用成虫喜甜食的习性,在越冬蛹羽化为成虫的盛期,点喷诱杀剂诱杀成虫(诱杀剂的配方是用 3% 红糖液或甘薯、胡萝卜煮液为诱饵,加 0.05% 敌百虫为毒剂)。利用成虫趋黄性,使用黄色黏虫板诱杀成虫。

4. 化学防治 在田间成虫发生初盛期至叶片出现小蛀道时及时用药。可选用 1.8% 阿维菌素乳油、50% 灭蝇胺可湿性粉剂、2.5% 高效氯氟氰菊酯乳油等施用。

(蒋春先)

第九节　蓟马

蓟马

蓟马属缨翅目,危害药用植物的蓟马主要有花蓟马、烟蓟马、棕榈蓟马、西花蓟马 *Frankliniella occidentalis*(Pergande)和黄蓟马 *Thrips flavus* Schrank 等,其中花蓟马主要危害枸杞,烟蓟马和棕榈蓟马是危害三七药材的主要种类。烟蓟马除危害三七外,还可危害百合、菊花、芍药、珊瑚樱等药用植物;棕榈蓟马除危害三七外,还可危害枸杞、菊花、野生颠茄、少花龙葵等药用植物。

花蓟马

【分布与为害】花蓟马 *Frankliniella intonsa*(Trybom),属蓟马科,花蓟马属,是危害枸杞的主要蓟马种类。花蓟马分布广泛,有很强的趋花性,栖于很多植物花内,能帮助植物传播花粉,但群体数量很大时,对花器造成危害。在枸杞花冠筒中取食花蜜,造成落花;在果实上形成纵向不规则斑纹,鲜果失去光泽,颜色发暗,不易保存,容易感染病害,制干后果实颜色发暗,商品价值降低。

【形态特征】

1. 成虫　体长 1.5mm,棕黄色,头短于前胸,两颊后部略收缩,单眼间鬃位于两眼连线之上,前胸前角鬃 1 根。触角 8 节,第 3~4 节黄色,第 5 节大部分黄色,外有 1 长形感觉锥,其余各节茶褐色(图 12-24)。

2. 若虫　黄色,无翅。

3. 卵　长圆形,近于无色,产于寄主皮下。

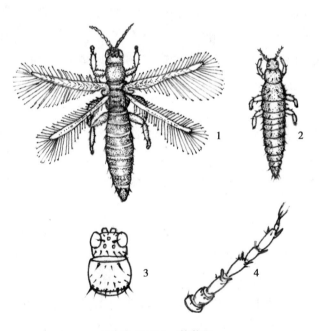

● 图 12-24　花蓟马
1. 成虫(雌);2. 若虫;3. 头和前胸;4. 触角

【生活史和习性】枸杞园花蓟马年发生10~18代,世代重叠,成虫和若虫群集于叶片、花冠筒内和果实上为害。从枸杞盛花期到果期花蓟马持续为害,6月中旬种群数量激增,6月下旬至7月中旬达到高峰期,到9月中下旬秋果期,花蓟马种群数量达到第二个高峰期。枸杞园花蓟马种群数量随气温升高而增加,遇降水而减少,发生高峰期时最活跃的时段为上午8:00至10:30,之后活跃程度降低,18:00以后活跃性很弱,基本静止不动。

（何　嘉）

烟蓟马、棕榈蓟马

【分布与危害】烟蓟马 *Thrips tabaci* Lindeman、棕榈蓟马 *Thrips palmi* Karny 在云南省文山州三七种植区均可发生。蓟马为多食性锉吸式害虫,在三七植株上主要危害幼嫩的三七叶片。为害初期,受害叶片上出现多个淡绿色圆形斑点,随着危害加重,逐步变为淡黄色、黄色、枯黄色不规则形的斑块,受害部稍向上隆起,病健组织交界明显。后期,受害部位扩展相连,导致被害组织枯死或部分穿孔。同时,蓟马还会传播番茄斑萎病毒,导致三七麻点叶斑病的发生。近年来,烟蓟马和棕榈蓟马在三七上的发生范围逐年扩大,且有迅速蔓延的趋势,一般危害率在1.5%~20%,严重者可高达100%。从目前的调查情况看,其发生轻重与毗邻小麦、豌豆、十字花科蔬菜等作物地有关。

【形态特征】

1. 烟蓟马

（1）成虫:雌虫体长1~1.1mm,体大部黄褐色,背面黑褐色。雄虫极少见,孤雌生殖。触角7节,黄褐色,第3、4节上有叉状感觉锥。复眼紫红色,单眼3个,褐色,单眼后两侧有1对短鬃,前胸后角具1对长鬃;中胸腹片内叉骨有刺,后胸无刺。前翅前脉基鬃7根,端鬃4~6根;后脉鬃13~14根。腹部第8节背板后缘梳完整,仅两侧缘缺,梳毛细(图12-25)。

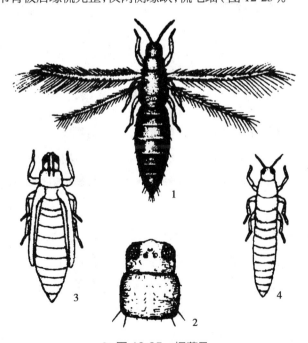

● 图 12-25　烟蓟马
1. 成虫; 2. 头及前胸背面; 3. 若虫; 4. 伪蛹

（2）卵：长0.2mm，肾形，乳白色或黄绿色。

（3）若虫：体淡黄色或深褐色，无翅，胸、腹各节有微细褐点，上生粗毛。4龄为伪蛹。

2. 棕榈蓟马

（1）成虫：雌虫体长1~1.1mm，全体黄色，头近方形。复眼稍突出，复眼后鬃围绕复眼呈单行排列于复眼后缘。单眼3个，红色，单眼间鬃位于前、后单眼中心连线上。触角7节，第3~5节端部大半部较暗，第6~7节暗棕色。前胸后角具2对长鬃；中间有短鬃28根。中胸盾片布满横纹，后胸盾片前中部为横纹，其后与两侧为纵纹。翅2对，前翅前脉基鬃7根，端鬃3根；后脉鬃14根。腹部第8节背板后缘梳完整。产卵器锯状，向下弯曲。雄成虫体略小，0.8~0.9mm，腹部各节有腺域（图12-26）。

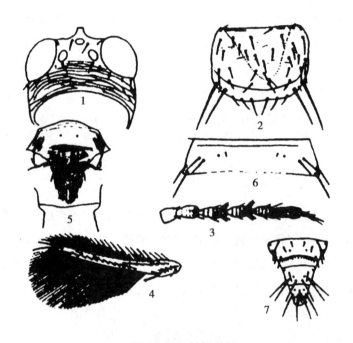

● 图12-26 棕榈蓟马

1. 头；2. 前胸；3. 触角；4. 前翅；5. 中、后胸盾片；

6. 腹部Ⅴ节背片；7. 雌虫腹部第8~10节背片

（2）卵：长0.2mm，长椭圆形，淡黄色，大多散产于嫩叶组织中。

（3）若虫：体白色或淡黄色，3龄，复眼红色。1~2龄无翅芽和单眼，触角第1节膨大并前伸，3龄长出鞘状翅芽，伸达第3、4腹节，行动缓慢；4龄为伪蛹，触角折于头背上，鞘状翅芽伸达腹部近末端。

【烟蓟马和棕榈蓟马的生活史和习性】蓟马生活周期短，1年发生10代以上，以成虫、若虫和少数伪蛹在枯叶或土中越冬。在文山三七种植区蓟马通常始见于3月下旬，由越冬蓟马从小麦、豌豆及十字花科蔬菜上迁移到三七园为害，终见于12月下旬。有2个发生高峰期，分别在4月上旬到5月中旬和8月上旬到9月上旬，其中以4月上旬到5月中旬正是三七的齐苗展叶期，叶质柔嫩多汁，因此也是蓟马危害的主要时期。

蓟马极活跃，善飞能跳，怕光，可借助风力作远距离迁飞。白天多在叶背取食为害，高龄三七叶表面积大,易于蓟马隐匿取食,故三年七受害重于两年七,两年七受害又重于一年七。雌成虫主要行孤雌生殖,偶有两性生殖,雄虫极难见。蓟马对蓝色具有较强的趋性,卵多产于叶肉内。

【虫情调查】五点取样,每点随机调查 2~5 株植物,对于木本植物每株在东、西、南、北、中五个方位上随机抽取 1 个枝条,在 20cm×30cm 的白瓷盘上拍打数下,观察记录盘中蓟马的虫态和虫口数量。对于草本植物要调查全株虫数。

【蓟马类防治方法】

1. 农业防治　清除田间杂草,处理越冬寄主,减少越冬虫源。或在三七园附近种植一些早熟黄瓜等蓟马喜食的寄主植物,诱集蓟马而集中消灭虫源。

2. 物理防治　根据蓟马成虫对蓝色和黄色具有强烈的趋性,在三七园内悬挂蓝色诱虫黏虫板诱杀蓟马,减少田间虫口密度。

3. 生物防治　保护利用蓟马的天敌,包括捕食性天敌和病原微生物,如小花蝽、芽孢杆菌和球孢白僵菌等。

4. 化学防治　做好虫情预测,必要时,适时科学施药,控制危害。药剂应选择高效低毒低残留的种类,可以选用 10% 吡虫啉可湿性粉剂 1 200 倍液、20% 氰戊菊酯乳油 2 500 倍液、10% 烯啶虫胺水剂 3 000 倍液、5% 啶虫脒乳油 1 500 倍液、4.5% 高效氯氰菊酯乳油 2 500 倍液、6% 乙基多杀菌素悬浮剂 4 000 倍或 3% 阿维菌素乳剂 1 500 倍液,任选一种进行喷雾防治。

（冯光泉）

思考题

1. 常见的危害药用植物的蚜虫种类有哪些?

2. 简述棉蚜的危害症状、发生规律。

3. 简述蚜虫的防治措施。

4. 蚧虫的防治措施有哪些?

5. 试述甘草胭珠蚧的发生规律和危害习性。

6. 枸杞木虱成虫的明显的形态特征是什么? 主要防治措施是什么?

7. 叶蝉对药用植物的危害、防治措施有哪些?

8. 枸杞瘿螨的危害症状、防治措施有哪些?

9. 比较柑橘凤蝶和黄凤蝶的成虫和幼虫的形态区别。

10. 蝶、蛾类害虫防治措施有哪些?

11. 如何利用蝶类和蛾类习性和行为防治药用植物食叶蝶、蛾类害虫?

12. 比较马铃薯瓢虫和茄二十八星瓢虫的形态区别。

13. 枸杞负泥虫以哪个虫态在哪里越冬? 枸杞负泥虫的危害特点是什么?

14. 简述豌豆潜叶蝇的危害特征及防治措施。

15. 花蓟马对枸杞的危害特点有哪些？

16. 烟蓟马的防治措施有哪些？

第十二章　同步练习

第十三章　药用植物花果害虫

第十三章　课件

掌握：药用植物花果害虫的种类；棉铃虫、豆荚螟的危害特点、形态特征、生活史和防治方法。

熟悉：山茱萸蛀果蛾、枸杞实蝇和甘草豆象危害特点、形态特征、生活史和防治方法。

药用植物的花、果实和种子是重要的入药部位。花果害虫取食后往往会导致果实和种子质量降低，严重时还会导致落花、落果，产量降低。危害药用植物花果的以鳞翅目夜蛾科、螟蛾科、蛀果蛾科，鞘翅目豆象科和双翅目蚊蝇类等害虫为主。这类害虫危害隐蔽，危害时间短，但对药用植物造成的危害大，并且危害期与药材采收期相距较近，因此对于这类害虫的防治应提早预防，把握时机，选择低毒、低残留、高效的药剂或利用生物防治技术进行防控。

国内药用植物上常见有棉铃虫、豆荚螟、山茱萸蛀果蛾、枸杞实蝇和甘草豆象等。

棉铃虫

【分布与为害】棉铃虫 *Helicoverpa armigera*（Hübner），又称棉铃实夜蛾，属鳞翅目，夜蛾科，在国内各地均有分布。寄主种类繁多，受害药用植物有黄芪、牛蒡、枸杞、丹参、藿香、薏米、扁豆、玫瑰、月季、穿心莲、颠茄、忍冬等。幼虫先取食未展开的嫩叶，后钻入花蕾、花及果实内蛀食为害。嫩叶受害，展开后呈破叶；蕾、花受害，常引起落蕾、落花。危害枸杞时，幼虫爬上枸杞植株取食果实，导致果实呈孔洞；危害扁豆时，幼虫吐丝将花瓣、嫩荚缀连在一起，躲在其中取食。

【形态特征】

1. 成虫　体长 14~18mm，翅展 30~38mm。体色多变，有黄褐色、灰褐色、绿褐色及赤褐色等，一般雌蛾红褐色，雄蛾灰绿色。前翅正面肾状纹、环状纹及各横线不太清晰；中横线由肾状纹下斜伸至翅后缘，末端达环状纹的正下方；外横线斜向后伸达肾状纹下方。后翅灰白色（图 13-1）。

2. 幼虫　共 6 龄，老熟幼虫体长 40~50mm，头部黄褐色，体色变化很大，一般有淡红色、淡绿色、绿色、红褐色等类型。背线、亚背线和气门上线呈深色纵线，气门多呈白色，体表布满褐色和灰色小刺，刚毛长而尖，毛片大。

3. 卵　半球形，高约 0.5mm，直径 0.46mm 左右，乳白色，具纵横网格，初产乳白色，后渐成黄白色。

棉铃虫

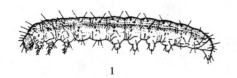

3

1

2

● 图 13-1　棉铃虫

1. 幼虫；2. 成虫；3. 蛹

4. 蛹　长 17~21mm,纺锤形。赤褐色至黑褐色,第 5~7 腹节前缘密布比体色略深的环状刻点,尾端有臀刺两根。

【生活史和习性】棉铃虫在华北地区每年发生 3~6 代,在长江流域每年发生 4~5 代,以蛹在地下土室内越冬。地区、药用植物种类不同,受害时间不同,受害时期及代次不同,如牛蒡花果期主要受第 1 代棉铃虫为害;而黄芪、丹参、扁豆等花果期为 6—10 月,受第 3、4 代为害较重。

棉铃虫成虫昼伏夜出,在 19：00—21：00 和清晨 3：00—4：30 常出现两个活动高峰。羽化后需吸食花蜜、蚜虫的蜜露等补充营养。雌虫有多次交配习性,喜在植株的幼嫩部位及蕾、果表面产卵,每雌产卵 500~1 000 粒。成虫飞翔能力强,对黑光灯有较强的趋性,下半夜扑灯数量多于上半夜。黎明前,棉铃虫对半枯萎的杨、柳、洋槐、紫穗槐等枝把散发的气味有趋性。幼虫一般 6 龄,也有 5 龄。初孵幼虫先吃卵壳,后爬至顶芽嫩梢或附近的嫩叶和嫩蕾上取食。2 龄后钻入蕾、花、果实内蛀食,虫粪排在洞外。幼虫有转移为害习性,每头幼虫可危害多个花、果实。4 龄后食量大增,可咬破黄芩果实荚皮,探头入内蛀食种子,或探头入枸杞等果实内蛀食果肉,且可转移为害。被害果留有较大蛀孔,枸杞等肉质多汁的果实被害后常招致杂菌入侵而霉烂。幼虫 3 龄以上有互相残杀的习性。幼虫老熟后入土筑土室化蛹。

【虫情调查】

1. 卵量调查方法　采取平行线式取样,每点单行 5 株。对于不同密度的田块可区别对待。调查时,可先采用平行线式取样检查 100 株,检查后计算卵量。如果 10 粒以上,不再检查;如果 10 粒以下,再检查 100 株,以 200 株样本数检查结果计算百株卵量。

2. 幼虫调查方法　采用平行线式取样,每行取 2 点,每点 10 株,共取 5 行,即 100 株。逐株调查记录叶、花和果实上的幼虫数。

【防治措施】

1. 农业防治　秋、冬季翻耕土壤,生长期勤锄,可杀死土中虫蛹。

2. 物理防治　药用植物田周围种植玉米带,诱集成虫产卵。在药用植株上喷 1%~2% 过磷酸钙浸出液驱避雌蛾产卵,以减少落卵量。成虫盛发期用频振式杀虫灯、高压汞灯或黑光灯诱杀成虫;或用杨柳枝把诱集,每日清晨用塑料袋套蛾诱杀。幼虫发生后期人工捕捉幼虫。

3. 生物防治　在卵孵化盛期,喷洒 100 亿活孢子/ml Bt 乳剂 200 倍液、25% 灭幼脲悬浮剂 600 倍液等生物制剂,对棉铃虫有一定防治效果。在棉铃虫产卵始期至盛、末期释放赤眼蜂,每公顷释放 2.25 万头,隔 3~5 天再放 1 次,连续 3~4 次,卵寄生率可达 80%。此外也可使用棉铃虫核型多角体病毒悬乳剂 5% 的棉烟灵 750ml/hm² 防治。

4. 化学防治　田间百株卵量达 20~30 粒时,掌握在半数卵开始变黑时,喷洒 50% 辛硫磷乳油 1 000 倍液;3 龄前可喷洒 5% 氟啶脲乳油、10% 吡虫啉可湿性粉剂、2.5% 三氟氯氰菊酯乳油、1.8% 阿维菌素乳油、48% 多杀菌素悬浮剂等药剂,重点喷洒在药用植物的嫩头、花蕾和果实上。

（董文霞）

豆荚螟

【分布与为害】豆荚螟 *Etiella zinckenella* Treitschke,又名豆蛀虫、豆荚蛀虫、红虫、红瓣虫等,属鳞翅目,螟蛾科。豆荚螟在全国各地均有分布,主要在我国长江中下游以南地区、华东地区、西南山区和西北等地危害严重。寡食性,寄主仅限于豆科植物,可危害黄芪、扁豆、扁茎黄芪等药用植物。豆荚螟成虫在黄芪嫩荚或花蕾上产卵,孵化后幼虫蛀入花蕾、荚,也能蛀入株茎内为害。幼虫在荚中取食籽粒,使荚内堆满虫粪,被害籽粒形成虫孔、破瓣,甚至大部分被吃光,被害荚极易霉烂,严重影响品质和产量。

【形态特征】

1. 成虫　体长 10~12mm,翅展 20~24mm。全体灰褐色。触角丝状。口器下唇须长。前翅狭长,混生有黑褐、黄褐及灰白色鳞片,前缘具 1 白色纵带,中室内侧有 1 金黄色横带。后翅黄白色。雌蛾腹端圆锥形,鳞毛较少。雄蛾腹部尾端钝形,具长鳞毛丛(图 13-2)。

2. 卵　椭圆形,长约 0.6mm,卵壳表面密布网状纹,初产时乳白色,逐渐变红色,孵化前呈暗红色。

3. 幼虫　初孵幼虫呈橘黄色,后变白色、绿色。老熟幼虫体长 14mm 左右,老熟幼虫背面紫红色,两侧与腹面绿色。全体有褐色体毛。背线、亚背线、气门线、气门下线明显。前胸背板中央有"人"形黑纹,两侧各具黑斑 1 个,近后缘中央又有黑斑 2 个。腹足趾钩双序环形。

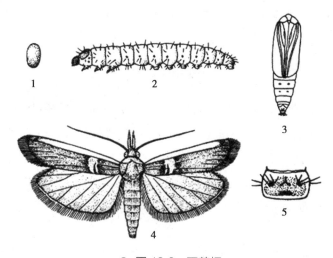

● 图 13-2　豆荚螟
1. 卵;2. 幼虫;3. 蛹;4. 成虫;5. 幼虫前胸背板

4. 蛹　体长 10mm，黄褐色，腹端具 6 根钩状臀棘。蛹外具白色丝状的茧，其上黏附土粒而呈土色。

【生活史和习性】豆荚螟在国内从北到南每年发生 2~8 代，山东、陕西、辽宁南部等每年发生 2~3 代，甘肃中部每年发生 4~5 代，江苏南京、安徽每年发生 4~5 代，广西 7 代，福建惠安每年发生 5~6 代。多以老熟幼虫在寄主附近土表下结茧越冬，少数以蛹越冬。翌年 4 月上、中旬成虫盛发，成虫产卵于豌豆、野百合等植物上，幼虫主要危害豌豆。6 月中下旬，成虫产卵于黄芪花苞或雄蕊里面，幼虫吐丝结白茧，隐身其中，然后蛀食豆荚、嫩种子。黄芪结荚时，常与豆荚螟第 2、3 代幼虫发生期相遇，因此危害严重。

成虫昼伏夜出，趋光性不强，飞翔能力弱，每次飞行距离仅 3~4m。成虫羽化当晚交尾，第二天产卵。一处一般产卵 1 粒，卵可产于豆荚、叶柄、花柄、嫩芽及嫩叶背面。每雌平均产卵 88 粒，最多达 226 粒。幼虫共 5 龄，幼虫孵化后先在豆荚表面爬行，然后多在豆荚一侧做一白色丝囊，藏在其中，然后咬破豆荚表皮蛀入，蛀入后将白色丝囊留在荚外。一般一荚 1 虫，偶尔见一荚 2 虫，1 头幼虫可转荚为害 1~3 次。幼虫老熟后，在豆荚上咬孔，出荚落地，并潜入植株附近土中结茧，结茧后 2 天化蛹。该虫喜温怕湿，高温干旱时发生严重。

赤眼蜂对豆荚螟卵的寄生率较高。自然条件下，幼虫和蛹也常遭受细菌、真菌等病原微生物的侵染而引起死亡。

【防治措施】

1. 农业防治　合理规划种植，避免豆类作物多茬连作或间作。各代幼虫入土化蛹时及时深耕，或除草松土，消灭幼虫和蛹。调整播种期，使开花期、幼荚期避开豆荚螟成虫盛发期。人工摘除受害植株，收集田间残株落叶，集中烧毁。

2. 生物防治　在成虫产卵盛期释放赤眼蜂。在老熟幼虫入土前，在田间湿度较高的条件下，每亩用 1.5kg 白僵菌加细土 4.5kg 撒施，消灭脱荚幼虫。也可用 3.2% 苏云金杆菌可湿性粉剂防治幼虫。采用豆荚螟性诱剂诱杀成虫。

3. 化学防治　在成虫盛发期至幼虫孵化盛期，幼虫入荚前，使用 20% 氰戊菊酯乳油 20~40g/ 亩、150g/L 茚虫威水分散粒剂 6~9g/ 亩或 20% 氯虫苯甲酰胺悬浮剂 6~12ml/ 亩喷施花和荚。也可在老熟幼虫脱荚入土时利用 2% 杀螟松粉剂进行土壤施药。采摘前 15 天应停止施药。

（蒋春先）

山茱萸蛀果蛾

【分布与为害】山茱萸蛀果蛾 *Asiacarposina cornusvora* Yang，属鳞翅目，蛀果蛾科，又名山茱萸食心虫、药枣虫、萸肉虫。山茱萸蛀果蛾在国内主要分布于陕西、河南、山西、浙江等省，仅危害山茱萸果实，该虫是山茱萸的主要害虫。在山茱萸果实初红时，以幼虫蛀入果实为害，幼虫先在果核表面形成纵横隧道，然后逐渐向外蛀食，虫粪排在果实内，10~15 天后，果实表面大部分形成黑斑，严重影响山茱萸产量和质量。

【形态特征】

1. 成虫　体长 5~6mm，翅展 16~19mm，头部黄白色，全身灰褐色。触角仅为前翅长的一半，雄蛾触角两侧有对称的纤毛；雌蛾触角线状，纤毛极细小。复眼暗红色。喙细弱，淡黄褐色，下唇须粗壮、白色。胸部灰白色,前翅灰白色,前缘近中部有一近似三角形蓝褐色斑,翅基部和中部有9丛蓝灰色竖鳞。后翅淡灰色,缘毛较长。前足和中足均为褐色,后足黄白色,距和跗节褐色。腹端鳞毛较长(图13-3)。

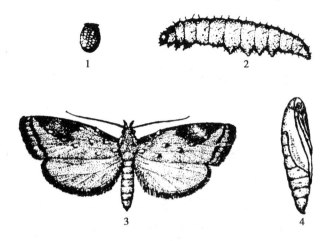

● 图 13-3 山茱萸蛀果蛾
1. 卵;2. 幼虫;3. 成虫;4. 蛹

2. 卵　椭圆形,长0.3~0.5mm,初产时为乳白色,后变为浅橘黄色。卵表面具有不规则网状刻纹,一端具有粉红色似"Y"形小刺状。

3. 幼虫　老熟幼虫体长9~12mm。头部黄褐色,前胸背板褐色,中后胸和腹部乳黄色或黄红色。腹足趾钩单序环式。

4. 茧　有冬茧和夏茧两种。冬茧扁圆形,黑白色,表面黏有细土粒,由老熟幼虫吐丝而成;夏茧椭圆形,黄棕色,由薄丝组成,表面黏有疏松细土,由越冬幼虫脱出冬茧后做成。

5. 蛹　长4.5~6mm,乳白色,羽化前黑褐色。

【生活史和习性】山茱萸蛀果蛾每年发生1代,以老熟幼虫在土壤中结冬茧越冬。翌年7、8月开始咬破冬茧,爬到表土层结夏茧化蛹。成虫8、9月羽化,昼伏夜出,晚上活动频繁,飞行距离短,无趋光性。羽化7小时后即可交配,6~7天后产卵,一般产卵80~100粒。卵多产于叶背面主脉两侧,少数产在果实或果柄上。卵期5~10天。9月上旬正值山茱萸果实由橘黄色转为红果期,幼虫孵化四散爬去,在果实表面爬行数小时后,多在果实向阳面,咬破果皮蛀入果肉。一般一虫一果,初孵幼虫多集中在果核周围取食,果实外面未见异样。5~10天后幼虫蛀食果肉。由于此时正值果实膨大期,受害部位组织受损坏死,停止生长,造成果实畸形。以后幼虫食量增大,多虫道为害,虫道内充满虫粪,果实提前变红脱落,被蛀食部位外表出现黑斑,果肉被蛀空,幼虫咬破果皮转果为害。果实内蛀道纵横,1头幼虫可危害2~3果。9月下旬至10月初是幼虫危害高峰期。10月中、下旬幼虫老熟脱果入土做冬茧越冬。

【防治措施】

1. 农业防治　选育抗虫品种,如石磙枣、珍珠红、八月红等。加强营林措施,增强树势,提高树体自身抗虫的能力。及时清除早期落果,清理周围堆放果实的场地,果实成熟时适时采收。冬季翻耕树冠投影内地面,破坏越冬场所。

2. 生物防治　繁殖山茱萸蛀果蛾的天敌绒茧蜂,适时在果园进行投放。

3. 物理防治　利用糖酒醋液诱杀成虫。

4. 化学防治　越冬幼虫出土化蛹前,50% 辛硫磷乳油喷施树冠下土壤或拌细土撒施。成虫羽化期(8月上、中旬)或幼虫盛孵期(8月下旬、9月上旬)树冠喷施 2.5% 溴氰菊酯乳油、1% 苦参碱水剂、20% 氰戊菊酯乳油等。

（蒋春先）

枸杞实蝇

【分布与为害】枸杞实蝇 *Neoceratitis asiatica* (Becker),属双翅目,实蝇科,别名果蛆、白蛆。主要分布在宁夏、甘肃、青海等枸杞产区,枸杞专性害虫。以幼虫危害枸杞果实,被害果实表面早期看不出显著症状,后期呈现白色弯曲斑纹,果肉被吃空,满布虫粪,失去商品和药用价值。

【形态特征】

1. 成虫　体长 4.5~5mm,头顶黄色,颜面白色,复眼翠绿色,有黑蓝花纹。触角黄色,触角芒褐色。胸背黑色,有"北"形白纹;小盾片白色,周缘黑色。腹部黑色,有 3 条白色横带,前两条被中线分割成横方形和三角形白斑。足黄色,有黑色毛。两翅有黑褐色指状花纹 4 条,均由前缘斜伸至外缘;前缘室长方形,基部和中部各有一黑点,外缘处有一小黑圈(图 13-4)。

2. 幼虫　黄白色蛆,体长 5~6mm。前气门扇形,上有乳突 10 个;后气门褐色,各有气孔 3 个。

3. 蛹　长 4~5mm,宽 1.8~2mm,椭圆形,一端略尖,浅黄至赤褐色。

4. 卵　白色,长椭圆形。

枸杞实蝇

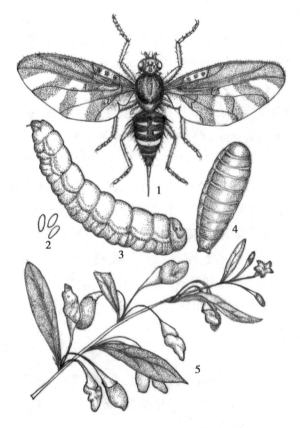

● 图 13-4　枸杞实蝇
1. 成虫;2. 卵;3. 幼虫;4. 蛹;5. 枸杞果实被害状

【生活史和习性】1 年发生 3 代,以蛹在土层内 5~10cm 处越冬。5 月上旬枸杞现蕾时越冬成虫羽化,5 月下旬成虫大量出土,产卵于幼果皮内,一般是每果产 1 粒卵。幼虫孵出后蛀食果肉,6 月下旬至 7 月上旬幼虫老熟后,由果里钻出,落地入土化蛹。7 月中下旬,羽化出第 2 代成虫。8 月下旬至 9 月上旬进入第 3 代成虫盛期,后以第 3 代幼虫化蛹,在土内越冬。

【虫情调查】五点取样,每点随机调查 2~5 株枸杞树,每株在东、西、南、北、中五个方位上随机选取 1 个枝条,调查记录每枝条上枸杞实蝇成虫数量、总果数和虫果数。计算虫果率,虫果率 = 虫果数 / 总果数 × 100%。

【防治措施】

1. 土壤处理　通过土壤拌药杀死越冬蛹和初羽化成虫于土中。越冬蛹和初羽化成虫是一年中造成危害的主要来源,应于成虫出土以前加以消灭。用 3% 辛硫磷颗粒剂每亩施用 2~3kg 和细土混合均匀,撒于枸杞园树冠下土面及枸杞园周围较高田面,然后耙平,使药土充分混合,并被表土覆盖,避免暴露,以保持药效。如早春没有进行土壤拌药或拌药不彻底,从越冬蛹出来的成虫发生多时,则于 6 月底结合铲园作业补作土壤拌药 1 次,以防治第 1 代脱果入土的幼虫及土内初羽化成虫。

2. 人工防治　在采果期每隔 5~7 天,结合采果作业,摘取蛆果,于当天集中投入 20cm 深的土坑内,并撒上辛硫磷药剂深埋踏实。

（何　嘉）

甘草豆象

【分布与为害】甘草豆象 *Bruchidius ptilinoides* Faharaeus,属鞘翅目,豆象科。甘草豆象是甘草专食性害虫,主要危害甘草的叶片、豆荚和种子。分布于我国内蒙古、宁夏、甘肃、新疆等地。成虫危害叶片,幼虫钻蛀种子和豆荚,严重影响甘草的经济产量和种质资源。严重发生时,田间危害数量占受害甘草种子的 87.5%,对甘草种子繁殖田来说是一种毁灭性害虫。

【形态特征】

1. 成虫　卵圆形,体长 2.5~3.0mm,宽 1.5~1.8mm。头、胸及腹部黑色,触角、鞘翅和足浅褐色,体表密覆淡黄色或白色短毛。复眼黑褐色,向两侧突出,头布刻点,被淡棕色毛。触角 11 节,锯齿状。前胸背板三角形,布刻点及浓密淡棕色毛,后缘与鞘翅等宽。鞘翅布刻点 10 行。各足末跗节黑色,后足后胫节内缘端部有 1 个长齿。雄虫臀板窄长,雌虫臀板宽圆。雌虫腹部背板膜质,淡色;雄虫骨化呈黑色。

2. 卵　椭圆形,一头略尖,长约 0.2mm,宽约 0.1mm。

3. 幼虫　体长 5~7mm,黄色。头部褐色,口器黑褐色;胸部较粗壮,有微小胸足 3 对,腹面有微毛,常卷曲成半圆形。初孵幼虫浅白色,半透明,后随龄期增大逐渐变为白色,老熟幼虫肥胖,体长约 3mm,宽约 2.7mm,头小呈黑褐色,胸膨大。

4. 蛹　浅黄色,长 2.8~3.1mm。

【生活史和习性】在甘肃、宁夏 1 年 1 代,以幼虫在贮藏的甘草种子或田间甘草秧上的荚果内越冬。翌年 4 月下旬化蛹,蛹期 8~9 天。5 月上旬开始羽化,5 月下旬羽化达到高峰。6 月上、中旬甘草嫩豆荚形成,成虫开始交尾产卵,卵产于豆荚表皮,卵期 15 天左右。6 月下旬幼虫开始孵化。该虫发生不整齐,当年7月至翌年3月种子内都有幼虫。7月初为幼虫始见期,开始危害种子,9月下旬幼虫随种子入仓库或留在田间荚果内,以幼虫在豆粒内越冬。

成虫喜阳光,具飞翔能力,白天和晚上都能活动,取食叶片,造成空洞或缺刻。该虫在潮湿、植株密度大的条件下危害重,干旱条件下危害较轻。

【防治措施】

1. 农业防治　秋季彻底割除种植园内及其周围野生的甘草豆荚,清洁田园。该虫以幼虫在种子内越冬,豆荚脱粒后,发现有虫为害,筛出带虫种子,减少越冬虫口基数。

2. 化学防治　5月中下旬成虫羽化高峰期和6月下旬至7月上旬幼虫孵化期为甘草豆象适宜防治期,可用90%敌百虫晶体1 000倍液和20%溴氰菊酯乳油1 000倍液喷雾防治1次。甘草种子贮藏期间可采用抽氧充氮法养护,或用磷化铝熏蒸。

（王　艳）

思考题

1. 为什么棉铃虫为害造成的经济损失比较大? 为什么棉铃虫的化学防治要在半数卵开始变黑时进行?

2. 简述豆荚螟和山茱萸蛀果蛾的农业防治措施。

3. 枸杞实蝇的危害症状、防治措施有哪些?

4. 试述甘草豆象的发生规律和为害习性。

第十三章　同步练习

第十四章　中药仓储害虫

学习目标

　　掌握：中药储藏期重要害虫的为害特点、发生规律和防治方法。

　　熟悉：中药储藏期害虫的种类。

　　了解：为中药储藏期害虫的虫情调查方法。

　　储藏期害虫危害许多中药材，其中不乏名贵中药材，直接造成中药材数量的损失，而且使其成分发生变化，功效下降，药用价值大大降低。此外，昆虫排泄物、虫尸常引起中药材质地发生变化，在临床应用上还可能产生毒副作用。据统计，为害仓储中药材的害虫约有 200 种，分属于 6 目 40 科，另有隶属 7 科 25 属的 40 种害螨。在种群分布上，烟草甲、药材甲、赤拟谷盗、谷蠹、咖啡豆象等鞘翅目昆虫为优势种群，其次是鳞翅目昆虫，如印度谷螟。螨类个体虽小，密度却很大，其危害不容忽视。

第一节　中药仓储害虫种类

药材甲

　　【分布与为害】药材甲 *Stegobium paniceum* L.，又名药谷盗、面包蠹虫，属于鞘翅目，窃蠹科。在我国各省区都有分布，几乎能在所有的药材上生存和繁衍。主要为害川乌、半夏、甘遂、郁李仁、山茱萸、当归、党参、狼毒、白及、白附子、白术、草乌、枳壳、红枣、桔梗、漏芦、杜仲、黑附片、厚朴、玉米须、远志、薄荷、花椒、茴香、白扁豆、木瓜、槟榔、草豆蔻、赤小豆、川木通、淡豆豉、冬葵子、海桐、红娘子、野菊花、一枝蒿、淡竹叶、芸香、蜘蛛香、紫菀、金银花、菊花、蒲公英、木通、荔枝、千年健、前胡、桑椹、桑寄生、桑枝等药材。被蛀食的药材大多发霉变酸，不能药用。

　　【形态特征】

　　1. 成虫　体长 2~6mm，长椭圆形，暗赤褐色，鞘翅上刻点明显，各有 9 条明显的纵纹。头部隐藏在前胸背板之下，从背面不可见。复眼大，黑褐色。触角 11 节，末端 3 节扁平膨大。从背面看，前胸背板近似三角形，或者像帽状，在后缘中央有一纵隆脊。体被毛密而长（图 14-1）。

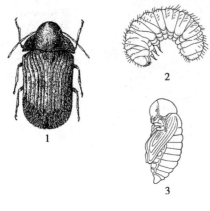

● 图 14-1　药材甲
1. 成虫；2. 幼虫；3. 蛹

2. 幼虫　根据幼虫头壳骨化特性,可以确定药材甲幼虫有 4 个龄期。1 龄幼虫肉眼不可见,体长 0.6~0.8mm,孵化 5 小时内,全体透明,被毛稀疏。2 龄幼虫体长与 1 龄幼虫无显著差异。3~4 龄幼虫体长增长迅速,后一龄幼虫体长达前一龄幼虫的 4~8 倍。老熟幼虫体长约 4mm,体肥胖,多褶皱,高度弯曲,被稠密毛。

3. 卵　椭圆形,长 0.3~0.4mm,端部凹陷,初产时透明,随后发育逐渐变为半透明,孵化之前变为淡黄色。

4. 蛹　长 5~10mm,初期近透明,逐渐变为乳白色,羽化前体褐色,复眼由白色到褐色到棕色,羽化前黑色,蛹体(喙、翅及前胸背板)先变为褐色,羽化前棕色。

【生活史和习性】药材甲在我国一般每年可以发生 2~3 代,气温较高的地区可发生 4 代或者更多代数,以幼虫在药材内部蛀孔越冬。温度 24℃,相对湿度 45%,完成 1 代需时 75 天;在 17℃时需 7 个月。药材甲在贵阳地区 1 年发生 3~4 代,有明显的世代重叠现象。该虫越冬幼虫多为当年第 4 代老熟幼虫(3~4 龄),少数越冬幼虫为第 3 代幼虫,未发现库房有成虫或蛹越冬,实验室驯化后有少量虫口以成虫或蛹越冬。越冬幼虫在次年 4 月中旬前后开始活动,大量进食,4 月中下旬至 5 月上旬化蛹、羽化为成虫,随后开始交配产卵。4 月下旬至 5 月上旬出现当年第 1 代幼虫,可分别于 7 月初和 9 月底繁殖出第 2 代和第 3 代幼虫。受气温的影响,第 2 代、第 3 代幼虫发育快,多数能顺利完成整个世代的发育,少数以第 3 代老熟幼虫越冬,大部分继续发育至第 4 代,以第 4 代 3~4 龄幼虫越冬。第 4 代幼虫少部分可以发育至蛹、成虫,在贵阳仓库室温下不出现当年第 5 代幼虫。

成虫羽化后 2~3 天才到蛀孔外活动、觅食、交尾。成虫出孔活动后的第 2~3 天即行交尾,交尾后 1 天开始产卵,产卵可以持续 2~8 天。产卵前后成虫需要继续取食补充营养。成虫一生可以交配 1 到多次。成虫寿命差异明显,平均 10~40 天,少数超过 50 天。成虫善飞翔。每头雌虫可产卵 40~60 粒。约经 1 周卵孵化为幼虫。幼虫在中药材中蛀食成隧道。随着幼虫的生长发育,蛀食的隧道逐渐扩大并在其中化蛹,直至羽化为成虫。药材甲耐干能力很强,因而可在党参、当归等多种中药材中生长并繁殖。

（董文霞）

烟草甲

【分布与为害】烟草甲 *Lasioderma serricorne*(Fabricius),又名烟草窃蠹、烟草甲虫、苦丁茶蛀虫,属于鞘翅目,窃蠹科。在我国分布于江苏、浙江、台湾、安徽、山东、江西、湖南、湖北、广东、广西、贵州、云南、四川、甘肃、陕西、河南、河北、吉林及西藏等地。主要危害根茎类、叶类、花类、种子类中药材,如党参、当归、远志、川芎、红花、菊花、柿蒂、红参、泽泻、板蓝根、干姜、胡椒、小茴香、肉桂、砂仁、豆蔻、白莲、天冬、茯苓等。烟草甲除了直接取食造成的危害外,残留的虫尸和排泄物还会对药材造成污染,降低药材品质并影响其药性。

【形态特征】

1. 成虫 体长约 3mm,卵圆形,红黄色至红褐色。头生在前胸下面,背面不能见。前胸背板高凸,圆弧形。复眼大,黑色。触角 11 节,锯齿状。鞘翅上的刻点不明显,也不排列成纵行(图 14-2)。

2. 幼虫 老熟幼虫长约 4mm,身体弯曲,密生细毛。头部淡黄色。有胸足 3 对。

3. 卵 长椭圆形,长约 0.5mm,淡黄色。

4. 蛹 椭圆形,长约 3mm,乳白色。前胸背板后缘两侧角突出。复眼明显。

烟草甲

● 图 14-2 烟草甲
1. 成虫;2. 蛹;3. 幼虫

【生活史和习性】烟草甲 1 年发生代数因地而异,低温地区年发生 1~2 代,高温地区 7~8 代,一般年发生 3~6 代。贵州贵阳、河南、安徽年发生 2~3 代,福建 4 代,湖南长沙 3~4 代。主要以幼虫越冬,少数以蛹越冬。幼虫一般 5 或 6 龄,少数 4 或 7 龄。在温度为 30℃、相对湿度 70% 的最适条件下,完成 1 代约需要 24 天,其中卵期约 6 天,幼虫期约 13 天,蛹期约 5 天。成虫寿命雄虫为 10~20 天,雌虫 20~40 天不等。温度越高,湿度越低,成虫寿命越短。

初孵幼虫先食卵壳,幼虫行动活泼,耐饥力较强,具有负趋光性、群集性。老熟幼虫行动迟缓,停止取食,在包装物、寄主食物内或缝隙中做半透明白色坚韧薄茧,在茧内化蛹。幼虫化蛹前要经过 7 天左右的预蛹阶段,不食不动。成虫羽化后需在蛹室内静伏一段时间,其静伏期随温度不同而异。待性成熟后外出交配。交尾主要发生在羽化后的 3 天内,可多次交尾。交尾后 1~2 天产卵,黄昏时产卵最盛,产卵方式多为散产,多单产于药材凹陷处或皱褶处,每雌产卵几十到上百粒。成虫有假死性,飞翔能力很强,喜昏暗,常在黄昏或阴天飞出仓外。

(董文霞)

谷蠹

【分布与为害】谷蠹 *Rhyzopertha dominica*(Fabricius),又名米长蠹,属鞘翅目,长蠹科,是一类体型较小的仓储害虫。亚热带、热带地区发生最多,中国除新疆未发现外,其他省区均有发生。危害郁金、何首乌、罗汉果、淮山药、西洋参、白术、白芍、麦冬、砂仁。将果实或者籽粒药材蛀食成空壳。耐干、耐热能力强,大量繁殖时,常常引起药材发热,容易引起药材霉变。

【形态特征】

1. 成虫 体长 2.3~3.0mm,细长圆筒形,长为宽的 3 倍,红褐色至黑褐色,略有光泽;头部大,被前胸背板掩盖;触角 11 节,第 9~11 节膨大呈鳃叶状。前胸背板前方狭小,后方略大,中央隆起;鞘翅细长圆筒形,各有纵点纹 10 多条,足粗短(图 14-3)。

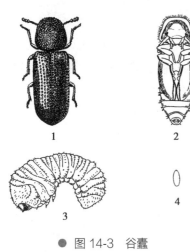

● 图 14-3 谷蠹
1. 成虫; 2. 蛹; 3. 幼虫; 4. 卵

2. 幼虫 长约 3.5m,身体明显弯曲,胸部膨大,有胸足 3 对。

3. 卵 长 0.4~0.6mm,长椭圆形,乳白色。

4. 蛹 长约 3mm,头下弯,身体乳白色,但复眼、口器、触角及翅略带褐色。

【生活史与习性】华中地区 1 年发生 2 代,华南地区 1 年发生 2~5 代。一般以成虫蛀入仓库木板内越冬,少数以幼虫越冬。

翌年春天,当气温回升到 15℃左右,越冬成虫开始活动,寻找配偶交配,1 周之后开始产卵,卵产在蛀孔或者缝隙间。每雌产卵量 200 多粒,产卵期可长达 2 个月。约经过 7 天,卵孵化为幼虫。如果幼虫在 1~2 天内不能蛀入药材籽粒内,又无其他食物可食,就会死亡。2 龄幼虫无蛀入籽粒的能力,在药材碎屑中生活也能完成生活史。蛀入籽粒中的幼虫,就在其中生长发育、化蛹,直至羽化为成虫。谷蠹是喜温怕冷的储粮害虫,温度对其生长发育的影响非常显著,在 22.5~30℃时,随着温度的降低,从卵期至成虫的发育历期延长,繁殖力减弱,完成 1 个世代需要 29~81 天。成虫飞翔能力较强,种群密度、饥饿程度、龄期对飞翔均有影响。种群密度越大,后代的迁飞比率就越高,飞翔在黄昏时最强烈,并且刚羽化的谷蠹更喜欢迁飞。夏季的谷蠹比春季和秋季的飞翔能力更强。

（董文霞）

赤拟谷盗

【分布与为害】赤拟谷盗 *Tribolium castaneum*(Herbst),属于鞘翅目,拟步甲科。全国各省区均有分布。主要危害苦杏仁、柏子仁、郁李仁、砂仁、薏苡仁、枣仁、板蓝根、五倍子、白芷、小麦、山药、白附子、大黄、赤小豆、黄芪、芡实等药材。主要对药材进行蛀食为害,成虫身体上有臭腺,分泌物可使被害药材结块、变色并发出腥霉的臭气,还含有致癌物苯醌,因此赤拟谷盗为害后药材彻底失去药用价值。

【形态特征】

1. 成虫 长椭圆形,体长 2~4mm,全身赤褐色至褐色,体上密布小刻点,背面光滑,具光泽,头扁阔。触角锤状 11 节,锤端 3 节膨大成锤状;复眼较大,肾形;前胸背板呈矩形,两侧稍圆,前角钝圆,有刻点;小盾片小,略呈矩形;鞘翅长达腹末,与前胸背板同宽,上具 10 条纵刻点行。

2. 幼虫 细长圆筒形,长 6~8mm,有胸足 3 对,头浅褐色,口器黑褐色;触角 3 节,长为头长之半。胸、腹部各节前半部骨化区浅褐色,后半部黄白色。臀叉向上翘。腹末具 1 对伪足状突起。

3. 卵 长 0.6mm,长椭圆形,表面粗糙。

赤拟谷盗

4. 蛹 离蛹,长约 4mm,淡黄白色,前胸背板密生小突起,以近前缘为多,上生褐色细毛。鞘翅达腹部第 4 节,各腹节后缘呈淡黑褐色,第 1~7 腹节两侧各生 1 个疣状侧突,腹部末端有黑褐色肉刺 1 对。

【生活史与习性】赤拟谷盗在大部分地区年发生 4~5 代,东北地区 1~2 代。以成虫在包装物、苇席、杂物及各种缝隙中越冬,很少以蛹或者幼虫越冬。

赤拟谷盗成虫能飞,但不善飞,有假死性和群集性。羽化后 1~3 天开始交尾。交尾后 3~8 天开始产卵。有取食本种的卵、蛹、初羽化成虫的现象,也取食杂拟谷盗和一些蛾类的卵。雌虫的食卵量比雄虫大。雄虫独居时其腹末常有白色沉淀物,而有足够数量的雌虫存在时沉积物不出现。雌虫的腹末有时也有白色沉淀物,能分泌刺激性物质苯醌。雄虫寿命 500 多天,雌虫 200 多天,雌虫把卵产在仓库缝隙处,卵粒上附有粉末碎屑一般不易看清,每雌产卵数百粒。幼虫一般 6~7 龄,也有 12 龄的。老熟以后常爬至药材表面化蛹。最适发育温度 27~30℃。相对湿度 70%,30℃完成 1 代需 27 天左右。

(董文霞)

印度谷螟

【分布与为害】印度谷螟 *Plodia interpunctella*(Hüber),别名封顶虫,属鳞翅目,螟蛾科。是重要的仓储害虫,分布广泛,食性颇杂,较喜食含有糖脂的贮藏品,也为害枸杞子、厚朴、枣仁、菊花等中药材。

【形态特征】

1. 成虫　体长 6~7mm,头、胸部紫褐色,杂有灰色鳞片。触角丝状,环绕紫色鳞片。前翅基部约 1/3 淡黄色,前缘紫色,外半部紫赤色,两色分界线为紫黑色,翅散布黑点。后翅淡灰色,缘毛颇长,灰白色(图 14-4)。

2. 幼虫　长 12mm,初孵化时白色,成熟后,变淡红或淡黄绿色。头部红褐色,前盾板及后盾板淡褐色,全体被有稀疏淡色长毛。幼虫通常 5 龄,雄性龄数一般较雌性少 1 龄。

3. 蛹　长 7mm,赤褐色。喙不伸达第 4 腹节后缘,后足露出,触角端部内弯,包住中足端部。腹端有钩刺 8 对,与第 5 腹节等长。

4. 卵　黄白色,椭圆形,长 0.4mm,宽 0.3mm,一端有乳头状突起 1 个,卵面有刻纹。

印度谷螟

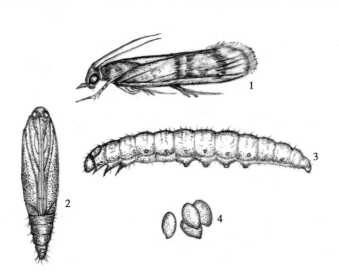

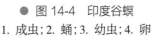

● 图 14-4　印度谷螟
1. 成虫;2. 蛹;3. 幼虫;4. 卵

【生活史和习性】每年发生 4~6 代,在不加温的情况下,以幼虫滞育越冬,越冬场所在室内隐蔽处,在温暖的室内可终年繁殖为害,世代重叠。成虫多夜出或日间活动于室内黑暗处,多在黄昏、黎明时产卵,产卵于枸杞干果等药材或其包装上,卵单产或集产,通常 10~30 粒一丛,每个雌虫产卵 30~200 粒。

(何 嘉)

第二节 中药仓储害虫的虫情调查

1. 抽样调查法 按照五点取样、随机取样相结合的方式,同时兼顾表、中、下层中药材,抽取样品。对于库存大于 200kg 的中药材,抽取 2kg 样品;库存大于 100kg、小于 200kg 的中药材,抽取 1kg 样品;库存大于 50kg、小于 100kg 的中药材,抽取 0.5kg 样品。对中药材进行剖析,通过震荡、翻拍、将中药材捣碎等方法收集昆虫,带回实验室,置于 30℃温箱中致使昆虫活动,记录昆虫种类和数量。

2. 系统普查法 对库房角落、门窗、中药材堆放架、中药材包装箱(袋、盒)进行系统普查,捕捉视野内的全部昆虫。标记、编号、记录危害中药材种类,带回实验室鉴定,记录昆虫种类和数量。

3. 镜检法 通过镜检中药材,获取螨类及书虱等小型昆虫。

第三节 中药仓储害虫综合防治

中药仓储害虫的治理应遵循"预防为主,重在养护,综合治理"的方针,严格按照国家《中药材生产质量管理规范》(GAP)有关中药材贮藏的要求进行养护,加强检疫与检验,采取多种害虫防治措施,确保重要中药材免受虫害。

一、中药入库前的预防

1. 创造不利于害虫发生的环境条件 仓储中药材应处于通风、干燥、避光、低温、低氧条件下,最好有空调与除湿设备;药材仓库的墙壁、房柱等无缝隙。

2. 清洁防治 彻底清扫库房包装物、存放物、墙角和各种缝隙;用低毒、低残留的杀虫剂进行空仓消毒,或者用磷化铝进行空仓熏蒸($1~3g/m^3$);做好加工厂、加工设备、运输设备的清洁消毒工作。

3. 切断害虫传入仓库的途径 仓库门窗要封严或装纱窗,严禁外界虫源侵入;库房、露天货场、生药材加工厂周围环境要清洁,定期喷洒杀虫剂,以免外面害虫传入。

4. 把好中药入库关

(1)加强入库前的害虫防治:花类、种子果实类药材收货前要加强田间害虫防治,以防带虫入库。该类药材因田间收获时易带虫卵,入库前要进行熏蒸灭虫处理,然后再入库。

（2）做好入库验收检查和隔离工作：做到药材分类贮藏，特别是对易生虫的药材要注意检验，各类中药材视情况分别采取掰开、过筛、折断、敲碎等方法仔细检查，如包装是否有孔洞及蛾类飞出，生药材或饮片中有无蛀孔、蛀屑、虫粪、活虫或者虫尸、虫蛹、虫茧，存放物表面有无虫茧、虫蛹等害虫发生迹象。注意将虫蛀或者带虫卵的药材挑出隔离并进行处理，严禁将虫源带入仓库。

（3）入库药材要干燥：采用多种方法，如日晒法、阴干法、火炕法等干燥药材，使药材达到安全水分指标。大多数药材采用日晒干燥法，一般药材晒6~8小时，相对湿度达70%~75%，商品安全水分为11%~13%，并置于双层无毒优质塑料袋内密封。对易生虫的药材，如党参、款冬花、薏苡仁等，要选择干燥通风的库房贮藏。

5. 严格执行植物检疫条例　按照谷斑皮蠹等检疫性害虫的检疫鉴定方法，对疫区的有关植物材料、包装材料及运输工具进行现场检验，杜绝从国外传入或者在国内扩散蔓延。

二、中药在库期防治

（一）密封防治

1. 容器密封法　密封能使贮藏环境中的氧气减少，二氧化碳含量增高，从而使害虫窒息而死。应根据不同中药材的性质、形状、数量及环境条件等确定密封形式。一般有按件密封、按垛密封、库内小室密封、整库密封等。传统的密封方法是用缸、坛、罐、瓶、桶、箱等容器，用泥头、熔蜡等封固，也有用小库房密封的。现代密封方法有很多，少量的药材可以装入无毒塑料袋中，大堆垛中药材用塑料罩密封，或用贮存量大的密封库进行大批量整库密封。

2. 干沙埋藏法　利用干沙隔绝外界湿气，防止药材生虫霉变，如党参、怀牛膝、山药、泽泻、白芷、板蓝根等适用此法。将药材分层平放在容器内，每层用干沙撒盖均匀，置阴凉通风处保存。

（二）中药对抗同贮法防虫

对抗同贮是中药材的传统养护方法之一，主要是利用一些有特殊气味，有驱虫、防霉的药材与易生虫、发霉的药材同贮，达到防止药材生虫、发霉的目的。例如，细辛、花椒与鹿茸同贮于阴凉干燥处防虫；花椒与鹿茸、蛇类、蛤蚧、全蝎、海龙、海马等动物类中药同贮既能防虫，又能保持颜色不变。

（三）物理机械防治

1. 温湿度控制防虫　对大多数仓储害虫，环境温度低于13℃或高于35℃就会导致其生长发育受到抑制，甚至引起死亡。中药材在入库前通过晒制、烘干、蒸煮等高温处理可有效杀死其上携带的各虫态的害虫。还可以利用低温冷冻法杀灭锯谷盗、杂拟谷盗和赤拟谷盗等对低温忍受力较弱的害虫。目前一般的中药材库房都安装有空调，可以调节室内温湿度，有效减少中药材仓储害虫的发生概率。目前正在大力推广的微波干燥、远红外加热干燥、太阳能集热干燥、气幕防潮、机械吸湿等中药材养护新技术，对中药材仓储害虫的防控具有良好效果。

（1）高温防虫

1）暴晒法：夏季将中药材摊放于干燥场地（水泥晒场最好），在烈日下暴晒。细小的药材连续晒 6~8 小时,当温度达 45~50℃时即能杀死害虫。晒后去除虫尸及杂质,散尽余热,然后包装。但富含糖类、脂肪油和色素类饮片,易变色的药材(槟榔、黄柏、大黄、黄连、白芍等),易爆裂的药材(白芍、厚朴等),含挥发性物质易损失的药材(肉桂、丁香、佩兰、薄荷、紫苏等),易走油的药材,不宜暴晒。

2)烘焙法:利用烘箱、烘房或烘干机等设备,将药材置于其中,使温度升至 50~60℃,经过 1~2 小时的烘烤,可将害虫杀死。

3)热蒸法:将易被仓储害虫危害的熟中药材,如红参、郁金、何首乌、锁阳等,放入蒸锅或蒸笼内,水开后经 15~20 分钟即杀死害虫,然后晾干、包装。

(2)低温防虫

1)自然冷冻法:在北方寒冷季节,将药材以薄层摊晾于露天,在 -15~0℃,经 12 小时后,害虫均可冻死。如果库房通风设备良好,在冬季亦可不必将药材搬出库外,选择干燥天气,将库房的所有门窗打开,使空气对流,也能达到冷冻杀虫的目的。

2)低温冷藏法:低温冷藏是利用机械制冷设备(冷窖、冷库等,温度在 5℃左右)抑制仓储害虫的发生和繁殖或将害虫杀死,从而达到防蛀的目的。特别适用于易生虫且难养护的中药,如枸杞子、大枣、菊花等。

(3)湿度调控防虫

1)气幕防潮:气幕又称气帘、气闸,是装在库房门上,配合自动门以防止库内冷空气排出库外、库外热空气侵入库内的装置,通过防潮达到防虫、抑霉的目的。

2)机械吸湿:利用空气除湿机,吸收空气中的水分,降低库房的相对湿度,以达到防蛀、防霉的效果。

2. 灯光诱杀防虫　利用仓储害虫的趋光性诱杀害虫。常用的有黑光灯、紫外高压诱杀灯、频振式诱虫灯等。黑光灯对谷蠹等仓储害虫诱杀效果较好。紫外高压诱杀灯能诱捕各类活动期的仓储害虫,特别是对麦蛾、玉米象、豌豆象、咖啡豆象、谷蠹、长角谷盗、脊胸露尾甲、书虱等常见仓储害虫都有较好的诱捕效果,是目前较为理想的一种仓储害虫诱捕器械。频振式杀虫灯能同时运用光、波、色、味 4 种诱杀方式,对锈赤扁谷盗、麦蛾、谷蠹、玉米象、赤拟谷盗及印度谷蛾等仓储害虫具有良好诱杀效果。

3. 气调养护防虫　不同仓储害虫及其不同虫态对缺氧的耐受性存在差异,气调养护是把中药材放在一个相对密闭的贮藏环境内,通过调节环境中的氧气含量,使仓储害虫因缺氧窒息而死亡。调节氧气含量的方法包括自然降氧、充氮降氧及充二氧化碳降氧。自然降氧时包装材料与技术对害虫防控效果有明显影响,通过抽真空或添加脱氧剂可增强自然降氧效果。将中药材贮存在密闭空间内通过充氮或二氧化碳置换空间内的氧气,达到调节空间内氮(二氧化碳)/ 氧比例进而杀灭害虫的目的。如将红花、款冬、猪苓等充氮降氧(氧浓度 2%),经 15~30 天成虫及幼虫就可全部被杀死;在保存鹿茸、蛤蚧、党参、枸杞子时,将二氧化碳浓度控制在 45% 以上,氧浓度控制在 8% 以下,40 天即可杀灭全部害虫及虫卵。红参充二氧化碳降氧贮藏 1 年,未发现新的害虫产生;已被害虫危害的人参,气调贮藏 4 天成虫可全部死亡,15 天后卵及幼虫全部死亡。

4. 辐射与电磁波防虫

(1)电离辐射杀虫法:辐照技术是一种新兴的杀虫技术,具有时间短、见效快、无污染等优点,已被应用于中药材加工储藏等领域。该技术的辐照源包括紫外线、γ射线、电子束、X射线、太阳能等,其中γ射线是较常用的辐照源。^{60}Co-γ射线能有效杀死中药材仓储害虫,且对其外观性状、活性成分基本没有影响。丹参、川芎、麦冬、黄连、川贝母用γ射线辐照处理后,杀虫效果明显,同时不会对其药性产生不利影响。由于放射性问题,该方法不能在一般仓库进行,建设符合要求的辐射场所投资大,防护措施严,维护费用高,其推广应用有较大难度。相比之下,电子束辐照不存在放射性污染,装置操作简单,安全性强,易于控制,节约能源,在适当剂量条件下不明显影响药效成分和主要营养品质,在中药材仓储害虫防治方面得到迅速发展。目前已经用于印度谷螟和锯谷盗的防治。

（2）远红外线辐射杀虫法:库房使用 2kW 远红外干燥箱为宜。将饮片用纸包裹(以免串味)置于远红外干燥箱内烘烤,控制温度在 50~60℃,加热器开启 20~60 分钟,视饮片而定,拔去插头后置烘箱内封闭 1~3 小时取出,凉透。对于耐热饮片,将温度定在 60~70℃,可缩短烘烤时间。对于挥发油、脂肪油类饮片,可将温度降至 45~50℃,延长烘烤时间。此法简便、易行、杀虫效果佳。

（3）微波杀虫法:微波是指在 300~300 000MHz 的超高电磁波。微波防治害虫是基于微波的热效应原理,害虫经微波加热处理,虫体内的水分子辐射振动摩擦而产生热量,微波被水吸收转变成热能而虫体来不及散热,从而使害虫迅速死亡。近年来微波杀虫技术应用广泛,利用微波杀虫机或杀虫成套设备,不仅能干燥药材,又能杀虫灭菌,目前我国用于中药材加热的有 2 450MHz 的微波成套设备。

（四）生物防治

1. 天敌昆虫的应用　"以虫治虫"在仓储药材害虫上用得较少,目前报道的主要是 5 种膜翅目寄生性天敌昆虫可用仓储害虫的防治,分别为窃蠹茧蜂、稳茧蜂、象虫金小蜂、黑青小蜂和米象金小蜂。米象金小蜂对于药材甲具有很好的防治效果,还可兼治谷蠹、玉米象等害虫。

2. 昆虫信息素引诱剂和昆虫激素的应用　已鉴定的仓储害虫信息素包括 10 余科 40 余种。印度谷螟、粉斑螟、谷象、锯谷盗、烟草甲、米象、玉米象等信息素引诱剂已经商品化,可根据仓储药材害虫的种类购买使用。此外,昆虫激素类物质烯虫酯、氟啶脲等昆虫生长调节剂对烟草甲、赤拟谷盗等仓储甲虫有良好的防治效果。

（五）化学防治

1. 毒饵诱杀法　选择害虫喜好的麦麸、米糠、豆饼、花生饼做饵料,将饵料炒香,在加入 0.1% 的除虫菊酯或者 0.5%~1% 的敌百虫水溶液,使饵料吸附后晾干。将毒饵用纸摊开,放在药材堆空隙之间,过几天清除虫体一次。此法持续时间长,杀虫效果好。

2. 杀虫剂喷雾法　直接将除虫菊酯药液喷洒于药材上或其包装物上,使害虫中毒而死。此法以密封使用效果为好。

3. 化学熏蒸法　优点是成本低,设施要求简单,控制效果好。缺点是有药剂残留问题。我国已经明确规定,禁止二氧化硫和氯化苦作为中药材熏蒸剂。

（1）磷化铝熏蒸法:磷化铝有粉剂和片剂两种剂型,中药材仓库常用片剂。使用方法是:每年 5 月中旬,在密封好的库房或在塑料薄膜罩帐内熏蒸,施药剂量为 6~9g/m³,一般投药后密闭 3~5 天,即可达到杀虫效果。密闭时间与温度变化有关,气温在 12~15℃时,应密闭 5 天;16~20℃时,应密闭 4 天;20℃以上时应密闭 3 天。库内通风 3 天后检不出磷化铝残毒时,才能进行正常作业。由于磷化铝毒性大,使用时要注意安全防护。有条件的也可使用磷化铝舱内投药器或磷化氢发生器熏蒸。

（2）新型杀虫剂熏蒸:新型化学熏蒸剂有硫酰氟、苯氧威等。硫酰氟对杂拟谷盗、锯谷盗、黑皮蠹、烟草甲、麦蛾等多种仓储害虫有良好防效。

（董文霞）

思考题

1. 中药仓储害虫的危害有哪些方面?

2. 中药仓储害虫的物理防治措施主要有哪些?

3. 印度谷螟的防治措施有哪些?

第十四章　同步练习

第四篇
药用植物主要草害

学习目标

掌握：药用植物常见田间杂草的种类、发生规律、危害特点、防治方法。

熟悉：牛筋草、马唐、反枝苋、紫茎泽兰、马齿苋等杂草的形态特征。

田间杂草影响药用植物生长，形成草害，杂草是一个经验名词，具有时空性、相对性和绝对性。杂草的时空性体现在同一种植物，在不同地域，由于其所处的空间位置不一样，属性也不同。如野燕麦在华北、东北等地区的农田中是杂草，但在西北（青海、西藏等）为主要食用和饲用作物。杂草的时间性体现在同一种植物，在某一历史时期或发育阶段是杂草，在其他时间或发育阶段就不一定是杂草。如过去是杂草的荠菜、苋菜，现在成为人们喜爱的食用植物。如茵陈在苗期可食用和药用，但在其他生育时期就是杂草了。杂草的相对性体现在相对于栽培植物而言其是不利的，如狗牙根在农田是杂草，但在草皮、草坪等地方，属于人类的目的植物。杂草的绝对性体现在，在特定的时间和空间里其对人类活动、经济和环境造成危害的属性，该属性是稳定的，这也是判断植物是否为杂草的重要依据。

杂草是除了病虫害之外危害药用植物的重要有害生物。杂草具有传播途径多，繁殖与再生力强，生活周期一般都比作物短，成熟的种子随熟随落，抗逆性强，光合作用效率高等生物学特性。杂草主要通过与药用植物争夺水分、养分和光能来干扰和限制药用植物的生长。有些杂草则是病虫的中间寄主，促进病虫害发生。寄生性杂草直接从药用植物体内吸收养分，从而降低药用植物的产量和品质。了解杂草的生物学特性，有利于我们对杂草的防控。

杂草种类繁多，据统计，全世界共有农田杂草约 8 000 种，危害严重的有 76 种，其中禾本科、菊科、莎草科植物较多。杂草主要为草本植物，也包括部分小灌木、蕨类及藻类。

药用植物田常见且危害严重的杂草种类主要有牛筋草、马唐、止血马唐、狗尾草、画眉草、狗牙根、白茅、马齿苋、反枝苋、藜、猪毛菜、独行菜、荠菜、看麦娘等一年生草本植物。在我国南方除常见的田间杂草种类外，入侵种紫茎泽兰的危害正在扩大蔓延。这些杂草主要危害贝母、防风、甘草、柴胡、龙胆、细辛、人参、三七、白术、延胡索、半夏、地黄、黄连、穿心莲、大黄、芍药、桔梗、菘蓝、姜黄等栽培药用植物。

由于杂草生活特性复杂、种类繁多、地域差异大等特点，很难制定出一套专门针对某种杂草的防控措施。目前主要采用加强植物检疫、农业机械物理除草和人工拔除、加强农业栽培管理和化学除草的方法来控制杂草的发生和危害。

牛筋草

牛筋草 *Eleusine indica*(L.)Gaertn,别名油葫芦草、蟋蟀草。为禾本科一年生草本植物。分布于我国南北各省区,多生于荒芜之地及道路旁。主要危害高良姜、薯蓣、黄芩、刺五加、半夏、八角、芍药等药用植物。

【形态特征】根系极发达。秆丛生,基部倾斜,高 10~90cm。叶片平展,线形,长 10~15cm,宽 3~5mm,无毛或上面被疣基柔毛;叶鞘两侧压扁而具脊,松弛,无毛或疏生疣毛;叶舌短,长约 1mm。穗状花序 2~7 个,指状着生于秆顶,很少单生;小穗呈两行生在穗轴的一侧,具 3~6 小花;颖披针形,具脊,脊粗糙;第一颖长 1.5~2mm;第二颖长 2~3mm;第一外稃长 3~4mm,卵形,膜质,具脊,脊上有狭翼,内稃短于外稃,具 2 脊,脊上具狭翼。颖果卵形,棕色至黑色,长约 1.5mm,基部下凹,具明显的波状皱纹。

牛筋草

【发生规律】牛筋草可通过有性和无性方法繁殖。有性繁殖通过种子繁殖,种子主要是借助自然力、流水及动物取食排泄传播,或附着在机械、动物皮毛或人的衣服、鞋子上,通过机械、动物或人的移动而散布传播。一般 4 月中下旬出苗,5 月上中旬进入发生高峰,6—8 月发生少,9 月上旬成熟。秋季成熟的种子在土壤中休眠。种子发芽的温度范围为 20~40℃,并需变温和光照条件,恒温或无光下发芽率低或不发芽。故牛筋草发芽适宜土壤深度为 0~1cm,在 3cm 以上土层中不发芽。

【防控措施】

1. 物理除草 利用地膜覆盖,提高地膜和土表温度,烫死杂草幼苗或抑制杂草生长;利用犁、耙、中耕机等农具进行深翻,可将该杂草种子深埋于土壤中,降低种子发芽率,或使翻到土壤表面的根茎暴晒致死。

2. 化学除草 一般在药用植物种植前进行土壤施药,争取一次施药便能保持整个生长期不受杂草危害。种植前可用的除草药剂有:①40% 氟乐灵乳油,施药时间多在种植前 5~10 天杂草萌发前,用药量根据说明书上的规定用水兑制后,均匀喷洒土壤表面。因氟乐灵易挥发和光解,最好随喷随进行浅耕,将药液及时混入 5~7cm 土层中。有条件的最好机械喷药耙混一次完成,除草效果可达 90% 以上,或者喷药后随即浇透水,但除草效果不如浅翻混土好。喷施氟乐灵后一般需隔 5~7 天才可种植药材。②50% 乙草胺乳油,一般于播种或移栽前 3~5 天,且必须在杂草出土前施用。用该药 70~75ml/ 亩兑水 40~60L,均匀喷洒土壤表面即可。如果在药用植物播种后或生长期间牛筋草发生比较严重,可用 5% 精喹禾灵乳油,40ml/ 亩兑水 30L 喷洒;或用 6% 克草星乳油,70~80ml/ 亩兑水 30~40L,均匀喷洒于茎叶表面即可。

马唐

马唐 *Digitaria sanguinalis*(L.)Scop,别名羊麻、羊粟、马饭、抓根草、鸡爪草、指草、蟋蟀草、抓地龙、面条筋。属禾本科一年生草本植物。分布于我国西藏、四川、新疆、陕西、甘肃、山西、河北、河南及安徽等地。生于路旁、田野，既是一种优良牧草，又是危害半夏、薯蓣、丹参、白术、大黄、地黄、菘蓝等药用植物的主要杂草。

【形态特征】秆直立或下部倾斜，膝曲上升，高 10~80cm，无毛或节生柔毛。叶鞘短于节间，无毛或散生疣基柔毛；叶舌长 1~3mm；叶片线状披针形，长 5~15cm，宽 4~12mm，基部圆形，边缘较厚，微粗糙，具柔毛或无毛。总状花序长 5~18cm，4~12 枚成指状着生于长 1~2cm 的主轴上；穗轴直伸或开展，两侧具宽翼，边缘粗糙；小穗椭圆状披针形；第一颖小，短三角形，无脉；第二颖具 3 脉，披针形，长为小穗的 1/2 左右，脉间及边缘大多具柔毛；第一外稃等长于小穗，具 7 脉，中脉平滑，两侧的脉间距离较宽，无毛，边脉上具小刺状粗糙，脉间及边缘生柔毛；第二外稃近革质，灰绿色，顶端渐尖，等长于第一外稃；花药长约 1mm。颖果椭圆形，透明。

马唐

【发生规律】靠种子繁殖。马唐种子萌发的适宜温度为 20~40℃，低于 20℃时，发芽慢。种子萌发最适相对湿度为 63%~92%，适宜土壤深度为 1~4cm。在田间条件下，马唐一般于 5—6 月出苗，7—9 月抽穗、开花，8—10 月结籽，种子边成熟边脱落，生活力强。成熟种子有休眠习性，土壤深处的陈种子翻到上层后仍可发芽。马唐的分蘖力较强。一株生长良好的植株可以分生出 8~18 个茎枝，个别可达 32 枝之多。马唐喜湿、好肥、嗜光照，对土壤要求不严格，在弱酸、弱碱性的土壤上均能良好生长，高温多雨的夏季生长最快。

【防控措施】

1. 严格杂草检疫　对国外引进的种子必须严格执行杂草检疫制度，杜绝传入我国及蔓延危害。国内要加强和健全检疫制度，防止蔓延。

2. 农业措施　合理密植和药用植物与夏播作物合理轮作，可通过改变马唐的生态环境，抑制喜光植物马唐的生长，有效抑制和减轻其危害。

3. 物理除草　利用人工、犁、耙、中耕机等，在不同时间和季节进行中耕除草。

4. 化学防治　药用植物播后芽前，可每亩用 12% 恶草酮乳油 160~200ml，兑水 50~60kg，或 60% 丁草胺乳油 100~125ml，兑水 40~50kg 均匀喷洒土表。马唐出苗后可用 4% 喹禾糠酯乳油按每亩 40~70ml 兑水 15kg 均匀喷洒叶面进行防治，但施用时应注意，该药剂对禾本科药用植物也有伤害。

5. 生物防治　用画眉草弯孢菌及其毒素来防控马唐的研究，已取得较好效果。

止血马唐

止血马唐 Digitaria ischaemum（Schreb.）Schreb.ex Muhl.，别名抓秧草（江苏）。为禾本科一年生草本植物。分布于黑龙江、吉林、辽宁、内蒙古、甘肃、新疆、西藏、陕西、山西、河北、四川及台湾等省区。止血马唐常生于湿润的田野、河边、路旁和沙地。

【形态特征】止血马唐为疏丛型禾草。止血马唐与马唐属于同一个属，两者的主要区别在于止血马唐的总状花序少于马唐，仅 3~4 个，长 2~8cm，穗轴每节着生 2~3 个小穗；第一外稃 5 脉，脉间与边缘具细柱状棒毛与柔毛；第二外稃成熟后紫褐色。其余特征与马唐相似。

【发生规律】止血马唐主要靠种子进行繁殖。据统计，每株最多能产生种子 17 920 粒。种子发芽率的高低与春、夏季的降水量有直接关系。在雨水多的年份，大量种子得以萌发，这样便能抑制周围其他植物的萌发与生长,形成止血马唐单纯群落。当新种子落地,经过短期休眠如再遇雨水,当年还能萌发。在东北三省及内蒙古地区,5月开始出苗,8月进入开花期,8月下旬至9月中旬种子成熟,9月中旬以后逐渐枯黄,生长期约为130天。分蘖节位于地表面下1cm处。根系最深达20cm。止血马唐喜潮湿肥沃的微酸性至中性土壤。在向阳的开旷地上长势更好。

【防控措施】参照马唐的防控方法。

反枝苋

反枝苋 *Amaranthus retroflexus* L.,别名野苋菜、苋菜、西风谷。苋科一年生草本植物。原产美洲热带,广布于我国黑龙江、吉林、辽宁、内蒙古、河北、山东、山西、河南、陕西、甘肃、宁夏、新疆等地。生在田园内、田地边、住宅附近的草地上。主要危害龙胆、菘蓝、太子参、白术、丹参、玄参、桔梗等多种旱作药用植物。

【形态特征】株高20~80cm。茎直立,粗壮,单一或分枝,淡绿色,有时具带紫色条纹,稍具钝棱,密生短柔毛。叶互生有长柄,叶片菱状卵形或椭圆状卵形,长5~12cm,宽2~5cm,顶端锐尖或尖凹,有小凸尖,基部楔形,全缘或波状缘,两面及边缘有柔毛,下面毛较密;叶柄长1.5~5.5cm,淡绿色,有时淡紫色,有柔毛。圆锥花序顶生及腋生,直立,直径2~4cm,由多数穗状花序形成;苞片及小苞片钻形,白色,背面有一龙骨状突起,伸出顶端成白色尖芒;花被片,白色,矩圆形或矩圆状倒卵形,薄膜质,有一淡绿色细中脉,顶端急尖或尖凹,具凸尖;雄蕊比花被片稍长;柱头3,有时2。胞果扁卵形,薄膜质,淡绿色,包裹在宿存花被片内。种子近球形,棕色或黑色,边缘钝。

反枝苋

【发生规律】种子繁殖。反枝苋种子发芽的适宜温度为15~30℃,适宜出苗土壤深度为0~5cm。一般4—5月上旬出苗,一直持续到7月下旬,7月初开始开花,7月末至9月末种子陆续成熟。成熟种子无休眠期。反枝苋适应性极强,到处都能生长,不耐荫,在密植田或高秆作物中生长发育不好。

【防控措施】

1. 农业措施 由于该杂草不耐荫,可在药用植物田与高秆作物间作套种,或合理密植提高药用植物田的郁闭度,均可抑制反枝苋的生长;也可在药材种植前,进行深耕翻土,将杂草种子深埋于土壤深层使其不能发芽或者发芽率降低;也可在药用植物生育期适时人工中耕除草3~4次。

2. 化学防除 可用50%扑草净可湿性粉剂100~150g,兑水30~50kg,或50%利谷隆可湿性粉剂按1 125~1 500g/hm² 于药用植物出苗前均匀喷施地面进行防除,使用方法参照说明书。

马齿苋

马齿苋 *Portulaca oleracea* L.,别名马苋、五行草、长命菜、五方草、瓜子菜、麻绳菜、马齿菜、蚂蚱菜。为马齿苋科一年生肉质草本植物。广布全世界温带和热带地区,中国南北各地均有分布。生于菜园、农田、路旁。主要危害薯蓣、桔梗、半夏、肉桂、草果、芍药、甘草等药用植物。

【形态特征】全株无毛。茎平卧或斜倚,伏地铺散,多分枝,圆柱形,长 10~15cm,淡绿色或带暗红色。叶互生,有时近对生,叶片扁平、肥厚,倒卵形,似马齿状,顶端圆钝或平截,有时微凹,基部楔形,全缘;叶柄粗短。花无梗,常 3~5 朵簇生枝端,午时盛开;苞片叶状,膜质,近轮生;萼片 2,对生,绿色,盔形,顶端急尖,背部具龙骨状凸起,基部合生;花瓣 5,稀 4,黄色,倒卵形,顶端微凹,基部合生;雄蕊通常 8,或更多,花药黄色;子房无毛,花柱比雄蕊稍长,柱头 4~6 裂,线形。蒴果卵球形。种子细小,偏斜球形,黑褐色,有光泽,具小疣状凸起。

马齿苋

【发生规律】种子繁殖,为夏季杂草,1 年可发生 1~2 代。种子发芽适宜温度为 20~30℃。5 月上旬出苗,5 月下旬至 8 月中旬为旺盛生长期,9 月中旬种子成熟。繁殖力强,一株可产种子数万粒,折断后的茎入土仍可成活。马齿苋喜高湿、肥沃土壤,耐旱、耐涝、喜光,适宜在各种田地和坡地生长,以中性和弱酸性土壤较好。

【防控措施】

1. 人工除草　由于马齿苋适生范围广,繁殖能力极强,对药田四周及药田内采取人工拔除或适时中耕 2~3 次进行防除。并把拔除的马齿苋移出药田进行阳光暴晒、烧毁或深埋,把杂草消灭在幼苗阶段。

2. 化学防治　可用 50% 利谷隆可湿性粉剂 1 125~1 500g/hm² 或 50% 扑草净可湿性粉剂每亩 100~150g,兑水 30kg,于药用植物播种后出苗前进行喷洒防治。

藜

藜 *Chenopodium album* L.,别名灰菜、灰藿。藜科一年生草本植物。分布遍及全球温带及热带,我国各地均有分布。生于路旁、荒地及田间。主要危害桔梗、贝母、穿心莲、益母草、芍药、丹参、太子参、半夏等药用植物。

【形态特征】株高 30~150cm。茎直立、粗壮,具条棱及绿色或紫红色色条,多分枝。叶片菱状卵形至宽披针形,长 3~6cm,宽 2.5~5cm,先端急尖或微钝,基部楔形至宽楔形,上面通常无粉,有时嫩叶的上面有紫红色粉,下面一般有少量粉,边缘具不整齐锯齿;叶柄与叶片近等长。

藜

花两性,花簇生于枝上部,排列成圆锥状花序;花被片 5,宽卵形至椭圆形;雄蕊 5,花药伸出花被,柱头 2。胞果包于花被内或微露。种子双凸镜状,黑色,有光泽,表面具浅沟纹。

【发生规律】种子繁殖。种子发芽适宜温度为 15~25℃,土壤深度为 0~4cm,适宜土壤含水量为 20%~30%。黑龙江 4 月中旬开始出苗,6 月下旬开花,7 月下旬种子成熟;上海地区 3 月开始发生,4—5 月达高峰,6 月以后发生少,9—10 月开花结实。藜适应性强,抗寒耐旱。

【防控措施】

1. 人工除草　于苗期进行人工拔除或进行中耕除草,在藜开花结实前彻底清除杂草。

2. 化学防除　可在药用植物播种前用 48% 氟乐灵乳油,1 500~2 490ml/hm² 兑水 600~750kg,

进行喷雾后并翻土。也可用 72% 阿特拉津乳油，750~1 500ml/hm² 兑水 525kg，于播后苗前均匀喷洒土壤表面进行防除。

狗尾草

狗尾草 *Setaria viridis*（L.）Beauv.，别名毛毛狗、狗尾巴草。禾本科一年生草本植物。原产欧亚大陆的温带和暖温带地区，现广布于全世界的温带和亚热带地区。分布于我国各地。生于海拔 4 000m 以下的荒野、道旁，为旱地作物常见的一种晚春性杂草。可危害多数药用植物。

【形态特征】根为须状，高大植株具支持根。秆直立或基部膝曲，高 10~100cm，基部径达 3~7mm。叶鞘松弛，无毛或疏具柔毛或疣毛，边缘具较长的密绵毛状纤毛；叶舌极短，缘有长 1~2mm 的纤毛；叶片扁平，长三角状狭披针形或线状披针形，先端长渐尖或渐尖，基部钝圆形，几呈截状或渐窄，长 4~30cm，宽 2~18mm，通常无毛或疏被疣毛，边缘粗糙。圆锥花序紧密呈圆柱状或基部稍疏离，直立或稍弯垂，主轴被较长柔毛，长 2~15cm，宽 4~13mm（除刚毛外），刚毛长 4~12mm，粗糙或微粗糙，直或稍扭曲，通常绿色或褐黄到紫红或紫色；小穗 2~5 个簇生于主轴上或更多的小穗着生在短小枝上，椭圆形，先端钝，长 2~2.5mm，铅绿色；第一颖卵形、宽卵形，长约为小穗的 1/3，先端钝或稍尖，具 3 脉；第二颖几与小穗等长，椭圆形，具 5~7 脉；第一外稃与小穗第长，具 5~7 脉，先端钝，其内稃短小狭窄；第二外稃椭圆形，顶端钝，具细点状皱纹，边缘内卷、狭窄；鳞被楔形，顶端微凹；花柱基分离。叶上下表皮脉间均为微波纹或无波纹的、壁较薄的长细胞。颖果灰白色，长卵形，扁平。

狗尾草

【发生规律】种子繁殖。种子发芽适温度为 15~30℃，适宜土壤深度为 0~8cm。一般 4 月中旬至 5 月种子发芽出苗，5 月上、中旬为发生高峰期，8—10 月结实。种子可借风、流水与粪肥传播，经越冬休眠后萌发。在黑龙江 5 月初开始出苗，可持续到 7 月下旬，7—8 月开花，8—9 月种子成熟。上海地区 4 月中下旬出苗，5 月下旬达高峰，9 月上、中旬第二次发生高峰，1 年可发生 2~3 代。狗尾草喜长于温暖湿润气候区，以疏松肥沃、富含腐殖质的砂质壤土及黏壤土为宜。

【防治措施】

1. 人工除草　狗尾草适生范围广，传播途径多，因此，对药田四周及田内要适时进行人工拔除或中耕 2~3 次。人工除草时遵循"除早、除小、除了"的原则，把杂草消灭在幼苗阶段。

2. 农业措施　清选种子，防止杂草种子混入药材播种材料内。播前浅耕、苗期中耕、秋季深耕翻土埋掉草籽，或播前进行灌水，诱发杂草发芽，再灭之。利用地膜覆盖，提高土表温度，烫死杂草幼苗，或抑制杂草生长。

3. 化学防除　药用植物出苗前，于狗尾草 2~5 叶期，用 35% 吡氟禾草灵乳油，600~1 125ml/hm² 兑水 450kg，喷雾，该药于土壤湿润时效果好，但不能用于禾本科药用植物田。

紫茎泽兰

紫茎泽兰 *Eupatorium adenophora* Spreng.，别名解放草、马鹿草、破坏草、黑头草、大泽兰。为菊科多年生草本或呈灌木状植物,因其茎和叶柄呈紫色,故名紫茎泽兰。是一种有毒的植物,有"植物界杀手"之称。原产美洲的墨西哥至哥斯达黎加一带,大约20世纪40年代由中缅边境传入我国云南南部,现云南80%面积的土地都有紫茎泽兰分布。西南地区的云南、贵州、四川、广西、西藏等地都有分布,并以每年10~30km的速度向北和向东扩散。

【形态特征】根茎粗壮发达,直立,株高30~200cm,分枝对生、斜上,茎紫色,被白色或锈色短柔毛。叶对生,叶片质薄,卵形、三角形或菱状卵形,腹面绿色,背面色浅,两面被稀疏的短柔毛,在背面及沿叶脉处毛稍密,基部平截或稍心形,顶端急尖,基出三脉,边缘有稀疏粗大而不规则的锯齿,在花序下方则为波状浅锯齿或近全缘。头状花序小,直径可达6mm,在枝端排列成复伞房或伞房花序,总苞片三四层,含40~50朵小花,管状花两性,白色,花药基部钝。瘦果,黑褐色。每株可年产瘦果1万粒左右,借冠毛随风传播。

紫茎泽兰

【发生规律】种子繁殖。种子可借风、流水、动物、车载等多途径传播。花期11月至翌年4月,结果期3—4月。紫茎泽兰具有长久性土壤种子库,是强入侵性物种,具有高繁殖系数、生化感应作用、耐贫瘠和解磷解氮作用,易成为群落中的优势种,甚至发展为单一优势群落。根状茎发达,可依靠强大的根状茎快速扩展蔓延。适应能力极强,干旱、瘠薄的荒坡地,甚至石缝和楼顶上都能生长。

【防控措施】

1. 人工除草　在秋冬季节,人工挖除紫茎泽兰全株,集中晒干烧毁。此方法适用于经济价值高的农田、果园和草原草地。在人工拔除时注意防止土壤松动,以免引起水土流失。人工除治可以达到控制紫茎泽兰传播。据调查,9—10月割除的紫茎泽兰新萌植株,翌年开花结实较少或没有开花结实,有效地控制紫茎泽兰高度,一般割除后由于萌生植株较多,紫茎泽兰种内竞争较大,植株普遍偏小和变矮。

2. 生物控制　利用柠檬桉、皇竹草、臂形草、红车轴草、狗牙根等植物作为替代植物来抑制紫茎泽兰的生长;利用泽兰实蝇、旋皮天牛和某些真菌有效控制紫茎泽兰的生长。泽兰实蝇对植株生长有明显的抑制作用,野外寄生率可达50%以上。泽兰实蝇具有专一寄生紫茎泽兰的特性,卵产在紫茎泽兰生长点上,孵化后即蛀入幼嫩部分取食,幼虫长大后形成虫瘿,阻碍紫茎泽兰的生长繁殖;旋皮天牛在紫茎泽兰根茎部钻孔取食,造成机械损伤而致全株死亡;泽兰尾孢菌、链格孢菌、飞机草菌绒孢菌、叶斑真菌等可以引起紫茎泽兰叶斑病,造成叶子被侵染、失绿,生长受阻。

3. 化学防治　农田药用植物种植前,每亩田用41%草甘膦异丙胺盐水剂360~400g,兑水40~60kg,均匀喷雾;荒坡、公路沿线等,每亩用24%毒莠定水剂200~350g,兑水40~60kg,均匀喷雾。

（吴廷娟）

思考题

1. 常见的药用植物田间杂草都有哪些？如何进行防控？

2. 如何防控农田杂草牛筋草？

3. 如何防控农田杂草马齿苋？

第十五章　同步练习

第五篇
药用植物主要鼠害

第十六章 药用植物主要鼠害

学习目标

掌握：药用植物主要害鼠的发生规律。

熟悉：不同类型药用植物鼠害的治理方法。

了解：药用植物鼠害的主要类群及种类。

鼠害发生遍布世界各地，凡是有农事活动的地方都可以见到它们的踪迹。《诗经》中就有鼠害的描述，如"硕鼠硕鼠，无食我黍……。硕鼠硕鼠，无食我麦……"，这虽然是对不劳而食的剥削阶级辛辣的讽刺和深刻的揭露，但也把老鼠盗食黍麦、破坏青苗的严重危害，描述得淋漓尽致。

第一节 根部害鼠

根部害鼠是指主要取食植物根部的害鼠，是一些适于地下生活的鼠类。其中，鼢鼠最为常见。鼢鼠原属啮齿目（Rodentia），仓鼠科（Cricetidae），鼢鼠亚科（Myospalacinae），现划归为鼹形鼠科或称瞎鼠科（Spalacidae），鼢鼠亚科，是我国黄土高原和青藏高原农林牧业的主要害鼠。别名瞎老鼠、瞎狯、瞎老、瞎瞎、瞎毛、仔隆、方氏鼢鼠等。其体形粗壮。耳壳完全退化。尾短而钝圆，完全裸露或被覆稀疏的短毛。四肢短粗，前足爪特别发达，其长一般均大于相应的指长。头骨前窄后宽，在人字嵴处的最大宽度等于或大于颧宽。人字嵴一般均在颧弓后缘水平。门齿特别粗大，臼齿无齿根，其咀嚼面呈"3"形。主要分布于我国华北、西北、东北以及内蒙古地区。栖息于各种类型的草原、农田和幼林中。本亚科仅有1属，2亚属，7种。主要种类有甘肃鼢鼠 *Myospalax cansus* Lyon、中华鼢鼠 *M. fontanierii* Milne-Edwards、高原鼢鼠 *M. baileyi* Thomas 和罗氏鼢鼠 *M. rothschildi* Thomas。其因独特的生物学特性和神秘的地下生活方式，成为了公认的最难治理的一类害鼠。

鼢鼠形态与头骨

【分布与为害】鼢鼠主要分布于黄土高原与青藏高原，主要以植物的地下部分为食。危害的药用植物主要有当归、党参、人参、黄芪、杜仲、木瓜、天麻等。

【识别特征】

1. 中华鼢鼠　体形粗短肥壮，呈圆筒状头部扁而宽，吻端平钝。无耳壳，耳孔隐于毛下。眼极细小。4肢较短，前肢较后肢粗壮，其第2与第3趾的爪接近等长，呈镰刀状。尾细短,被有稀疏的毛。

（1）形态特征:体长 171~217mm,体重 285~443g;尾长 53~69mm;后足长 29~37mm。体型肥胖,前肢爪粗大,第 2、3 趾爪长几乎相等,适于掘土。吻钝圆,耳壳极度退化,隐于毛下。体背面灰褐色发亮,或暗土黄色而略带淡红色。额通常有一闪烁的带白色毛区;头顶中间有或无一短的白色条纹;体侧面毛包较体背面淡,额、喉灰色,尾和前后足背面均被稀疏短细白毛,几乎裸露。成体头、背及体侧夏毛灰色,带有明显的锈红色,腹毛灰黑色,毛尖略带铁锈色,足背与尾毛稀疏,为纯白色。

（2）颅骨特征:颅长 41.7~58.6mm,颧宽 26.8~38.7mm,眶间宽 6.9~9.0mm,鼻骨长 16.4~21.3mm,后头宽 28.0~40.7mm,枕骨板高 18.5~24.2mm,上颊齿列长 11.3~13.4mm。颅骨较宽,颞嵴左右几乎平行,上枕骨从人字嵴起逐渐向后弯下。鼻骨后缘中间有一缺刻,其后端一般略越过前颌骨后端,眶上嵴不甚发达;颅骨较宽,约为长的 70.2%（65.5%~74.8%）,后头宽约为颅长的 65.2%（54.9%~69.0%）;门齿孔一部分在前颌骨范围内,另一部分在上颌骨界限内。上门齿较强大,第 1 上臼齿较大,其侧有两个内陷角,与外侧的两个内陷角交错排列,将咀嚼面分割成前后交错排列的三角形与一个略向前伸的后叶;第 2、3 上臼齿较小,结构基本相同,唯第 3 上臼齿后端多数有向后外方斜伸的小突起;颧弧后部较宽。齿型属田鼠型,但与其他种鼢鼠一样,臼齿咀嚼面也呈半月形。老体有发达的眶上嵴、腭嵴和人字嵴,两腭嵴之间形成凹陷,人字嵴后面的头骨部分向后倾斜,呈一个斜面转向下方,眶前孔倒三角形,听泡小而平。

2. 甘肃鼢鼠　外形酷似中华鼢鼠,但体略小。尾几乎裸露或被短毛。体背毛尖稍带锈红色。前肢爪发达,适应挖掘活动。

（1）形态特征:体长 160~205mm;尾几乎裸露,长 41~65mm;后足长 27~36mm,前肢爪发达,适应挖掘活动。体背面通常灰、粉红、土黄色,毛基暗灰色;额部烟褐色,一般无一白色条纹,但有时有一块白斑从鼻垫上缘延伸至两眼水平线;喉部灰色;腹部多少与体背面色调相似,但灰色毛基较为明显,一般足背面及尾几乎裸露,仅具稀疏白色细毛,也有的尾和足均被以浓密短毛。

（2）头骨特征:颅长 41~48mm,颧宽 27~35mm,鼻骨长 15~19mm,后头宽 23~32mm,枕骨高 15.5~18.5mm,上颊齿列长 9.3~12.4mm。颅骨与中华鼢鼠的相似,但比较小。颧宽和后头均不如中华鼢鼠的宽,颧宽为颅长的 64.9%~75.6%;后头宽为颅长的 54.9%~69.0%。另外,颧弧的前部比后部宽,而中华鼢鼠的后部比前部宽。枕骨高和颅长都要比中华鼢鼠的小,其上半部在人字嵴之后较为突出,突出厚度不小于颅长的 14%。鼻骨后缘中间有缺刻,但较浅。眶上嵴发达。顶嵴的形态与年龄性别有关,雄性比雌性发达,成年个体比幼龄个体发达,两顶嵴在顶部平行,在额部内折相互靠近,向前与发达的眶上嵴相连。枕嵴、枕中嵴较发达。门齿孔约一半在前颌骨范围内,另一半位于上颌骨界限。腭骨后缘约在 M^3 第 1 齿叶中部水平上,后缘中间有尖突。牙齿基本上与中华鼢鼠相似,但较小,上齿列长度不超过 11mm,第 3 上臼齿无后伸突起或小叶。

3. 高原鼢鼠　高原鼢鼠在地理分布上属于古北区的野生哺乳动物,独居并终身营地下生活,对高原自然条件有很好的适应能力,是青藏高原特有鼠种,也是青藏高原及其周边地区农林牧的主要害鼠。体形与甘肃鼢鼠较为相似,但尾较短。其体形粗壮,耳壳退化,眼小,鼻垫呈三叶形,尾及后足上面被以密毛,前足指爪发达,适应于地下挖掘活动。

（1）形态特征:体长 160~235mm;尾长 34~61mm;后足长 26~40mm。体重 173~490g。耳壳

退化,眼小,鼻垫呈三叶形,尾及后足上面覆以密毛,前足指爪发达,适应于地下挖掘活动。躯体被毛柔软,并具光泽。鼻垫上缘及唇周为污白色。额部无白色斑。背腹毛色基本一致。成体毛色从头部至尾部,呈灰棕色,自臀部至头部观,呈暗赭棕色,腹面较背部更暗灰色,毛基均为暗鼠灰色,毛尖赭棕色。幼体及半成体为蓝灰色及暗灰色。尾上面自尾到尾端暗灰色条纹逐渐变细变弱,尾下面和暗色条纹四周为白色、污白色或土黄白色。前肢上面毛色与体背雷同,后肢上面毛色呈污白色、暗棕黄色或浅灰色。尾被以密厚短毛;尾甚短,略长于后足,呈白色。

(2)头骨特征:颅长41~52mm,颧宽27~38mm,后头宽25~33mm,鼻骨长15.7~20.4mm,眶间宽7.5~8.8mm;枕骨板高约17mm;上颊齿列长9~11mm。颅骨与甘肃鼢鼠相似,但鼻骨后端呈钝锥状,无缺刻,且超越前颅骨后端;鼻骨近中部明显扩大。左右颞嵴在后部比在额顶骨缝处较为相近。门齿孔包围在前颌骨范围内。齿与甘肃鼢鼠相似,但最后上臼齿(M^3)较大,而且其末端多1小齿叶,因而内侧具有2个凹角。腭骨后缘在M^2内侧凹角水平上,后缘中间有一发达的尖突。下颌骨冠状突与关节突之间凹陷较深,从侧面观呈"V"形。

上门齿向下垂直,不突出鼻骨前缘,唇面呈黄色或棕黄色。第1上臼齿唇面和舌面各具2个内陷角。第2上臼齿唇面具2个内陷角,舌面1个内陷角。第3上臼齿唇面具2个内陷角,舌面具1个较深的内陷角和1个较浅内陷角,并有1个较明显的后小叶(后伸叶)。下门齿伸向前上方。第1下臼齿唇面具2个内陷角,舌面具2个明显较深的内陷角和1个位于前端的较浅内陷角。第2、3下臼齿结构基本相同。

4. 罗氏鼢鼠　我国的特有种,也是我国北方农林牧业的主要害鼠,尤其对秦巴山区天麻、党参、牛膝、羌活等药用植物根茎啃食严重。体形小于其他鼢鼠。前足爪细弱。尾较短,略超后足长。额部具有明显的纵向白色毛斑。后足背面和尾部密生灰白色短毛。

(1)形态特征:体重114~440g。体长149~172mm,后足长24~28.5mm,尾长30~37mm。体粗壮呈圆筒形,毛细而密,夏毛基部灰黑色,毛尖黄色。成体棕黄色或锈红色,由体侧至腹部毛色渐淡,有的个体背及两侧均为明显的锈红色,腹部均为灰黑色,毛尖部分稍带锈红色。头扁,鼻尖平纯,吻上方的淡色区域不明显,下唇毛色乳白,多数个体额部中央有明显的白色毛斑。尾两色,有浓密的毛。

(2)头骨特征:颅长33.4~43.9mm,颧宽24.1~30.3mm,鼻骨长12.8~17.4mm,后头宽21.0~27.8mm,眶间宽6.6~8.3mm,上颊齿列长8.8~10.1mm。头骨较小,鼻骨呈倒置长梯形。门齿孔狭小。听泡小而低平。颧弓向外扩张。眶上嵴明显,顶嵴形态与甘肃鼢鼠相似,无枕中嵴。牙齿与甘肃鼢鼠基本相似。但第1上臼齿内侧第1凹陷较深,其咀嚼面上的第1个三角形齿环与秦岭鼢鼠的相似,呈封闭状态。

【发生规律】

1. 鼢鼠的洞道　除繁殖季节外,鼢鼠雌雄各居一洞,一洞1鼠。洞穴一般筑在土质疏松、湿润、草多、食物丰富的土埂地方。多在自然的大土坡、二荒地、田埂上和沟边等地势较高处(图16-1)。

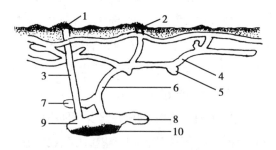

1. 地面土丘; 2. 食草洞; 3. 朝天洞; 4. 临时性常洞; 5. 盲洞; 6. 永久性常洞; 7. 厕所; 8. 粮仓; 9. 老窝; 10. 睡垫。

● 图 16-1　甘肃鼢鼠洞道结构示意图

鼢鼠的洞道是永久性的。一个完整的鼢鼠洞道通常包括地面土丘、食草洞、常洞、盲洞和老窝等部分。

（1）地面土丘：鼢鼠在地下挖洞，地面上没有明显的洞口裸露，常把掘来的土推出地面，堆成一个个明显的圆锥形地面土丘。土丘数量与鼢鼠的种群数量有一定的相关性，通过研究两者的相关性，可利用调查地面土丘的数量，间接地调查鼢鼠种群数量，亦可通过地面土丘数量的变化，间接地反映鼢鼠种群活动及数量消长的变化。地面土丘的特点因雌雄、地形、地貌而异。鼢鼠地下洞道一般在土丘左右 17~20cm 处。

（2）食草洞：食草洞是鼢鼠取食的通道，分布于土壤表层。鼢鼠取食时，在临时性常洞两侧先筑通向植物根系的食草洞，到达植物根系后，沿根系四周取食，形成一个圆形或半圆形的取食洞，吃光根皮及毛细根后转移危害下一株，同时把已取食过的食草洞封住，如此反复，形成一节一节的封洞现象。

（3）常洞：鼢鼠的常洞分为永久性和临时性两种。永久性常洞雌雄鼠差异很大，雄鼠多沿坡向上下延伸，较短且直；雌鼠长而多弯。临时性常洞是鼢鼠为取食而筑的常洞，多沿等高线方向延伸，雄鼠比雌鼠延伸的长，所以，雌鼠的整个洞系在林地形成一个扇形的分布区，表现为危害一大片，雄鼠的整个洞系形成一个长扁形的水平分布区，危害表现为一条线。同时，当鼢鼠取食完这一区域的食物后，临时性常洞多数会被废弃或半封。常洞是鼢鼠连接取食场所与老窝的通道。据研究，鼢鼠在其永久性常洞 24 小时循环检查 1 次；而在临时性常洞 24~48 小时循环检查 1 次。雄鼠对临时性常洞利用率比雌鼠高。

（4）盲洞：盲洞是鼢鼠为筑草洞或为在洞内玩耍回头而挖的一种短洞，多在常洞两侧，一个洞系内多则数十个，少则 3~5 个。

（5）老窝：鼢鼠的老窝是其休息和传宗接代的场所，分为永久性和临时性两种。

永久性老窝：主要由三部分组成，深 50~210cm。

休息洞是休息、玩耍、交配、生儿育女的场所，在老窝的最底部，长 30~40cm，宽 15~17cm，高13~16cm，呈长圆形，中间是一由羊胡子草或松针为主的草茎针叶编织而成的"毡"状草垫，柔软干燥，非常精制。

粮仓是贮存食料的场所，建在老窝的上方，距休息洞 40~80cm，口小肚大，深 16~30cm，比休息洞高 7~12cm。

厕所是排泄的场所，位于休息洞和粮仓之间，斜上长 60~80cm，底部下凹，直径 10~14cm。

临时性老窝：鼢鼠为取食方便而在临时性常洞靠近取食场所而挖筑的休息场所，主要功能是供休息用，一般没有粮仓和厕所。

2. 有效洞道的判断　鼢鼠治理要有的放矢，不管采用何种灭鼠方法，都首先有一个找寻和判断洞穴中有无鼢鼠的问题。即面对纵横交错的鼠洞怎么样去寻找鼢鼠，如何判断洞内有无鼢鼠以及鼠的去向等。要解决这些问题，除了要掌握鼢鼠的生活习性和发生规律外，还必须具有一定的辨别方法和经验。

鼢鼠昼夜栖居洞内，地面上虽不能直接看到，但在取食活动中，常在地下挖掘洞道，从洞内将土推出地面形成大小不等的土丘和纵横交错的裂纹。在鼢鼠活动猖獗的地方，作物、蔬菜、林木等常受危害，这些都是寻找鼢鼠最可靠的地面痕迹。

找到鼢鼠洞穴后,先用铣切开洞道,查看其鼻印或爪印在隧道壁上的痕迹,是新的还是旧的,若洞壁光滑,鼻印明显,洞内既无露水、蛛网,也没有长出的杂草根系,说明洞内有鼢鼠存在,为有效洞;否则,洞内无鼢鼠存在。在有效洞内可通过观察鼻印、爪印及草根的方向来判断鼢鼠的去向。若草根歪向那一方,则鼢鼠就在那一方。只有鼻印、爪印没有草根时,则鼻印、爪印朝向就是鼢鼠去向。根据鼢鼠堵洞习性也可用堵洞法鉴别鼢鼠的有无。即切开洞道,第二天观察其堵洞情况,若洞口被堵,说明洞内有鼠,且在堵洞一方。这是检查鼢鼠最可靠的方法。常洞位置,常洞一般要深于食草洞,用脚踩没有下陷的感觉。夏季识别常洞时,也可以观察洞内小蝇的飞行方向,因为鼢鼠身上发出一股臭味,当洞口切开后,小蝇飞往常洞追随臭气,为人们指引方向。

3. 生物学特性

(1)生长发育过程:鼢鼠是一种终年营地下生活的鼠类,取食、繁殖等一切活动均在洞道内进行,具有特殊的生活习性,寿命为3~5年。其生长发育过程,大体可分为四个阶段。

1)孕期:25~30天。

2)睁眼期:从出生到睁眼,这一阶段幼体内部器官迅速发育,无毛,10~15天。

3)哺乳期:鼢鼠睁眼后15~20天开始活动,以哺乳为生,逐渐独立生活。

4)性成熟期:一般出生60~80天绝大多数个体能繁殖。这个阶段个体逐渐达到性成熟。

(2)食性食量:鼢鼠以植物的地下根系为食物,食性很杂,适应性强,在其栖居地几乎不受作物品种的限制,碰到什么就吃什么。除紫苏(一种油料作物和中药材)和蓖麻外,粮食作物、蔬菜、杂草、果树及林木的幼苗、幼树等均受其害。对各种植物虽无严格的选择,但比较而言最喜食双子叶植物的根,对多汁肥大的轴根、块根、鳞茎以及含有辣味(如葱、蒜、韭等)的根尤其嗜爱;其他如马铃薯、苜蓿、草木樨、豆类、小麦、萝卜、甘薯、花生等根及部分幼茎均为喜食之物。在林区,鼢鼠除喜欢取食林下草本植被(苦菜、剑草、羊胡子等)的根及幼茎外,最喜欢取食的是油松、柴松、苹果、杜仲等幼树的根系皮层及须根。鼢鼠的食量很大,一般日食量是其体重的1/10~1/5。据研究,鼢鼠对树木根系的喜食程度和取食量与根系成分有关,其粗脂肪含量愈高,粗纤维含量愈低,鼢鼠喜食,食量愈小;而粗脂肪含量愈低,粗纤维含量愈高,鼢鼠愈不喜食,食量愈大。这是因为鼢鼠个体小,体表面积大,散热多,必须取食一定量的脂肪,才能使体温保持相对恒定,维持正常生活。

(3)繁殖:鼢鼠的繁殖情况各地不完全一致。一般情况下,生活环境变化快的农耕区,鼢鼠的雌雄比高,胎产仔多。而环境相对稳定的林区,鼢鼠的雌雄比较低,胎仔较少。在陕西北部,甘肃鼢鼠多数1年1胎,一胎最多9仔,平均2~4仔;少数一年春、秋各生1胎。每年的3—6月为繁殖产仔期,盛期为4—5月。中华鼢鼠每年繁殖两胎,春、秋各1胎,一胎产仔2~4个,每年3—9月为繁殖产仔期,3—6月为盛期。

(4)活动规律:鼢鼠一年之中,除冬季不多活动外,其余季节均为害,尤以春秋活动最盛。春季由于经过一冬,老窝中贮粮已吃光,急于求食,所以清明前便向阳处的坡面活动,啮食杂草及林木的根,造成林木大量被害致死。清明后转到田间觅食播下的种子。夏季拔出苗,形成大量缺苗现象。秋季昼夜不停地给冬季贮备食物。

鼢鼠一天中,以早、午、晚活动最盛,小雨、阴天几乎全天活动,雨后地湿活动尤烈。晴天、刮风天不常活动。因此,土干、天热和气候干燥对其生活不利;土壤湿润和气温凉爽最适合其生活。春季阴雨天正是串洞寻偶交配的良机。立夏后,鼢鼠因怕暴雨灌洞,常迁居地势高处。出外觅食,多在夜间进行。雌鼠出洞觅食,常成片危害农作物及林木;雄鼠危害作物及林木则为线状分布。

鼢鼠全年危害期约 100 天,其中春季 40 天,秋季 60 天。春耕到夏至期间,鼢鼠每天从老窝出来活动两次;8∶00 前后 1 次,19∶00 左右 1 次;秋收到地冻时,早晨太阳刚出来时 1 次,下午出来 3~5 次不等,每次出来 0.5~1 小时。

鼢鼠的听觉、嗅觉非常灵敏,有封洞习性。当洞口被掘开时,它一定出来推土堵洞,以此来进行防御。这种行为可能是本能反应,也可能是外界刺激引起的。鼢鼠的封洞与天气的变化有密切的关系。一般在正常天气情况之下,鼢鼠多在夜间推土封洞,天旱时封洞较远,刮大风或打雷下雨天封洞快。鼢鼠有走重路的习惯,即正常生活往返均在其洞道内。弓箭捕鼠主要是利用鼢鼠这种走重路封洞的习性。

【防治措施】改变整地方式、生物诱杀和物理空间隔离是防治鼢鼠的主要措施。

1. 农业措施预防 对草本药用植物,整地时可在田边挖 30cm 宽、50cm 深的防鼠沟;对木本药用植物,栽植时可将根系周围 15cm 的地面下降 20~30cm,这样一方面避免了地下害鼠对林木根系的啃食,同时可避免野兔类对林木地上部分的危害。在靠近水源的地方,可通过大水灌溉,使鼠溺死,或迫使逃出洞外,以便捕杀。

2. 物理器械治理

（1）物理器械捕杀:物理器械捕杀收效迅速,可以直接把鼢鼠控制在危害前,或作为大面积化学治理后的补救措施。在某些情况下,物理器械捕杀可以起到灭绝害鼠的作用。

（2）物理空间隔离:利用铁丝网与造林定植坑结合隔离防治鼢鼠,效果好,有效期 8 年。首先裁剪出网孔 1.5~2.0cm²、网丝直径 0.2~0.3mm、网高 70~80cm 的镀锌铁网,然后将网围在定植坑四周,直径 60cm,网上缘距离地表 5~10cm,并用底肥固定,回填表土至苗木规定的定植深度。苗木定植时,把苗木放在铁网正中央,回土至 3/4 时轻轻上提苗木,并把网内外填土压实,把土填至距离地表 3~5cm 处,外部留 3~5cm 高的阻隔网。

3. 生物防治措施

（1）生物驱避:在田地四周或行间套种紫苏 *Perilla frutescens* 或蓖麻 *Ricinus communis*,既可保作物不受鼢鼠危害,还能增加经济效益。10 月采收种子后,将茎叶一起翻入土内作绿肥,效果更佳。

（2）生物诱杀:可在田间套种大葱引诱鼢鼠取食,集中杀灭。一般布设 30~60 点 /hm²,每点植毒葱 5~10 棵,防治效果可达 98% 以上。采用此方法应特别注意防止人采食毒葱,以免引起中毒。

4. 化学毒饵杀灭鼢鼠 毒饵杀灭的最佳时机是春季大地解冻后至 5 月中旬,最小防治面积是 20hm² 或一面整坡。常用的投饵方法有 3 种。一是插洞法,用探棍探到洞道时有一种下陷的感觉,这时轻轻旋转退出探棍,把毒饵从此孔用药勺投到鼢鼠洞道内,然后用湿土把此孔盖严;二是切洞法,用铁锨在鼢鼠洞道上挖一个上大下小的坑,取净洞内的土,判断是否为有效洞,若是有效洞,把毒饵投在距开口处 20~30cm 的洞道内,投饵后立即用湿土封住切开的洞口;三是切封洞法,此法基本上与切洞法相似,只是开洞 24 小时后在封洞的洞内投饵。投饵时,对于插洞法来说不要用手触摸探棍的端部,否则会在探棍上留下汗渍味;而对于切洞法和切封洞来说,封洞时,不要用手摸对着洞口一面的土。特别是女性投饵者,投饵前不要使用气味大的化妆品或用香皂洗手、洗脸,否则会影响投饵效果,降低鼢鼠对饵料的取食,影响杀灭效果。

第二节　茎叶害鼠

茎叶害鼠是指主要取食植物地上绿色部分和嫩枝、嫩皮的害鼠。种类较多,危害症状复杂。其中对药用植物危害严重的是田鼠亚科的一些种类,主要分布在古北界,特别是温带地区,也有的分布在新北界。全世界有 18~20 属,110~128 种,我国分布有 10 属,45 种。主要种类有棕背鼠平 *Clethrionomys rufocanus* Sundevall、布氏田鼠 *Microtus brandti* Radde 和东方田鼠 *Microtus fortis* Büchner 等。另外,野兔类危害也较严重,其中草兔 *Lepus capensis* L. 在我国分布最广,危害最严重。

棕背鼠平

田鼠形态与头骨

棕背鼠平别名大齿棕背鼠平、棕背林鼠平、红毛耗子、山耗子和山鼠等。

【分布与为害】棕背鼠平分布于我国东北三省、内蒙古、河北、山西、陕西、甘肃、湖北、四川和河南等地。国外分布于朝鲜、日本、蒙古、俄罗斯和北欧。棕背鼠平是典型的森林鼠类之一,危害各种木本药用植物,常造成大面积作物的减产。

【识别特征】外形似田鼠属种类,但体背面通常带红棕色。受害植物周围散落大量的食物残渣,这是区分鼠平类危害与野兔危害的主要依据。

（1）形态特征:体长 100~130mm,尾长 25~41mm,后足长 17~21mm,耳长 10~19mm。体形粗胖,四肢短小,毛长而蓬松。尾短,约为体长的 1/3,尾毛短而尾椎小,因此看起来很纤弱（这是从外形上与红背鼠平区分的重要特征之一）。后足较小。足掌上部生毛,背侧毛长到趾端,足垫 6 枚。耳较大,但大部隐于毛中。体背面通常红棕色,毛基灰黑色,杂有少量黑色毛,吻及体侧黄灰色,也杂有黑色毛;体腹面污白色,中央部分微黄;尾短,背面毛色通常同体背,腹面灰色,有的带白色;后足背面褐灰色或带灰白色。

（2）头骨特征:颅长 21.5~28mm,宽 15.5~19mm;腭长 12.4~13.8mm;乳突宽 11.7~13.2mm;眶间宽 3.4~4.3mm;鼻骨长 6.1~7mm;听泡长 7.1~8mm;上颊齿列长 5.8~6.5mm。头骨较粗短,脑颅较长。颅骨腹面腭骨后缘中间无纵嵴,左右无陷窝。眶间中央有下凹纵行浅沟,直到额骨的后端,仍显下陷。鼻骨后端几乎平直,为前颌骨后端所超出。腭骨后缘没有骨桥,臼齿齿根在成年后才出现。听泡不大。颧骨略粗大。臼齿齿型与田鼠属一般种类相似,但较老个体一般上下臼齿前后横叶及三角形的凸角均圆而不锐。第 1 上臼齿在前叶之后有 4 个闭合三角形;第 2 上臼齿在前叶后有 3 个闭合三角形,在内侧形成 3 个突角;第 3 上臼齿也有 3 个,但后端一个三角形常与最后齿叶相通。第 1 下臼齿除前端齿叶外,在最后横叶之前有 5 个闭合三角形,第 2 和第 3 下臼齿前端没有齿叶,在最后横叶之前各有 4 个三角形;其中第 2 下臼齿三角形闭合,第 3 下臼齿内侧和外出的三角形两两贯通。

【发生规律】棕背鼠平一般生活在林内的枯枝落叶层中。在树根处或倒木旁,往往可以发现其洞口,有的利用树洞作巢。主要在夜间活动,但在白天也常可捕到。其夜间活动的频次约比白昼多9倍以上。冬季可在雪层下活动,在雪面上有洞口。

棕背䶄属杂食性,除植物外还采食小型动物和昆虫。春夏两季,棕背䶄最喜食植物的绿色鲜嫩部位,此外,对纤维成分较高的植物,如胡枝子、北悬钩子的茎叶也都喜食;特别是在早春季节,棕背䶄还喜欢采食一些小型动物,如蛙类和鞘翅目的某些昆虫。入秋以后,它所喜食的植物绿色部分大多枯萎或枯黄,纤维化程度加大。因此,它们除采食一些残余的绿色部分外,多改变为采食营养成分较高的植物种子。冬季及早春除了吃种子以外,往往啃食树皮。采食时常攀登小枝啃食树皮和植物的绿色部分,有时还把种子等食物拖入洞中。

一般4—5月开始繁殖,5—7月为繁殖高峰期。年产2~4胎,每胎4~13只,平均6~8只。春季出生的幼鼠能在当年参加繁殖。因此在棕背䶄的种群中5月以前以隔年鼠为主体,7月则以当年鼠为主体,9、10月几乎全是当年鼠。寿命约1.5年。

布氏田鼠

别名沙黄田鼠、草原田鼠、白兰其田鼠和布兰德特田鼠等,是主要的草原生境种类,也是我国温带干草原的主要害鼠之一。

【分布与为害】布氏田鼠国外分布于蒙古和俄罗斯外贝加尔。在我国集中分布于大兴安岭以西和集二线铁路以东的地区。大兴安岭的台地羽茅草原也有少量分布,成为我国境内的一个隔离分布区。主要危害草原植物被,以及各种草本药用植物和农作物。

【识别特征】

(1)形态特征:体长90~135mm,耳长10~13mm,后足长16~20mm,尾长20~31mm。体型较小,略显粗笨,足掌有浓密的毛覆盖脚掌。尾短小,为体长的1/5~1/4,被有密毛,端毛较长。耳较小,几乎隐于毛中。四肢短小,足掌上部毛发达,下部几乎无毛。体背沙黄色,毛基黑灰色;眼周毛色较淡,呈浅棕黄色;上下唇毛带白色;体侧毛色较淡;体腹面乳灰色微带黄色,足背浅沙黄色;尾浅黄色。一般幼体的毛色较深。

(2)头骨特征:颅长22.5~29mm,颧宽13~17mm,腭长13~16.6mm,眶间宽3.2~3.8mm,鼻骨长5.5~6.8mm,乳突宽11.3~14.5mm,听泡长6.2~7.9mm,上颊齿列长5.7~6.9mm。颅骨人字嵴显著,成体眶间中线有1明显骨嵴,向后延伸几乎达顶骨。第1上臼齿在横叶之后有4个闭合三角形,第2上臼齿只有3个,缺少1个内侧三角形。第3上臼齿包括1个横叶,接着是2个闭合三角形(1内,1外),最后为1个"Y"形叶。第1下臼齿在后端横叶之前通常有5个闭合三角形,前端为1个不规则略带方形的齿叶,故此齿共有7个闭锁面。第2下臼齿在后端横叶之前有4个闭合三角形,第3下臼齿包括3个向内倾斜的横叶,其中最前面1个无外突角。

【发生规律】布氏田鼠主要栖息于针茅草原,尤喜栖居在冷蒿 *Artermisia frigida* Willd.、碱韭 *Allium polyrhizum* Turcz.ex Regel 及隐子草 *Cleistogenes* spp. 较多、植被覆盖度在15%~20%的草场。

布氏田鼠的洞系大体上可区分为三种类型:越冬洞、夏季洞及临时洞。临时洞仅有1~2个有洞道相连的洞口,最为简单,仅作避难之用。越冬洞最复杂,由夏季洞进一步加工扩展而来,每一洞系通常有8~16个洞口,有时可达几十个,洞口直径约3cm,洞口之间有跑道相连,这些跑道还可以通到周围采食基地；越冬洞系的地下部分有仓库、巢室和厕所等（图16-2）。一个洞群其洞口有中心分布区。多年的洞群洞口多至几十个，并且从地下挖掘的土抛出地面形成一些小土丘。洞道多曲，与地面平行。因为它的跨度大而顶盖薄，很容易被牲畜踏陷，尤其在乘骑奔跑的时候，猛然陷入，常常会造成人畜伤亡事故。

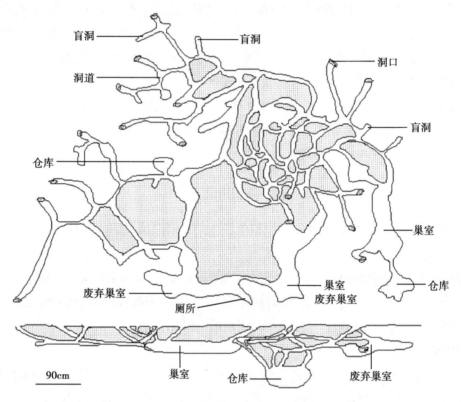

● 图 16-2　布氏田鼠洞穴结构示意图
上图为水平剖面图，下图为垂直剖面图

在植物生长季节，布氏田鼠主要采食植物的绿色部分。8月下旬或9月上旬开始贮粮，贮量可达10kg以上。秋季贮草季节对贮草的选储优先次序为：黄蒿根→冷蒿→黄蒿果枝。而布氏田鼠洞群贮草仓库中的贮草排列有特定的顺序，在野外条件下，布氏田鼠先采集和贮存黄蒿果枝，其次是黄蒿根，最后才是冷蒿。

布氏田鼠在冬季1—2月常将洞口堵塞。在洞中靠其贮粮生活，但有时在–10℃以下的低温条件下也出洞活动，不过时间不长，约50分钟，距巢9~12m。到春季，自3月中旬开始，田鼠在地面活动的时间迅速增加，在11：00—13：00最为频繁。到夏季时，在地面活动的时间为15：00—16：00，每天以日出以后和日落之前为其活动高峰。到秋季时，地面活动逐渐减少，慢慢转入冬季生活方式。

布氏田鼠的繁殖力很强，每胎产仔5~10只，最多14只，最少2只。3月下旬或4月初开始繁殖，大量幼仔出巢活动的时间主要集中在5月中下旬，出巢时幼仔的体重一般在5~15g。9月停止繁殖。越冬鼠每年可繁殖3胎，当年出生的第1胎和第2胎个体生长发育迅速，当年就参加种群繁殖，可怀孕1~3胎。

东方田鼠

东方田鼠别名沼泽田鼠、远东田鼠、大田鼠、苇田鼠、水耗子、长江田鼠、豆杵子等。体型较一般田鼠为大,尾较长,且被密毛。

【分布与为害】东方田鼠分布于我国东北三省、内蒙古、陕西、甘肃、山东、安徽、江苏、浙江、福建和湖南等地。国外分布于俄罗斯外贝加尔和远东部分地区以及蒙古北部和朝鲜中部。危害各种草本药用植物和农作物,尤其水生植物,常造成大面积作物的减产,甚至死亡;冬春季节转而危害木本药用植物和各种林木,啃咬树皮和幼枝,造成苗木死亡或生长不良。也是鼠源性疫病病原的天然携带者。

【识别特征】

(1)形态特征:体长110~190mm,耳长13~18mm,后足长20.0~29.5mm,尾长34~69mm。体型较大。尾长为体长的1/3~1/2。足掌前部裸露,有5枚足垫,而足掌基部被毛。这是与莫氏田鼠相区别的关键特征,后者具6枚足垫。乳头胸部2对,鼠鼷部2对。背毛黑褐色,其毛基为灰黑色,毛尖暗棕色。体侧毛色较浅。腹毛污白色,毛基为深灰色。背腹毛间分界明显。足背与体背同色。尾部背面为黑色,腹面为污白色。各地种群的体色深浅有区别。

(2)头骨特征:雄鼠的头骨显著大于雌鼠。颅长26~36.1mm,颧宽14.5~20.1mm,鼻骨长6.8~10.4mm,眶间宽3.6~6.8mm,腭长14.1~19mm,上颊齿列长6.7~9.3mm,后头宽12.0~15.6mm。头骨棱嵴不明显,颅骨顶部略弯;眶间多有明显的纵嵴,前颌骨后端超出鼻骨;腭骨属田鼠特征,其后缘有一下伸小骨与翼骨相连,形成翼窝。听泡较高。门齿唇面无纵沟。门齿孔较长,几乎达第1上臼齿前缘水平线。第1下臼齿咀嚼面在后横锥之前有5个闭合三角面。第1上臼齿横锥之后有4个交替的三角面。第2上臼齿在前横锥之后有2个外三角面和1个内三角面。

【发生规律】东方田鼠主要栖息于低湿多水的环境中,活动不很灵敏,有潜水的本领。夏天在苔草沼泽活动,当洪水季节来临时,还会成群迁移到农田及渠堤上。有季节迁移习性,夏季栖息于苔草沼泽中,秋后迁至山坡越冬。在北方常栖居于河边或林区中长有苔藓的潮湿区。在安徽南部、江苏、湖南一带则喜居于由莎草和芦苇丛生的湖滩沼泽地带或农田中。

洞穴结构简单,在苔草墩子旁营造的巢,多将草墩挖1个侧坑为其洞穴,在农田中挖掘的洞穴也很简单,仅有一长约0.5m的斜行洞道,距地面深20cm左右,没有支道及仓库。冬季洞穴一般有1~5个洞口,有时多达20个。洞口直径4~7cm。洞道较浅,通常1个洞口1个窝,窝以杂草茎叶垫成(图16-3)。

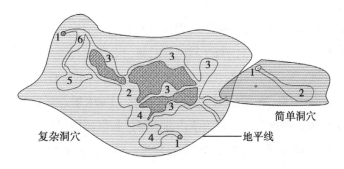

1. 地面洞口;2. 老巢;3. 仓库;4. 空巢;5. 暗洞;6. 明洞。

● 图 16-3　东方田鼠洞穴结构示意图

东方田鼠昼夜均外出活动,但以夜间为主,傍晚和拂晓活动最频繁。夏季夜间活动加强,白天外出活动减少,其他季节白天活动的时间约为夜间活动的一半。主要以植物的绿色部分为食,喜食苔草和大叶章,也食大豆、花生、小麦、水稻等多种作物的绿色部分和种子。冬春季节也吃树皮和昆虫。有贮粮习性,一个洞系贮粮可达10kg。

东方田鼠自然繁殖主要在春秋两季,孕期21天,1年2~4胎,每胎5~6仔,最多达14仔,仔鼠成活率为68.8%。室内全年均具有繁殖能力,3—4月和10—11月为繁殖高峰期;雌雄单一配对比多性比配对的母鼠繁殖率明显提高;母鼠怀孕期20~21天,窝产仔数3~11只,平均约6只。

【防治措施】从气候变化和农业生态环境的改变等诸因子综合分析,21世纪初我国农区鼠害将有一个发生高峰。从今后的害鼠发生态势看,江淮及华南地区、西南山区、华北北部山区以及西北和东北的农牧交错接壤地带,将是鼠害发生的活跃区;华北平原、东北平原、陕西关中、四川盆地以及黄河故道地区,鼠害发生将趋于稳定。分析目前及今后几年的鼠害形势,不但药用植物和粮食作物将蒙受较大损失,而且一些地区的鼠传疾病也会加重流行。因此,必须采取有效措施,综合治理鼠害。

1. 农业技术措施　农业技术措施的核心是恶化害鼠的生存条件。如合理安排作物茬口,早中晚作物品种规模化和区域化种植,及时收获成熟的粮食并予妥善储藏,可以断绝或减少鼠类食粮;精耕细作,消除耕地周围的荒地,深耕除草,特别要注意铲除田埂杂草减少农田夹荒地,修整田埂,中耕翻地,开挖鼠洞等,能减少和破坏鼠类的孳生繁殖场所。

2. 捕杀　及时布放适宜当地的捕鼠器于田埂、鼠洞口和鼠道上捕鼠。这种方法只适用于小范围的鼠害和灭鼠后残留个体,如使用得当也能起到一定的效果。

3. 毒饵杀灭　慢性抗凝血杀鼠剂如溴敌隆、氯敌鼠钠盐、敌鼠钠盐、杀鼠醚、杀鼠灵等配制成小麦或稻谷毒饵,采用一次性饱和投饵或封闭式投饵技术,对田间的灭鼠效果一般在85%~95%。化学灭鼠的关键季节是春季2—4月和秋季8—10月,具体投饵时间应掌握在春播和秋播以前的鼠类觅食高峰(繁殖前期);华南地区,也可以在冬季开展灭鼠。

4. 保护和利用天敌　保护和利用猫头鹰、黄鼬、蛇、豹猫、狐狸、獾等天敌,对抑制害鼠种群增长、维护生态平衡也具有重要作用。要制定有效的法律手段,禁止乱捕、乱杀蛇类和黄鼬等有益动物,促进生态平衡,提高生物制约能力。

草兔

草兔别名蒙古兔、野兔、山跳子、跳猫等,是我国9种野兔中分布最广、数量最多的一种。其干燥粪便为中药望月砂,有杀虫、明目之功效;其肉、血、骨、脑、肝亦可供药用。同时,也是传统的裘皮资源。但21世纪初期以来,草兔数量在西北、华北及东北地区迅速增加,仅陕、甘两省草兔种群数量就达2 000万~3 300万只,给当地农林牧业生产造成了巨大的损失。

【分布与为害】草兔分布自黑龙江与内蒙古向南可达长江流域,甚至云南和贵州也发现有草兔的分布。草兔广泛分布在农业区,对农作物危害较重。草兔危害通常集中发生。在同一区域或同一片地内,有的地块几乎株株都被啃食;在青苗地里,草兔顺行顺垄一株一株地啃咬,边吃边拉,兔道、爪印和兔粪随处可见;局部区域甚至出现了"边栽边吃,常补常缺"的现象。各种药用植物和小麦、花生和大豆等作物播种后即盗食种子,出芽后则啃食幼苗,甚至连根一齐吃光。冬季啃食树苗和树皮,对林木和果树破坏很大。同时又是兔热病、丹毒、布鲁氏菌病和蜱性斑疹伤寒等病原体的天然携带者。

【识别特征】

（1）形态特征: 草兔形态测量指标有所差异,一般平原个体较小,丘陵区个体较大。体重819.0~3 331.0g; 体长306.0~520.0mm, 耳长88.5~156.0mm, 后足长59.5~133.0mm, 尾长100.0~140.0mm。体型中等大小。尾较长,尾长占后足长的80%,为我国野兔尾最长者,尾背面中央有一个大黑斑,其边缘及尾的腹面毛色纯白;耳中等长度,前折可达或略超过鼻端;吻短而粗。体毛颜色个体变化较大,其背毛由沙黄色至深褐色均有,颊部与腹毛色纯白。

草兔形态和头骨照片

（2）头骨特征: 草兔成年个体头骨测量特征也存在着明显的地区差异。陕西关中颅长82~88mm, 鼻骨长34.4~38.8mm, 颧宽39~41.5mm, 眶间宽16.1~18.5mm, 听泡间距11.9~13.3mm, 齿虚位宽22.3~25.1mm, 上齿列长40~44mm。颅全长一般不超过90mm。鼻骨较长,前窄后宽,其最大长度大于额骨中缝之长,其后端宽大于眶间宽和上齿列长;鼻骨形态和后缘分化严重。额骨前部较平坦,两侧边缘斜向上翘起,后部隆起。眶上突发达,形态各异,前支较小,后支较大。顶骨微隆,成体的顶间骨无明显界线。枕骨斜向后倾,上方中部有一略成长方形的枕上突。颧弓平直,其后端略向后上方倾斜。门齿孔长,其后部较宽。腭桥长小于翼骨间宽。听泡不大,长略小于左右听泡间距。下颌关节面较宽大。上门齿2对,前1对较大,后1对较小,唇面的纵沟较浅,里面几乎没有白垩质沉积;呈椭圆柱状。第1上前臼齿较小且短,前方具有浅沟。第2~5颊齿的咀嚼面由2条齿峰组成,齿侧峰间有沟。最后1枚臼齿呈细椭圆柱状。下颌门齿1对,第1下前臼齿的前方具有2条浅沟,其咀嚼面由3条齿峰组成。

【发生规律】草兔没有固定的栖息场所,只在隐蔽条件较佳的地方挖掘10cm左右深的地面小坑,作为临时的栖息处。稍遇惊扰,便弃坑逃跑,再在其他地方挖。挖坑的速度很快,几分钟即可完成。

草兔的寿命8~10年。每年冬末开始交配,初春时产仔。在较寒冷的东北地区,2月就可见到幼兔,而在河北省12月尚能捕到体重仅700g的幼兔。在北方地区年产2~3窝,长江流域每年产4~6窝,每窝2~6只幼仔。哺乳期仍可进行交配。产仔多在灌丛中、草丛间和坟堆旁。临时窝铺有杂草,并咬掉腹部的毛铺在草上,然后在上面产仔。有时也利用其他动物的废弃洞产仔。幼兔出生便有毛,眼睛开,能自由活动。妊娠期45~48天。

草兔具有十分良好的保护色,常隐藏在地面临时挖的浅坑中,趴伏着,两耳向后贴在颈背部上,即使有人走到很近时也不逃避,及至人邻近其旁时,则迅速跳起而逃跑。

活动常有固定路线,平时活动速度较慢,两耳竖立,运动时呈跳跃状,其足迹特点是两前足迹前后交错排列,两后足迹平行对称,呈"∴"形。当遇到危险时,两耳紧贴颈背,后足蹬地,迅速跃起逃跑。可快速奔跑1~2km。活动范围一般在3km以内,45%的个体可以在原栖息地内再捕获。

在我国北方,草兔数量每10年左右出现一次数量高峰。数量高峰出现时,食物与最适生境相对地变为不足,使草兔营养不良,体质减退,疫病流行,于是种群数量急剧减少,达到常年种群数量的水平后,食物与最适生境的情况也逐渐趋于稳定,种群数量也相对稳定。

主要在夜间活动,但在偏僻的地方或农作物和灌丛茂密的地方,白天也照常活动。活动最频繁的时刻在晨昏,这时它们外出觅食,并通过活动以取暖。月夜几乎整夜活动。白天则伸开前后腿或侧卧在日光下,冬季为取暖,这种现象更常见。

听觉发达,受惊扰时耳朵翘起,并且耳朵不断转动,以听清声音和判断声源的位置。

嗅觉也相当发达。繁殖季节凭嗅觉能追逐求偶,另外草兔还用鼻子上的色素腺分泌物涂到树枝或树干上,或用肛门的臭腺分泌物在草兔蹲坐在后腿上时分泌到地面上,这均可作为地点标志,使草兔能凭借着这种分泌物的味道,识别路途。

视觉若与听觉和嗅觉相比,并不敏锐。但其眼睛侧位,能扩大视野的角度,形成广角。草兔的瞳孔不能较大程度地收缩,但在黄昏时视觉相当敏锐。

【防治措施】草兔是一种宝贵资源,因此治理工作应结合狩猎合理进行。狩猎应在公安、林业等多部门参与下,组织狩猎队,对猎手进行技术培训和法规学习,而后开展猎兔活动。狩猎期应在冬季和早春,因其越冬期间肉质佳,毛皮质量好,同时压低草兔种群数量基数,可减轻当年及来年的兔害。

1. 人工物理控制

(1)机械捕杀:可用活套、弓形夹、张网等方法捕捉。活套可用 10 多根马尾搓成细绳或 22 号铁丝制成,直径约 15cm,置于草兔经常出没的道路上,活套距地面约 18cm,当兔的头部进入活套后,便极力挣扎,促使活套收紧而把兔勒死。弓形夹也可置于其通道上,但要进行伪装。同时,也可用电猫捕杀。

(2)物理保护:GM- 调控型林木保护器对林木的预防效果可达 100%,有效期达 3 年以上。用稻草和其他干草搓成细绳,将地上 50cm 树干绕严密,形成保护层。也可在植株外 10~15cm 处,三角形埋 3 根 50~60cm 高木桩,将废弃的塑料包装袋去底套在 3 根木桩外围,形成外套。这两种办法简单易行,防治效果亦较好。

2. 农业技术控制

(1)深坑栽植:将根系周围 15cm 的地面下降 20~30cm,一方面避免了地下害鼠对林木根系的啃食,同时可避免野兔类对林木地上部分的危害。

(2)堆土预防:结合冬季防寒,在上冻前培土堆,高达第一主枝以下,可预防草兔对果树的危害。

(3)改变食物结构:根据当地具体条件,选择草兔喜欢取食的植物,在幼林行间进行套种,以改变林地草兔食物结构,降低草兔对林木危害的风险。

(4)补水法:干旱使枯草严重缺水,是造成草兔冬春季对林木危害严重的主要原因。经试验,在草兔采食道旁设置给水设施,可有效降低草兔对林木的危害。

3. 化学控制

(1)药剂驱避:在造林时,利用多效抗旱驱鼠剂、忌避剂等拌成的泥浆蘸根,或在冬、春季节将其喷洒在苗木上,可避免草兔啃食,药效可达一个生长季节。也可在下雪或立春前用生石灰加少量动物油和红矾(三氧化二砷)加水调匀后,涂抹在树干上预防兔害。

(2)毒饵杀灭:利用草兔喜食的饵物如麦芽、土豆等拌以杀鼠药物,成堆撒在草兔出没的地方,以毒杀草兔,可兼治鼠类。

第三节　种实害鼠

种实害鼠是指主要取食植物种实的一些鼠类。主要包括鼠科和仓鼠亚科、松鼠亚科的种类。对药用植物危害严重的有鼠科的褐家鼠 *Rattus norvegicus* Berkenhout、小家鼠 *Mus musculus* Linnaeus、黑线姬鼠 *Apodemus agrarius* Pallas 和仓鼠科仓鼠的黑线仓鼠 *Cricetulus barabensis* Pallas 等。

种实害鼠

小家鼠

小家鼠是一种世界性的重要害鼠,也是人类伴生种,栖息环境非常广泛,凡是有人居住的地方,都有小家鼠的踪迹。

【分布与为害】褐家鼠和小家鼠起源于亚洲温带地区。由于人类无意携带,现已成为世界性动物,分布遍及世界各国。在我国除西藏外南北各地均有分布。是家、野两栖的鼠种,是世界范围内的有害动物。与人类的经济关系极为密切,是给人类造成严重灾害的害鼠。小家鼠对农业的危害很严重,在大发生年代,常给农业造成很大损失。在城市,最大的损失可能不是它吃掉的东西,而是它污染食物和咬坏珍藏的书画、公文、衣物等。虽然小家鼠造成的经济损失难以估测,但几乎所有的人都能意识到小家鼠的存在而造成损失的严重性。同时,它们也是多种鼠源传染病病原的自然携带者。

【识别特征】

（1）形态特征：体重 7~20g。体长 50~100mm,尾长 36~87mm,足长 14~16mm,耳长 10~15.5mm。小家鼠为鼠科中的小型鼠,尾与体长相当或略短于体长。头较小,吻短,耳圆形,明显地突出毛被外。毛色随季节与栖息环境而异。体背呈现棕灰色、灰褐色或暗褐色,毛基部黑色。体腹面灰黄色到白色,体侧面毛色有时界线分明。足暗褐色或污白色,有的个体白色。尾 1 色,有些个体尾上面黑褐色,下面沙黄色。乳头胸部 3 对,鼠鼷部 2 对。

（2）头骨特征：颅长 19~23mm,颧宽 9.5~11.6mm,乳突宽 8.5~10mm,眶间宽 3~3.7mm,鼻骨长 6.5~7.7mm,上颊齿列长 3~3.7mm。颅小,呈长椭圆形；吻短；眶上嵴低,鼻骨前端超出上门齿前缘,后端略被前颌骨后端所超出。顶间骨宽大。门齿孔甚长,其后端可达第 1 上臼齿中部水平。腭后孔位于第 2 上臼齿中部,下颌骨冠状突较发达,略微弯曲,明显指向后方。上门齿斜向后方,其后缘有一缺刻；第 1 上臼齿长超过第 2 和第 3 上臼齿之和。第 1、第 2 上臼齿的齿突与鼠属（*Rattus*）的相似。第 3 上臼齿很小,具有一内侧齿突和一外侧齿突。

【发生规律】小家鼠活动性强,能主动趋利避害。当适宜空间增加时就扩散,栖息地生态条件恶化就迁出,优化则迁入。这种极强的机动灵活性,不仅使该鼠具有明显的季节迁移特征,而且使之得以随时占据最有利的生活地段,成为富于暴发性的优势种。

小家鼠营家庭式生活,在繁殖季节,由一雌一雄组成家庭,双方共同抚育仔鼠。待仔鼠长成,则家庭解体,有时是双亲先后离去,有时是仔鼠离巢出走。在繁殖盛期,也可发现亲鼠已孕,仔鼠仍在,甚至有几代仔鼠与亲鼠同栖一洞者(最多可超过 15 只),每一家庭,有不超过数平方米的领域。

一般情况下,小家鼠昼伏夜出,在20:00—23:00和3:00—4:00有两个活动高峰,且以前半夜活动更为频繁。但其昼夜节律在不同地区、不同季节和不同生境可能有些差别。冬季,小家鼠多在雪下穿行,形成四通八达的雪道,并有通向雪面的洞口。当新雪再次覆盖后,小家鼠又由旧雪层到新雪层下活动,久而久之,整个雪被中鼠道层层叠叠,纵横交错。但小家鼠作长距离流窜时,并不在雪被下穿行。春季从居民住宅、粮库、场院麦垛、稻草垛等地方迁往野外。入冬前,除部分栖居玉米秸秆堆放地内越冬外,大部分迁回原处。除季节性迁移外,还随作物生长情况作短距离的迁移。开春后,小家鼠从越冬场所迁往小麦、苜蓿等早春作物地内,以后又随着季节和各种不同作物生长郁闭、开花、结果情况,逐步转向胡麻、小麦、玉米、水稻等作物地集中。

小家鼠具有攀爬能力,可沿铁丝迅速爬上滑下,在农田中,可沿作物茎秆攀缘而上,并在穗间奔跑,如履平地。小家鼠也能利用粗糙的墙面向上爬,到梁、天棚上活动。在新疆,土坯房多用壁纸糊顶,冬夜小家鼠常在纸顶上奔跑打闹,影响住户休息。小家鼠从2.5m高处跳下不会受伤,甚至可以从梁上跳下,准确地落在盛装食物的容器上盗食。

杂食性,以盗食粮食为主,如玉米、稻子、小麦、高粱以及胡麻、花生等。尤为喜食面粉或面制食品。初春食源贫乏时,也咬毁青苗;夏季在野外也食草籽和昆虫,数量多时啃食树皮、棉桃和瓜果蔬菜等。其食性与季节、栖居环境食源有关。在高数量时,能取食各种可食之物。小家鼠习惯小量多餐,平均每天取食193次,每次仅吃食10~20mg。其取食场所常不固定,往往在一天之内遍及可能取食的所有地点。

小家鼠的繁殖力极强,条件适宜,一年四季均能繁殖,以夏、秋两季繁殖力最高。年产6~8胎,妊娠期20~26天,产后又能马上交配受孕,每胎产仔5~8只,最多14只以上。

小家鼠的数量,在北方属典型的后峰型。根据其数量水平和危害特点,可将小家鼠的数量分为大暴发年、小暴发年、中暴发年和低数量年。

褐家鼠

褐家鼠别名沟鼠、大家鼠、挪威鼠、首鼠、家鹿等。体型较大,喜水,是一种世界性的卫生、粮食和农林害鼠,也就是人们常说的大老鼠。

【分布与为害】在我国除西藏外南北各地均有分布。其数量多,对仓储物质危害较大。是家、野两栖的鼠种。褐家鼠毁坏作物,损害果树,损害和污染食品;损坏家具、衣物、建筑物和建筑材料,包括铅管和电线,甚至引起火灾,破坏田埂,引起灌水流失;咬死家禽和幼畜。

【识别特征】

(1)形态特征:体重65~400g。体长130~955mm,耳长12~25mm,后足长23~46mm,尾长95~230mm。褐家鼠是家栖鼠中较大的一种。体型粗大。尾比体长短20%~30%,被有稀疏毛,环状鳞片清晰可见。耳短而厚,约为后足长的1/2,向前拉遮不住眼部。后足粗大,趾间有一些雏形的蹼。头部和背中央毛色较深,并杂有部分全黑色长毛。体侧毛颜色略浅,腹毛灰白色,毛基部灰色;大白鼠即是由褐家鼠白化个体繁殖传代而来。乳头共6对,胸部2对,腹部1对,鼠鼷部3对。

（2）头骨特征：颅长 33~52.6mm，颧宽 14.8~25.8mm，乳突宽 13.8~19.4mm，眶间宽 6.2~7.6mm，鼻骨长 10.8~20mm，听泡长 5.8~9mm，上颊齿列长 6.8~7.9mm。头骨较粗大，脑颅较狭窄，颅骨的顶骨两侧颞嵴几乎平行，幼体的尚呈弧形。颧弓较粗壮，颧宽为颅长的 47.7%~49.7%。眶上嵴发达。门齿孔较短，后缘达第 1 上臼齿基部前缘水平。听泡较小，长为颅长的 17.0%~17.2%。上臼齿横嵴外齿突趋向退化，第 1 上臼齿的第 1 横嵴外齿突不明显，齿前缘无外侧沟；第 2 上臼齿第 1 横嵴只有一内齿突，中外齿突退化，第 2 横嵴正常，第 3 横嵴中齿突发达，内外齿突不明显；第 3 上臼齿第 1 横嵴只有一内齿突，2、3 横嵴连成一环状。

【发生规律】褐家鼠是栖息于人类建筑物内的主要鼠种，在住室、厨房、厕所、垃圾堆和下水道内经常可以发现，特别是猪舍、马厩、鸡舍、屠宰场、冷藏库、食品库以及商店、食堂等处数量最多。在自然界主要栖息于耕地、菜园、草原，其次是沙丘、坟地和路旁。但在其栖息地附近必须有水源，这是褐家鼠所要求的基本栖息条件之一。河岸和沼泽化不高的草甸地带也是它们在自然界最基本的栖息地。

在自然生境中，褐家鼠昼夜活动，但以夜间活动为主，一般是清晨和黄昏后活动最频繁。在居民区，昼夜均有活动，但以午夜前活动最频繁。每天下午起，活动逐渐增多，至上半夜达到高峰，午夜后，又趋减少，至上午则活动更少。夜间活动约为白昼活动的 2.7 倍。

褐家鼠视觉差，但嗅觉、听觉和触觉很灵敏。记忆力强，警惕性高，多沿墙根壁角行走。善攀援，会游泳，能平地跳高 1m，跳远 1.2m。从 15m 高处跳下不受重伤。行动小心谨慎，对环境改变十分敏感，有强烈的异物反应，但一经习惯，便失去警惕。

栖居在野外的褐家鼠常以动物性食物为主要食料，如蛙类、蜥蜴类、小型啮齿类、死鱼和大型的昆虫等，但植物性食物仍然是重要的补充食料。在室内，由于长期依附于人类，显然是杂食性的，但比较偏于肉食。它的食谱很广，几乎包括所有人类的食物，以及垃圾、饲料、粪便等，也吃肥皂、昆虫或其他能够捕得到的小动物。对各种食物的喜食程度与栖息环境密切相关，在不同环境里差别很大。每天食量为其体重的 10%~20%，体重越轻，所占百分比越高。对饥渴的耐力较差，故取食较为频繁。

褐家鼠在我国华南一带全年可繁殖。在北方，褐家鼠年产 2~3 胎，妊娠期约为 21 天。初生的幼鼠生长很快，1 周内长毛，9~14 天睁眼，开始寻食，并在巢穴周围活动。约 3 月龄时，达到性成熟。生殖能力约可保持到一年半到两年。它的寿命可达 3 年以上，但平均寿命约 2 年。

褐家鼠常攻击其他鼠类，并不与它们共栖。但在建筑物内，可同时发现褐家鼠与小家鼠，而在某些船舶、码头和其他建筑物内，经常与黑线姬鼠 *Rattus rattus* 共栖。

黑线姬鼠

黑线姬鼠别名田姬鼠、黑线鼠和金耗儿等。为普通小型野鼠，属广生性种类，除新疆、青海、西藏外，各地均有发生，喜湿。多栖息于田埂、土提上，是主要的农林害鼠。

【分布与为害】黑线姬鼠生态位高，繁殖力强，故分布范围较广，西从中欧、东欧、俄罗斯至中亚，北从西伯利亚、乌苏里至朝鲜以及我国东北、华北、西北（包括新疆北部额敏地区）、华东、中南、西南和台湾均有其踪迹。是农业的主要害鼠；同时由于与水域关系较密切，在血吸虫病流行区内又是血吸虫的主要宿主之一。此外，还能传播钩端螺旋体病、流行性出血热、兔热病、丹毒和蜱性斑疹伤寒等传染病。

【识别特征】

（1）形态特征：体长72.0~132.0mm，耳长10.2~15.0mm，后足长18.0~25.0mm，尾长57.0~109.0mm。体型似大林姬鼠。头小，吻尖。耳向前翻可接近眼部。尾长约为体长的2/3，尾毛不发达，鳞片裸露，尾环较明显。耳短，几乎裸露，具稀疏黑色和浅黄色细毛。四肢不及大林姬鼠粗壮；前掌中央的两个掌垫较小，后跖也较短。最明显的特征是背部有1条黑线，从两耳之间一直延伸至接近尾的基部，但我国南方的种类，其黑线常不明显。背毛一般为深灰褐色，亦有些个体带红棕色，体后部比前部颜色更为鲜艳；背毛基部一般为深灰色，上段为黄棕色，有些带黑尖，黑线部分的毛全为黑色；腹部和四肢内侧灰白色，亦有些类型带赤黄色，其毛基均为深灰色；体侧近于棕黄色，其颜色由背向腹逐渐变浅；尾两色，背面黑色，腹面白色。乳头胸部2对、腹部2对。

（2）头骨特征：颅长22.0~28.5mm，颧宽11.0~14.0mm，乳突宽10.4~12.5mm，眶间宽3.3~5.0mm，鼻骨长8.6~10.2mm，听泡长5.0~6.0mm，门齿孔长4.8~5.9mm，上颊齿列长3.6~4.6mm。头骨微凸，较狭小，吻部相当发达，有显著的眶上嵴。鼻骨长约为颅长的36%，其前端超出前颌骨和上门齿，后端中间略尖或稍为向后突出，通常略为前颌骨后端所超出或约在同一水平线上。额骨与顶骨交接缝呈钝角，顶间骨窄。门齿孔约达第1上臼齿前缘基部。第3上臼齿内侧仅2个齿突。第2上臼齿缺1个前外齿突。第1上臼齿外侧仅有3个外齿突；第1上臼齿的第1外齿突明显地在第1内齿突前面。

【发生规律】黑线姬鼠喜居于向阳、潮湿、近水的地方，特别喜居于环境湿润、种子来源丰富的地区。在田埂及水渠堤上洞穴较多，洞穴十分简单。一般有2~5个洞口，以3个居多，直径1.5~3.0cm。洞道分2~4叉。洞道全长40~120cm，内有岔道和盲道。洞深不超过180cm。

食性杂。主要以种子、植物的绿色部分以及根、茎等为食，尤其喜食水稻、麦类、豆类、禾谷类、甘薯等。冬季储粮不多，通常它所存的食物仅够1~2天食用。与其他许多鼠类一样，在缺食缺水的特殊情况下，往往有残杀同类现象，强大的个体能把弱小的同伴吃掉。

黑线姬鼠善游泳和潜水，能在水下潜游1~2m。游速快，持久力也较强，在水温12.5℃下能游15~18分钟，水温较高时更久。

以夜间活动为主，黄昏和清晨较为活跃，黄昏是活动最频繁的时候。9∶00—10∶00和14∶00—16∶00也出来觅食。不冬眠，夏、秋两季活动最频繁。随自然条件和食物来源而迁移。夏季天气炎热，作物生长茂盛，隐蔽条件虽说良好，但这时谷物尚未成熟，食源严重不足，又非主要繁衍时期，故多不挖洞筑巢，随食源而流窜移居。入秋后，天气逐日转寒，又值繁殖高峰季节，此时多筑巢以避寒和产仔，这时田埂、堤坝上鼠洞明显增加。入冬后，由于地表裸露，田地内食源缺少，加之洞中不存粮或存粮甚少，为了觅食有的鼠迁至附近村庄场院和草垛中，少数进入人房住室。翌年开春转暖后，又重返田野。

黑线姬鼠繁殖力强。繁殖期因地区而有所不同。北方较短，南方较长。在东北，繁殖集中于夏季，如在大兴安岭伊图里河，5月妊娠率为28.18%，6—8月妊娠率为40%~80%，9月孕鼠已很少，妊娠率仅为5.74%，10月上旬以后未发现孕鼠；4—9月为繁殖期。在川西平原繁殖季节在2—11月，冬季12—1月未发现孕鼠，2月妊娠率最低，为1.3%。孕鼠的消长与数量的季节变动和幼鼠大量出现的规律基本相符，均为双峰型，5月妊娠率为82%，而6月则为一年内数量最高的春峰期,10月及11月妊娠率分别为40%及60%,而11月为一年内数量的秋峰期,但春峰数量高于秋峰数量。每胎仔数以5~7只的居多,占65.15%。

黑线仓鼠

黑线仓鼠别名背纹仓鼠、花背仓鼠、搬仓、腮鼠、中华仓鼠等。是我国北方农林牧的主要害鼠之一。

【分布与为害】黑线仓鼠为我国北方地区分布极为广泛的一种啮齿类,在甘肃、宁夏、陕西、内蒙古、河北、山东、河南、江苏、安徽、辽宁、吉林和黑龙江等省区都有分布。黑线仓鼠是鼠疫和钩端螺旋体病的贮存宿主。对农林业生产有较大的危害,一方面消耗部分粮食,另一方面在贮粮的过程中还要糟蹋远比吃掉的还要多的粮食。在农区,春季刨食播下的小麦、玉米、豌豆等种子,继而啃食幼苗,特别喜欢吃豆类幼苗;作物灌浆期,啃食果穗,并有跳跃转移为害的特点,啃食瓜果时专挑成熟、甜度大的为害,秋季夜间往洞中盗运成熟的种子,贮备冬季食物。

【识别特征】

（1）形态特征:体重12~49g。体长75~127mm,耳长12~20mm,后足长12~19mm,尾长18~38mm。毛色因地区不同而具有很大的差异。冬毛背面从吻端至尾基部以及颊部、体侧与大腿的外侧均为黄褐色、红棕色或灰黄色。体小型,外形肥胖,尾甚短,吻钝,耳圆,有颊囊。背部中央从头顶至尾基部有1条暗色条纹(有时不明显)。耳内外侧被有棕黑色短毛,且有一很窄的白边。身体腹面、吻侧、前后肢下部与足掌背部的毛均为白色。故体背与腹部之间的毛色具有明显的区别。尾的背面黄褐色,腹面白色。

（2）头骨特征:颅长23.8~28.0mm,腭长10.0~12.0mm,颧宽12.3~15.0mm,后头宽8.2~10.3mm,眶间宽3.6~5.0mm,齿隙长6.5~8.5mm,听泡长4.7~5.8mm,上颊齿列长3.2~3.8mm。头骨的轮廓较平直,听泡隆起,颧弓不甚外凸,左右几乎平直。鼻骨窄,前端略膨大,后部较凹,与颌骨的鼻突间形成1条不深的凹陷。无明显的眶上嵴。顶骨的前外角向前延伸达额骨后部的两侧,形成一明显的尖突起。顶间骨宽为长的3倍。上颌骨在眶下孔的前方形成一小突起。颧弓细小,门齿孔狭长,其末端达第1臼齿的前缘。上门齿甚细长。上臼齿3枚,前者较大,愈后愈小,第1上臼齿的咀嚼面上有6个左右相对的齿突。第2上臼齿仅4个齿突。第3上臼齿的4个齿突排列不规则,并且后方的两个极小,因而整个牙齿较第2臼齿小得多。下臼齿与上臼齿相似,向后逐渐变小。第1下臼齿的咀嚼面上有3对齿突,第2、3下臼齿均有2对齿突。

【发生规律】黑线仓鼠的栖息环境极为广泛,草原、半荒漠、农田、山坡及河谷的林缘、灌丛中都可栖息。但在高山岩石带、沙地和砾石多的田埂则找不到它们的踪迹。在半荒漠地区,通常栖息于有较高蒿草的地方或水塘附近。在草原地区,则以有锦鸡儿、蒿的地段为最多。在农区,多集中于田埂、土坡或农田中的坟堆上,以及人工次生林等地。林缘与灌丛中也有分布,但在大面积森林内尚未发现。在居民点,有时也可进入房舍。

黑线仓鼠性凶猛而胆小。住、食、便处从不混用,具有按食物种类分藏的习性,一般1个洞穴内只有1只成体鼠,幼鼠和亚成体鼠与母鼠分居,在距母巢35~100m处建筑洞穴。母鼠与幼鼠在同一领域内呈圆形分布,在其领域内几乎没有其他鼠类建筑洞穴,但允许在其范围内绕行活动。雌雄比1∶3.7。

黑线仓鼠以夜间活动为主，白天隐藏于洞穴内，黎明前、黄昏后活动频繁。秋季活动频繁，但范围小，一般在距洞穴 20~50m；冬季和初春活动减少，但范围大，可超过 100m。不同季节有两个相近的日活动高峰，分别在 20：00—22：00 和 4：00—6：00。冬季活动较少，以贮粮过冬。种群数量的季节动态表现为内蒙古地区的有 2 个数量高峰，分别在 5 月和 8 月，淮北地区多数年份只有 1 个高峰。年度间数量也有变化，数量高峰年与最低年相差可达 6.7 倍，由前一个高峰年到后一个高峰年经历约 8 年。

食性杂。主要以植物种子为主，包括各种作物种子和草籽。农作物中有豌豆、小麦、大麦、花生、高粱等，同时，也吃少量的昆虫和植物的绿色部分，以及根、茎等。根据饲养测定，平均日食量为 4.6g。具贮粮习性，外出饱食后常用颊囊盛纳食物运进洞内，每次可装 1g 左右。每个洞穴可贮粮 1~1.5kg。对作物种子的喜食程度依次为：花生米＞葵花籽＞荞麦＞莜麦＞大麦＞小麦＞高粱＞玉米＞谷子＞小黑豆。在有足够谷物和饮水的条件下，该鼠很少取食鲜草。所以，用毒饵法防治黑线仓鼠时，不论作物和牧草处于任何物候期，均可采用谷物作诱饵。

黑线仓鼠繁殖力极强，3—4 月和 8—9 月为两个繁殖高峰期，冬季不繁殖，年繁殖 3~5 胎，每胎平均 4~9 仔，以 6 仔居多。

【防治措施】针对种实害鼠发生情况和药用植物的空间布局，防治策略是压低害鼠种群密度和减少害鼠危害程度。

1. 同种作物大面积连片种植　作物小面积插花种植，有利于害鼠在各种作物地上辗转为害，使作物出现交叉受害，同时也为害鼠提供了良好的栖息环境和食物源。因此，在安排种植计划时应尽量做到同种作物大面积连片种植，减少害鼠聚集危害程度和缩短危害期，降低鼠密度和作物的鼠害程度。

2. 恶化害鼠的生存环境，降低其生态容纳量　采用四边荒地种作物，弃耕地复耕，结合高产栽培，把田埂的高度和宽度分别降低至 30~40cm 以下，塘基上种植作物，修建硬底的排灌渠并防除杂草等，可以减少害鼠栖息场所，恶化害鼠生存环境，降低害鼠密度。

3. 使用抗凝血灭鼠剂进行科学灭鼠　根据害鼠种群数量消长、灭后回升速度和作物受害规律，每年要全面灭鼠两次。不同的作物类型区灭鼠时机可能有所不同：夏收和秋收作物，宜在春播春种前和 8 月灭鼠。下半年是全年灭鼠的关键时期，宜采用间隙投饵方式进行灭鼠，确保灭鼠效果在 80% 以上。为提高化学灭鼠效果，应使用高效、安全的抗凝血灭鼠剂，由专业团队统一灭鼠。

野外生境灭鼠，为解决灌木丛、刺丛等环境投饵不方便及雨季疫区处理灭鼠，可用报纸和塑料薄膜小袋盛毒饵投放，害鼠能咬破包装取食毒饵。毒饵包装不会使该鼠产生较强的新物反应而影响灭效，具有投饵方便、迅速、省工省时的优点，塑料袋饵能防雨防潮等，可推广应用。

4. 保护和利用天敌，充分发挥其对鼠类数量的控制作用　通过保护天敌的栖息环境，尤其是要保护现存的有限森林资源，招引隼形目和鸮形目鸟类以及黄鼬等天敌；严禁捕杀天敌；禁止使用二次中毒严重的急性灭鼠剂等措施，逐步增加自然天敌的数量，发挥天敌对鼠类的自然控制作用。

（韩崇选）

思考题

1. 简述鼢鼠的洞道结构,分析毒饵杀灭地下害鼠的技术要点。

2. 区分不同害鼠对药用植物的危害差异,提出不同害鼠治理途径和具体方法。

3. 利用经济学原理和可持续控制原理,分析草兔的害益关系,提出兔害治理的策略和有效方法。

第十六章　同步练习

附录　药用植物保护学实验

实验一　药用植物病害主要症状观察

一、实验目的

症状是有病植物外部可见的病状和病征的统称。人们对病害的认识和研究,都首先从症状开始,才能够做到"对症下药"。通过植物病害症状的观察,学习描述和记载植物病害症状的方法,掌握植物病害的症状类型、特点以及了解症状在病害诊断中的作用。

二、实验材料与用品

1. 材料　下列病害的标本、照片或挂图:半夏花叶病,白术花叶病,太子参花叶病,龙胆斑枯病,白芷斑枯病,当归斑枯病(褐斑病),人参、西洋参黑斑病,三七黑斑病,红花黑斑病,桃穿孔病,杏穿孔病,梅疮痂病,柑橘疮痂病,柑橘溃疡病,人参、西洋参立枯病,白术立枯病,桔梗立枯病,人参、西洋参猝倒病,红花枯萎病,三七根腐病,丹参根腐病,当归根腐病,人参锈腐病,天麻细菌性软腐病,百合细菌性软腐病,贝母鳞茎腐烂病,川芎根腐病,三七根结线虫病,菊花根癌病,枣疯病,桑萎缩病,黄芪霜霉病,延胡索霜霉病,菊花霜霉病,板蓝根霜霉病,甘草锈病,平贝母锈病,红花锈病,北沙参锈病,延胡索菌核病,细辛菌核病,人参菌核病,黄芪白粉病,黄连白粉病,防风白粉病,芍药白粉病,金银花白粉病,枸杞白粉病,五味子白粉病,葛(粉葛)细菌性叶斑病,牛蒡煤污病。

2. 用品　放大镜、小刀、小烧杯及记载用具。

三、实验内容与方法

(一)病状类型

1. 变色　植物受到外来有害因素的影响后,常导致色泽的改变,如褪色、条点、白化、色泽变深或变浅等,统称为变色,主要表现如下。

(1)褪绿或黄化:褪绿和黄化是由于叶绿素的减少而叶片表现为浅色或黄色。如半夏病毒病,植物的缺铁、缺氮等。

（2）花叶与斑驳：如半夏花叶病、白术花叶病、太子参花叶病等。

2. 坏死　坏死是由于受病植物组织和细胞的死亡而引起的。

（1）斑点：根、茎、叶、花、果实的病部局部组织或细胞的坏死,产生各种形状、大小和颜色不同的斑点,如当归褐斑病、龙胆斑枯病、白芷斑枯病。

（2）枯死：芽、叶、枝、花局部或大部分组织发生变色、焦枯、死亡。人参、西洋参黑斑病,三七黑斑病,红花黑斑病。

（3）穿孔和落叶、落果：在病斑外围的组织形成离层,使病斑从健康组织中脱落下来,形成穿孔,如桃穿孔病、杏穿孔病；有些植物的花、叶、果等受病后,在叶柄或果梗附近产生离层而引起过早的落叶、落果等。

（4）疮痂：果实、嫩茎、块茎等的受病组织局部木栓化,表面粗糙,病部较浅,如梅疮痂病、柑橘疮痂病等。

（5）溃疡：病部深入到皮层,组织坏死或腐烂,病部面积大,稍凹陷,周围的寄主细胞有时增生和木栓化,多见于木本植物的枝干上的溃疡症状。如柑橘溃疡病等。

（6）猝倒和立枯：大多发生在各种植物的苗期,幼苗的茎基或根冠组织坏死,地上部萎蔫以致死亡,如人参、西洋参立枯病,白术立枯病,桔梗立枯病,人参、西洋参猝倒病。

3. 萎蔫　植物全体或部分,由于大量菌体堵塞导管产生毒素阻碍水分运输,使植株枝叶失去膨压,萎蔫下垂。如红花枯萎病、三七根腐病、丹参根腐病、当归根腐病。

4. 腐烂　腐烂是较大面积植物组织的分解和破坏的表现,根据症状及失水快慢又分为干腐和湿腐。如人参锈腐病是干腐的症状；湿腐如天麻细菌性软腐病、百合细菌性软腐病、贝母鳞茎腐烂病、川芎根腐病等。

5. 畸形　由于病组织或细胞的生长受阻或过度增生而造成的形态异常,植物病害的畸形症状很多,常见的如下。

（1）徒长。

（2）矮化：矮缩和丛生,如枣疯病、桑萎缩病等。

（3）肿瘤：菊花根癌病、三七根结线虫病等。

（4）卷叶。

（5）蕨叶：双子叶植物受 2,4- 二氯苯氧乙酸的药害也常变成蕨叶状。

（二）病征类型

病征是指在植物病部形成的、肉眼可见的病原物的结构。识别各种不同类型的病征,对诊断病害很有帮助。

（1）霉状物：在植物受害部分表面生长。与斑点、条纹等坏死病状并生,如黄芪霜霉病、延胡索霜霉病、菊花霜霉病、板蓝根霜霉病。

（2）粉状物：均匀分布于受病植物组织表面,叶面多于叶背,受病植物病状不显著,如甘草锈病、平贝母锈病、红花锈病、北沙参锈病、黄芪白粉病、黄连白粉病、防风白粉病、芍药白粉病、金银花白粉病、枸杞白粉病、五味子白粉病。

（3）颗粒状物：病部单独由病原体或与组织交织构成各种不同形状大小且较坚硬的黑色角状及颗粒状物，如延胡索菌核病、细辛菌核病、人参菌核病等，或病原物繁殖体，如白粉病闭囊壳。

（4）马蹄状、木耳状和伞状物：木耳、银耳、平菇、灵芝、草菇、马勃等。

（5）脓状物：为细菌性植物病害病征，为黄色或乳白色液滴自受病组织中排出，干燥时成为白色胶质的薄膜。如葛（粉葛）细菌性叶斑病。

（三）综合征

在同一寄主植物上一种病害可能表现出几种症状类型，这几种症状同时表现或先后表现出来，称为综合征。

（四）复合症

由两种或两种以上的病原物（或害虫）同时侵染一株植物时所表现的复合症状，如牛蒡煤污病等。

四、实验作业

通过对实验课上标本的观察，选择不同症状类型的病害，扼要描述其症状特点，填入附表1-1。

附表1-1　植物病害症状观察记录

编号	受害植物	发病部位	症状特点	病害名称
			病状 病征	

五、思考题

1. 植物病害的定义是什么？
2. 病状和病征在植物病害诊断上有什么作用？
3. 综合征和复合症有什么不同？

（王　艳）

实验二　药用植物主要病原真菌类群识别

一、实验目的

通过实物观察,识别鞭毛菌、接合菌、子囊菌、担子菌和半知菌亚门所致病害的特点,主要病原的形态,明确它们之间的主要区别,学会植物病原制片的基本方法,为识别和防治病害奠定基础。

二、实验材料与用品

1. 材料　菊花、黄芪白粉病,山药或红花炭疽病,地黄(或龙胆、白芷)斑枯病,菊花、人参黑斑病,甘草、黄芪锈病,薏米黑穗病、人参疫病和猝倒病等当地发生有代表性药用植物病害的新鲜标本、玻片标本、蜡叶标本或浸渍标本等。

2. 用品　生物显微镜、放大镜、载玻片、盖玻片、镊子、剪刀、手术刀片、蒸馏水等。

三、实验内容与方法

1. 实验内容
(1)植物病原菌玻片标本制作方法。
(2)鞭毛菌亚门主要病原菌形态及所致病害症状观察。
(3)接合菌亚门主要病原菌形态及所致病害症状观察。
(4)子囊菌亚门主要病原菌形态及所致病害症状观察。
(5)担子菌亚门主要病原菌形态及所致病害症状观察。
(6)半知菌亚门主要病原菌形态及所致病害症状观察。

2. 实验方法
(1)玻片制作和病原菌的观察:取清洁载玻片 1 片在其中央滴蒸馏水 1 滴,选择病原物生长茂密的新鲜病害标本在教师指导下挑取病原菌,用水装片,在镜下观察。

(2)鞭毛菌亚门主要病原菌形态及所致病害症状观察:镜下观察鞭毛菌亚门主要属病原菌装片,注意观察菌丝的分枝情况,有无分隔菌丝体,孢囊梗与孢子囊在形态上的不同。

(3)接合菌亚门主要病原菌形态及所致病害症状观察:镜下观察接合菌的装片,注意观察菌丝体的形态,有无分隔匍匐丝及假根的形态,孢囊梗和孢子囊的形态,可轻压盖玻片使孢子囊破裂,观察散出的孢囊孢子形态、大小及色泽,镜下观察接合孢子的形态特征。

(4)子囊菌亚门主要病原菌形态及所致病害症状观察:在镜下观察子囊菌的营养体无性孢子、有性孢子及各种子囊果 - 闭囊壳、子囊壳、子囊盘,注意菌丝的分枝、分隔情况,无性孢子的形态,子囊和子囊孢子的形态,各种子囊果形态及其区别。

(5)担子菌亚门主要病原菌形态及所致病害症状观察:在镜下观察不同锈菌夏孢子和冬孢

子的形态,注意夏孢子的不同类型和冬孢子不同类型的形状、大小和颜色,在镜下观察黑粉菌的形态,注意冬孢子的形状大小和颜色。

（6）半知菌亚门主要病原菌形态及所致病害症状观察:在镜下观察半知菌菌丝、分生孢子梗及分生孢子,分生孢子器与分生孢子盘的形态,注意观察菌丝体在分隔、分枝以及色泽等方面的特征,分生孢子的形态、大小、颜色及有无纵横分隔等方面特征。

四、实验作业

1. 描述所观察到的药用植物病害的症状和病原菌的主要特征。
2. 绘制不同真菌的有性孢子或无性孢子的形态。

五、思考题

研究不同病原真菌形态以及孢子等特征有何意义?

（邢艳萍）

实验三 药用植物叶部病害诊断技术

一、实验目的

药用植物叶部病害种类繁多。通过实验,认识药用植物叶部主要病害的症状和病原菌的形态特征,重点识别白粉病、斑枯病、黑斑病（叶枯病）、灰霉病、锈病、炭疽病、霜霉病和病毒病等,掌握病害诊断技术。

二、实验材料与用品

1. 材料 各种白粉病、锈病、叶斑病、炭疽病、灰霉病和病毒病等的盒装标本、玻片标本、挂图。
2. 用品 显微镜、擦镜纸、小块纱布、解剖针、载玻片、盖玻片、浮载剂、酒精灯、刀片、吸水纸等。

三、实验内容与方法

（一）白粉病

症状:主要危害叶片、叶柄、嫩茎、芽及花瓣等幼嫩部位。病部初生近圆形至不规则形白色粉斑,后逐渐扩大,严重时病部布满白色粉状物,即病菌的菌丝体、分生孢子梗和分生孢子,后期上生黑色小颗粒,即病菌的闭囊壳。如黄芪白粉病、芍药白粉病、防风白粉病、金银花白粉病等。

病原:引起白粉病的常见病原菌为子囊菌亚门白粉菌目白粉菌属(*Erysiphe*)、单囊壳属(*Sphaerotheca*)、叉丝壳属(*Microsphaera*)、叉丝单囊壳属(*Podosphaera*)、球针壳属(*Phyllactinia*)和钩丝壳属(*Uncinula*)的真菌。闭囊壳外附属丝的形状和闭囊壳内子囊数目的多少是分属的依据。

取下列各类白粉病病害标本,观察白粉病的症状特点;挑取病原并制作临时玻片镜检,观察闭囊壳外附属丝的形态。轻轻挤压盖玻片,使闭囊壳破裂,观察子囊果内子囊数目,子囊、子囊孢子的形态特征,结合检索表进行属的鉴定。

白粉菌主要检索表

1. 闭囊壳内多个子囊 ……………………………………………………………… 3
1. 闭囊壳内单个子囊 ……………………………………………………………… 2
2. 附属丝菌丝状 …………………………………………………… 单囊壳属(*Sphaerotheca*)
2. 附属丝刚直较粗,顶端二叉状重复分枝,分枝末端螺旋状卷曲 …… 叉丝单囊壳属(*Podosphaera*)
3. 附属丝非菌丝状 ………………………………………………………………… 5
3. 附属丝菌丝状 …………………………………………………………………… 4
4. 附属丝发育不良 ………………………………………………… 布氏白粉菌属(*Blumeria*)
4. 附属丝发育良好 ……………………………………………………… 白粉菌属(*Erysiphe*)
5. 附属丝刚直,基部膨大,顶端尖锐 ……………………………… 球针壳属(*Phyllactinia*)
5. 附属丝基部不膨大 ……………………………………………………………… 6
6. 附属丝粗,刚直,顶端二叉状重复分枝,分枝末端卷曲 ………… 叉丝壳属(*Microsphaera*)
6. 附属丝不分支,顶端卷曲 ……………………………………………… 钩丝壳属(*Uncinula*)

(二)锈病

症状:锈菌侵染寄主植物,症状多表现为在病部形成黄褐色至深褐色的锈斑和锈粉状物。

病原:均属于担子菌亚门锈菌目真菌。

观察甘草锈病、黄芪锈病、平贝母锈病、红花锈病、北沙参锈病、木瓜锈病的盒装标本,注意其症状特点,受害部位产生病征各属于锈菌生活史的什么阶段。挑取锈病标本制片,镜检观察冬孢子的形态特征、细胞数目、柄有无等。

(三)斑枯病

症状:主要危害叶片。在叶片上形成中小型褐色至灰白色病斑,后期叶斑上往往着生黑色小颗粒,即病菌的分生孢子器。

病原:属于半知菌亚门壳针孢属真菌。分生孢子器球形至扁球形,分生孢子针状至线状,隔膜数因病原菌种类不同而有差异。

观察龙胆斑枯病、白术斑枯病、地黄斑枯病、白芷斑枯病、玄参斑枯病、柴胡斑枯病、防风斑枯病、丹参斑枯病、党参斑枯病、当归斑枯病(褐斑病)的盒装标本,注意其症状特点、受害部位产生病征。挑取斑枯病病菌制片,镜检观察分生孢子器的形态特征和孔口的有无,观察分生孢子的形态、颜色及隔膜数目等。

（四）其他叶斑、叶枯类病害

症状：主要危害叶片、叶柄。叶片受害，初期形成褪绿斑点，以后逐渐扩大，发展成为褐色、灰褐色、暗褐色病斑，病斑圆形、椭圆形或不规则形。

病原：病原为半知菌亚门茎点霉属（*Phoma* spp.）、叶点霉属（*Phyllosticta* spp.）、链格孢属（*Alternaria* spp.）、尾孢属（*Cercospora* spp.）等真菌。

观察芍药叶斑病，白芷灰斑病，甘草褐斑病，忍冬褐斑病，山药褐斑病，玉竹褐斑病，三七圆斑病，人参、西洋参黑斑病，三七黑斑病，菊花黑斑病，红花黑斑病，麦冬黑斑病，五味子叶枯病，板蓝根黑斑病等。有的从叶尖开始发病，形成叶枯，如五味子叶枯病、细辛叶枯病的盒装标本。挑取黑斑病病菌制片，镜检观察分生孢子梗、分生孢子的形态特征。

（五）灰霉病

症状：灰霉病是药用植物上常见的一种真菌病害。灰霉病症状较复杂，主要表现为叶斑，溃疡，球茎、鳞茎、花及种子腐烂等病状。病症很明显，在潮湿条件下病部形成明显的灰色霉层（即病菌的分生孢子梗和分生孢子）。

病原：病原为半知菌亚门葡萄孢属真菌。分生孢子梗丛生，顶端枝状分枝，分枝末端膨大；分生孢子葡萄状，聚生，卵形或椭圆形，单细胞，淡色。菌核不规则形。

观察人参灰霉病、芍药灰霉病、贝母灰霉病、菊花灰霉病、百合灰霉病和三七灰霉病的盒装标本，注意其症状特点及病部产生的病征。挑取灰霉病病菌制片，镜检分生孢子梗和分生孢子的形态。

（六）炭疽类

症状：主要危害叶片、果实及茎秆，引起叶斑、落叶和植株枯死。典型的症状是在病部产生黑色小粒点（即病菌的分生孢子盘），常呈同心轮纹状排列，潮湿条件下，溢出粉红色黏孢子团。

病原：病原菌为半知菌亚门炭疽菌属真菌，病菌分生孢子盘常有刚毛，分生孢子单胞，无色，长，内含数个油球。

观察红花炭疽病、山药炭疽病和山茱萸炭疽病的盒装标本。挑取炭疽病病原并制作临时玻片，观察病菌分生孢子盘及其分生孢子的特点。

（七）霜霉病

症状：主要危害叶片。发病初期在叶片正面出现淡绿色小斑，扩大后病斑呈黄色，潮湿时，在叶背形成白色至灰白色稀疏霉层。后期病斑变褐色，叶片逐渐干枯死亡。

病原：病原为鞭毛菌亚门霜霉属真菌。菌丝无隔膜。无性繁殖产生孢囊梗，自气孔伸出，具主轴，顶端二叉状分枝，分枝顶端着生孢子囊。孢子囊椭圆形，无色，萌发时可形成游动孢子或直接产生芽管。有性生殖产生卵孢子，卵孢子黄褐色。

观察黄芪霜霉病、延胡索霜霉病、菊花霜霉病、板蓝根霜霉病的盒装标本。挑取霜霉病病斑上霉状物制片,观察孢囊梗分枝特点和孢子囊的形态特征。

（八）药用植物病毒病

症状: 主要危害叶片,表现为花叶、黄化、斑驳、明脉、环斑、蚀纹、畸形等症状。

病原: 病原为一种或多种病毒。如当归病毒病由番茄花叶病毒(ToMV)引起。

观察当归病毒病、大黄病毒病、半夏花叶病、白术花叶病、太子参花叶病、百合病毒病和菊花病毒病的盒装标本,观察不同药用植物病毒病的主要症状特点。

四、实验作业

1. 绘制白粉病菌的闭囊壳、附属丝、子囊和子囊孢子的形态图。

2. 绘制黑斑病的分生孢子梗和分生孢子的形态图。

3. 绘制锈病的夏孢子和冬孢子形态图。

五、思考题

1. 白粉菌分属依据是什么? 依据检索表对所提供的白粉病的标本进行属的鉴定。

2. 典型的锈菌生活史中可产生几种类型的孢子? 举例说明锈菌分属的主要依据。

（**王 艳**）

实验四 药用植物根和茎部病害诊断技术

一、实验目的

1. 掌握根部病害诊断的主要方法。

2. 熟悉不同药用植物立枯病、猝倒病、菌核病、根腐病、白绢病、线虫病的主要症状和主要病原。

二、实验材料与用品

1. **材料** 根部病害的实物标本和玻片标本。①立枯病标本: 人参或西洋参、白术、三七、桔梗等立枯病;②猝倒病标本: 人参、西洋参、红花、小茴香等猝倒病;③菌核病标本: 细辛、番红花、人参、补骨脂、红花等菌核病;④根腐病标本: 白术、党参、丹参等根腐病;⑤白绢病标本: 白术、丹参、菊花等白绢病;⑥线虫病标本: 桔梗、丹参、当归等线虫病。田间药用植物发病植株。

2. **用品** 生物显微镜、载玻片、盖玻片、镊子等。

三、实验内容与方法

1. 观察不同病害的地上、地下部位症状,进行描述。

（1）立枯病:未出土的种子或种芽在地下腐烂死亡,出现白色或粉色的霉层;幼苗出土后,茎基部腐烂坏死,苗心枯黄,苗木倒伏;苗后期被侵染,根皮和细根感病后,组织腐烂、坏死,使地上部分失水萎蔫,植株直立不倒伏,拔起病苗时,根皮留于土中。

（2）猝倒病:病株茎基部呈现水渍状病斑,发展后呈黄褐色、热水烫状,很快呈缢缩状,植株尚未呈现萎蔫仍保持绿色时,幼苗便倒伏死亡;当遇高温高湿时,病苗基部有时候出现一些白色絮状菌丝。

（3）菌核病:当茎部染病初期出现水渍状斑,后期扩展成淡褐色,病部出现白色絮状菌丝体,茎基出现软腐或纵裂。此外,叶片和果实染病时,出现湿腐状大斑,湿度大时斑面上出现絮状霉状物,腐烂,有黑色鼠粪状菌核出现。

（4）根腐病:该病会造成根部腐烂,吸收水分和养分的功能逐渐减弱,最后全株死亡,主要表现为整株叶片发黄、枯萎。

（5）白绢病:常发生于近地面处的根部或茎基部,出现一层白色绢丝状物,严重时腐烂成麻状。最后叶片自上而下逐渐枯萎,导致全株枯死。

（6）线虫病:线虫病主要危害药用植物根部,根部及根颈部形成瘿瘤。根部发病后,地上植株生长受到抑制,使叶片变黄,严重时全株枯死。

2. 显微检查观察病原物的形态特征。从植物发病部位挑取病原菌,用水装片,或用已制备的永久玻片标本,在镜下观察病原物的特征。

四、实验作业

1. 根据观察记录结果确定观察到药用植物病害种类以及病原物类型和主要特征。
2. 绘制根腐病、立枯病病原菌形态图。

五、思考题

1. 相同药用植物根部病害在不同药用植物上表现的症状是否相同,是否具有共同的特征?
2. 不同的药用植物根部病害的病症是否具有相似的特征,如何辨别?

（邢艳萍）

实验五　昆虫的外部形态与各虫态特征

一、实验目的

1. 掌握口器、触角、足、翅的基本结构和主要类型,昆虫变态的类型及各类型的特点。
2. 了解昆虫的体区分节,以及昆虫幼虫、蛹的类型和构造。

二、实验材料与用品

1. 材料　口器类型标本、触角类型标本、足类型标本、翅类型标本、头式类型标本、幼虫类型标本、蛹类型标本。
2. 用品　体式显微镜、放大镜、镊子、解剖针、培养皿。

三、实验内容与方法

（一）不同类型的口器观察

1. 咀嚼式口器　取蝗虫头部 1 个,将腹面向上进行观察。口器包括上唇、上颚、下颚、下唇和舌 5 个部分。用镊子拨动和区分这几个部分,然后进行解剖。首先用镊子夹住悬垂与唇基下面的片状上唇基部,取下上唇,再按左右方向取下 1 对深色、大而坚硬并具齿的上颚,将头部反转沿后头孔上下方向将下颚取下,最后将下唇和舌取下。把口器各部分全部排列在蜡盘中,放少量清水,防止干缩,以便进一步观察和绘图。

2. 刺吸式口器　取蝉 1 头,上唇为 1 个三角形小片,下唇延长呈喙状,前面内凹成纵沟,内藏有 4 根口针。用解剖针从基部将口针从沟中挑出,分开的 2 根为 1 对上颚,余下不易分开的 2 根为 1 对下颚。舌位于口针基部口前腔内,呈突出的舌叶状。

3. 虹吸式口器　取蛾类或蝶类液浸标本 1 头,将头部取下放在带水的培养皿中,用镊子夹住卷曲的喙,用细昆虫针把额、唇基、上唇等附近的鳞片轻轻去除,观察。

4. 锉吸式口器　为蓟马类昆虫所特有。其特点是上颚不对称,即右上颚高度退化或消失,口针是由左上颚和 1 对下颚特化而成。

（二）不同类型的触角观察

1. 刚毛状　触角短小,基部 1、2 节较粗大,鞭节纤细如刚毛。观察蝉、蜻蜓的触角。
2. 丝状或线状　触角细长如丝,鞭节各亚节大致相同。观察蝗虫、天牛的触角。
3. 念珠状　触角各节近于球形,触角形似一串念珠。观察白蚁的触角。
4. 锯齿状　鞭节的各亚节向一侧突出成三角形,状似锯齿。观察叩头虫雄虫的触角。
5. 栉齿状　鞭节各亚节向一侧突出成梳齿状。观察绿豆象雄虫的触角。

6. 羽毛状或双栉齿状　鞭节各亚节向两侧突出细枝状,形如羽毛。观察蚕蛾的触角。

7. 膝状或肘状　柄节特别长,柄节与鞭节之间呈膝状或肘状弯曲。观察象甲的触角。

8. 具芒状　触角短,末节最粗大,其背侧面着生一芒状构造,为1根刚毛或为羽毛状。观察蝇类的触角。

9. 环毛状　鞭节各亚节环生细毛,愈靠近基部细毛愈长。观察雄蚊的触角。

10. 球杆状或棍棒状　触角细长,鞭节端部几节逐渐膨大如球杆状。观察蝶类的触角。

11. 锤状　触角端部几节突然膨大,末端平截,形状如锤。观察瓢虫的触角。

12. 鳃叶状　鞭节端部数节向一侧扩展成片状,叠合起来状如鱼鳃。观察金龟子的触角。

（三）不同类型的足观察

1. 步行足　较细长,各节无显著特化,适于步行。观察蝽、步甲的足。

2. 跳跃足　腿节特别膨大,胫节细长,末端距发达。观察蝗虫和跳甲的后足。

3. 开掘足　胫节宽扁有齿,适于掘土。观察蝼蛄的前足。

4. 捕捉足　基节延长,腿节腹面有槽,胫节可以折嵌于槽内。观察螳螂的前足。

5. 携粉足　胫节宽扁,两边有长毛,环抱相对形成携带花粉的"花粉篮",第1跗节很大,内有硬毛,用以梳理附着在体毛上的花粉。观察蜜蜂的后足。

6. 游泳足　足扁平,有较长的缘毛。观察龙虱、负子蝽等的后足。

7. 抱握足　跗节特别膨大,其上有吸盘状构造。观察雄性龙虱的前足。

（四）不同类型的翅观察

1. 膜翅　质地膜质,薄而透明,翅脉明显可见。观察蜂类、蚜虫的翅。

2. 复翅（覆翅）　翅狭长,质地较坚韧似皮革,仍可见翅脉。观察蝗虫的前翅。

3. 鞘翅　质地坚硬如角质,且无翅脉,用以保护后翅和腹部。观察甲虫的前翅。

4. 半鞘翅　翅基半部为皮革质,端半部为膜质。观察蝽的前翅。

5. 鳞翅　质地为膜质,但翅面上被有鳞片。观察蛾、蝶类的前后翅。

6. 缨翅　质地为膜质,翅脉退化,翅狭长,翅周缘有很长的缨毛。观察蓟马的前后翅。

7. 平衡棒　后翅特化,形似小棍棒状。观察蝇类的后翅。

（五）不同类型的头式观察

1. 下口式口器　着生在头部的下方,与身体的纵轴垂直。观察蝗虫、鳞翅目的幼虫。

2. 前口式口器　着生于头部的前方,与身体的纵轴呈一钝角或几乎平行。观察步甲。

3. 后口式口器　向后倾斜,与身体纵轴成一锐角。观察蝽、蚜虫。

（六）不同类型幼虫的观察

1. 无足型幼虫　体躯上无任何附肢。观察蝇类、象甲、豆象幼虫。

2. 寡足型幼虫　具有发达的胸足,没有腹足。观察金龟子幼虫。

3. 多足型幼虫　除胸部具3对胸足外,还有多对腹足。观察蛾类、蝶类、叶蜂幼虫。

（七）不同类型蛹的观察

1. 离蛹　又称裸蛹,触角、翅和足等不紧贴蛹体。观察鞘翅目、膜翅目的蛹。

2. 被蛹　触角、足和翅等紧贴于蛹体,不能自由活动。观察蝶、蛾类的蛹。

3. 围蛹　幼虫最后脱下的皮包围于离蛹之外,形成了圆筒形的硬壳。观察蝇类的蛹。

四、实验作业

1. 观察成虫标本,列出各标本的口器类型、触角类型、翅的类型、头式类型。

2. 观察幼虫标本,列出各标本的幼虫类型。

3. 观察蛹标本,列出各标本的蛹的类型。

五、思考题

1. 昆虫的口器有哪些类型？各举 1~2 种代表性昆虫。

2. 昆虫的足有哪些类型？各举 1~2 种代表性昆虫。

3. 昆虫的翅有哪些类型？各举 1~2 种代表性昆虫。

4. 昆虫的蛹有哪些类型？各举 1~2 种代表性昆虫。

（董文霞）

实验六　药用植物害虫主要类群形态观察

一、实验目的

识别并掌握直翅目、缨翅目、半翅目、同翅目、鞘翅目、鳞翅目、膜翅目、双翅目及主要科的形态特征。

二、实验材料与用品

1. 材料

（1）直翅目的蝗科、蟋蟀科、蝼蛄科标本。

（2）缨翅目的蓟马科标本。

（3）半翅目的蝽科标本、蝉科、蚜科、蚧总科标本。

（4）鞘翅目的金龟甲科、叩头甲科、叶甲科、拟步甲科、瓢甲科、象甲科、天牛科标本。

（5）鳞翅目的凤蝶科、粉蝶科、天蛾科、夜蛾科、螟蛾科、刺蛾科标本。

（6）膜翅目的胡蜂科、叶蜂科标本。

（7）双翅目的实蝇科标本。

2. 用品　体式显微镜、放大镜、镊子、解剖针、培养皿。

三、实验内容与方法

（一）直翅目

取蝗虫、蟋蟀、蝼蛄标本，观察头式、口器、触角、足的类型，单眼个数及着生位置，前胸背板的形状，前翅的质地和形状，产卵器、发音器、听器的形状和位置。

（二）缨翅目

取蓟马标本，观察缨翅目基本特征：触角丝状，口器锉吸式，缨翅，足跗节端部生一可突出的端泡。

（三）半翅目

1. 取蝽标本，观察体型和头式，触角类型，前翅质地，口器类型及着生位置，前胸背板形状和小盾片的发达程度。

2. 取蝉、蚜虫、蚧虫标本，观察触角类型、口器类型、翅的质地和类型。

3. 观察重要科的基本特征。

蝉科：触角刚毛状。单眼 3 个，呈三角形排列。翅膜质透明，脉较粗。雄虫具发音器，雌虫具发达的产卵器。

蚜科：触角丝状，前翅比后翅大，前翅有翅痣。成虫腹部第 6 或 7 节背面两侧生有腹管，腹末有突起的尾片。

蚧总科：口器发达，触角、复眼和足通常消失，体段常愈合，体上常被蜡粉或介壳。雌雄二型，雌虫无翅，雄虫具 1 对翅，翅脉简单，后翅退化成平衡棒。

（四）鞘翅目

1. 观察鞘翅目的基本特征。取所给标本，观察其特征是否为体坚硬、口器咀嚼式、前翅为鞘翅、跗节 5 节或 4 节（少数 3 节）。

2. 观察重要科的基本特征。

金龟甲科：触角鳃叶状，通常 10 节。前足跗节 5 节，爪有齿，大小相等。

叩头甲科：前胸发达，前胸背板后缘两侧突出呈锐刺；前胸腹板具有向后延伸的刺状突，插入中胸腹板的凹沟内。

叶甲科：鞘翅常具金属光泽。复眼圆形，不环绕触角，触角丝状。跗节隐 5 节。

拟步甲科：体黑色或褐色。头小，部分嵌入前胸背板前缘内；触角丝状或念珠状 11 节；鞘翅有发达假缘折，后翅退化；跗节式 5-5-4。

瓢甲科：身体半球形或卵圆形，色斑鲜艳。头小，触角锤状、11 节，下颚须斧状。跗节隐4 节。

象甲科：头向前延伸成象鼻状，触角膝状，末端稍呈锤状。

天牛科：触角特别长，超过体长的一半，着生于额的突起上（该特征是区别叶甲的重要特征之一）。复眼肾形，环绕触角基部。跗节隐 5 节。

（五）鳞翅目

1. 观察鳞翅目的基本特征是否为虹吸式口器，下唇须发达（3 节），前后翅上均被鳞片，前后翅一般有中室。

2. 观察重要科的基本特征。

凤蝶科：翅面色彩鲜艳。前翅 A 脉 2 条，后翅外缘波状或有尾状突。

粉蝶科：翅面常为白色、黄色或橙色，前翅三角形，有 A 脉 1 条，后翅圆形，有 A 脉 2 条。

天蛾科：头大，眼突出，触角末端有钩，喙发达。前翅大而狭长，外倾斜。

夜蛾科：翅多暗色，喙发达。前翅狭长，有横带和斑纹，后翅三角形，多白或灰白色。

螟蛾科：身体细长。下唇须伸出很长，如同鸟喙。前翅狭长三角形，后翅有发达的臀区，臀脉 3 条。

刺蛾科：体粗壮多毛，黄色、褐色或绿色。喙及下颚须退化消失。前后翅中室常保存有 M 脉的主干。

（六）膜翅目

取胡蜂和叶蜂标本，观察膜翅目基本特征：口器咀嚼式；前后翅均膜质，翅脉少；触角为丝状或膝状；雌虫产卵器多为针状。

（七）双翅目

取实蝇标本，观察双翅目基本特征：翅 1 对，前翅膜质，后翅为平衡棒；口器舐吸式（蚊类为刺吸式）。

四、实验作业

1. 从上述 7 个目的昆虫标本中各选 1 个标本仔细观察，详细描述其体型、颜色、头式、口器、触角、翅、足等特征。

2. 列表完成所观察昆虫标本口器、触角、足、翅的类型。

五、思考题

1. 比较直翅目、缨翅目、半翅目、鞘翅目、鳞翅目、膜翅目、双翅目的主要形态特征。

2. 蝶类和蛾类在形态上的主要区别有哪些？

（董文霞）

实验七　药用植物叶和花部害虫识别

一、实验目的

掌握药用植物叶、花部害虫的主要识别特征。

二、实验材料与用品

1. 材料
（1）蚜虫标本：棉蚜（瓜蚜）、桃蚜、红花长管蚜、胡萝卜微管蚜。
（2）介壳虫标本：吹绵蚧、红蜡蚧。
（3）枸杞木虱标本。
（4）叶蝉标本：大青叶蝉、小绿叶蝉。
（5）螨类标本：朱砂叶螨。
（6）蝶、蛾类标本：银纹夜蛾、斜纹夜蛾、棉铃虫、豆荚螟、山茱萸蛀果蛾、金银花尺蠖、黄刺蛾、小菜蛾、菜粉蝶、黄凤蝶、柑橘凤蝶。
（7）甲虫类标本：马铃薯瓢虫、茄二十八星瓢虫、枸杞负泥虫、甘草豆象。
（8）枸杞实蝇标本。
2. 用品　体式显微镜、放大镜、镊子、解剖针、培养皿。

三、实验内容与方法

（一）几种蚜虫的识别

1. 棉蚜　无翅孤雌蚜：夏季绿色或黄色，春秋为蓝黑色或深绿色。触角不及体长的 2/3，尾片乳头状，有曲毛 5~7 根。

有翅孤雌蚜：黄绿、淡绿或深绿色，前胸背板黑色。尾片有毛 6 根。

2. 桃蚜　无翅孤雌蚜：绿色或橘黄、赤褐色。触角比体短。腹管圆筒形，向端部渐细，有瓦纹，端部有缘突。尾片长圆锥形，近端部 1/3 收缩，有曲毛 6~7 根。

有翅孤雌蚜：胸部黑色，腹部绿色。额瘤明显内倾，腹管细长，尾片有曲毛 6 根。

3. 红花指管蚜　无翅孤雌蚜：体色黑色，触角黑色。腹管长圆筒形，基部粗大，端部渐细，中部有瓦纹。尾片圆锥形，有曲毛 13~19 根。

有翅孤雌蚜：头、胸部黑色，腹部色淡，有黑色斑纹。触角略长于身体，黑色。腹管楔形，尾片圆锥形。

4. 胡萝卜微管蚜　无翅孤雌蚜：黄绿色或土黄色，被薄粉。触角灰黑色。腹管短而弯曲，无网纹。尾片长约是腹管的 2 倍，圆锥形。

有翅孤雌蚜:头、胸部黑色,腹部黄绿色,有薄粉。触角黑色,但第3节很长弯曲,无瓦纹。腹管无缘突,不及尾片的1/2。尾片圆锥形。

(二)介壳虫的识别

1. 吹绵蚧　雌成虫无翅,橘红色,触角和足为黑色。体背被一层白色颗粒状蜡粉。
2. 红蜡蚧　雌成虫无翅,介壳椭圆形,蜡质,紫红色,较硬厚,背中拱起,周缘翻卷。

(三)枸杞木虱的识别

成虫黄褐色至黑褐色,密布绒毛,具橙黄色斑纹。足的腿节为黑褐色,其他各节为黄色。腹部背面褐色,近基部具一蜡白色横带。

(四)叶蝉的识别

1. 大青叶蝉青绿色。触角上方两单眼之间有1对黑斑。前翅绿色,端部透明,后翅黑褐色,半透明。

2. 小绿叶蝉淡绿至淡黄绿色。足整体黄色,但胫节端部及跗节绿色。前翅淡黄绿色,前缘基部绿色,翅端透明或微烟褐色。

(五)朱砂叶螨的识别

雌成螨:椭圆形,多为锈红色至深红色。体背两侧有1对黑斑,有时斑纹分隔成前后2块。后半体背面表皮叶状结构呈三角形至半圆形。

雄成螨:体色红色至淡红色,前端近圆形,腹末稍尖。

(六)蝶、蛾类的识别

1. 银纹夜蛾　成虫:体长15~17mm。头、胸部灰褐色,前翅深褐色,有紫蓝闪光,基横线明显,中室后方有1个"U"形银斑,其后外方有1个银白色小斑。后翅暗灰色,有金属光泽。

幼虫:体长25~32mm。头部绿色,体淡黄绿色。背线双线白色,亚背线白色,气门线黑色,气门黄色,边缘黑褐色。腹足3对。雄性幼虫4龄后在第8节上有两个淡黄色圆斑,雌性幼虫则无。

2. 斜纹夜蛾　成虫:体长14~20mm。深褐色。前翅灰褐色,环状纹不明显,肾状纹前部白色,后部黑色,在环状纹与肾状纹之间,有3条由前缘伸向后缘外方的白色斜纹。后翅白色,外缘暗褐色。

幼虫:体长35~47mm。头黑褐色,胸腹部黑色、土黄褐色、暗绿色等。中胸至第9腹节背线上缘各有1对三角形黑斑,以第1、7、8腹节最大;背线、亚背线及气门下线均为黄色。

3. 棉铃虫　成虫:体长14~18mm。一般雌蛾红褐色,雄蛾灰绿色。前翅正面肾状纹、环状纹及各横线不太清晰,中横线由肾状纹下斜伸至翅后缘,末端达环状纹的正下方,外横线斜向后伸达肾状纹下方。后翅灰白色。

幼虫:体长40~50mm。头部黄褐色,体色变化很大,一般有绿色、红褐色等颜色。背线、亚背线和气门上线呈深色,气门多呈白色,体表布满褐色和灰色小刺。

4. 豆荚螟 成虫:体长 10~12mm。灰褐色。前翅狭长,混生黑褐色、黄褐色、灰白色鳞片,沿前缘有 1 条狭长的白色纵带,近翅基 1/3 有 1 条金黄色宽横带。后翅黄白色,沿外缘褐色。

幼虫:体长 14~18mm。褐色,前胸背板近前缘中央有"人"形黑斑,两侧各有 1 个黑斑,后缘中央有 2 个小黑斑,背线、亚背线、气门线、气门下线均明显。

5. 山茱萸蛀果蛾 成虫:体长 6mm。头部黄白色,胸部灰白色。前翅灰白色,前缘近中部有一近似三角形蓝褐色斑,翅基部和中部有 9 丛蓝灰色竖鳞。后翅灰黄色。

幼虫:体长 9~11mm。头黄褐色,前胸背板暗褐色,体暗乳黄色或略带黄红色,腹足趾钩单序环式。

6. 金银花尺蠖 成虫:体长 8~11mm。雌蛾触角丝状,雄蛾触角羽毛状。前翅前缘略拱出,顶角旁有 1 个三角形紫棕色斑,内横线紫棕色略呈波浪形,外线为一紫棕色宽带,中室上方有 1 个紫棕色圆圈。后翅赭色。

幼虫:体长 15.0~21.5mm。体黑褐色或灰褐色。头部黑色。前胸黄色,有 12 个小黑斑,排成 2 横列。体线均为黄白色。腹部第 8 节后缘有 12 个黑点。臀板上有 1 个近圆形黑斑。

7. 黄刺蛾 成虫:体长 13~16mm。黄色。前翅内半部黄色,外半部褐色,有 2 条棕褐色斜线在翅尖汇合于一点,呈倒"V"形,内面的 1 条伸到中室下角,为黄色与褐色的分界线。

幼虫:体长 18~25mm。黄绿色。体背有哑铃形褐色大斑,每节背侧面各有 1 对枝刺。

8. 小菜蛾 成虫:体长 6~7mm。头部黄白色,胸、腹、背部灰褐色。翅狭长,缘毛很长,前翅前半部灰褐色,中央有一纵向的三度弯曲的黑色波状纹,其后面部分为灰白色。

幼虫:体长 10mm 左右。纺锤形,两头尖细。前胸背板有淡褐色小点组成两个"U"形纹。

9. 菜粉蝶 成虫:体长 12~20mm。体灰黑色。前翅白色,顶角有 1 个三角形黑斑,中室外侧有一前一后 2 个黑色圆斑。后翅基部黑灰色,前缘近外侧也有 1 个圆形黑斑。当翅展开时,前后翅的 3 个黑斑排列在 1 条纵线上。雄蝶前翅的 2 个黑斑仅前面 1 个明显。

幼虫:体长 28~35mm。全身青绿色。体密布细小黑色毛瘤,沿气门线有黄色斑点 1 列,每个体节有 4~5 条横皱纹。

10. 柑橘凤蝶和黄凤蝶 形态区别见附表 7-1。

附表 7-1 柑橘凤蝶与黄凤蝶的形态区别

虫态	项目	柑橘凤蝶	黄凤蝶
成虫	体色	浅黄绿至暗黄,体背中间有黑色纵带	黄色,背脊为黑色宽纵纹
	前翅	翅面上有黄黑相间斑纹,近外缘 8 个新月形黄斑,翅中央从前缘至后缘有 8 个由小渐大的 1 列黄色斑纹,翅基部近前缘处有 4 条放射状黄色条纹,中室上方有 2 个黄色新月斑	中室端部及横脉外各有 1 个大黑斑。翅中央从前缘至后缘有 8 个由小渐大的 1 列黄色斑纹,翅的外缘有黑带,在外缘及黑带内有 8 个新月形斑
	后翅	黑色,外缘有波形黄线纹,亚外缘处有 6 个新月形黄斑,基部有 8 个黄斑。臀角处有一橙黄色圆斑,斑内有一小黑斑	翅脉纹黑色,外缘有 6 个新月形黄斑,近外缘为蓝色斑纹,近后缘处有一红斑
幼虫	体色	黑褐色或黄绿色	绿色,头部具黑纵纹
	体背	黄绿色,后胸背面有蛇眼纹,后胸及第 1 腹节有蓝黑色带状斑	黄绿色,胸、腹各节背面具短黑横斑纹并间有金黄色斑点

（七）甲虫类的识别

1. 马铃薯瓢虫与茄二十八星瓢虫的形态区别见附表 7-2。

附表 7-2 马铃薯瓢虫与茄二十八星瓢虫的形态区别

虫态	项目	马铃薯瓢虫	茄二十八星瓢虫
成虫	体色	赤褐色	黄褐色
	前胸背板	有 3 个黑斑	有 6 个黑斑
	鞘翅	每个鞘翅各有 14 个大黑斑,鞘翅基部 3 个黑斑后方的 4 个斑均不在一条直线,两鞘翅合缝处有 1~2 对黑斑相连	每个鞘翅各有 14 个大黑斑,但鞘翅基部 3 个黑斑后方的 4 个斑在一条直线上,两鞘翅合缝处的黑斑不相连
幼虫	体色	鲜黄色	淡黄色或白色
	体背	有黑色粗大枝刺,枝刺基部具淡黑色环纹	有白色枝刺,枝刺基部具黑褐色环纹

2. 枸杞负泥虫　成虫:体长 4.5~6.0mm。头胸狭长,头及前胸背板蓝黑色,密布细刻点,前胸背板圆筒形,两侧中央凹入,背面中央后缘处有一凹陷,鞘翅通常有 2~10 个黑色斑点,并有粗黑点纵列。

幼虫:体长 7mm。头黑褐色,体灰白色。腹部肥大隆起,各节背面有 2 列横列细毛,并密布很细小的黑点,胸足 3 对,腹部各节腹面有吸盘 1 对,肛门向上开口。

（八）枸杞实蝇的识别

成虫:体长 4.5~5.0mm。头部橙黄色,复眼翠绿色,两眼间具"Ω"形纹。胸背面漆黑色,中部具 2 条纵白纹与两侧的 2 条短白纹相接成"北"形。翅透明,有深褐色斑纹 4 条,1 条沿前缘,其余 3 条由此斜伸达翅缘;亚前缘脉尖端转向前缘成直角,直角内具 1 个小圆圈。

幼虫:体长 5~6mm。黄白色,口钩黑色。前气门位于第 1 体节侧面,扁状,上有乳状突 10 个;后气门位于体末端,上有呼吸孔 6 个,排成两列。

（九）甘草豆象的识别

成虫:体长 2.0~3.0mm。卵圆形。头胸腹黑色。前胸背板三角形,有均匀刻点。翅面有刻点 10 行。雌虫胸部背板膜质、色淡,雄虫胸部背板骨化呈黑色;雌虫臀板宽圆,雄虫臀板窄长。

幼虫:体长约 5~7mm。肥胖。头部褐色,口器黑褐色。胸部较粗壮,有微小胸足 3 对。

四、实验作业

1. 观察桃蚜（或其他蚜虫）的有翅成蚜、无翅成蚜、若蚜标本,描述成蚜和若蚜的体色、触角、翅痣、腹管、尾片的特征。

2. 观察棉铃虫（或其他夜蛾）各个虫态标本,描述各虫态的大小、颜色、形态特征。特别要详细描述成虫前翅的颜色、斑纹、线条的特征,以及幼虫体线的颜色和胸腹各节的黑色毛片数。

3. 观察菜粉蝶（或其他蝴蝶）各个虫态标本,描述成虫大小、翅的颜色和色斑、雌雄的区别,描述幼虫的颜色、体型、线纹。

五、思考题

1. 当地药用植物上叶、花部害虫有哪些?
2. 怎样识别药用植物叶、花部害虫?

（董文霞）

实验八　药用植物根和茎部害虫识别

一、实验目的

掌握药用植物根、茎部害虫的主要识别特征。

二、实验材料与用品

1. 材料
（1）蝼蛄类标本:东方蝼蛄、华北蝼蛄。
（2）金针虫类标本:沟金针虫、细胸金针虫。
（3）蛴螬类标本:东北大黑鳃金龟、华北大黑鳃金龟、暗黑鳃金龟、铜绿丽金龟。
（4）地老虎类标本:小地老虎、大地老虎、黄地老虎。
（5）种蝇标本:灰地种蝇。
（6）天牛标本:菊天牛、星天牛、褐天牛、咖啡虎天牛。
（7）蛀茎蛾类标本:亚洲玉米螟、北沙参钻心虫。
（8）木蠹蛾类标本:咖啡木蠹蛾。
2. 用品　体式显微镜、放大镜、镊子、解剖针、培养皿。

三、实验内容与方法

（一）华北蝼蛄和东方蝼蛄的识别

华北蝼蛄:后足胫节内背侧有刺 1 根或无。
东方蝼蛄:后足胫节内背侧有刺 3~4 根。

（二）沟金针虫和细胸金针虫的识别

1. 沟金针虫　成虫:体长 14~18mm,前胸背板宽大于长,呈半球形隆起,密布刻点。雌虫鞘翅长约为前胸的 4 倍,后翅退化;雄虫鞘翅长约为前胸的 5 倍,有后翅。

幼虫:体长 20~30mm,体黄褐色,较宽而扁,尾节末端两分叉,各叉内有 1 齿。

2. 细胸金针虫　成虫:体长 8~9mm,前胸背板略呈圆形,长大于宽,后缘角伸向后方。鞘翅长约为前胸的 2 倍,上有 9 条纵列刻点。

幼虫:体长 20~25mm,体细长,圆筒形,浅黄褐色,尾节圆锥形,末端无分叉,近基部两侧各有 1 个褐色圆斑和 4 条纵纹。

（三）蛴螬的识别

4 种金龟子的形态区别见附表 8-1。

附表 8-1　4 种金龟子的形态区别

虫态	项目	东北大黑鳃金龟	华北大黑鳃金龟	暗黑鳃金龟	铜绿丽金龟
成虫	体长	16~21mm	16~21mm	17~22mm	19~21mm
	体色	黑色或黑褐色,有光泽	黑褐色,有光泽	暗黑色,无光泽	铜绿色,有光泽
	前足	胫节外侧有 3 个齿突,内侧有距 1 个	胫节外侧有 3 个尖锐齿突	胫节外侧有 3 个较钝齿突	胫节外侧有 2 个齿突
	鞘翅	每侧有 4 条明显的纵肋	每侧有 4 条纵肋	每侧有 4 条不明显纵肋	每侧有 4 条明显的纵肋
幼虫	前顶毛	每侧 3 根,额前缘刚毛 2~6 根,多数为 3~4 根	每侧 3 根,额缝侧上方 1 根	冠缝两侧各 1 根	冠缝两侧各 6~8 根,排成 1 纵列
	腹部末节	无刺毛列,钩状毛分布不均匀	无刺毛列,钩状毛分布不均匀,达全节的 2/3	无刺毛列,钩状毛分布较均匀,仅占全节的 1/2	有 2 排刺毛列,四周有分布不均匀的钩状毛

（四）地老虎类的识别

3 种地老虎的形态区别见附表 8-2。

附表 8-2　3 种地老虎的形态区别

虫态	项目	小地老虎	大地老虎	黄地老虎
成虫	体长	16~23mm	20~23mm	14~19mm
	体色	灰褐色	灰黑色	黄褐色
	雄虫触角	分支达全长的 1/2	分支达末端	分支达全长的 2/3
	前翅	肾形纹外侧有 1 个尖端向外的黑色剑形纹,亚外缘线上有两个尖端向内的黑色剑形纹	肾形纹外侧有 1 个不定形黑斑	肾形纹外侧无任何斑纹
幼虫	体长	37~50mm	41~60mm	33~34mm
	体色	灰褐色	黑褐色	黄色
	体表	密布明显大小颗粒	多皱纹,光滑	多皱纹,颗粒不明显
	臀板	黄褐色,有暗褐色纵带 2 条	几乎全为深褐色	为两大块黄褐色斑

（五）种蝇的识别

成虫：体长 4~6mm。暗黄色至暗褐色。腹部背面有 3 条黑色纵纹，各腹节间有 1 条黑色横纹，使腹部形成明显的小方块。雌虫略大于雄虫。

幼虫：体长 7~10mm。乳白色略带浅黄色，口沟黑色。腹部末端有 7 对肉质突起。

（六）天牛类的识别

1. 菊天牛 成虫：体长 6~11mm。圆筒形。触角 12 节，与体等长。头、胸和鞘翅黑色，被黑色绒毛，且具密集刻点，前胸背板中央有一卵圆形黄色斑。

幼虫：体长 12~15mm，圆柱形，头小黑色。前胸背板淡黄褐色，侧沟深褐色，近后缘处有鱼鳞状小突起组成的斑。腹部淡黄色，腹末钝圆。

2. 星天牛 成虫：雌虫体长 19~39mm，雄虫较小，约 22mm。触角 11 节，第 1、2 节黑色，其余各节前半部为黑色，后半部为蓝白色。全体漆黑色而有光泽，具小白斑。

幼虫：体长 45~67mm，体淡黄色，扁圆筒形。前胸背板前方有 1 对黄褐色飞鸟形斑纹，后方有 1 块黄褐色"凸"形大斑。中胸腹面、后胸及腹部第 1~7 节背、腹两面均有移动器。

3. 褐天牛 成虫：体长 26~51mm。体黑褐色至黑色具光泽，被灰色或黄色短绒毛。前胸背面具较密而不规则的瘤状皱褶，侧刺突尖锐，鞘翅基部隆起。

幼虫：体长 46~65mm。黄白色。前胸背板前方有横向排列的 4 个黄褐色长方形斑，后胸及第 1~7 腹节背、腹面均具移动器。

4. 咖啡虎天牛 成虫：体长 9.5~15mm。黑色。触角约为体长一半，端部 6 节白色。前胸背板中央高凸，具粗刻点，具有 10 个淡黄绒毛斑。鞘翅栗棕色，翅面密布细刻点，并有数条由稀疏白毛组成的曲折线。腹部腹面每节两侧各具一白斑。

幼虫：体长 13~15mm。初龄幼虫浅黄色，老熟后色稍加深。

（七）蛀茎蛾类的识别

1. 亚洲玉米螟 成虫：雌虫体长 14~15mm，前翅为鲜黄色，内横线呈波状纹，外横线锯齿状暗褐色，前缘有 2 个褐色斑。雄蛾颜色较雌蛾深，前翅黄褐色，内横线和外横线均为褐色，锯齿状。

幼虫：体长 20~30mm。头和前胸背板深褐色，身体背部颜色为灰褐色、浅红色、淡黄色等，体侧有两列毛瘤，圆形。

2. 北沙参钻心虫 成虫：体长 5~7mm。前翅白色，翅基部约 1/3 为黑色，后缘 2/3 处有三角形黑斑，向上与前缘的黑褐色横斑相接。后翅灰褐色。

幼虫：体长 14mm 左右，前胸背板黄褐色，中央色淡，两侧渐深呈现褐色，后缘有褐色斑点。

（八）木蠹蛾类

咖啡木蠹蛾的成虫：雌虫体长 21~26mm，雄虫体长 11~23mm。体灰白色。雌虫触角丝状，雄虫触角基半部羽状，端半部丝状。中胸背部两侧有 3 对由青蓝色鳞片组成的圆斑。前翅灰白色，翅面密布大小不等的青蓝色斑纹，后翅外缘有 8 个近圆形青蓝色斑点。

咖啡木蠹蛾的幼虫：体长 30mm 左右。头部橘红色，胸腹部淡赤黄色。前胸背板黑色坚硬，中、后胸及腹部各节有成排的黑褐色小颗粒状突起。

四、实验作业

1. 观察东方蝼蛄或华北蝼蛄成虫标本,描述成虫体型、体色,以及翅、足的形态特征。

2. 观察小地老虎成虫、幼虫、卵、蛹标本,描述成虫的大小、体色、前翅的颜色及斑纹,幼虫的体型、颜色、体表特征。

3. 观察亚洲玉米螟成虫、幼虫、卵、蛹标本,描述雌雄成虫的大小、体色、前翅颜色及斑纹,幼虫的体型、颜色、体表特征。

五、思考题

1. 当地药用植物根、茎部害虫有哪些?
2. 怎样识别药用植物根、茎部害虫?

（董文霞）

实验九　常用农药剂型性状观察及波尔多液的制备

一、实验目的

掌握药用植物常用农药剂型及其性状,掌握波尔多液的配制方法及注意事项。

了解当地用主要杀菌剂、杀虫剂、除草剂产品。了解波尔多液的性质和防病特点,了解波尔多液浓度的表示方法。

二、实验材料与用品

1. 材料　硫酸铜、生石灰、水。40% 多菌灵可湿性粉剂、72% 霜脲·锰锌可湿性粉剂、10% 苯磺隆可湿性粉剂、60% 代森锰锌粉剂、15% 三唑酮乳油、25g/L 溴氰菊酯乳油、1.8% 阿维菌素乳油、40% 辛硫磷乳油、40% 百菌清悬浮剂、325g/L 苯醚甲环唑嘧菌酯悬浮剂、70% 吡虫啉水分散颗粒剂、1.5% 辛硫磷颗粒剂、15% 异丙威烟剂、56% 磷化铝片剂、18% 杀虫双水剂、30% 草甘膦水剂,0.2% 苦参碱水剂等。

2. 用品　100ml、200ml 烧杯,200ml 量筒,玻璃棒,研钵,角勺,天平,纱布等。

三、实验内容与方法

1. 农药剂型性状观察　详细观察和记录所收集的农药剂型,包括农药的名称、有效成分通用名称、有效成分百分含量、农药剂型种类、外观特征、标签、农药的使用方法及适用范围、生产厂家等有关情况。

2. 波尔多液的制备

（1）原料选择：硫酸铜以天蓝色有光泽的为最好，如颜色发绿，则不宜采用。生石灰选用洁白成块的生石灰。

（2）配方（按重量计）

硫酸铜：1g；生石灰：1g；水：100~200ml。

波尔多液是蓝色的悬浮液，是由硫酸铜溶液和石灰乳混合配制成的，呈碱性反应，反应如下，其中生成的杀菌主要成分是碱式硫酸铜。

$$4CuSO_4 \cdot 5H_2O + 3Ca(OH)_2 \Longrightarrow [Cu(OH)_2]_3 + CuSO_4 + 3CaSO_4 + 20H_2O$$

在配制时，根据硫酸铜与生石灰的比例不同，可分为3类：按照上述比例配制成的波尔多液，其中含硫酸铜和生石灰的重量相同，称为等量式波尔多液。根据生石灰与硫酸铜的含量比例，还可配置成石灰半量式（含生石灰0.5份）和石灰倍量式（含生石灰2份）的波尔多液。分别用于对生石灰敏感的植物和对硫酸铜敏感的植物。

（3）配制方法：量取100ml水倒入烧杯中溶解1g硫酸铜配成硫酸铜溶液，另取100ml水放在另一烧杯中溶解1g生石灰，配成石灰乳。将两液同时缓缓倾入第三个烧杯中静置。

（4）注意事项：配成的石灰乳如有沙粒，应先用纱布过滤；硫酸铜不能盛于金属容器中，以免受硫酸铜腐蚀，且降低药效，应用木质、瓷质及陶质器皿为宜；两种液体应冷却到室温才可混合，并应加以搅拌；不能以浓硫酸铜溶液与浓石灰乳先配成高浓度的波尔多液，然后再加水稀释；波尔多液要现配现用，不宜放置过久，并避免受热和阳光直射，以免降低药效。

四、实验作业

1. 列表记载农药剂型、有效成分通用名称与百分含量及应用方法等。

序号	有效成分通用名称	有效成分百分含量	剂型	状态描述	应用方法

2. 记述波尔多液的配置方法，并详细记录实验过程中的现象。

五、思考题

1. 为什么硫酸铜溶液不能盛于金属容器中？

2. 不同配方的波尔多液适用于哪些植物病害的防治？

（王　艳）

实验十 药用植物田间杂草识别

一、实验目的

通过几种具有代表性的药用植物田间杂草形态特征的观察和识别,掌握常见杂草的识别要点。熟悉药用植物常见田间杂草所属的类型及生物学特性,为田间杂草的防治提供依据。

二、实验材料与用品

1. 材料　马唐、牛筋草、稗子、狗尾草等禾草类杂草植株,反枝苋、马齿苋、鬼针草、藜等阔叶类杂草植株,香附子、异型莎草等莎草类杂草植株。

2. 用品　放大镜、体式显微镜、镊子、解剖针、标签、铅笔。

三、实验内容与方法

1. 药用植物田间杂草的识别　主要借助植物分类学的方法,系统地解剖和观察杂草的根、茎、叶、花、果实、种子的形态结构,利用植物分类检索表进行鉴定识别。

2. 禾草类杂草的观察识别　通过现场识别和实验室观察,了解禾草类杂草如马唐、牛筋草、稗子、狗尾草等杂草的形态特征。结合观察了解该类杂草的发生特点。

3. 阔叶类杂草的观察识别　通过现场识别和实验室观察,了解阔叶类杂草如反枝苋、马齿苋、鬼针草、藜等杂草的形态特征。结合观察了解这类杂草的发生特点。

4. 莎草类杂草的观察识别　通过现场识别和实验室观察,了解莎草类杂草如香附子、异型莎草等杂草的形态特点,结合观察了解这类杂草的发生特点。

四、实验作业

从禾草类杂草、阔叶类杂草、莎草类杂草等 3 种类型杂草中分别选取 1 种杂草进行观察识别,描述特征并写观察报告。

五、思考题

地球上的杂草为什么这么繁茂?

（王　智）

参 考 文 献

［1］傅俊范. 药用植物病理学. 北京: 中国农业出版社, 2007.

［2］傅俊范. 药用植物病害防治图册. 沈阳: 辽宁科学技术出版社, 1999.

［3］许志刚. 普通植物病理学. 北京: 高等教育出版社, 2009.

［4］苏建亚, 张立钦. 药用植物保护学. 北京: 中国林业出版社, 2011.

［5］韩召军. 植物保护学通论. 北京: 高等教育出版社, 2012.

［6］强胜. 杂草学. 北京: 中国农业出版社, 2003.

［7］马承忠. 农田杂草识别与防除. 北京: 中国农业出版社, 1999.

［8］沈国辉. 草坪杂草防除技术. 上海: 上海科学技术出版社, 2002.

［9］韩崇选, 等. 中国农林啮齿动物与科学管理. 杨凌: 西北农林科技大学出版社, 2005.

［10］韩崇选, 等. 农林啮齿动物灾害环境修复与安全诊断. 杨凌: 西北农林科技大学出版社, 2004.

［11］韩崇选, 等. 林区害鼠综合治理技术 (中英文版). 杨凌: 西北农林科技大学出版社, 2003.

［12］韩崇选, 等. 林木鼠 (兔) 害无害化控制与效益评价研究. 杨凌: 西北农林科技大学出版社, 2015.

［13］李振基, 陈小麟, 郑海雷. 生态学. 北京: 科学出版社, 2014.

［14］姜汉侨, 段昌群, 杨树华, 等. 植物生态学. 北京: 高等教育出版社, 2010.

［15］林文雄, 王庆亚. 药用植物生态学. 北京: 中国林业出版社, 2007.

［16］丁建云, 丁万隆. 药用植物使用农药指南. 北京: 中国农业出版社, 2004.

［17］段玉玺, 吴刚. 植物线虫病害防治. 北京: 中国农业科学技术出版社, 2002.

［18］宫喜臣. 药用植物病虫害防治. 北京: 金盾出版社, 2004.

［19］陆家云. 药用植物病害. 北京: 中国农业出版社, 1997.

［20］陈秀蓉. 甘肃省药用植物病害种类及其防治. 北京: 科学出版社, 2015.

［21］陈捷. 植物保护学概论. 北京: 中国农业大学出版社, 2016.

［22］许再福. 普通昆虫学. 北京: 科学出版社, 2009.

［23］彩万志. 普通昆虫学. 北京: 中国农业大学出版社, 2011.

［24］刘博, 傅俊范, 周如军, 等. 五味子叶枯病病原菌鉴定. 植物病理学报, 2008, 38 (4): 425-428.

［25］中国科学院中国孢子植物志编辑委员会. 中国真菌志: 第一卷　白粉菌目. 北京: 科学出版社, 1987.

［26］白金凯. 中国真菌志: 第十七卷　球壳孢目　壳二孢属　壳针孢属. 北京: 科学出版社, 2003.

［27］张天宇. 中国真菌志: 第十六卷　链格孢属. 北京: 科学出版社, 2003.

［28］张中义. 中国真菌志: 第二十六卷　葡萄孢属　柱隔孢属. 北京: 科学出版社, 2006.

［29］韩金声. 中国药用植物病害. 长春: 吉林科学技术出版社, 1990.

［30］秦垦, 段淋渊, 杨经波, 等. 3 种硫制剂对枸杞白粉病防治效果的比较研究. 宁夏农林科技, 2018, 59 (06): 15-16.

［31］鲁延芳, 杜国新, 占玉芳, 等. 生物农药对河西灌区枸杞白粉病防治效果研究. 林业科技通讯, 2016 (06): 43-45.

［32］孙海峰, 王喜军, 周磊, 等. 中药提取物对龙胆斑枯病病原菌抗菌活性的筛选. 东北林业大学学报, 2005, (02): 96-97.

［33］孙海峰.龙胆斑枯病有效调控及其与药材产量和质量的相关性研究.哈尔滨:黑龙江中医药大学，2004.

［34］薛琴芬,陈丽霞,陆国敏.白术的栽培与病虫害防治.特种经济动植物,2008,11（8）:37-39.

［35］王艳,晋玲,曾翠云,等.柴胡斑枯病病原及其生物学特性.植物保护,2017,43（6）:78-84.

［36］王艳,陈秀蓉,王引权,等.甘肃省党参病害种类调查及病原鉴定.山西农业科学,2011,39（8）:866-868.

［37］王志敏,皮自聪,罗万东,等.三七圆斑病和黑斑病及其防治.农业与技术,2016,36（1）:49-53.

［38］陆家云.植物病原真菌学.北京:中国农业出版社,2001.

［39］谢辉.植物线虫分类学.合肥:安徽科学技术出版社,2000.

［40］严雪瑞,傅俊范.长白山沿脉参类锈腐病菌比较生物学研究.植物病理学报,2004,（01）:86-89.

［41］史淑琴,奎北辰,朱平,等.人参猝倒病病原真菌的研究.工业技术经济,1990,2:33.

［42］柯东文.菊花枯萎病的诊断及防治技术.现代园艺,2007,（4）:26-27.

［43］汪海洋.皖贝母鳞茎腐烂病的发生与防治.中国农技推广,2006,（04）:45.

［44］冯光泉,董丽英,陈昱君,等.三七病原根结线虫的分子鉴定.西南农业学报,2008,21（1）:100-102.

［45］贾倩,周星辰,顾沛雯.宁夏枸杞炭疽病病原菌的分子鉴定.北方园艺,2014,（10）:88-91.

［46］仵均祥.农业昆虫学:北方本.3版.北京:中国农业出版社,2016.

［47］缪勇.药用植物害虫学.2版.北京:中国农业出版社,2009.

［48］李云瑞.农业昆虫学.北京:高等教育出版社,2006.

［49］魏新田.药用植物病虫害防治.郑州:河南科学技术出版社,2005.

［50］高微微.常用中草药病虫害防治手册.北京:中国农业出版社,2004.

［51］蔡平,祝树德.园林植物昆虫学.北京:中国农业出版社,2003.

［52］袁峰.农业昆虫学.北京:中国农业出版社,2001.

［53］吴振廷.药用植物害虫.北京:中国农业出版社,1995.

［54］浙江省药材病虫害防治编绘组.药材病虫害防治.2版.北京:人民卫生出版社,1982.

［55］张国锋,夏菲,邵金丽.七种新型颗粒剂对蛴螬的室内防效研究.北方园艺,2015,（20）:105-108.

［56］李永平,王强,龚玉琴.甲胺磷等5种高毒农药替代品种及其使用技术.中国植保导刊,2009,29（7）:45-47.

［57］黄云,徐志宏.园艺植物保护学.北京:中国农业出版社,2015.

［58］程惠珍,孟现华,陈君,等.肿腿蜂对蛀干害虫控制效能的评估.中药材,2003,26（1）:1-3.

［59］伍玉英.棱角山矾虫害咖啡木蠹蛾的防治试验.福建农业科技,2018,（11）:68-69.

［60］赵秀梅,王振营,张树权,等.亚洲玉米螟绿色防控技术组装集成田间防效测定与评价.应用昆虫学报,2014,51（03）:680-688.

［61］中国农业百科全书昆虫卷编辑委员会.中国农业百科全书:昆虫卷.北京:中国农业出版社,1990.

［62］洪晓月,丁锦华.农业昆虫学.北京:中国农业出版社,2007.

［63］陈君,丁万隆,程惠珍.药用植物保护学.北京:电子工业出版社,2019.

［64］丁万隆.药用植物病虫害防治.北京:中国农业出版社,2002.

［65］陈其洪,朱宝香,郭大良.红蜡蚧的发生规律及其防治.浙江柑桔,1999,16（4）:26.

［66］中国农业科学院植物保护研究所,中国植物保护学会.中国农作物病虫害:下册.3版.北京:中国农业出版社,2015.

［67］段立清.枸杞木虱及其天敌的生物学和行为机制的研究.哈尔滨:东北林业大学,2003.

［68］魏林兵.固原市原州区大青叶蝉的发生规律及防治方法.现代农业科技,2015,（2）:145.

［69］姜敏,邵明果,赵伯林.金银花尺蠖的生物学特性及防治技术.山东林业科技,2005,156（1）:62-62.

［70］杨彩霞,张宗山,查仙芳.宁夏农田蓟马常见种类及为害状况初步调查.宁夏:农林科学院植保所,1986.

［71］董建伟,刘淑玲,葛松霞,等.山茱萸蛀果蛾的发生及综合防治技术研究.河南林业科技,2014,34（3）:13-15.

［72］钱锋利,张治科,南宁立,等.甘草种子害虫生物学特性和田间发生规律研究.农业科学研究,2008,29（2）:47-49.

［73］中国科学院中国植物志编辑委员会.中国植物志:第10(1)卷.北京:科学出版社,1990.

［74］中国科学院中国植物志编辑委员会.中国植物志:第10(1)卷.北京:科学出版社,1990.

［75］中国科学院中国植物志编辑委员会.中国植物志:第25(2)卷.北京:科学出版社,1979.

［76］中国科学院中国植物志编辑委员会.中国植物志:第25(2)卷.北京:科学出版社,1979.

［77］中国科学院中国植物志编辑委员会.中国植物志:第26卷.北京:科学出版社,1996.

［78］焦作市科学技术局.四大怀药.郑州:中原农民出版社,2004.

［79］杨彩宏,冯莉,杨红梅,等.牛筋草种子休眠解除方法研究.杂草科学,2010,(1):12-14.

［80］柏祥,塔莉,赵美微,等.外来入侵植物反枝苋的最新研究进展.作物杂志,2016,4:7-14.

［81］郭瑞峰,张建华,关望辉,等.狗尾草种子休眠破除方法研究.山西农业科学,2017,7:1084-1086.

［82］寿海洋,闫小玲,叶康,等.外来入侵植物的初步研究.植物分类与资源学报,2014,06.

［83］赵宇翔,董燕,叶美琼,等.紫茎泽兰防治技术概述及对策研究.四川林业科技,2010,31（3）:113-115.